U0158621

非标准的建筑拆解书

对症下药篇

赵劲松　林雅楠　著

广西师范大学出版社
·桂林·

图书在版编目（CIP）数据

非标准的建筑拆解书．对症下药篇／赵劲松，林雅楠著．—桂林：广西师范大学出版社，2022.4
ISBN 978-7-5598-4824-6

Ⅰ．①非… Ⅱ．①赵… ②林… Ⅲ．①建筑设计 Ⅳ．① TU2

中国版本图书馆 CIP 数据核字 (2022) 第 053749 号

非标准的建筑拆解书（对症下药篇）
FEIBIAOZHUN DE JIANZHU CHAIJIESHU（DUIZHENGXIAYAO PIAN）

策划编辑：高　巍
责任编辑：冯晓旭
助理编辑：马竹音
装帧设计：徐　豪　马韵蕾

广西师范大学出版社出版发行
（广西桂林市五里店路 9 号　　邮政编码：541004
网址：http://www.bbtpress.com）
出版人：黄轩庄
全国新华书店经销
销售热线：021-65200318　021-31260822-898
恒美印务（广州）有限公司印刷
(广州市南沙区环市大道南路 334 号　　邮政编码：511458)
开本：889mm × 1 194mm　　1/16
印张：27.25　　字数：255 千字
2022 年 4 月第 1 版　　2022 年 4 月第 1 次印刷
定价：188.00 元

序

用简单的方法学习建筑

本书是将我们的微信公众号“非标准建筑工作室”中《拆房部队》栏目的部分内容重新编辑、整理的成果。我们在创办《拆房部队》栏目的时候就有一个愿望，希望能让建筑设计学习变得更简单。为什么会有这个想法呢？因为我认为建筑学本不是一门深奥的学问，然而又亲眼见到许多人学习建筑设计多年却不得其门而入。究其原因，很重要的一条是他们将建筑学想得过于复杂，感觉建筑学包罗万象，既有错综复杂的理论，又有神秘莫测的手法，在学习时不知该从何入手。

要解决这个问题，首先要将这件看似复杂的事情简单化。这个简单化的方法可以归纳为学习建筑的四项基本原则：信简单理论、持简单原则、用简单方法、简单的事用心做。

一、信简单理论

学习建筑不必过分在意复杂的理论，只需要懂一些显而易见的常理。其实，有关建筑设计的学习方法在两篇文章里就可以找到：一篇是《纪昌学射》，另一篇是《鲁班学艺》。前者讲了如何提高眼睛的功夫，这在建筑设计学习中就是提高审美能力和辨析能力。古语有云：“观千剑而后识器。”要提高这两种能力只有多看、多练一条路。后者告诉我们如何提高手上的功夫，并详细讲解了学建筑设计最有效的训练方法——将房子的模型拆三遍，再装三遍，然后把模型烧掉再造一遍。这两篇文章完全可以当作学习建筑设计的方法论。读懂了这两篇文章，并真的照着做了，建筑学入门一定没有问题。

建筑设计是一门功夫型学科，与烹饪、木工、武功、语言类似，功夫型学科的共同特点就是要用不同的方式去做同一件事，通过不断重复练习来增强功力，提高境界。想练出好功夫，关键是练，而不是想。

二、持简单原则

通俗地讲，持简单原则就是学建筑时要多“背单词”，少“学语法”。学不会建筑设计与学不会英语的原因有相似之处。许多人学习英语花费了十几二十年，结果还是既不能说，也不能写，原因之一就是他们从学习英语的第一天起就被灌输了语法思维。

从语法思维开始学习语言至少有两个害处：一是重法不重练，以为掌握了方法就可以事半功倍，以一当十；二是从一开始就养成害怕犯错的习惯，因为从一入手就已经被灌输了所谓“正确”的观念，从此便失去了试错的勇气，所以在做到语法正确之前是不敢开口的。

学习建筑设计的学生也存在着类似的问题：一是学生总想听老师讲设计方法，而不愿意花时间反复地进行大量的高强度训练，以为熟读了建筑设计原理自然就能推导出优秀的方案，他们宁可花费大量时间去纠结于“语法”，也不愿意下笨功夫去积累“单词”；二是不敢决断，无论构思还是形式，学生永远都在期待老师的认可，而不相信自己的判断。因为他们心里总是相信有一个正确的答案存在，所以在被认定正确之前是万万不敢轻举妄动的。

“从语法入手”和“从单词入手”体现出两种完全不同的学习心态。“从语法入手”的总体心态是“膜拜”，在仰望中战战兢兢地去靠近所谓的“正确”。而“从单词入手”则是“探索”，在不断试错中总结经验、摸索前行。对于学习语言和设计类学科而言，多背单词远比精通语法更重要，语法只有在掌握单词量足够的前提下才能更好地发挥矫正错误的作用。

三、用简单方法

学习设计最简单的方法就是多做设计。怎样才能做出更多的设计，做出更好的设计呢？简单的方法就是把分析案例变成做设计本身，也就是要用设计思维而不是用赏析思维看案例。

什么是设计思维？设计思维就是在看案例的时候把自己想象成设计者，而不是欣赏者或评论者。两者有什么区别？设计思维是从无到有的思维——如同演员一秒入戏，回到起点，设身处地地体会设计师当时面对的困境和采取的创造性措施。只有针对真实问题的答案才有意义。而赏析思维则是对已经形成的结果进行评判，常常是把设计结果当作建筑师天才的创作。脱离了问题去看答案，就失去了对现实条件的理解，也失去了自己灵活运用的可能。

在分析案例的学习中我们发现，尝试扮演设计师把项目重做一遍，是一种比较有效的训练方法。

四、简单的事用心做

功夫型学科还有一个特点，就是想要修行很简单，修成正果却很难。为什么呢？因为许多人在简单的训练中缺失了“用心”。

什么是“用心”？以劈柴为例，古人说“劈柴担水，无非妙道；行住坐卧，皆在道场”，就是说，人可以在日常生活中悟得佛道，没有必要非去寺院里体验青灯黄卷、暮鼓晨钟。劈劈柴就可以悟道，这看起来好像给想要参禅悟道的人找到了一条容易的途径，再也不必苦行苦修。其实，这个“容易”是个假象。如果不“用心”，每天只是用力气重复地去劈，无论劈多少柴都是悟不了道的，只能成为一个熟练的樵夫。但如果加一个心法，比如，要求自己在劈柴时做到想劈哪条木纹就劈哪条木纹，想劈掉几毫米就劈掉几毫米，那么结果可能就会有所不同。这时，劈柴的重点已经不在劈柴本身了，而是通过劈柴去体会获得精准掌控力的方法。通过大量这样的练习，你即使不能得道，也会成为绝顶高手。这就是用心与不用心的差别。可见，悟道和劈柴并没有直接关系，只有用心劈柴，才可能悟道。劈柴是假，修心是真。一切方法都不过是“借假修真”。

学建筑很简单，真正学会却很难。不是难在方法，而是难在坚持和练习。所以，学习建筑要想真正见效，需要持之以恒地认真听、认真看、认真练。认真听，就是要相信简单的道理，并真切地体会；认真看，就是不轻易放过细节，看过的案例就要真看懂，看不懂就拆开看；认真练，就是懂了的道理就要用，并在反馈中不断修正。

2017 年，我们创办了《拆房部队》栏目，用以实践我设想的这套简化的建筑设计学习方法。经过四年多的努力，我们已经拆解、推演了四百多个具有鲜明设计创新点的建筑作品，参与案例拆解的同学，无论对建筑的认知能力还是设计能力都得到了很大提高。这些拆解的案例在公众号推出后得到了大家广泛的关注，许多人留言希望我们能将这些内容集结成书，《非标准的建筑拆解书》前两辑出版之后也得到了大家的广泛支持。

第三辑现已编辑完毕，在新书即将出版之际，感谢天津大学建筑学院的历任领导和各位老师多年来对我们工作室的大力支持，感谢工作室小伙伴们的积极参与和持久投入，感谢广西师范大学出版社高巍总监、马竹音编辑、马韵蕾编辑及其同人对此书的编辑，感谢关注“非标准建筑工作室”公众号的广大粉丝长久以来的陪伴和支持，感谢所有鼓励和帮助过我们的朋友！

天津大学建筑学院非标准建筑工作室　赵劲松

目　录

- 用超现实把现实锤扁　002
- 所以，这是设计了只“鸟”吗　012
- 那些诚实的建筑师真的会得到奖励吗　024
- 采蘑菇的小姑娘，路上遇到个建筑师　038
- 好好的建筑师，说疯就疯了　052
- 十个设计师，九个强迫症，八个全靠装，一个闲得慌　068
- 拒人于门外的建筑，究竟是谁的尴尬　078
- 凭什么“分赃不均”这种闲事儿也归建筑师管啊喂　088
- 建筑师抢饭碗的魔爪又伸向了景观师　098
- 甲方打牌三缺一，那个画图的怎么还不来　114
- 大人才需要低头，小孩子只想长高　128
- 时间的灰烬里，每个人都在围观自己的燃烧　140
- 建筑大师也躲不过的职业危机　154
- 就算设计里揉进了沙子，也要把眼泪憋回肚子　164
- 背着甲方偷偷皮一下，真的很开心　178
- 世道不公，你不必把内心的小野兽都憋屈成小白兔　188
- 建筑不仅有眼前的苟且，还有用可乐泡的枸杞　198

- 某一天，流浪的建筑师扎下了帐篷 210
- 你嘲笑的那个废标，废了全场，“大杀”四方 224
- 一锅端出平立剖三种面的黑暗料理法 236
- “甲方”两个字，怎么就变成贬义词了呢 244
- 把自己活成防弹衣的建筑师，累吗 254
- “神兽归笼”的“笼”，凭什么捕获人类幼崽 268
- 放心吧，据说建筑大师也在偷偷“抄”方案 280
- 直面卒姆托：摊个煎饼都不圆，还想收谁的“智商税” 290
- 我膨胀了，我居然拉黑了结构师 302
- 在设计院挣扎的建筑师，距离方案自由还有多远 314
- 建筑师别分裂了，人类只需要一个安静的地方玩手机 326
- 你已经被包围！你所设计的一切都将成为呈堂证供 338
- 万物皆可“综合体”，真的烦透了 348
- 考试是门玄学：“学霸”靠命，“学渣”认命 358
- 别怕，建筑师不是什么好人 368
- 那些玩变形金刚长大的建筑师，选择拒绝“爹味儿” 380
- 花样洗脑才是建筑师走向金牌销售的成功之路 396
- 不会做设计的“憨憨”们，请背诵全文 414
- 建筑师与事务所作品索引 423

让　学　建　筑　更　简　单

用超现实把现实锤扁

图 1

名　称：伊利诺伊大学芝加哥分校创新艺术中心（图 1）

设计师：大都会（OMA）建筑事务所，KOO LLC 建筑事务所

位　置：美国・芝加哥

分　类：公共建筑

标　签：校园，艺术中心

面　积：约 15 000m^2

START

友情提示：本文就是传说中的“大佬带我飞，带我与甲方肩并肩”的“开挂爽文”。请乙方建筑师调整心态阅读，谨慎学习使用——如果依样学样被甲方暴揍，那一定不是巧合。

某年某月某一天，天气晴朗，宜心血来潮。于是，位于芝加哥的伊利诺伊大学芝加哥校区（UIC）就心血来潮地发起了一次建筑竞赛，目标是在伊利诺伊大学芝加哥校区设计一个艺术中心，功能包括一个500个座位的音乐厅、一个270个座位的可重构剧院、一个展览厅，以及排练厅、咖啡厅、爵士俱乐部等辅助设施（图2）。

图2

然后，就没有然后了。这就是一个标准的“三不”竞赛：不承诺、不负责、不建设。大家也司空见惯、心知肚明，毕竟就是个竞赛，人家也没说要招投标立马开工是不是？都是千年的狐狸，还演什么《聊斋》！

甲方的心思很单纯：要是赛得好，就拿着方案去筹钱；要是赛得不好，就赚个参赛费当零花钱，横竖都不吃亏。乙方的心思也很单纯：要是赛得好，就赚个奖金当零花钱；要是赛得不好，就当闲着没事儿练手了，横竖也都不吃亏。

而且说实话，这个竞赛在每年鱼龙混杂的建筑竞赛里已经算是优质了，起码甲方是书香名门，用地也是真的有，且面积充足（学校空地，放着也是放着），需求也是真的（学校剧团需要演出场地）。最重要的是，人家有希望啊——百年名校桃李遍天下，指不定哪天哪个校友一高兴，大手一挥就给钱建了呢？反正铁打的校园流水的兵，等得起。所以，虽然这个竞赛没有谱，但参赛作品的门槛却也不低（图3）。

图3

只是，这个本应该细水长流、愿者上钩的竞赛却被一只“老狐狸”看上了眼，一不小心就被拐上了“和谐号”，开始以时速200km的速度往前冲冲冲。

大都会（OMA）建筑事务所那阵子也是比较闲，想找个项目来活动下筋骨。本着不见兔子不撒鹰的原则，OMA搜罗了一圈儿发现：现在的活儿是都有性格缺陷吗？靠谱的都没意思，有意思的都不靠谱。但库哈斯不管这个：我不要你觉得，我要我觉得。我觉得你靠谱，你就得靠谱。于是，库哈斯选择参与了伊利诺伊大学的艺术中心建筑设计竞赛。

对于 OMA 这种规模的设计公司来说，500 个座位的音乐厅一天能拼出 50 个。但当时他们的任务不是设计一个音乐厅去赌甲方的眼缘，而是打算牵着甲方把这个不落地的建筑竞赛变成一个立马签合同开工的实际项目！就是俗话说的，我给甲方当甲方。

按照学校原本的计划以及大多数人的理解，这件事的进度条大概是这样的（图 4）。

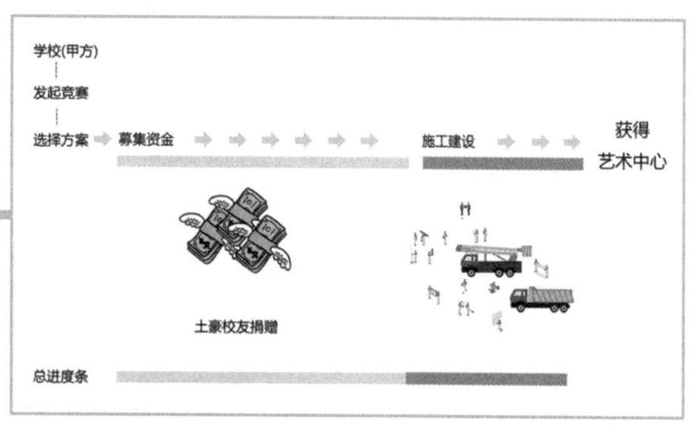

图 4

如果想让学校这个不思进取的甲方加快速度，可以把项目设计成分期建设的模式：搞到一部分钱就建一部分。实在不行还可以弄个网上众筹，反正学校人多，时间也多。只要功夫深，敲竹杠敲出个艺术中心（图 5）。

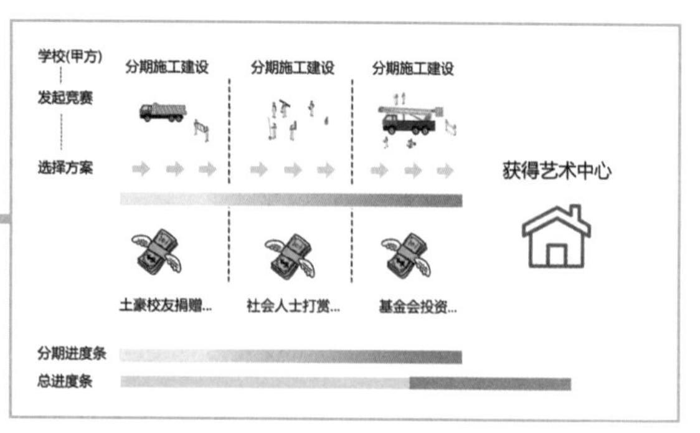

图 5

那么，问题来了，建筑要怎样设计才能适应分期建设？最简单的方法就是把整个基地分成几块，建筑也分成几个单体分别建设（图 6 ~ 图 8）。

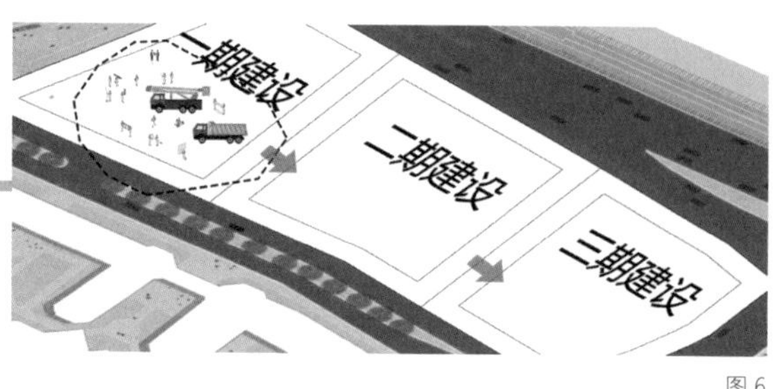

图 6

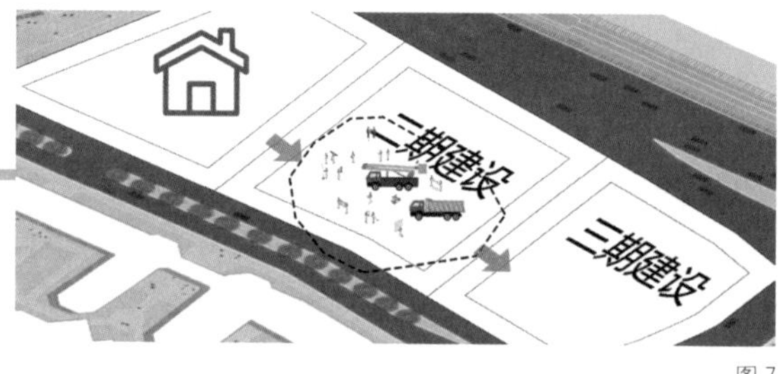

图 7

图 8

说实话，就这个分期建设的想法在所有参赛者中也是绝无仅有的。然而，“库老狐狸”的算计才刚刚开始。

以上分期建设的本质是把一个大项目拆成几个小项目，对甲方来说或许可以加快进度，但对建筑师来说基本上就是浪费感情，给他人做了嫁衣裳。首先，校友的竹杠没那么好敲，后续资金根本没保障；其次，就算校友肯出钱，也有可能不喜欢这个方案而乱改画风，再从天上掉下一个新校长什么的，分分钟就能让一期工程变成唯一期工程。

“库老狐狸”可不打算让自己这么被动，所以，他搞了一个新的分期模式：不仅要让后续资金有保证，还要让后续甲方改不了方案（图 9）。

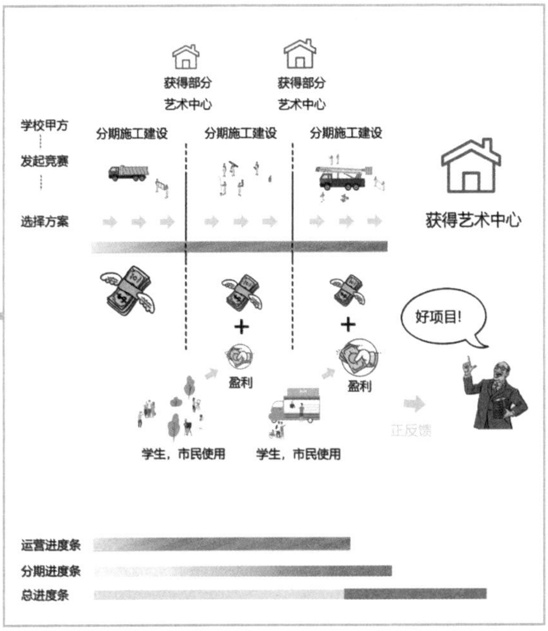

图 9

简单来说，这种分期模式比较像组装一辆汽车：先有底盘和发动机，能跑起来就可以出去拉活儿了，挣了钱之后再回来慢慢加外壳和内饰。

一期工程：是骡子是马，能跑就行。满足艺术学院、戏剧学院的表演实践要求，实现部分盈利，并为学生活动提供平台。任务书上要求有音乐厅、剧院、展览厅、排练厅以及咖啡厅和爵士俱乐部等（图 10）。

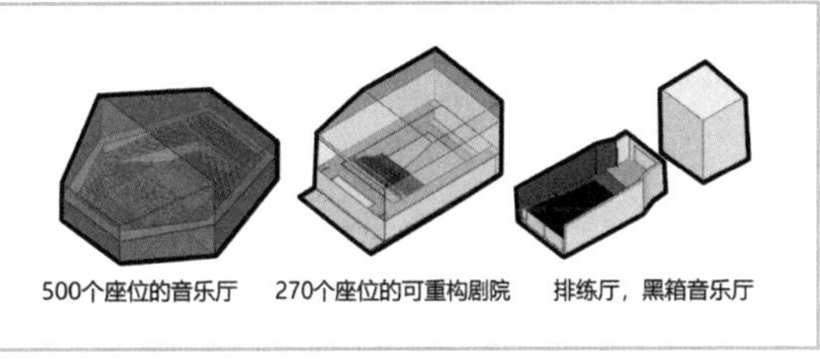

图 10

没钱建这么多，就先建那个最会赚钱的，也就是音乐厅（图 11）。

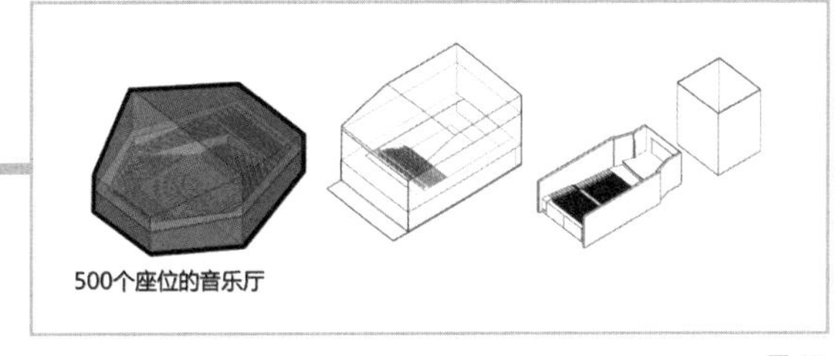

图 11

首先，在项目基地中放入一栋 500 个座位的音乐厅（图 12）。

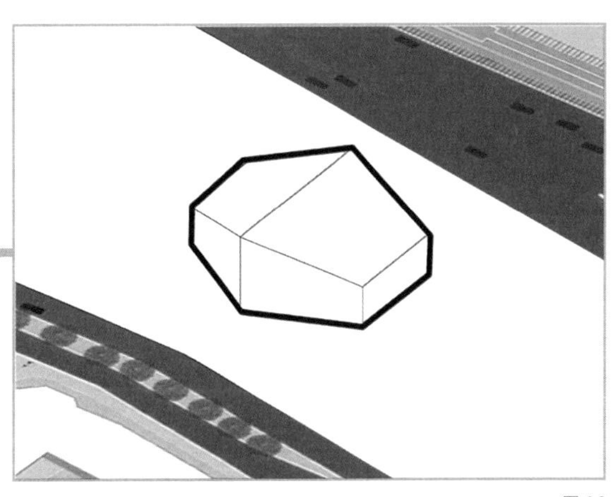

图 12

然后，库哈斯为这个学校的音乐厅设想了两种赚钱方式——

1. 学校内部各种艺术团体的表演对公众开放，赚个门票钱（图 13）。

图 13

2. 把音乐厅对外出租，赚个场地费（图 14）。

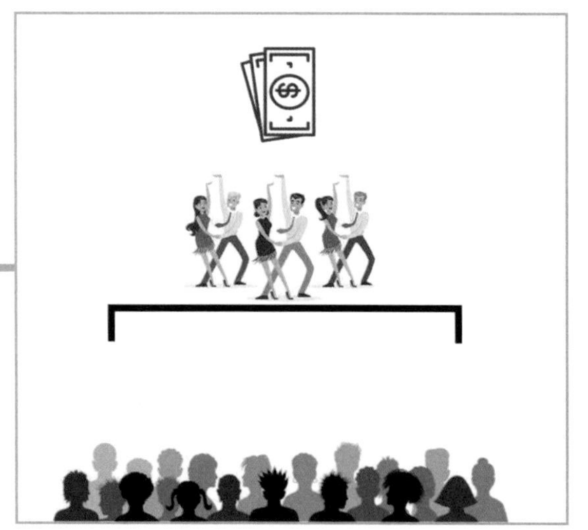

图 14

为了适应这两种运营方式的使用，设计将原来连贯的辅助空间分为两个塔楼，并根据屋顶倾斜方向使开口分别朝向城市和学校（图 15、图 16）。

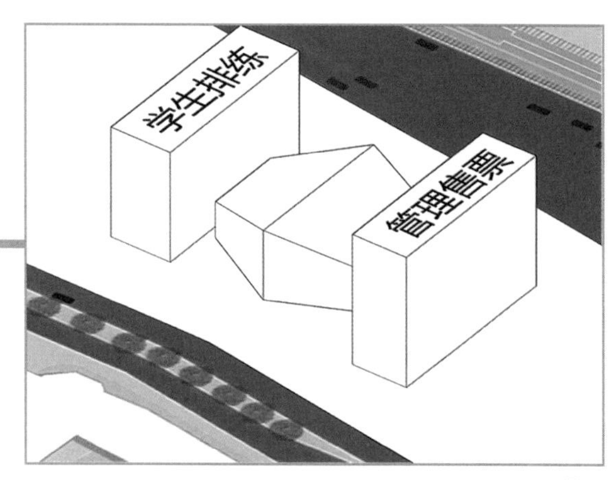

图 15

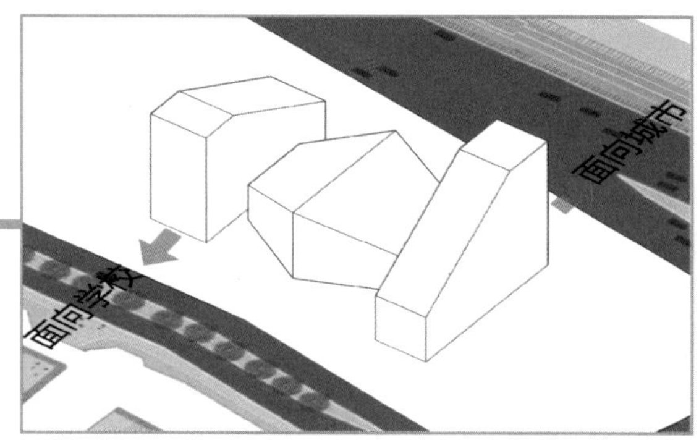

图 16

内部空间根据运营所需要的功能进行划分（图 17）。

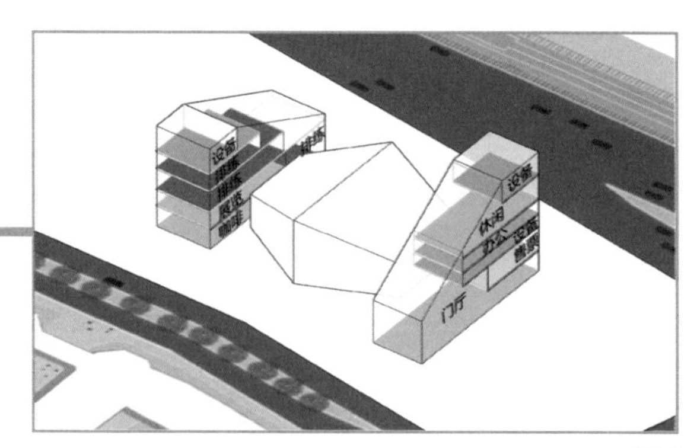

图 17

加上楼板，加入交通核、支撑结构（柱子）和连接平台（图 18 ~ 图 21）。

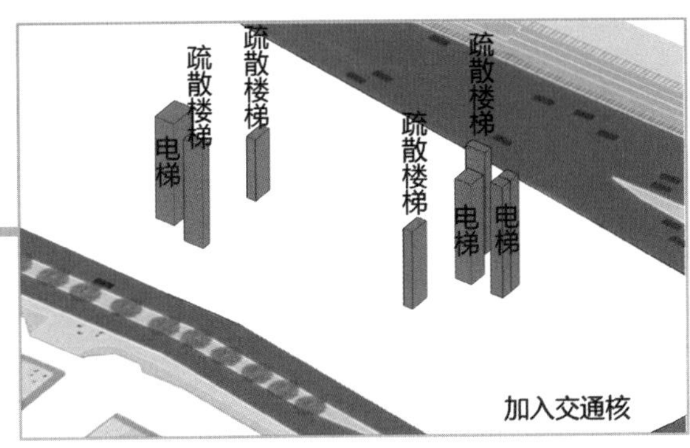

图 18

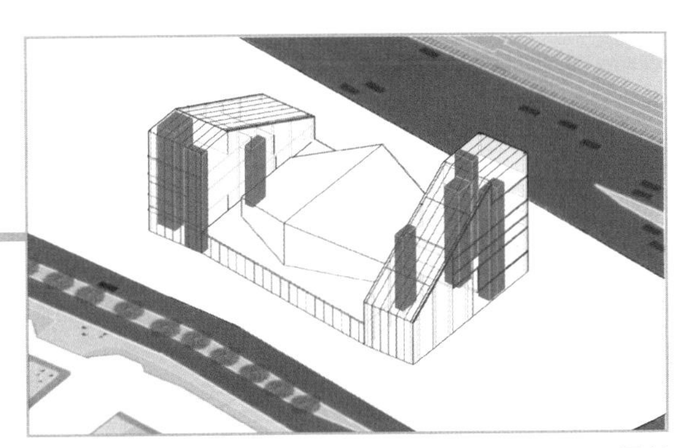
图 19

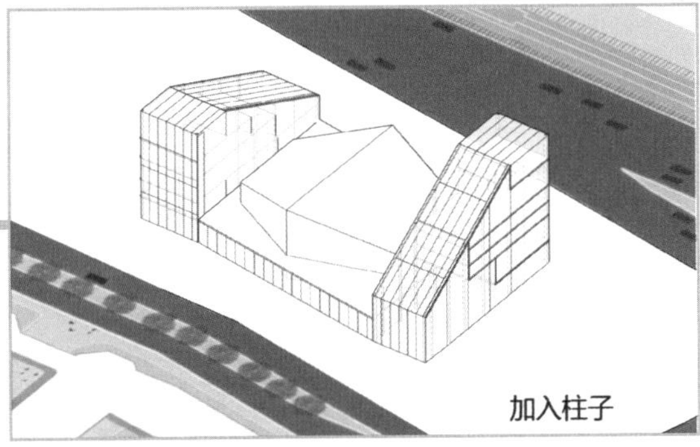

图 20

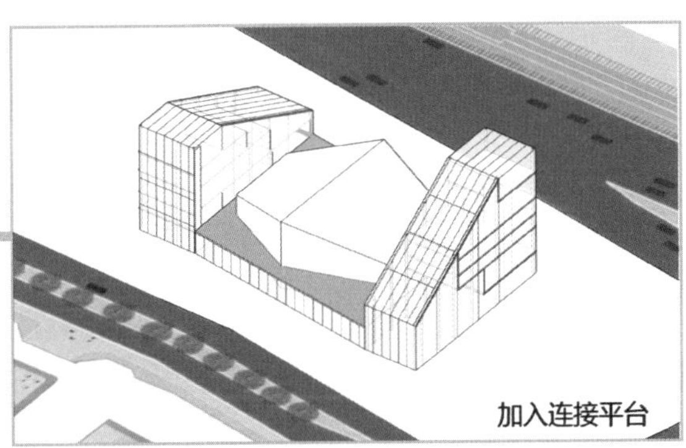

图 21

场地内剩下的部分被设计成室外表演公园和活动公园（图 22）。

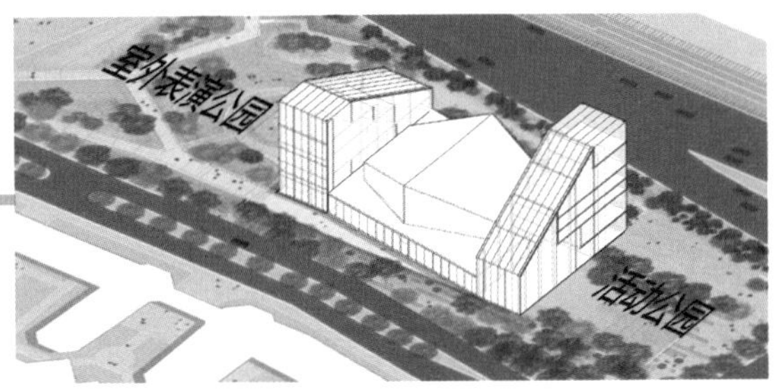

图 22

同时，设计一条坡道串联起活动广场、音乐厅和室外表演公园，自然引导城市人流与学校人流的交会（图 23）。

图 23

那么，问题又来了：一个大学的音乐厅凭什么可以满足社会表演团体的需求，还能收上租金？“库老狐狸”不会真以为大家都是“傻白甜”，会排队来交“智商税”吧？

事实证明，不是我们太单纯，而是狐狸太狡猾。库哈斯这招也是反复使用过的，而且屡试不爽，你说气人不？嗯，就是剧院重组。

本次剧院重组一共分为 3 种型号：S 号的小型黑箱音乐厅（图 24）、M 号的 270 座可重构剧院（图 25）以及 L 号的 500 座音乐厅（图 26 ~图 28）。

图 24

图 25

图 26

图 27

图 28

至此，一期工程结束。就算项目后面烂尾了，音乐厅也可以用得美滋滋（图 29）。

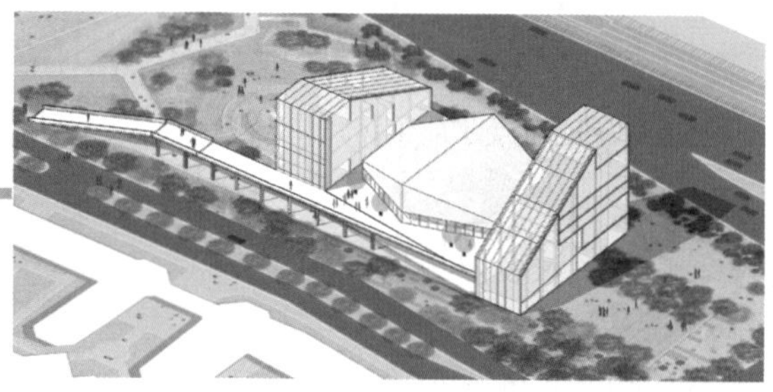
图 29

二期工程：鸟枪换炮，越吹越壮。在活动广场上添加要求的影剧院（图 30 ~图 32）。

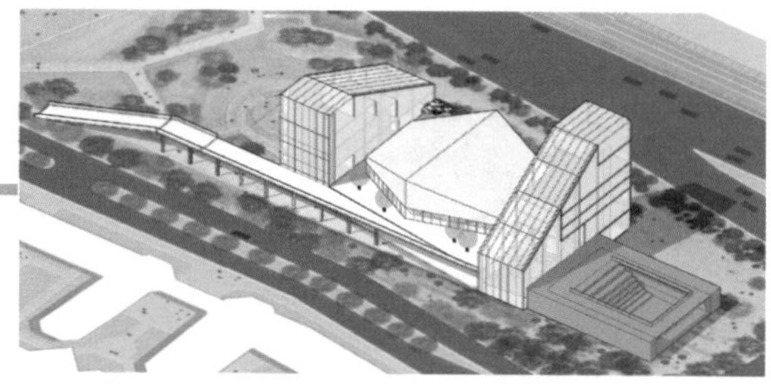
图 30

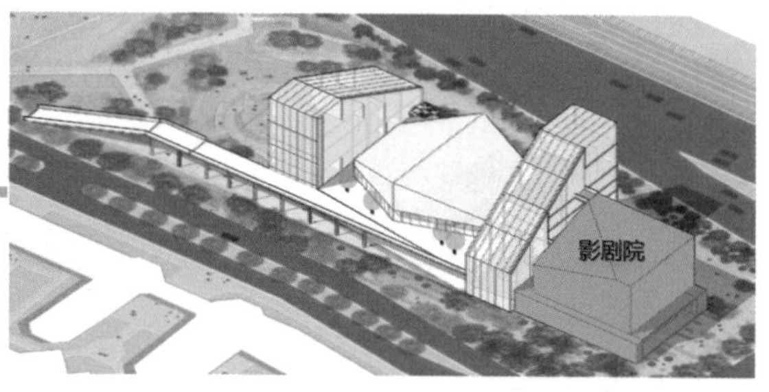

图 31

图 32

影剧院屋顶为活动平台（图 33）。

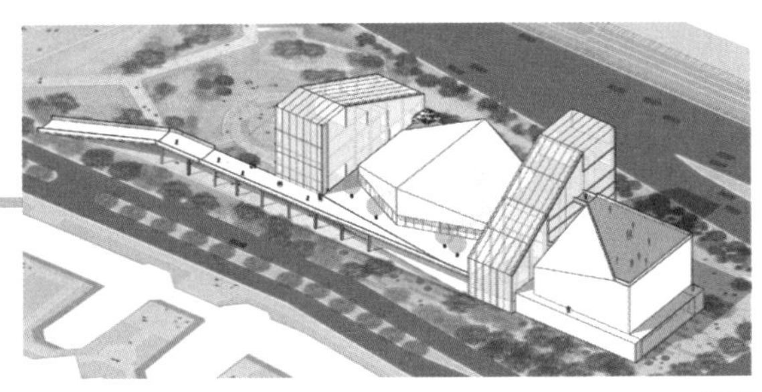

图 33

至此，二期工程结束。不算复杂，但不妨碍为租金和门票做贡献。

三期工程：杠上加杠，全面开花。在室外表演公园加入独唱厅、黑箱音乐厅（图 34、图 35）。

图 34

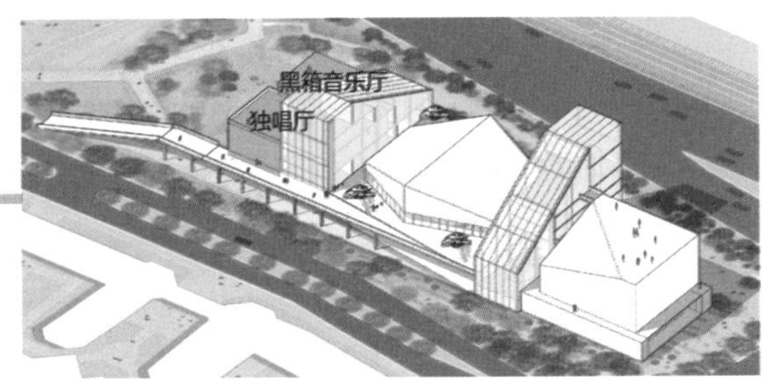

图 35

至此，三期工程也收工了。你也许会觉得后面两期工程和鸡肋也差不多，还不如一鼓作气干完了呢。要不说姜还是老的辣呢！库老师心机深沉，崇尚温水煮青蛙：顺毛牵着甲方走，坚决不能把甲方吓跑了。你有钱就一口气建完了，钱不凑手就慢慢一个一个垒，反正整个三期工程都没有什么太复杂的空间设计和建设难度，基本和搭积木差不多（图 36）。

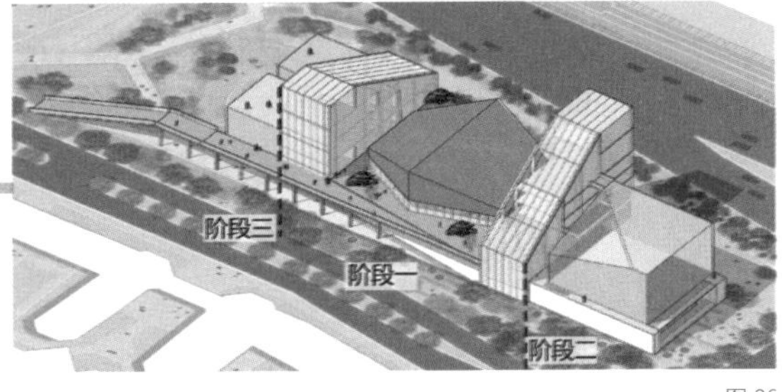

图 36

但如果你以为这个方案就到此收工了，那还是小看库老师了。他的终极目标是召唤神龙，华丽变身。

烧钱的地方终于来了。库哈斯设计了3个像帐篷一样的半透明扭曲斜坡屋顶，把各期工程和两座玻璃塔楼连接起来，基本就等于把所有建筑全部罩了起来，使其成为一个XL号的整体地标。更重要的是，玻璃罩与里面的建筑体量之间形成了丰富的公共空间，格调一下就上去了。库老师还宣称“像指挥棒舞动的轨迹”（图37）。

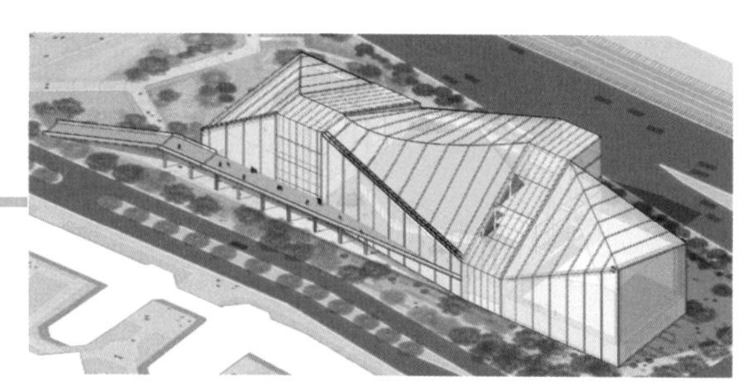

图37

甲方当然可以选择不要这个玻璃罩，但买得起马还能配不起鞍？这个心理基本上全世界同理，虽然这个鞍很可能比马还贵。

这就是OMA和 KOO LLC 建筑事务所设计的伊利诺伊大学芝加哥分校创新艺术中心，也是竞赛的第一名，一个反客为主，逼着甲方赶进度的方案（图38～图43）。

图38

图39

图40

图41

图42

图 43

这个方案基本上没有什么太复杂的空间设计，但全程都在和甲方斗智斗勇，把控全场。只能说，设计中最迷人的部分永远都是智慧，而不是技巧。

我们总是知道了结果才认输，但很多时候，其实在出手之前，我们就已经输了。

图片来源：

图 1、图 27、图 28、图 32、图 38 ~图 40、图 43 来自 https://afasiaarchzine.com/2019/05/oma-241/，图 41、图 42 来自 https://www.oma.com/projects/uic-center-for-the-arts，其余分析图为作者自绘。

END

所以，这是设计了只『鸟』吗

图 1

名　称：芬兰赫尔辛基图书馆竞赛方案（图 1）

设计师：PRAUD 事务所

位　置：芬兰 · 赫尔辛基

分　类：图书馆

标　签：广场，管子空间

面　积：15 800m²

START

那个啥，我没皮没脸地又来拆赫尔辛基图书馆竞赛方案了。没记错的话，这应该是第四拆了，主要是因为赫尔辛基图书馆真是宝藏竞赛啊，各种神仙老虎狗、生旦净末丑，就像可乐遇到曼妥思，喷泉式地往外冒泡。有的设计霸气外漏，有的设计八面玲珑，当然还有“杀马特”爱好者设计了一只飞一般的感觉的鸟。

这个项目的地块大家都很熟悉了，位于寸土寸金的赫尔辛基市中心，面积不富裕，用地那是相当紧张了（图 2）。

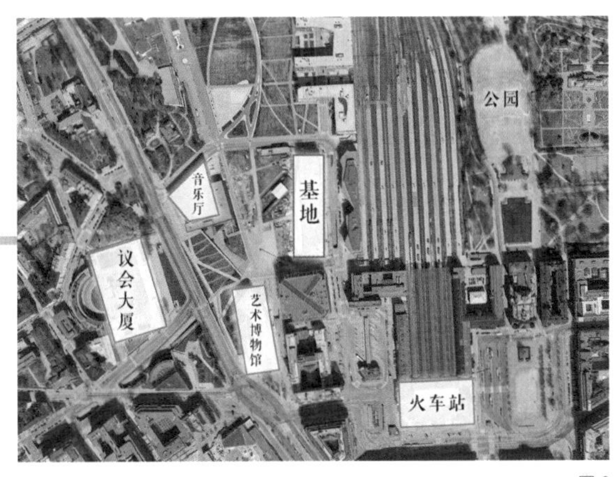

图 2

虽然对于城市大型公共建筑来说，广场是标配，但在这个项目竞赛里，大多数方案都舍弃了广场，原因很明显——没地儿。包括一直“毒操作”的中标方案，在广场问题上也都没怎么挣扎就放弃了。毕竟这就是个图书馆，广场虽然提神醒脑，但也不是非有不可（图 3）。

图 3

但来自波士顿的 PRAUD 事务所——我们暂且叫他们小 p 吧，明显是个上课认真听讲了的好学生：课本上讲了要留有广场，那就一定得有广场。面积不够用，手段就要硬！

为呼应北侧城市绿地，让体块北部起翘留出广场。为呼应南侧报社的高大体量，让南部也起翘，并顺势也空出广场，而两侧的起翘又天然地在建筑顶部形成一个广场。也就是说，他们硬掰出了 3 个广场（图 4、图 5）。

图 4

图 5

如此一来，3个广场的总面积竟然跟整个基地面积一样大。广场是有了，但这个造型是个什么鬼？真的不是设计了一只鸟？还是只正欲展翅飞翔的鸟（图6）。

图6

但小p同学不管这个是什么造型，只想要广场。由于场地西侧有一个城市公园，因此他将起翘的拐点向南偏移，使广场与城市公园相对应，并做下沉处理。于是，这只平面展翅小鸟变成了有透视的展翅小鸟（图7、图8）。

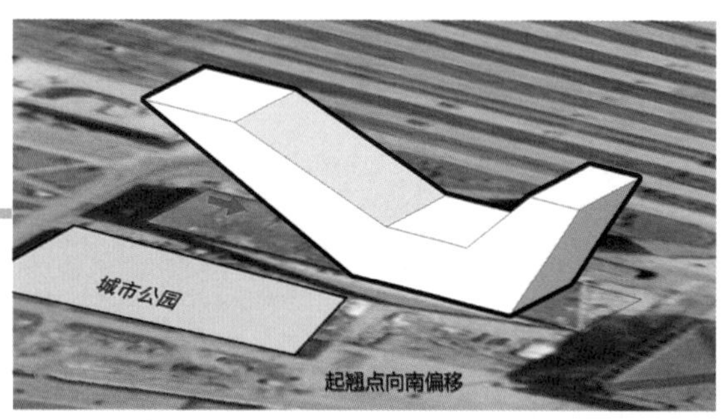

图7

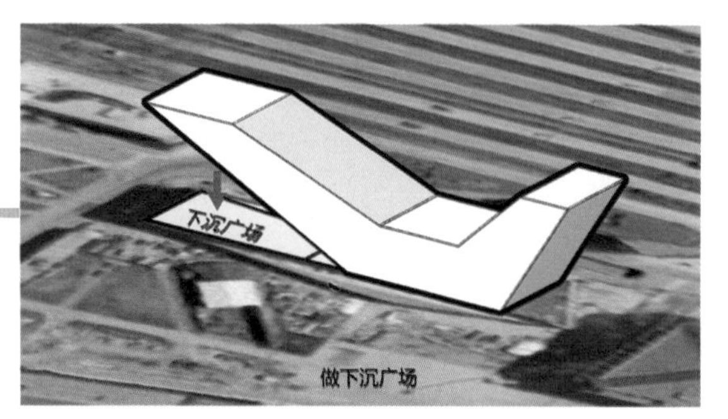

图8

不管什么鸟，估计都是想上天。但这种飞一般的造型一般都飞不过片头曲（如果说整个项目是一部电影的话）。您好歹再盘一盘、推敲推敲，是不是？要说小p绝对是一根筋中的“战斗筋”，满脑子都是“终于有广场啦！哈哈哈！”的喜悦，压根儿没打算再推敲推敲造型什么的，直接就拿着这个飞一般的造型去找结构师了。能跟一根筋建筑师搭伙的结构师当然也是一根筋，竟然没把小p踢出去，而是认真规划出了结构设计两步走。

第一步：桁架系统。

在建筑外侧设置桁架，平衡两侧起翘的重力和部分弯矩力（图9）。

图9

第二步：拉力系统。

在顶部增加体块，平衡两侧起翘的弯矩力（图10）。

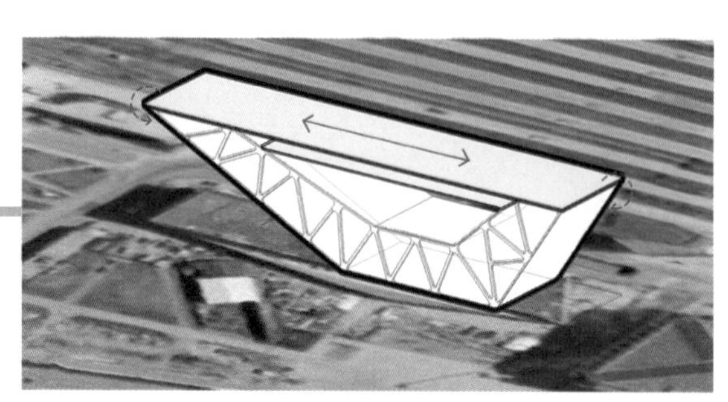

图10

所以，这是大鹏展翅转型成跷跷板了吗？是什么都无所谓，小 p 只想要广场。有了结构系统后，小 p 将整个图书馆分为体验学习区、阅读学习区和城市客厅 3 部分（图 11）。

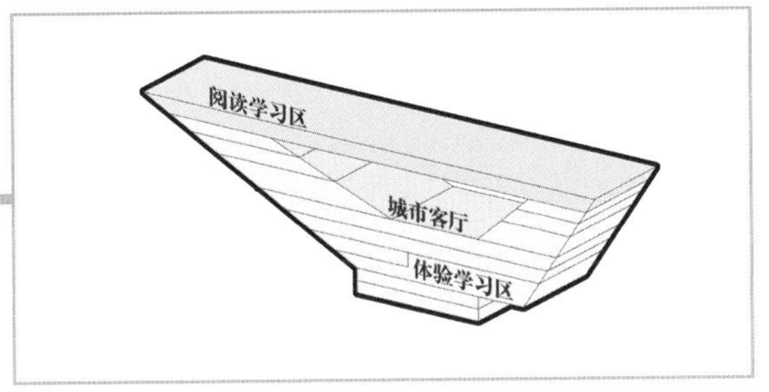

图 11

所谓体验学习区准确来讲应该是：除了阅读区以外图书馆所有的玩耍功能区，包括书吧、咖啡厅、多功能厅、休息室、多媒体阅览、小型剧场、儿童世界、游客服务中心以及桑拿房（对，芬兰人就是每时每刻都要洗桑拿）等。

虽然功能上乱七八糟，但在空间上基本就是两类：以书店、咖啡厅、休息室、展示区为代表的开放空间和以多功能厅、多媒体阅览、藏书室等为代表的封闭空间（图 12）。

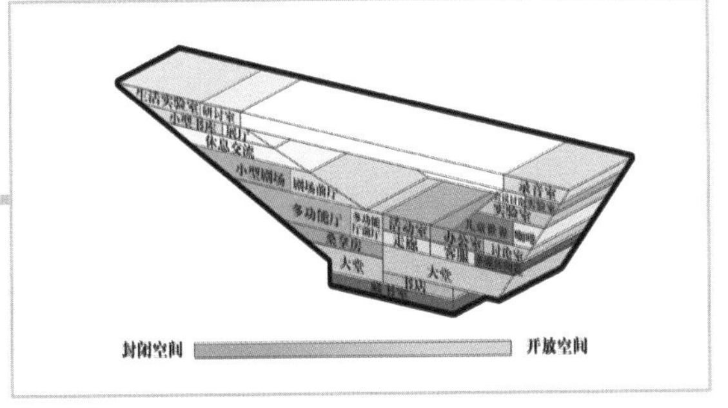

图 12

普通做法就是划分出一个个房间作为封闭空间，房间外面就是开放空间。但别忘了，这是一个飞一般的建筑，还是一个被结构师开过光的“飞一般”。这么一本正经地划分房间对得起苦苦支撑的桁架结构吗？

好建筑守则第一条：内部空间不得与结构方案脱节，结构方案也不得与内部空间脱节。注意，后半句并不是废话。建筑师依据桁架结构给小 p 创造出了一个个小型管状空间（图 13）。

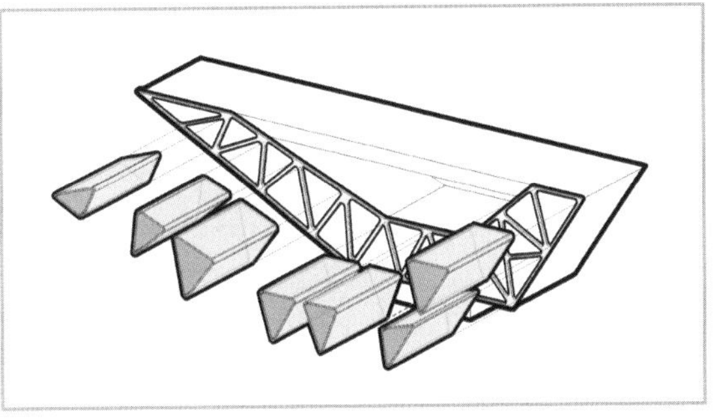

图 13

看似还不错，但麻烦大了去了。为了使结构体系稳定，桁架杆件所围合出来的形状是统一标准的，这就导致依据桁架所提炼出来的管状空间也是均质统一的。那么，问题来了：这种均质统一的管状空间真的可以适配每个功能吗？

答案当然是不可以啦。就算剧场和展示区能勉强统一，那你让剧场和办公室怎么统一？何况还有洗手间这类“物种”的存在。所以，根据前面说到的守则的“后半句”，结构师再次调整了结构方案：将原来最经济合理的统一规则的桁架结构调整成大大小小的不规则状，让结构去适配空间功能（图 14、图 15）。

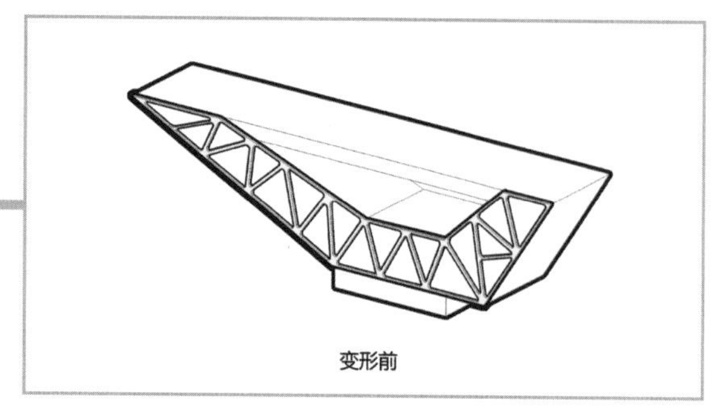

图 14

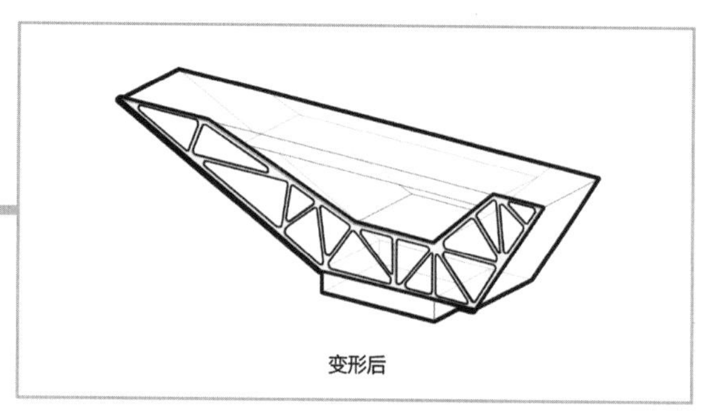

图 15

调整桁架结构后，再重新提取各种大小不一的管状空间，并设置相应功能（图 16）。

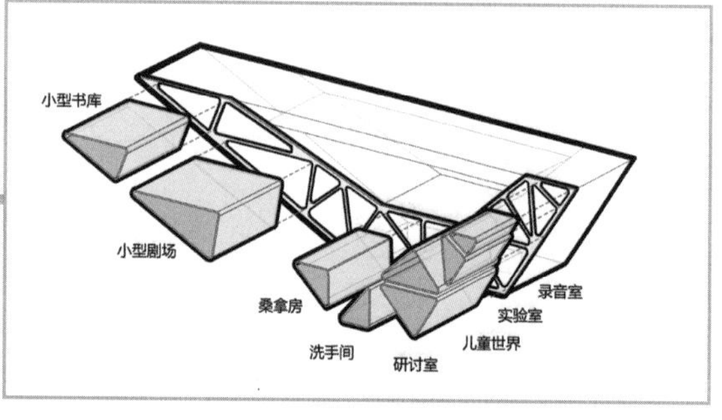

图 16

至此，整个建筑的空间结构已经初见端倪了。但别高兴得太早，还有个重要元素没登场呢，就是楼板。你总不能就眼睁睁地看着楼板系统和管状空间火星撞地球吧（图 17）？

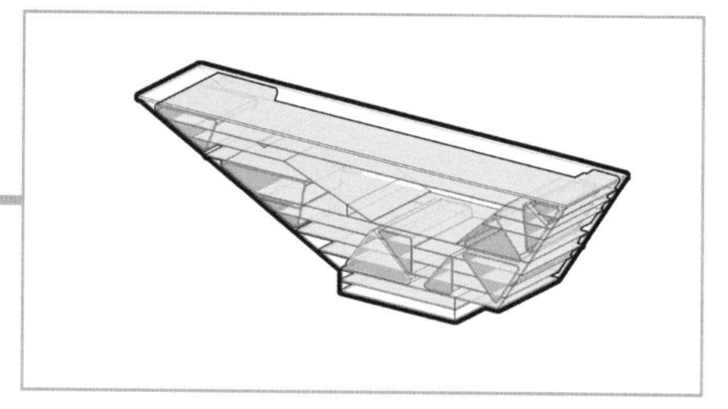
图 17

为此，小 p 采用了 3 种类型的处理方法。首先，是最特殊的小型剧场和报告厅，顺应管状空间的斜坡设置观众席，并用楼板切割下部的锐角空间（图 18）。

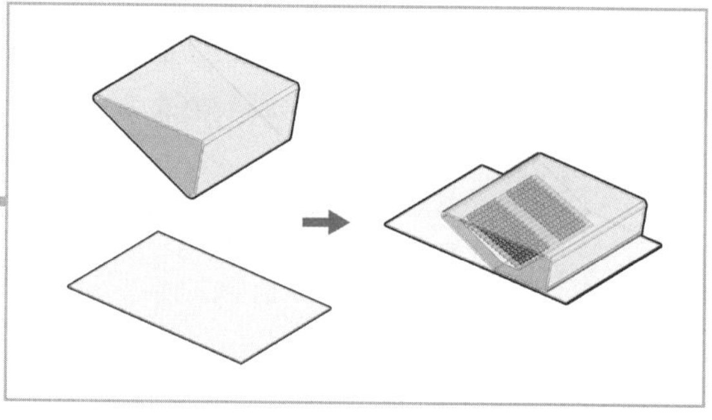
图 18

其次，是以展示区、会议室为代表的宽敞型空间。这种空间内部布置较为松散，不需要过多的分割，只需让楼板将管状空间顶部的锐角空间削减掉，避免浪费空间即可（图 19）。

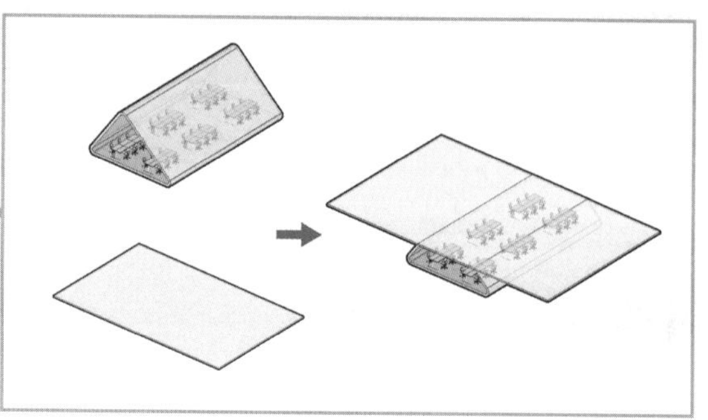
图 19

最后，是以实验室、办公室为代表的紧凑型空间。用楼板将管状空间分割为多层空间，提高使用效率（图 20）。

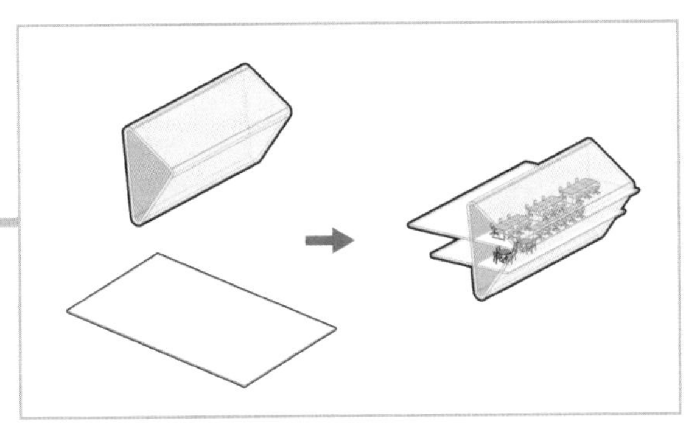
图 20

另外，为了实现首层的入口大堂通高，也需要将上部的管状空间进行切割（图 21、图 22）。

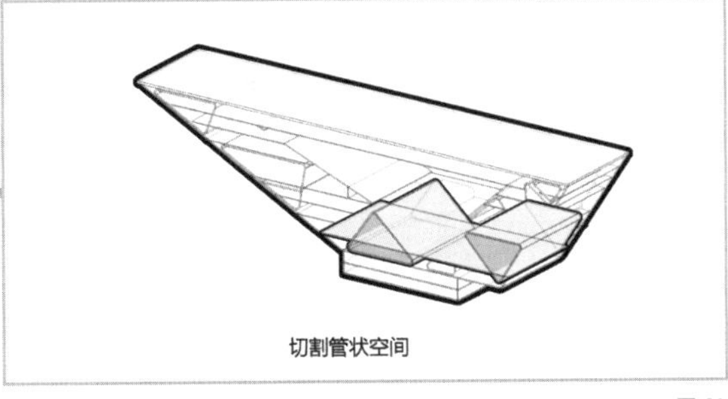

图 21

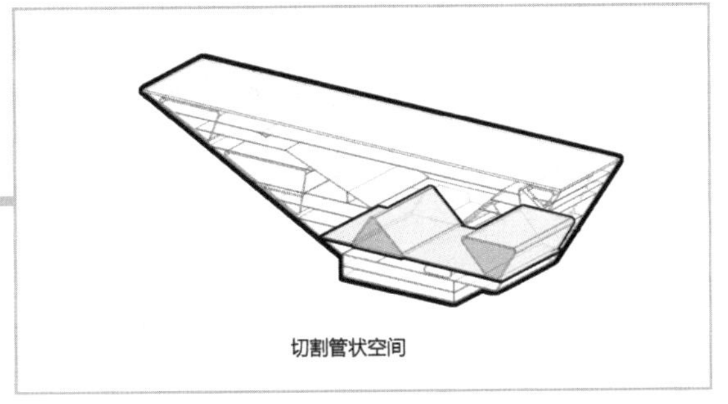

图 22

进一步削减（图 23、图 24）。

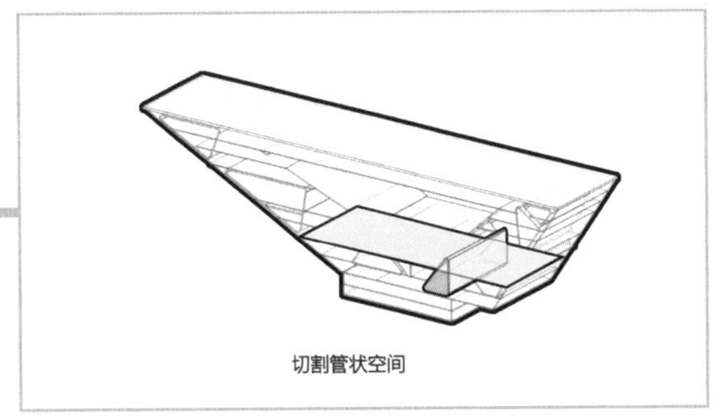

图 23

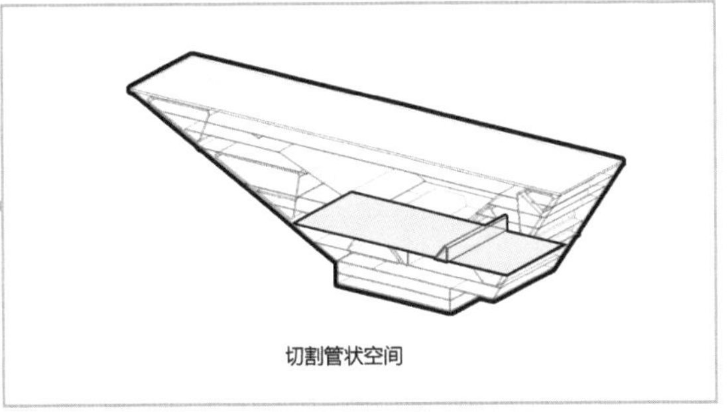

图 24

最终，在入口处得到一个三层通高的门厅（图 25）。

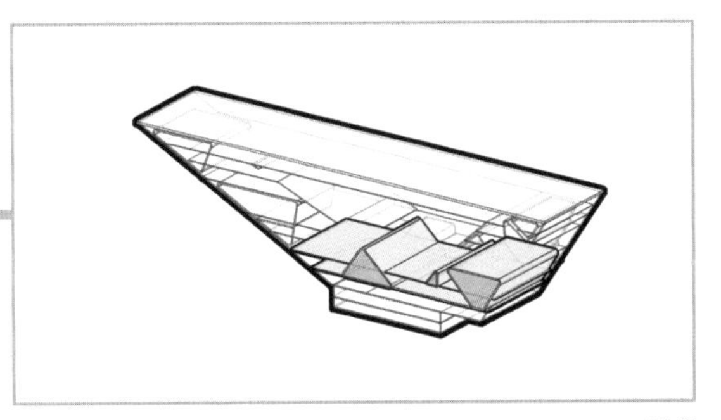
图 25

切除管状空间之间的部分楼板，得到一个比较炫酷的中庭（图 26、图 27）。

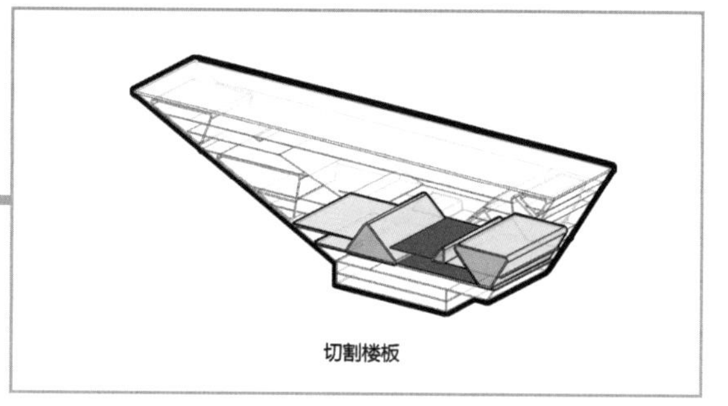

图 26

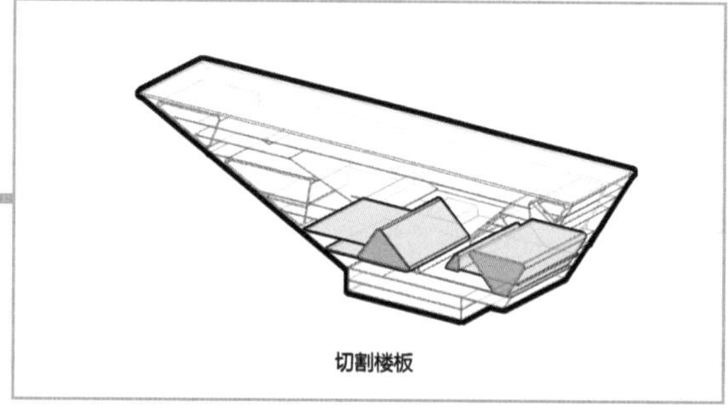

图 27

过多的管状空间还会影响平面之间的连通性，因此也要利用楼板加以削减（图 28 ~ 图 30）。

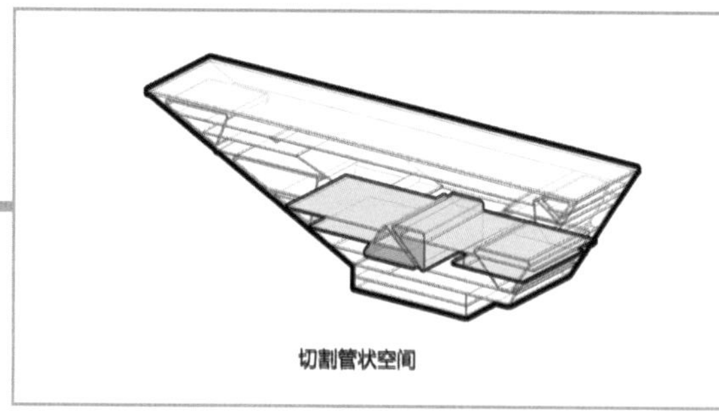

图 28

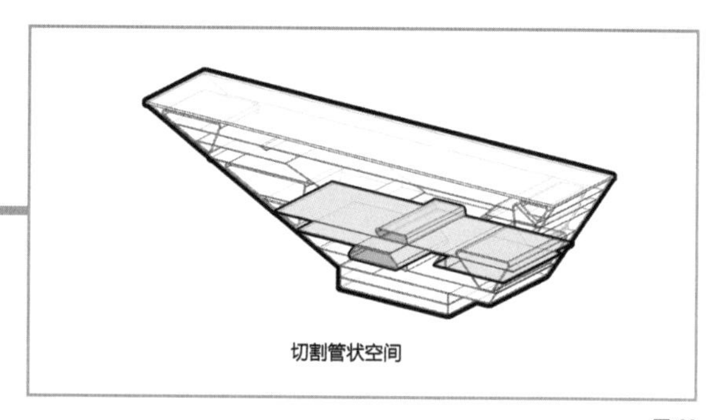

图 29

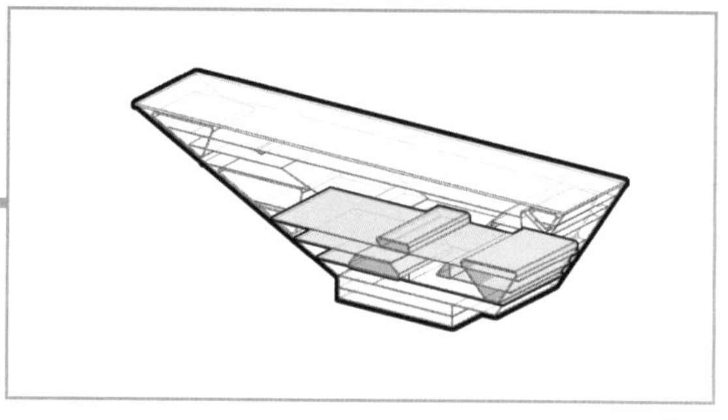

图 30

在隔断处加连廊，进一步加强平面的连通性（图 31）。

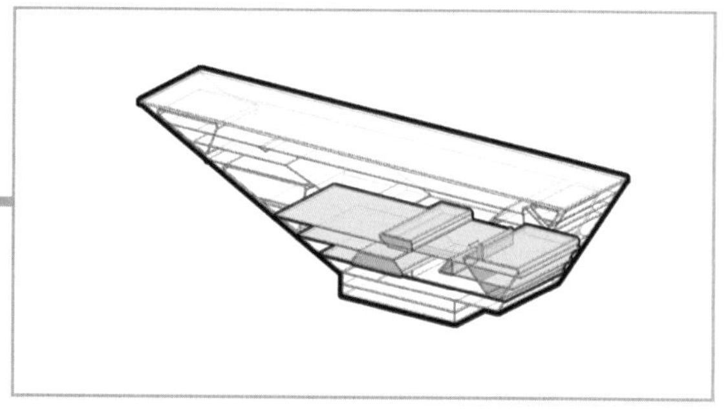

图 31

依据前面提到的管状空间使用功能，进行角部切割和内部划分（图 32 ～图 34）。

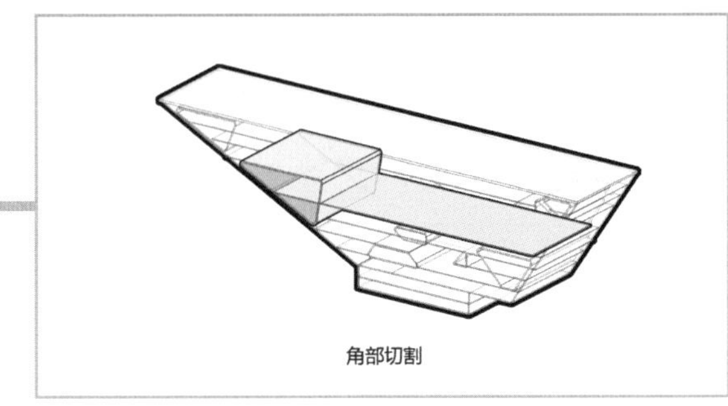

图 32

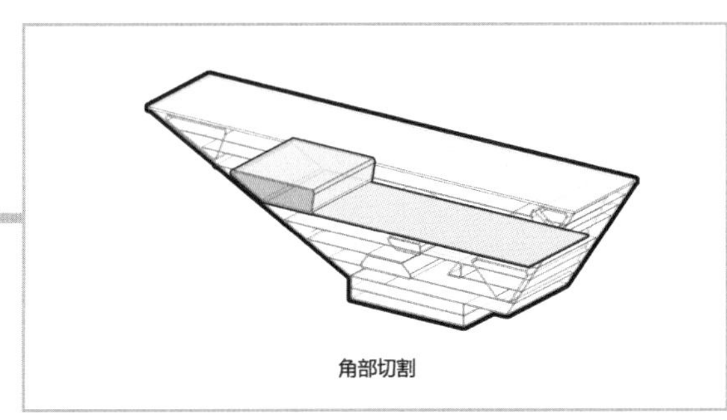

图 33

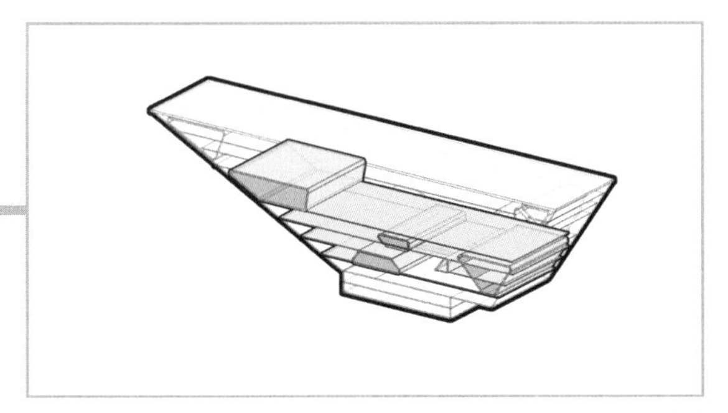

图 34

位于鸟翅膀两端的管状空间，本身就与建筑形态一致，也不会影响平面的连通性，因此不必进行削减，直接用楼板分割成多层使用空间就可以了（图 35）。

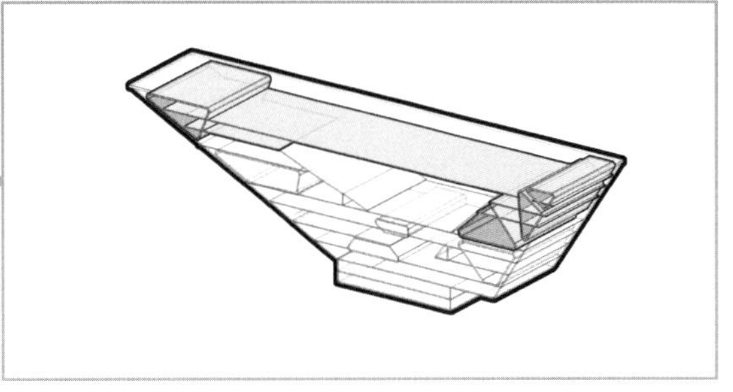

图 35

经过对一堆楼板的敲敲打打、修修剪剪的操作后，楼板和管状空间的关系看着就和谐多了（图 36）。

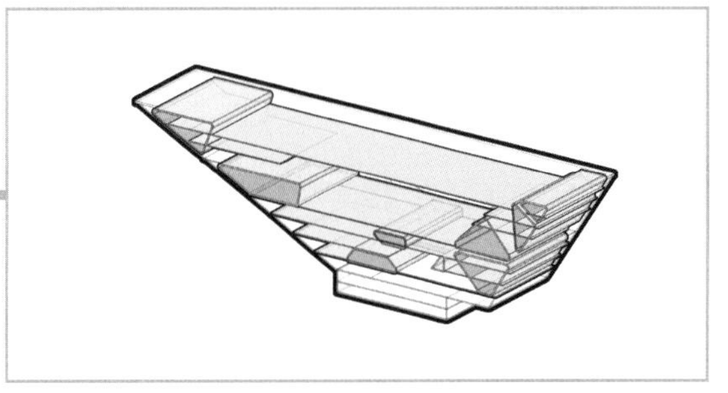

图 36

从室内看是图 37、图 38 这样的。

图 37

图 38

至此，整个建筑空间基本就完成了。如果你觉得可以收工回家了，那一定是忘了那些年被“疏散不够”支配的恐惧。你的楼梯“大魔王”正在提刀赶来……

请问：这个“鸟”一样的形体垂直楼梯要怎么放？八字箴言：牺牲小我，成就大我。为了让使用者可以在这个飞一般的建筑里自由到达各个角落，同时让整个建筑有符合规范的消防疏散通道，原本正常的楼梯不得不做出牺牲，变成了图 39 这个鬼样子。

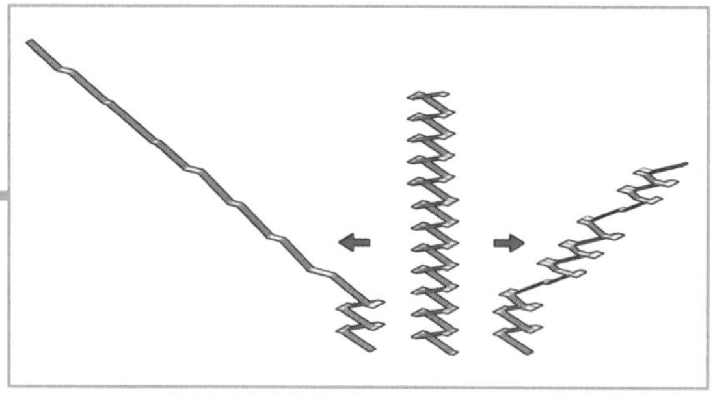

图 39

调整管状空间的进深，避免楼梯间与管状空间打架，并留出足够的交通空间（图 40 ~ 图 42）。

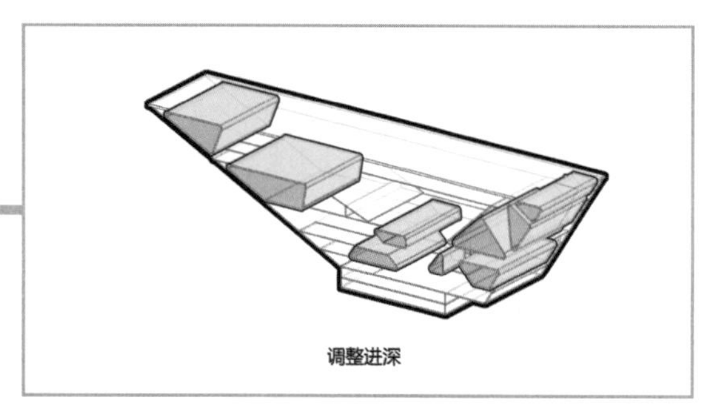

图 40

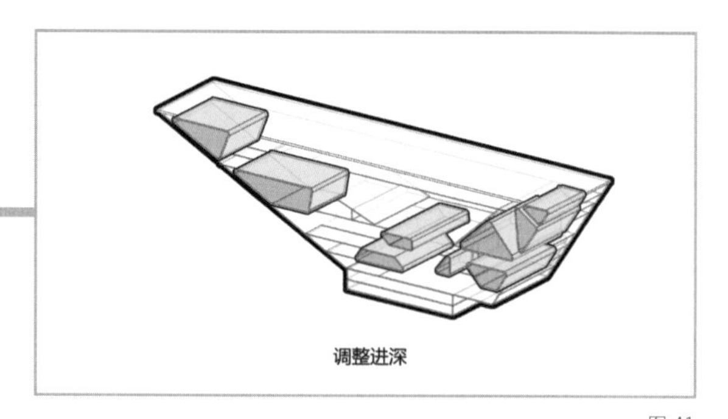

图 41

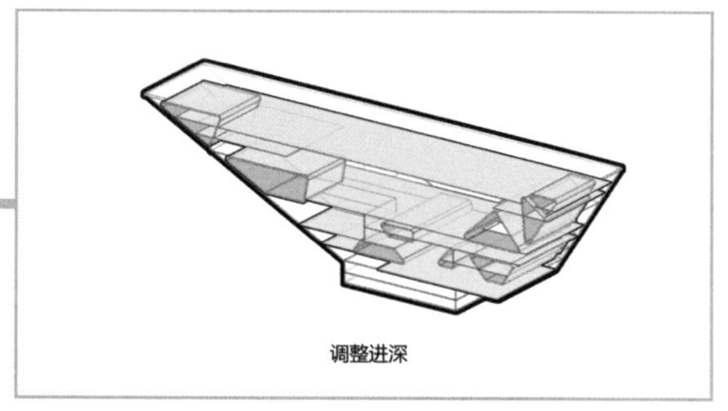

图 42

调整之后再插入变身后的楼梯间（图 43）以及扶梯（图 44）。

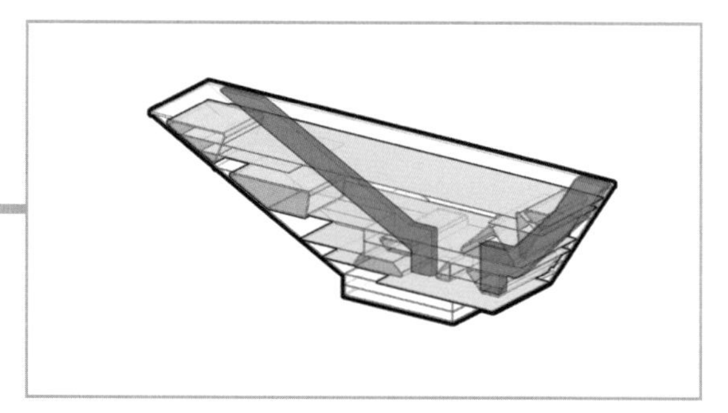

图 43

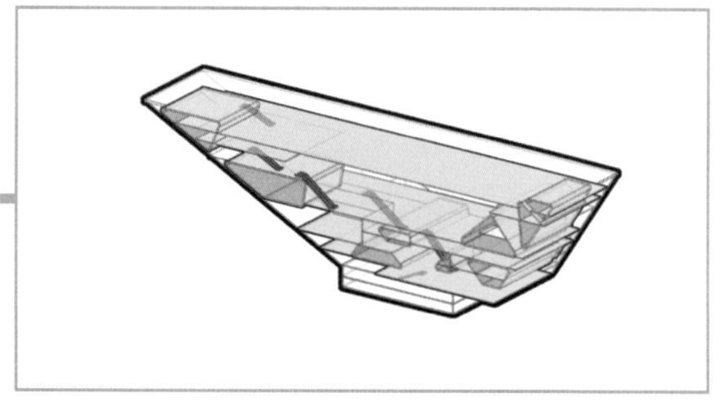

图 44

但这种变身只能发生在楼梯间与扶梯上，对垂直电梯就爱莫能助了。那么，问题又来了：这个建筑需要一个垂直电梯吗？当然是需要啦！就算人不需要，书也需要。小 p 还把开架阅览区放在了最高层，总不能指望工作人员爬楼梯搬书吧？那么，问题又来了：在这个飞一般的造型中怎么放一个垂直电梯？

好了，不卖关子了，因为没有任何巧妙、精妙、妙不可言之处，就是强行放了个垂直电梯进去（图 45）。

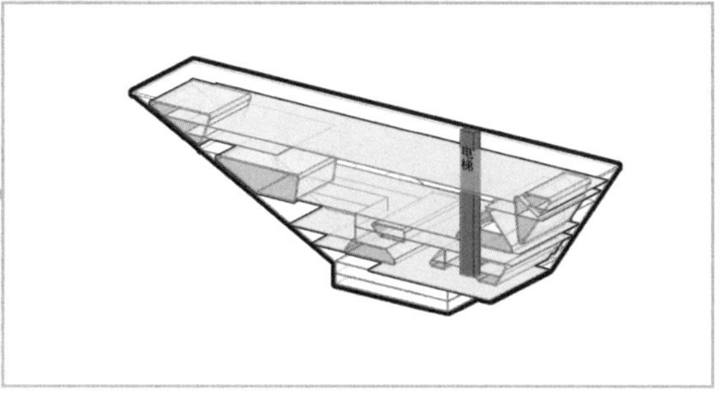

图 45

通过这个电梯，人们可以直接到达顶层的阅读学习区（图 46）。

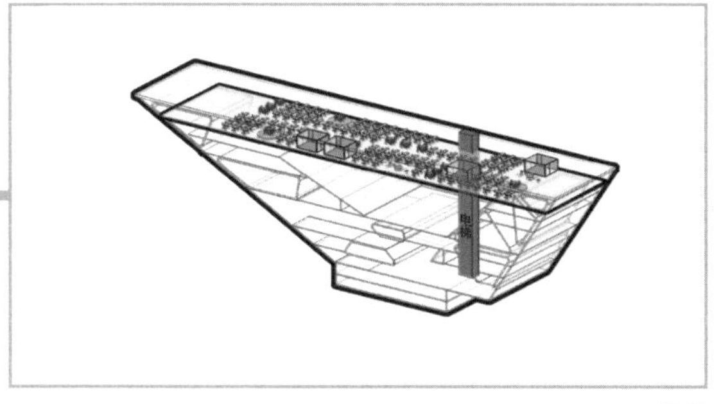

图 46

至此，整个建筑才算差不多完成。但说实话，一个图书馆就算需要广场，也不需要这么多广场。特别是有了两个地面广场后，那个屋顶广场利用率实在不高。所以，小 p 借助起翘的坡度设置大台阶，将这个屋顶广场改造成一个大的透明剧场（图 47）。

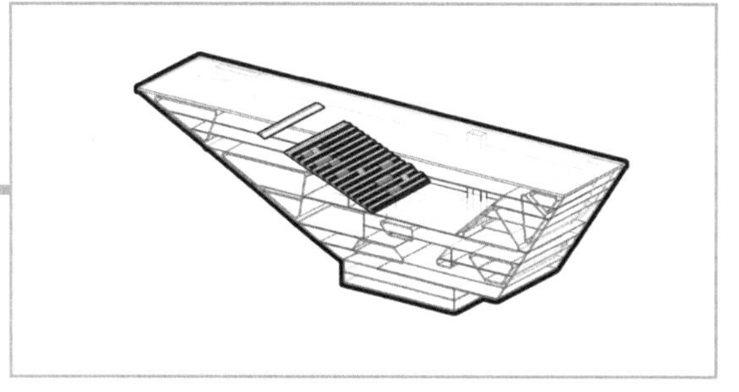

图 47

设置通向体验学习区的出入口（图 48）。

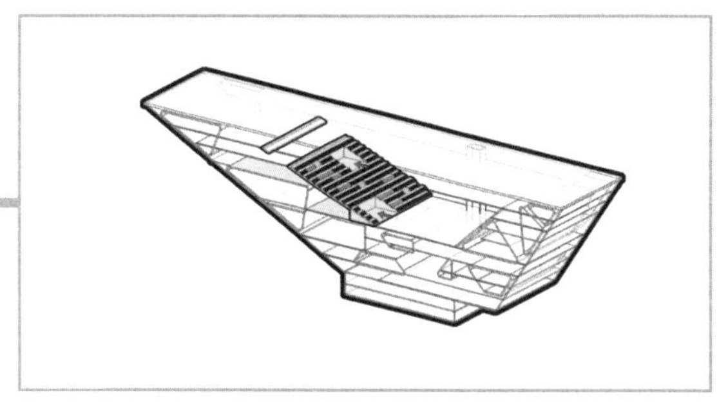

图 48

并在两侧设置玻璃幕墙（图 49）。

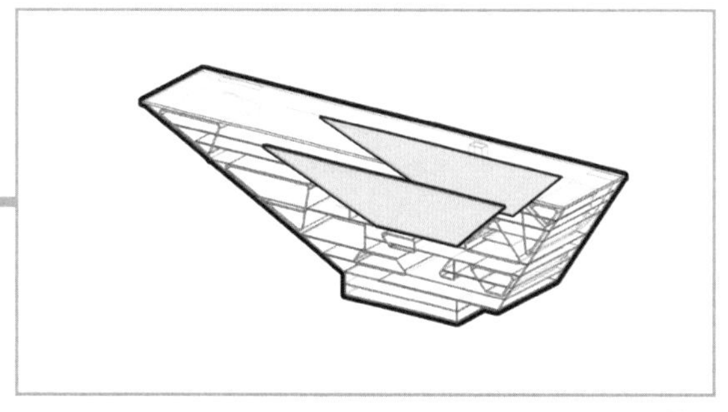

图 49

最后加上表皮，才算真正收工（图 50）。

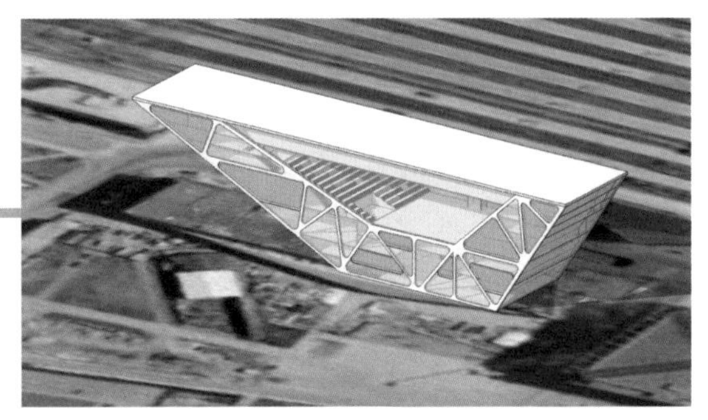

图 50

这就是 PRAUD 事务所设计的赫尔辛基图书馆竞赛方案，一个对广场有“飞一般”执念的方案（图 51 ~ 图 56）。

图 51

图 52

图 53

图 54

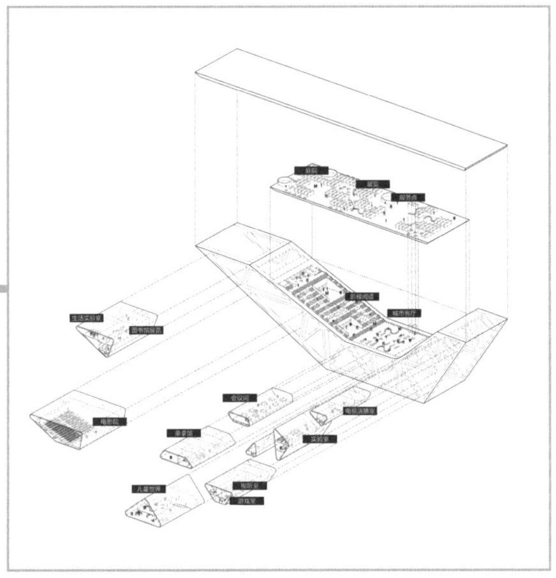

图 55

图 56

图片来源：

图 1、图 38、图 51 ~图 56 来自 https://www.archdaily.com/299829/helsinki-central-library-competition-entry-praud，其余分析图为作者自绘。

END

那些诚实的建筑师真的会得到奖励吗

图 1

名　称：埃及开罗科学城竞赛方案（图 1）
设计师：Weston Williamson+Partners 事务所
位　置：埃及·开罗
分　类：科学城
标　签：扩建，政府建筑
面　积：约 125 000m^2

START

投标，不一定是一场赌博，可参加投标的建筑师，真的很像一个赌徒——愿赌，但就是不服输。甲方瞎，对手丑，专家评审信口开河，网上投票全靠水军。可怜我的这么一个绝世美方案明珠暗投，成了炮灰，如果上天能够给我一个再来一次的机会，我一定要在投标之前好好研究一下，早知道最近运气不好，就不出来蹚浑水了。

谁叫设计这事儿没有标准答案呢，赢了都说水平高，输了都怪运气差。反正不是甲方的错，就是甲方的错。设计没有标准，但有真假。就算甲方是喜欢穿新衣的皇帝，但你依然可以选择要不要去设计那件新衣。

埃及开罗西部有一座城市叫十月六日城（就叫这个名）。这个十月六日城最近打算建一座科学城，基本和咱们的大学城差不多，主要"城生"轨迹都是荒野求生。不同的是，咱们的大学城都是抱团求生，而人家埃及开罗科学城是独自求生。

一望无际的法老大沙漠里，一片 100 000m^2 的荒野黄沙地上，要盖一座 120 000m^2 的神秘科学城。这个开场设定像不像要搞事情（图 2）？

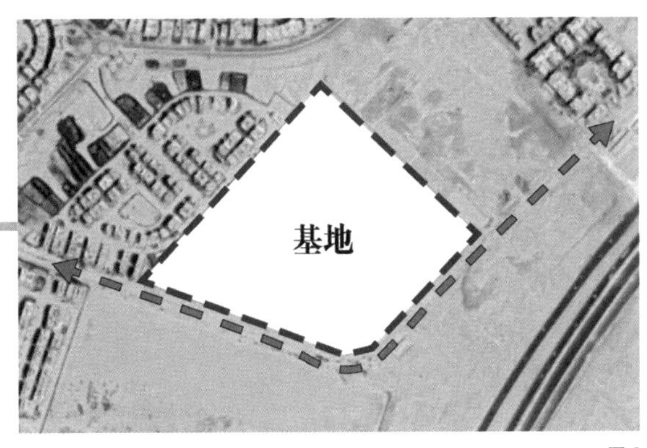

图 2

然而，现实不是拍电影。这个 120 000m^2 里主要有 32 000m^2 的展览馆、8000m^2 的会议中心、10 000m^2 的学习中心、20 000m^2 的科研中心、15 000m^2 的工作坊以及其他辅助服务功能。看明白了吗？这个配置走的不是钢铁侠地下基地的黑科技路线，立的是毫无惊喜的城市地标"爱豆人设"。

地标这事儿咱们都熟：投标靠颜值，中标靠眼缘。如果你想赢，那就得拿出十八般兵器雕出一朵沙漠之花去吸引甲方的眼球（图 3）。

图 3

但如果你不怕输，你就会发现，颜值在这个项目里就是个伪命题，因为除了甲方，根本没人看脸。为什么没人看？因为周围就没有人，全是沙（图 4）。

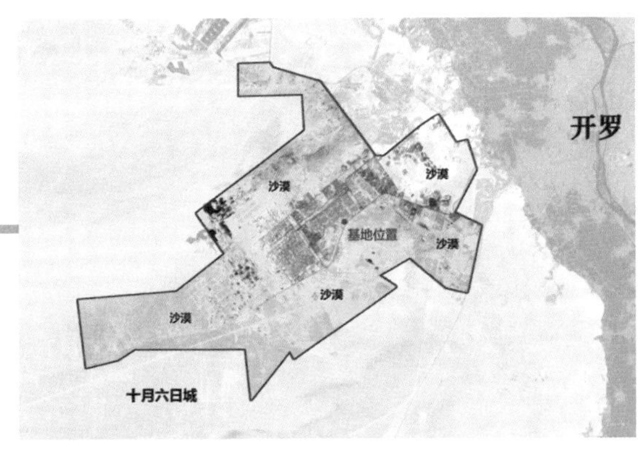

图 4

并且由于场地面积实在太大了，建筑撑死也就两层，2m 以外就快看不见了，更别说很远之外的市中心了（图 5）。

图 5

就算你做个大高层，人们在高楼林立的市中心也很难看到，而且这么大的场地你也没法做高层（图 6）。

图 6

来自英国的 Weston Williamson+Partners 事务所（我们就叫他们达不溜吧），就是个实诚孩子，死活想不通在鸟不拉屎的地方，建筑长得再好看又有什么用。所以，当别人都在热火朝天地搞造型的时候，达不溜在绞尽脑汁搞人。在埃及这种遍地黄沙的地方，什么东西最吸引人？根据对比色原理，当然是且只能是绿洲。如果把这片地搞成一个绿洲，不但能成为城市地标，估计还是妥妥的沙漠地标（图 7）。

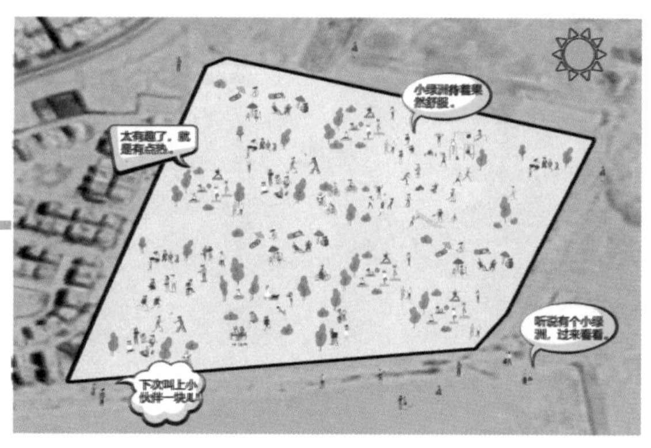

图 7

绿洲这个创意也不算稀奇，人家做沙漠之花的也会种草、种树。要不说达不溜实诚呢，他们在种树之后又发现了另一个现实问题，就是晒！太阳太晒就得遮，遮就得遮得住，结果达不溜直接遮了整个场地（图8）。

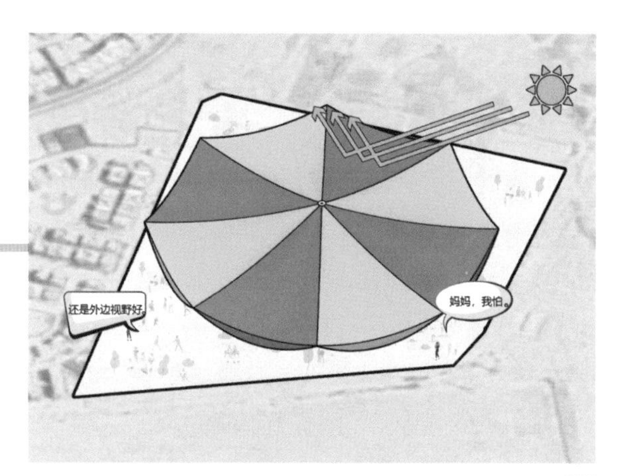

图8

100 000m² 的遮阳伞也太恐怖了，那不就是个大黑屋吗？因此肯定是要继续切分的。参考了周围既有传统建筑的尺度以及日常活动的人群范围，建筑师选择了直径20m的小尺度蘑菇遮阳柱：一个遮阳小蘑菇可供2～3个家庭使用（图9、图10）。

图9

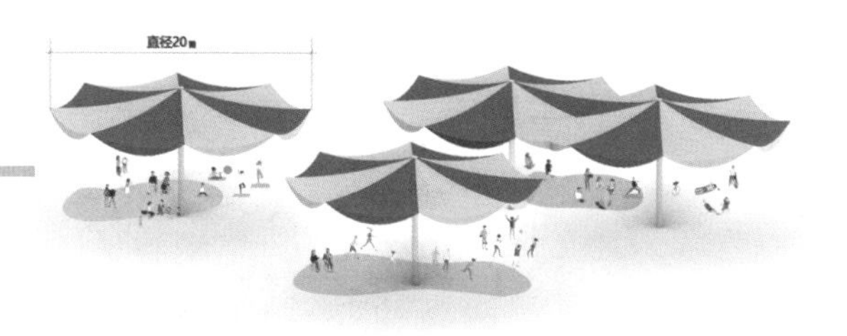

图10

切分以后的遮阳小蘑菇在场地中可以有很多种排布方式（图11～图13）。

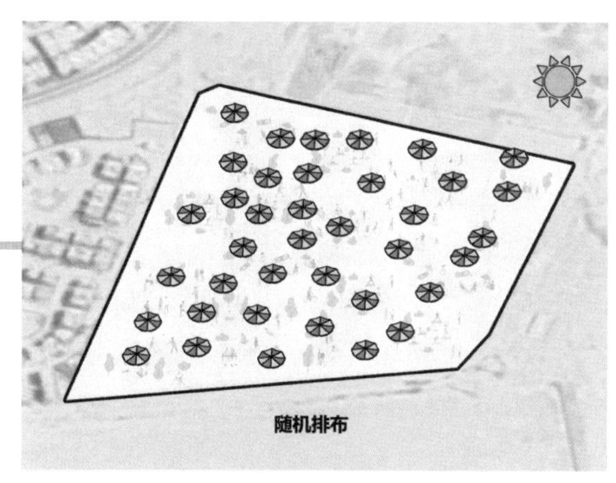

图11

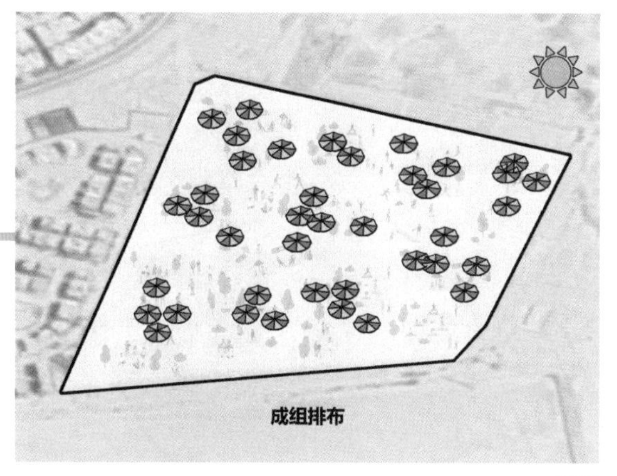

图12

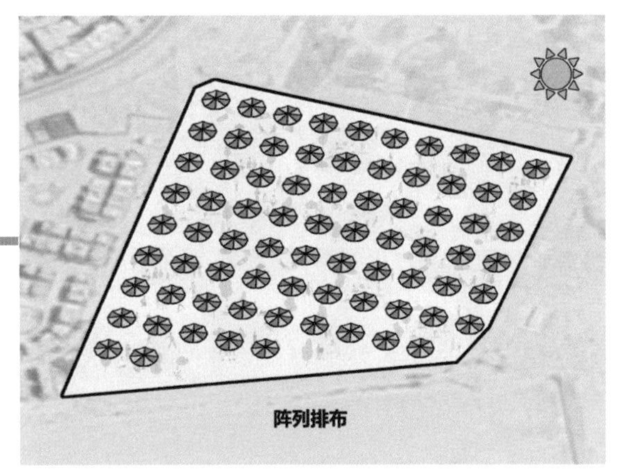

图 13

至此，一个沙漠里的小绿洲就完成了，再加点景观小品、游乐设施什么的就挺完美了。但是，等等，科学城呢？就达不溜现在这个形势，科学城主体只可能放地下了，因为总不能举到天上吧？那和做了一个 100 000m² 的遮阳伞又有什么区别呢？不管怎样，先拉起一个每层 48 000m² 的 3 层体块，全部塞到地下（图 14）。然后，科学城就可以彻底和绿洲公园说再见了，变成地下秘密基地，最多算是有个屋顶花园的地下秘密基地。

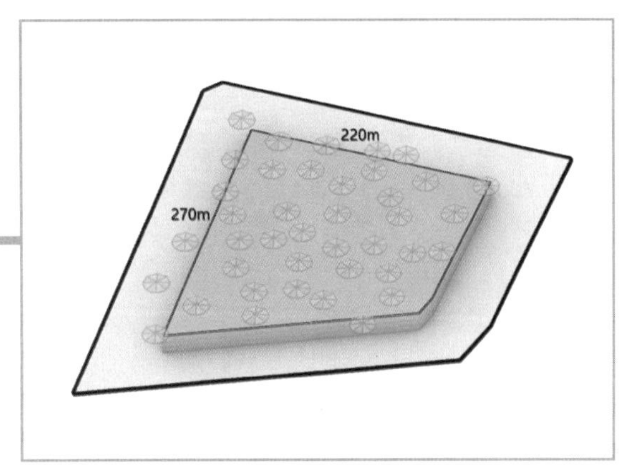

图 14

你费这么大劲把人搞来看地标，结果地标没了？！垃圾方案！废标！达不溜表示，再给我一次机会吧，不就是互相联系吗？我会！很简单的，多挖几个天井院落不就好了吗？让科学家们通过天井和屋顶绿洲产生联系，“吃瓜群众”也可以顺着天井下去看看科学实验。不过天井怎么挖是门学问。虽然叫天井，但不能真的当井挖，直勾勾的垂直关系不方便游客自由进出，只能玩跳井（图 15）。

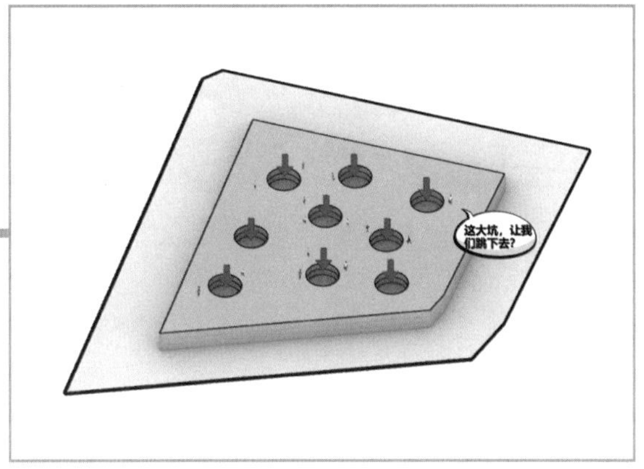

图 15

如果起坡，又会产生很多交通面积和异形空间，既浪费又不好用（图 16、图 17）。

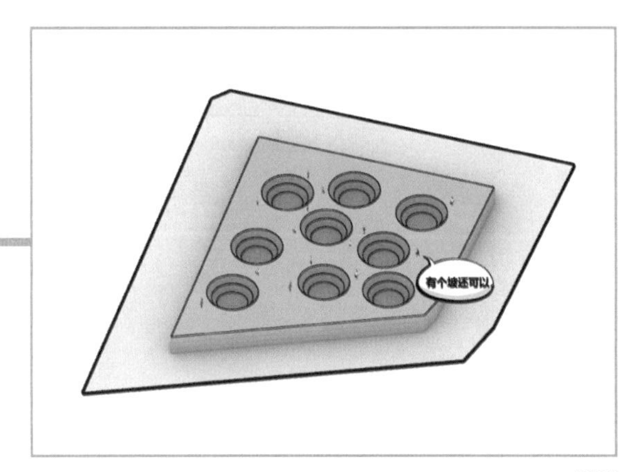

图 16

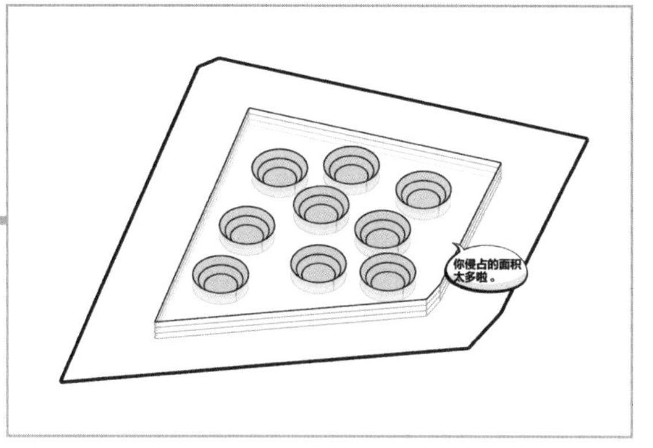

图 17

更重要的是，从地上看，一个个洞洞是要玩打地鼠吗？达不溜虽然实诚，但不死心眼，谁说天井就得挖个洞？我就不能切个缝儿吗？用线性天井切割建筑体块，并在两端形成缓坡。为使每条天井的坡度都能相同，且平缓地进入建筑，建筑体量也顺势变为圆形小山坡。也就是说，建筑不再是纯地下基地了，而变成了一个地景建筑（图 18、图 19）。

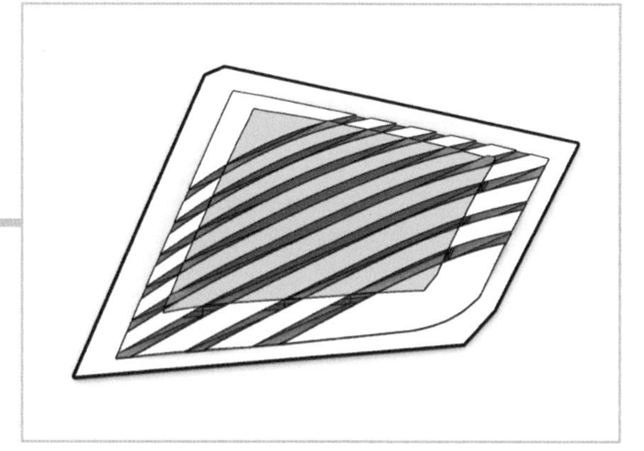

图 18

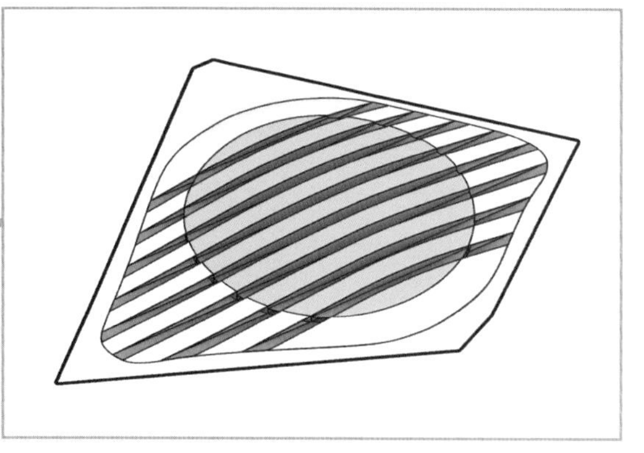

图 19

线性中庭可以作为游客参观入口，让游客随时进入建筑，且并不占用建筑内部使用面积（图 20）。

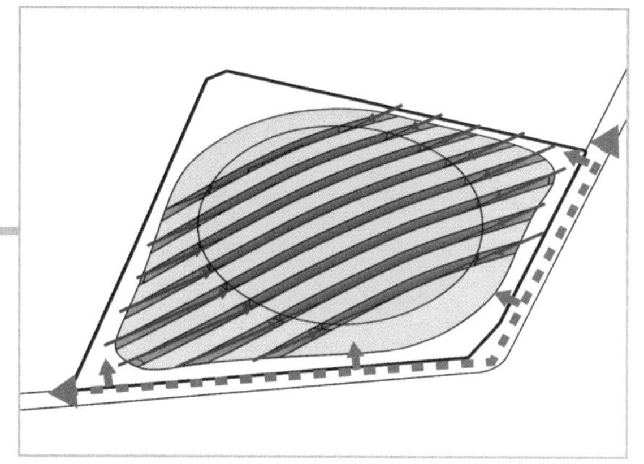

图 20

起坡可以让游客直接到达绿洲屋顶（图 21）。

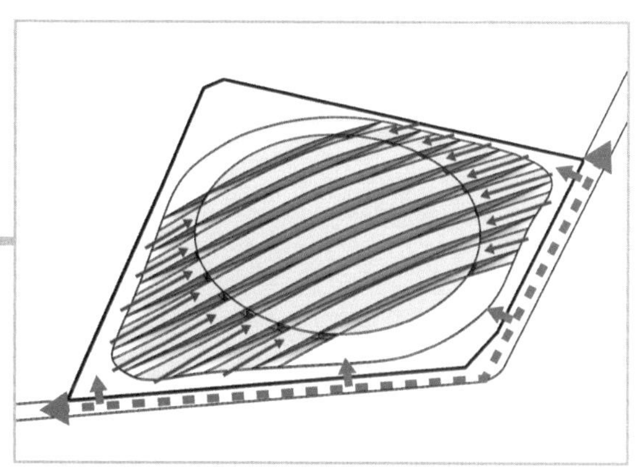

图 21

再加上最初的遮阳小蘑菇，这就是达不溜的基本设计方向（图 22）。但方向离方案还有 18 个通宵。接下来，达不溜开始按照这个方向正经做科学城的方案。

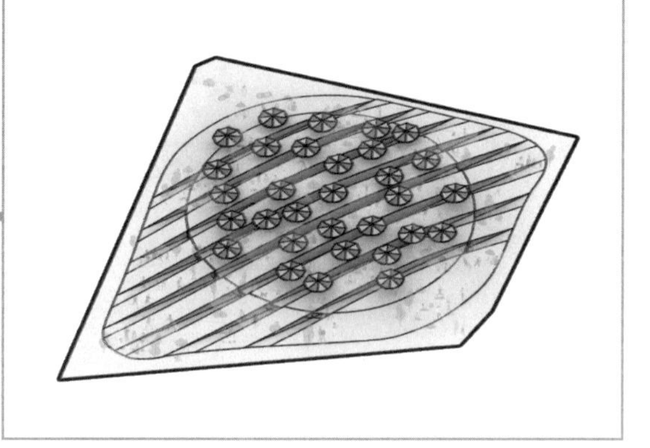

图 22

首先是功能分区。科研区和工作坊作为较私密的非开放区域，放在场地的边缘两侧；展示中心、会议中心和学习中心作为开放部分放在中间，且每个部分都有独立的出入口（图 23、图 24）。

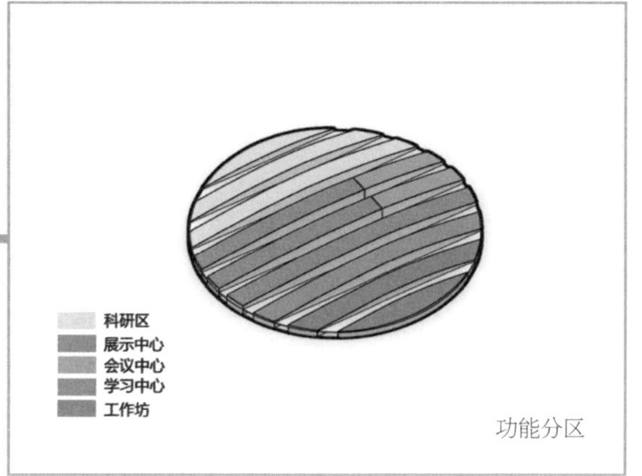

图 23

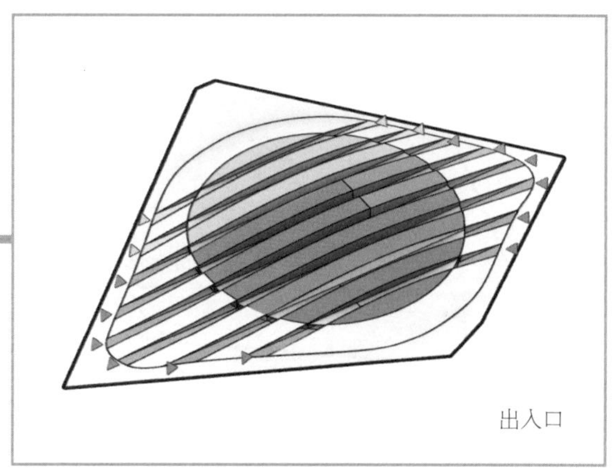

图 24

中间的开放功能需要更完整的使用空间，所以将被中庭切割开的部分在一层局部连接起来（图 25）。

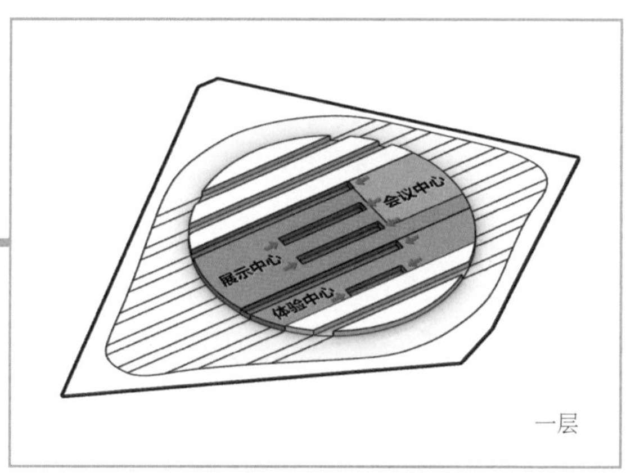

图 25

因为用地面积比较充足，所以二层空间可以相对宽松、分散一些，将线性中庭切割产生的绿化带纵向联系起来，使之成为一个整体，使空间更贯通（图 26）。

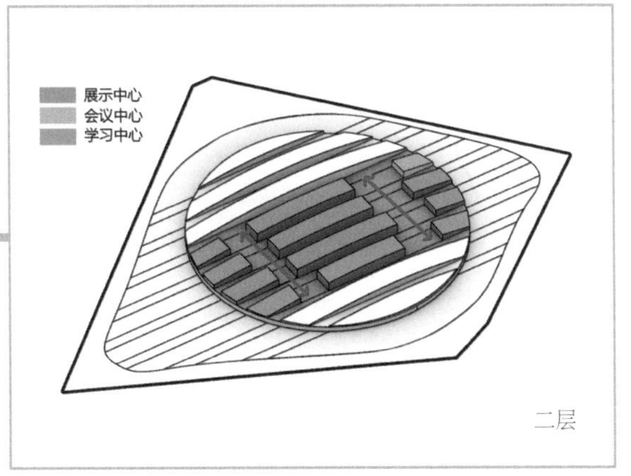

图 26

然后，增强上下层的联系。那不就是插入交通核（图 27）吗？不全是。

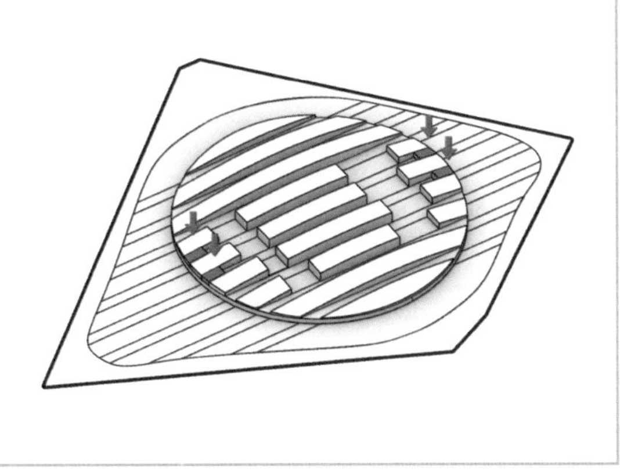
图 27

使用部分的上下联系是交通核，这都是基本盘，公共空间的上下联系才是决胜盘。这个建筑中最有特色的公共空间是什么？不就是上下两层的绿化带吗？通过中庭设计联系上下层公共空间，一层结合留下的 4 条绿化带设置中庭，并在二层相应位置留出通高空间（图 28、图 29）。

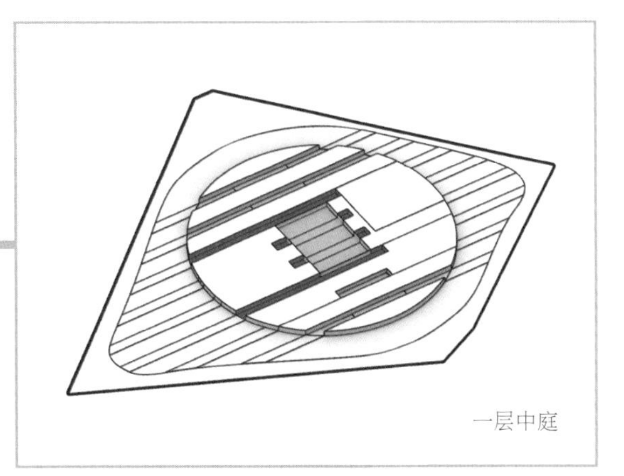

图 28

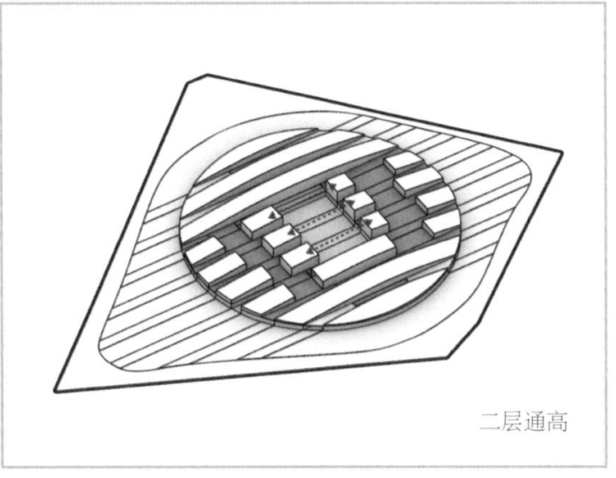

图 29

结合中庭加入台阶，连接上下层（图 30）。

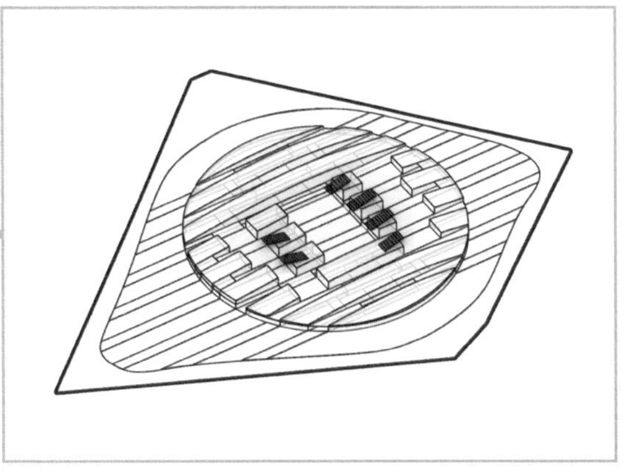
图 30

由于二层留出了通高空间，绿化带被割裂成两部分，因此通过推拉房间体块腾出空间，做坡道加强联系（图 31）。

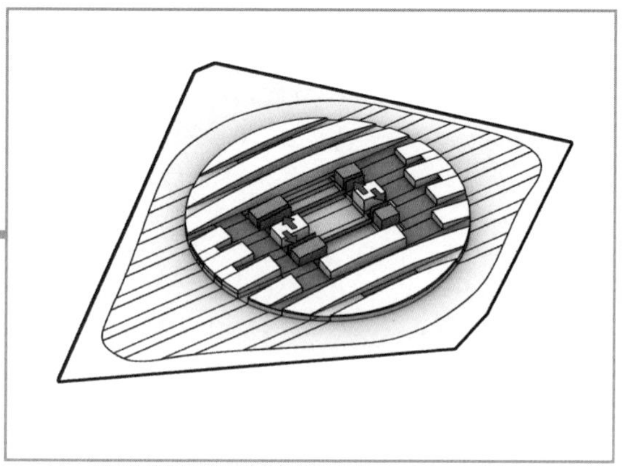

图 31

最后，进行内部具体功能空间的布置（图 32、图 33）。

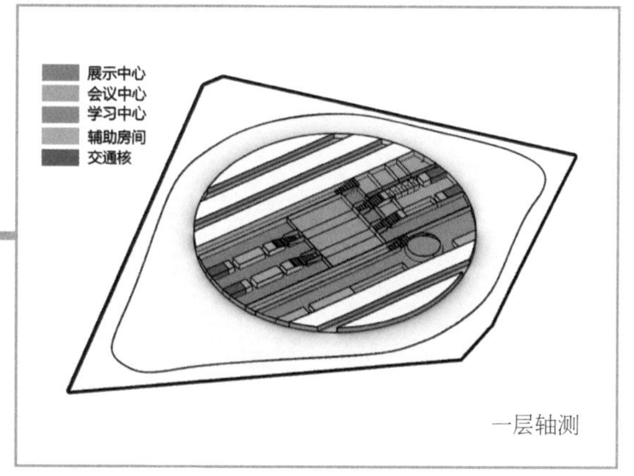

图 32

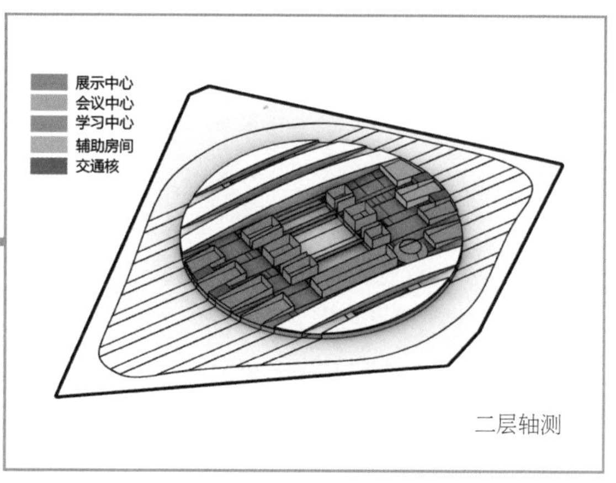

图 33

现在大部分绿色步道空间都集中在二层，位于一层的游客根本看不到，所以需要增加一些通高空间增强视觉联系（图 34）。

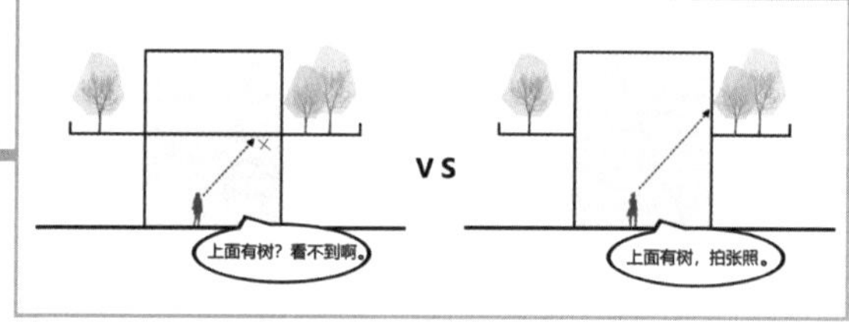

图 34

除了一些本身层高较高的房间，如会议室和报告厅等不能动以外，剩下的房间都被设置成通高进行视觉联系（图 35、图 36）。

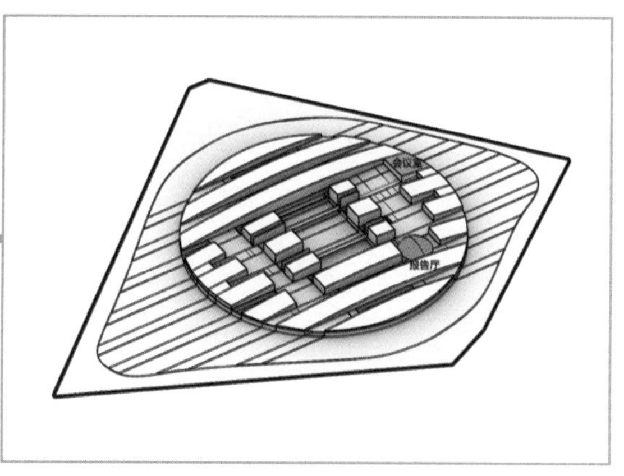

图 35

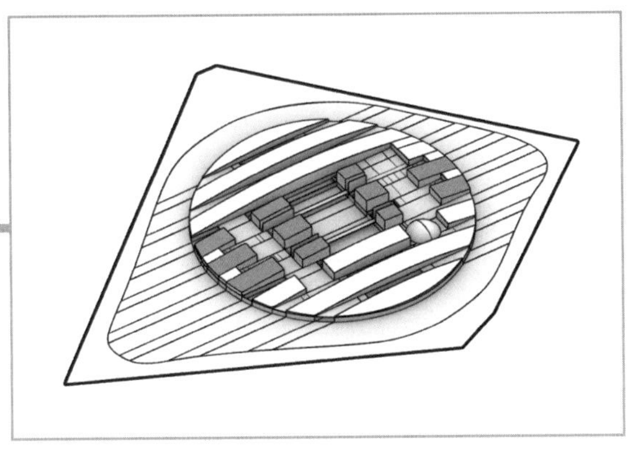

图 36

这样肯定会丢失不少面积，所以达不溜在东侧加设一个小多层补回面积（图 37）。

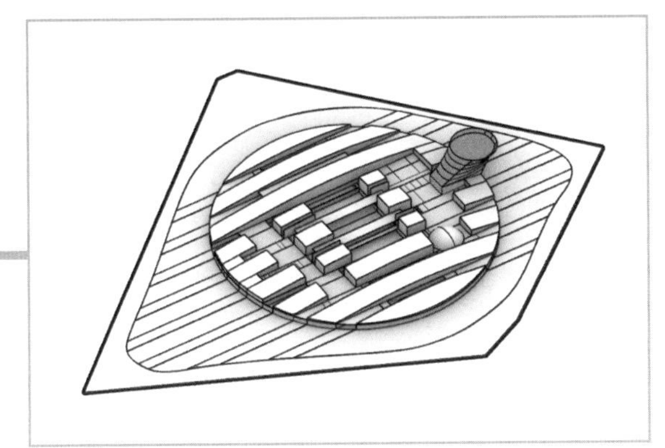

图 37

地下局部空间做停车场并设置地下车库出入口，合并出入口空间（图 38、图 39）。

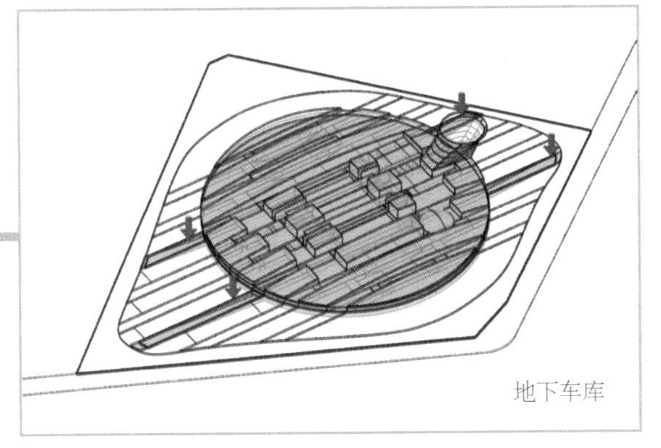

图 38

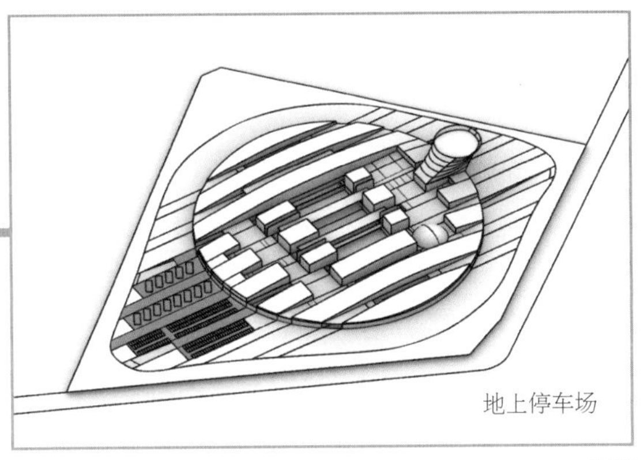

图 39

至此，开放部分的设计细化完成。接下来是相对封闭的区域：科研中心和工作坊。一层部分依然是主要的使用区域，压缩绿化带面积，将科研中心和工作坊分别整合成一个整体（图 40）。

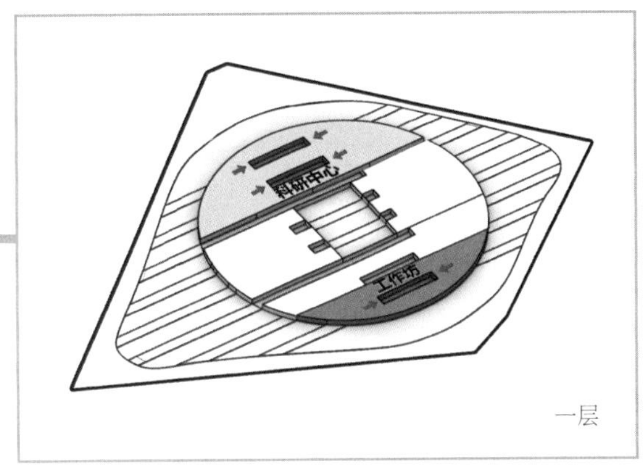

图 40

二层同样南北向连接绿化带（图 41）。

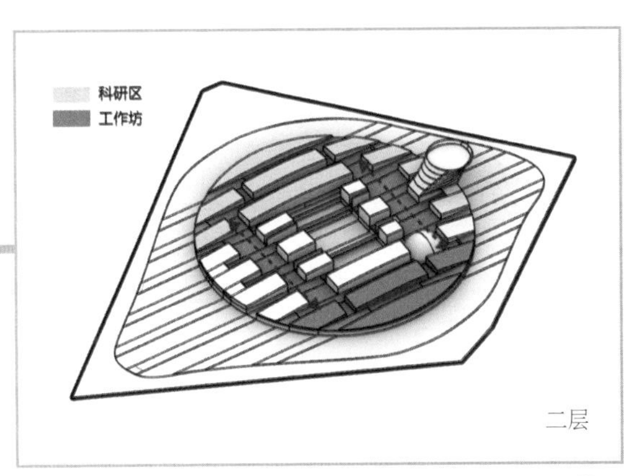

图 41

同样，在使用空间中加入交通核基本盘（图 42）。

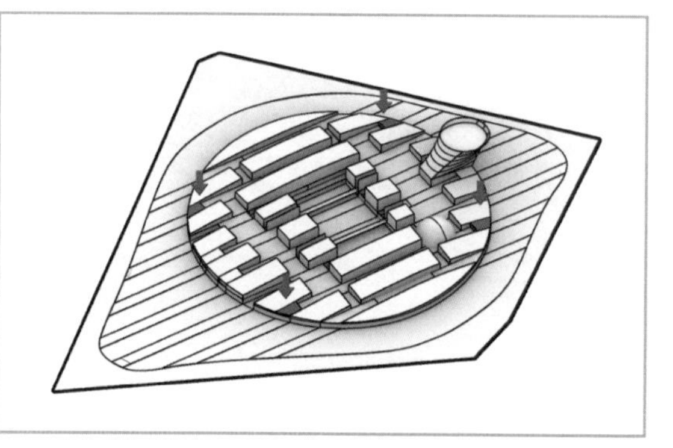

图 42

用中庭空间串联上下层公共部分。结合绿化带做中庭，并将其延伸至开放区域的入口绿化带，让其与开放区域相连（图 43 ~ 图 45）。

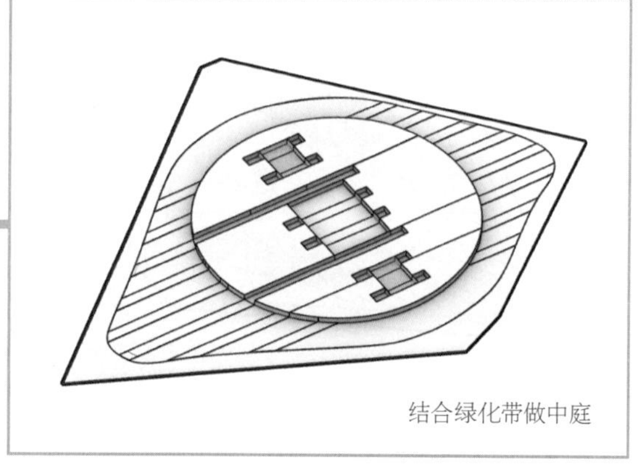

图 43

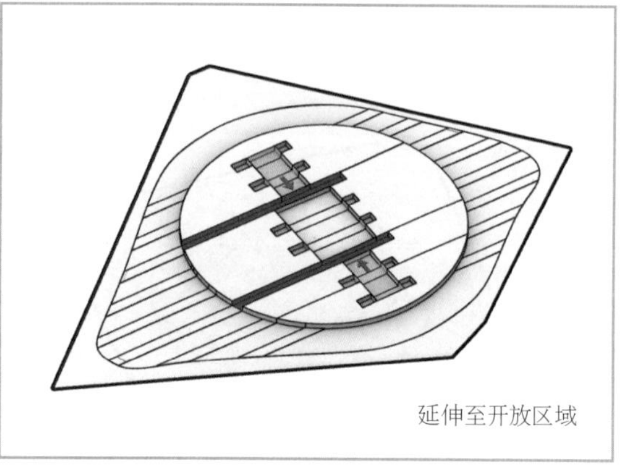

图 44

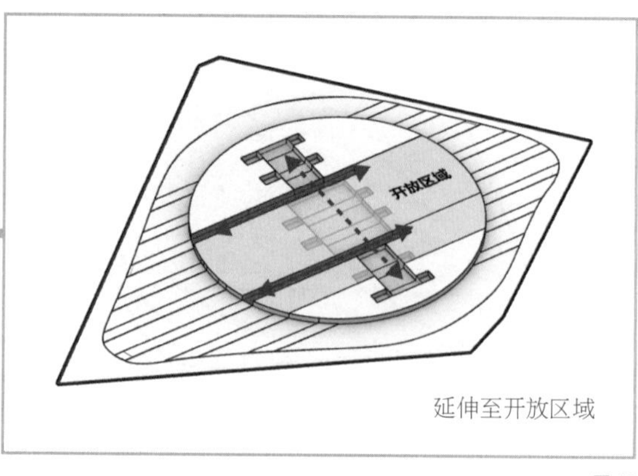

图 45

二层在相应位置留出通高空间（图 46）。

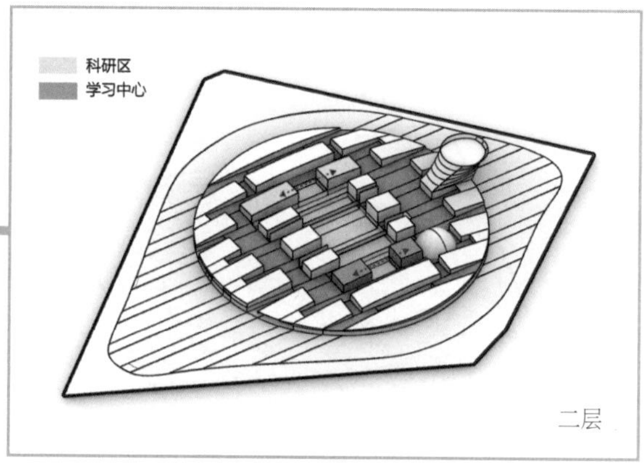

图 46

结合中庭设置台阶（图 47）。

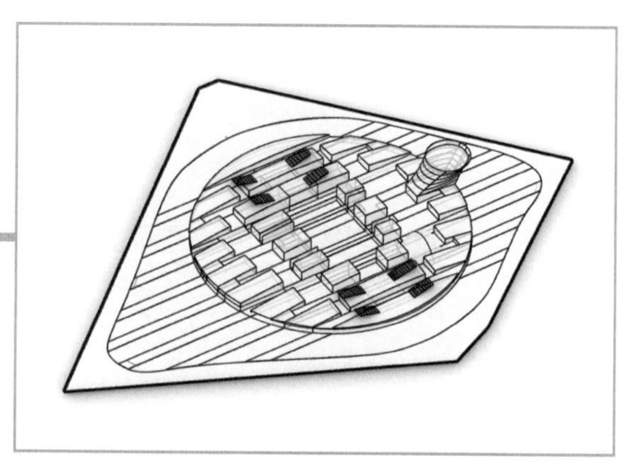

图 47

划分内部使用空间（图 48、图 49）。

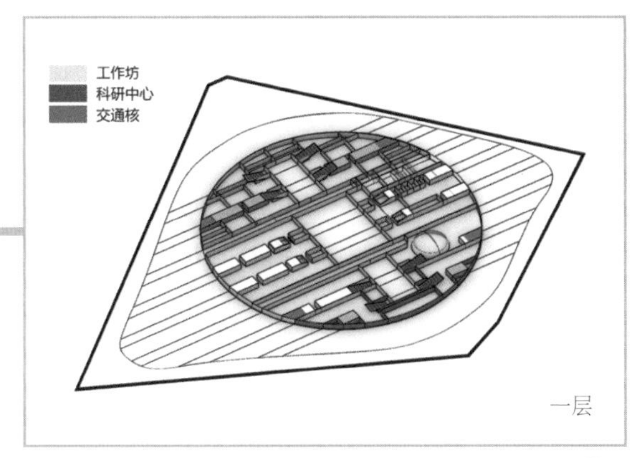

图 48

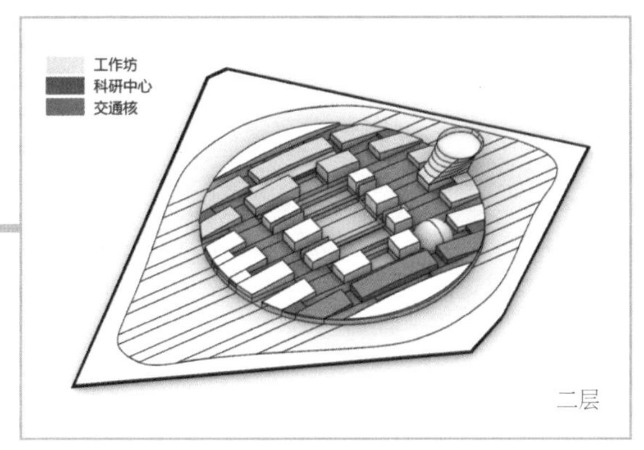

图 49

合并出入口（图 50）。

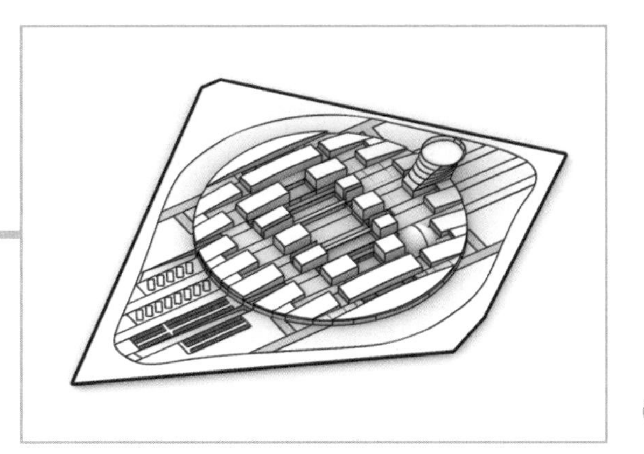

图 50

最后调整屋顶。在南北方向设置小连廊，将屋顶联系为一个整体（图 51）。

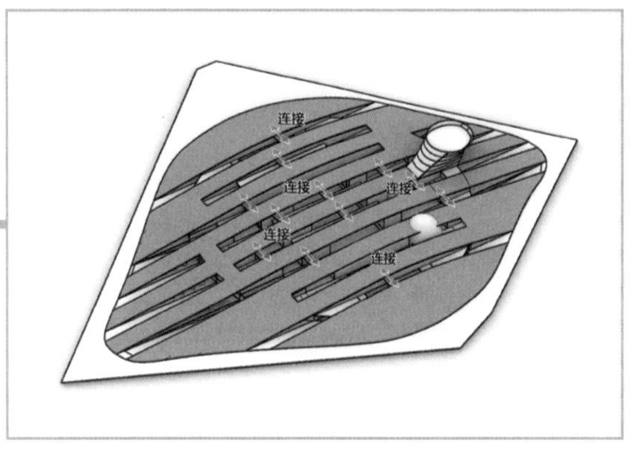

图 51

置入直跑楼梯，联系屋顶和建筑二层空间（图 52）。

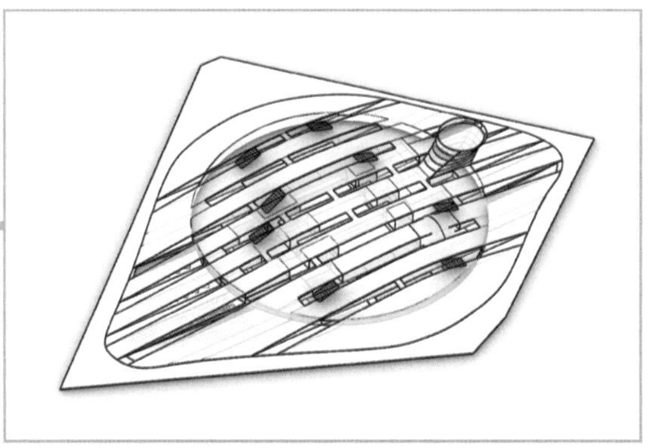

图 52

最后的最后，将蘑菇形的遮阳柱排列在屋顶（图 53）。

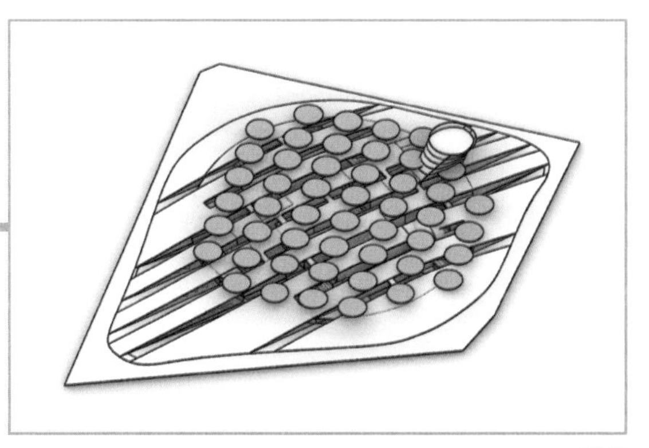

图 53

线性天井很规律，蘑菇遮阳柱就不必太规律了，让蘑菇互相组合，位置、大小随机变化，提供更加丰富、有趣的室外公共空间（图 54）。

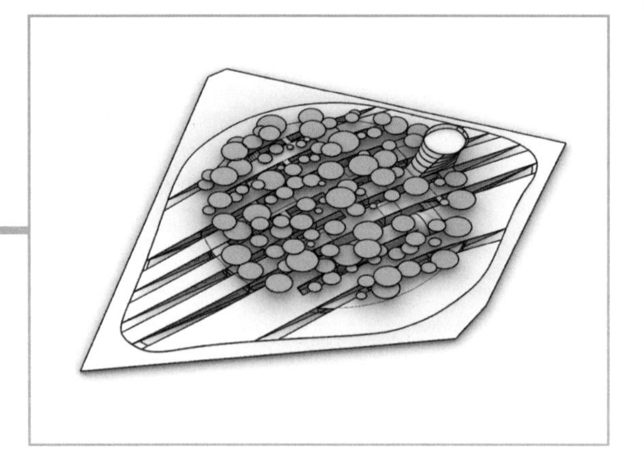

图 54

收工（图 55）。

图 55

这就是 Weston Williamson+Partners 事务所设计的埃及开罗科学城竞赛方案。这个方案最终荣获了一等奖，成功中标（图 56 ~ 图 59）。

图 56

图 57

图 58

图 59

很多时候，我们都在假装做设计，假装做的东西像个设计，将设计师的气质拿捏得死死的，而设计的本质却被直接捏死了。

设计是一种创造行为，是创造一种更为合理的生存方式。请做一个诚实的建筑师，为真实的世界而设计。

图片来源：

图 1、图 56 ~ 图 59 来自 https://faculty.chungbuk.ac.kr/index.php?mid=gallery&document_srl=10826，其余分析图为作者自绘。

END

采蘑菇的小姑娘，路上遇到个建筑师

图 1

名　称：马里博尔美术馆竞赛方案（图 1）
设计师：安德里亚·布兰齐（Andrea Branzi），2A+P/A 事务所
位　置：斯洛文尼亚·马里博尔
分　类：美术馆
标　签：蘑菇柱
面　积：约 20 000m²

START

有些建筑师做方案就和闹着玩儿似的。不不不，我说的不是 BIG 建筑事务所。BIG 虽然经常很跳脱，但至少做个设计也门是门、窗是窗的。今天要说的这位全程就一个操作，冷酷得仿佛一根没有感情的蘑菇柱。所以，这并不是一个建筑师邂逅小姑娘的爱情故事，而是一个建筑师醉心于蘑菇种植并喜获丰收的农耕故事。

蘑菇柱这种“作物”，出道即巅峰，被美国著名“农业科学家”赖特先生成功“培育”出来以后，在约翰逊制蜡公司的“地里”大放异彩，名垂青史（图 2）。然后，就没有然后了。赖特先生亲自“带货”，也没有得到大面积的“推广种植”。

图 2

按理说，这玩意儿挺“人畜无害”“朴实善良”的啊。从结构图来看，柱身由下至上逐渐放大，呈收束形，且悬挑距离 L 与梁高 d 成正比，约为 6 ：1。只要 L 与 d 的比例合适，这朵“蘑菇”想长多大就可以长多大（图 3）。

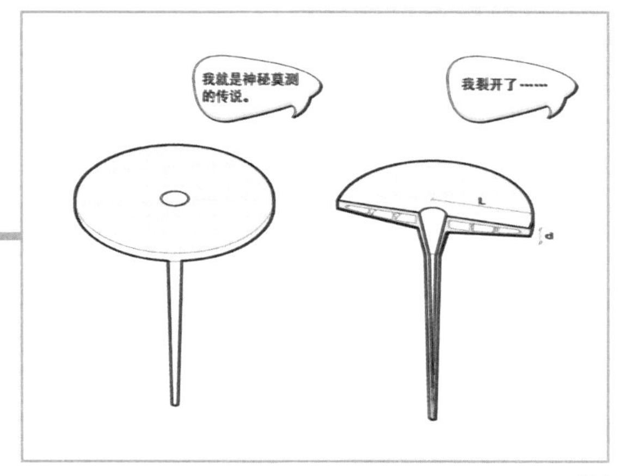

图 3

作为一个结构构件，蘑菇柱很难得具有空间魅力。顶下的空间就像亭子一样具有半限定的灰空间效果，而顶上的空间又可以当作一个强制限定的平台使用（图 4、图 5）。

图 4

图 5

作为无尺度构件，它可大可小、可“盐”可萌（图6）。

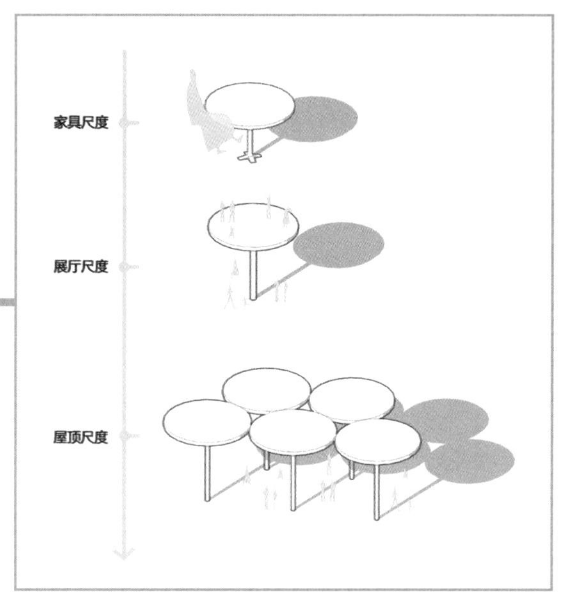

图6

果然，玩得转结构的建筑师才是人间精品。人间精品属于凤毛麟角，大多数建筑师不过就是个日用品。蘑菇柱千好万好，唯一的毛病就是存在感太强，和其他的门窗柱墙都不太能玩到一起。正常人都不会为了一棵树舍弃整片森林，但有的人却会为了一朵蘑菇再种一片森林。这个人叫安德里亚·布兰齐（我们就叫他老A吧），老A学建筑出身，却以设计发家。我的意思是，建筑之外的设计。他创办了大名鼎鼎的多莫斯设计学院（Domus Academy），2018年获得设计界的诺贝尔奖——罗尔夫·肖克视觉艺术奖（Rolf Schock Prizes）（图7）。

图7

换句话说，人家跨界回来做建筑，基本上是不怎么在意建筑师的很多约定俗成的做法的。练手的项目是斯洛文尼亚的马里博尔美术馆。

建筑基地位于历史建筑扎堆的古城区，南临德拉瓦河，景色优美。16 000m^2的用地看着不小，但里面有3座历史建筑需要保留，还有一条大马路拦腰穿过，且场地有高差（图8）。

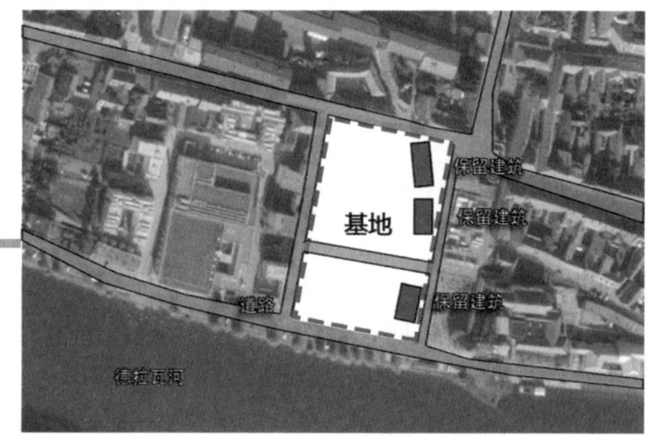

图8

正常建筑师肯定会想着先消除或利用高差，再拉拉体块、排排功能。但老A是艺术设计师，对功能、高差什么的没兴趣，跨了半天界就看中一样东西——你猜对了，就是前面说的蘑菇柱。当然，毕竟是跨界，老A还是拉来了意大利的2A+P/A事务所，组了个团才去报名参赛。

基地位于古城区，周边肌理较为琐碎，完整的大体量建筑与周围肌理并不和谐，所以老A他们选择消除建筑体量，仅保留屋顶，并去除外墙，如此蘑菇柱便自然而然地登场了（图9、图10）。

图9

图10

下面就要来种植蘑菇柱了，但种多大型号的是个问题，老A先依据场地原本的肌理划分网格（图11）。

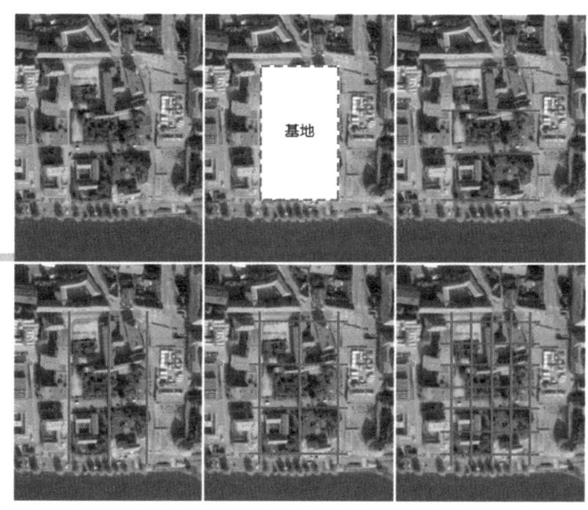

图11

得到网格后，依据网格划分柱头大小（图12～图14）。

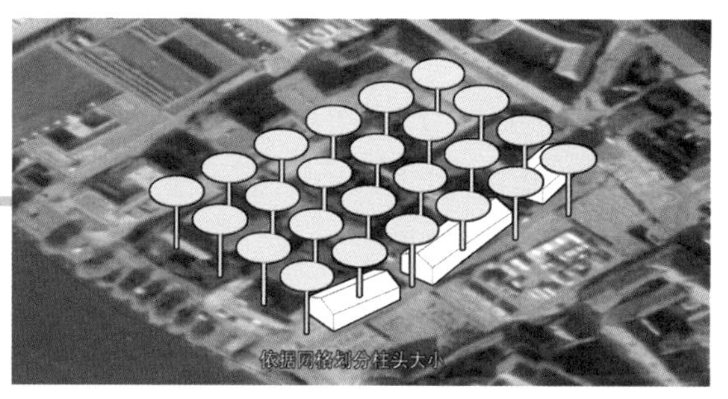

图12

图13

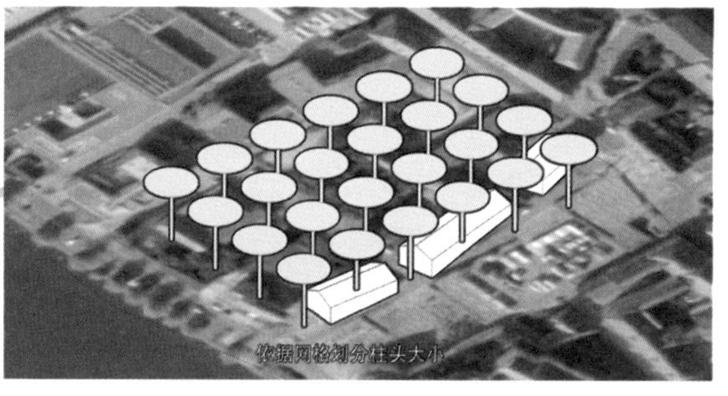

图14

在柱头之上加玻璃屋顶封顶（图15）。

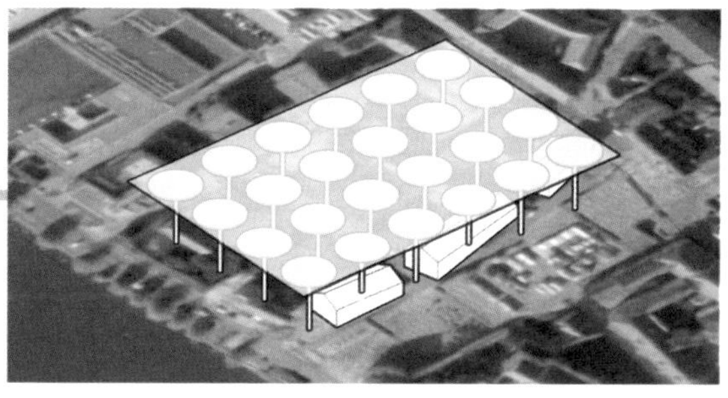

图15

那么，问题来了：您蘑菇是种爽了，可建筑的实际功能怎么摆呢？不管怎么摆估计都会破坏蘑菇地的美感吧？于是，老A大手一挥：全放地下！你没有看错，在16 000m² 的用地上，人家就是很任性地把所有对墙面有刚需的使用功能都放在了地下，包括图书馆、办公室、会议室、后勤服务等（图16）。

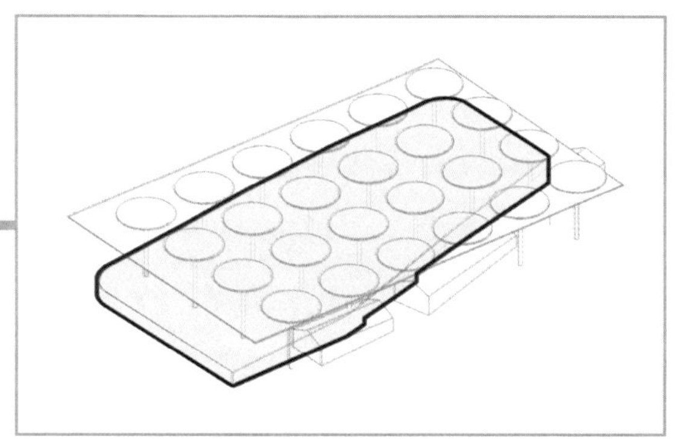

图16

然后根据场地原本的道路，在地下一层划分出入口：东侧作为建筑车行入口，西侧为货运入口（图17、图18）。

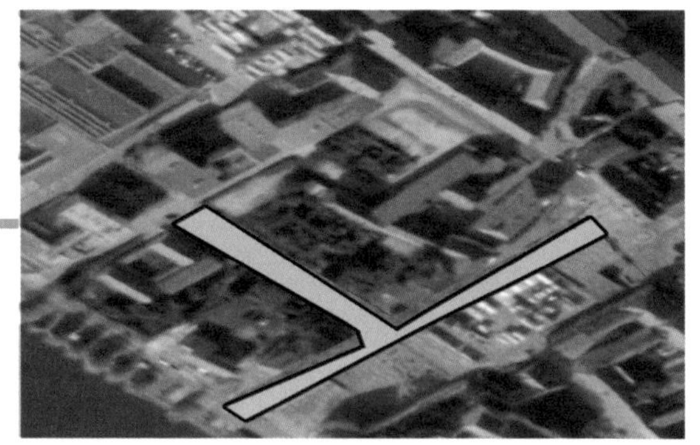

图17

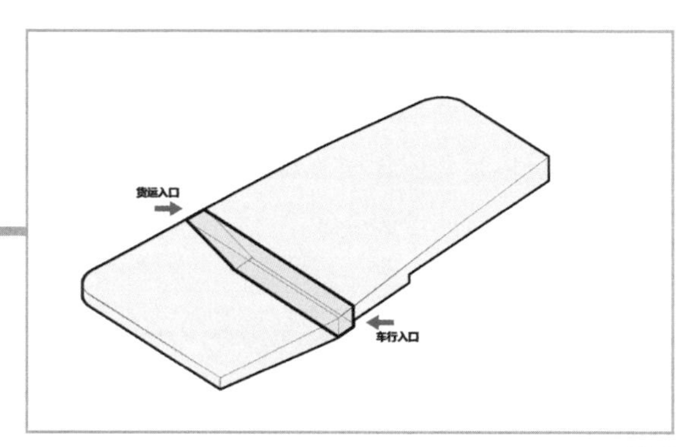

图18

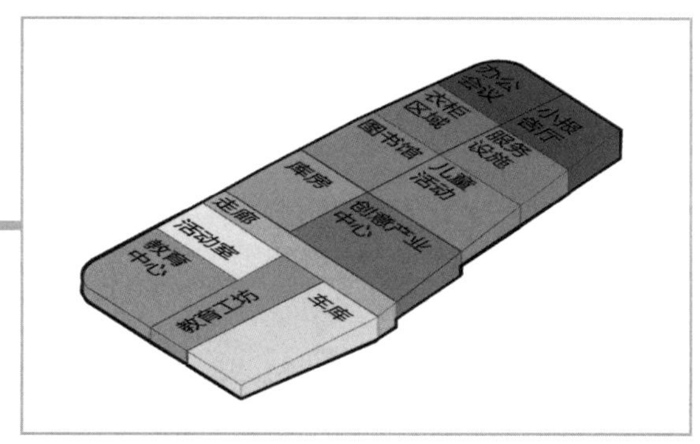

图19

然而，排布再认真也没用，地下最大的问题是没有采光啊。库房和后勤服务区也就罢了，图书馆、办公室、教室没有自然光是要玩暮光之城吗？这烂摊子就得建筑师收拾了。2A+P/A想出的解决方法是设置天窗。

为了使建筑看起来统一和谐，2A+P/A借用蘑菇柱的图形语言设置非线性天窗，根据功能对采光的不同需求，为每个功能块设置大小不一的天窗（图20）。

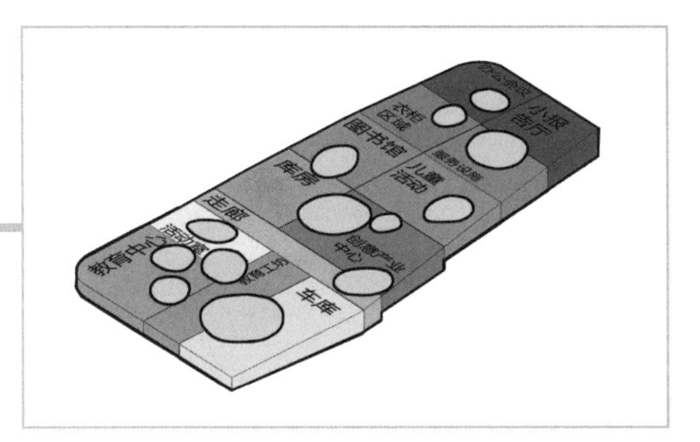

图 20

但天窗太多会破坏地上蘑菇柱空间的完整性（图 21）。

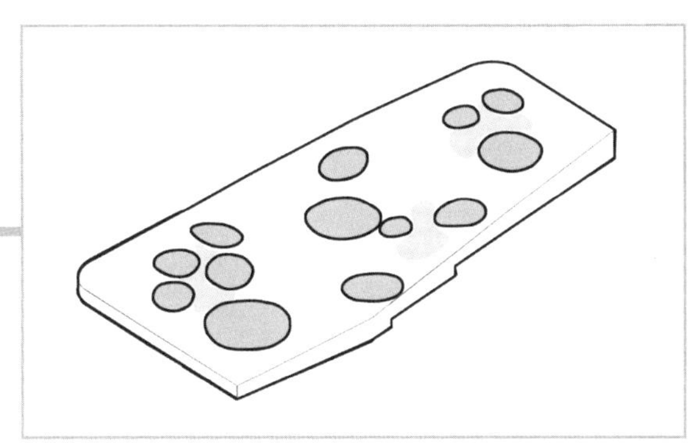

图 21

因此，2A+P/A 对天窗进行了合并整理（图 22）。

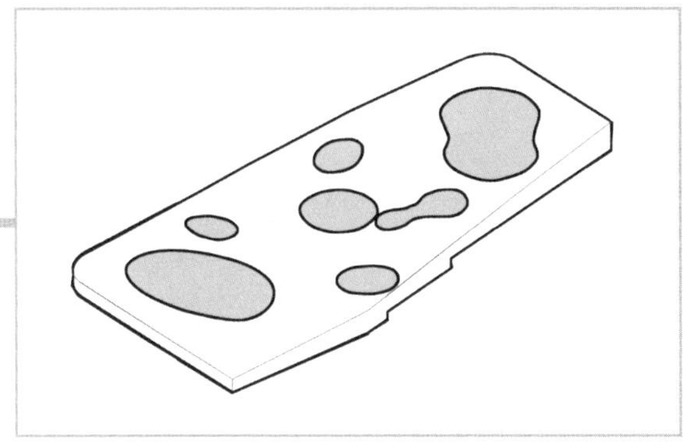

图 22

图书馆、创意产业中心、儿童活动等需要室外休闲活动的空间，因此这些功能区的天窗被深化为小天井（图 23、图 24）。

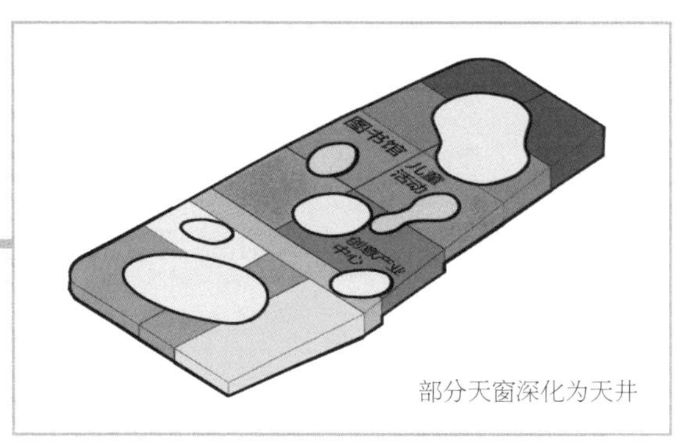

图 23

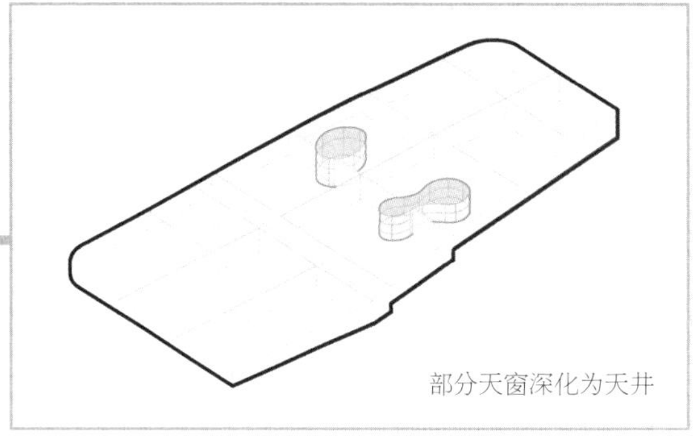

图 24

现在看起来一切还算不错，但还有一个问题：怎么让参观者自然地从地上走到地下？建筑师将南北两端的天窗改造为两个入口大厅（图 25、图 26）。

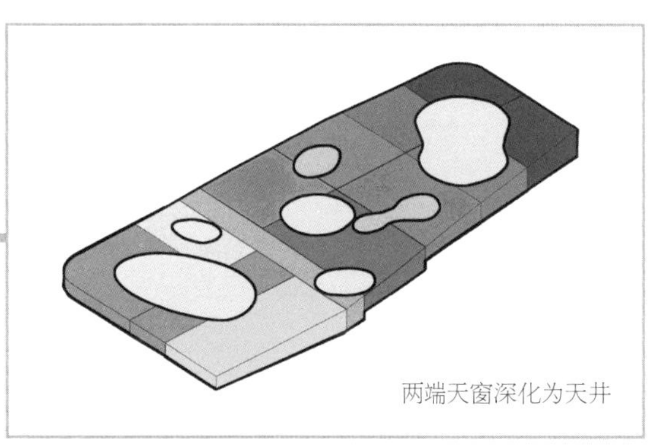

图 25

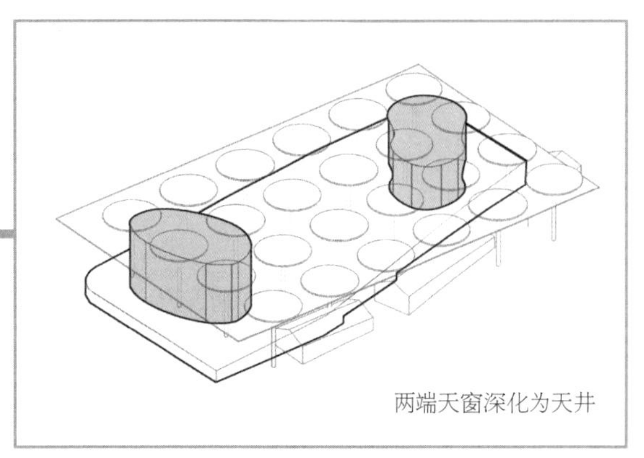

图 26

厅内营造绿地庭院，模糊地上地下的差异感（图 27）。

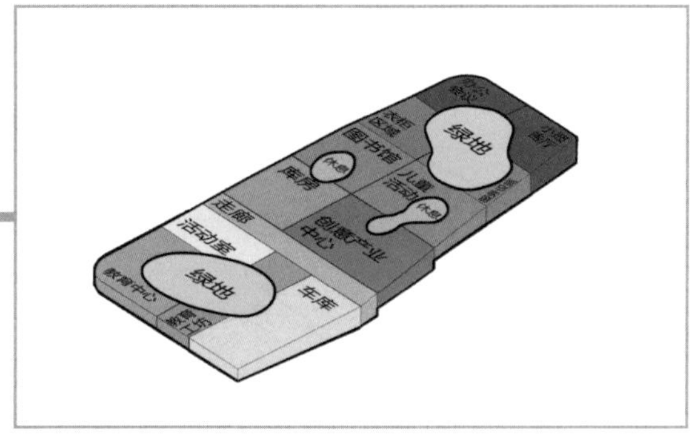

图 27

设置楼梯，并在两个厅之间加走廊连接，使之成为交通枢纽（图 28）。

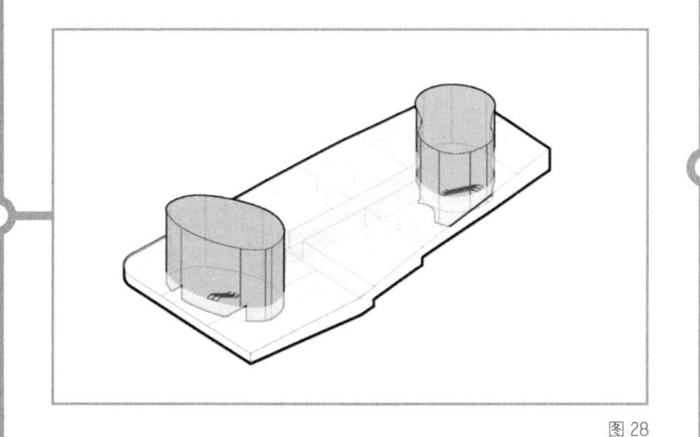

图 28

最后为满足消防疏散要求，每 1500m² 以内设置一个疏散楼梯间（图 29）。

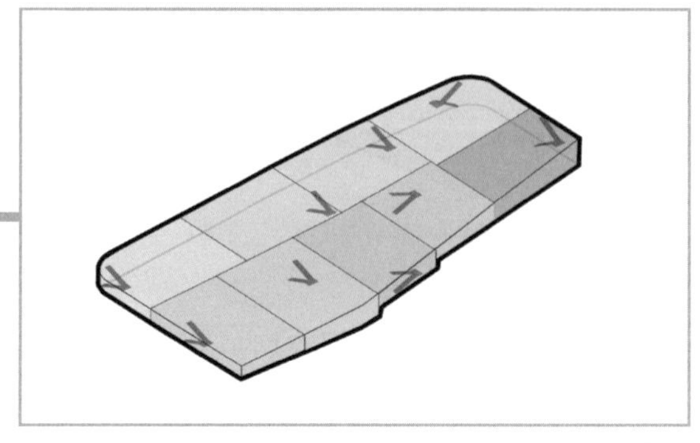

图 29

不得不说，2A+P/A 为老 A 的“种蘑菇”事业真是操碎了心啊。障碍都扫除了，下面就看老 A 怎么把这片蘑菇给种出花样了。老 A 用蘑菇柱做展厅，利用的主要是柱头空间，一个个柱头其实就是一个个小展厅。那么柱头用多大的半径合适呢？一般来说，展厅进深为 5 ~ 24m 不等（图 30）。

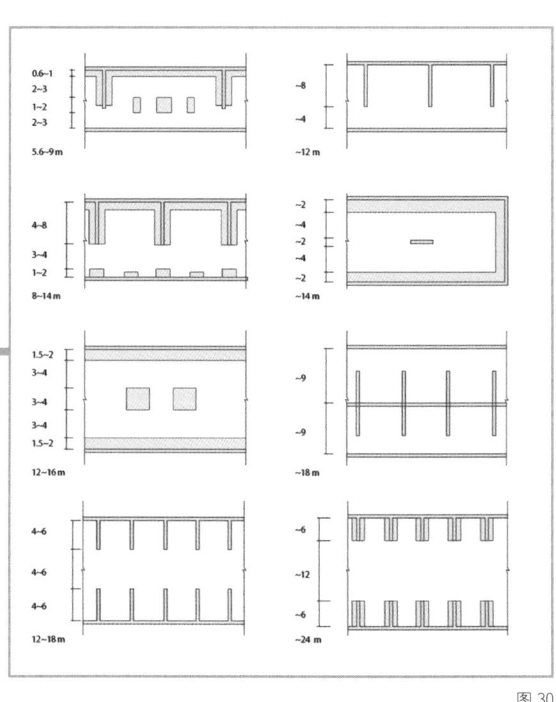

图 30

也就是说，柱头直径可以在 5 ~ 24m 之间选择。老 A 最终选用了直径最小为 8m，最大为 20m 的柱头进行组合。组合方式有两种：一种是线性组合，一种是成团组合（图 31）。

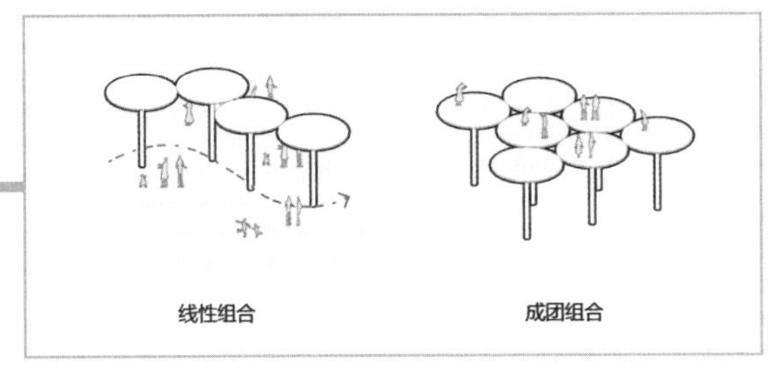

图 31

一部分蘑菇柱以集聚成团的方式出现在连接地上地下的两个大厅内部，作为主要的室内展厅（图 32）。

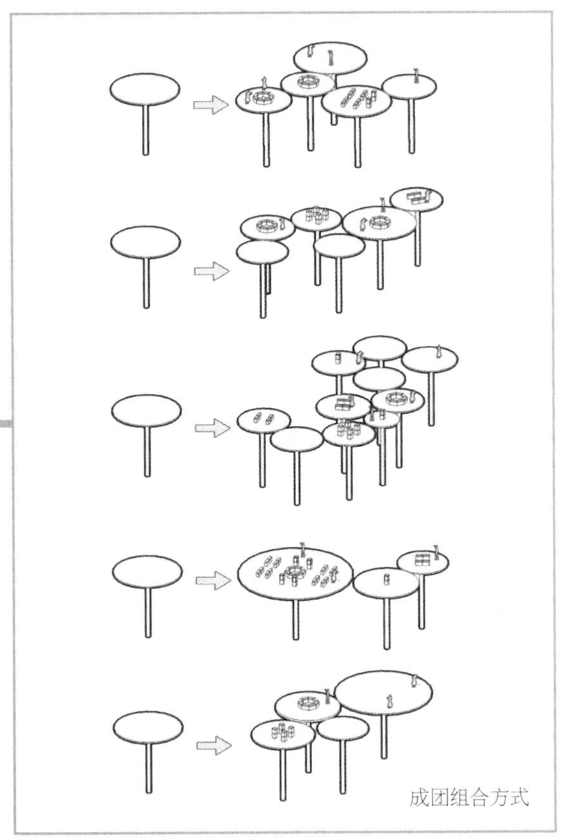

图 32

这种方式是在每个厅内先摆放一组蘑菇柱（图 33）。

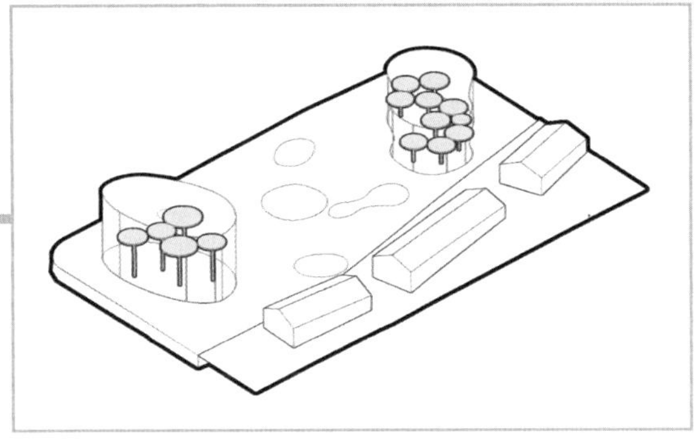

图 33

然后充分利用通高空间，在原有蘑菇组团上插入新的组团（图 34、图 35）。

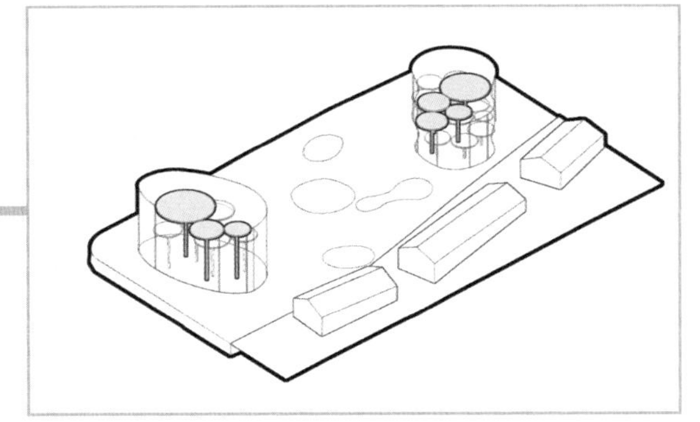

图 34

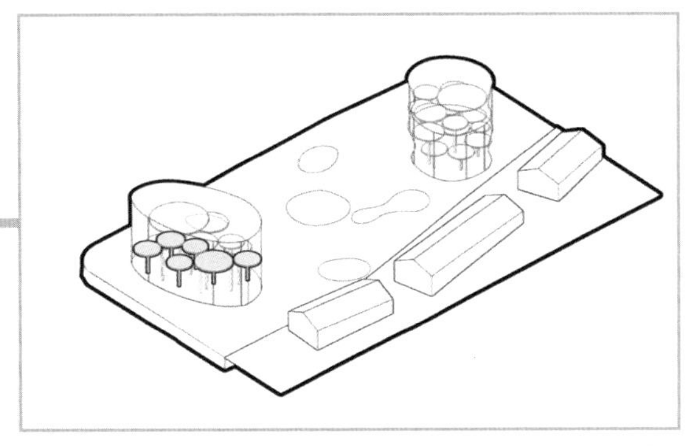

图 35

这就会使蘑菇柱形成高低错落的位置关系，带来更多的空间体验。但老 A 是艺术家，怎么会让玻璃隔断困住蘑菇的生长？所以，他又向外摆放了几个蘑菇柱组团（图 36 ~ 图 38）。

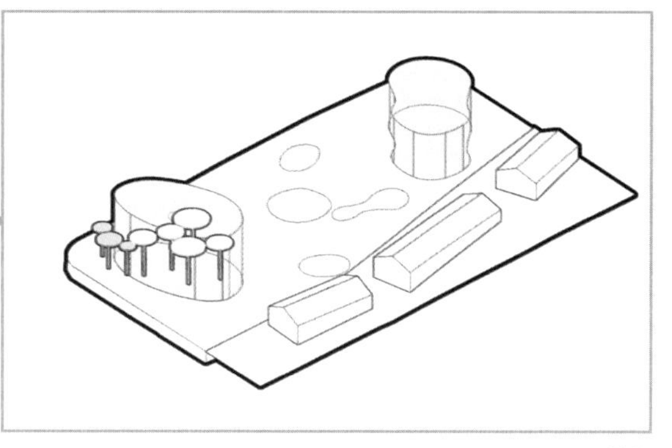

图 36

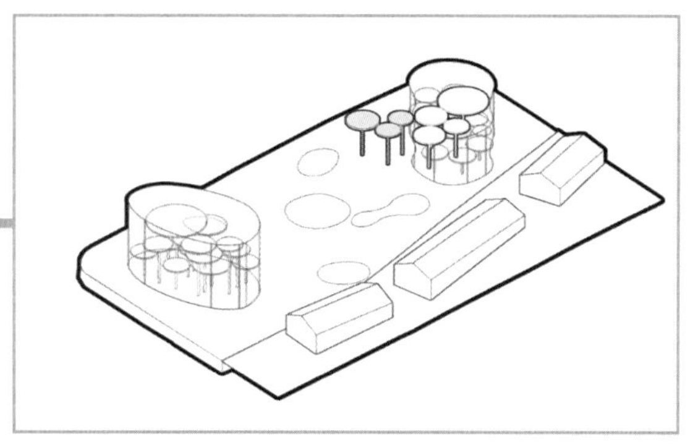

图 37

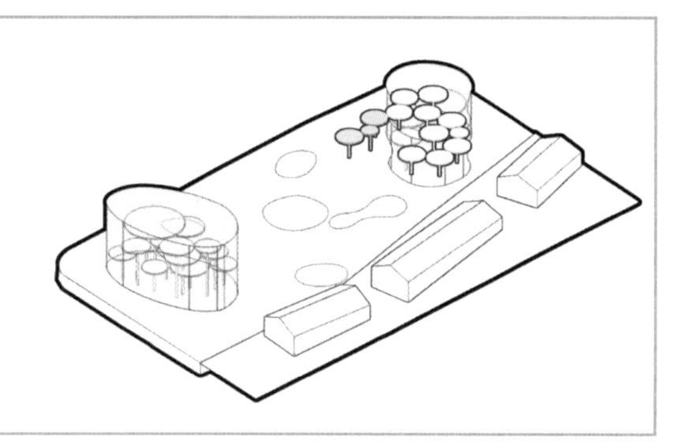

图 38

至此，画廊内的两组主要展厅空间就完成了（图 39）。

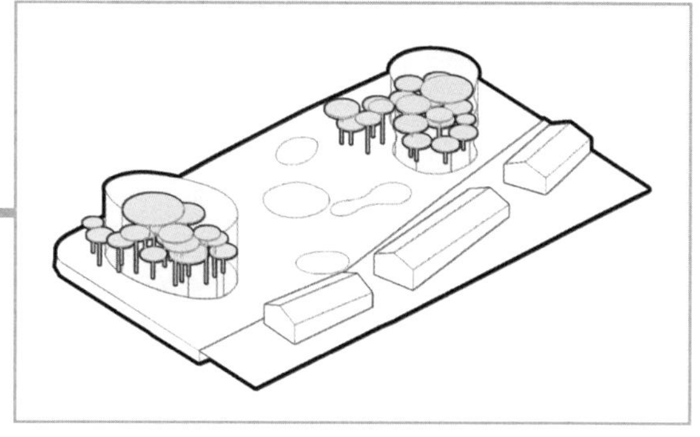

图 39

然后，在两个厅周围设置旋转楼梯，使人们可以便捷地到达各个高度的展厅（图 40）。

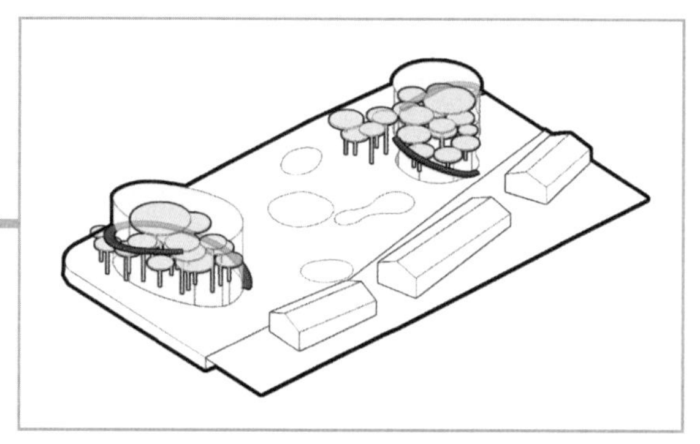

图 40

展厅之外的空间作为城市公共空间使用，你可以简单地将其理解成一个有屋顶的大广场，所以采用蘑菇柱的线性组合来进一步划分（图 41）。

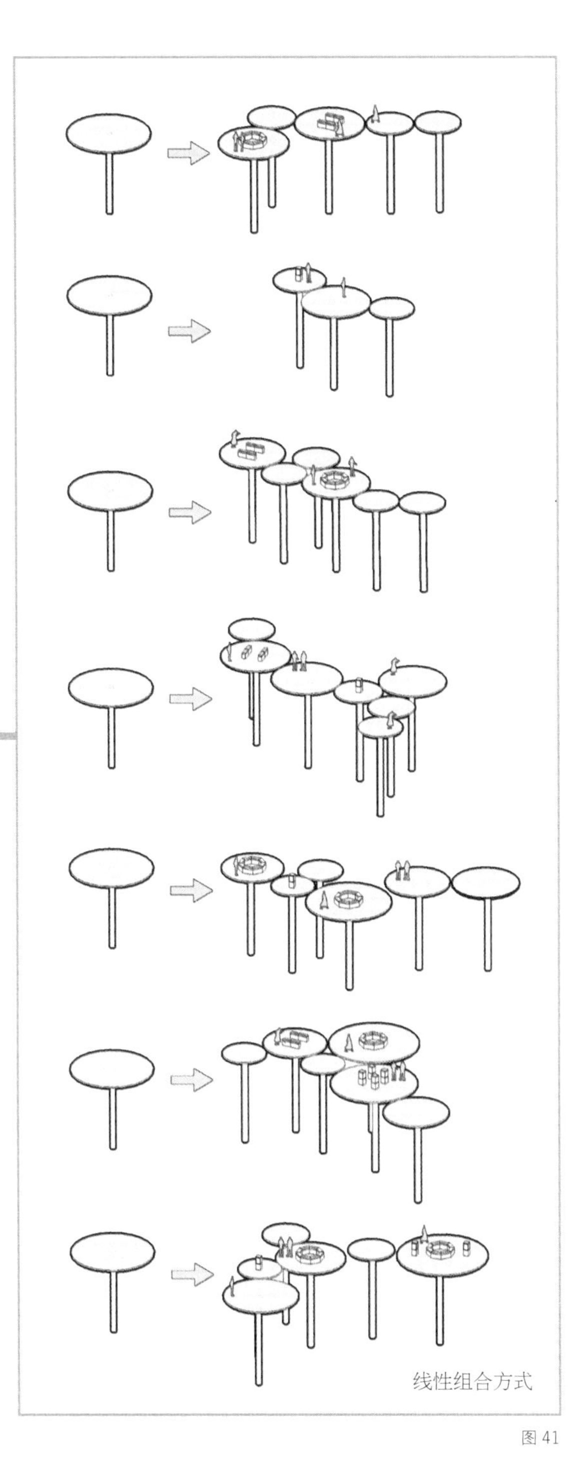

图 41

利用这些线性组团，在广场中心再围合出一个小广场供游客集中活动（图 42、图 43）。

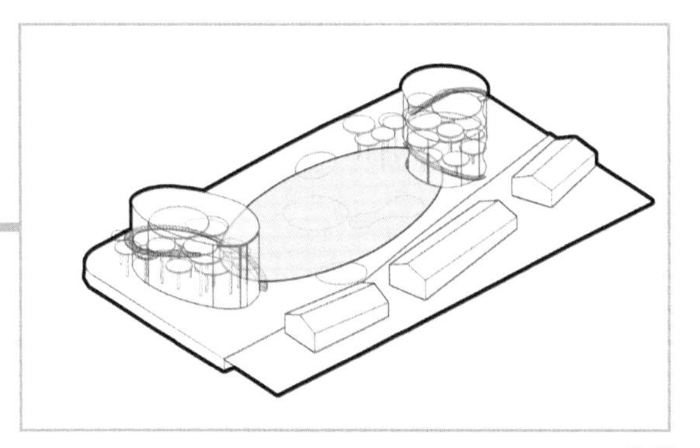
图 42

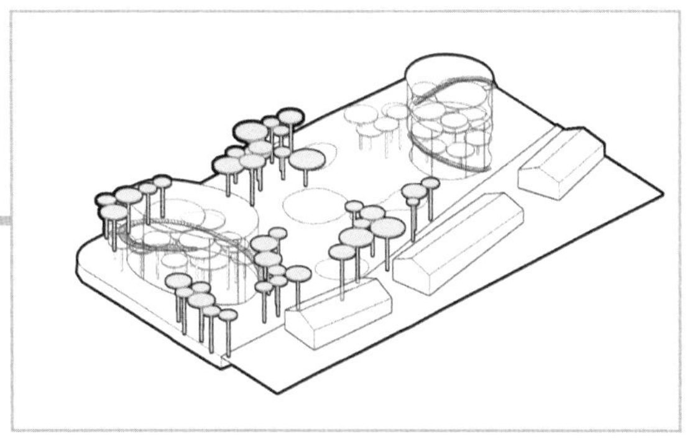
图 43

这些组团的一部分可通过独立的旋转楼梯到达（图 44）。

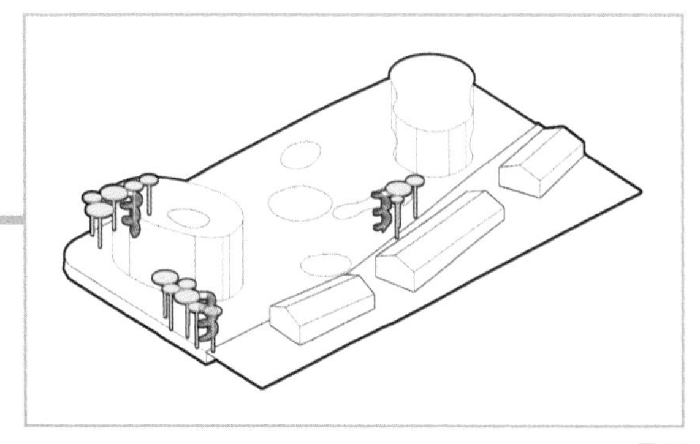
图 44

还有一部分共用一个楼梯（图 45）。

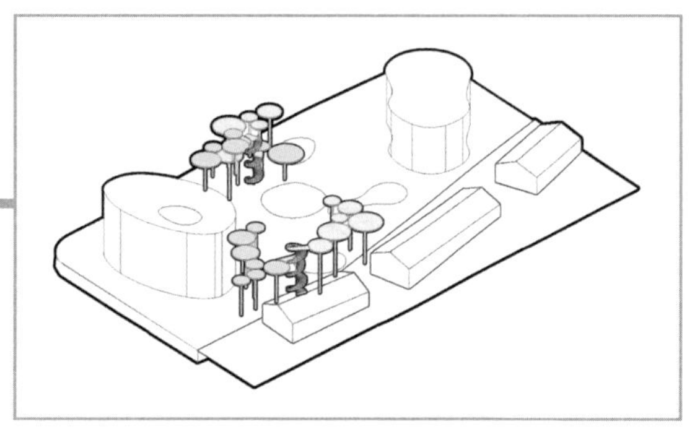

图 45

最后，再放置些咖啡餐厅等小商业及零售设施（图 46、图 47）。

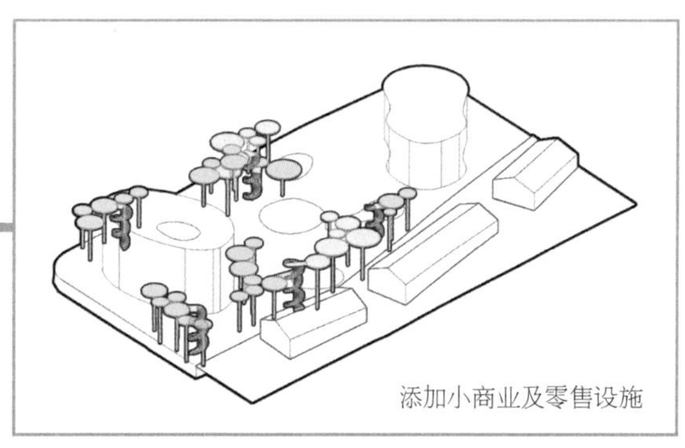

图 46

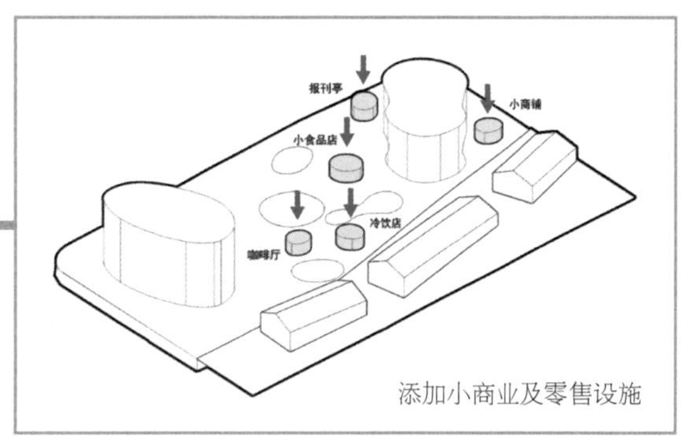

图 47

至此，方案差不多就算完成了，但是还差一点。后续这么多操作已经让原先的屋顶不适应这个建筑了，所以需要调整一下。

首先，屋顶的蘑菇柱太多了，得让它们避开既有建筑、中庭、天窗、地下一层的通道等一堆东西。因此，先删除直接贯穿既有建筑的蘑菇柱（图 48、图 49）。

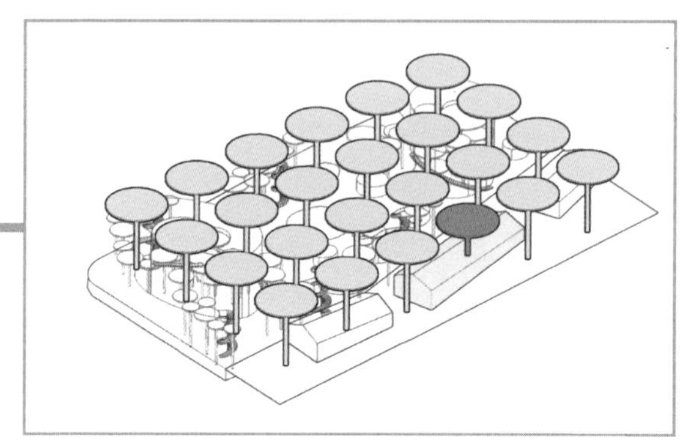

图 48

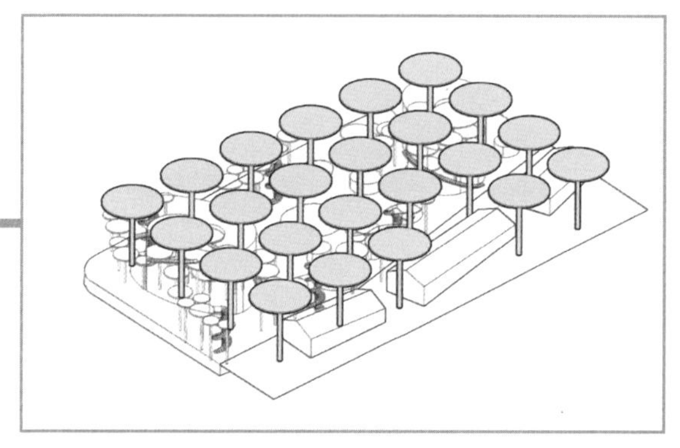

图 49

然后适当地调整其余蘑菇柱的位置，避开下面各种乱七八糟的东西（图 50、图 51）。

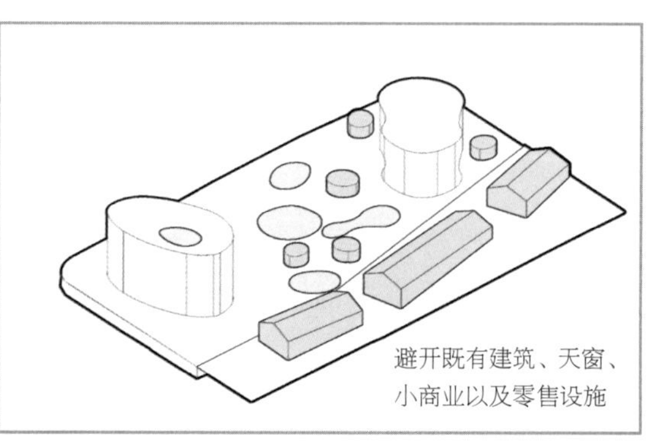

图 50

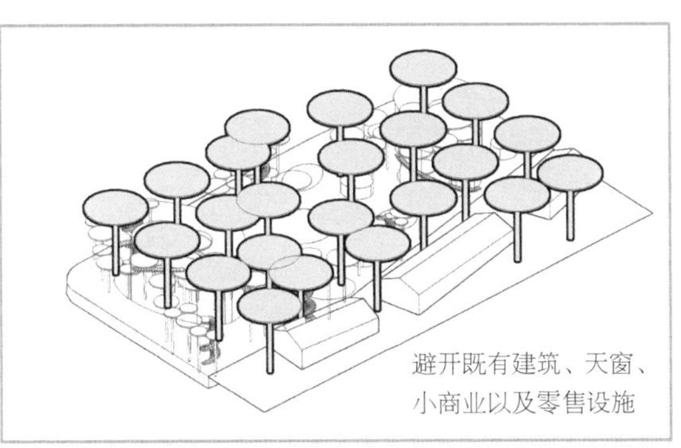

图 51

现在应该就算结束了吧？你还是太年轻了。到目前为止，这些柱子虽然起了结构作用，也划分了空间，但就森林的概念来说，还只是个样子货而已。老 A 和 2A+P/A 都是实心眼儿，既然要种出一片蘑菇森林，那就得真正地像个森林系统。于是，这些蘑菇柱被赋予了新功能：集水灌溉、通风以及集热发电。

1. 集水灌溉

蘑菇柱可利用柱头收集雨水，两个玻璃大厅内的绿地都需要水灌溉。在所有的承重蘑菇柱中，有两个与玻璃大厅的位置特别紧密，调整这两个蘑菇柱的位置，使其柱头完全置于大厅内，再将其柱身改造为中空形式，利用柱头收集的雨水灌溉大厅内的绿地（图 52、图 53）。

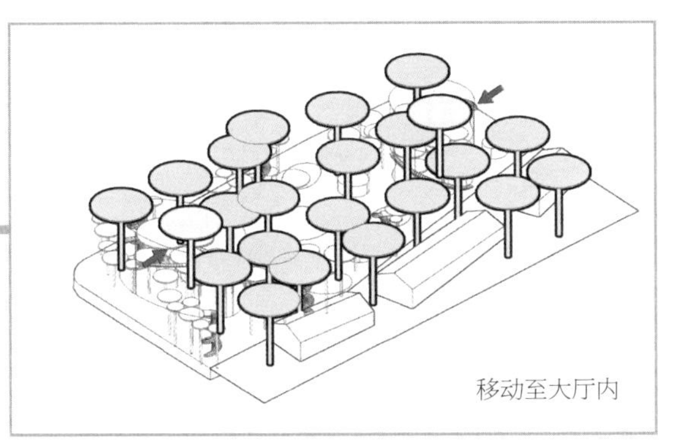

图 52

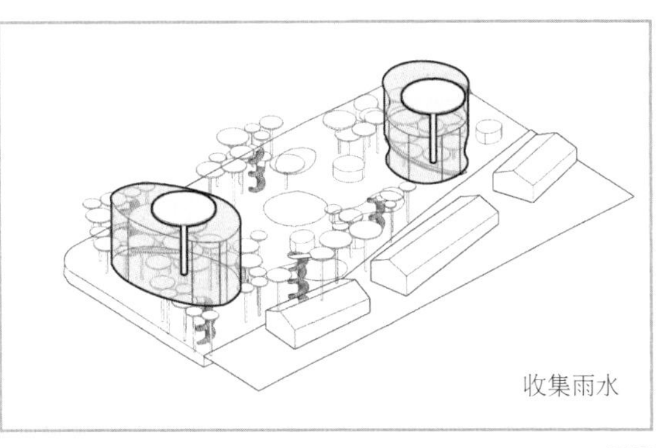

图 53

删除重叠的蘑菇柱并整理（图 54、图 55）。

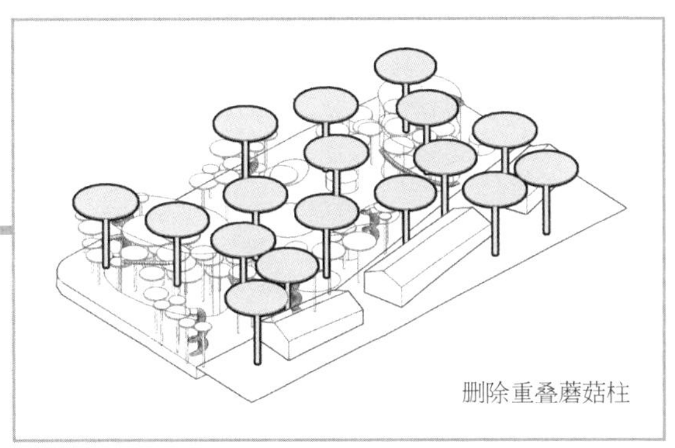

图 54

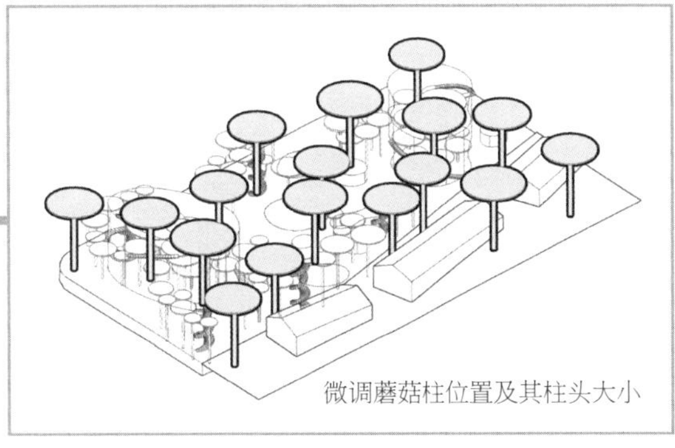

图 55

2. 通风

把大部分功能放在地下还需要考虑的就是通风问题。中空的柱身同样也可以看作一个个烟囱，用于地下区域的自然通风，因此老 A 给每个功能区域增加一个用作通风的蘑菇柱（图 56）。

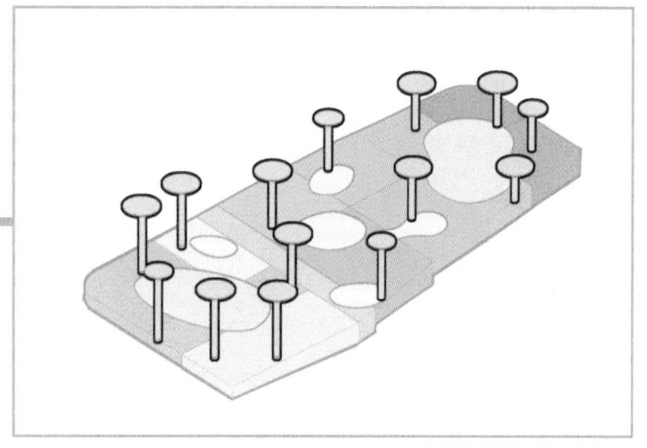

图 56

3. 集热发电

蘑菇柱的柱头空间可以当作光伏板的载体，因此，老 A 又增加了一些蘑菇柱，并赋予其搭载光伏板的功能（图 57）。

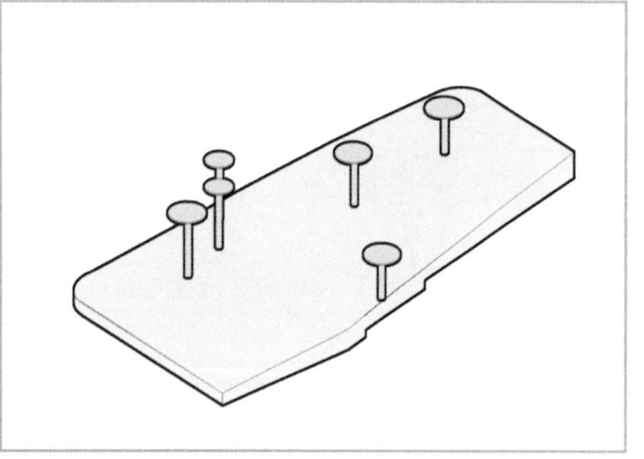

图 57

至此，这片蘑菇森林才算真正完成（图 58）。

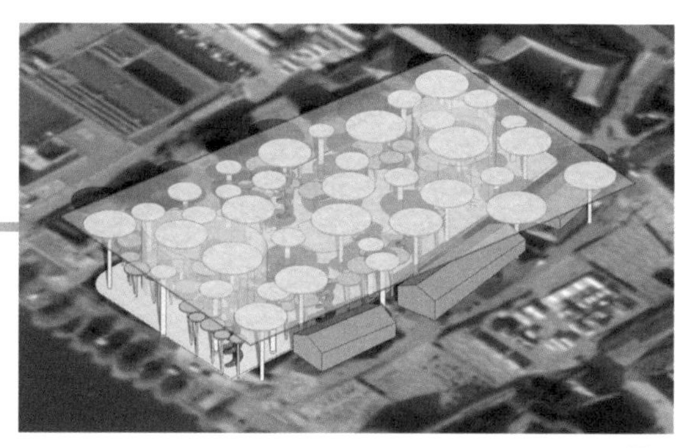

图 58

这就是安德里亚·布兰齐和 2A+P/A 事务所联合设计的马里博尔美术馆竞赛方案，为了一朵蘑菇种出的一片森林（图 59、图 60）。

图 59

图 60

有时候，禁锢我们思维的并不是知道得太少，而是懂得太多。我们习惯去背正确答案，反而忘了题目到底是什么。很多的“闹着玩儿”，玩着玩着就玩出个新世界。既然别人都想跨界玩建筑，那我们不如组团回家种蘑菇，也算跨界了。

图片来源：

图 1、图 59、图 60 来自 https://www.designboom.com/architecture/andrea-branzi-and-2a-pa-maribor-gallery/，图 2 来自 https://www.wiscnews.com/portagedailyregister/news/local/house-of-glass-stunning-frank-lloyd-wright-glass-tower-in-wisconsin-opens-for-tours-for/article_ce9aff8e-1511-52c0-8466-2e42e9170992.html。

END

好好的建筑师，说疯就疯了

图 1

名　称：胡志明市第 2 区幼儿园（图 1）

设计师：KIENTRUC O 事务所

位　置：越南・胡志明市

分　类：教育建筑

标　签：坡屋顶

面　积：约 850m²

TART

建筑师是个特别分裂的职业。金字塔底部和顶端的人不是活在两个高度上，根本就是活在两个宇宙里。普通建筑师就是《名侦探柯南》里的路人甲、乙、丙，出门不是遭遇爆炸就是碰到抢劫，天天与死神擦肩而过，一不小心就“自挂东南枝”。而站在塔尖的大师，组的是复仇者联盟的复仇局，不愁吃喝，不愁装备，把世界拆了也有人叫好，地球毁灭了发型都不乱。

去某大师工作室实习回来的小伙伴面色红润有光泽。

问：“大师最近活儿不多？”
答：“多，但大师不改图。”

哪个建筑师心里没有点儿疯狂的想法？只是，想疯的人很多，敢疯的人很少。别说面对拿你当骗子防的甲方金主，你大气儿都不敢喘，就是面对拿你当傻子关爱的设计老师，也没有几个人敢拍案而起、据理力争。但现代人的生活总是充满了悖论，有人想疯不敢疯，就有人不得不疯，俗称被逼疯。

2017 年，年轻的越南本地 KIENTRUC O 事务所接了一个幼儿园项目，要把胡志明市第 2 区的一座别墅改建成一个幼儿园。基地位于西贡河东岸的一个别墅区里，周围都是有钱人的大别墅。这栋要改造的别墅本身也是其中之一，不知道是谁想学雷锋做好事，还是有人不想早起送孩子，反正这栋场地占地约 400m^2，建筑占地约 170m^2 的三层大别墅就转型出道了（图 2）。

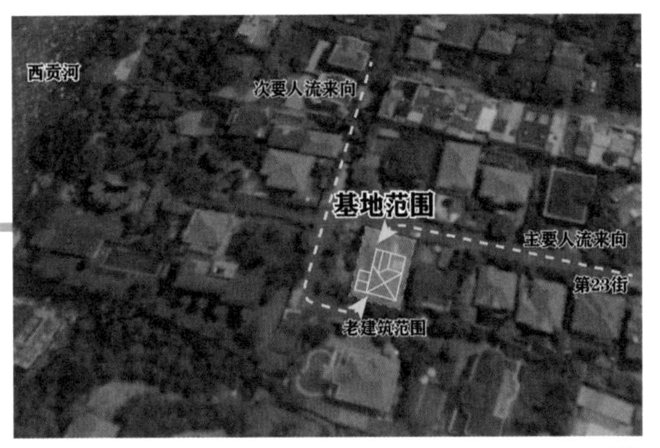

图 2

其实转型也简单，拆了重建皆大欢喜。但甲方大人让你拆又不让你全拆：要求保留基础部分和客厅里的旋转大楼梯，又要求尽量维持原有的体量、高度和建筑风貌，不能破坏整个别墅区的调性，但又得能一眼看出来这是个幼儿园。估摸着这就是有钱人的恶趣味：既要低调，又得与众不同（图 3）。

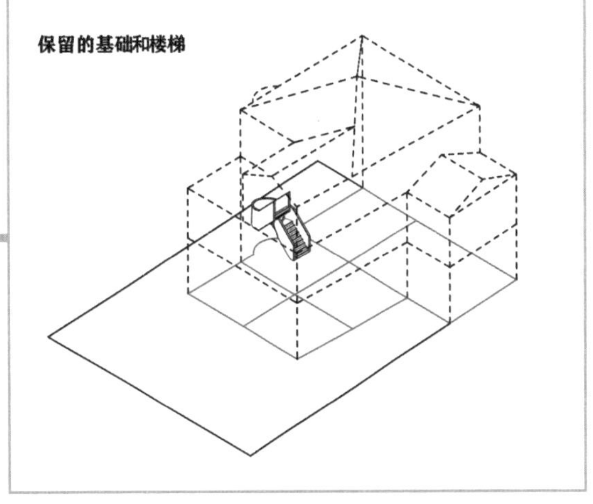

图 3

然而，比起甲方大人这不按常理的出牌，建筑师更着急解决的是另一个问题：私人住宅是独门独户的设定，而公共幼儿园在使用人数、交通流线以及场地设计等方面就复杂多了。根据场地情况我们可以基本确定，幼儿园需要在南北两个沿街面各开一个入口，北侧为主，南侧为辅（图 4）。

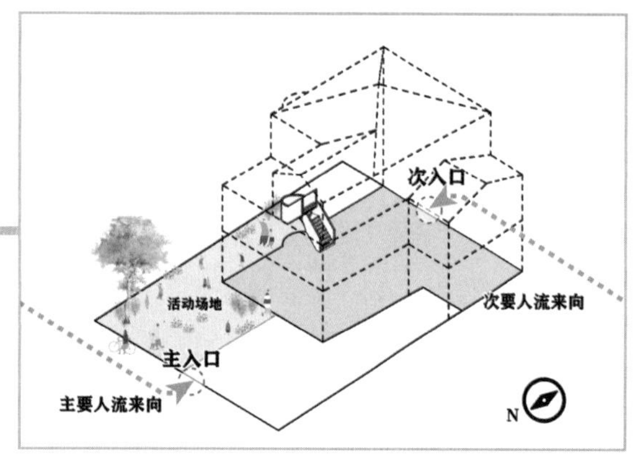

图 4

为了保障足够完整的室外活动场地，KIENTRUC O 事务所把主入口向西移动，并把建筑入口设置在西侧的内角处，以此腾出一整个 L 形场地供小朋友玩耍（图 5）。

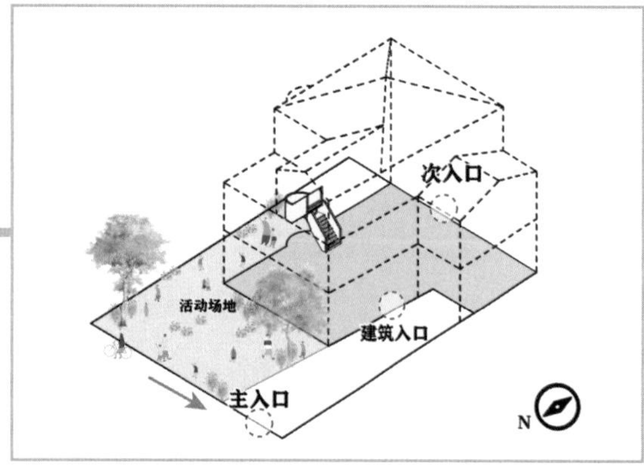

图 5

新建的幼儿园内含 8 个教学班，其中 2 个低年级班、2 个中年级班、4 个高年级班。中年级配备 1 个艺术教室，高年级配备 2 个。教学班与艺术教室的面积在 40 ~ 50m²，再加上其他办公、后勤、护理等空间，建筑总面积需要在 850m² 左右。原建筑占地才 170m² 左右，这样一来，至少要做 5 层才能差不多满足功能要求。每天让三四岁的小朋友在 5 层楼里爬上爬下，是想看滚楼梯表演吗？ KIENTRUC O 事务所的主持建筑师大坝武 （Đàm Vũ）长叹一声。

越南小哥也真是没办法了，就算扩大建筑的占地面积，那好不容易才挤出来的活动场地就又没了。算来算去，东挪西凑，最后越南小哥终于决定将北侧的墙向外移动一些来扩大室内面积，使建筑占地面积突破 200m²，可以只做 4 层就够用了。

首先，拉起一个 4 层高的体量，并顺应周边建筑的风格加上坡屋顶。1 层部分墙体受到老建筑基础的限制会倾斜一点儿，2 层以上摆正（图 6 ~图 9）。

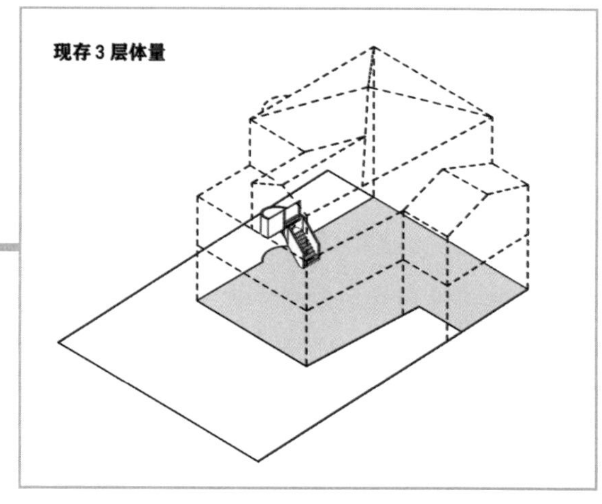

图 6

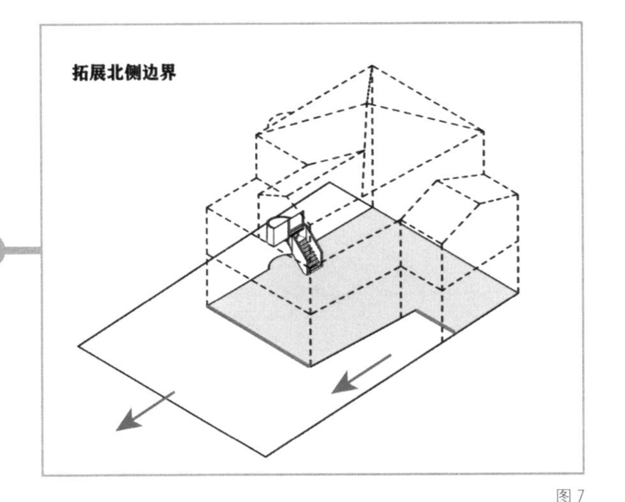

图 7

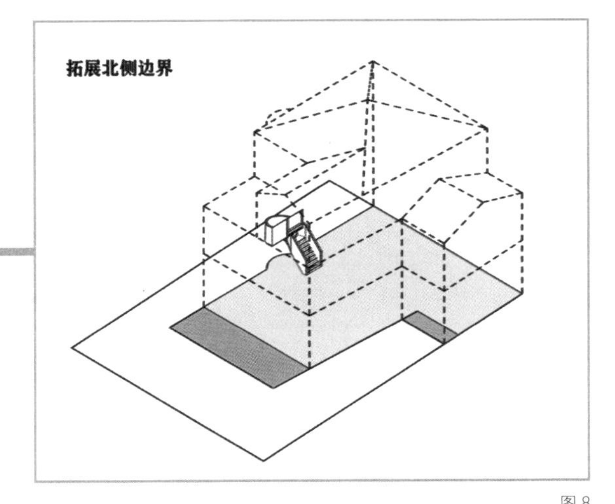

图 8

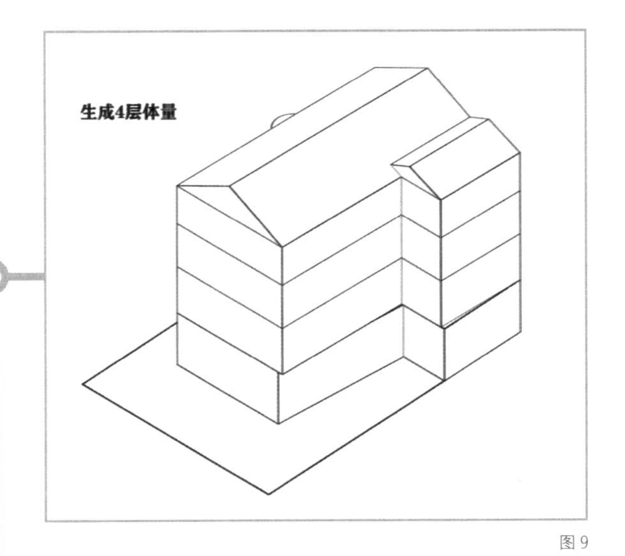

图 9

其次，根据面积要求以及老建筑基础的现状布置建筑功能。每一层可以围绕保留的旋转大楼梯布置 4 个教学空间。幼儿园建筑不宜设置客运电梯，因此孩子们常用的教室尽量布置在 3 层以下。根据年龄大小，由低往高依次布置（图 10）。

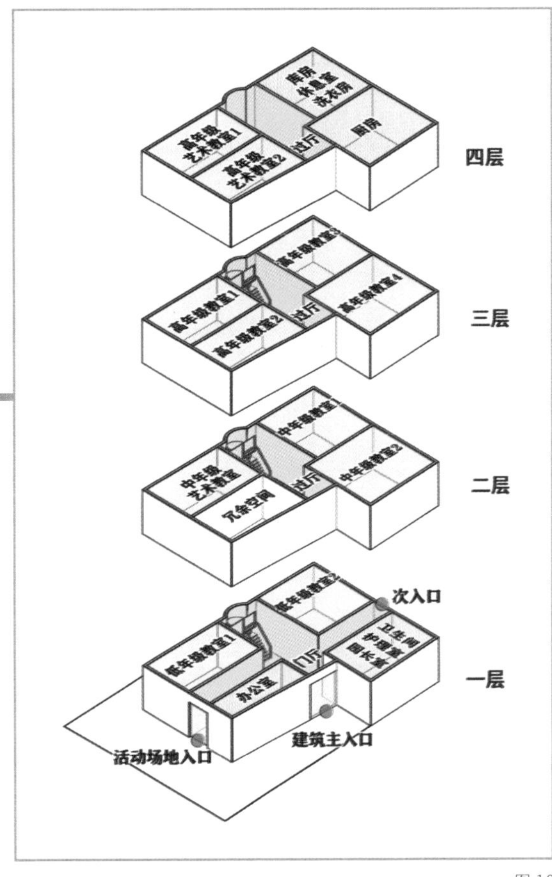

图 10

好不容易把教室紧紧巴巴地安排好了，那室内的活动场地上哪儿找？刚才为了扩大室内面积，室外活动场地被压缩到只剩下 100 多平方米了，必须想辙多做点室内活动空间找补回来，好歹这也是富人区的幼儿园啊。

空间就像海绵里的水，挤挤总会有的。越南小哥一定是个攒钱理财小能手，因为他无比深刻地明白另一个道理：空间和钱一样，挤出来没用，得攒起来凑个整才能办大事儿。

但在挖掘活动空间之前，得先把 1 层的 3 个难题解决掉。建筑主入口、次入口和活动场地入口，这“哥儿仨”要是各自带个小门厅再加上走廊，那前面就全白忙活了。越南小哥心一横，要什么门厅？老子就一条走廊通到底！爱谁谁吧！

现在建筑主入口与活动场地入口的位置已经可以确定，就看次入口放在哪儿了。其实选择也不多，无非就是在南侧沿街面的东侧、西侧或者中间，可以分别试一下（图 11 ～图 16）。

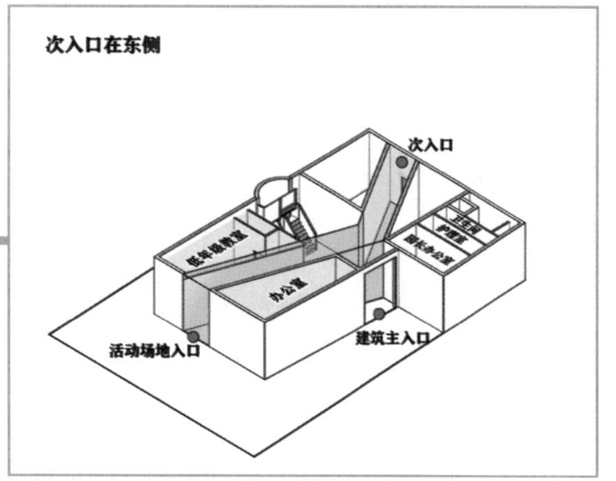

图 11

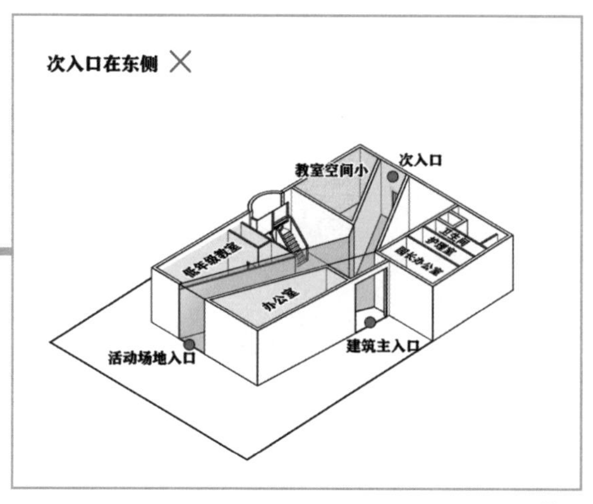

图 12

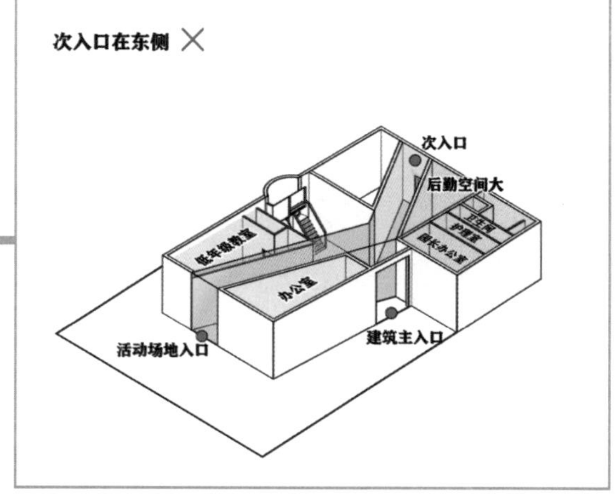

图 13

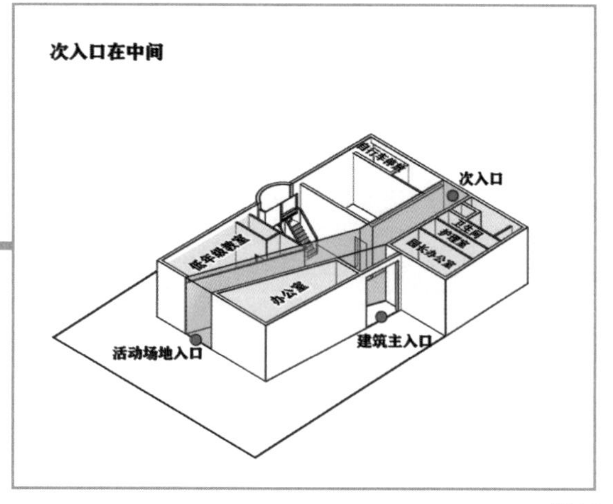

图 14

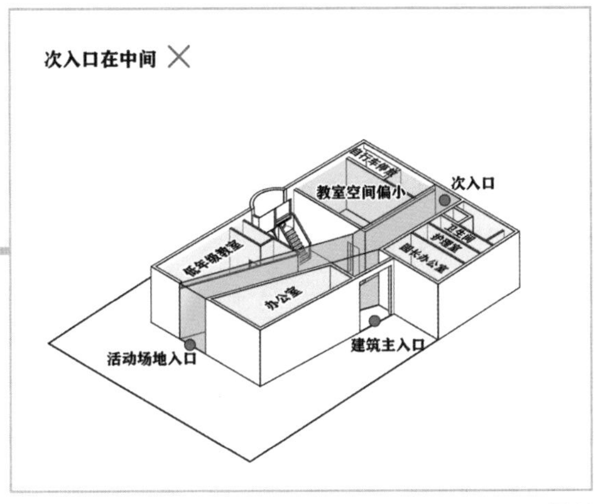

图 15

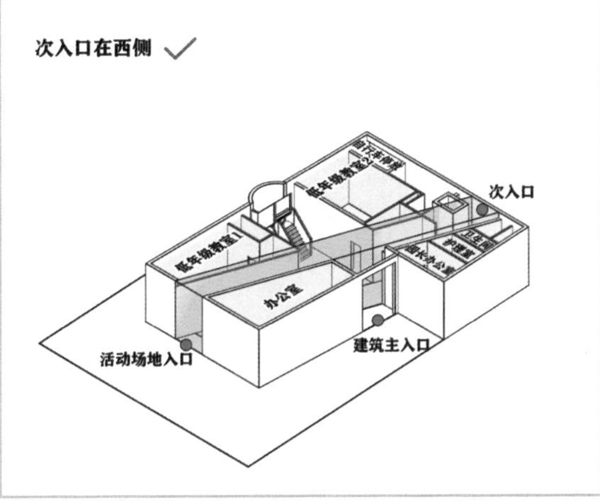

图 16

这条大斜走廊的疯操作，如果不知道越南小哥这良苦用心，大概都以为建筑师是在任性博关注吧。

大斜走廊定下之后，门厅与楼梯间随之也进行了调整，与走廊形成正交体系。如此一来，活动场地就贯穿了 1 层内外，面积无形之中也扩大了近一半，同时还默默消化掉了室内的尖角墙体（图 17 ~ 图 20）。

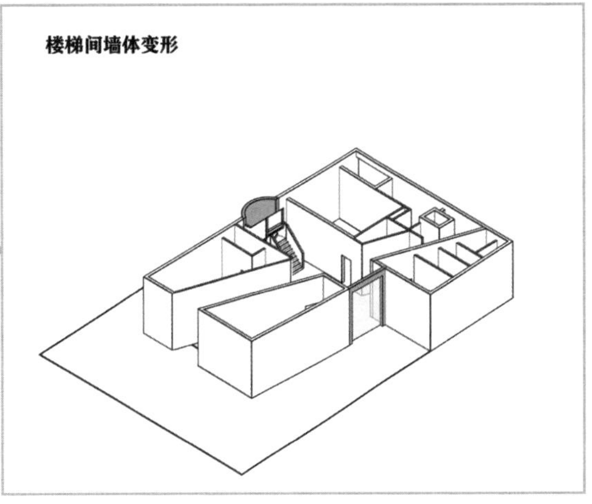

图 17

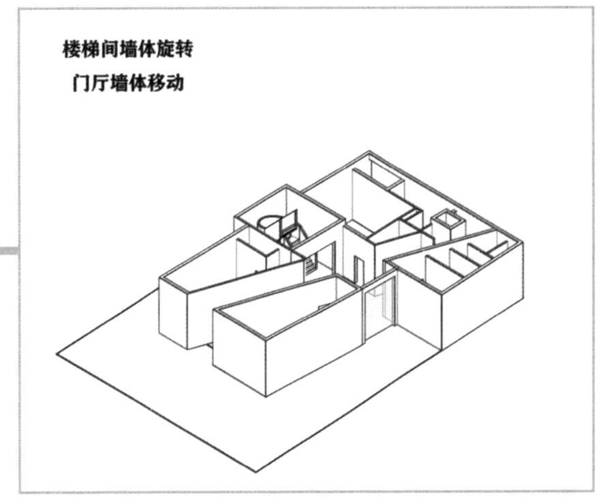

图 18

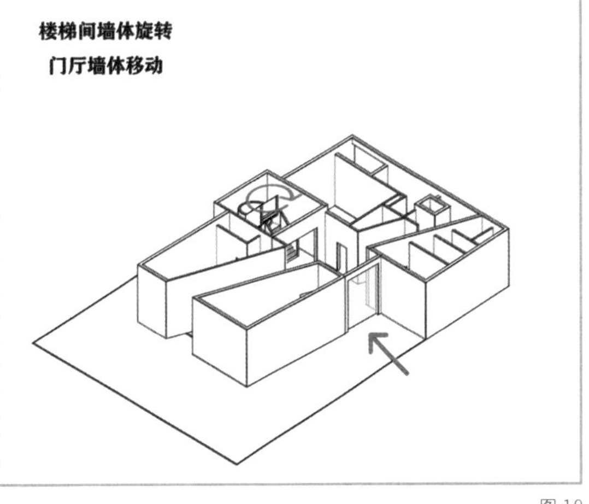

图 19

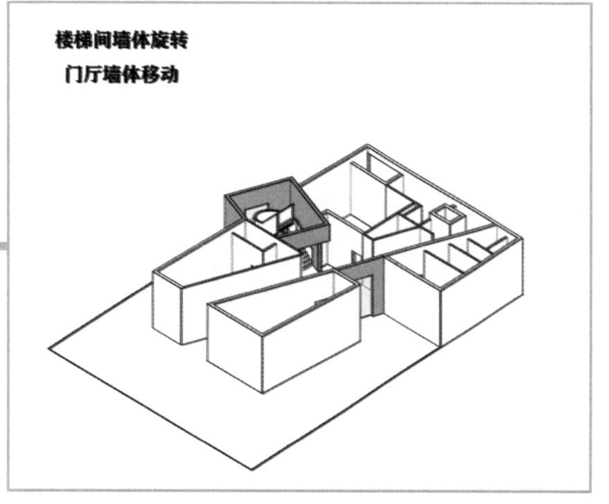

图 20

当然，设计幼儿园最重要的就是要处处为孩子们着想。为了符合儿童人体尺度，越南小哥给斜向通道加上一个坡屋顶，将外立面上 4 层高的“巨大”体量缩小到了令儿童舒适的独立小屋大小（图 21）。

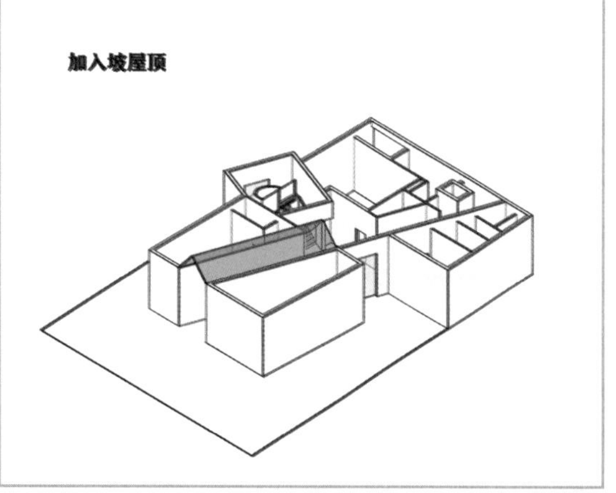

图 21

但给 1 层开窗时，又有问题了：靠近活动场地以及主入口的窗会让建筑外的人感到不适。因此，越南小哥利用红砖做成孔洞表皮贴在窗外，正好形成了浅浅的阳台，解决视线问题的同时还提升了室内的热舒适性。后续其他层的类似部位也都采用了同样的做法（图 22 ~图 25）。

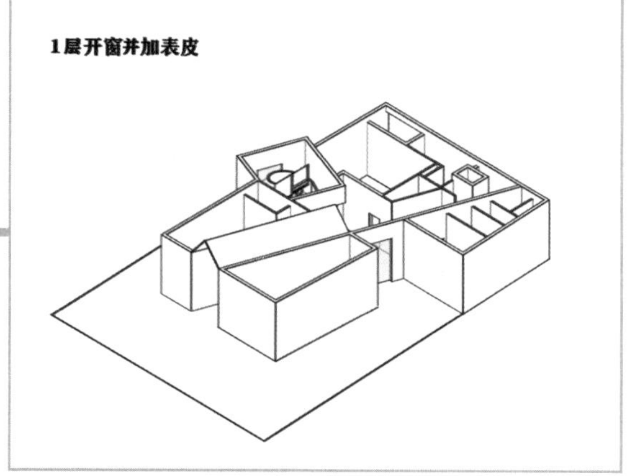

图 22

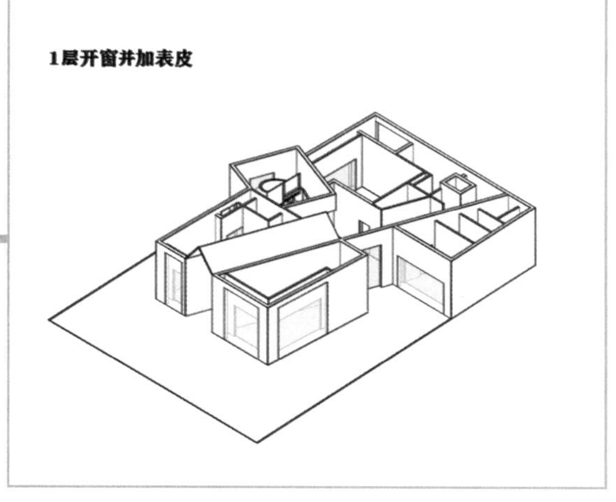

图 23

图 24

图 25

受 1 层通道坡屋顶的影响，2 层自然是沿用了一层的布局，平面北部被分割成两个不同大小的梯形空间。西北角正好和过厅一起成为活动区。随后，南侧沿街面被外墙切削，形成横向分隔，削弱体量感（图 26）。

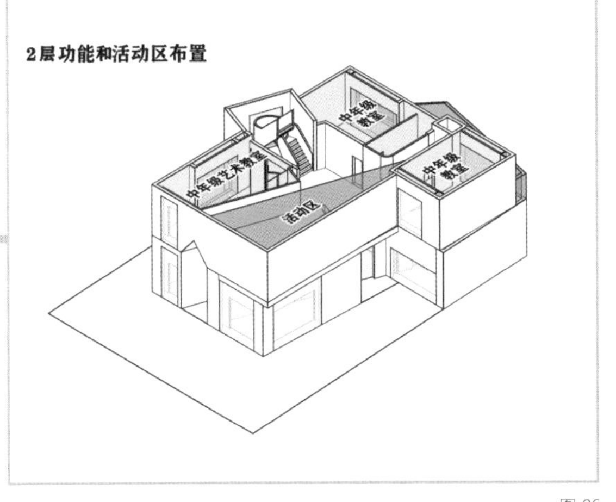

图 26

接着，楼梯将两层的活动空间连接起来，攒的空间体系便已经初具规模了。加入楼梯后，1 层通道的开洞也顺势增大。坡屋顶形状随之变化，并在边缘被切割，给楼梯留出通行高度（图 27、图 28）。

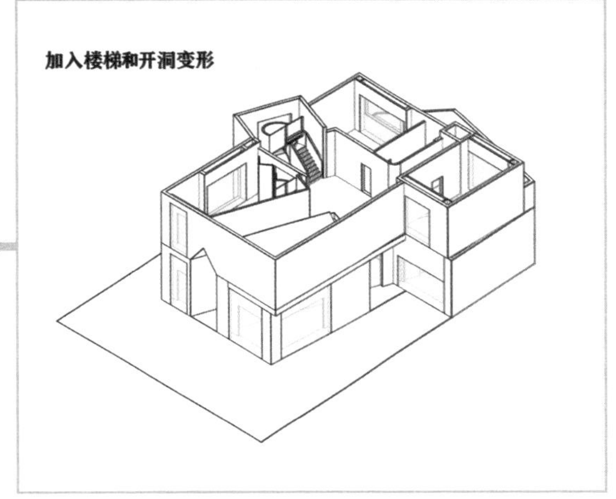

图 27

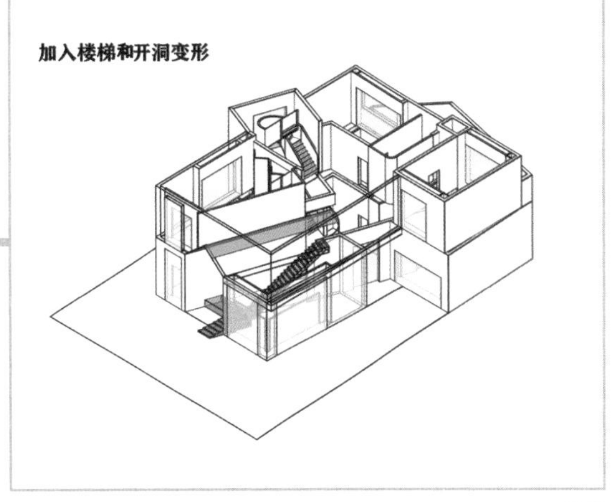

图 28

2 层的梯形空间需要在两条直角边上分别设置坡屋顶，首先在两面墙上开出坡屋顶形状的洞（图 29 ~ 图 31）。

再根据洞的形状给露台加上屋顶并向内延伸，覆盖露台的面积。随后，将 2 层露台的屋顶与 1 层通道的屋顶整合，形成内部连贯的空间（图 32 ~ 图 34）。

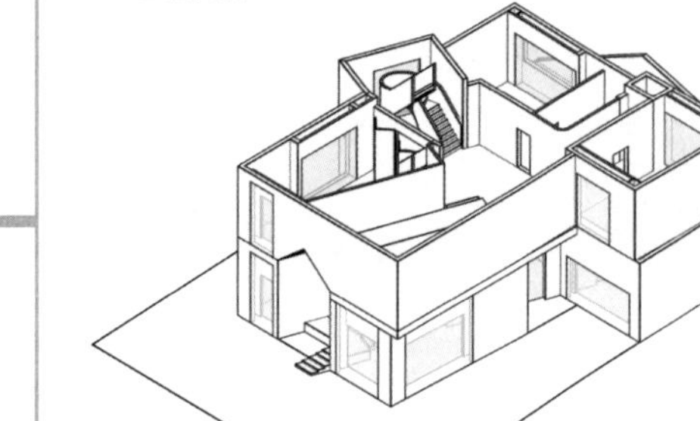

图 29

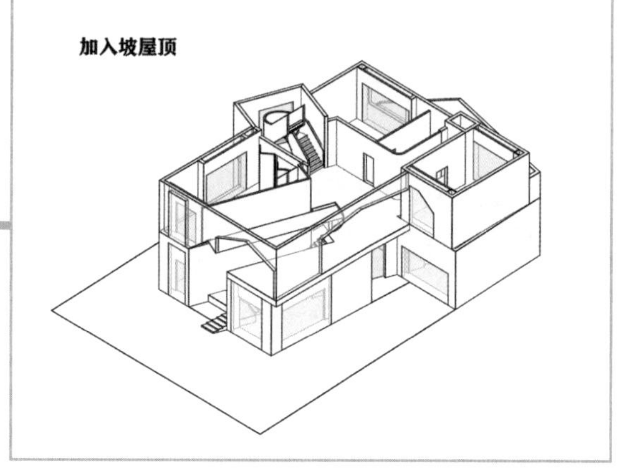

图 32

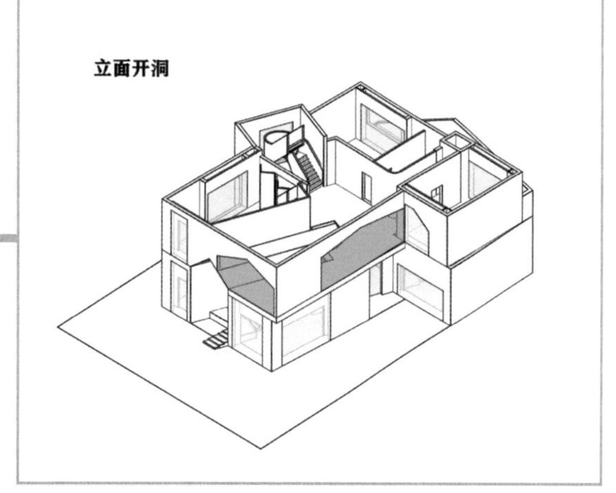

图 30

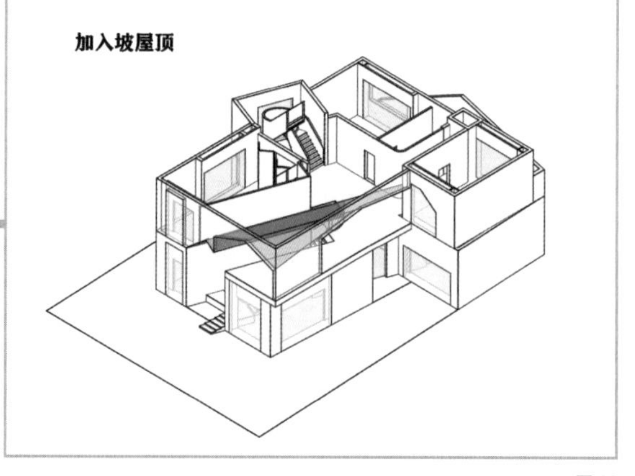

图 33

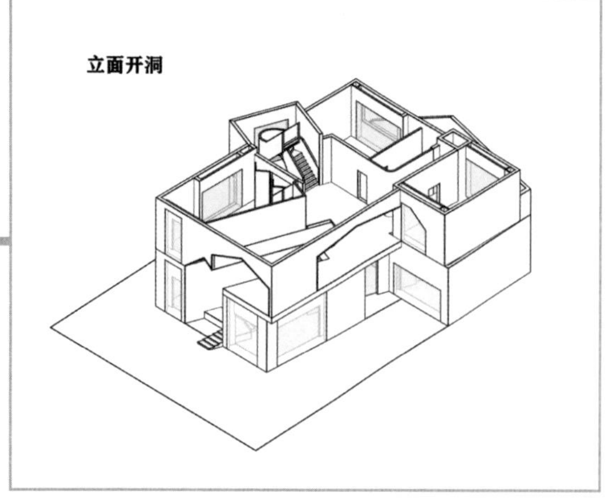

图 31

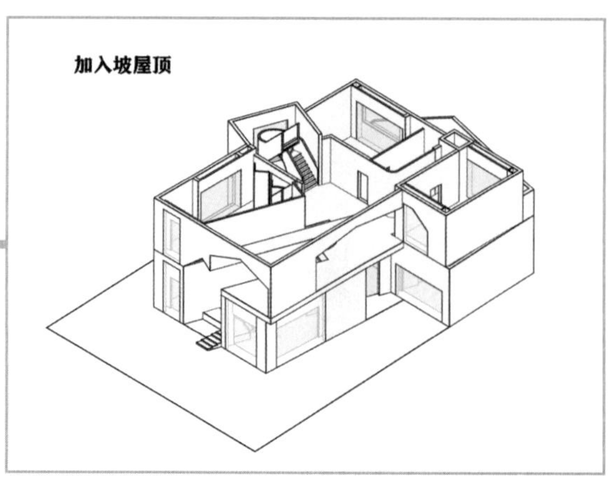

图 34

将 2 层的露台空间与交通核连接起来，从而达成 1 层到 2 层空间的串联。在二者之间加入一个弧形的屋顶形成“连接”，并与露台本身的屋顶整合在一起。随后再给露台加上支撑和围护结构（图 35 ~ 图 38）。

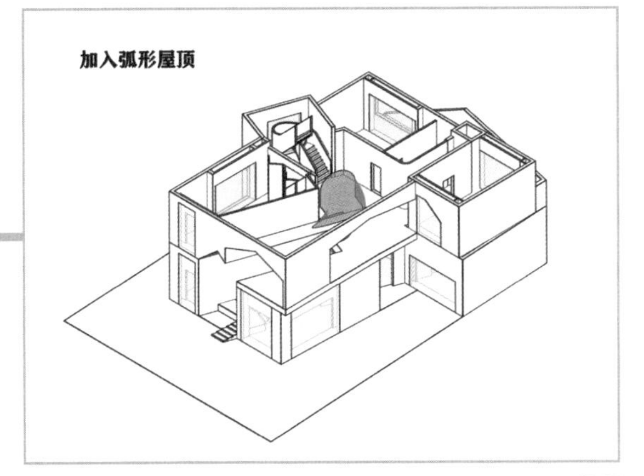

图 35

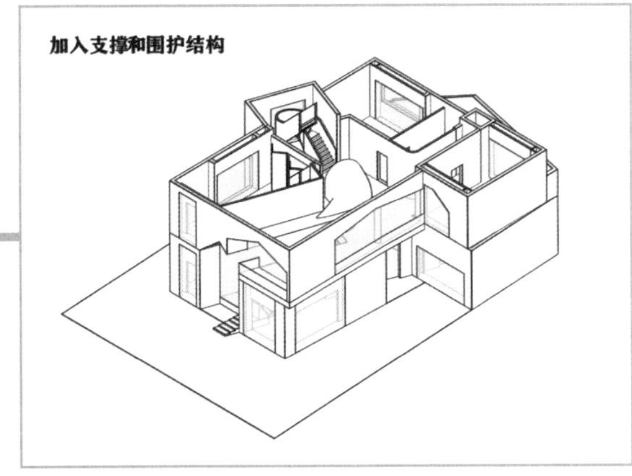

图 36

图 37

图 38

3 层功能塞得比较满，就充分利用过厅作为活动场地，并与 2 层衔接（图 39）。

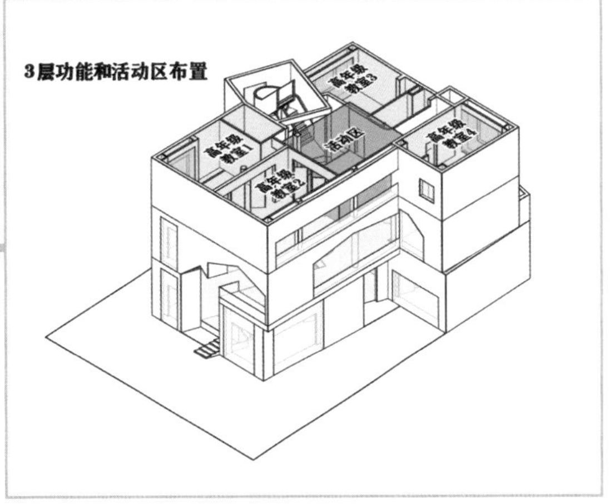

图 39

4 层布置的是后勤空间和两个艺术教室，功能关联不大，可以舍弃过厅。因此，将体量打碎成小块，降低主体建筑的高度为 3 层，再把 4 层的小块镶嵌在主体上，形成一个开敞的屋顶花园，使其充当活动场地的同时削弱了建筑的体量感，与周围 2 层、3 层为主的别墅在视觉上保持统一（图 40 ~图 43）。

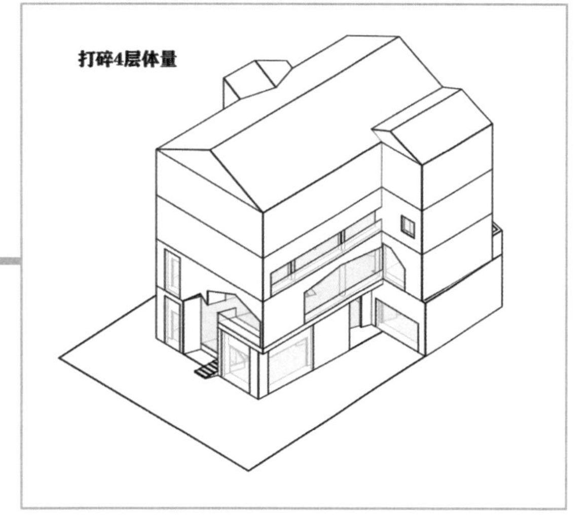

图 40

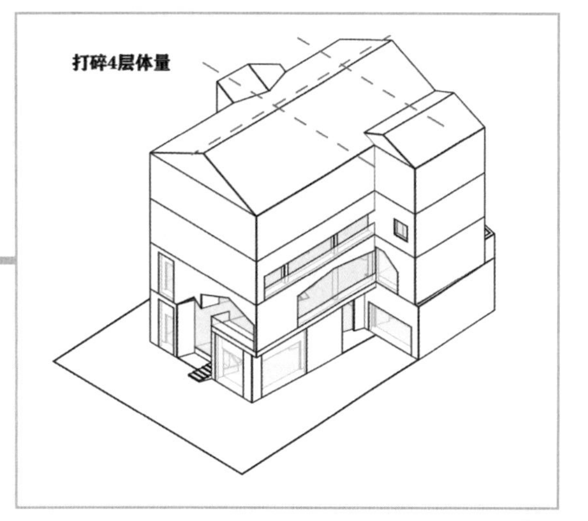

图 41

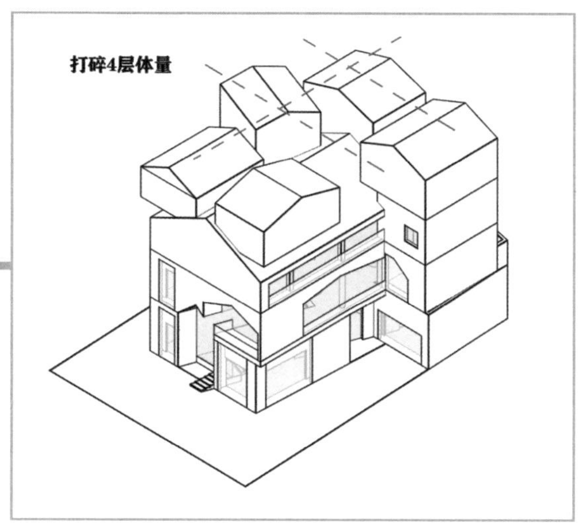

图 42

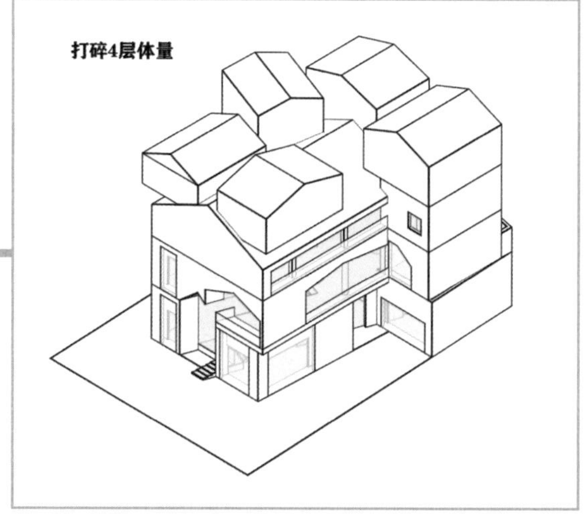

图 43

再把 4 层的体量扭转变动一下，丰富屋顶花园的空间。由于交通核的朝向已经固定，后勤空间有货梯，这两处就维持原样；把剩下的 3 个活动空间进行旋转、移动和抬升，围合出一个屋顶露台（图 44 ~图 47）。

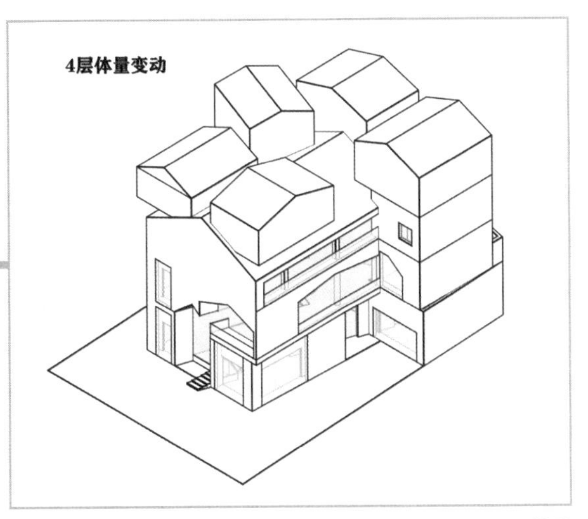

图 44

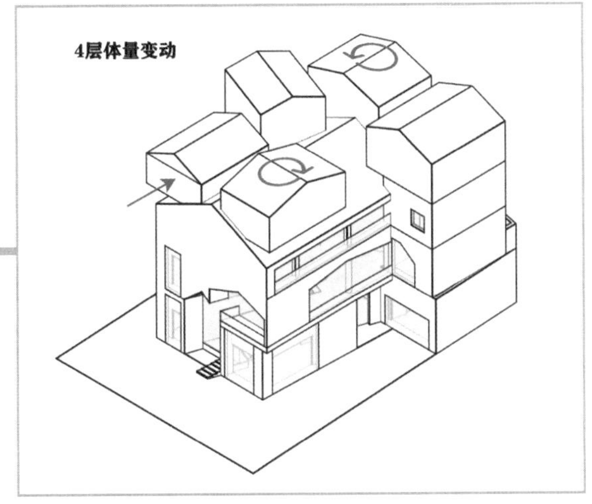

图 45

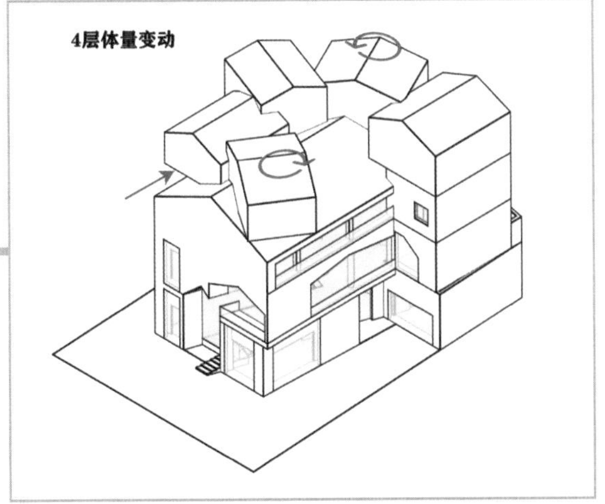

图 46

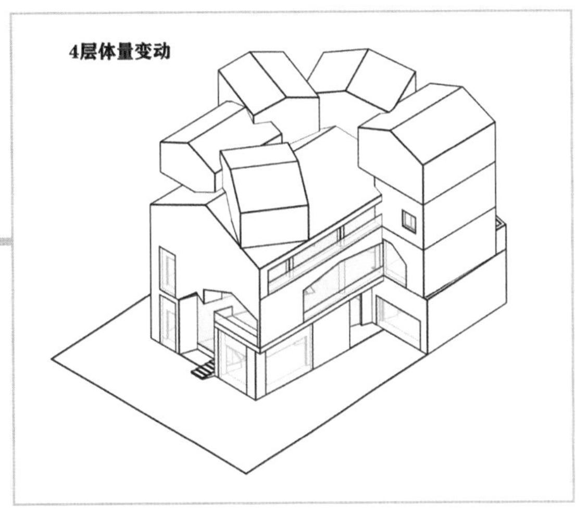

图 47

加入功能并布置平台和台阶，最后再盖上遮阳板，屋顶花园就做好了（图 48 ~图 50）。

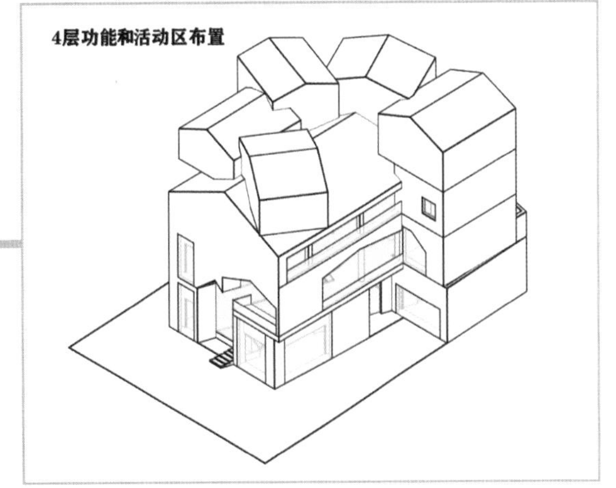

图 48

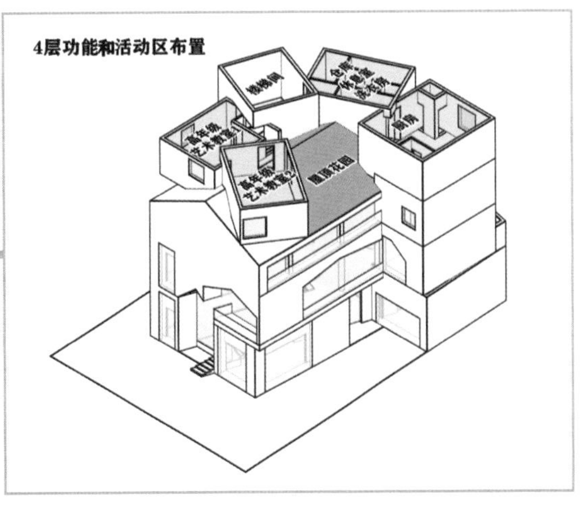

图 49

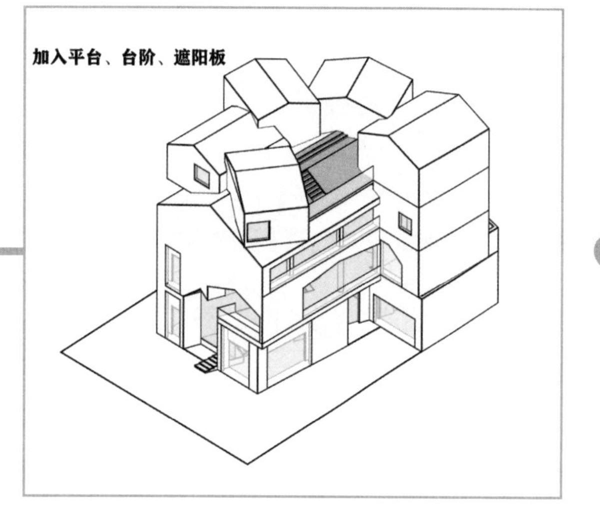

图 50

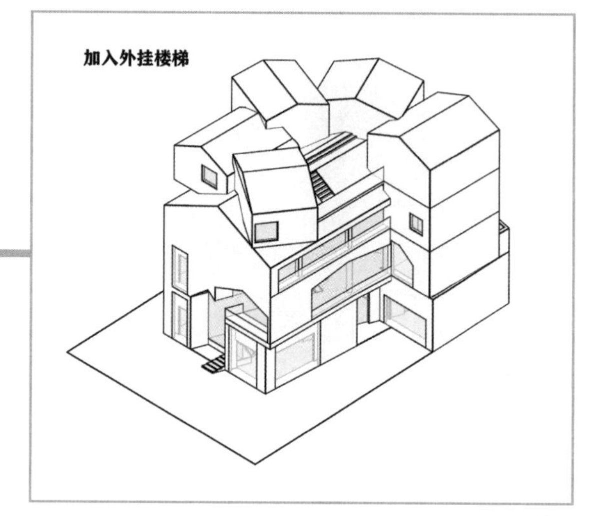

图 51

至此，幼儿园中每层的活动区都形成了串联且各有特色，同时功能需求也得到了满足。是不是可以收工回家了呢？可以是可以，但还有点小遗憾。这是一个幼儿园，对于精力旺盛的小朋友来说，再大的活动场地都能跑到头，最好的方法是把活动场地变成一个循环往复的空间系统，永远没有尽头。

为了让 2 层、3 层的孩子们也可以直达 1 层的活动场地，建筑东侧加了外挂楼梯，连接室外活动场地、2 层的活动教室以及 3 层的楼梯间。在西侧再加一个外挂楼梯，连接 2 层露台和 4 层的屋顶花园，方便老师带着低年级的小朋友去屋顶花园玩耍（图 51 ~ 图 55）。至此，越南小哥已经成功塑造了一组连续又循环的儿童活动空间。

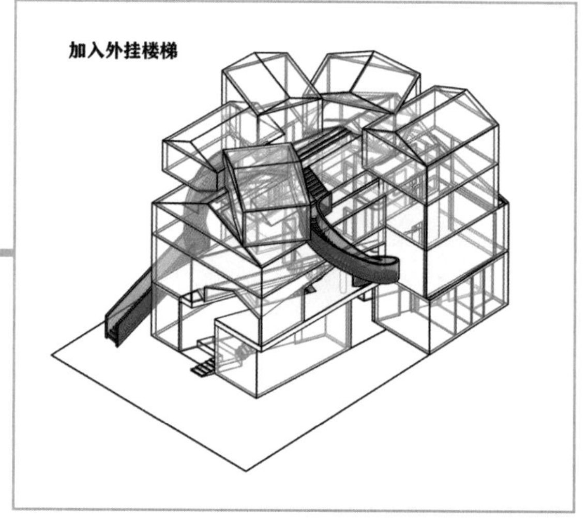

图 52

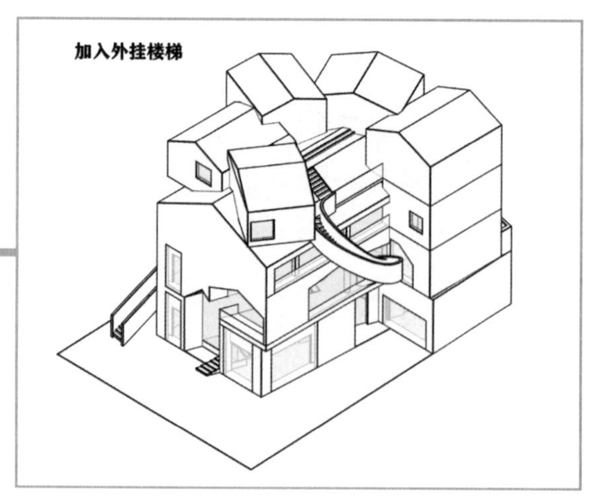

图 53

图 54

图 55

满足了小朋友，还得哄好大朋友。甲方不是说了幼儿园建筑要和整个别墅区保持一致吗？越南小哥也别无选择，只能以别墅的红砖作为主要的建筑表皮材料。按理说这事儿其实也没有多纠结，反正幼儿园里面也是要装修的嘛。就算表皮的红砖是中老年审美又怎么样？只要里面搞得活泼可爱，让小朋友喜欢就可以了呀。可明显越南小哥是自力更生的好青年，能自己解决的坚决不麻烦别人。

既然不得不用，那就疯狂地用！不但墙面用，屋顶也要用！胡志明市属于热带季风气候，一年四季都挺热，利用红砖的特性在墙面以及楼梯间的屋顶上做出多孔表皮，不仅促进通风，还形成了独特、浪漫又充满童趣的满天光影效果（图 56 ~ 图 58）。

图 56

图 57

图 58

最后，在给幼儿园加上围墙、大门、配景时，越南小哥还有心机地使原本正对建筑主入口的大门转而面向活动场地与建筑主体，让大门形成一个大景框，把费尽心思搞的活动系统摆到人们眼前（图 59 ~ 图 61）。

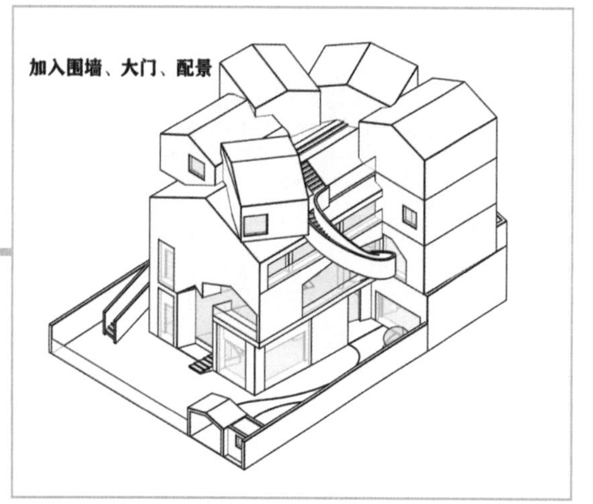

图 59

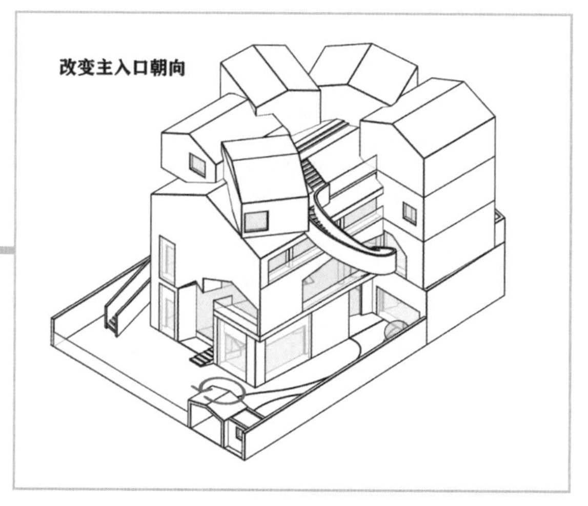

图 60

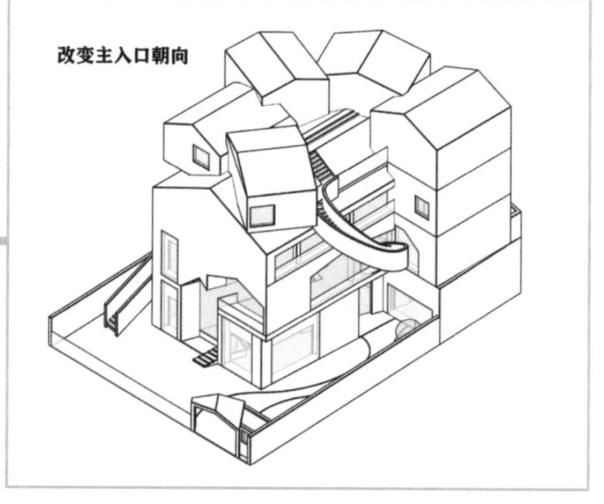

图 61

至此，这座幼儿园才算正式完成（图 62）。

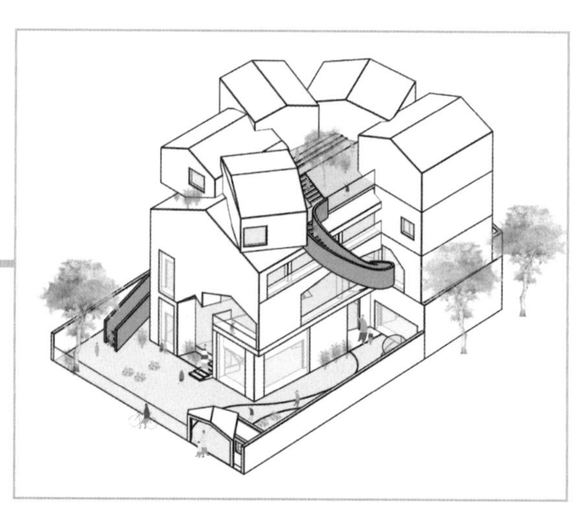
图 62

这就是 KIENTRUC O 事务所设计的胡志明市第 2 区幼儿园，一座被逼无奈去疯狂的建筑（图 63 ~ 图 65）。

图 63

图 64

图 65

这是一个看起来有点疯狂的幼儿园，很多操作都大胆而惊险。若不了解背后的曲折，大概很多人都会以为这不过又是一个建筑师浮夸炫技的任性之作。

每个建筑师心里都有点儿疯狂的想法。有人在制造机会绽放，有人在等待机会爆发。不管如何，都希望这些疯狂变为温暖世界的篝火，而不是燎原燃烧后的灰烬。

图片来源：

图 1、图 24、图 25、图 37、图 38、图 54 ~ 图 58、图 63 ~ 图 65 来自 https://www.archdaily.com/894344/chuon-chuon-kim-2-kindergarten-kientruc-o，其余分析图为作者自绘。

十个设计师，九个强迫症，八个全靠装，一个闲得慌

图 1

名　称：伦敦政治经济学院保罗·马歇尔大楼（图 1）
设计师：格拉夫顿建筑事务所（Grafton Architects）
位　置：英国·伦敦
分　类：公共建筑
标　签：学院，结构
面　积：约 17 000m^2

START

强迫症算是个流行病，现代人或多或少都有点儿，但拿强迫症当外挂打怪用的，估计只有设计师。也不知道从哪天开始，也不知道是吃错药还是没吃药，设计师忽然间就把“强迫症”和“完美主义”画上了等号。换句话说，如果一个设计师告诉你他是个强迫症晚期患者，那他只是在很晦涩地向你表达他挑剔、严谨且事事追求完美的高冷人设。

这个“事事追求完美”包括但不限于：间距要相等，边边要对齐，颜色要取整，构图要对称，衣服要纯黑，纸笔要平行……但是，设计周期中的任何决定都应该以能否达成最后的设计目标为依据，和设计师的个人癖好基本关系不大。说白了，需要你严丝合缝，你就得立马强迫症上身；需要你顺其自然，你就得立马唐长老转世；需要你一飞冲天，你就得立马找电话亭内裤外穿。总之，看需要。至于是否会逼死强迫症，不重要。

伦敦政治经济学院（LSE）终于可以清除掉校园边那个有碍观瞻的小旅馆了。最近运气好到爆，一个有钱的好心人把那块地外加那个小旅馆打包送给了学校，还承诺出钱建新房子（图 2）。

图 2

校长的小心脏怦怦乱跳：有钱人非要给我盖新房，想法有点儿多怎么办？在线等，挺急的。有的人一激动就不小心暴露了野心，在 2600m^2 的基地上列出了约 17 000m^2 的要求，包括财务和管理部门、马歇尔学院、研究中心等学术部门、配备教学设施的正常教室、各种体育设施以及多功能的艺术排演场地（图 3、图 4）。

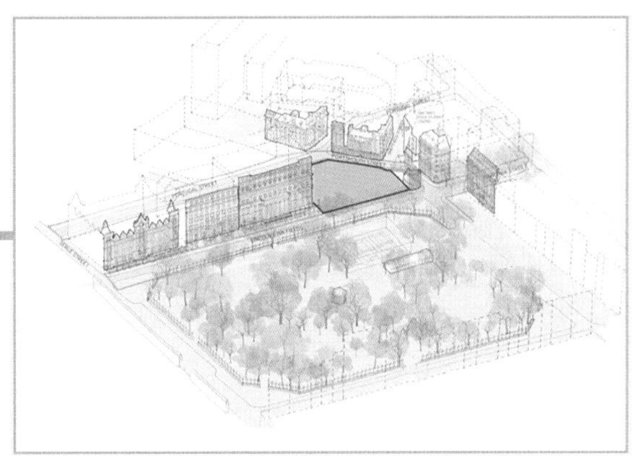

图 3

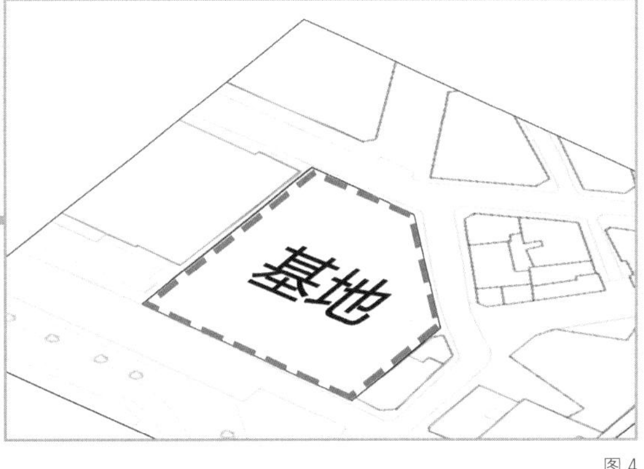

图 4

又是熟悉的配方：每个甲方心里都住着一个得道高僧，总是一花一世界，一叶一菩提，一平方米拥抱全宇宙。但这次甲方想要的小宇宙实在是有点儿混搭。体育馆加艺术馆加教学楼加办公楼的组合是个什么东西？我到底该翻哪本规范？

不管再怎么归类精简，这个建筑也至少需要以下 3 种空间尺度。

1. 学生健身、艺术彩排和各类活动所需的灵活可变空间。

要求是跨度大于 15m 的无柱空间，能承担多种体育活动、艺术彩排以及简单表演（图 5、图 6）。

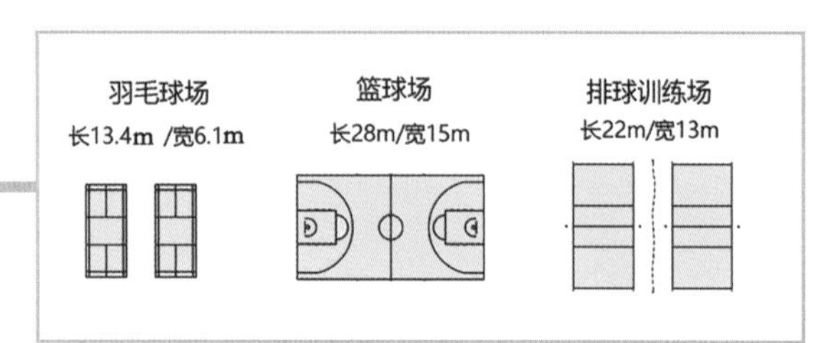

图 5

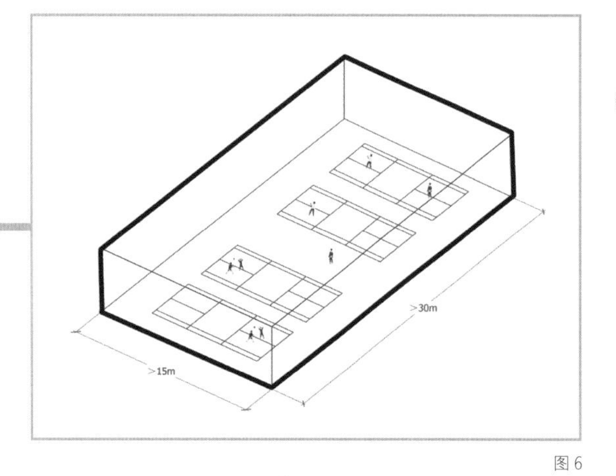

图 6

2. 教学空间。

开间 10m 左右的教室，主要用来日常上课（图 7）。

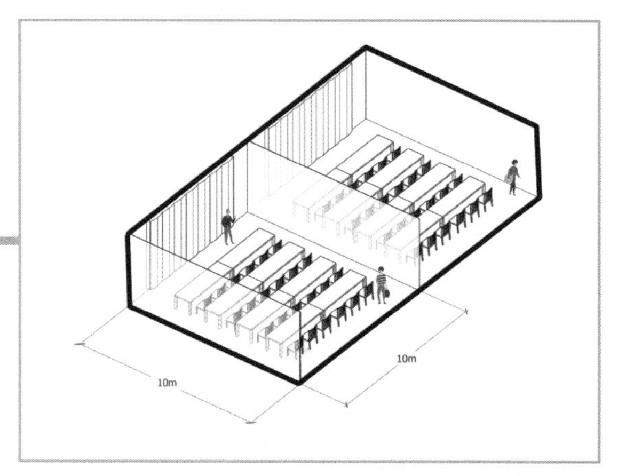

图 7

3. 管理办公部门。

以小隔断为主的办公空间，各自独立（图 8）。

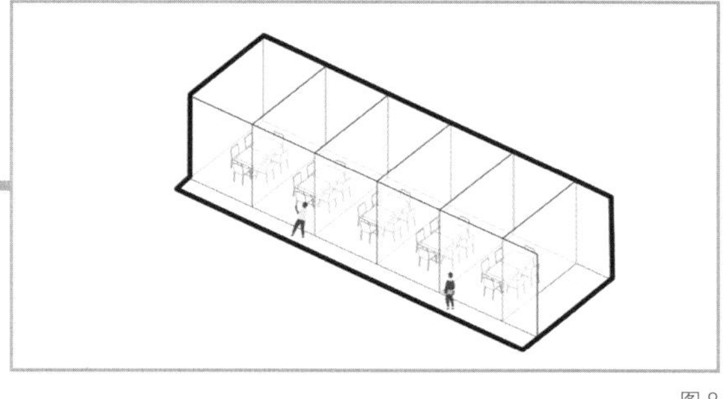

图 8

实话实说，虽然这 3 种需要不同空间尺度的功能听着很复杂，其实结构并不难设计，主要解决的就是如何从一个很大的空间过渡到一个很小的空间的问题。但建筑师的强迫症在结构面前尤其偏执：能用一种结构形式解决的坚决不用两种。他们大概是发自肺腑地觉得打不过结构师，所以不能给结构师添麻烦。

所以，常见的解决方案一般有以下几种。

方案一：最简单的方法是把大空间放在顶部、小空间放在下面。当然，体育场之类的公共空间放在底层肯定最好，但一个不承担正规比赛的大学体育设施放在顶层也不是不可以的（图 9）。

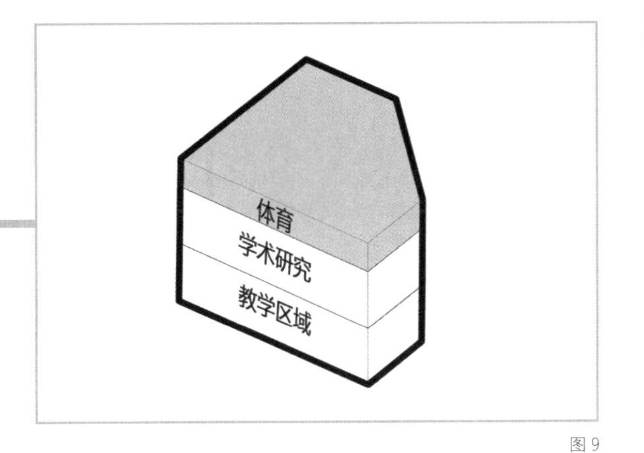

图 9

方案二：全部使用大跨度空间。只要钱到位，柱距按照大空间的要求来，小空间随便分隔一下就好（图 10）。

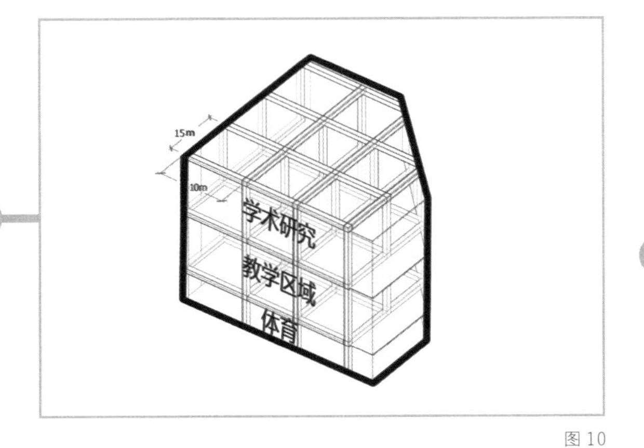

图 10

方案三：设置结构转换层。这个算是最麻烦结构师的了（图 11）。

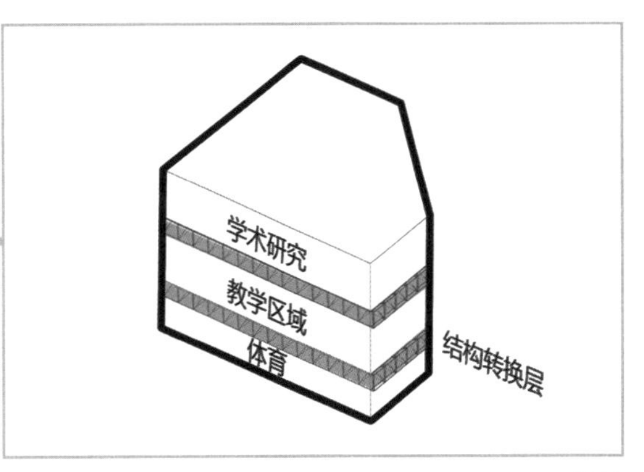

图 11

除此以外，你还能想到方案四吗？前面已经给过提示了，要逼死强迫症啊。

方案四：

1. 新的结构组合形式。

如果我们不去考虑结构之间的统一，境况就完全不一样了。首先，设置柱距为 15.2m 的网格，适用于底部大空间（图 12、图 13）。

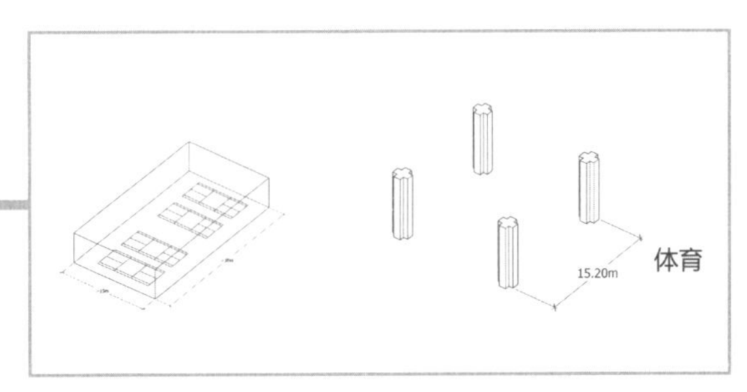

图 12

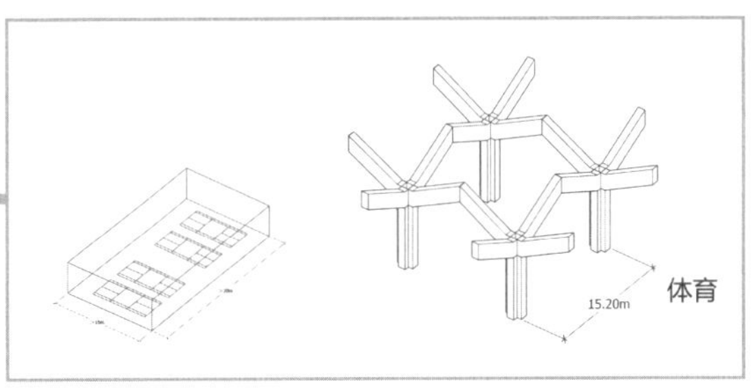

图 13

其次，柱状结构向上延伸，长度变为 10.8m，适用于教学空间（图 14、图 15）。

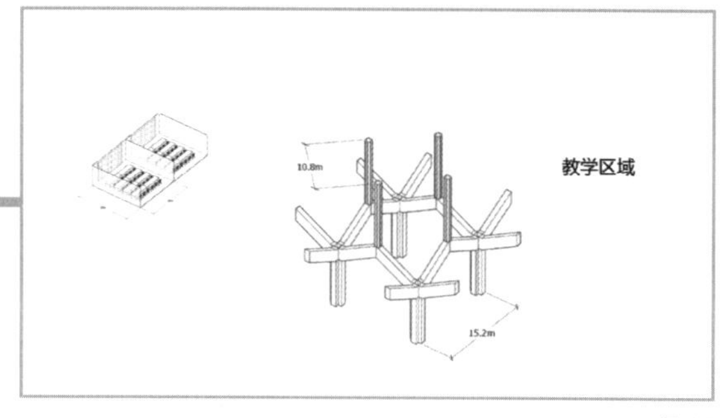

图 14

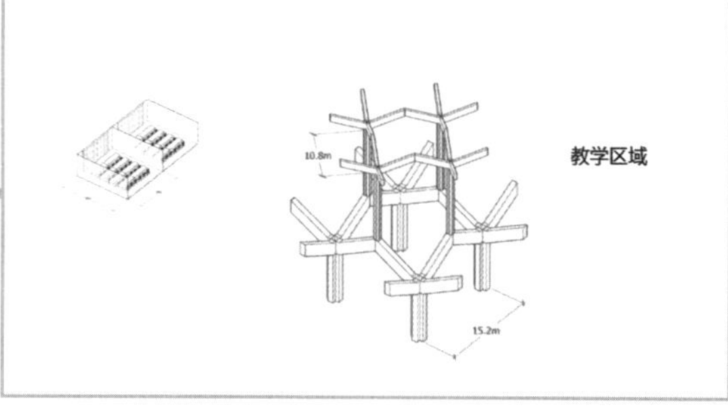

图 15

再次，树状顶部采用圆柱，改为更规则的 7.5m 网格（图 16）。

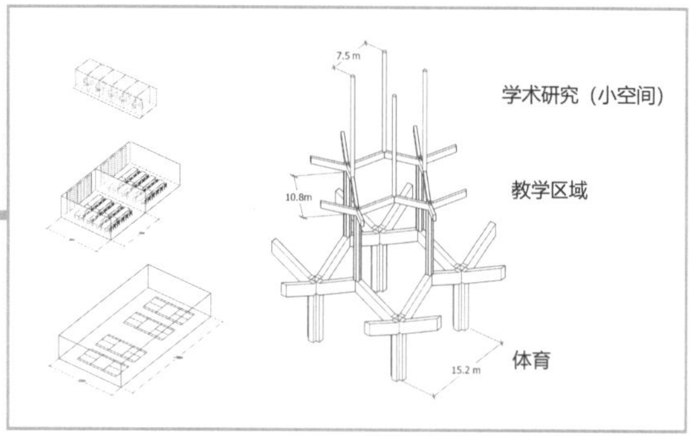

图 16

最后，建筑的柱子在几何上有三次转变，从一层向上层逐渐变化，仿佛是旋转着的树枝。

2. 利用结构关系形成平面。

先把该柱网结构放到场地中（图 17）。

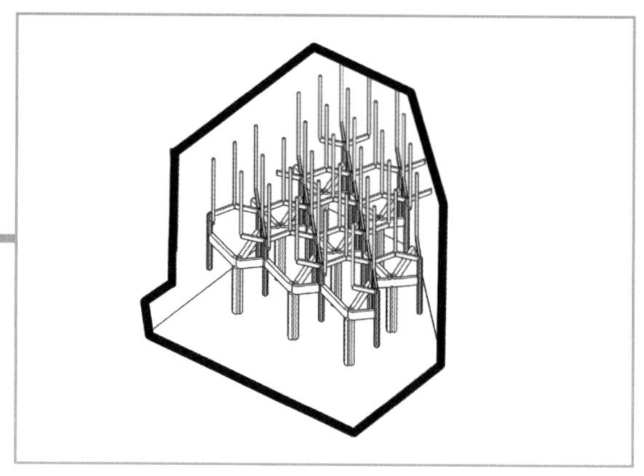
图 17

再加入各层楼板（图 18）。

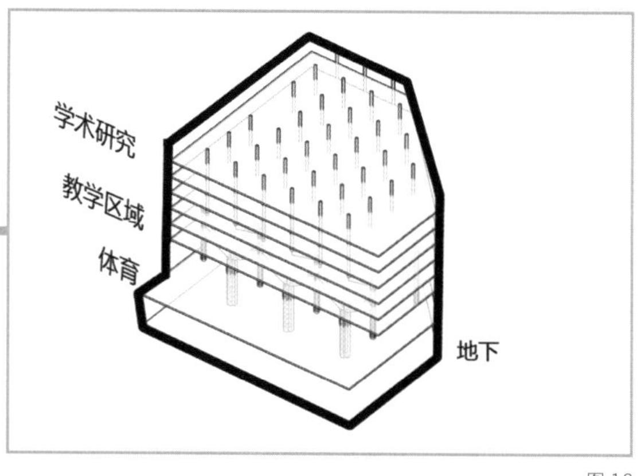

图 18

根据不同的柱网层次生成不同的平面形式（图 19）。

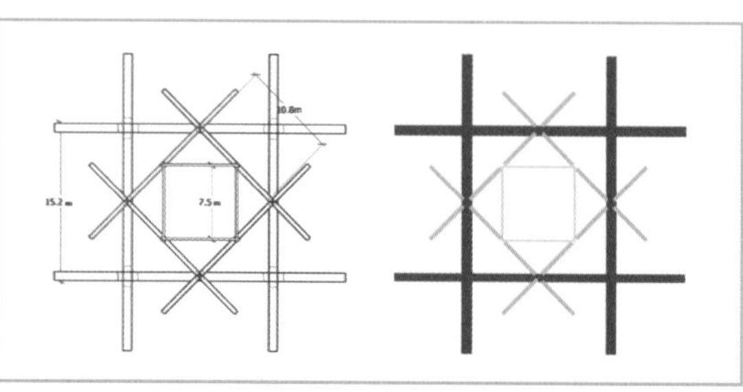

图 19

由于树状结构的三种不同层次，场地中存在三套大小不同的柱网，成对角线的正交关系，平面布置也更加灵活。首层围合轴网叠加出入口小广场，面向城市开放（图 20）。

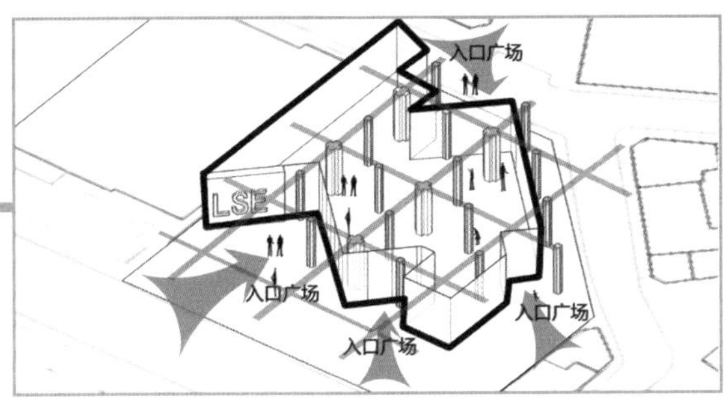

图 20

教学空间使用第二层次的斜向柱网（图 21）。

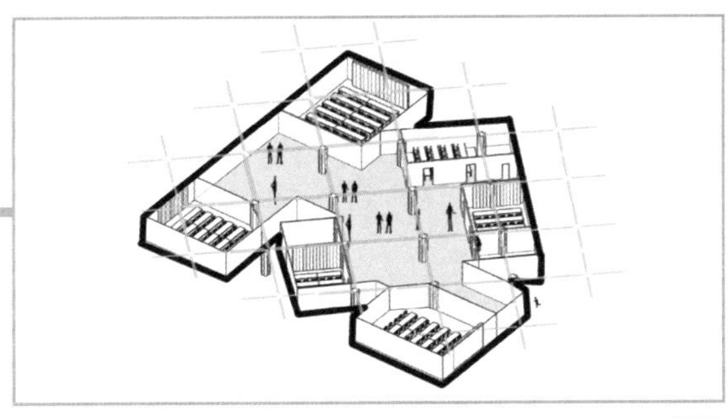

图 21

管理办公空间呈鱼骨式排布，回归到规整的小柱网，从缝隙中获得更多采光，空间经济有效（图 22）。

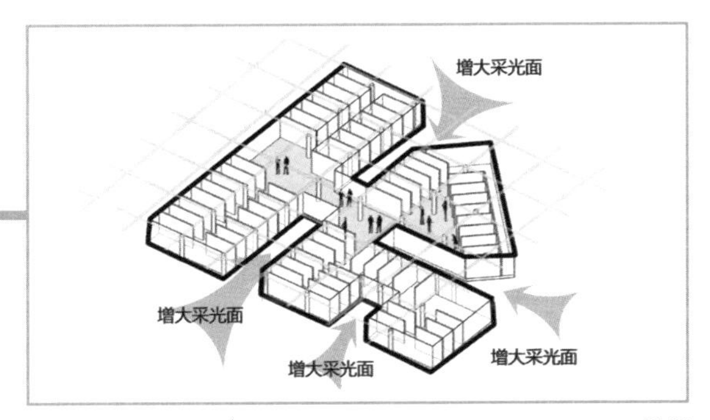

图 22

至此，建筑依据结构层次形成了各层的平面布置（图 23）。

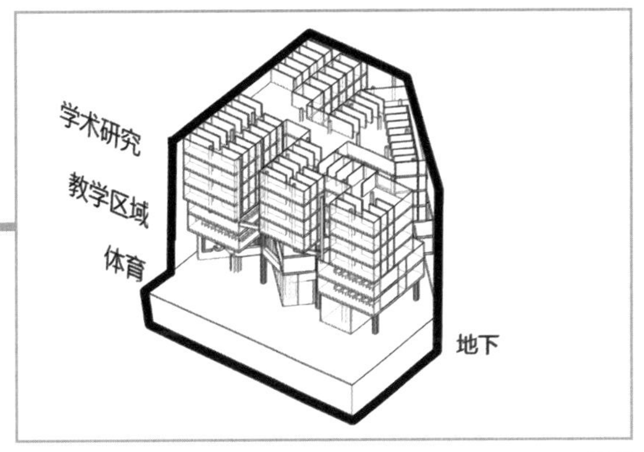

图 23

那么问题来了：我们为什么要用这样一个树状结构而不是更简单地使用结构转换层呢？当然是为了逼死强迫症啊。咯咯，我的意思是说，画重点：树状结构是可以产生突变的。

3. 利用结构系统形成空间系统。

我们总习惯让结构去配合空间，为什么不能让空间去配合结构呢？

a. 高度突变，形成中庭空间。
在平面布置的基础上，改变构件的高度，加入旋转楼梯形成中庭（图 24 ~ 图 27）。

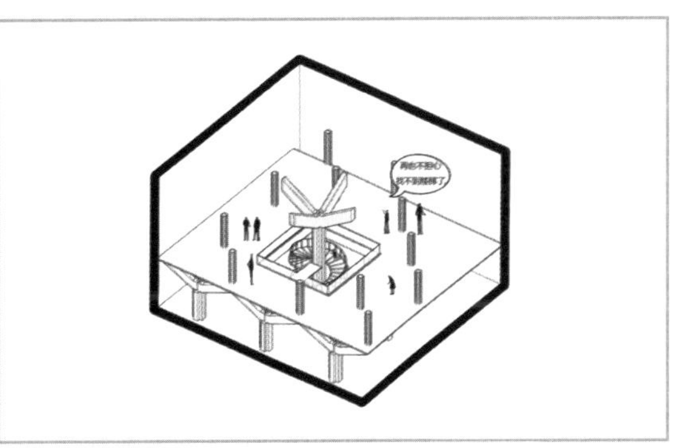

图 24

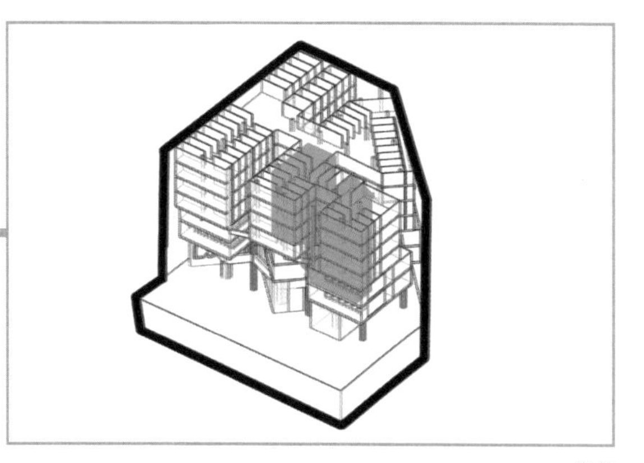

图 25

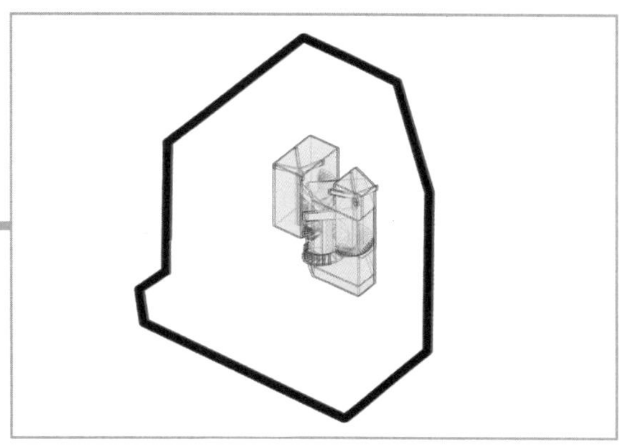

图 26

图 27

b. 形状突变，形成入口标志性空间。

结构变形支撑起上方的景观平台，形成新的城市空间（图 28、图 29）。

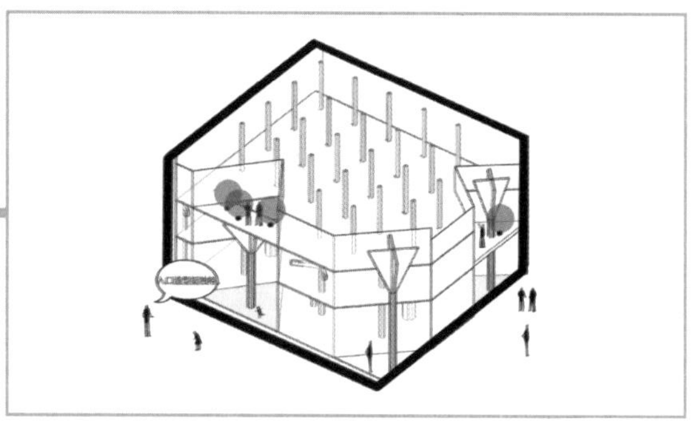

图 28

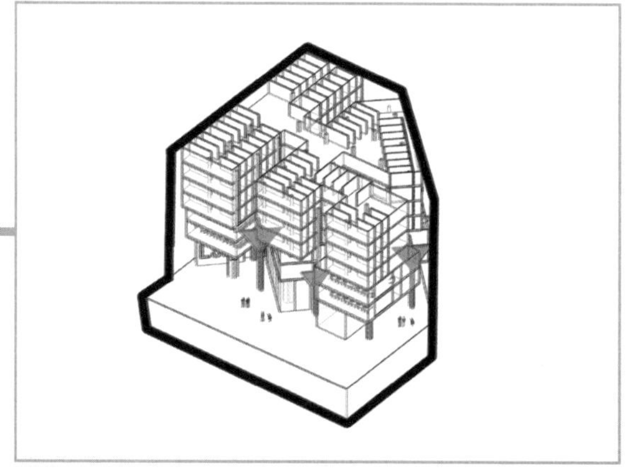

图 29

c. 高低错落，形成森林意象空间（图 30、图 31）。

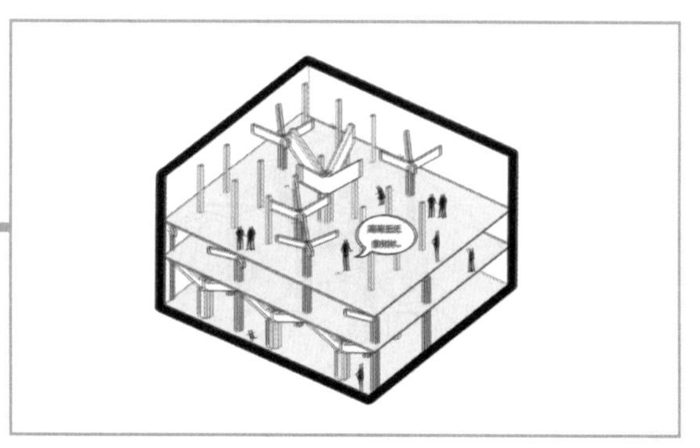

图 30

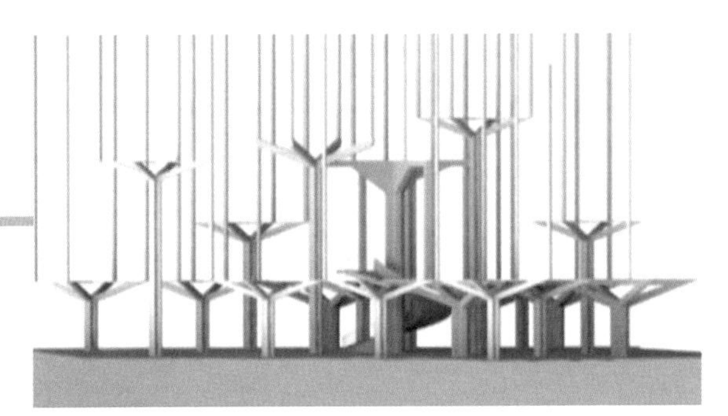

图 31

4. 最后，解决建筑基本问题。

加入交通空间（图 32、图 33）。

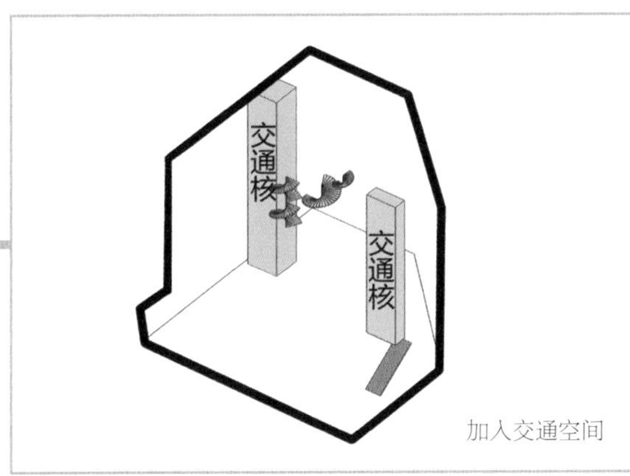

加入交通空间

图 32

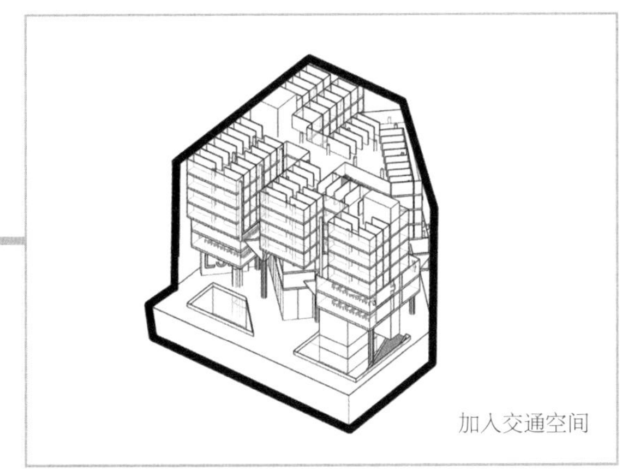

加入交通空间

图 33

加入表皮与屋顶。立面设计依然遵循结构系统的构成法则，底部较厚重，越往上部越轻盈透明（图 34 ~ 图 36）。

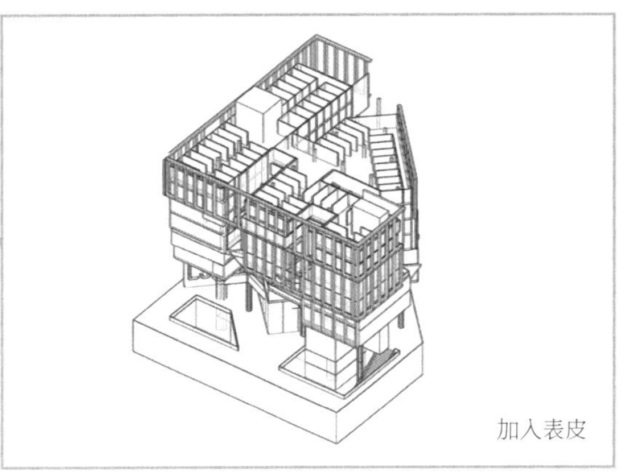

加入表皮

图 34

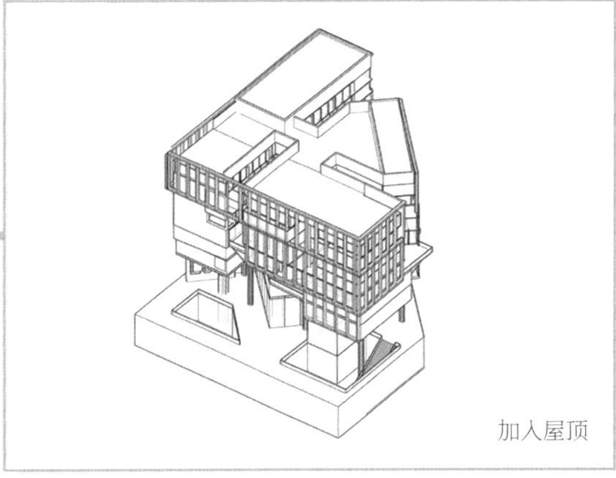

加入屋顶

图 35

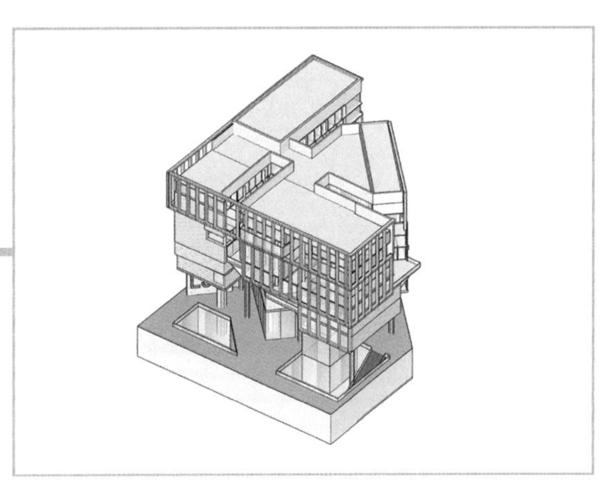

图 36

加上景观花园，形成室外平台（图 37）。

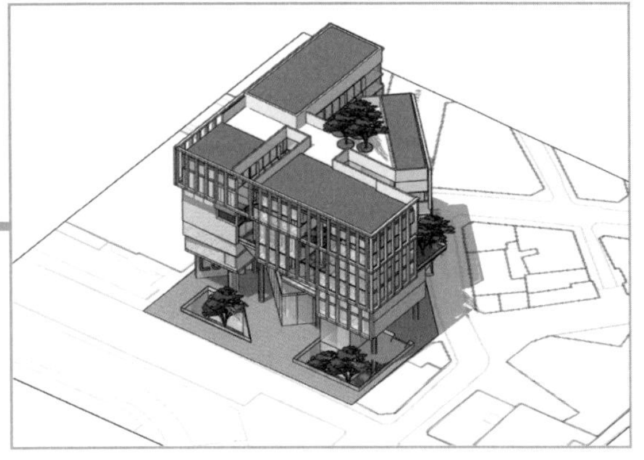

图 37

这就是格拉夫顿建筑事务所，也就是 2020 年普利兹克奖得主的作品：伦敦政治经济学院保罗·马歇尔大楼，一个由结构突变引起的方案（图 38 ~图 42）。

图 38

图 39

图 40

图 41

图 42

我们总是在熟悉的赛道上寻求突破，其实不熟悉的领域才隐藏着真正的机会。不要给自己贴标签。那不是你与众不同的闪烁的霓虹灯，而是束缚你的大脑，使它频频短路的电线板。做一个正常的建筑师。没毛病。

图片来源：

图 1、图 2、图 27、图 38、图 40 ～图 42 来自 http://www.iarch.cn/thread-32781-1-1.html，图 3、图 31、图 39 来自格拉夫顿建筑事务所于 2020 年 2 月 13 日在 2020 年英国皇家建筑师学会金奖会上举行的讲座。

END

拒人于门外的建筑，究竟是谁的尴尬

图 1

名　称：中国台湾台南美术馆（图 1）

设计师：坂茂建筑事务所，Chao Yung shih 建筑事务所

位　置：中国・台南

分　类：展览

标　签：平台，绿化

面　积：19 071 m^2

START

地球上的任何一座建筑都可以将人分为两类：来过这里的与没来过这里的。但这种分类很无聊，既影响不了鸡蛋价格，也预测不了股市涨跌，就连建筑师也懒得多思考1秒：你来与不来，反正我都在这里，管他是谁来？再说了，家又不住在海边，腿也长在别人身上，管得着吗？

为来的人设计，这是建筑师的本分。只是，最常见的天是不晴不阴的雾霾天，最常见的人是不尴不尬的中间人。

中国台湾台南市打算新建一座美术馆，基地就位于台南市市区内，与原美术馆相隔一个街区。选址还算不错，紧挨着一大块城市绿地（图2）。

图2

甲方也确实看中了这块绿地，打算搞一个雕塑公园，让项目直接与绿地合二为一，来个“暗度陈仓”，反正这次难得用地不紧张，闲着也是闲着（图3、图4）。

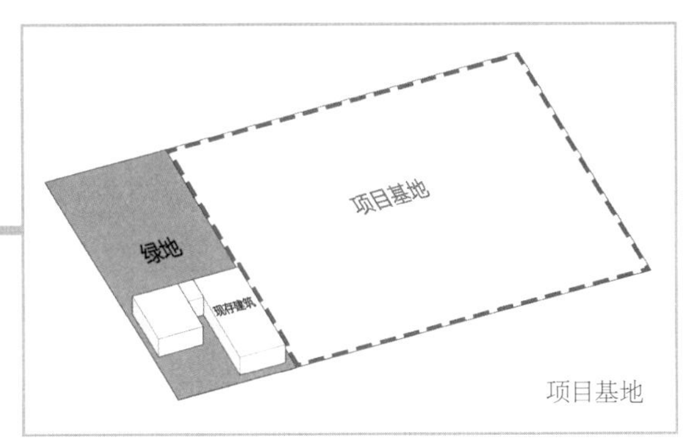

图3

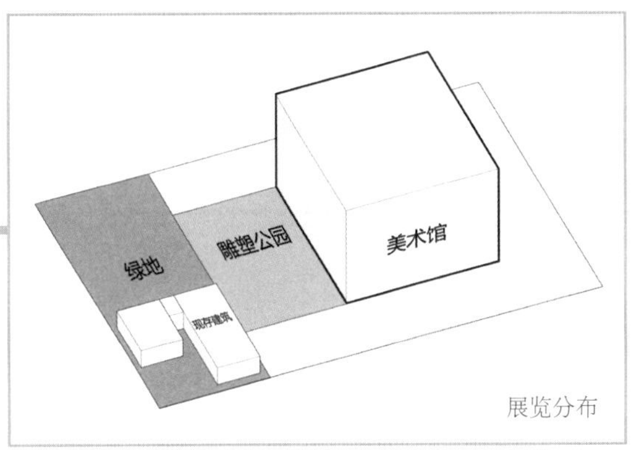

图4

至于美术馆，虽然是新建的，可也和一般美术馆没多大区别：有一部分免费展览区，虽然展品可能几百年都不换，但刷脸就能进（图5）。

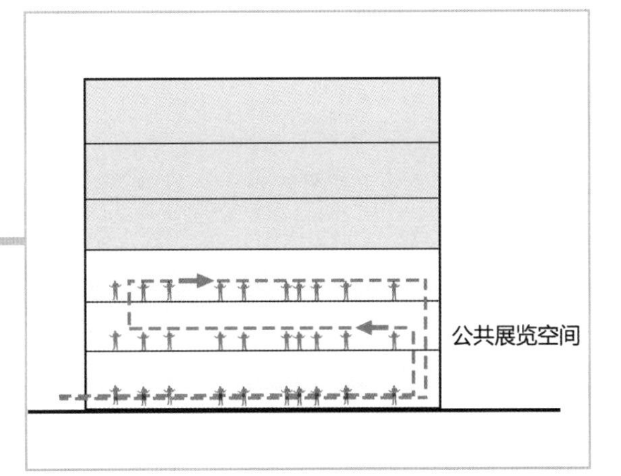

图5

当然，特展、个展、镇馆之宝的展就要收费凭票参观了，而具体门票多少钱就得看展品的“腕儿”有多大了（图6）。

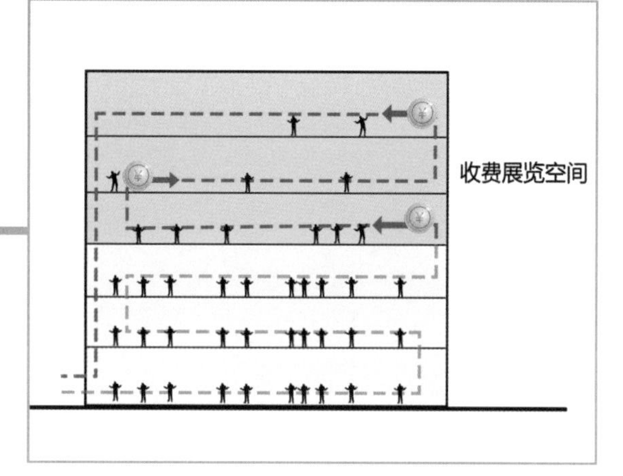

图6

美术馆属于城市公共资源，可没说是免费资源。花钱买资源，天经地义。你网上下载个电影可能还得收费呢，何况是人类艺术的精华，还是正品、真迹，独此一家、别无分号！但这事儿说破大天去也是个管理问题，和建筑师的关系不大。反正设计出来的美术馆货真价实，人家“氪金”玩家能通关，你没充值的逛两层开开眼，想继续看就掏钱，不想看就掉头回家，简直不能再合理了。

可惜这个世界不是非黑即白这么明确，人活一世也不是仅凭想或不想就能断个清楚的。最简单的，想看却没钱看的找谁说理去？一道检票闸，在有些人眼里就是走个过场的道具，但在另一些人眼里却是看穿兜儿比脸还干净的CT机。

作为建筑师，逛美术馆可能比逛菜市场都勤。穷学生时代，为了一张门票吃一个礼拜泡面的日子对很多人来说并不陌生，现在功成名就的坂茂可能也有过这样的经历。所以在看到这个项目时，他想的就是设计一个让检票闸消失的美术馆。无论有钱没钱、有票没票都能深入探索整个美术馆区域。或许不可能阻止馆方设置收费区域，但总要想方设法消隐掉那道泾渭分明的界线。

理想很丰满，但骨感的现实还是要靠胡吃海塞才能多长肉。怎样才能让收费分界线消失？一个字：乱！两个字：很乱！三个字：非常乱！你可以简单理解成一个打乱的魔方：虽然红还是红，绿还是绿，但你还能找到它们之间的界线在哪儿吗？坂茂用的就是这个方法。

第一步：水平打乱，交替设置两种展览（图7）。

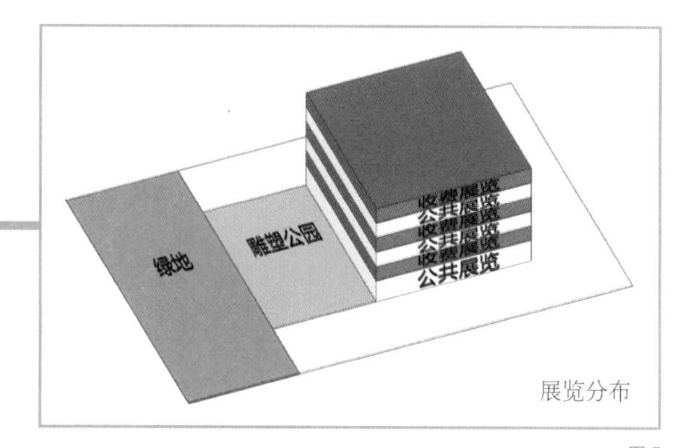

图7

第二步：垂直打乱，加强二维联系（图 8）。

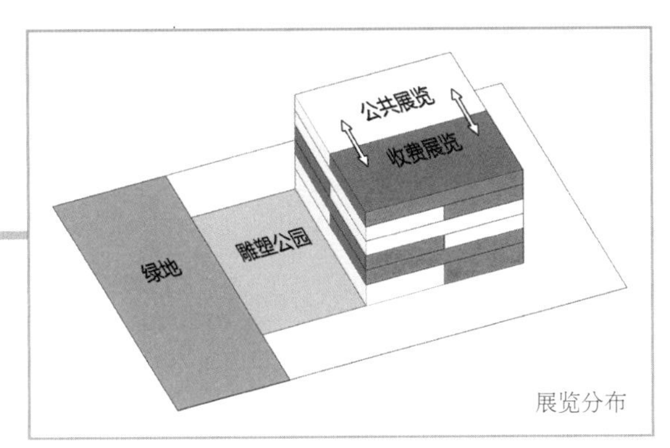

图 8

第三步：三维打乱。

由于房间盒子般的分隔，无论怎样在盒子内布置平面，两种功能都不可能实现交叉，也就无法让界线消失。因此，我们需要让每一个方盒子都是两种流线的一部分——释放出盒子的顶部，让两种流线的人群都在此处会集，同时顶部平台非常适合成为雕塑公园的展览场地（图 9 ~ 图 11）

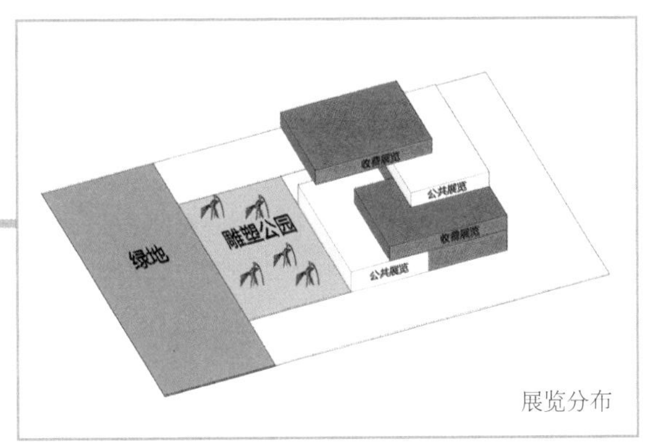

图 9

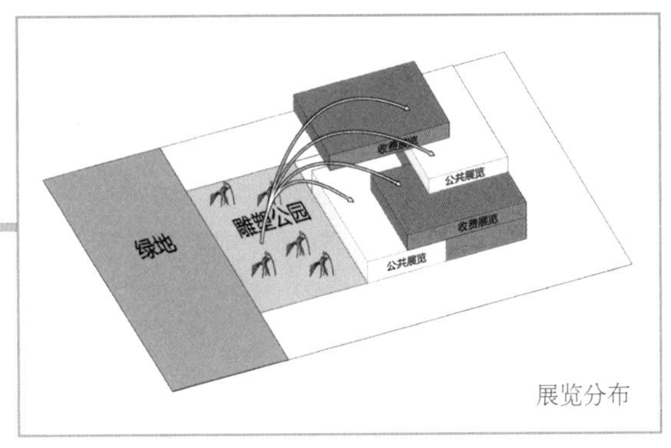

图 10

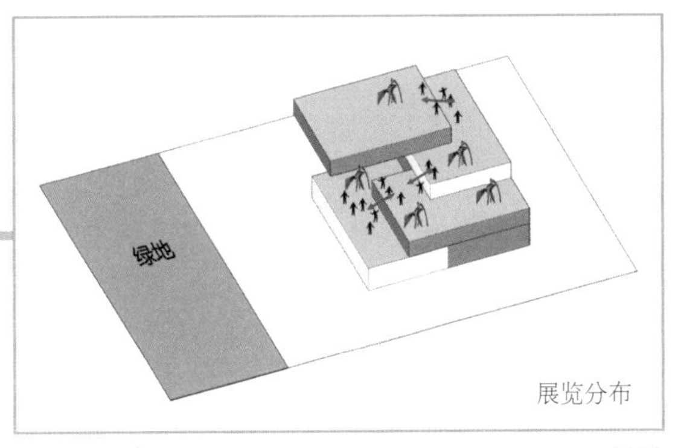

图 11

第四步：继续打乱获得更多屋顶平台。

既然盒子的顶部平台已经被雕塑公园征用，那么同理，雕塑公园的部分场地就可以被利用，成为美术馆的用地。等价交换，公平合理。为了让免费参观者可以深入整个美术馆的用地，我们需要制造出更多的屋顶平台，所以采用阶梯状的形体（图 12）。

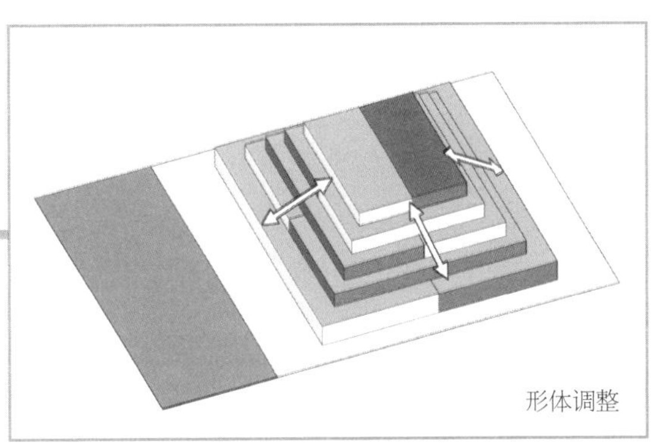

图 12

第五步：形体打散，功能交错。

不管怎样，美术馆都会设置收费区域，这是客观事实。但怎么设置这些收费展区就要看建筑师的主观意愿了。坂茂将收费展区打散，以小盒子的形式作为围合免费展区的界限存在（图 13、图 14）。

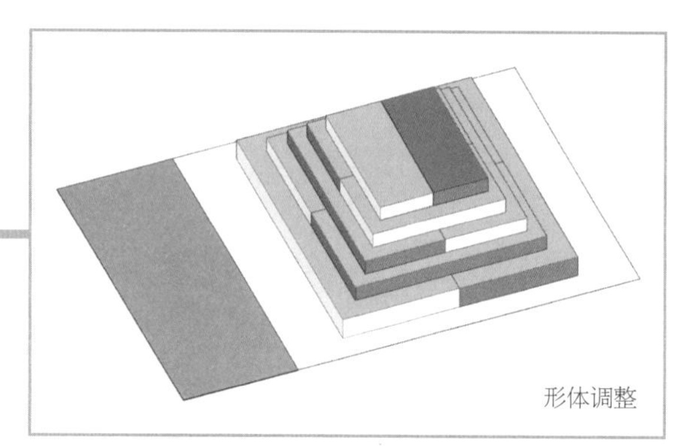
形体调整

图 13

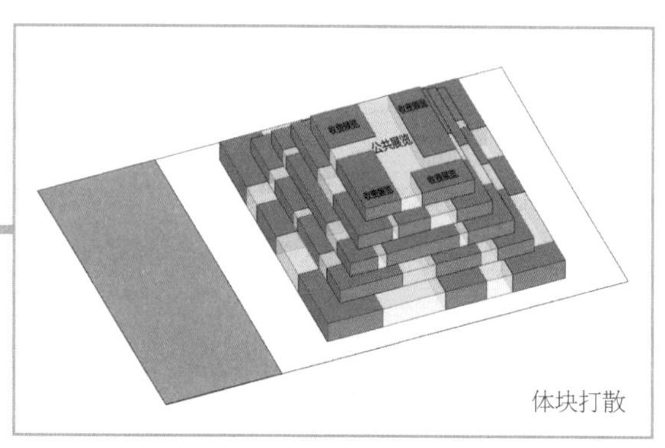
体块打散

图 14

第六步：旋转错动收费盒子，将打乱进行到底。

旋转错动收费展览的盒子，让它们互相之间产生联系，旋转后的盒子可以与下一层的两个盒子相联系。这样也打开了免费展览区域与城市的接触面，使免费流线、收费流线与雕塑公园交错、纠缠在一起（图 15、图 16）。

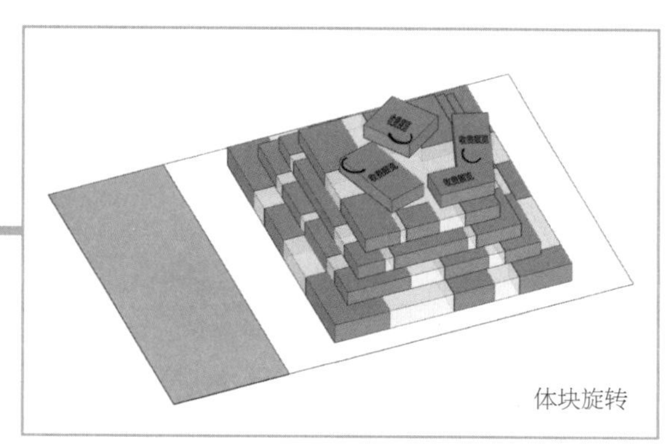
体块旋转

图 15

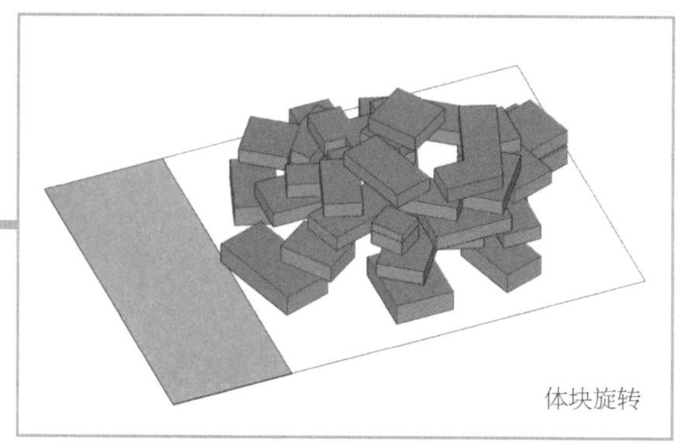
体块旋转

图 16

第七步：结构形式。

因为建筑的地下需要设置停车场，为了保证停车效率，地下采用常规的柱网。而地上部分则经过地梁转换层放置在停车场上部，每个方盒子都采用桁架结构，互相堆叠从而保持结构的稳定（图 17）。

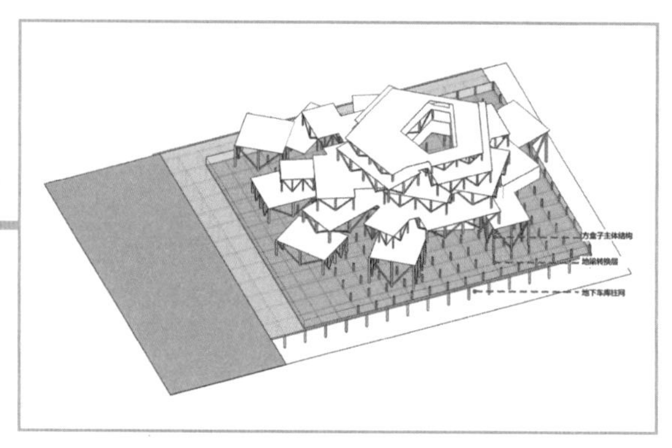

图 17

第八步：城市绿地加入战局，与雕塑公园“勾结”。

底层的方盒子向外扩张，与城市绿地连为一体（图 18）。

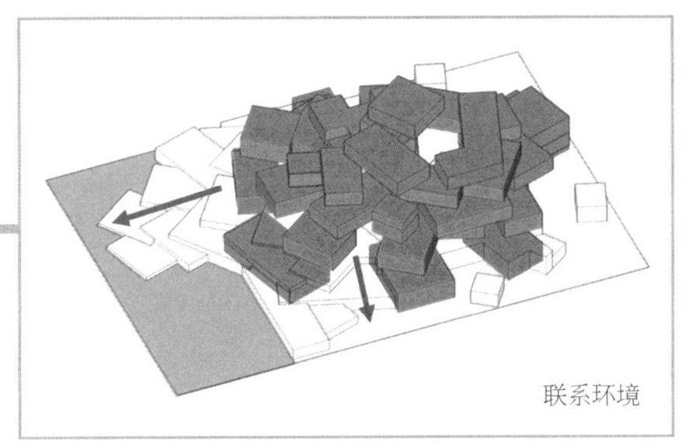

图 18

第九步：内部加入电梯和疏散楼梯（图 19）。

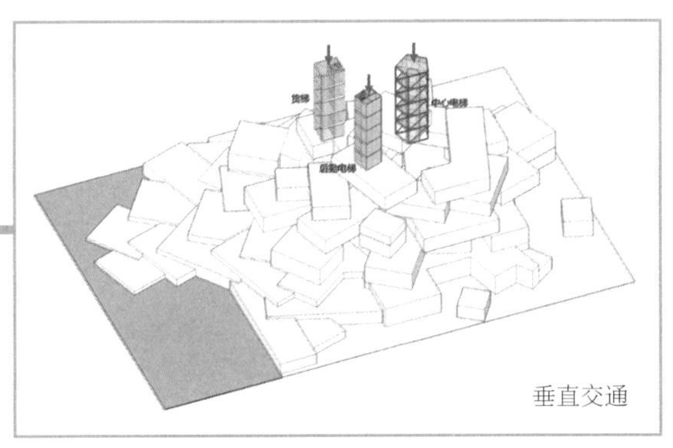

图 19

第十步：设置具体的内部功能。

延伸至城市绿地的方盒子不便于容纳功能，就作为单纯的景观平台使用（图 20）。

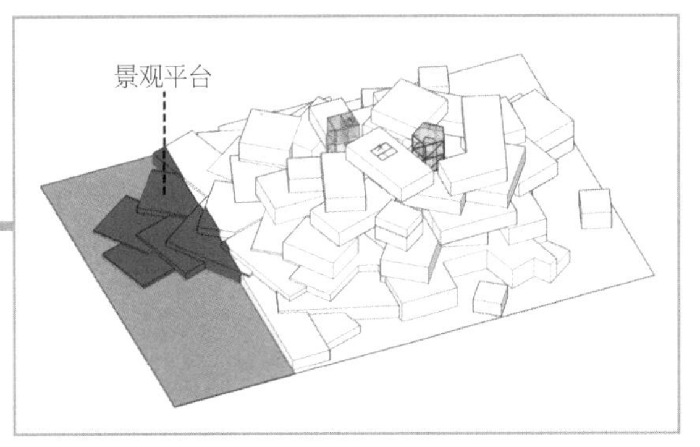

图 20

用地范围内的 1 层用作办公库房区，同时大型的临时展览空间、部分商业空间也设置在这层（图 21）。

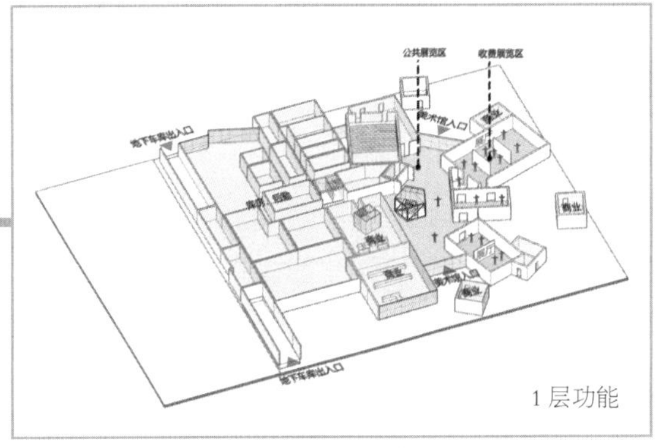

图 21

在方盒子外部设置楼梯，把各个方向的人群引入建筑 2 层及方盒子的屋顶平台（图 22）。

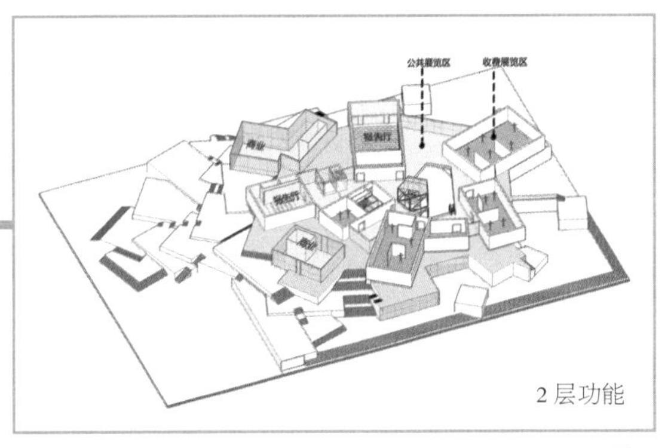

图 22

用公共免费展览空间联系收费展览空间（图23）。

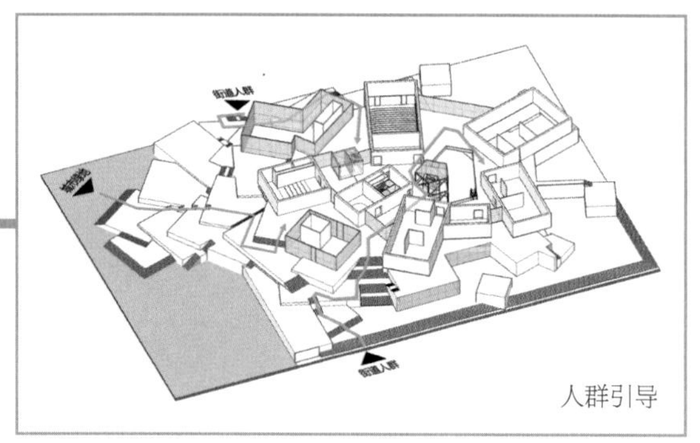

图 23

联系建筑 3 层及各方盒子的屋顶平台，同时继续用免费展览空间联系收费展览空间（图24 ~图 26）。

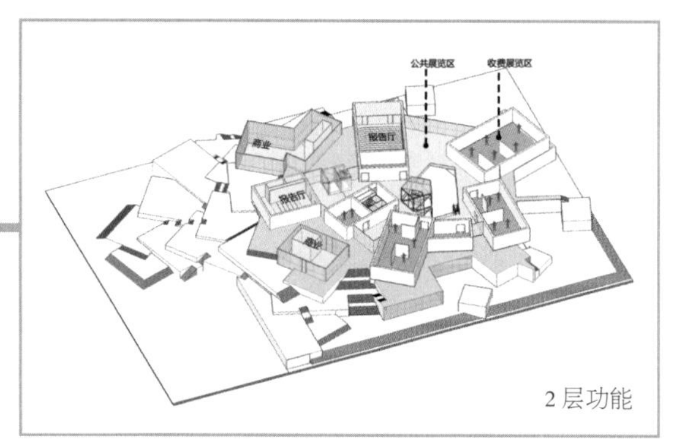

图 24

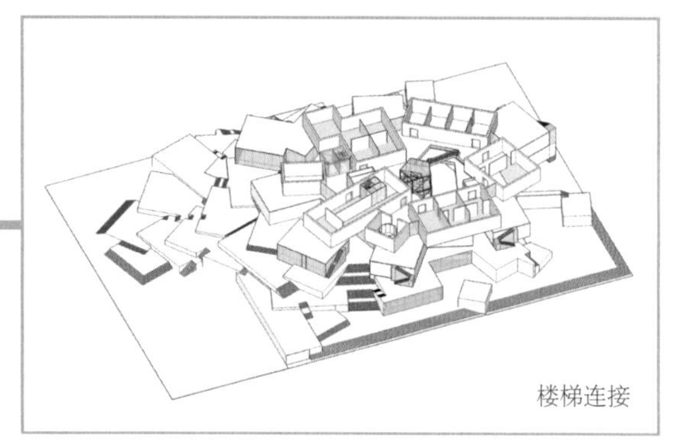

图 25

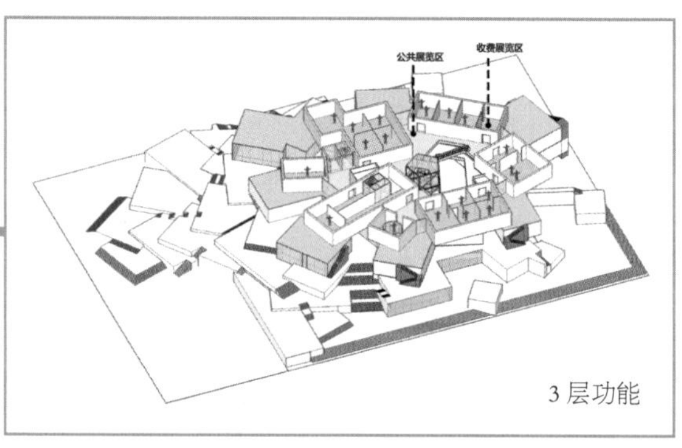

图 26

联系建筑 4 层及各个方盒子的屋顶平台（图27、图 28）。

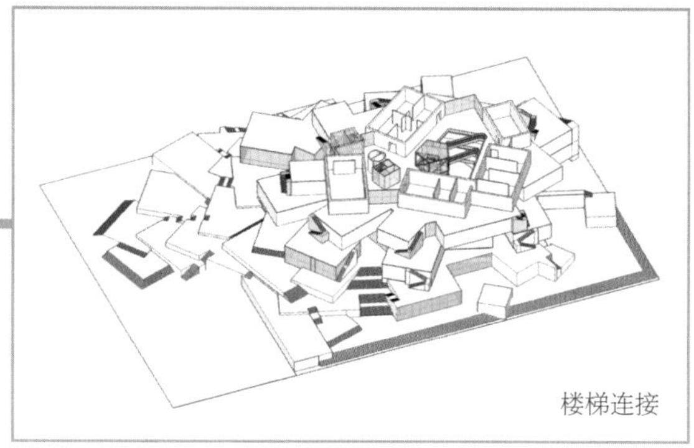

图 27

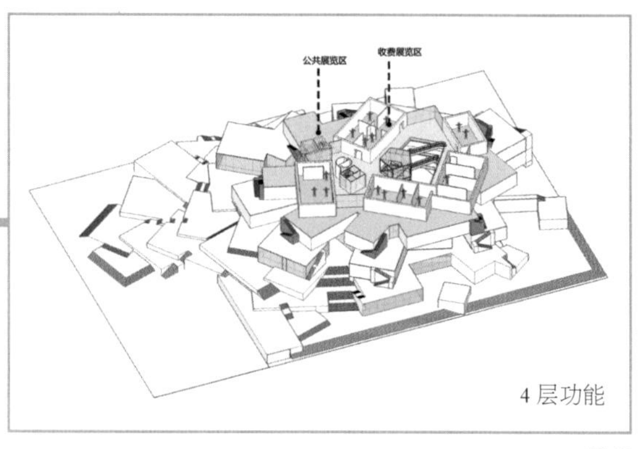

图 28

在第5层继续用公共展览空间联系收费展览空间，并设置部分行政办公空间（图29、图30）。

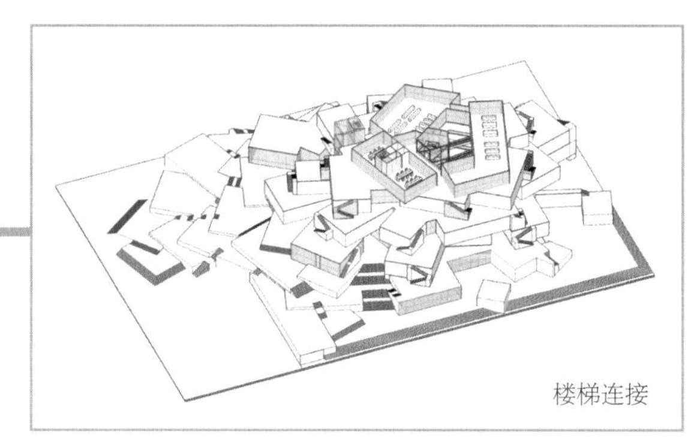

图29

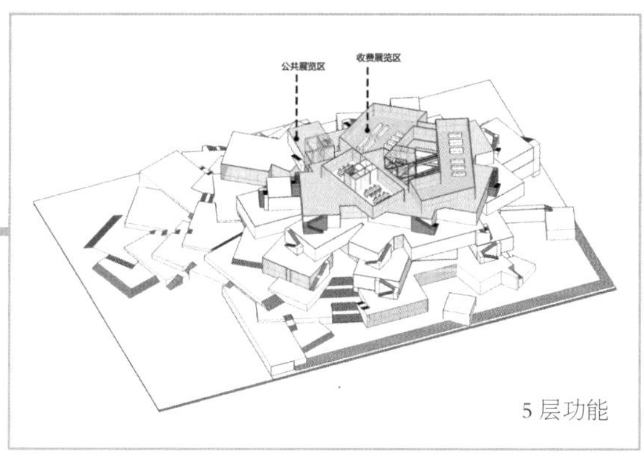

图30

第6层主要设置行政办公空间，利用屋顶的公共展览区与下部楼层联系（图31、图32）。

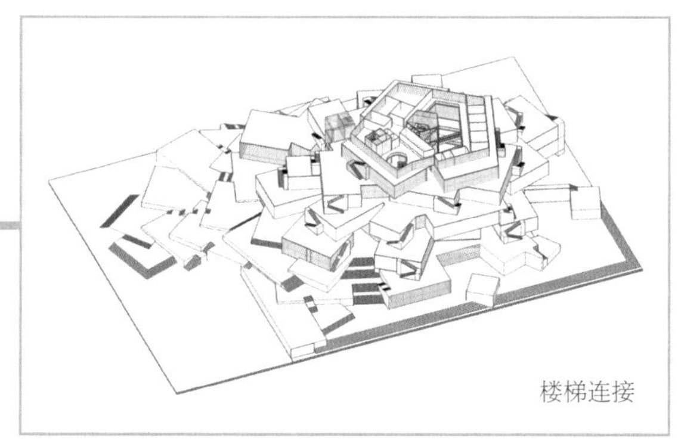

图31

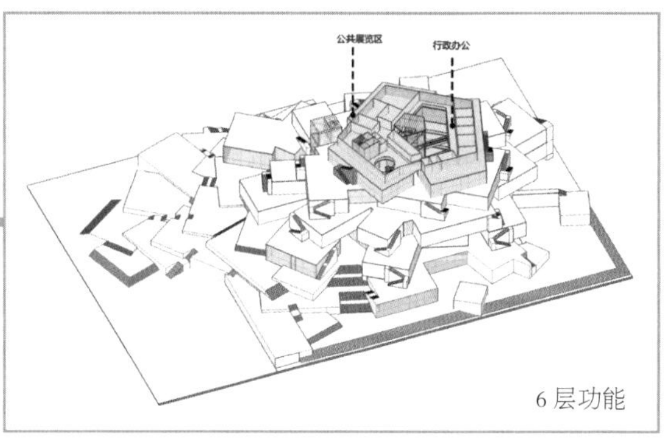

图32

至此，整个美术馆的内部空间结构就算基本完成了。

画重点：说白了就是用打乱的收费展览空间去围合打乱的免费展览空间，两个展览空间就像同一条街的左右面，所有人都是同路人（图33）。

图33

第十一步：一点细节。

美术馆对采光需求不高，建筑立面开窗较少，所以这个立面被设计成了面向城市的展墙（图 34）。

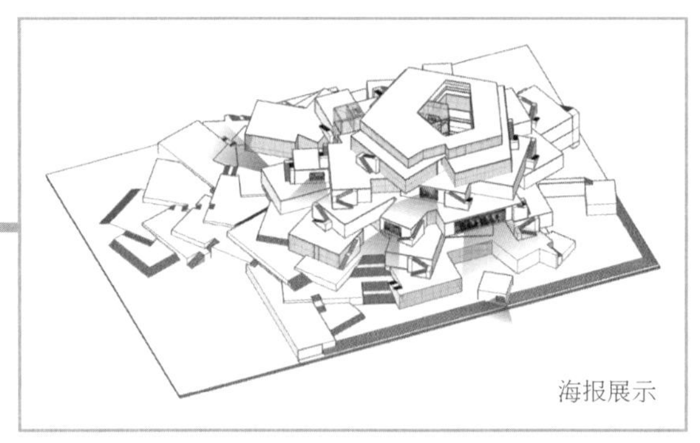

图 34

室外平台上布置雕塑和绿化，也就是任务书上要求的雕塑公园（图 35）。

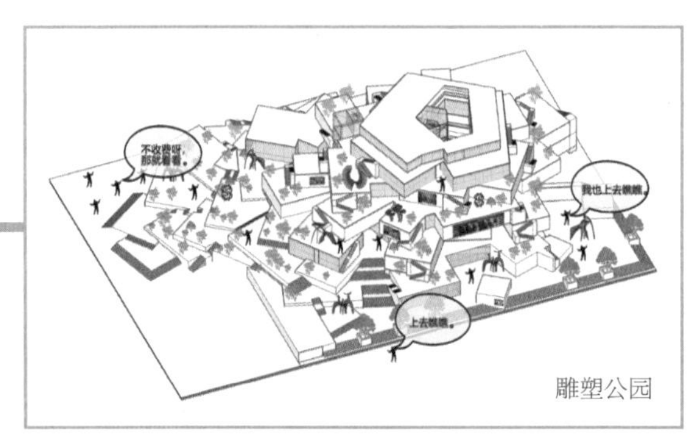

图 35

第十二步：编草帽。

最后就是建筑大师坂茂的“恶趣味”了。对编草帽有“迷之喜爱”的坂茂大师打算也送台南市一顶草帽。当然，送草帽要有个由头，不能随便乱送。大师看中了台南市的市花——凤凰花，所以顺手给这座美术馆戴了一顶五边形的帽子。哦，对不起，是凤凰花的帽子（图 36）。

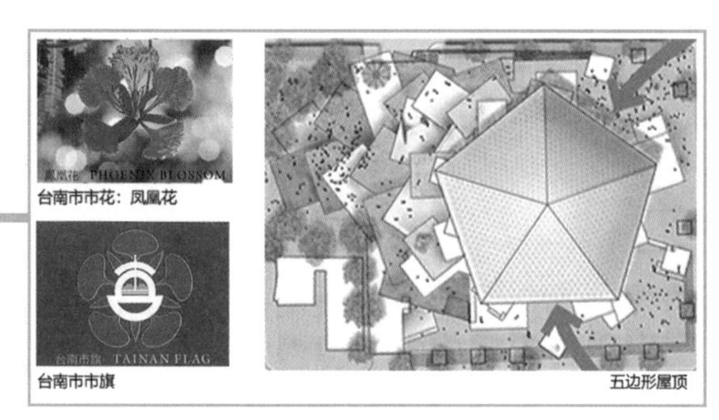

图 36

虽然这顶帽子既不能遮风雨也不能挡太阳，但它意味着这个方案正式完成了（图 37）。

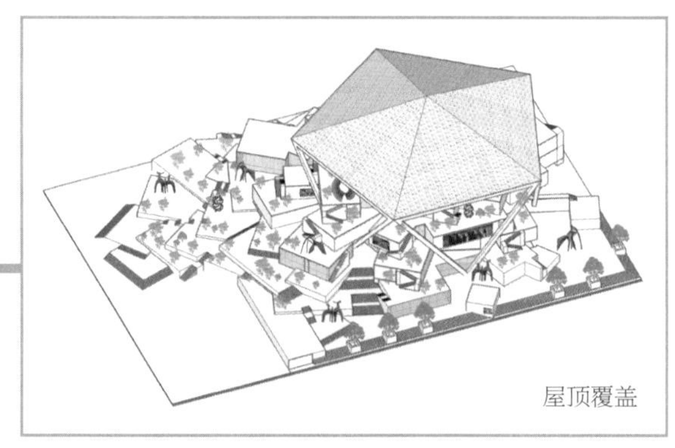

图 37

这就是坂茂设计并中标的中国台湾台南美术馆（图 38 ~ 图 42）。

图 38

图 39

图 40

图 41

图 42

建筑师的力量很弱小，对抗不了这世界的规则，也改变不了这社会的秩序，更去除不了人类无处不在的偏见、歧视与壁垒。建筑师唯一能说了算的，大概就是自己的设计了吧——还得是在方案阶段，但至少在此时，建筑是对所有人开放的。

图片来源：

图 1、图 36、图 38 ~图 42 来自 https://www.flickr.com/photos/eager/15176696456/in/photostream/，其余分析图为作者自绘。

END

凭什么『分赃不均』这种闲事儿也归建筑师管啊喂

图 1

名　称：爱沙尼亚艺术学院（图 1）

设计师：LETH & GORI 事务所，EFFEKT 事务所

位　置：爱沙尼亚・塔林

分　类：教育建筑

标　签：旋转边庭，小高层

面　积：约 30 000m²

START

人在图中埋，锅从天上来。甲方的需求已经不是五彩斑斓的黑了，而是明目张胆、彻头彻尾的黑，连“分赃不均”这种事儿都要找建筑师解决？！是贵公司请不起法务了吗？那设计费还有指望吗？

不爱管闲事儿的建筑师不是好说相声的，不给建筑师找事儿的甲方不是好捧哏的。找事儿甲方是爱沙尼亚艺术学院，他们要盖一栋新楼。基地位于爱沙尼亚首都塔林市中心的一个街角，3400m^2 的地方打算建 30 000m^2 的房子（图 2）。

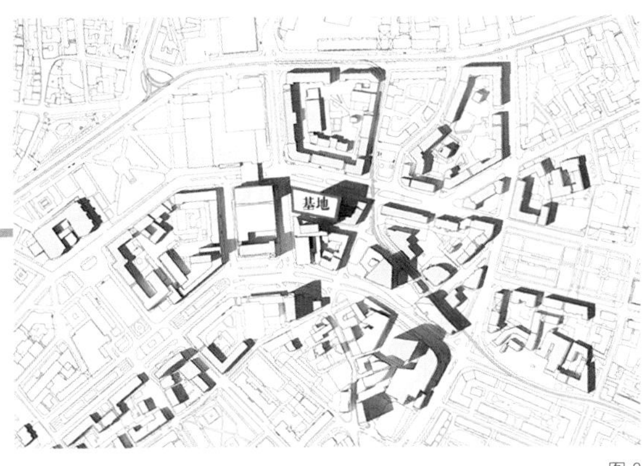

图 2

学院不大，只有四个专业：美术专业、设计专业、艺术史专业以及建筑专业。也就是说，这栋新建的楼就是整个学院了。没有校园，不用规划，也“不要自行车”，30 000m^2 足够大家手拉手奔小康了：工作坊、实验室、教室、咖啡馆、画廊、图书馆、礼堂统统都能安排上。

按说小门小户，家有余粮吃穿不愁，云淡风轻搞搞艺术，人生赢家不过如此。就算在这块地上折腾出个花儿来，也无伤大雅。毕竟艺术学院，最重要的是人家地够大：即使一半面积留作公共广场，另一半也能安排得明明白白（图 3）。

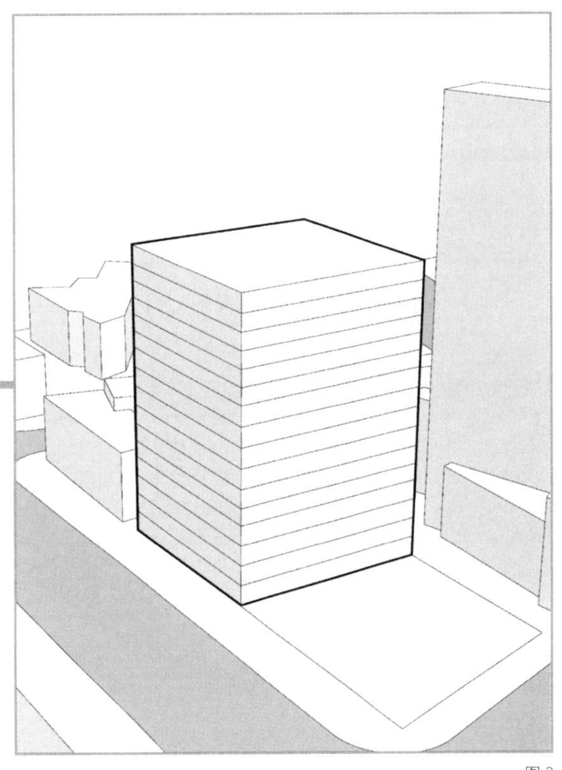

图 3

但咱们的老祖宗早就道破了天机：不患寡而患不均。爱沙尼亚艺术学院的 4 个“熊孩子”放着好好的日子不过，就因为分地盘儿不均打了起来。

通常说来，一栋学院楼底层部分主要作为公共区域，放点儿门厅和礼堂啥的，上面每个专业按需分几层（图 4），再挖个中庭改善一下采光，整个建筑就挺好的。

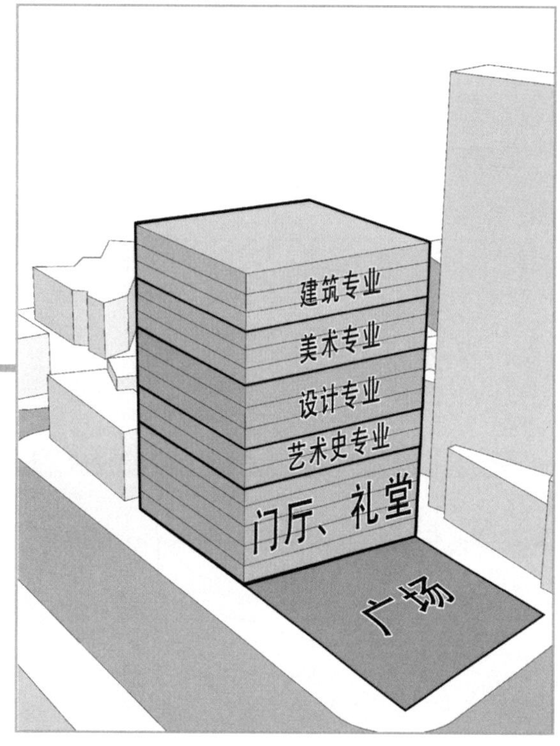

图 4

然而，坏就坏在这个中庭上——4 个“熊孩子”专业忽然就觉得心理不太平衡了。分在低楼层的专业觉得高楼层的采光更好，分在高楼层的专业觉得低楼层可以更好地利用中庭空间，抬腿就能去溜达（图 5）。

图 5

中庭，卒。

为了一碗水端平，建筑师首先把中庭改成边庭，这样至少在采光上大家待遇都一样（图 6）。

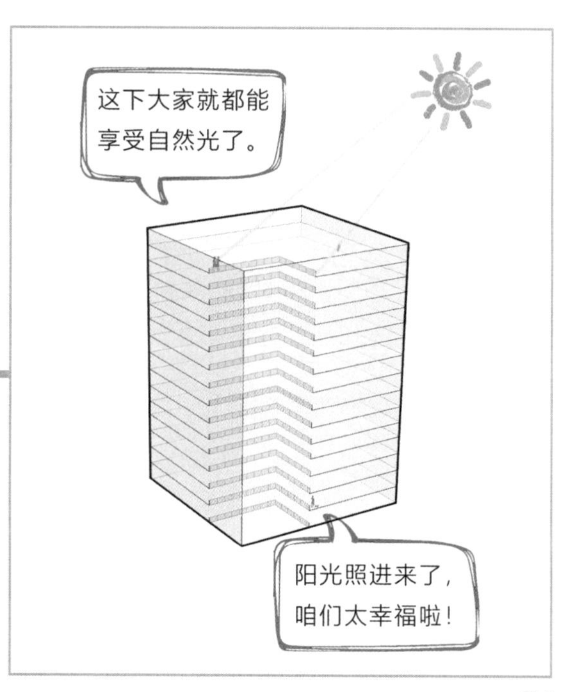

图 6

可即使这样，边庭共享空间的使用也还是不公平。要是在这儿办个作业展啥的，明显是越“近水楼台”越方便啊！顶楼下来一趟十多层，扛着模型好不容易挪下来发现，哎呀树倒了，哎呀没带模型胶，就得再吭哧吭哧跑十多层去取。

再说4个专业、1个边庭，怎么可能够用？所以，为了再次做到一碗水能端平，建筑师将边庭切成5份，分散布置。门厅设1个，其余4个专业各分1个，公平公正，谁也别眼红谁（图7）。

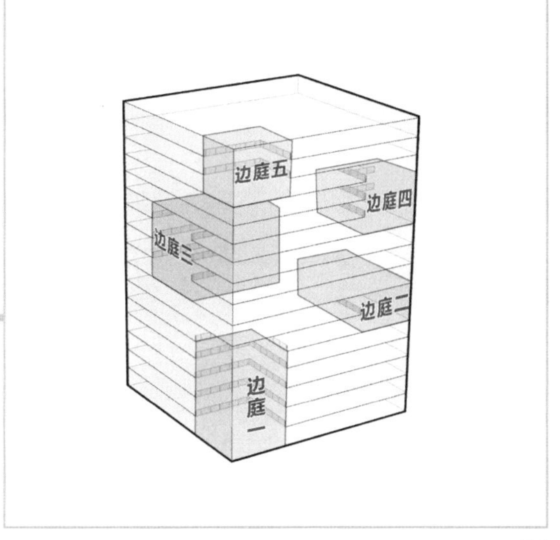

图7

没想到这边勉强让“熊孩子们”同意了，那边院长大人不干了。你们都去玩“圈地自萌”，老子怎么办？光杆司令吗？带领导来参观一下教学成果还得每逛完一个边庭，就得回到核心筒那里再等一次电梯，你们觉得带领导爬楼梯很好玩？

行吧，甲方的事儿就是天大的事儿，接着改。建筑师继续调整边庭布局为盘旋式布局，让边庭再次彼此连通，成为一个整体，既能分别独立使用，又能互相共享空间（图8）。

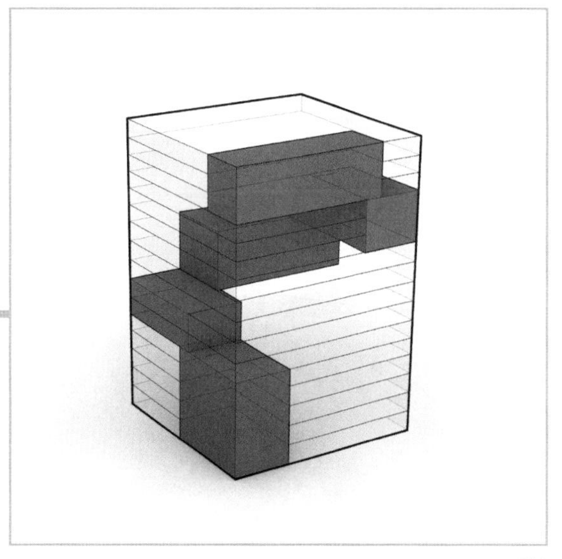

图8

盘旋式布局可以与城市之间形成360°无死角的良好视线关系，如果再加上逐层退台，还能够形成登山般的漫步体验——一口气溜达个十几楼，不费劲（图9）。

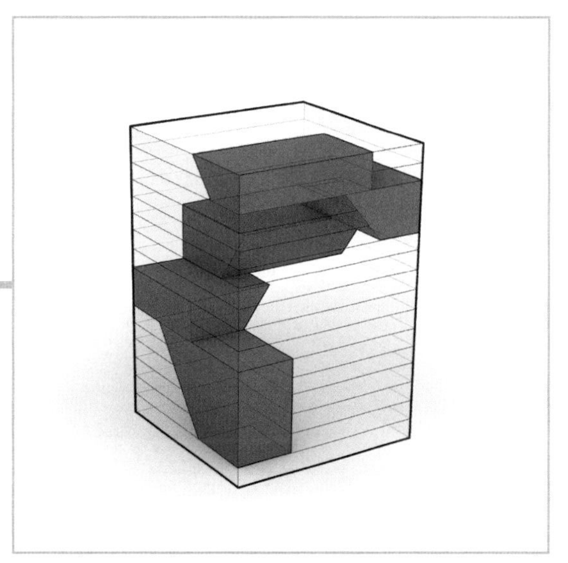

图9

那么，问题又来了：为了让边庭连贯，就不得不将各组边庭分别拉长，从而能彼此对接起来，再加上逐层退台导致每组边庭的占地也逐层扩大，然后，面积就不够用了。开动小脑筋想一想：怎样能在保证边庭连接的情况下减少面积呢？方形中对角线最长，所以保留对角线，将边庭形状由方形改为三角形，就能在不破坏连贯性的基础上节约一半的面积（图 10）。

图 10

为了更好地强调出边庭的整体性和连贯性，也为了满足艺术学院立志成为一个安静的“美花瓶”的愿望，建筑师灵光一闪，来了个神来之笔。

画重点：折扇中庭。将盘旋而上的三角形退台式边庭进一步变形为折扇式空间。这样一来，无论俯视还是仰视都可以感知到建筑内逐层变化的丰富层次感（图 11）。

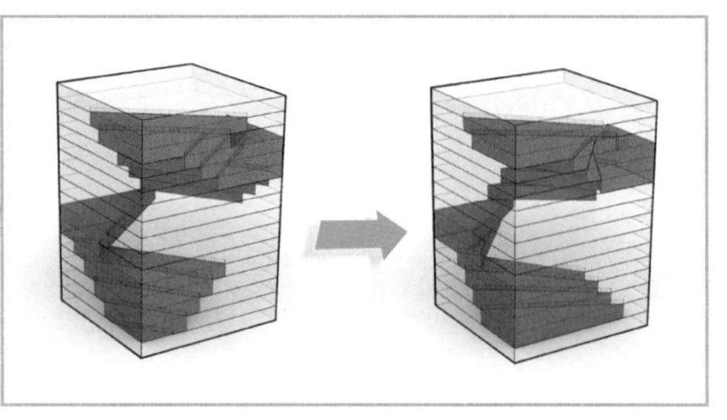

图 11

这种折扇中庭也算是美貌与智慧并存了，适应性也很强，随便找个角落放一放也能出彩。建议大家打包收好，随时取用（图 12）。

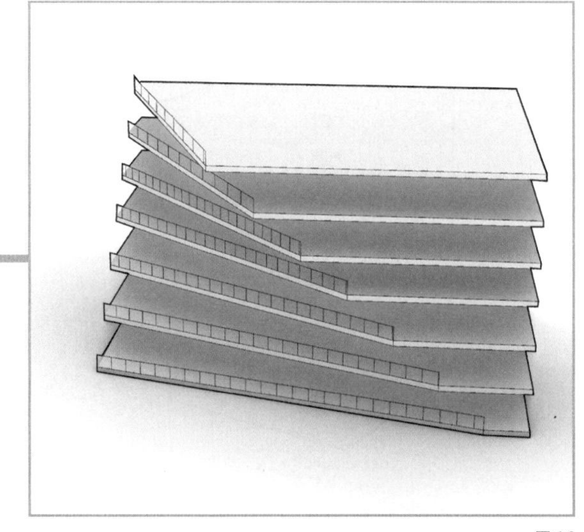

图 12

这个项目有了折扇中庭也就一步到位了。但估计大家都是眼会了，手还是不会。不然，你合上书默写一下？下面很贴心地为各位准备了具体操作过程，能默写成功的同学现在就可以自由活动了。

首先，我们把边庭进行分组处理，并且以其中一组为例（图 13）。

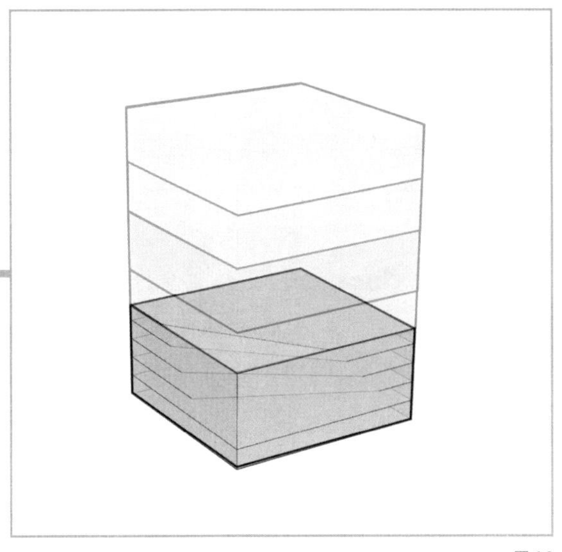

图 13

先在每层连接斜线，作为各层的三角形边庭的斜边，各斜线的两端逐层依次变化 4m。根据各层定下的斜边与其相应的直角所围合的三角区域，生成边庭体块，我们就可以获得一个旋转退台式的复合边庭空间（图 14、图 15）。

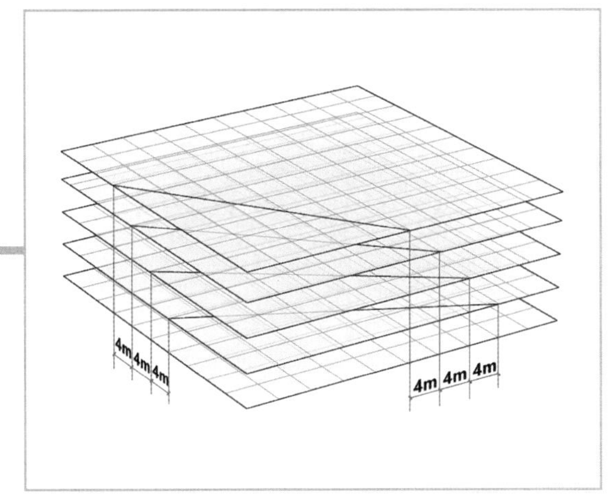

图 14

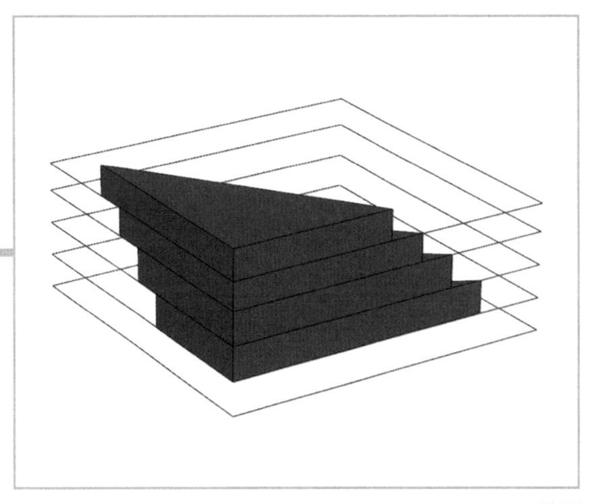

图 15

进行图底反转，获得使用空间，形成楼板（图 16、图 17）。

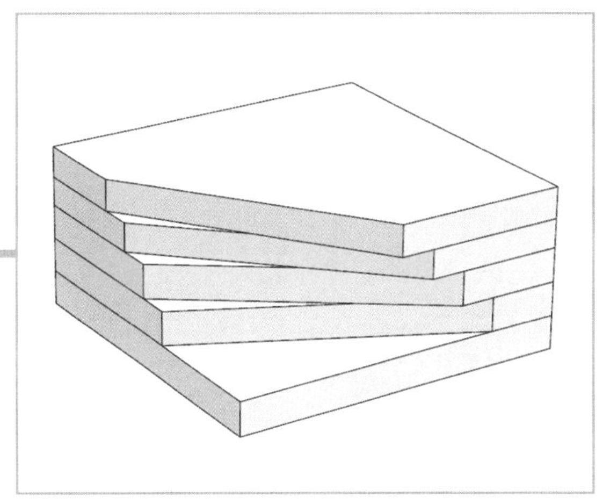

图 16

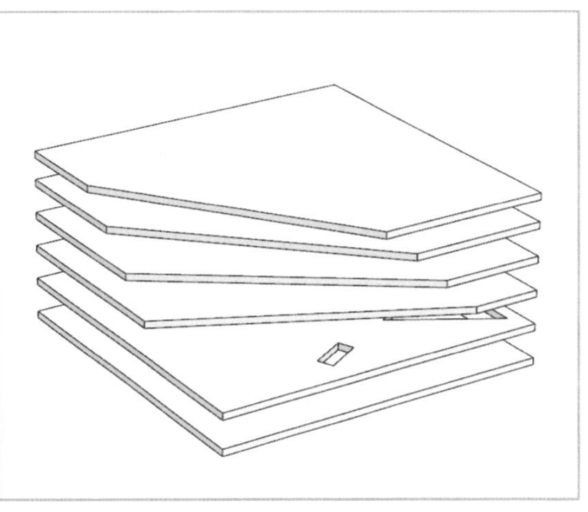

图 17

添加小平台和楼梯，形成局部停留空间，串联漫步流线（图 18）。

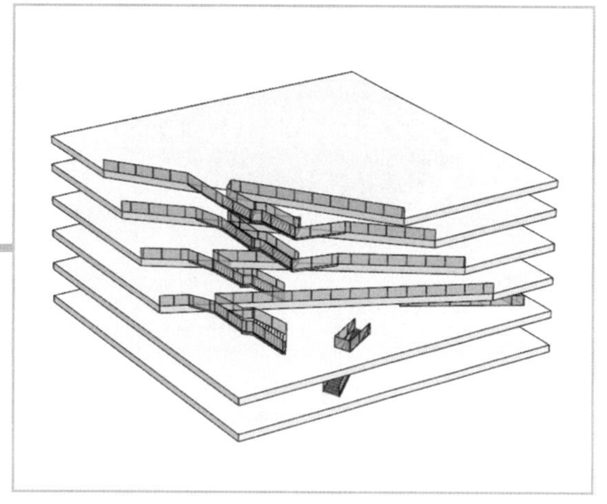

图 18

最后完善一下室内空间的布置，这个组就大功告成了（图 19、图 20）。

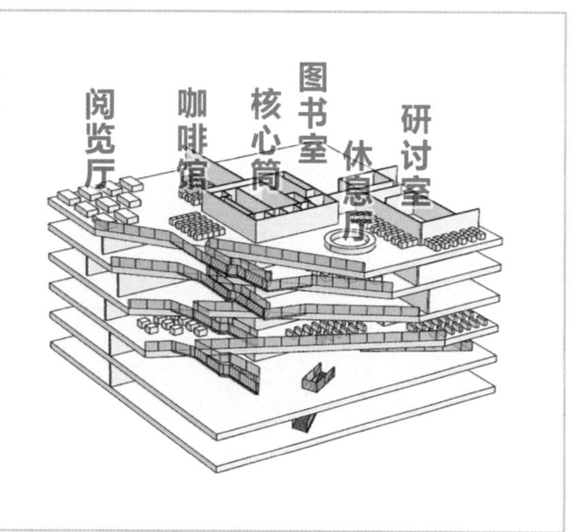

图 19

图 20

用同样的手段即可得到其他 4 组，并依次堆叠，按顺时针的顺序将边庭串联成盘旋向上的连续空间，使得每个专业独享一个小边庭，所有专业共享一个大边庭（图 21）。

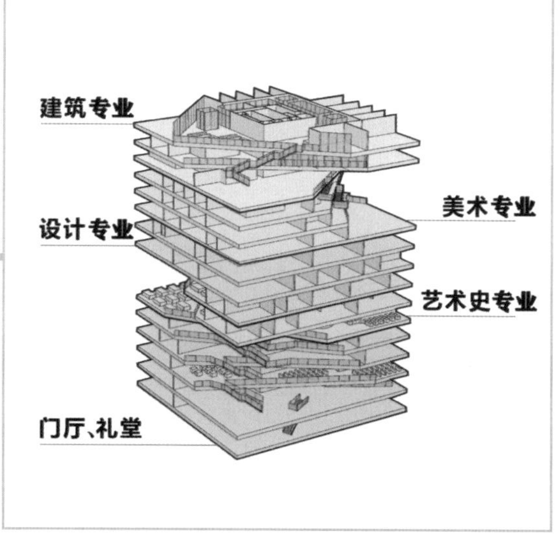

图 21

事实上，形成的每个边庭空间大小还可以根据需求进行自由外拓（图 22）。

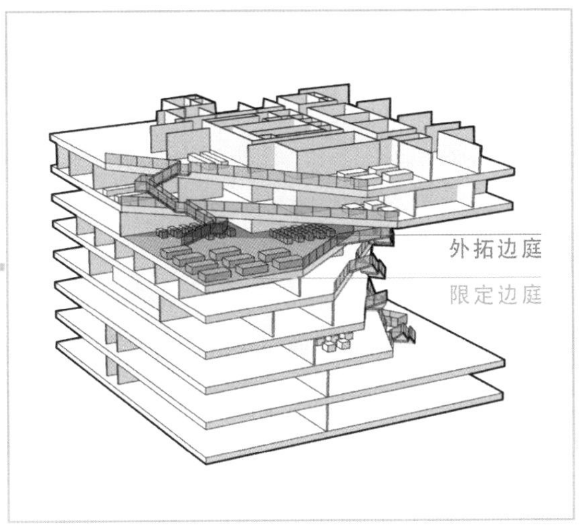

图 22

另外，每一层还能在边庭旁边再产生一个次生共享空间，可以当作咖啡厅、小酒馆、汇报空间、阅览区和工作坊等小型公共空间使用（图 23）。

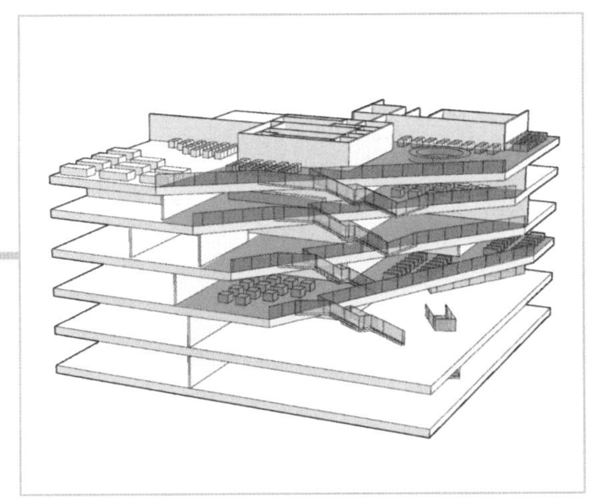
图 23

至此，整个空间设计就基本完成了（图 24）。

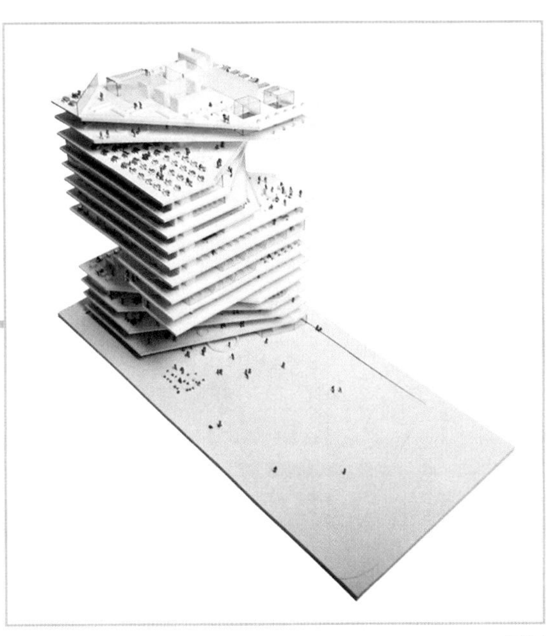
图 24

正所谓“设计一时爽，结构火葬场”，说的就是现在了。想好为你的小折扇配一个什么漂亮结构了吗？按常规套路配框筒结构的话，会发现很多层的楼板折角处都缺乏柱子承接。毕竟每层楼板都有细腻而丰富的变化，跨度“老大不小”的普通框架结构是很难完美承接的，很多部位可能都会被迫成为悬挑结构，而如果改为加梁又会把建筑补成完形（图 25）。

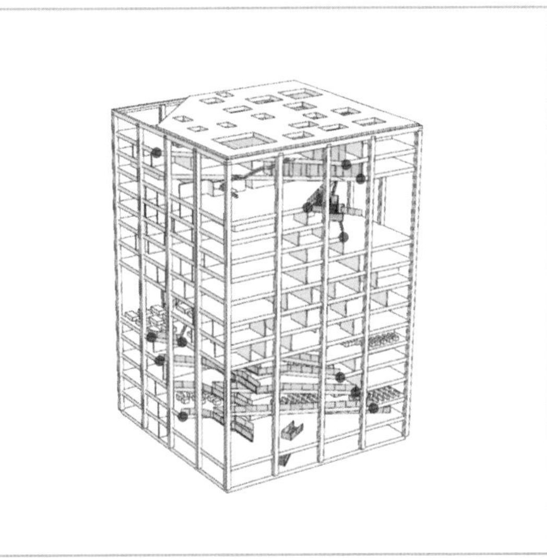
图 25

因此，建筑师改变策略，转而使用筒中筒结构。内筒为交通核，外筒采用桁架筒（图 26、图 27）。

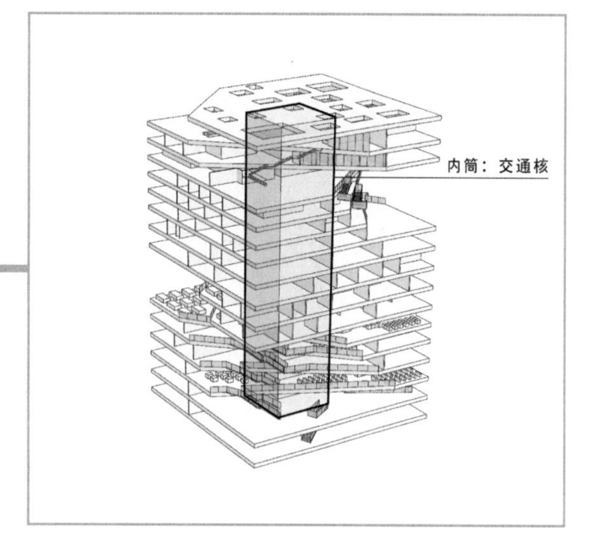

图 26

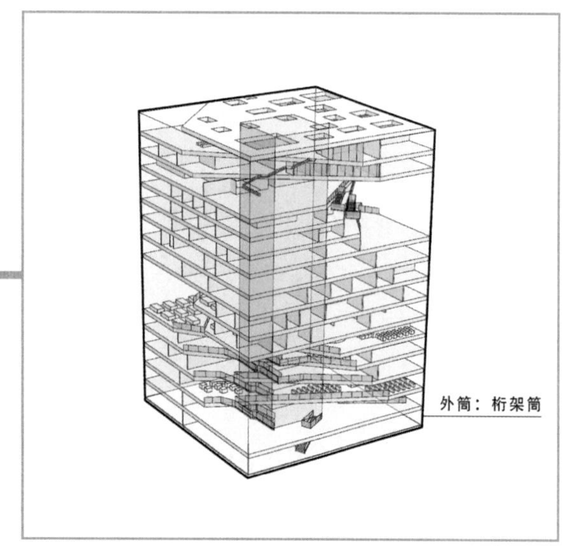

图 27

还记得之前在折叠边庭的时候，每层的楼板变化了 4m 吗？为了完美支撑所有楼板，立面上依旧选择 4m 作为横向间距来布置竖向构件，再把支撑斜杆添加在竖向构件与横向楼板的交叉点处。每个斜杆的高度都为两层，宽度为 4m。斜杆与细柱共同组成的网状结构使得整个外筒成为一个受力的连续整体，从而让内力均匀分布。同时，室内形成了无柱大空间，如此空间灵活性也得到了充分保障（图 28）。

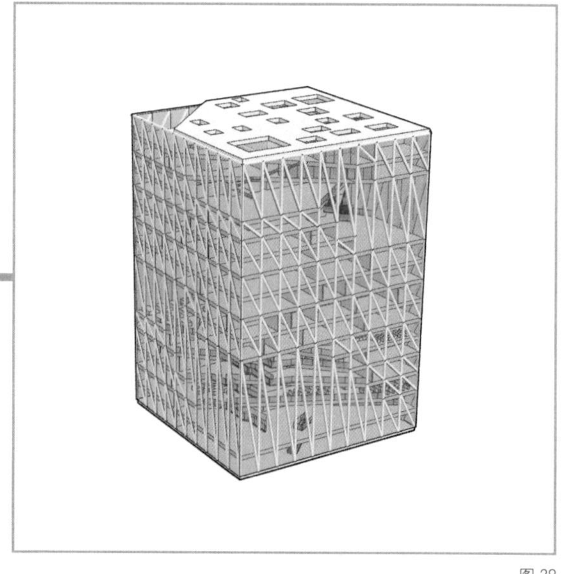

图 28

由于边庭的旋转造成了各层楼板都有不同程度的缺角，所以结构上还要再进行微调：由于缺角区域承力减少，很多斜撑构件就会变得无楼板可连接，因此调整网格，使其变疏，最终保证所有斜撑的两端点仍位于楼板与密柱交点处即可。

至此，疏密有致的表皮就完成了，与内部空间节奏一致，瞬间治愈强迫症（图 29）。

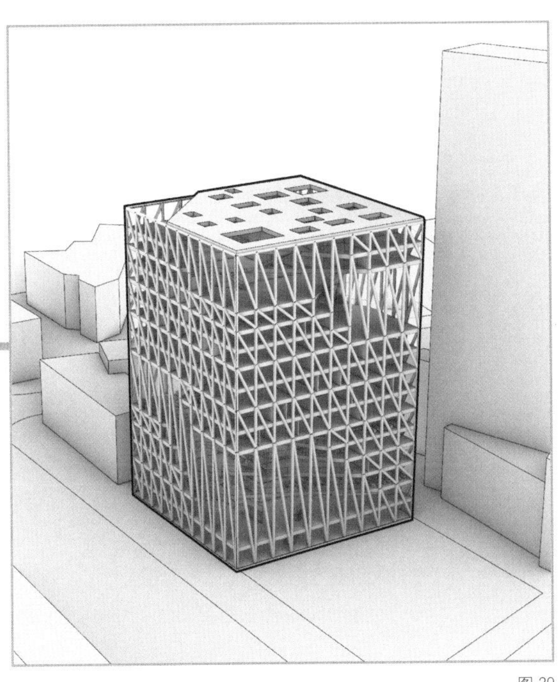

图 29

这就是 LETH & GORI 事务所和 EFFEKT 事务所设计并中标的爱沙尼亚艺术学院，一个为建设公平、公正的教学环境操碎了心的方案（图 30 ~图 32）。

图 30

图 31

图 32

建筑师其实不怕甲方找事儿，事儿越多机会也就越多，就怕甲方是锯了嘴的葫芦，一声不吭直接把方案拍死。设计不是麻烦，设计是解决麻烦：从纵横捭阖解决到鸡飞狗跳。

图片来源：

图 1、图 20、图 24、图 30 ~图 32 来源于 https://www.effekt.dk/eka，图 2 修改自 https://lethgori.dk/estonian-academy-of-arts/，其余分析图为作者自绘。

END

建筑师抢饭碗的魔爪又伸向了景观师

图 1

名　称：华盛顿 11 街大桥公园（图 1）
设计师：大都会（OMA）建筑事务所，OLIN 国际景观设计事务所
位　置：美国 · 华盛顿
分　类：基础设施
标　签：高架公园
面　积：18 518m²

图 2

名　称：纽约布鲁克林皇后高速公路滨水景观改造（图 2）
设计师：BIG 建筑事务所
位　置：美国 · 纽约
分　类：公园
标　签：高速路改造，模块设计
长　度：约 800m

留给建筑师队的时间已经不多了，从没见过哪个夕阳产业的人还能如此朝气蓬勃又牛气冲天。现在屈尊纡贵、痛心疾首地说一句：大不了老子不要理想，先去接个回迁房填饱肚子。

回迁房甲方：？

其实建筑师搞错了一件事，我们的本职工作不是去“调戏”甲方，而是去“玩弄”空间。天涯何处无空间，何必执着盖房子？在除了建筑之外的很多地方，空间就像儿童套餐里附送的玩具：大概不是冲着它买的，但到手之后就有点儿欲罢不能。比如，公园。

得罪了，景观师。但请放心，咱们抢饭碗也是有职业道德的，绝对不在花花草草上较劲，就是给有贼心的甲方偷偷塞几个空间而已。都是要吃饭的嘛。

首先登场的一号选手是资深抢饭界大佬 OMA，他们中标了华盛顿 11 街大桥公园，先来看一下场地。

原 11 街大桥横跨阿纳科斯蒂亚河，连接华盛顿海军工厂与阿纳科斯蒂亚公园。它当时的处境比较尴尬，因为桥东侧新建了一条高速公路，换句话说，它已经没什么用了，可以功成身退，坐等爆破了。但不知道华盛顿的哪位大佬觉得反正炸了也是浪费，还不如改成个公园，于是就有了这次竞赛（图 3～图 5）。

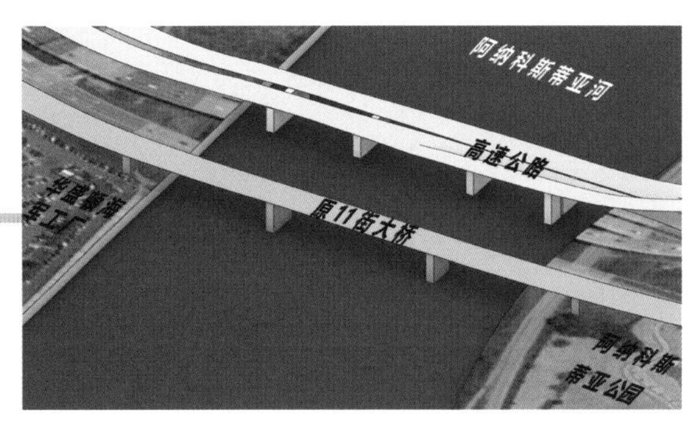

图 3

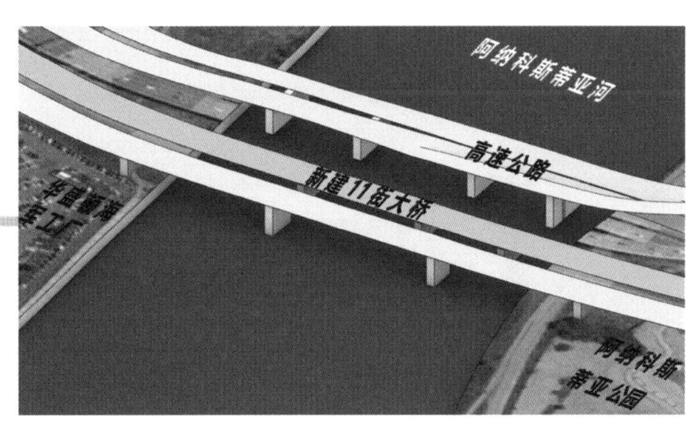

图 4

图 5

可这地界也不缺公园啊，河岸上就是阿纳科斯蒂亚公园。那么问题来了：不缺公园缺什么？缺的是在公园里吃喝玩乐、风花雪月的空间啊——显然，旁边一本正经养花弄草的老公园不具备这个觉悟。这就是抢饭碗的先决条件。

第一步：履行最后的义务。

不管最后会被改造成什么，但本质上这还是一座桥。即使没有车，也要保证人行。当然，在主要道路周边加些分支，丰富体验也是极好的（图 6 ~ 图 9）。

图 6

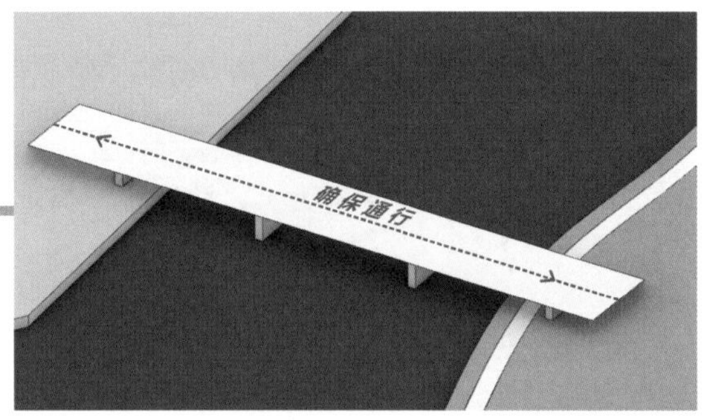

图 7

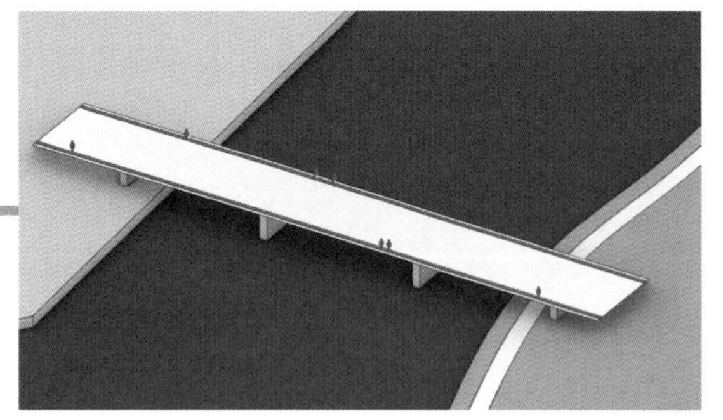

图 8

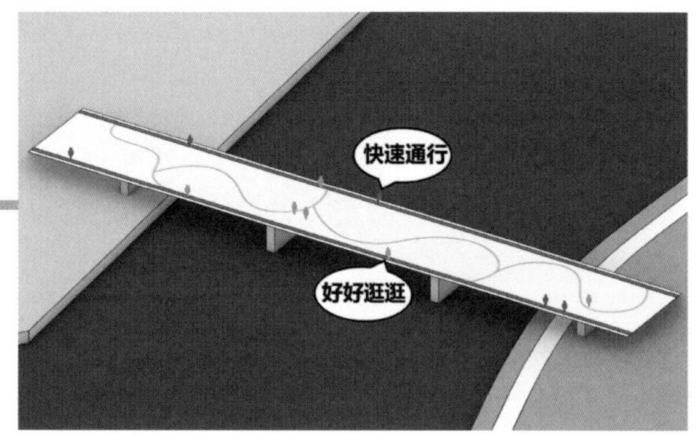

图 9

再种点儿花花草草，一个建筑师的景观设计水平也就差不多这样了（图 10）。

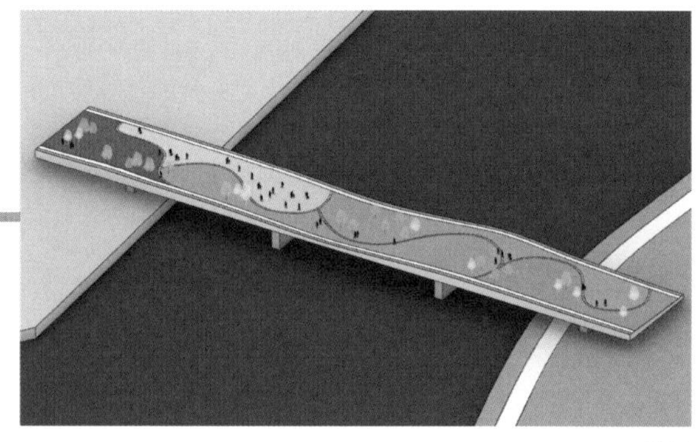

图 10

第二步：设置功能。

建筑师的优势肯定不是“拈花惹草”，而是下得了厨房还修得了厨房，所以，要绞尽脑汁地给这个公园赋予更多的休闲功能和便利设施。什么小凉亭、小便利店、小咖啡座、小露天剧场统统都要安排上。只是，正常情况下这些功能都会被沿路设置，在公园中呈点状分布（图 11、图 12）。

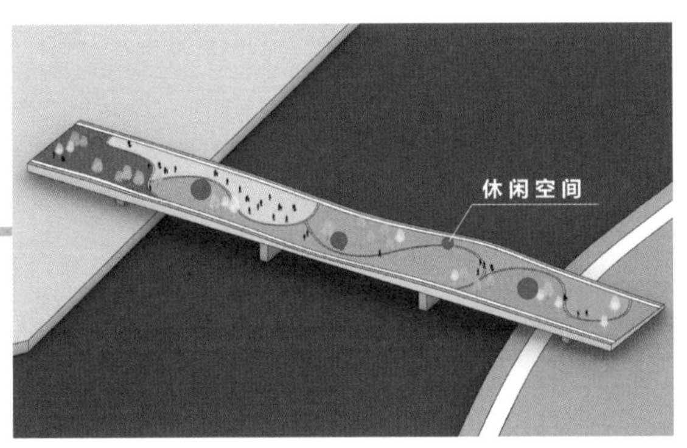

图 11

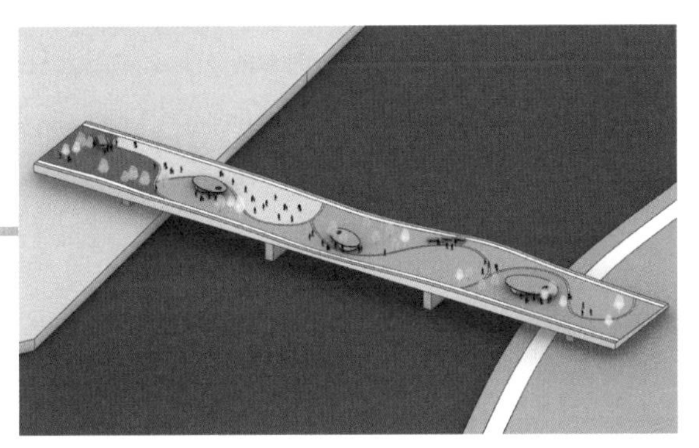
图 12

点状分散的休闲空间看起来没啥问题，却会使功能空间不连续（图 13），说白了，就是影响建筑师发挥，耍不起 40m 长的大刀。

图 13

第三步：连续的景观与连续的功能空间。

那么，如何在确保景观连续性的同时保证功能空间的连续性呢？这时候，建筑师的职业病终于派上用场了——使用空间思维而不是平面思维（图 14）。不要把大桥想成一个平平的“基地”，运用空间思维将其看作一个三维的空间。你可以将它想象成一个大盒子。

场地思维转向空间思维

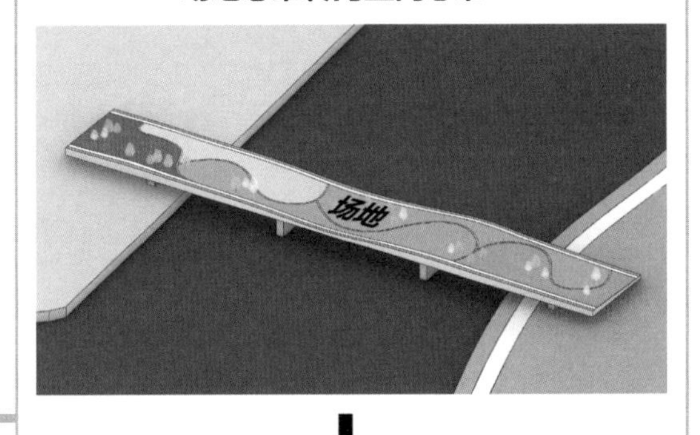

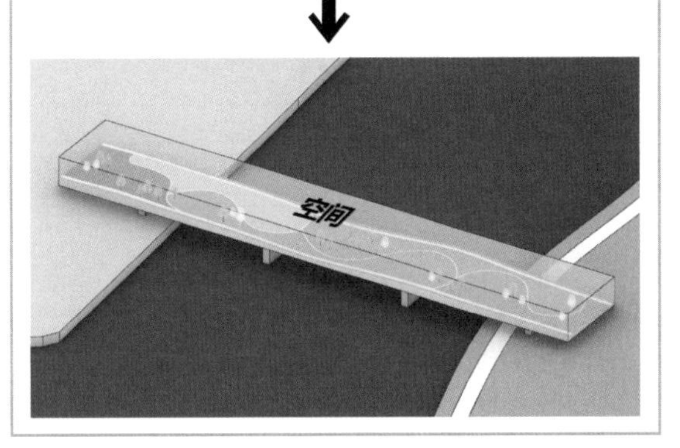

图 14

一个空间可以划分得到多个“层”，这样，大的空间盒子也就具有了多个空间层次和适合人体的尺度（图 15、图 16）。

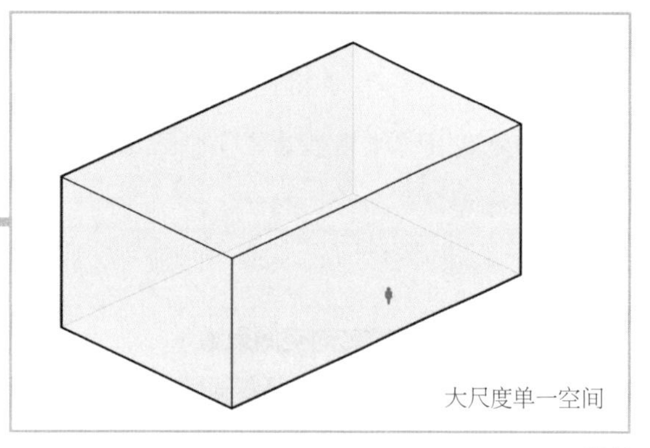

图 15

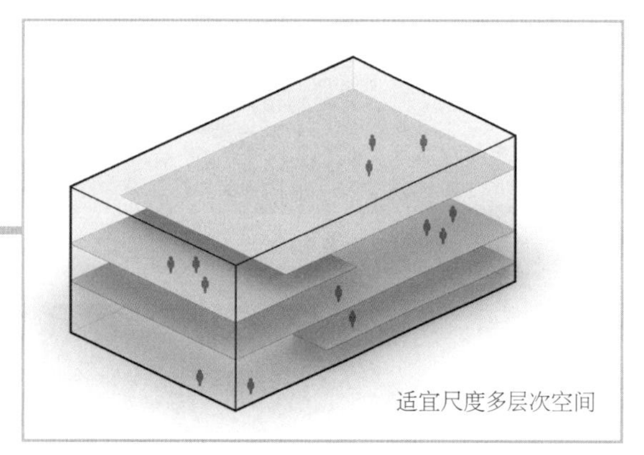

图 16

回到我们的公园里，将大桥空间划分为两个空间层次——景观空间和功能空间（图 17）。

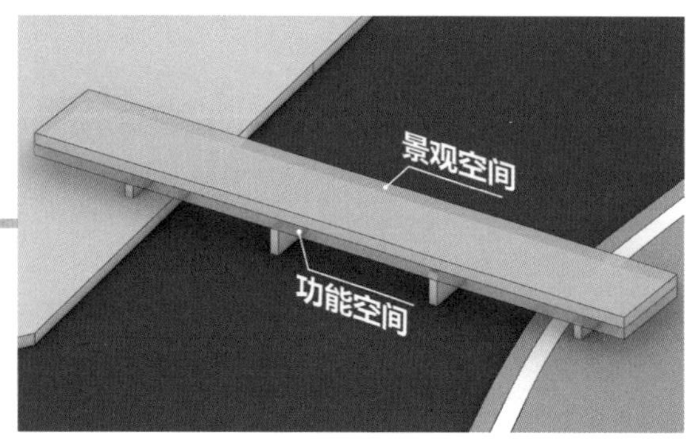

图 17

那么，问题又来了：刚刚将空间具象化为盒子，其实已经给空间在 6 个方向上限定了边界，划分的多个“层”也都是默认在边界限定内沟通融合。可公园是没有盒子边界的，也就是说，我们不可能在桥上盖个两层楼，那这两个空间层次怎样产生联系呢（图 18）？

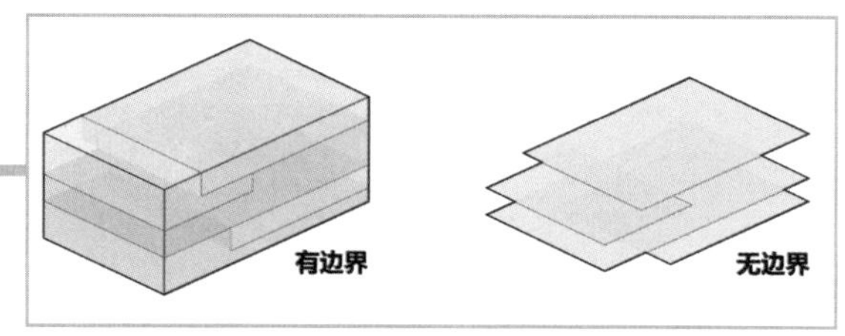

图 18

前方 OMA 秀出了一个“有毒操作”。画重点：X 形交叉空间（图 19 ~ 图 21）。

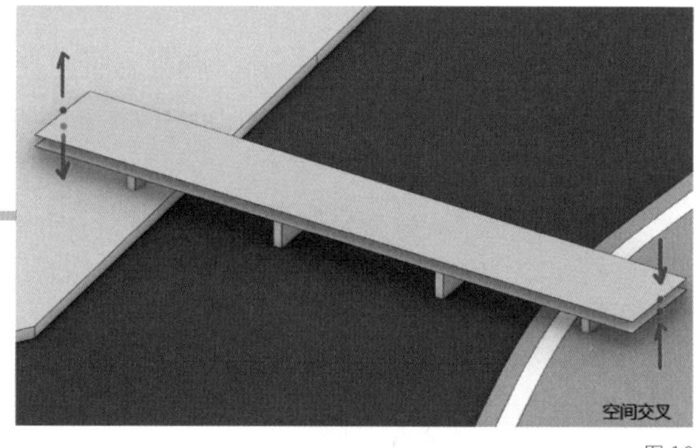

图 19

图 20

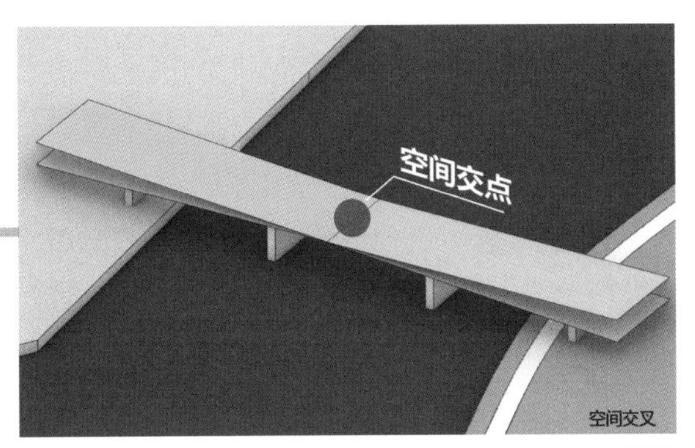

图 21

“X”一出，两个空间层次就有了交点。空间置换，确保各自的连续性（图 22、图 23）。

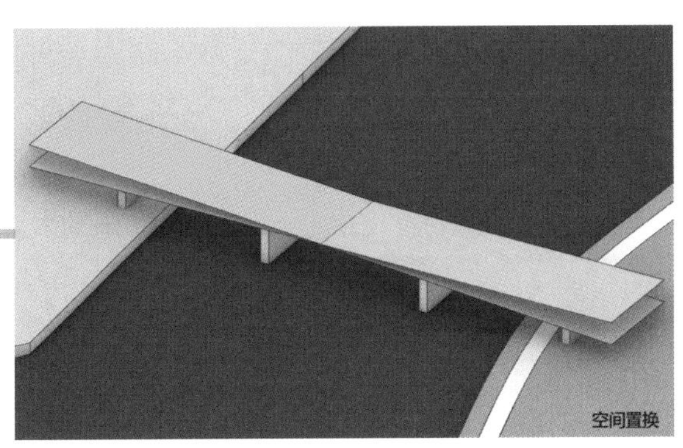

图 22

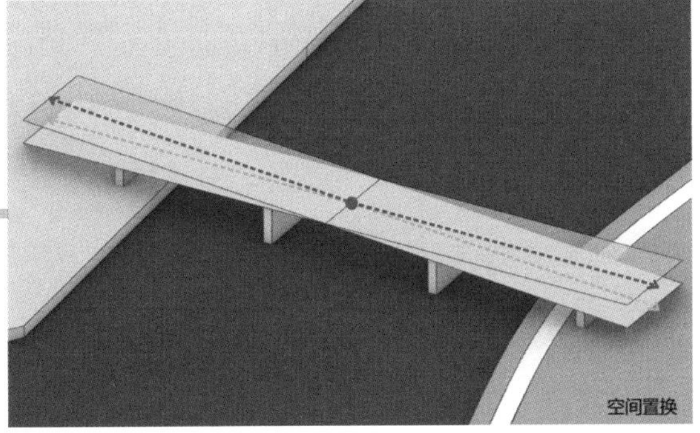

图 23

至此，其实就形成了一个 X 形的空间骨架，用来承载景观、休闲等一系列功能。下面来看具体操作。

1. 宽度收缩，保证两侧路线畅通（图 24）。

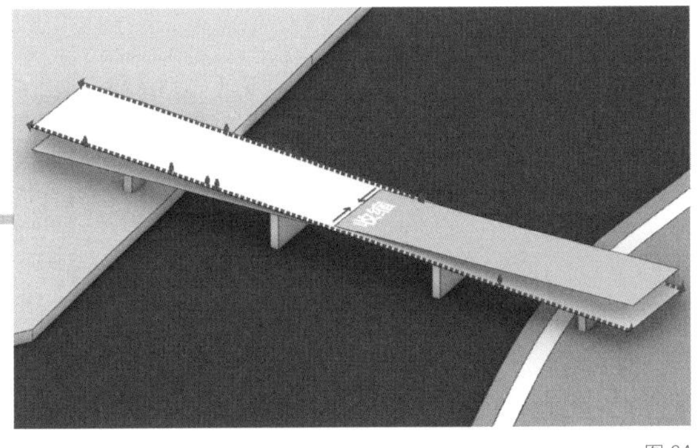

图 24

2. 局部穿透，保证中部路线畅通（图 25、图 26）。

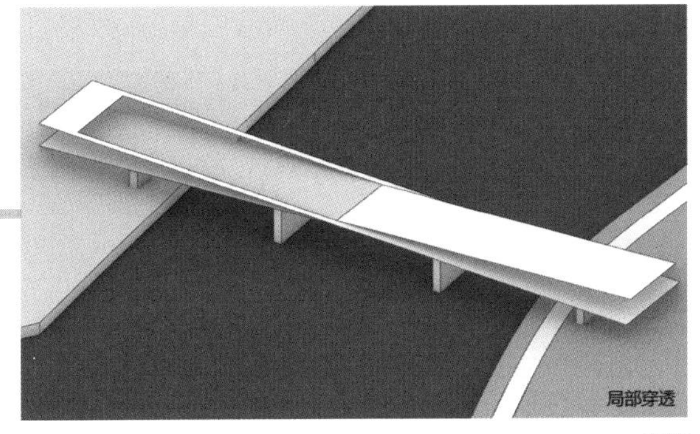

图 25

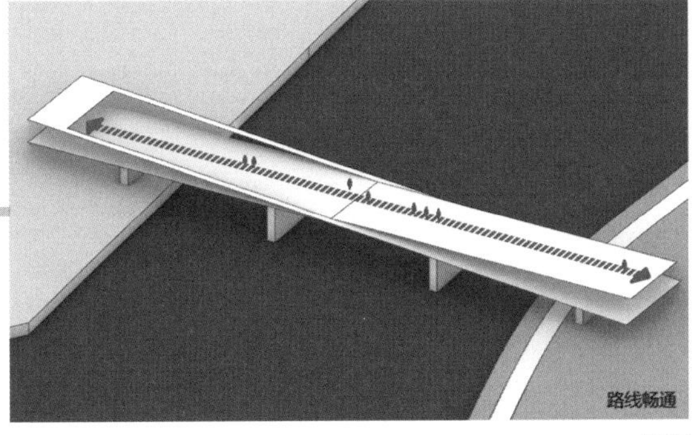

图 26

3. 交点处设置中央广场，保证两侧流线贯通与多样（图 27）。

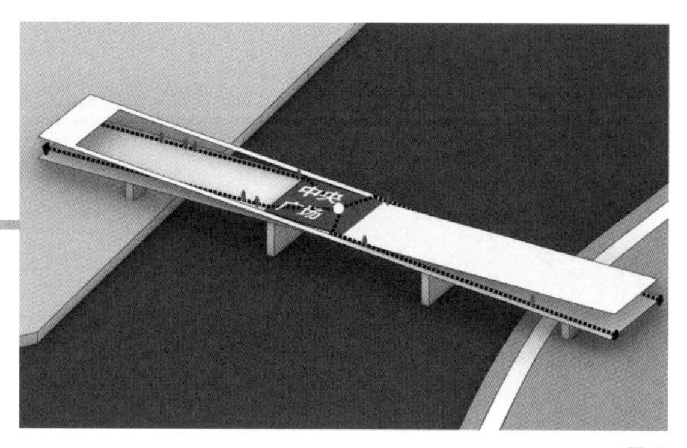

图 27

4. 调整细节，上方桥面缩短以减少遮挡（图 28、图 29）。

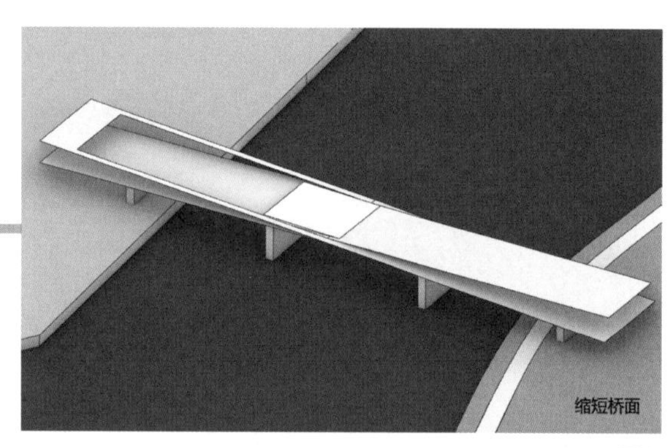

图 28

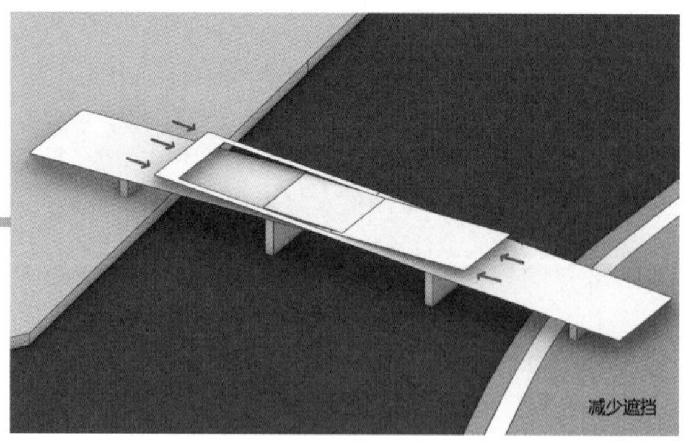

图 29

根据周边基地情况调整桥身，坡面连接两岸（图 30 ~ 图 32）。

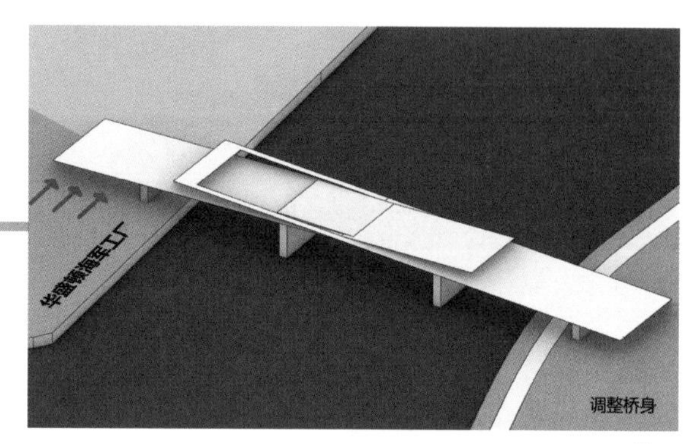

图 30

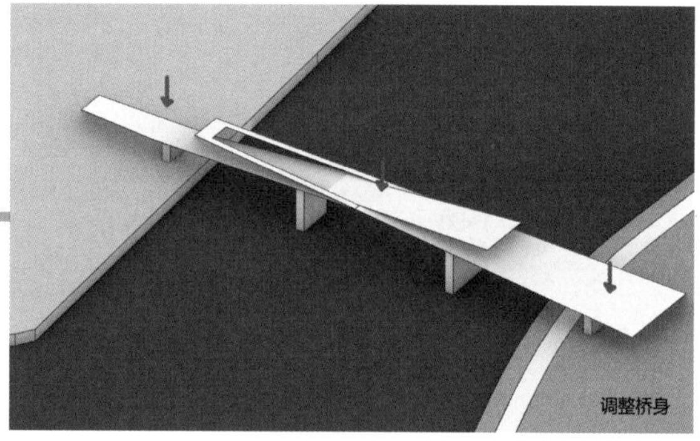

图 31

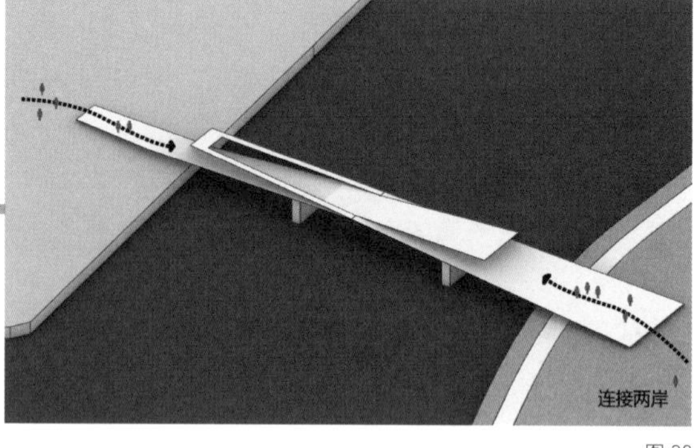

图 32

第四步：终于等到与空间玩耍的幸福时刻。

首先，为X骨架赋予设想好的功能块（图33）。

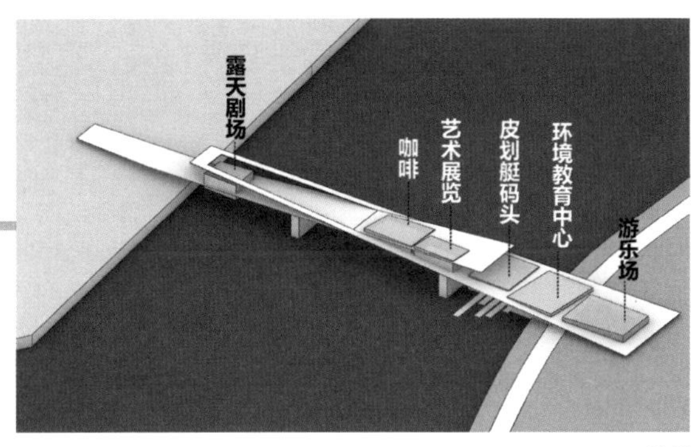

图 33

然后就是建筑师最擅长的：对每个功能块进行空间深化设计（图34～图39）。

图 34

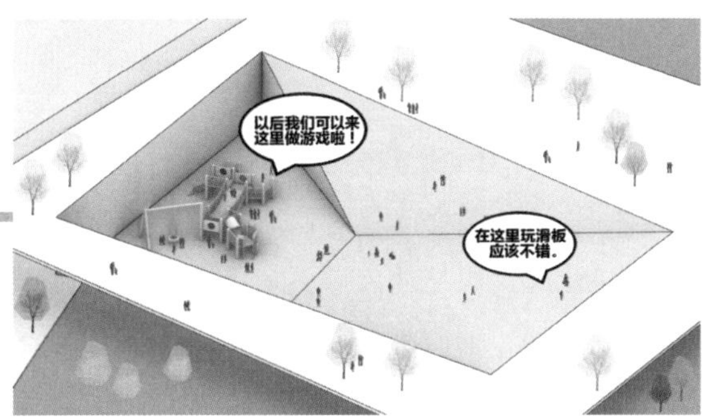

图 35

图 36

图 37

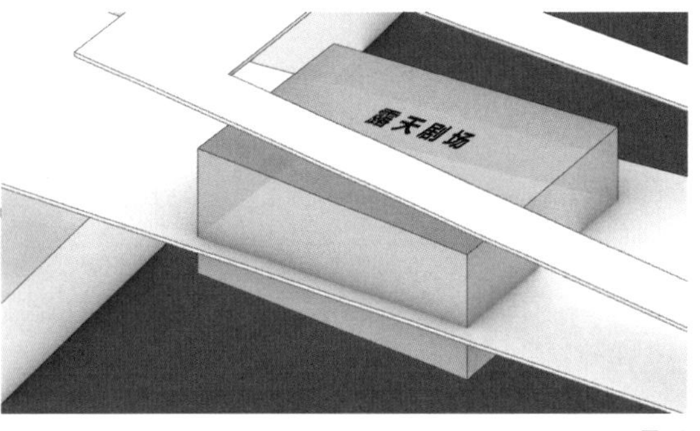

图 38

图 39

最后，再在剩余的地方种上花花草草，赋予绿化景观（图 40）。

图 40

第五步：结构设计。

作为相爱相杀的搭档，抢饭碗这种事儿肯定也要带上结构师啊，因为大桥需要增加桁架支撑结构（图 41）。

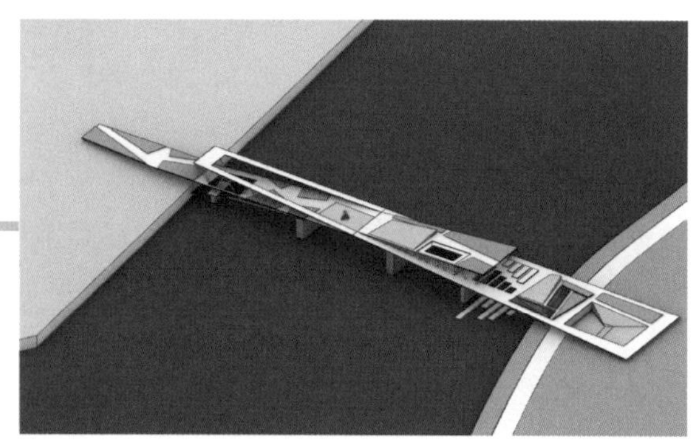
图 41

至此收工，抢完快跑（图 42）。

图 42

这就是 OMA 设计并中标的华盛顿 11 街大桥公园（图 43 ~ 图 49）。

图 43

图 44

图 45

图 46

图 47

图 48

图 49

大桥公园，说是公园，其实还是座桥。对于动辄成百上千亩的公园来讲，这可能还不够塞牙缝的，所以才被建筑师捡了便宜。听起来好有道理的样子，所以另一位“抢饭界”的小能手 BIG 决定再干票大的。

BIG 决定下手的项目是纽约布鲁克林皇后高速公路滨水景观改造。先看一下基地（图 50）。

图 50

布鲁克林皇后高速公路（BQE）始建于1950年，是美国殿堂级城市规划大师罗伯特·摩西（Robert Moses）的设计。整个公路为3层悬臂结构，长约800m。其东侧为布鲁克林高地，西侧为临河的布鲁克林滨海公园，两者高差近14m（图51）。

图51

同样，由于高速路近年来结构老化的问题，政府准备重修一番——真的只是想修理一下而已。但BIG怎么会甘心只做个修路工？改任务书这事儿也是驾轻就熟：忽悠不了你算我输。他提出了一个更大胆的计划：将其改造为高架公园，与下方的布鲁克林滨海公园相结合，化解布鲁克林高地与滨水区的高差障碍，联系城市与水景。

理想很丰满，但还是得看一下实际情况。布鲁克林皇后高速公路共3层道路，上下层道路间高差约4.2m，最宽的道路宽度仅10m，长度有800多米。这做个绿化带都费劲，确定可以搞出个"大"公园（图52）？

图52

别的不说，先把交通引导到低层的布鲁克林滨海公园里：把3层高速公路空出来，将高速公路引入下方布鲁克林滨海公园层，让三条道路汇聚为一条道路，相应地增加车道数（图53）。

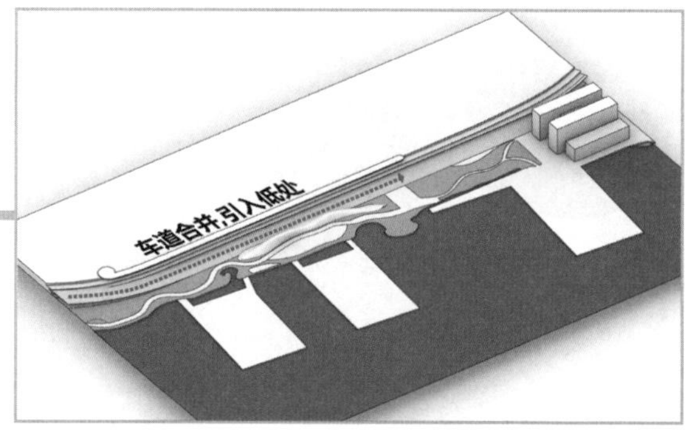

图53

再增加覆盖结构（图54）。

图54

然后，一侧设坡与公园连接，表面覆土设置绿化空间（图55）。

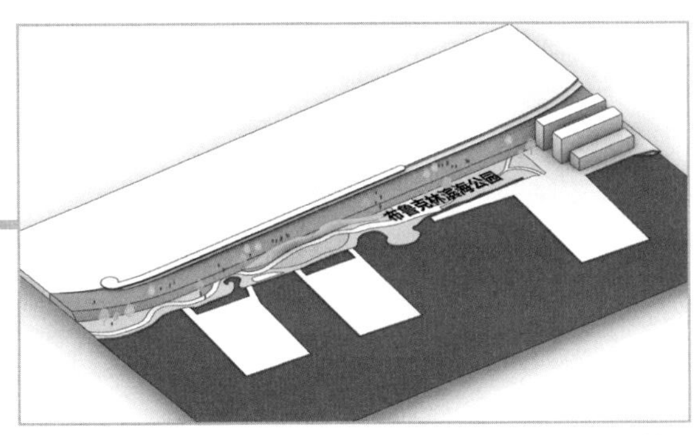

图 55

接着，为缓解交通压力，上方可设置车道容纳计划建设的布鲁克林轻轨（图 56）。

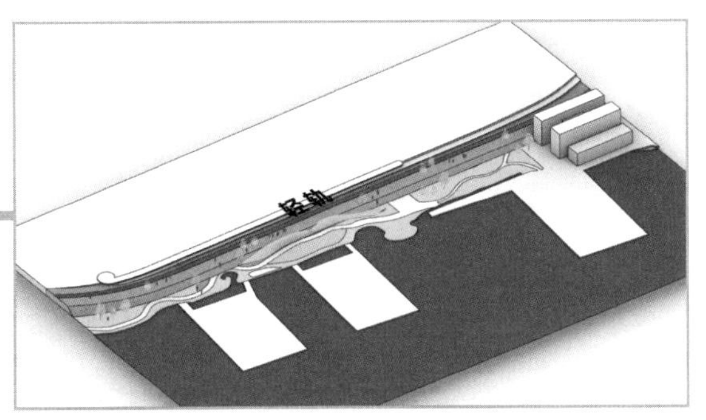

图 56

最后，可以正式考虑高速公路上的公园问题了。毕竟它的长宽比实在太逆天了，80 ∶ 1 实在考验眼力。为了大家能看清楚，我们仅截取公园局部并放大。

公路如何一秒变公园？两个字——种草。甭管三七二十一，先拿笔刷全部刷绿（图 57、图 58）。

图 57

图 58

然后再增加台阶坡道（图 59），是不是就可以收工了？饭碗这么好抢？

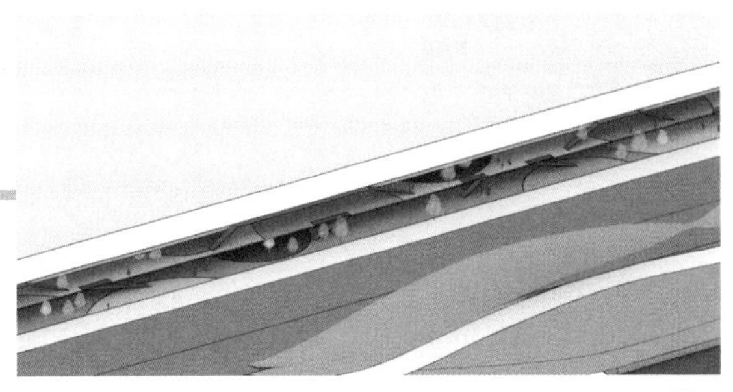

图 59

嗯，这确实也算是个公园——除了没人会去以及被甲方踹出去之外，基本也没啥大问题吧。要知道这逆天的 80 ∶ 1 长宽比是因为它本体还是条高速公路，是和 4 个轮子喝汽油的小怪兽们一起玩耍的。其最明显的特性就是通过性和引导性，上去之后让人不由自主地有种顺着路赶紧开走的感觉。现在种了几棵树就说让给两条腿的灵长类生物玩？打个羽毛球都挡路。难不成是让大家组团来跑马拉松？这种情况的书面说法叫：缺少停留空间。

一般来说，创造停留空间最常见的做法就是在路径上设置节点，景观设计师也会通过各种巧思在路径两侧设置丰富的景观，使通过时感觉不乏味（图 60）。

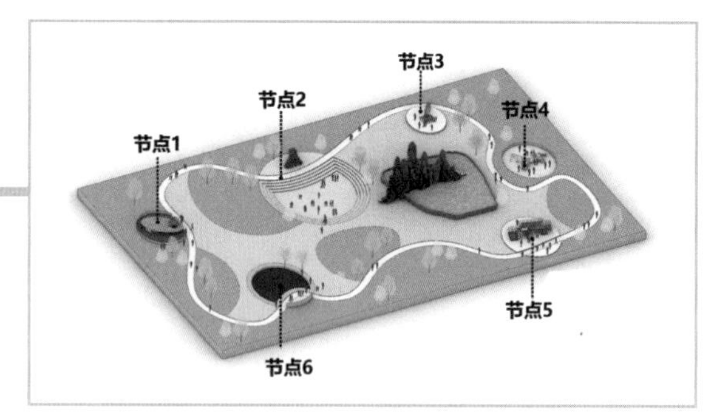

图 60

但很可惜，这个方法在这个项目里有点儿用不上，主要是建筑师也不太会用。每隔一段距离设置局部放大的停留节点，将原本窄长的空间分隔为一节一节的空间（图 61、图 62），这本身没毛病。

图 61

图 62

但毛病是这路真是太长了，要设置的节点实在是太多了，比马里奥蹦过的水管都要多，还形不成环路。下面还是滨海公园，就算是想跑马拉松，为什么不选择环境更好的海岸而要去爬废旧公路呢？所以，重点不是设置停留节点，而是创造连续空间。

莫慌，BIG 有办法。他们在上下两层路的相同位置设置断点，但并不做成停留空间，而是打断后形成小段空间。垂直方向上的三层小段空间合在一起形成一个小的组团模块。这还是 BIG 熟悉的模块化操作，只不过从建筑用到了景观公园上。基本上就等于把一个三层大烂尾楼分成了好几个小烂尾楼（图 63 ~ 图 65）。

图 63

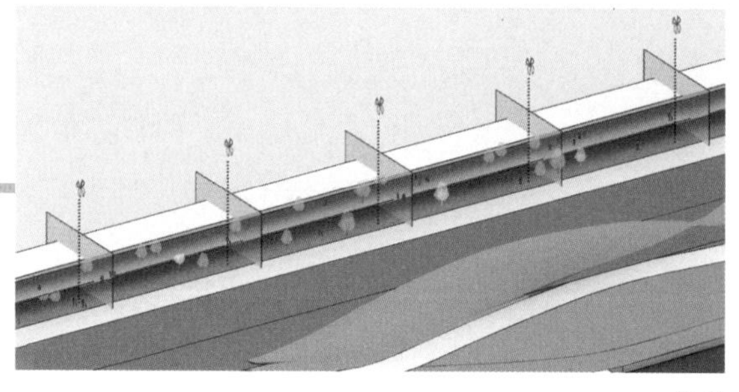

图 64

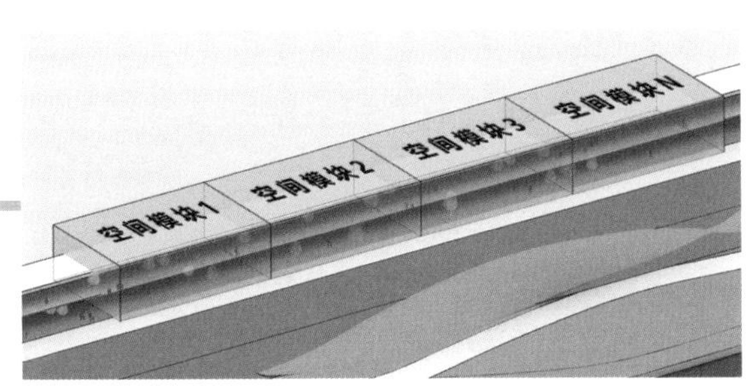

图 65

空间模块的引入模糊掉断点的存在，让设计重点从景观节点转换到点与点之间的空间。接下来就是如何设计这些小模块的问题了。即使分割成小模块，10m 宽还半围合的公园确实也还是有点儿奇怪。外部空间设计中有一个“十分之一理论”：外部空间采用内部空间尺寸的 8 ~ 10 倍。如在室内两个人之间互不影响的距离约为 2.7m，而到了室外则需扩大 8 ~ 10 倍，即 21.6 ~ 27m（图 66），才会让人们觉得安全、舒适、不尴尬。

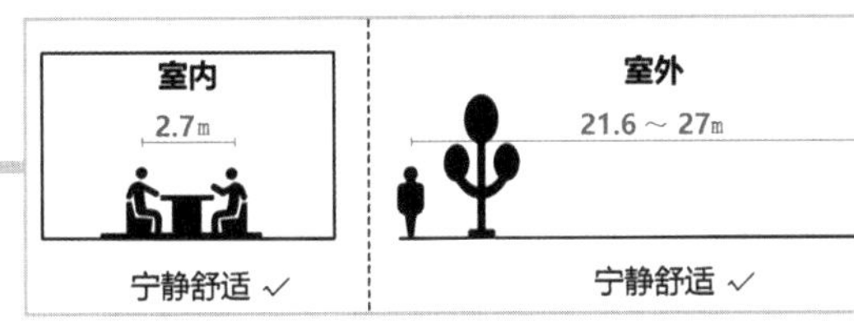

图 66

同理，10m 宽的公园你可能觉得很局促，但 10m 宽的室内空间就显得很宽敞了。所以，BIG 解决公园空间局促的方法就是把一部分做成室内空间。大 B 哥，你摸着良心说，真的不是为了设计费?

为了设计费，BIG 的操作是 360° 无死角、全方位的：既然要把大片室内空间引入公园，不如顺势进行一些商业开发。赚钱的事甲方基本没法拒绝。

根据需求设置商业空间、小住宅、停车场、便利设施等，不同的功能分别与之前分隔出来的小模块结合，形成特定的功能组团（图 67）。竟然还有住宅，简直“丧心病狂”（干得漂亮）。

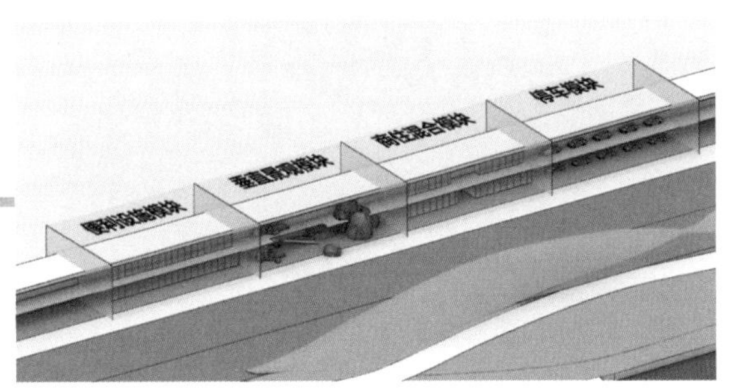

图 67

对便利设施模块进行深化设计（图 68）。

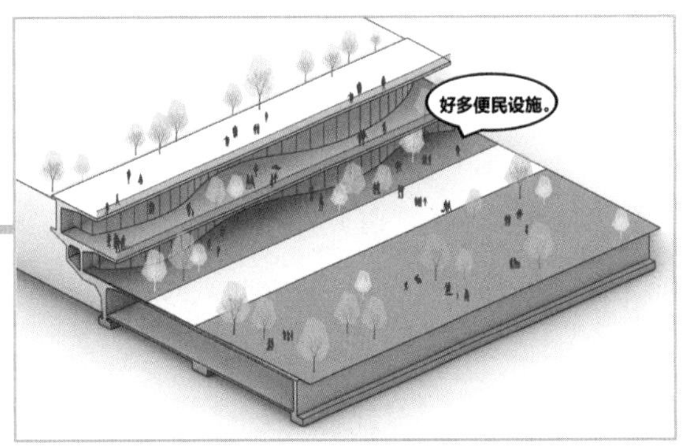

图 68

商住混合模块深化设计，商住之间用台阶隔开（图 69）。

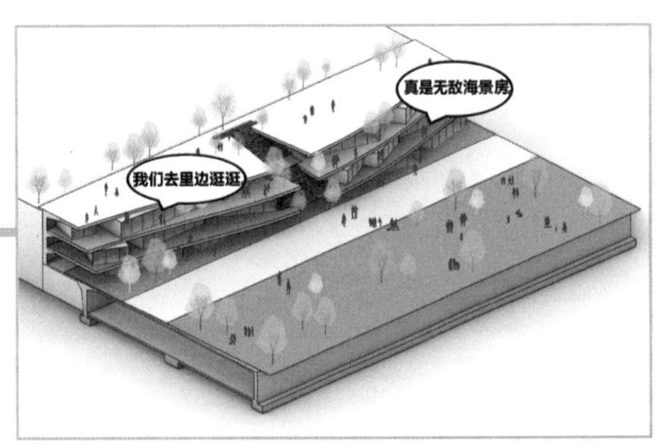

图 69

停车模块深化，“之”字形坡道极具标志性（图 70）。

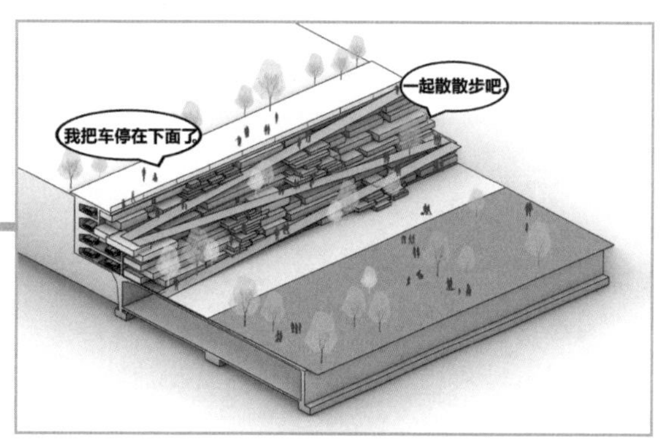

图 70

垂直景观模块深化，利用石块打造攀岩场地、儿童乐园等（图 71）。

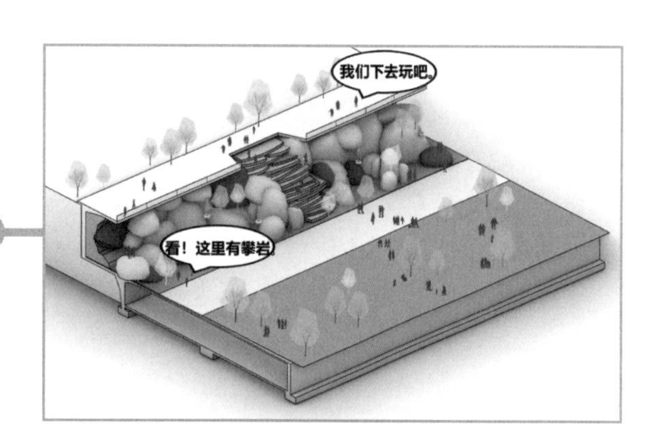

各种模块可按需增减，任意组合。别说约 800m，再来 800m 也不慌（图 72）。

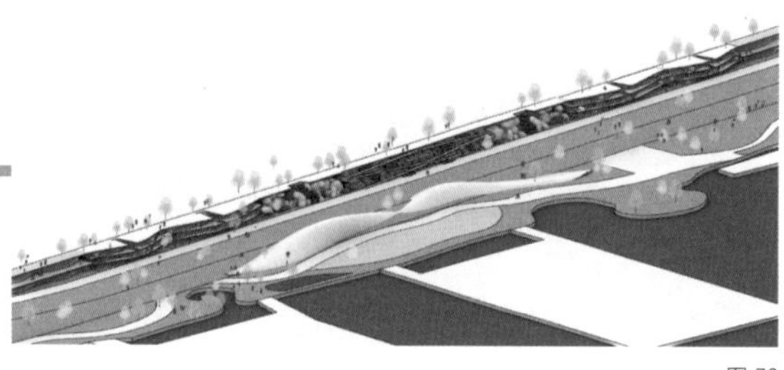

图 72

这就是 BIG 成功中标的纽约布鲁克林皇后高速公路滨水景观改造（图 73 ~ 图 76）。

图 73

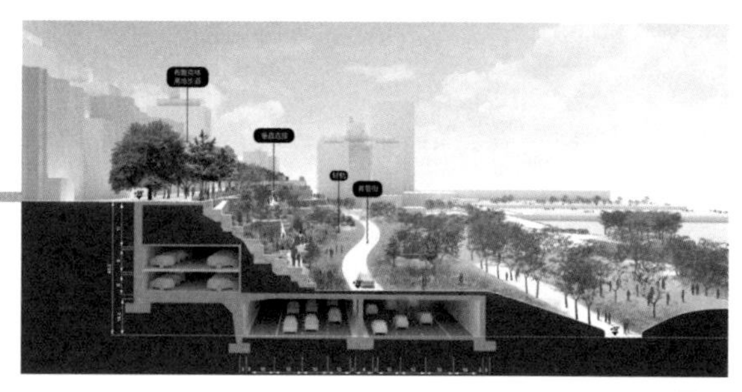

图 74

图 75

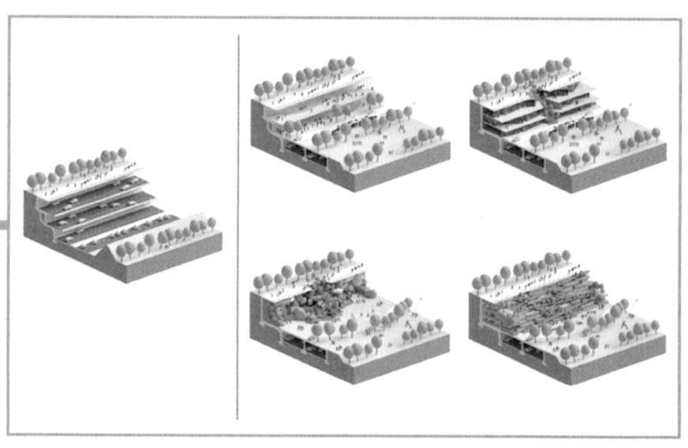

图 76

做设计就像切西瓜，最甜的位置就只有那一块。不管你从哪个方向切，能切到、吃到才是本事。这个世界上没有哪个碗饭能端一辈子，有百家饭吃才有百条路走。

图片来源：

图 1、图 43 ～图 46 来自 http://iarch.cn/thread-26317-1-1.html，图 47 ～图 49 来自 https://www.oma.com/projects/11th-street-bridge-park，图 2、图 73 ～图 76 来自 https://big.dk/#projects-bqp。

END

甲方打牌三缺一，那个画图的怎么还不来

图 1

名　称：丹麦罗斯基勒摇滚音乐节总体规划（图 1）
设计师：MVRDV 建筑设计事务所，Cobe 建筑事务所
位　置：丹麦・罗斯基勒
分　类：商业展览，教育加建
标　签：建筑规划
面　积：18 000m²

很多地下的地方，生长着妖娆又蓬勃的力量。仿佛深夜里准备好了筹码但三缺一的牌局，就等人齐了便可“大杀四方”。天亮了，局散了。太阳照常升起，但一切都有了不同。

罗斯基勒是丹麦王国一个很特别的地方，因为这里建有 40 个丹麦国王和王族的陵墓。即使现代社会的浮华不可避免地在此掠过，好像也无法完全浸染这座城市底色中的肃穆与安静。除了每年夏天六月底到七月初的那几天。那几天有个名字，叫罗斯基勒摇滚音乐节。

罗斯基勒摇滚音乐节始于 1971 年，是丹麦首个以纯音乐为主的节日。经过 40 多年的发展，这个音乐节已经成为北欧规模最大的夏季户外音乐节，也是当今欧洲，乃至世界上最有影响力的音乐节之一。在音乐节的这一周里，会有超过 130 000 个乐迷和 32 000 名志愿者蜂拥而至，让这座安静的小城一跃成为丹麦第四大城市。一周之后，这十几万人又像夏日马路上的水珠一样瞬间蒸发，回归自己的生活，仿佛从未出现过，直至来年夏天，再次横空出世。

这是多大的一个发着闪闪金光的大 IP 啊！这些年竟然没人去炒，难道要留着过年吗？反射弧绕地球两周的罗斯基勒市政府也终于后知后觉，知道自己原来一直抱了只金母鸡，却还在拿着土特产招商引资，难不成是守陵守傻了？

脑子变好用之后，眼神也变得好了许多。本来嘛，一个十几万人狂欢的音乐节怎么可能一周就偃旗息鼓？醒酒时间都不够。实际上在市中心和举行音乐节的场地之间，有一片已经废弃的工厂区，成了各路艺术家、音乐家和户外运动者在音乐节之外的地下基地（图 2 ~ 图 6）。

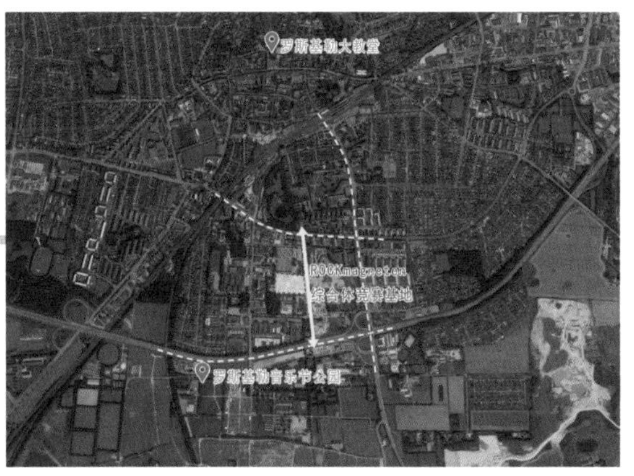

图 2

图 3

图 4

图 5

图 6

于是，在 2011 年，罗斯基勒市政府、罗斯基勒音乐节民俗中学和罗斯基勒音乐节集团组成了一个联合甲方，打算将这个片区重新规划开发，并添加 3 个新建筑——摇滚博物馆、罗斯基勒音乐节民俗音乐学校和学生宿舍以及罗斯基勒音乐节集团总部。

牌局已经组好，三缺一。谁来点炮？我们先来摸摸已经入局的三位甲方的底。

甲方一号——市政府，要求尽可能少地破坏原有工厂区的基地文脉，保留 12 000m^2 的废弃工厂。

甲方二号——音乐节民俗中学，作为一个非正规成人教育学校，需要 5600m^2 的教室和宿舍。在学校课程持续的 4 ~ 10 个月中，学生和教师能够一起生活在学校中。

甲方三号——音乐节集团总部，需要 3100m^2 的博物馆以及 1500m^2 的办公楼，希望以摇滚精神建造博物馆的同时给员工创造最舒适的办公环境。

总结一下就是：各走各的阳关道，没人想过独木桥（图 7、图 8）。

图 7

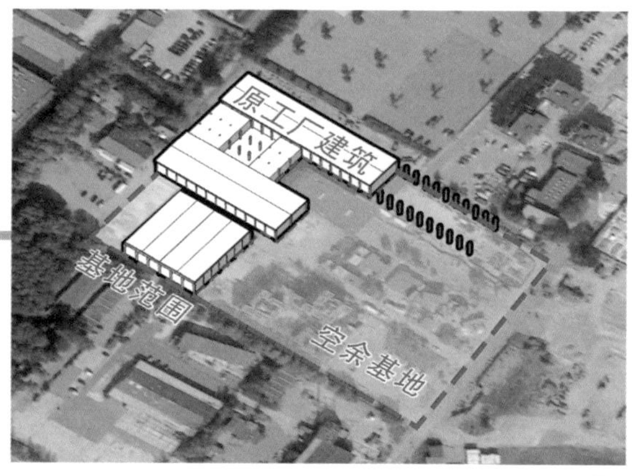

图 8

基地总面积是 28 620m^2，除去不能拆的 12 000m^2 的旧工厂，剩下的放民俗学校、集团总部、博物馆，不算拥挤，也合理合法（图 9）。

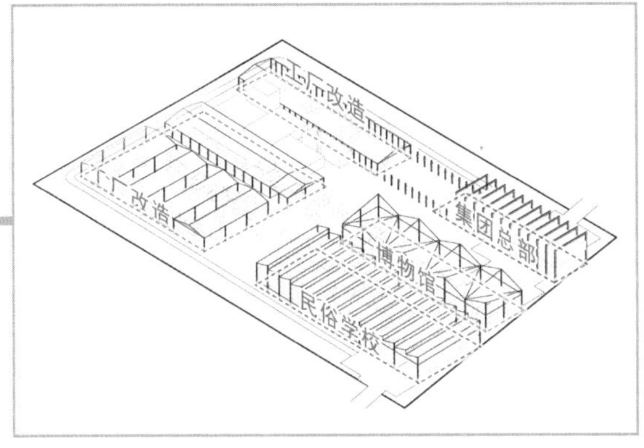

图 9

所以，这个项目应该先是一个规划问题，然后才是建筑问题。但很可惜，三缺一等来的不是一个好学生，而是一贯不按常理出牌的 MVRDV。为了壮胆，它还拉来了 Cobe 组队（咱们暂且把这个组合简称为 M+C）。很有一种把麻将桌掀了改玩五人斗地主的架势。

在“叛逆少年”M+C 的眼里，这帮甲方老头肯定没玩过音乐节，估计连吉他几根弦也不知道。好好的地下集会场地给改成房子排排坐的模范学校？你以为选择在这里聚会是看好了那片破工厂？幼稚！小爷们明明看上的是那片桀骜不驯的空地（图 10）！

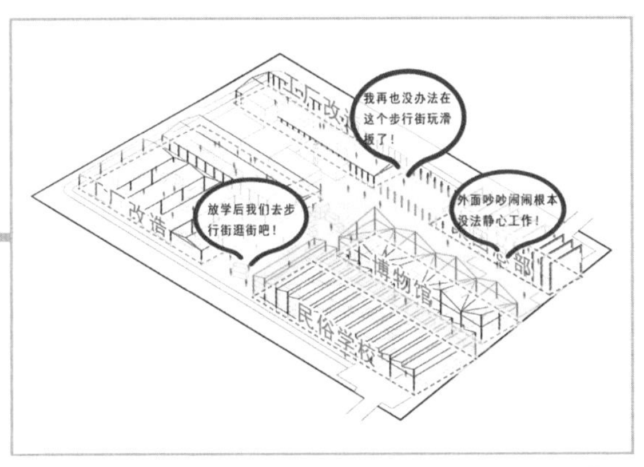

图 10

所以，M+C 这次的设计策略可以称为压缩饼干设计法，也叫“把一切妄图侵占我广场的妖魔鬼怪打包踢走设计法”。简单地说就是，为了保留原有的空余场地，把三大甲方要求的所有建筑都压缩到废旧工厂的场地里解决（图 11）。

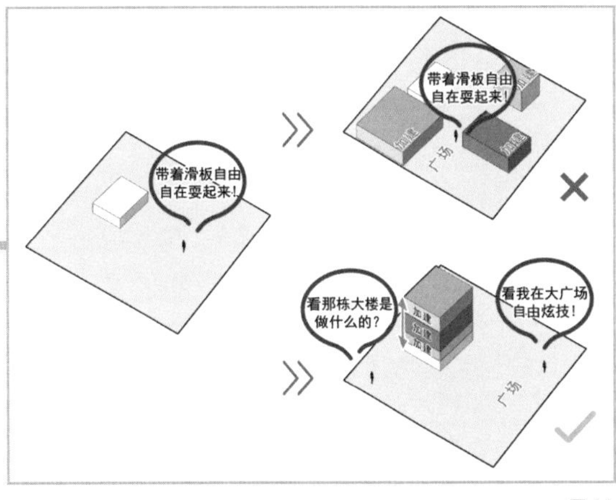

图 11

第一步：建筑整合。

首先，将项目基地中现存完好的大体量厂房建筑选出并留存，其他零零碎碎的部分全部拆除（图 12、图 13）。

图 12

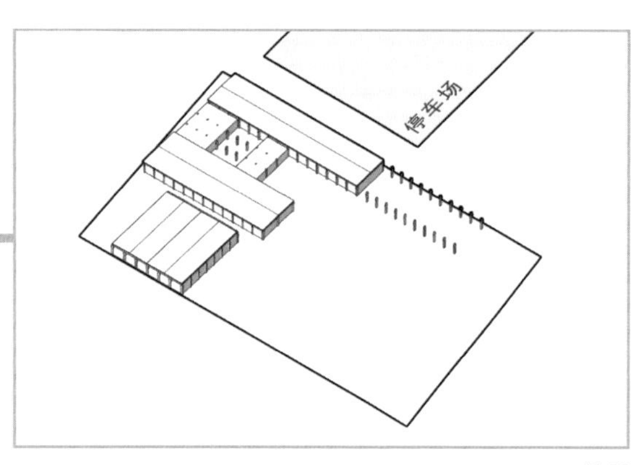

图 13

将三个加建的建筑体块依次压缩进工厂范围内。博物馆作为核心建筑放置在中心位置，并根据空隙面积升起体块（图 14、图 15）。

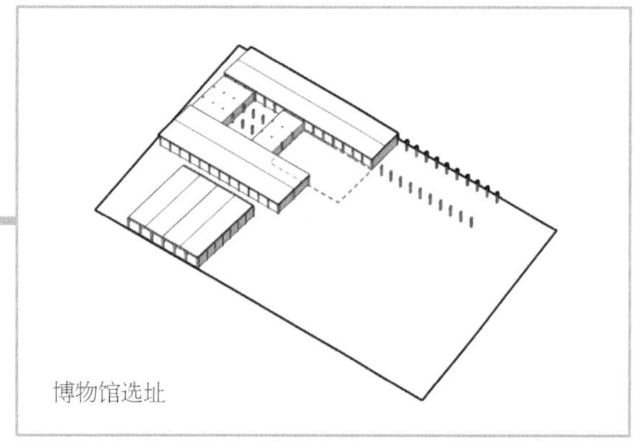
博物馆选址

图 14

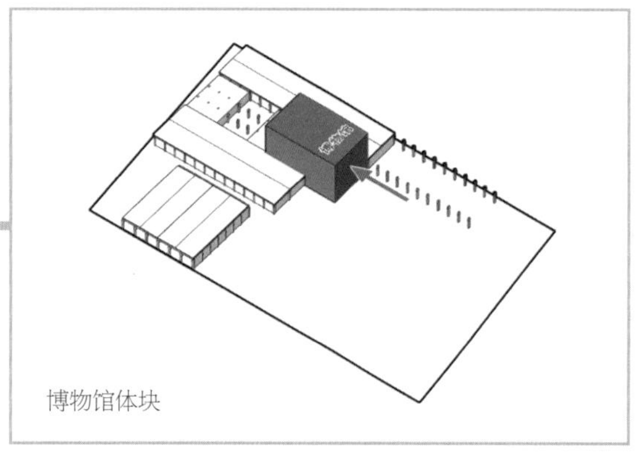
博物馆体块

图 15

集团总部放置在工厂上方靠近基地旁停车场的位置（图 16）。

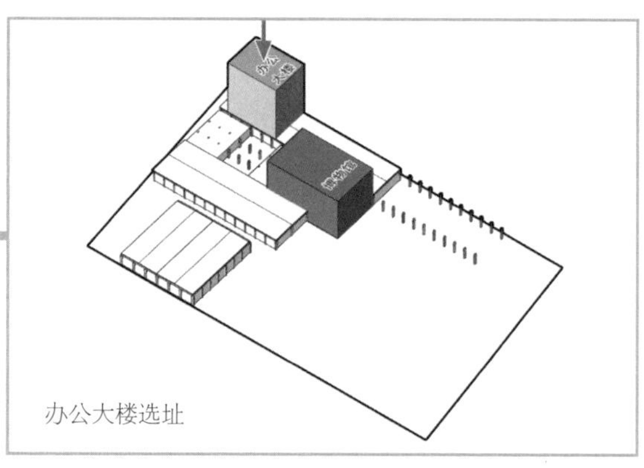
办公大楼选址

图 16

剩下的学校部分架空在两片厂房中间，并升起四层体量，将整个建筑综合体联系起来（图 17）。

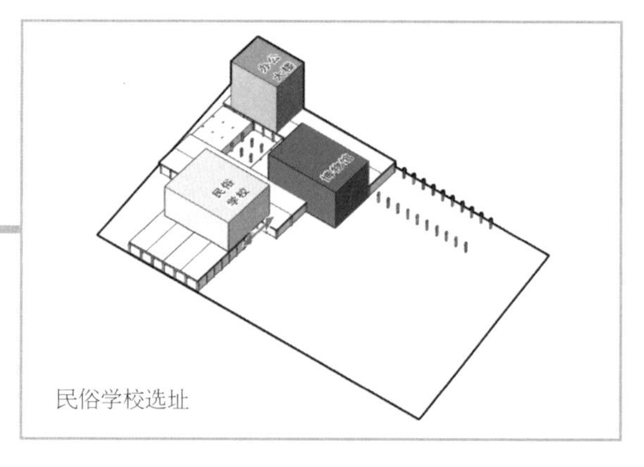

民俗学校选址

图 17

至此，工厂与加建建筑成为一个整体，留存了大面积广场的同时也贡献了标志性（图 18）。

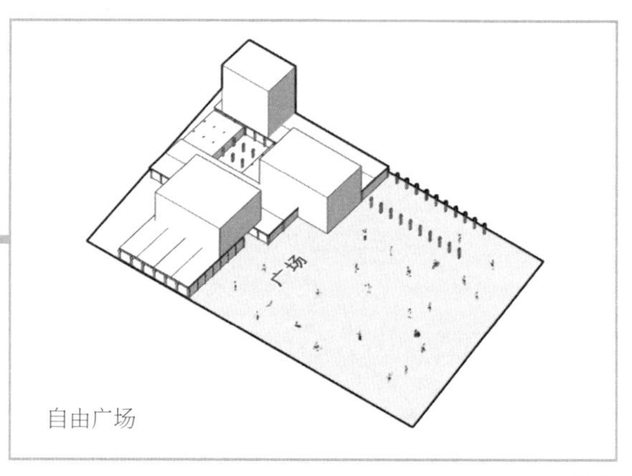

自由广场

图 18

第二步：空间重组。

像组乐队一样，不是随便找四个人站在一起就行了。谁是主唱，谁是键盘，谁负责吉他，谁负责鼓，分工明确、气场风格匹配才是一个团队。四个建筑同理。将不同类型建筑中功能联系紧密的部分做统一的空间处理，模糊边界，重组空间。

博物馆中，门厅服务空间与广场和工厂的活动空间有很强的联系，而展览空间则需要相对安静的环境，因此将展览空间与工厂活动空间隔离开，放置在门厅上方（图 19）。

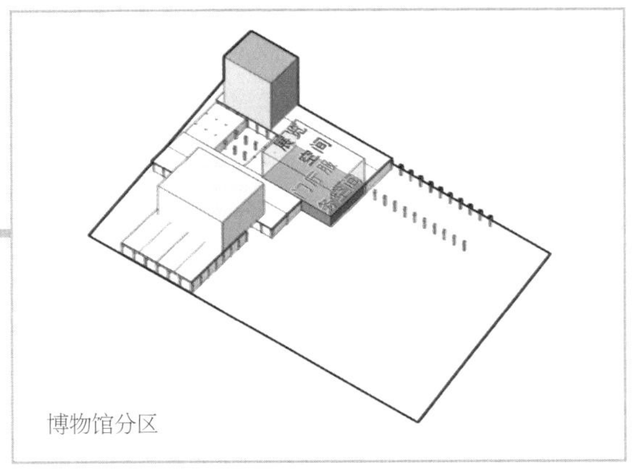

博物馆分区

图 19

门厅服务空间开放给所有人，因此与工厂空间成为一体，统一处理（图 20）。

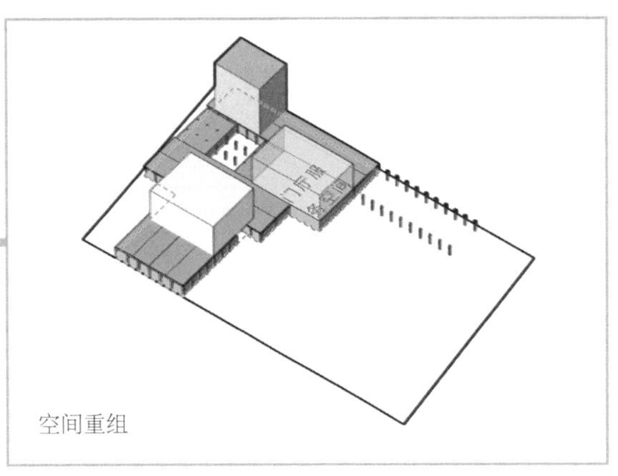

空间重组

图 20

在学校部分，教室可以利用下方的原有厂房，在厂房上架空设置宿舍（图 21）。

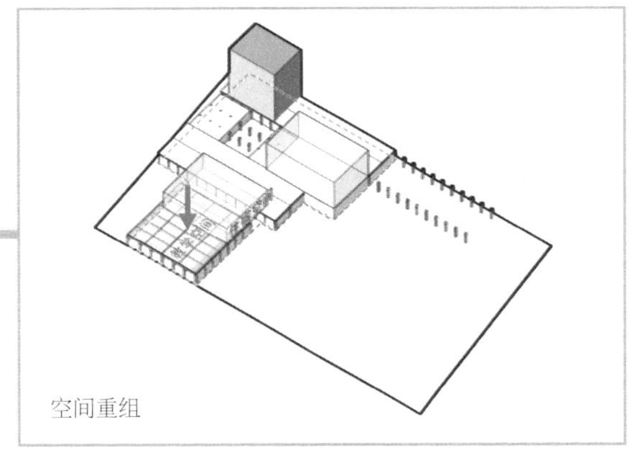

空间重组

图 21

总部办公，则通过交通空间与旧厂房联系（图 22）。

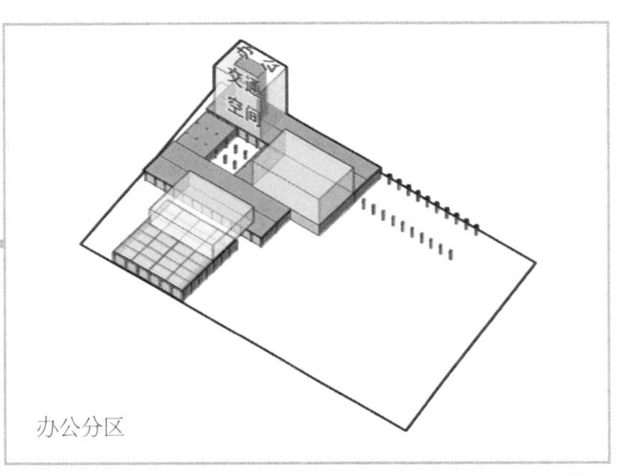

办公分区

图 22

办公空间整体外移，局部架空以便创造出一个停车场方向独立入口（图 23）。

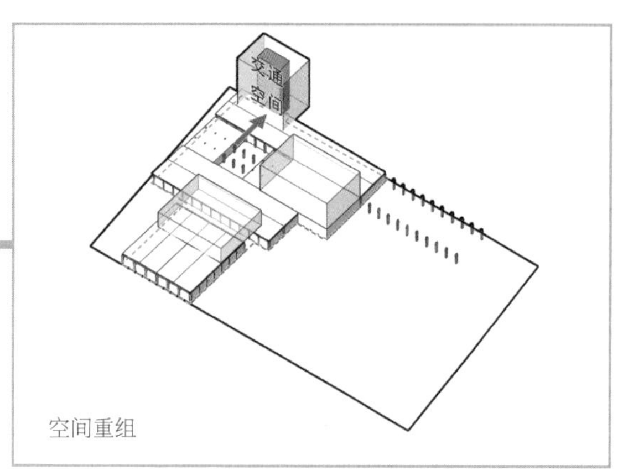

空间重组

图 23

至此，空间重组完成。博物馆的门厅服务空间、学校的教学空间以及办公的交通空间与工厂空间共同处理，其余部分各自升起形成新的建筑体量（图 24）。

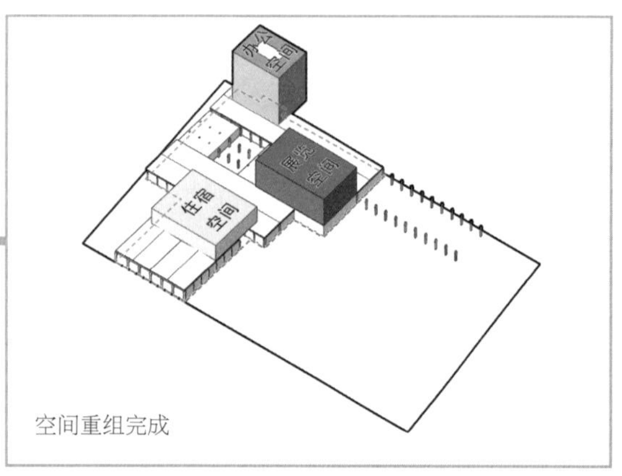

空间重组完成

图 24

第三步：　功能置入。

对厂房结构进行取舍。在 3 个大型厂房中，较长的两个厂房结构跨度相对较宽，可以满足小型工作室、展览及活动室的空间使用要求，而方形厂房和小厂房的柱距则比较小（图 25）。

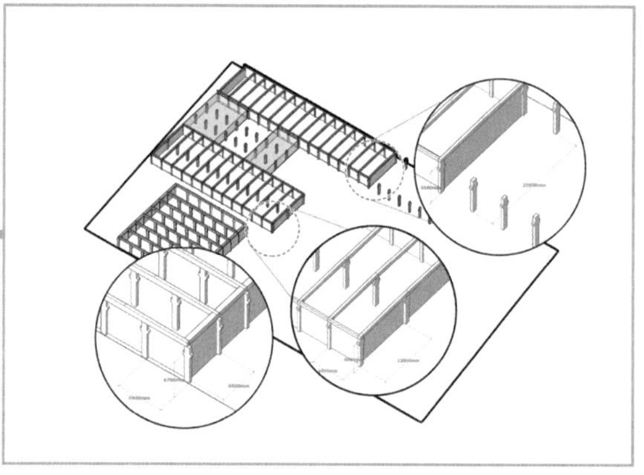

图 25

在保证安全性的前提下，减少方形厂房和小厂房的内部柱子。为了减少对结构和工厂特色的破坏，将建筑立面裸露出的柱子留存下来（图 26）。

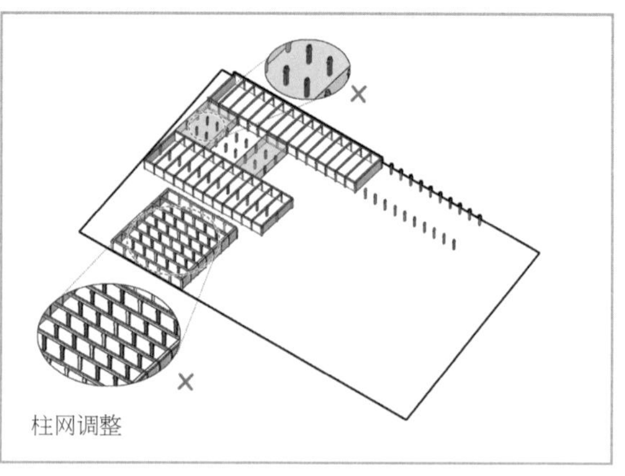
柱网调整

图 26

这样，方形厂房的横向柱跨变为 18m，小厂房的柱跨也不会影响空间划分（图 27）。

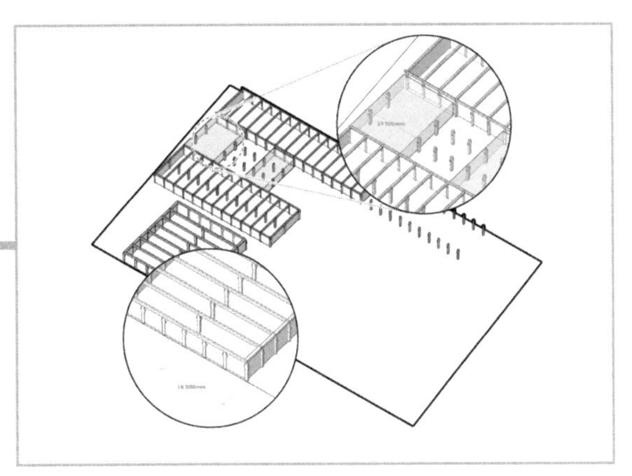

图 27

给原工厂新赋予的使用功能可划分为工作室、活动室和展览舞台。为了最大限度地保持工厂原有的风格，选择盒子式的空间置入，只在盒子空间内部进行空间组合。盒子的组合有以下几种方式。

串联并列式：可满足大空间的工作活动室使用（图 28）。

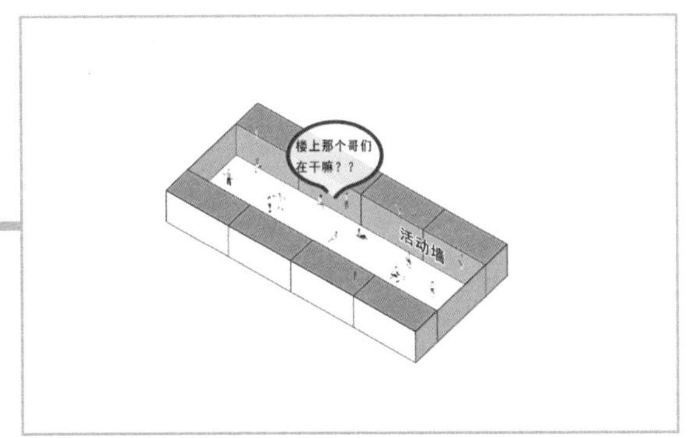

图 28

围合组成式：高低错落，可作为舞台艺术使用（图 29）。

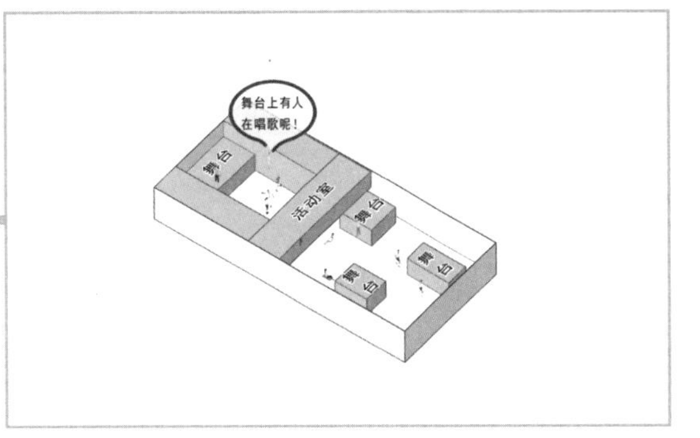

图 29

自由群落式：可依附在其他盒子上承载多种功能（图 30）。

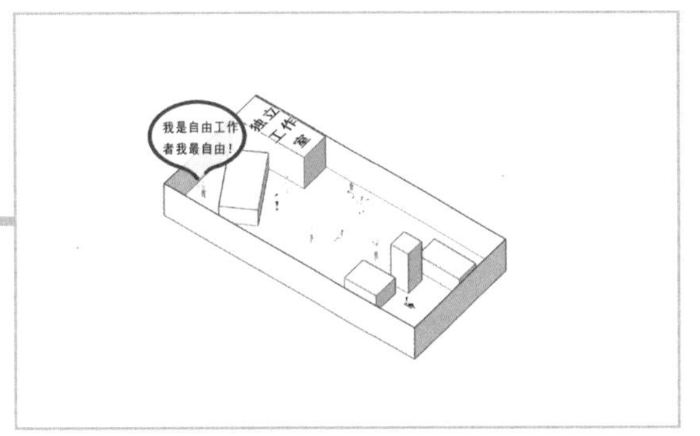

图 30

将不同组合模式的盒子根据使用功能进行排列组合，大规模的使用空间放置在厂房后方及边缘位置，以保证厂房与广场连接部分的活跃性（图 31）。

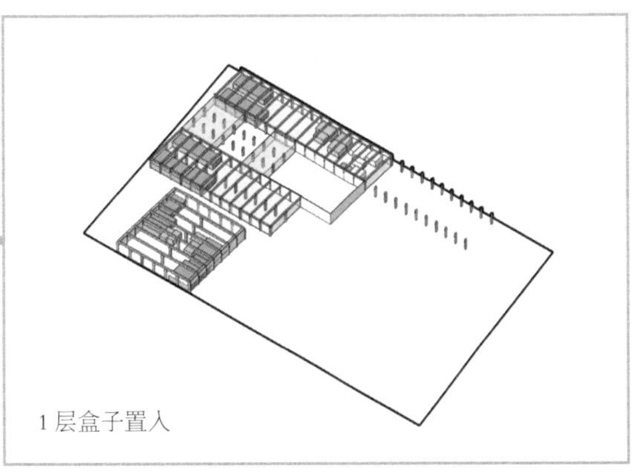

图 31

将 2 层盒子竖向组合，错落放置，生成更多的舞台和自由活动空间（图 32）。

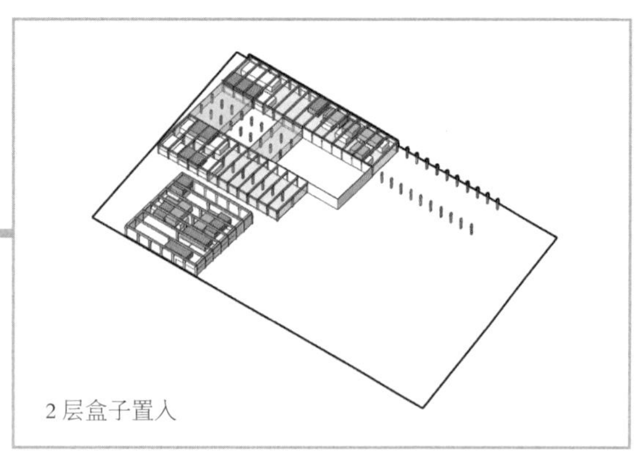

图 32

随后置入交通核，在舞台附近放置直梯以便自由使用（图 33）。

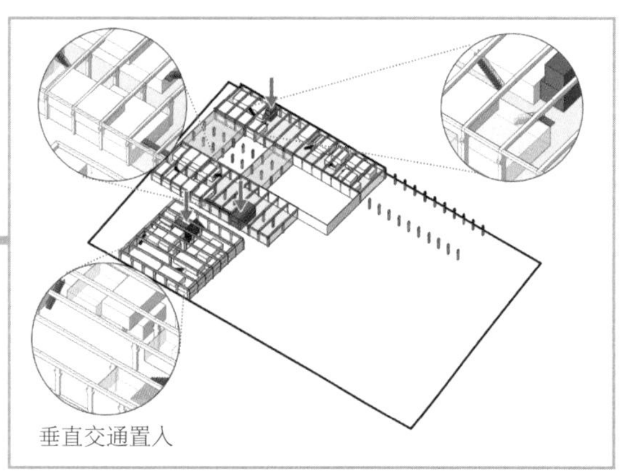

图 33

对两个大厂房之间的小厂房进行改造。为了加强厂房之间的联系，将跨度较小的厂房改造成长廊，而将跨度较大的厂房改造为大面积的展览空间。同时，在大厂房宽敞空间处设置阶梯广场，引入广场周边人流（图 34、图 35）。

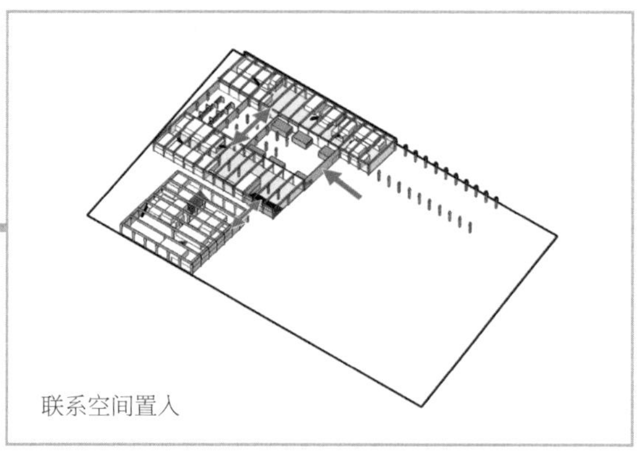

图 34

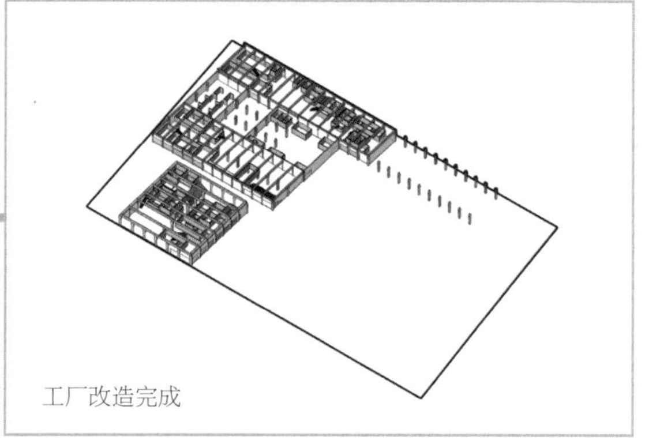

图 35

在原厂房顶棚多处开窗，引入自然光（图 36）。

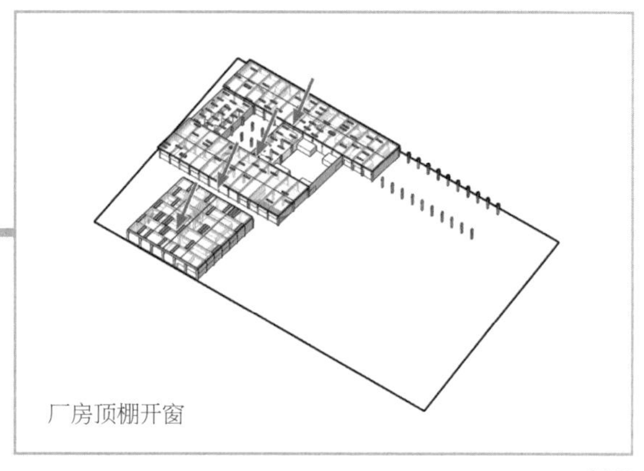

图 36

由于音乐节时会设临时场地，所以将建筑立面打开，使厂房内部对各个方向开敞（图 37）。

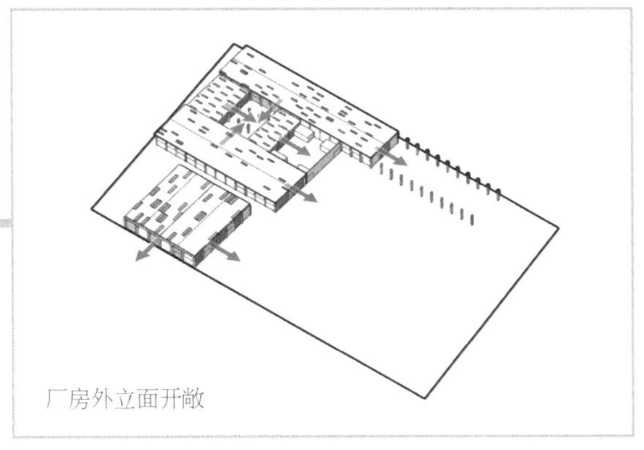

图 37

至此，改造部分已经完成（图 38 ~ 图 41）。

图 38

图 39

图 40

图 41

下面是新建部分的设计。依次将功能置入住宿空间、博物馆展览空间以及办公空间。由于博物馆门厅的高度要求，将博物馆新增体块升高，使其伸向广场中央并局部架空，灰空间吸引外部人流进入（图 42 ~ 图 44）。

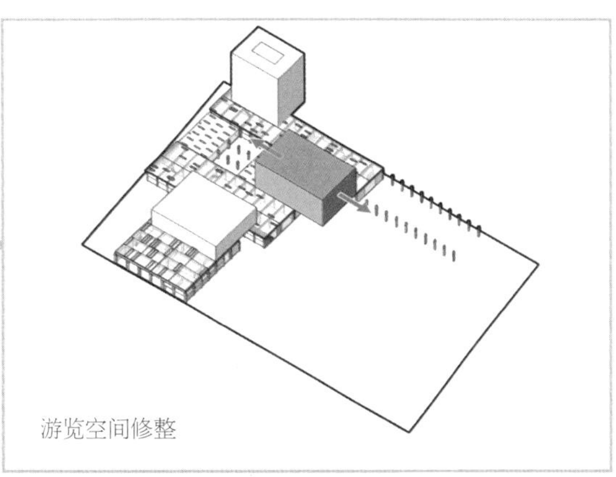

图 42

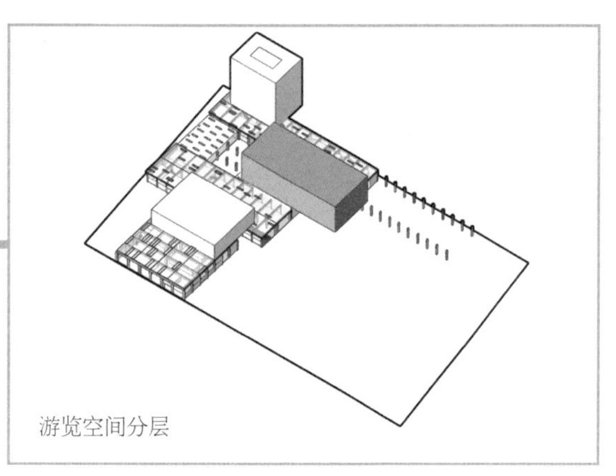

图 43

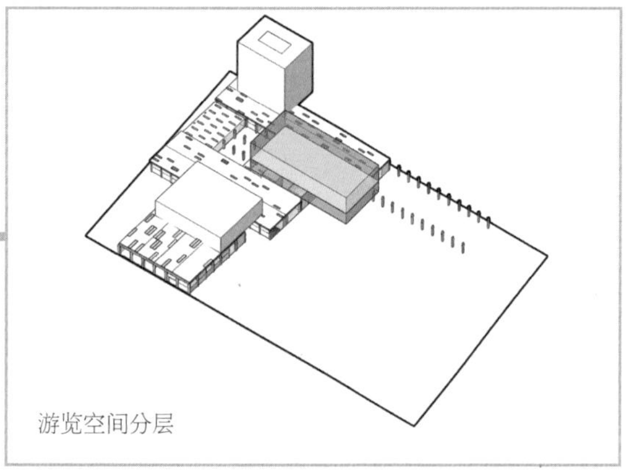

图 44

为保证宿舍的采光，在住宿部分设置中庭，并将其分为 3 层（图 45 ~ 图 47）。

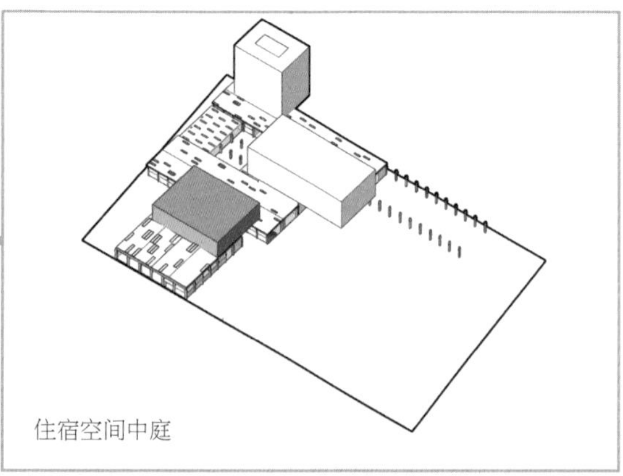

图 45

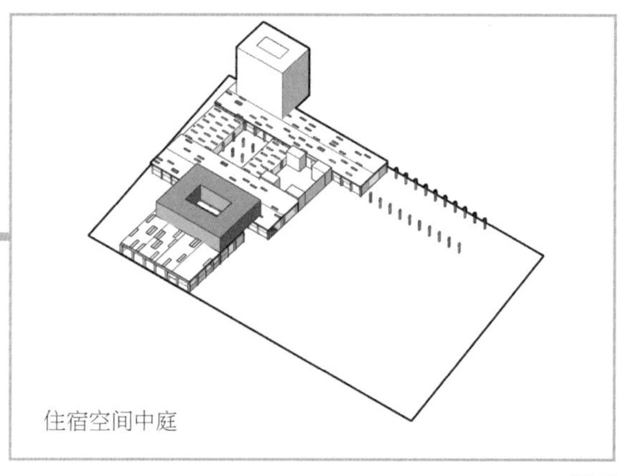

图 46

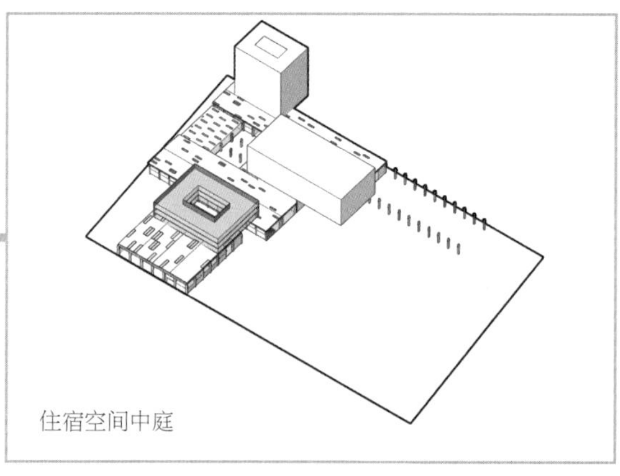

图 47

大概是为了让同学们可以在音乐节期间窝在宿舍里看演出有更好的视野，M+C 将住宿空间体块由方形变为圆形，也使整个综合体更具标志性（图 48）。

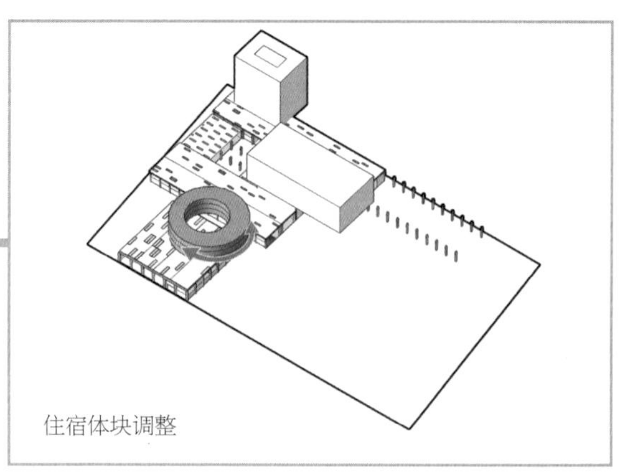

图 48

将办公空间架空设置在工厂上方场地边缘，调整立方体造型和位置，将交通核升入体块中(图49、图50)。

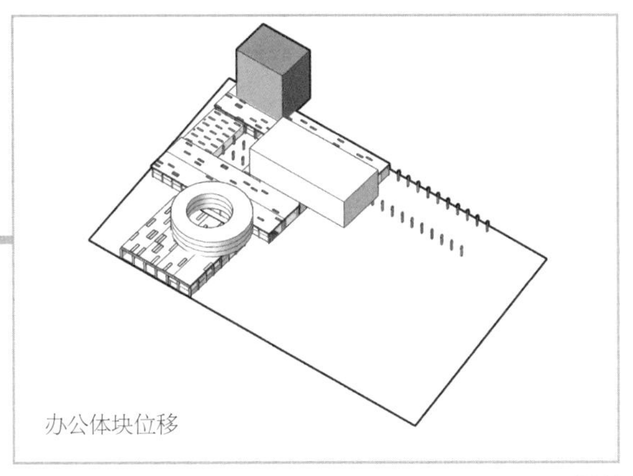

图 49

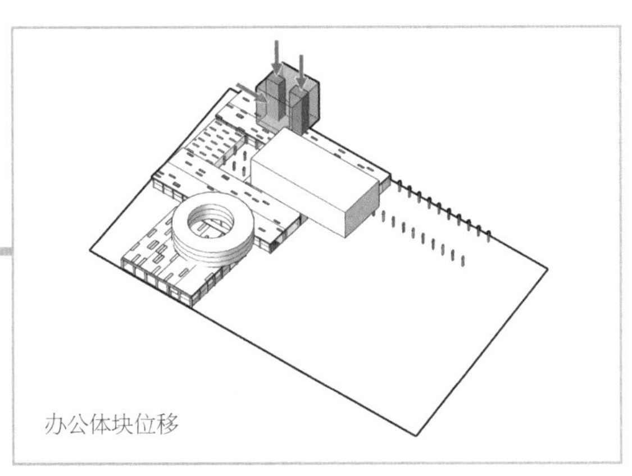

图 50

根据使用功能特点布置内部空间(图51)。

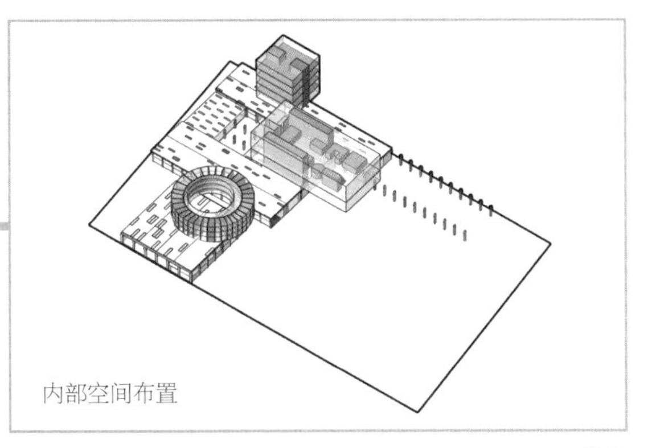

图 51

满足刚需后，为新建的3个建筑选择3种完全不同的建筑材料，让质感强烈的金属和现代材料与原厂房的混凝土元素产生强烈碰撞——妥妥的摇滚咖审美(图52、图53)。

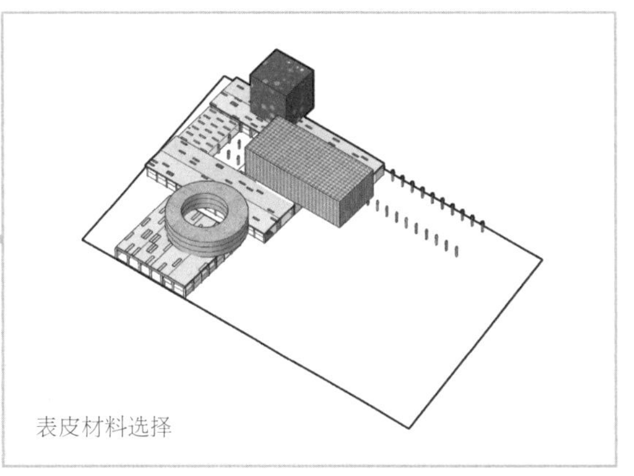

图 52

图 53

最后，在广场上铺上长长的红毯“走花路”，谁还不是个超级明星？广场也足够音乐节的临时演出使用（图 54）。

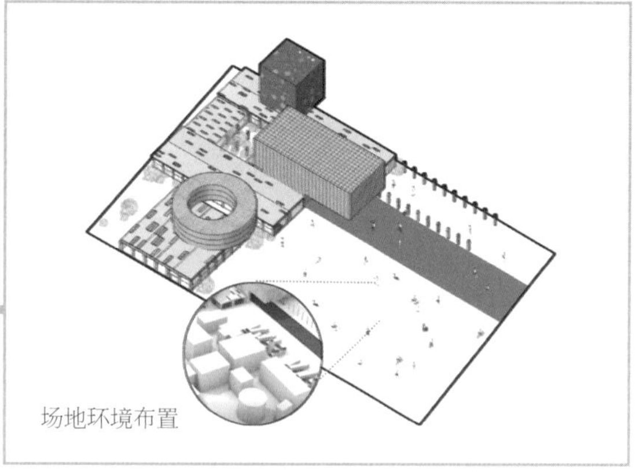

图 54

这就是 MVRDV 和 Cobe 在丹麦罗斯基勒设计的摇滚音乐节总体规划，生生把规划局压缩成建筑局，“大杀四方”（图 55 ~图 61）。

图 55

图 56

图 57

图 58

图 59

图 60

图 61

很多时候，甲方打牌邀你入局，或许并不是仅仅为了输赢或是算计你，可能就是想大家一起玩玩。所以，换个玩法也不错。

图片来源：

图 1、图 3 ~图 6 来自 https://www.cobe.dk/place/roskilde-festival-hojskole，图 38 ~图 41 来自 https://www.cobe.dk/place/roskilde-festival-hojskole，图 53、图 55 ~图 61 来自 http://www.archdaily.cn/cn/786511/ragnarock-mvrdv-plus-cobe/57236b78e58ece9200000062-ragnarock-mvrdv-plus-cobe-photo。

END

大人才需要低头，小孩子只想长高

图 1

名　称：越南本特里市 TTC 高级幼儿园（图 1）

设计师：KIENTRUC O 事务所

位　置：越南・本特里

分　类：公共建筑

标　签：曲面屋顶

面　积：3300m²

TART

在小孩子眼里，世界很小，却很多。玩具是一个世界，动画片是另一个世界；故事里讲的是一个世界，动物园里看的是另一个世界。向日葵小班与玫瑰小班是泾渭分明的“两个国度”；至于大人，那就是潜伏在地球的火星人——不可理喻、无法沟通且与我无关。

很奇怪，小孩子总是很容易接受不同规则，大人们却总是陷在墨守成规的条条框框里。明明都是各自世界里的小公主，怎么长大了就非得同一个妈了？至少，作为四舍五入两米的大块头，真的有脸在四舍五入只有一米的小豆丁的世界里指手画脚吗？说错了，这不是有没有脸的问题，这是有没有心的问题。

打个比方，如果要设计一个幼儿园，你真的能意识到服务对象是平均身高在 95 ~ 115cm 之间，平均视高在 80 ~ 105cm 之间的 3 ~ 6 岁儿童吗？

不是简单地去翻翻幼儿园设计规范，而是作为一个成年人，你是否愿意弯下膝盖、缩小心脏去理解小朋友们看到的世界（图 2、图 3）？

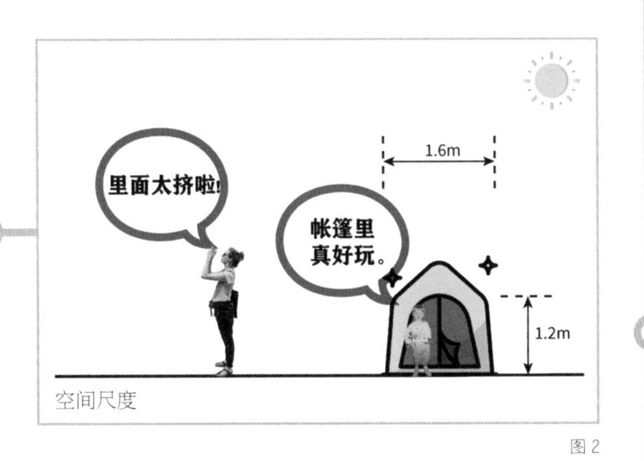

图 2

图 3

越南槟椥省省会城市本特里打算在市中心建一座新幼儿园。基地选址相当不错，正对着竹江湖公园的巨大湖面。这完全是中轴线的待遇，如果政府说要在这儿盖个凯旋门我也信。基地不仅风景好，面积还大呢。要建 3300m^2 的房子，就给了 3728m^2 的地。不到 1 的容积率简直就是建筑师翻跟头打滚儿的最佳演武场（图 4、图 5）。

图 4

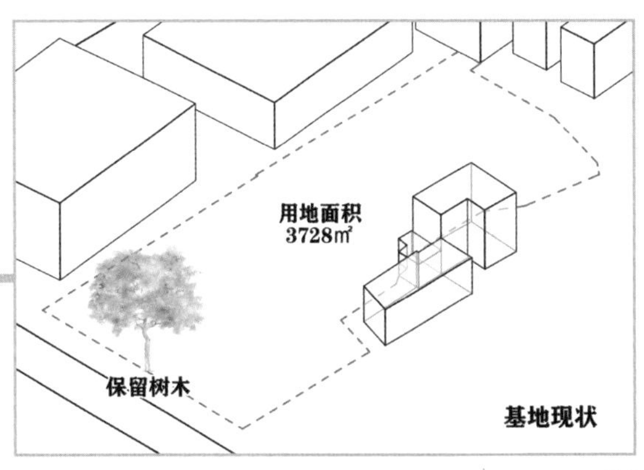

图 5

甲方也难得不出幺蛾子，积极上进地直接把项目定位成一所14个班的高端私立幼儿园。所谓高端，就是越高端越好，没有最贵，只有更贵，就差把“不差钱”3个字写在脸上提醒建筑师太阳从西边升起了。

场地设计上也是运气好到爆。基地本来只有一个临街面，要把主次入口都设在这里确实有点儿乱，但临街面很幸运地被一棵需要保留的大树分成了两半，宽敞的一半设主入口，次入口和员工停车位设置在较窄的一半。真的怀疑这棵树是被故意保留的，但我没有证据（图6）。

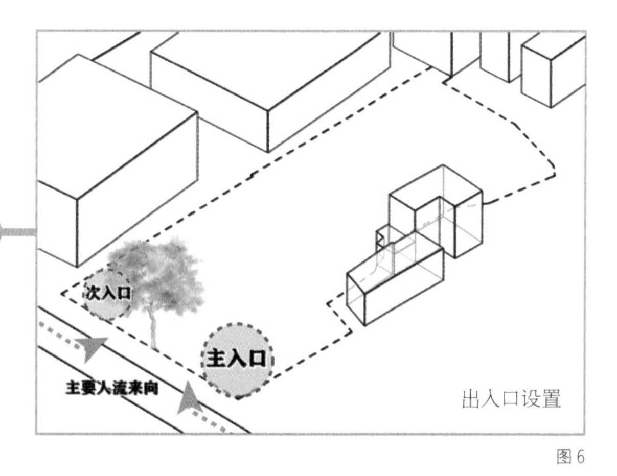

出入口设置

图6

这么好的前提条件可遇不可求，估计正常建筑师都想摩拳擦掌、大干一番，至少拼三五个奖吧？这没什么不能承认的，但问题是你在想之前问过小朋友们的意见吗？设计幼儿园到底是为了获奖还是为了让小朋友们在这里更舒适、更开心？

第一步：不是大长腿，是小短腿。

建筑师首先要确定建筑体量。这个项目的用地很充裕，基本可以随便折腾：“回”字形平面、C形平面、散点式布局、集中式布局都是建筑师的拿手绝活啊！那么问题来了：到底该选哪个（图7～图9）？

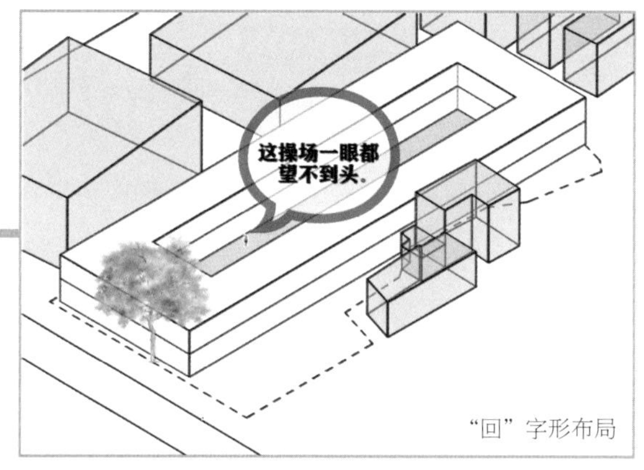

“回”字形布局

图7

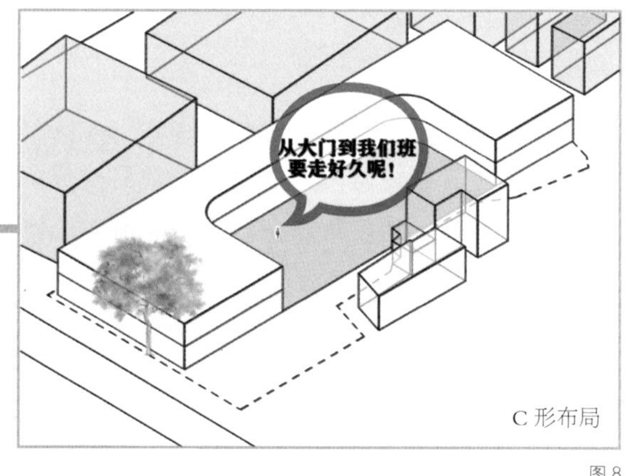

C形布局

图8

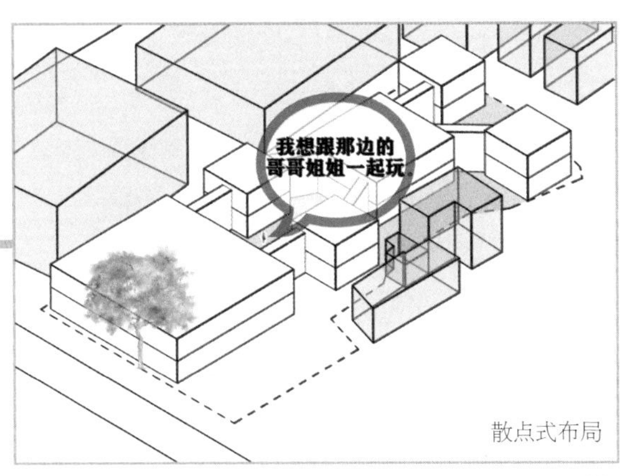

散点式布局

图 9

选择的依据有很多，但最主要也最容易被忽略的依据是：孩子们的小短腿到底更适合哪种布局。一个几十米长的走廊对小短腿来说简直一眼望不到头，走要走半天：课间想去找向日葵班的妮妮玩，还没走到就上课了，实在是很忧伤。还是集中式平面更友好一些，内部的流线较短，互相串门无障碍，活动空间也不会过大或过长。至于留下的大块室外场地还可以再次分块、分类布置。

确定集中式布局之后，简单算一下面积：对于 14 个班的幼儿园，1000m² 左右的室外活动场地足够了。那么建筑的基底面积就是 1500m² 左右，考虑到建筑进深较大，需要设置中庭改善采光，那么一共做个 3 层也足够了。

可是问题又来了：集中式布局还有好多种呢，是用方形的、圆形的，还是其他的什么形（图 10 ~ 图 12）？

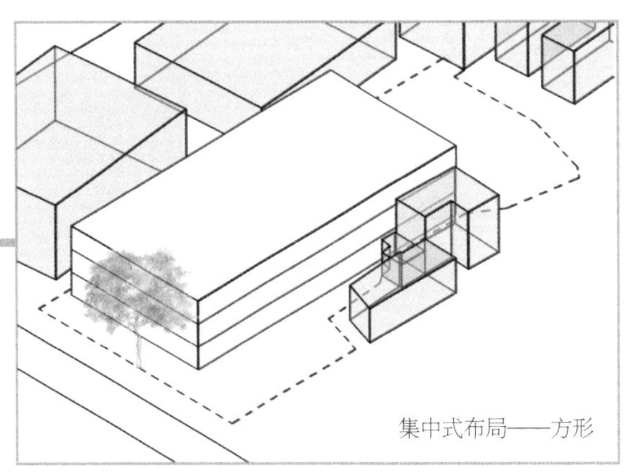

集中式布局——方形

图 10

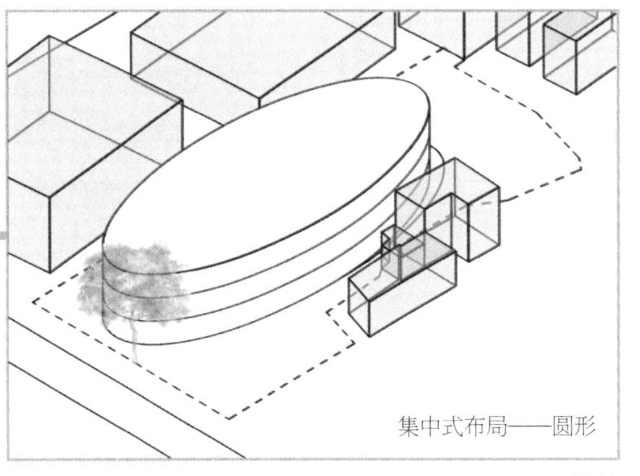

集中式布局——圆形

图 11

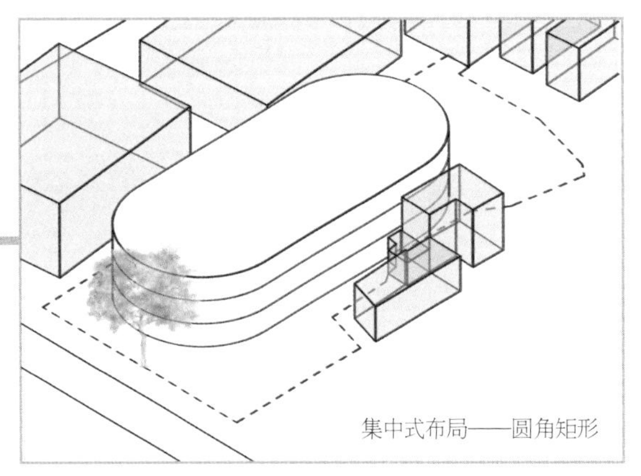

集中式布局——圆角矩形

图 12

第二步：不是大高个，是小矮个。

我们前面就说过，这个项目选址很好，不但面积大，而且风景好，正对着一大片美丽的湖面。按理说，一边欣赏湖光山色一边茁壮成长的人生算是赢在起跑线了吧，可你确定小朋友们的小矮个能看得见风景吗（图 13）？

图 13

所以，我们需要为小矮个们设计一个垫脚的小板凳，才能让孩子们拥有和大人一样的观景视野。那要怎么让孩子们站得高？是退台还是挑台（图 14、图 15）？

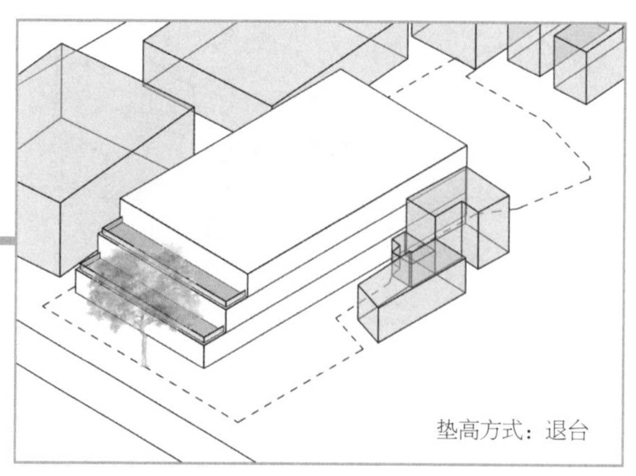

图 14

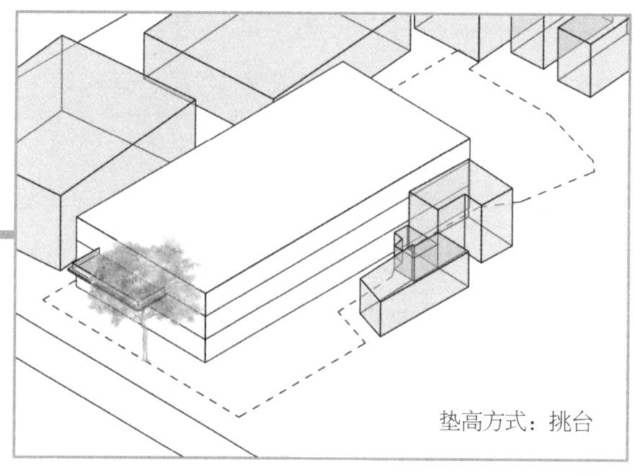

图 15

其实，用什么方法都能好，因为目标一致。但不一致的是，你希望这个幼儿园最终长什么样？这是任何建筑都绕不过去的形式问题。而具体到幼儿园，就会又涉及另一个问题——成人审美与幼儿审美差异的碰撞（图 16）。

图 16

你喜欢的冷淡系、高级灰，在小朋友眼里只有无聊；小朋友痴迷的汪汪队立大功，在你眼里也只剩幼稚。至于建筑，估计没有哪个设计师会心甘情愿地为迎合小朋友去搞一个卡通大集合，通常都只是在简约、简洁、不简单中加几笔不规则的亮色就算仁至义尽了。毕竟，真刀真枪的时候都明白：小孩子才说喜爱，大人只有利益。

那如果一定要在成人与幼儿之间找到一个审美平衡点呢？有吗？有！这个点就是——大自然。阳光、草地、山川、湖泊，大人小孩谁不爱呢（图 17 ~图 22）？

图 17

图 18

图 19

图 20

图 21

图 22

第三步：一个人见人爱的大草坡。

所以，这个既能让孩子们站得高看得远，又能讨好全年龄段的垫脚小板凳就是大草坡。让湖边的草地直接延伸进场地，形成一个大斜坡，让孩子们在玩耍的同时获得较好的视野。湖面景观的延展极大地增强了集中式建筑对过大场地的控制力，将斜坡的高度定在 2 层，以保障孩子在斜坡上玩耍的舒适性，形成斜坡后将 3 层的墙向内收缩进行避让（图 23 ~ 图 26）。

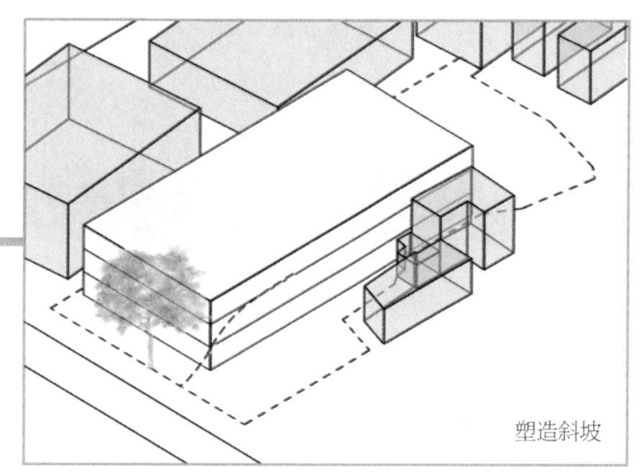

图 23

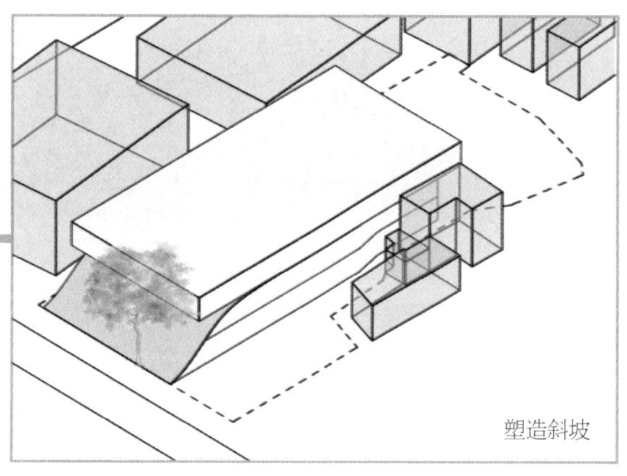

图 24

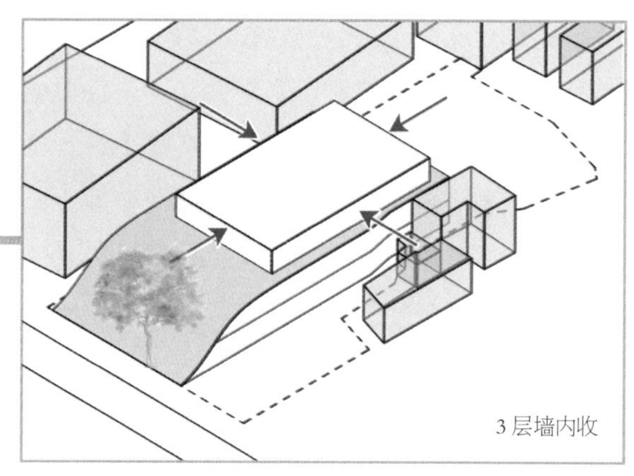

图 25

图 26

下面再看功能需求：14 个班的教学单元及对应的室外活动场地、办公后勤空间，以及一些活动和艺术教室。考虑到基地呈长条形，需要留出一条贯穿东西两端的通道，因此平面功能紧贴南北两侧布置，让出中间约 10m 宽的空间作为通道，并充当孩子们的活动区。

1 层布置 3 组教学单元，承载 6 个中年级班。礼堂放在西侧，必要的办公、接待、医护以及后勤功能放在西南角相对开阔的区域。次入口与东侧活动场地之间留出一条疏散通道，兼作停车区。2 层如法炮制，布置 4 组教学单元，承载 8 个高年级班。3 层放置剩下的办公区以及各种活动教室（图 27）。

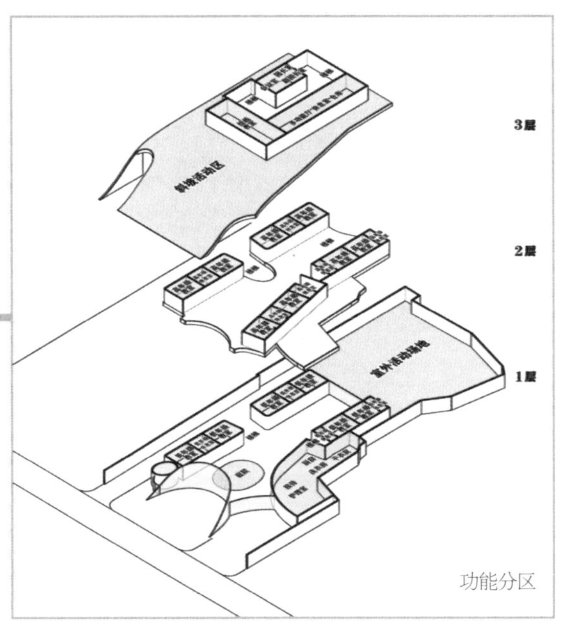

图 27

布置完功能后，再对形体进行适当调整。至此，幼儿园长图 28 这样。

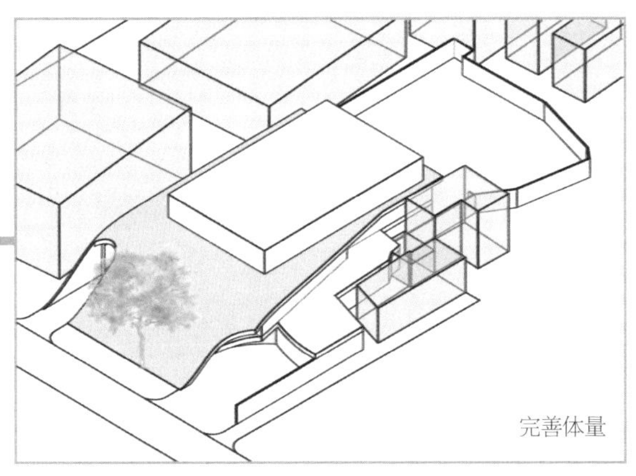

图 28

建筑的进深比较大，为了改善内部的采光，在 2 层、3 层中间的活动区域各开一个中庭。但 1 层的礼堂受角度影响，采光还是很差，因此单独给礼堂开一个天窗（图 29 ~ 图 31）。

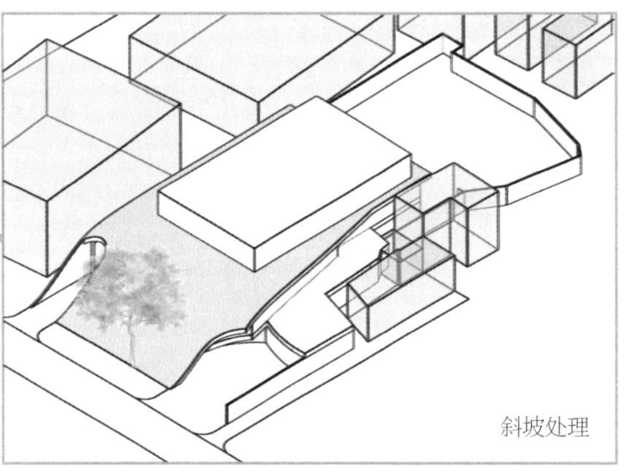

图 29

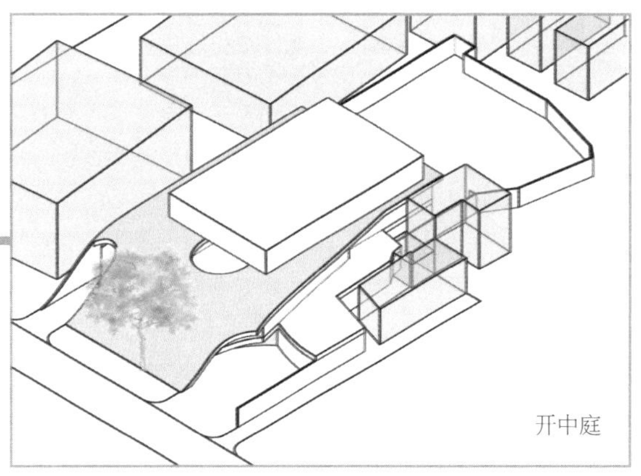

图 30

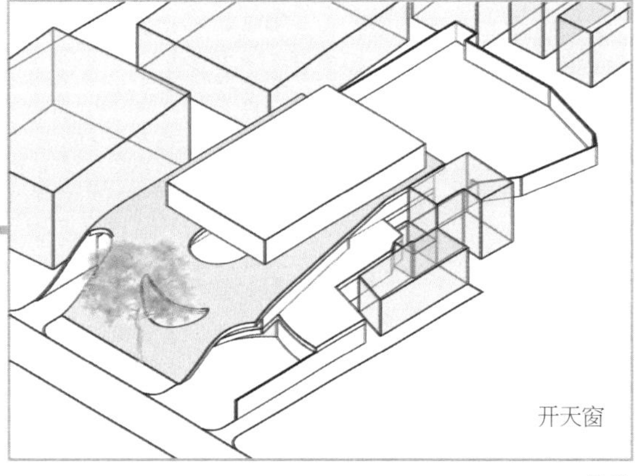

图 31

第四步：顺水推舟，深化设计平面。

首先是 1 层。在主入口处分出一个小入口用于后勤物资的输送，再用廊架和树木对主入口和后勤入口进行区分（图 32、图 33）。

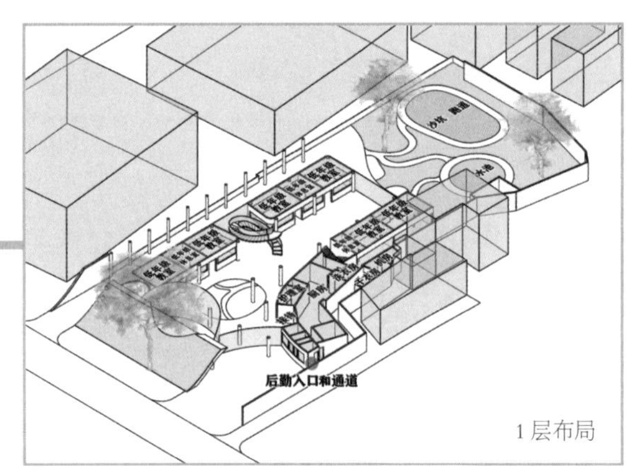

图 32

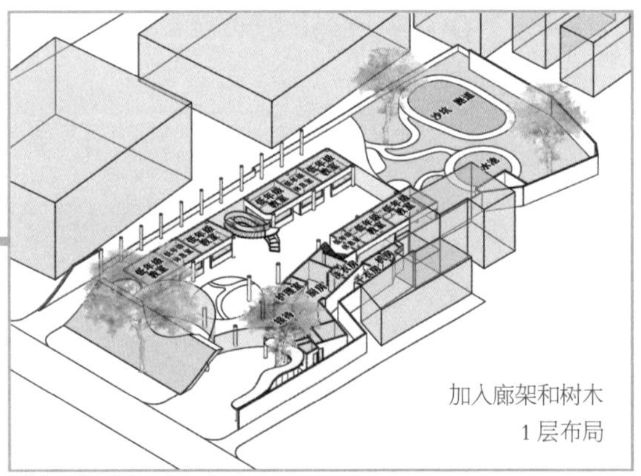

图 33

2层沿用 1 层的布局。由于3层的布置比较紧凑，位于南端的楼梯无法继续向上延伸，因此在中部的活动区增设一条楼梯以满足 3 层的疏散需求（图 34、图 35）。

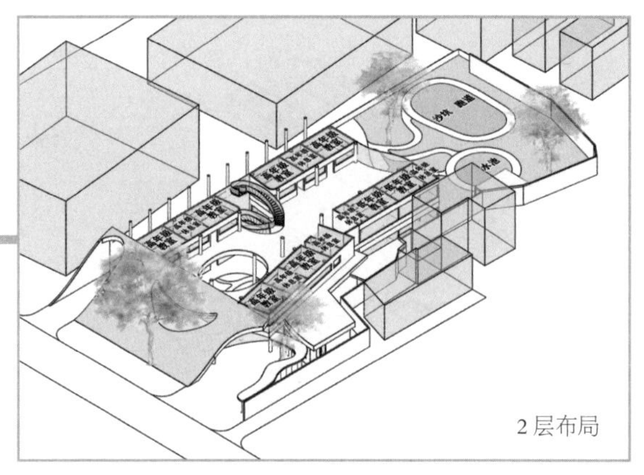

图 34

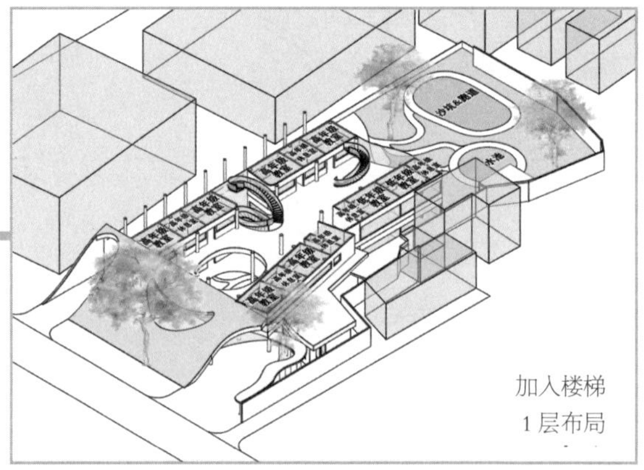

图 35

3 层在中央设置一个天井用来改善采光，随后加上屋顶和立面处理，内部功能就算搞定了（图 36、图 37）。

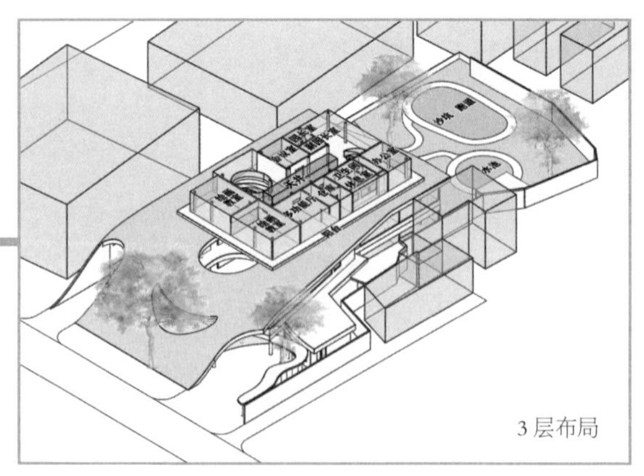

图 36

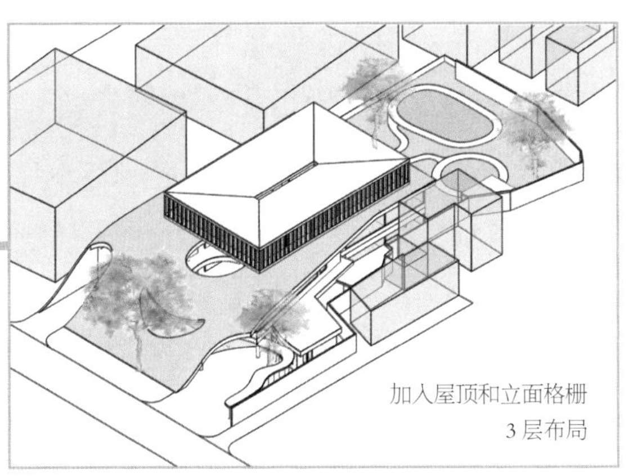

图 37

第五步：代入角色，细化斜坡活动区。

当然，还要好好处理一下这个大斜草坡。在斜坡上设置 3 层的室外出口以及从 1 层爬上斜坡的台阶，再利用边角空间布置蔬菜种植区以及屋面设备区（图 38 ~图 42）。

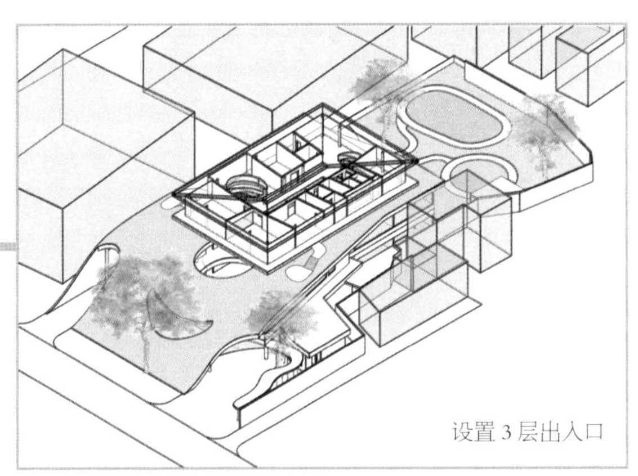

图 38

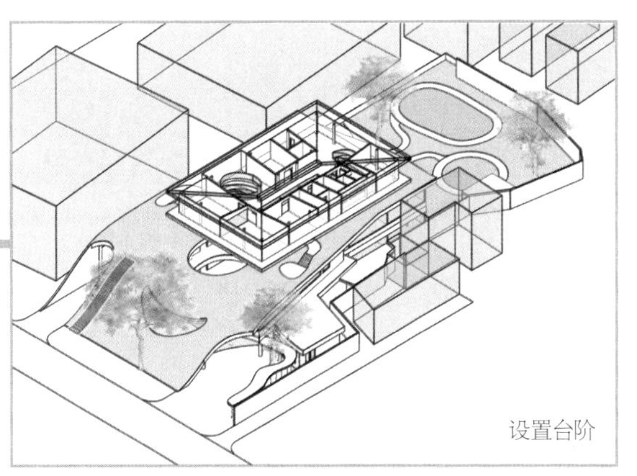

图 39

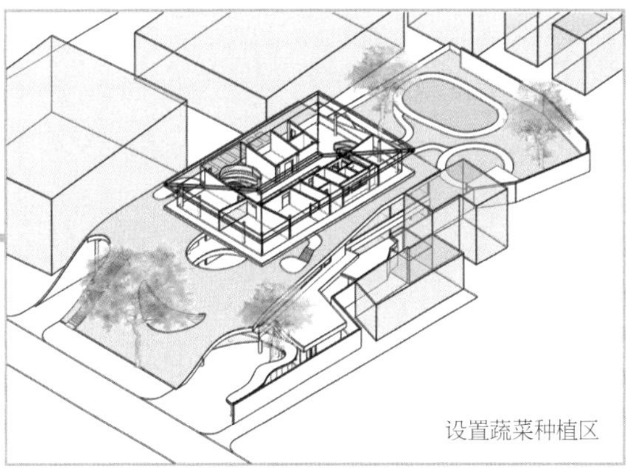

图 40

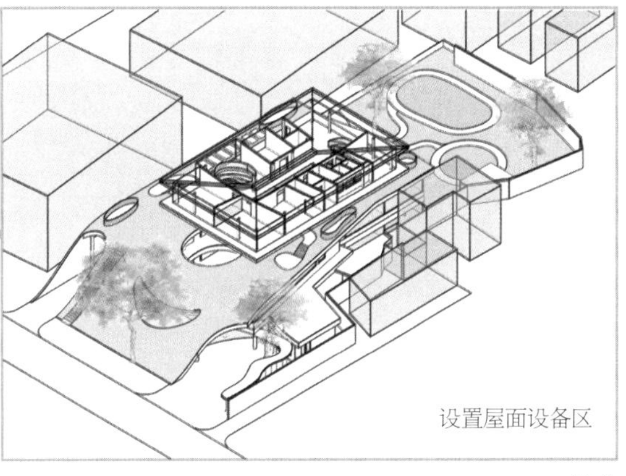

图 41

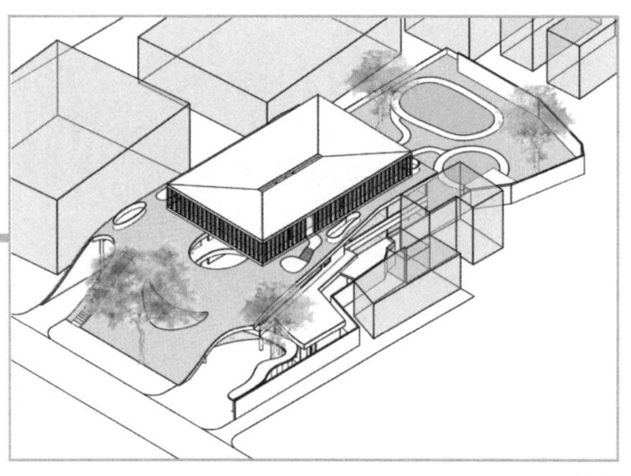

图 42

给斜坡加上栏杆，限定孩子们活动的范围。在这一步，需要牢记幼儿的空间尺度特征：未经限定的过大区域，由于超出了小朋友的空间感知范围，基本等于白搭。孩子们只会在可感知的范围内活动，这个范围也就是幼儿尺度下能够进行心理掌控的范围。因此，用波浪形栏杆将活动区域限定为孩子们认为舒适的大小，同时增加边界的多样性（图 43、图 44）。

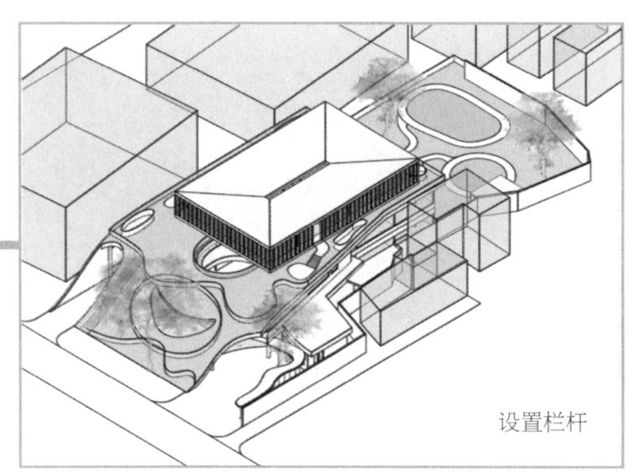

图 43

图 44

最后的最后，加上 KIENTRUC O 事务所的保留项目：星空屋顶。完结，“撒花”（图 45）！

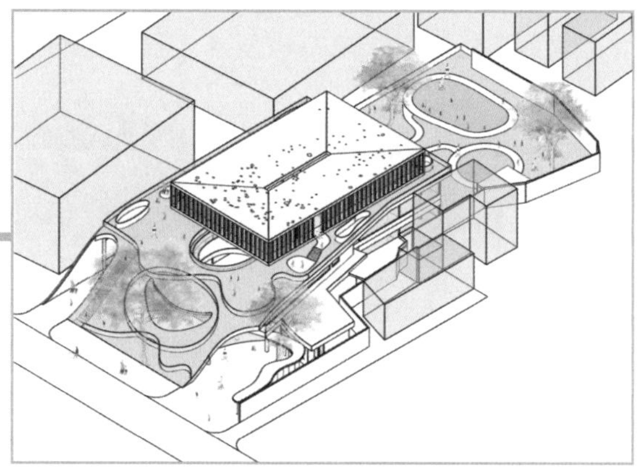

图 45

对，还是那个越南小哥大坝武的操作，你猜到了吗？这哥们儿对幼儿园果然是真爱啊。

这就是 KIENTRUC O 事务所设计的越南本特里市 TTC 高级幼儿园，一个给小朋友当垫脚凳的幼儿园（图 46～图 50）。

图 46

图 47

图 48

图 49

图 50

我们习惯于遵循更强者的指令，却又在更弱者面前扮演强者的角色。但真正的强大并不是让弱者臣服，而是给弱者以庇护。美丽的建筑是别人眼中的风景，而温暖的建筑则是那个让你看到风景的垫脚凳。

图片来源：

图 1、图 46 ~图 50 来自 https://www.archdaily.com/912111/ttc-elite-ben-tre-kindergarten-kientruc-o，图 17 来自 https://www.campliveoakfl.com/top-10-most-visited-national-parks/，图 18 来自 https://brighthappywanderlust.wordpress.com/category/travel/，图 19 来自 http://www.24aktuelles.com/580c82a976dfc/komm-park.html，图 20 来自 https://www.visitphilly.com/things-to-do/attractions/wissahickon-valley-park/，图 21 来自 https://www.visittuscany.com/en/ideas/free-parks-and-gardens-in-florence/，图 22 来自 https://steempeak.com/writing/@anyaehrim/personal-reflection-the-echo-lake-nature-preserve，其余分析图为作者自绘。

END

时间的灰烬里，每个人都在围观自己的燃烧

图 1

名　称：中国国家美术馆竞赛方案（图 1）
设计师：Morphosis 建筑事务所
位　置：中国 · 北京
分　类：美术馆
标　签：时间体验
面　积：172 279m²

自然界里的每个生物大概都会为自己寻找栖身之所，但只有人类会为身外之物大兴土木。我们建造了一个叫博物馆的地方，庇护着没有被时间劫杀的记忆，也妄图躲避未来时间的席卷。博物馆会存放那些见证过历史的幸存品，做一个尽职的守护者（图 2）。

图 2

建筑在这里就是一个存放记录的盒子（图 3）。

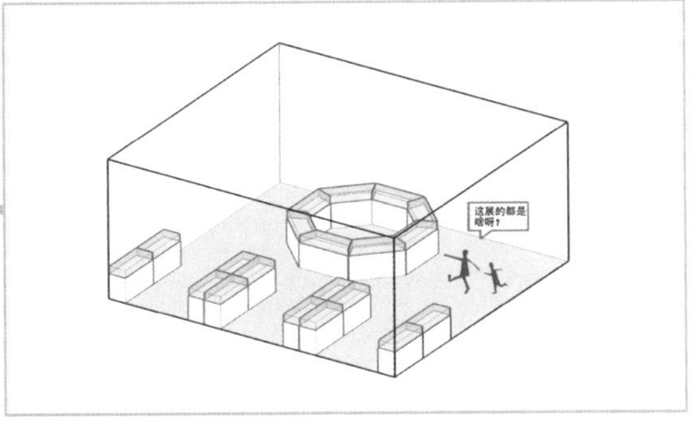

图 3

博物馆也会回放那些曾经过往的心情，苦辣甘甜、历尽千帆依然能引起共鸣与颤动（图 4）。

图 4

建筑在这里本身就是一个记录者（图 5）。

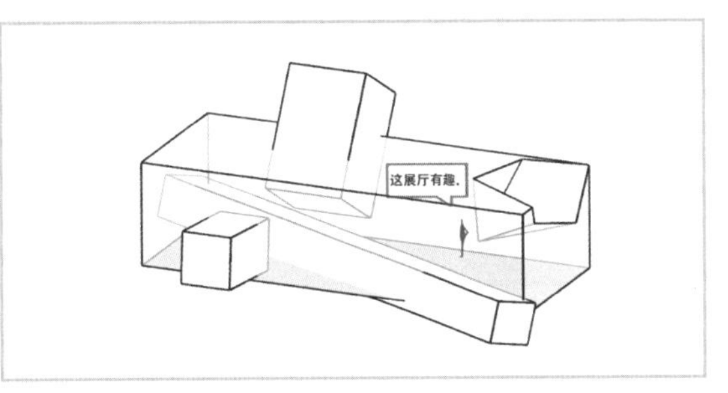

图 5

装了半天文艺，其实就想说：现在的博物馆类建筑大概就这么两种设计：要么看展品，做一个安静的美房子；要么看展厅，做一个喧宾夺主的美房子。有没有第三种设计？这个可以有。比如，既看展品又看展厅。

展品，依然是见证历史的记录者；展厅，则是承载这段历史的空间（图 6）。而我们每个人，既是历史的亲历者，也是历史的旁观者。

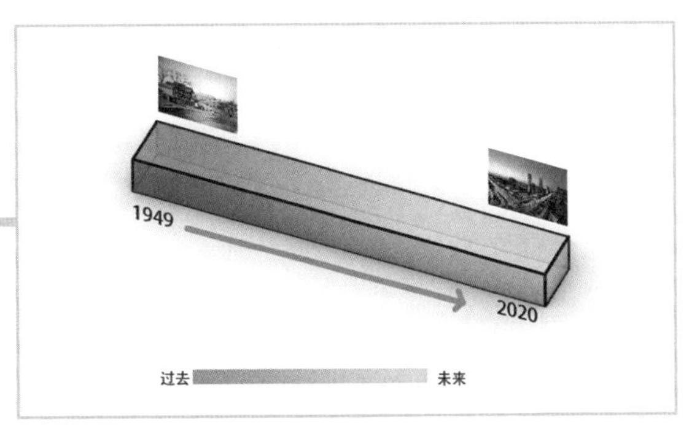

图 6

画重点：在博物馆中创造两种参观视角——一种是面对文物珍宝展览品时重回某段或波澜壮阔或温柔缱绻的时空中的沉浸视角；一种是回望这一整段时空里从繁华到尘烟、从白手到青云的审视视角（图7）。

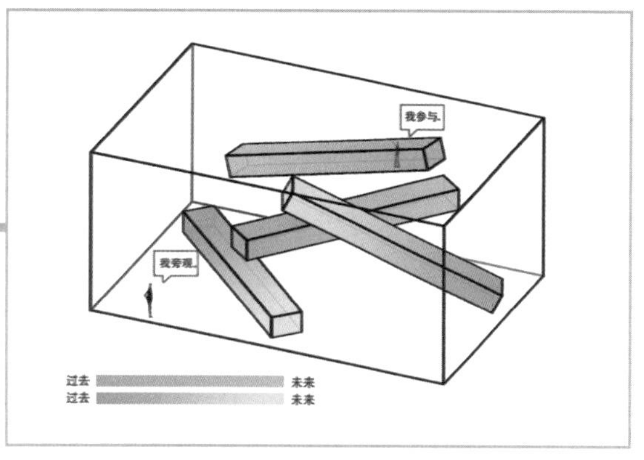

图7

再用连续的交通流线将两种参观视角串联起来，一个新的博物馆空间构想就出现了（图8）。

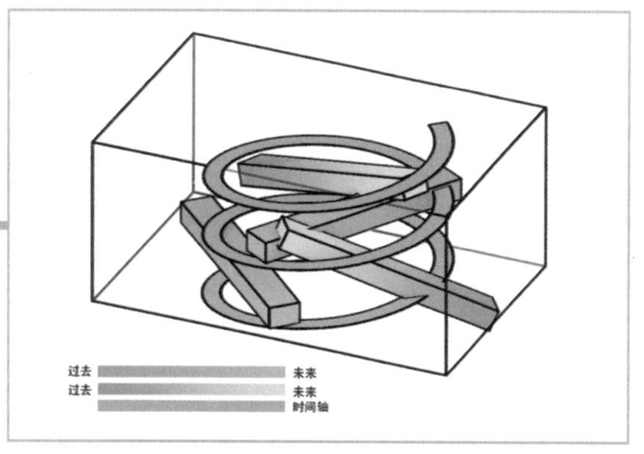

图8

这个构想的时空观相当宏大，很有唐代诗人“前不见古人，后不见来者”，站在四方上下与古往今来相交点上的宇宙意识。“江畔何人初见月？江月何年初照人？人生代代无穷已，江月年年望相似。”

话虽这么说，但这种空间模式却实打实是美国大叔汤姆·梅恩（Thom Mayne）琢磨出来的，最后漂洋过海在中国北京的项目中实践了一把——也不知道到底是怎样的缘分，谁启发了谁。

这个实践项目的来头相当大，是轰动一时的中国国家美术馆设计竞赛。传说邀标的八家单位中有五个普利兹克奖得主。也怪不得汤姆大叔如此煞费心机地去构想空间（图9）。

图9

场地大家都很熟悉了，位于北京北四环，就在鸟巢旁边。项目规划一共有3块用地，中间这块51 000m^{2}的用地就是国家美术馆，西侧做博物馆，东侧作为商业及文化建筑。竞赛要求同时对3块地做一个整体规划（图10）。

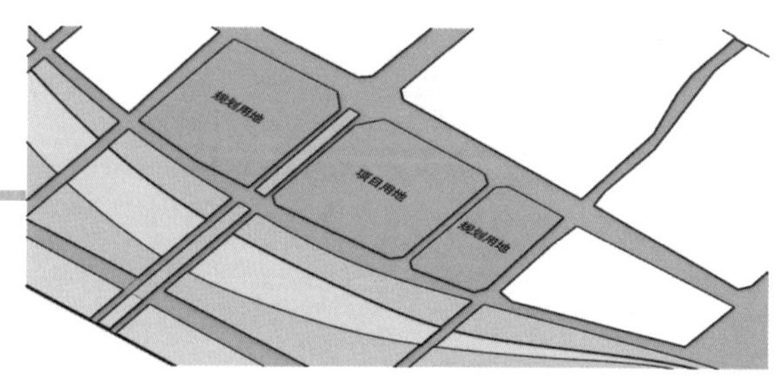

图10

汤姆大叔明显对规划的兴趣不大，就依据那个著名的龙形水系搞了个绿地就算完事儿，相当敷衍了（图 11、图 12）。

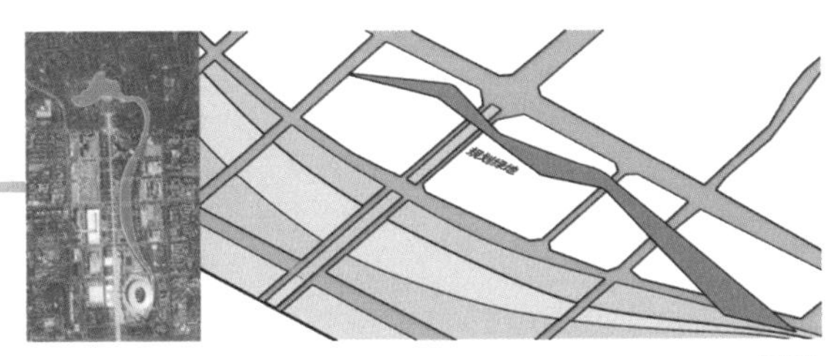

图 11

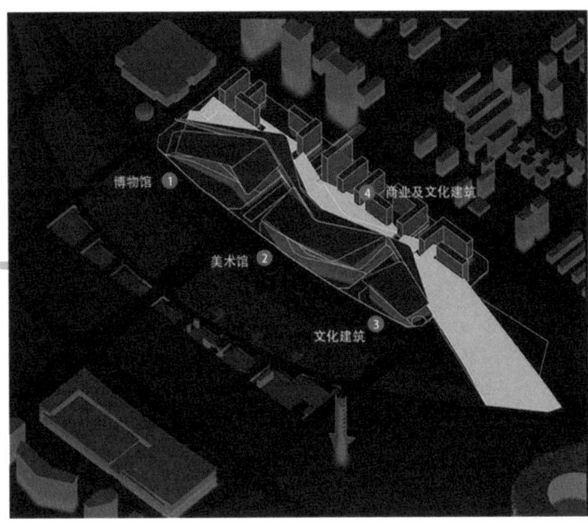

图 12

当然，这块绿地的另一个重要作用就是把原来过于宽敞的基地限定到了 34 000m² 的范围，可以直接根据地形形状拉出一个建筑体量。

按照任务书要求的 90 000m² 的功能面积拉体块（项目要求各类展厅共计 53 000m²，体验中心 10 000m²，教育中心 8000m²，后勤办公共计 20 000m²，会议报告厅部分 7000m²，休闲活动 10 000m²）（图 13）。

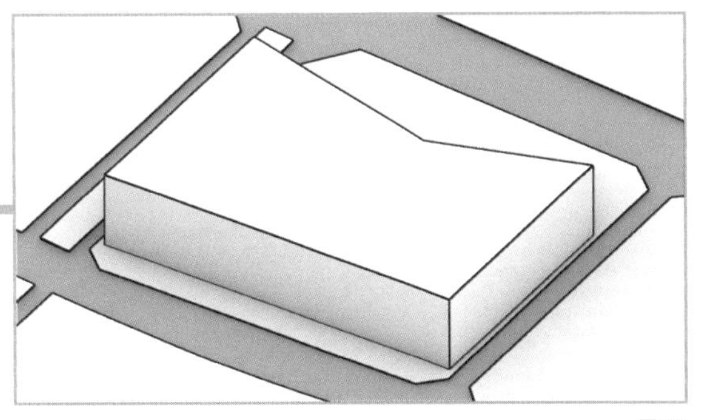

图 13

按照展览模式划分区域，分为传统展区和新型展区。新型展区就是我们前面提到的新空间构想。新型展区设置在西侧，与中轴线及奥体中心相对，顺应当代建筑的创新与创造（图 14）。

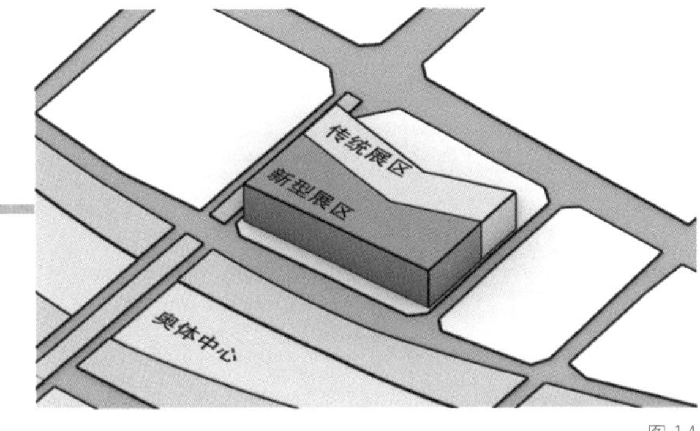

图 14

传统展区当然风格就很传统，根据预设层高正常设置楼板就可以了。新型展区则先整体挖坑，为后续设计做准备（图 15）。

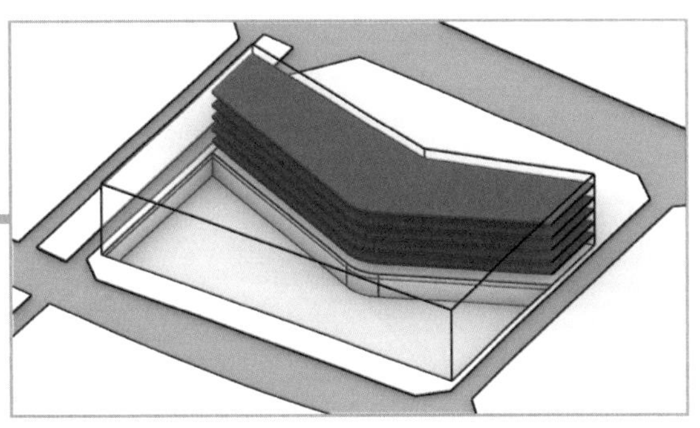

图 15

根据前面说的空间构想，新型展区应该插满各种作为时间轨道存在的长条形管道（图 16）。

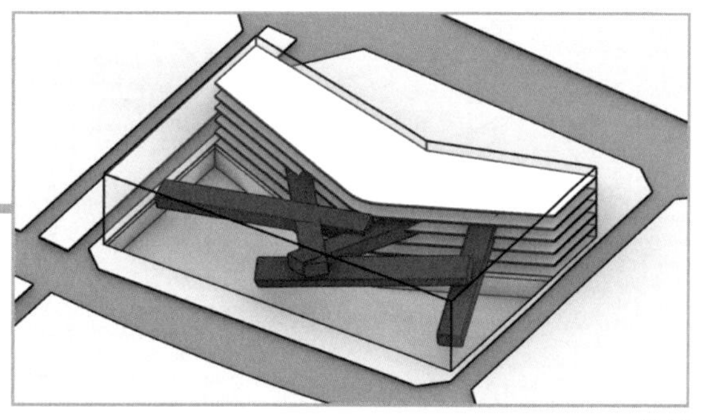
图 16

那么问题来了：这些长条形管道应该怎么放进去？总不能看心情随便放吧。虽然新型展区和传统展区是相互独立的，但是还是要有所呼应，所以肯定不能瞎放。

对于管状空间的分组问题，由于按照形状看，楼板可分为左、中、右 3 个部分，因此管状空间也顺着楼板的位置分为左、中、右 3 组（图 17）。

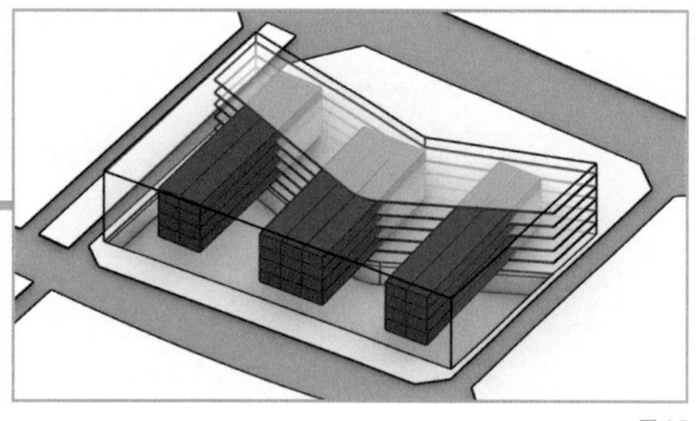
图 17

将管状空间调整为垂直于楼板的角度（图 18）。

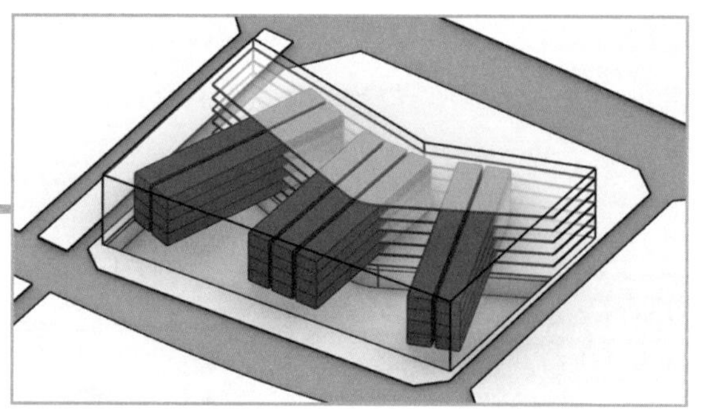
图 18

展览空间为 4 层，但由于每一个管状空间都做到 4 层太过单一，因此通过局部削减，使每个管状空间的层高呈现差异化（图 19）。

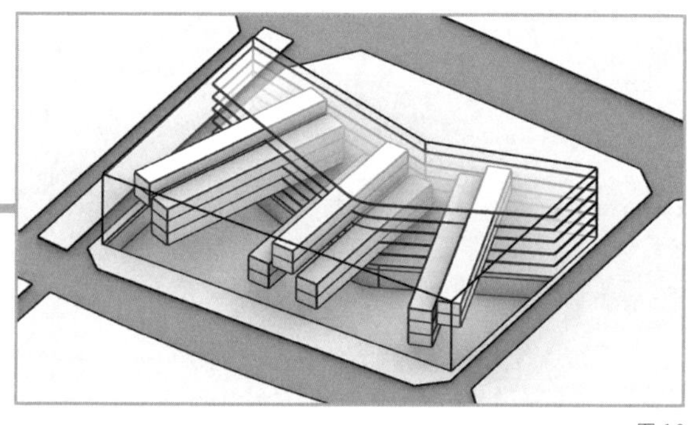
图 19

通过旋转让管道之间产生联系。这个旋转角度真的是无证可考，基本原则就是凭经验——没有经验就凭感觉，感觉也没有的就真的凭心情吧。汤姆大叔的转法是最左边这组单组内自己转着玩（图 20～图 23）。

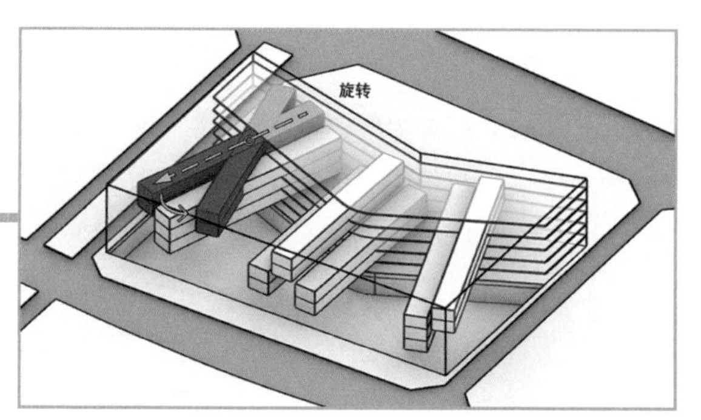

图 20

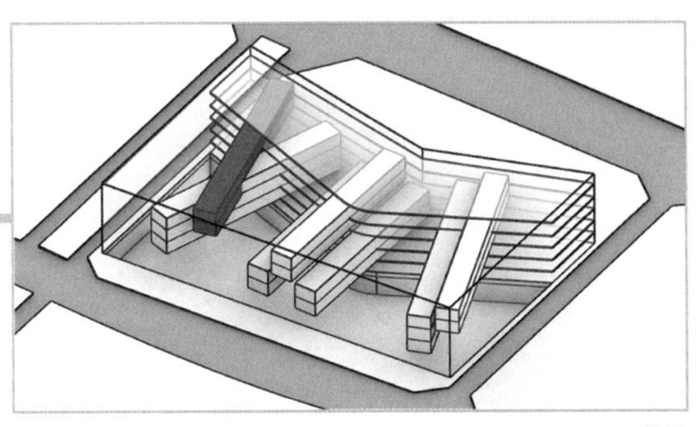

图 21

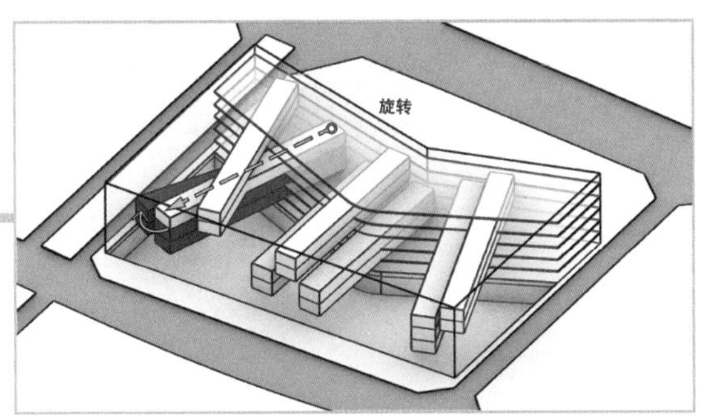

图 22

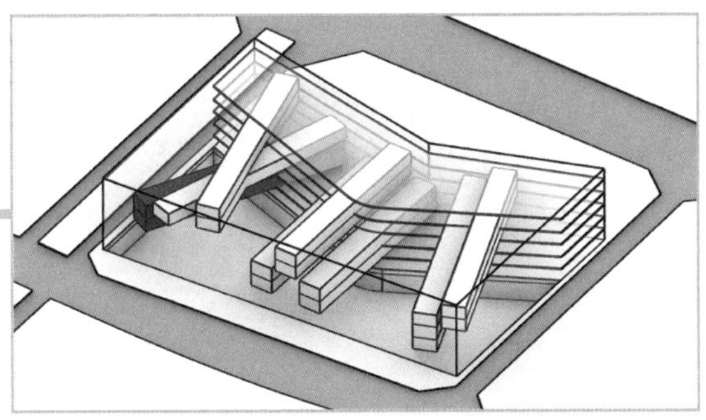

图 23

中间与右边两组则通过旋转互相连接（图 24 ~图 27）。

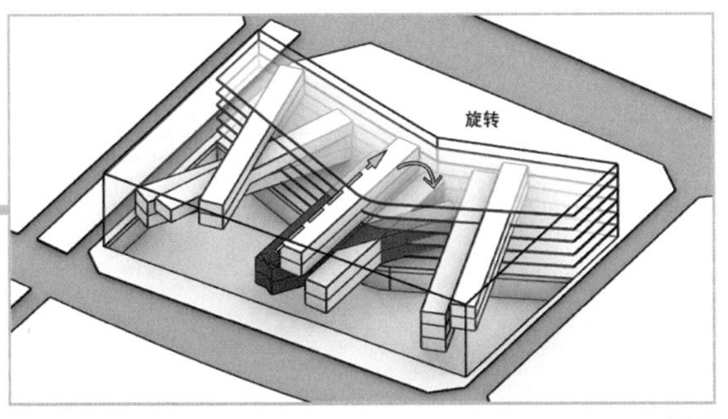

图 24

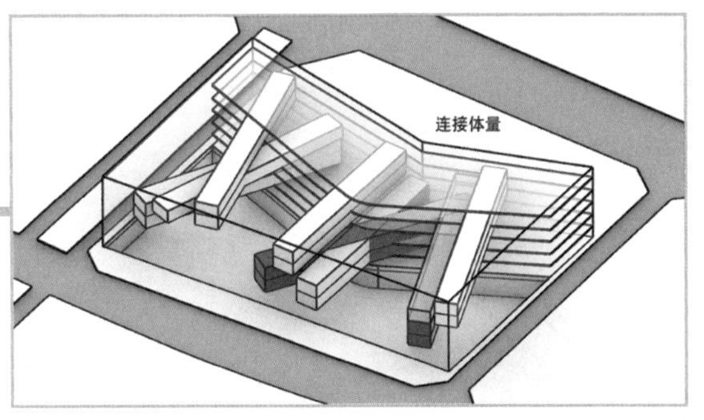

图 25

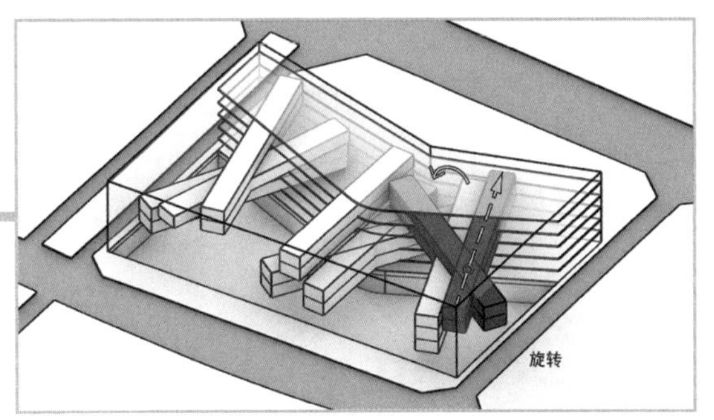

图 26

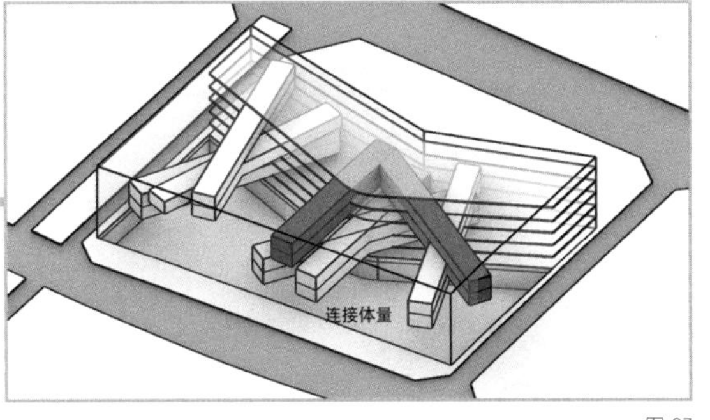

图 27

全部旋转完之后得到两组新的管状空间（图 28）。

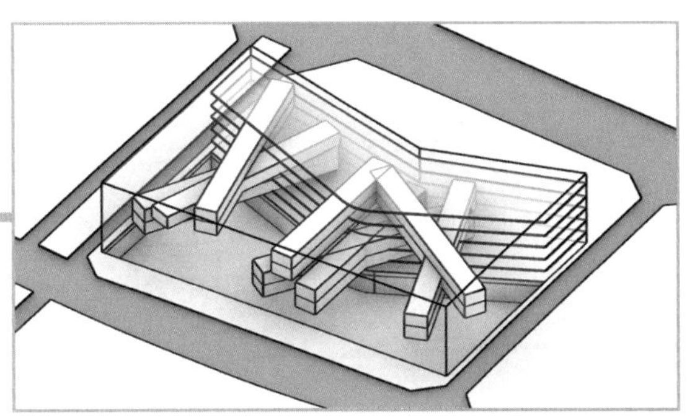

图 28

调整一下管状展厅的长度以及局部小角度（图29～图32）。

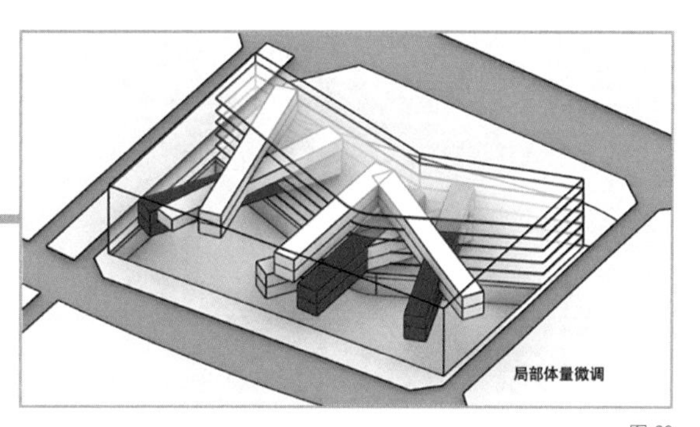

图29

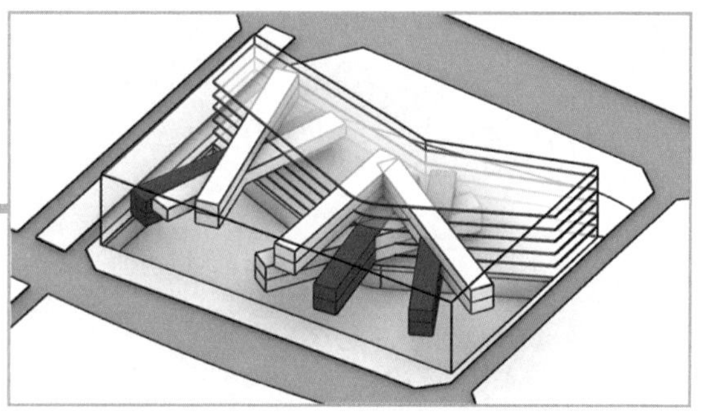

图30

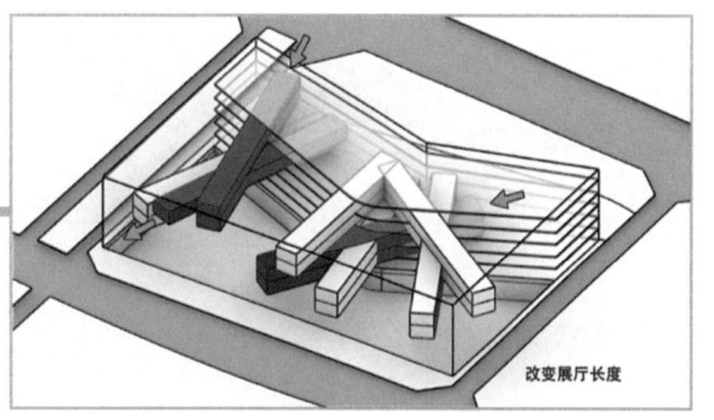

图31

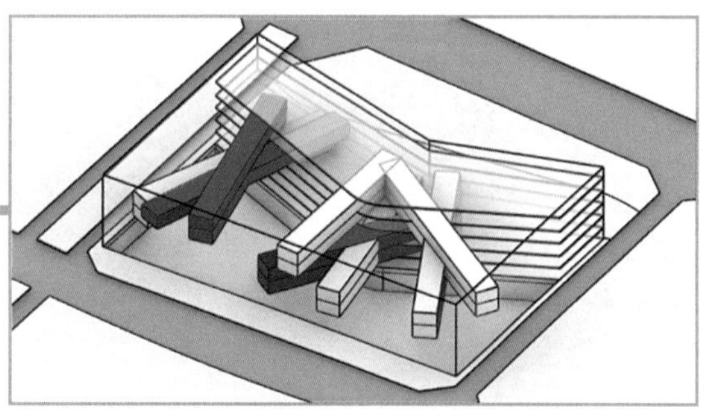

图32

至此，作为时间管道的展厅完成。下面设置可以对时间管道进行旁观角度参观的线路——用连廊整体连接起各个管道空间（图33）。

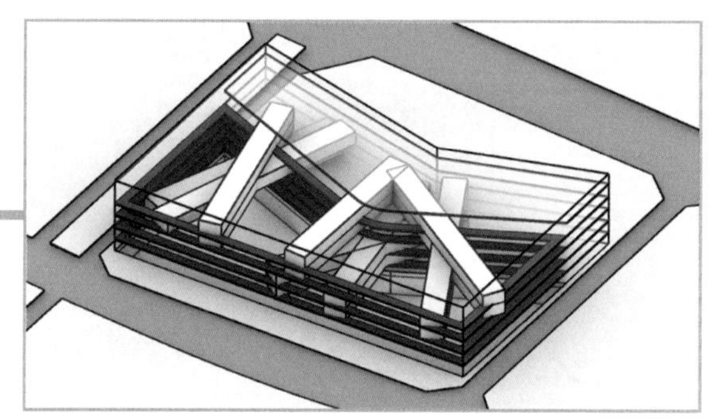

图33

在管道之间也加入连接体（图34）。

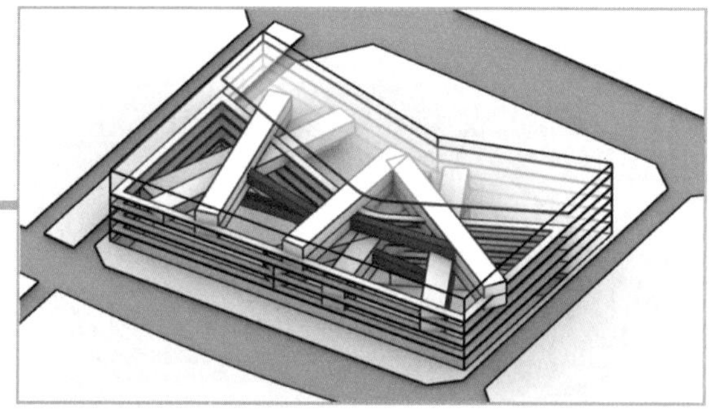

图34

至此，汤姆大叔已经搭起了这个新的空间模式的基本骨架结构。但作为一个建筑，它还有一点儿细节需要雕琢。首先，对边长最长的环廊部分做退台处理，使环廊获得充足的视线交流机会与更多可选择的旁观角度（图35、图36）。

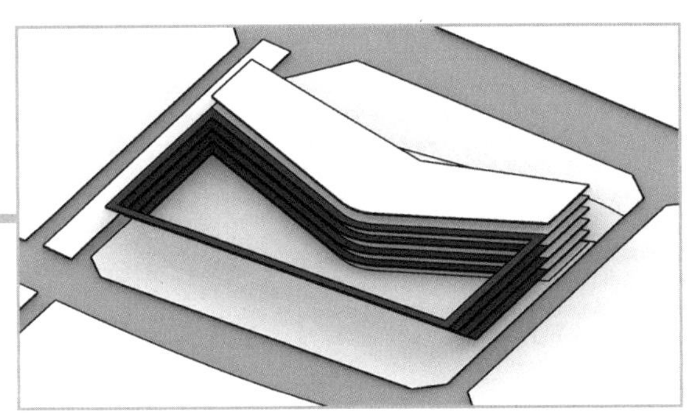

图 35

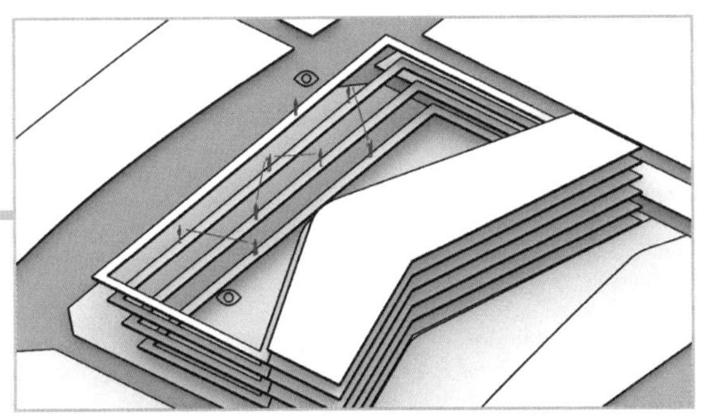

图 36

然后，将最下层环廊拱起，用以分割前广场（图 37）。

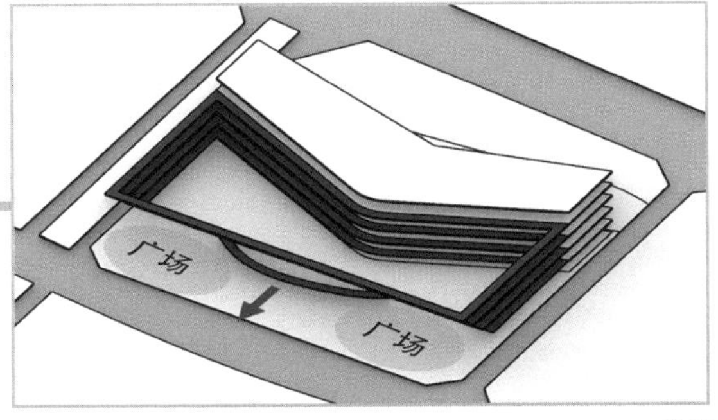

图 37

因为建筑的西南侧面对鸟巢，所以消除掉锋利的边角，并做退让处理，呼应鸟巢圆润的体量（图 38、图 39）。

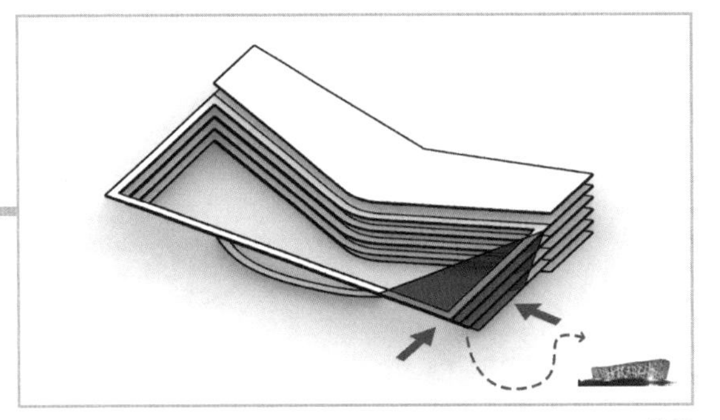

图 38

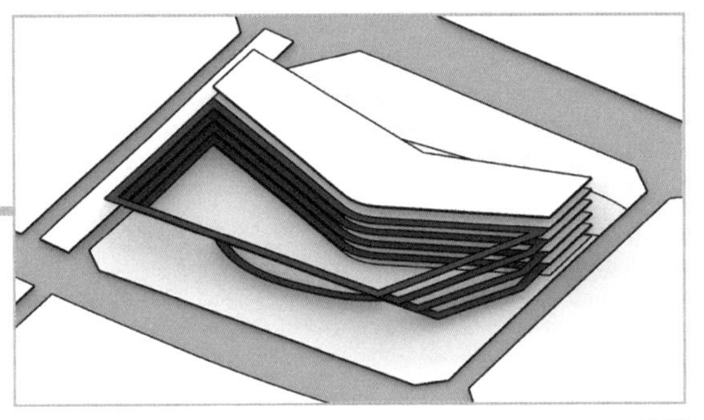

图 39

同时，做下沉大台阶，将建筑主入口设置在北侧地下部分，避免与鸟巢产生瞬时巨大人流的冲突（图 40）。

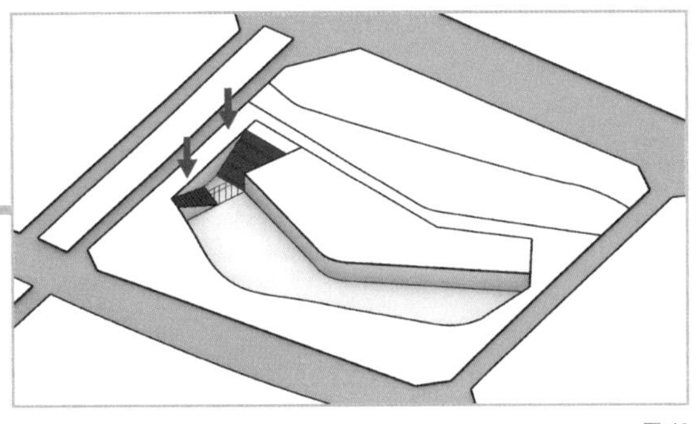

图 40

并使北侧底部环廊为入口大台阶做出退让（图41）。

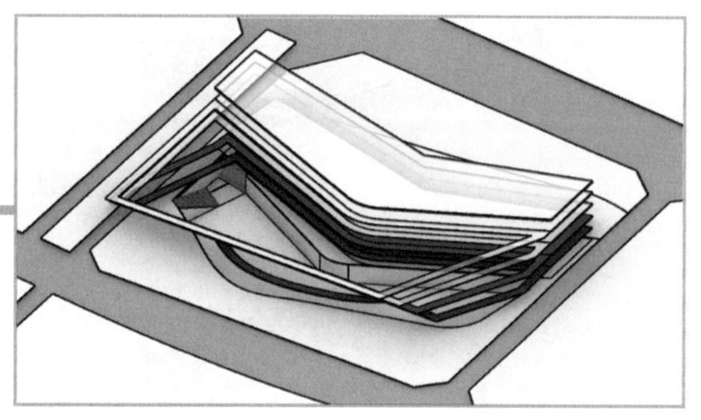

图 41

北侧顶部环廊和楼板也做退台处理，以对规划场地的预留建筑做出退让（图 42）。

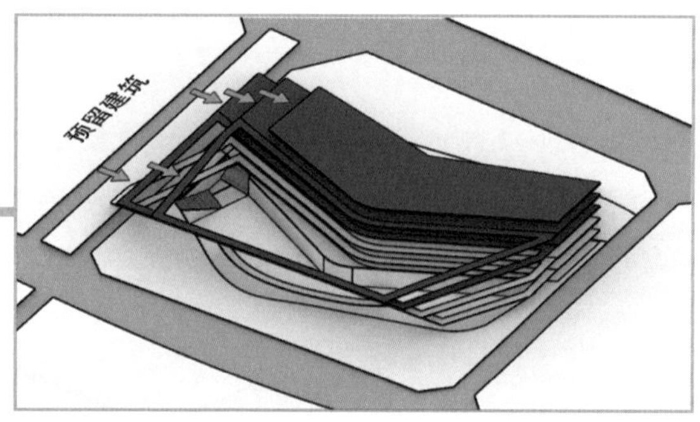

图 42

消除掉建筑东南部尖锐的角状空间（图 43、图44）。

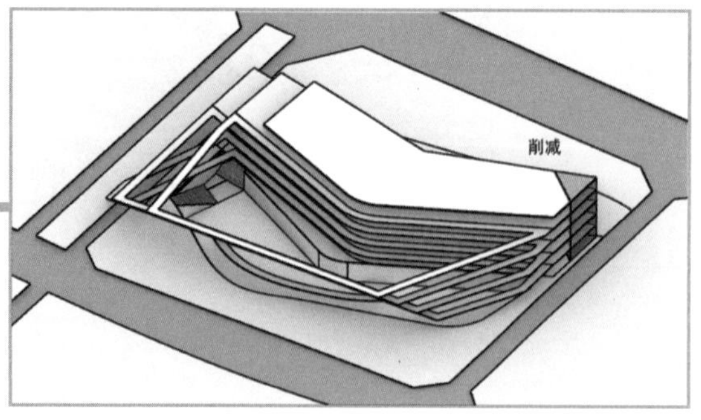

图 43

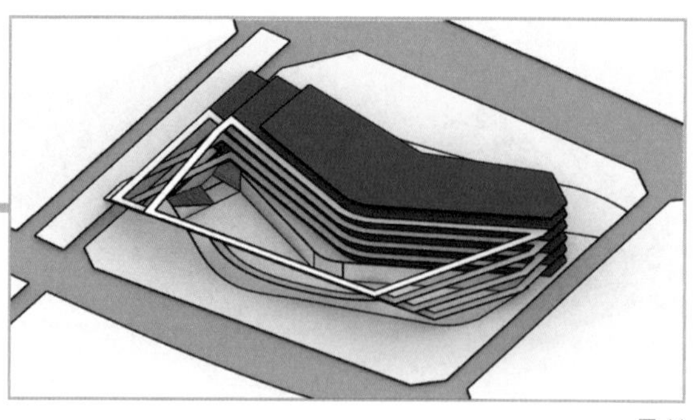

图 44

依照楼板退台的样式，加入屋顶庭院和活动休闲空间（图 45）。

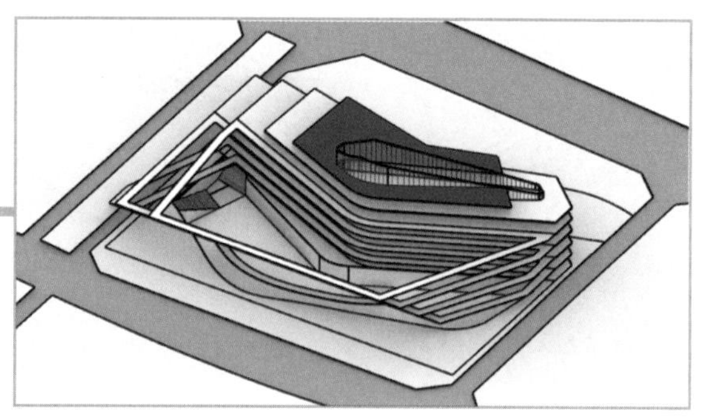

图 45

调节展厅位置大小，使其适应新的楼板和环廊形式（图 46、图 47）。

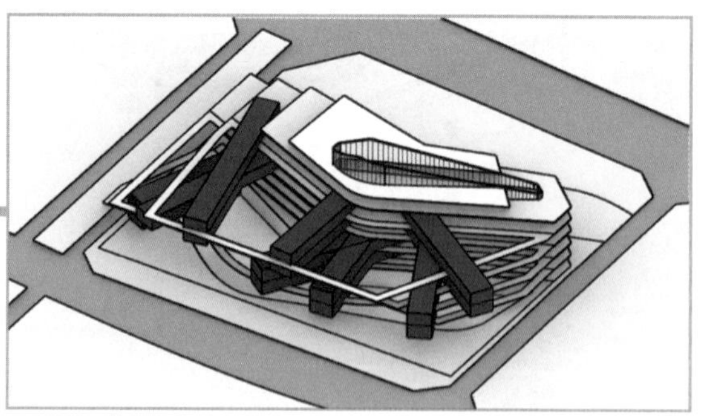

图 46

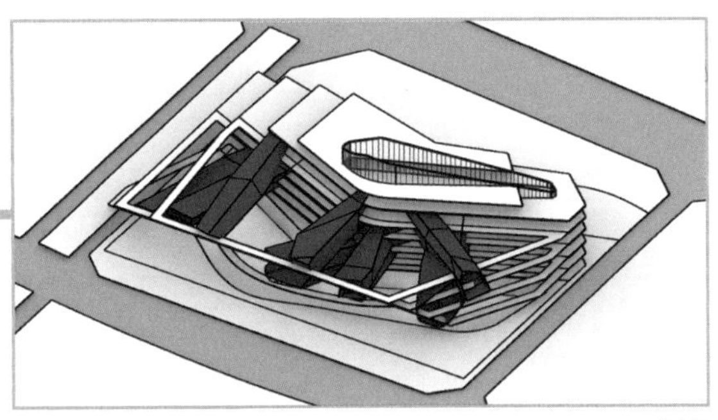

图 47

整理后得到基本成型的建筑内部空间（图 48）。

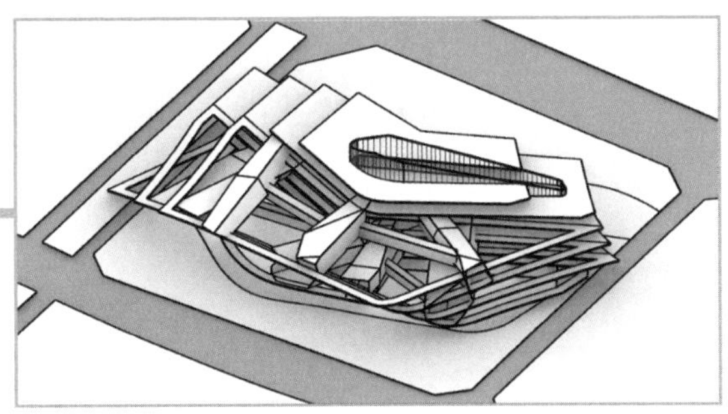

图 48

加入垂直交通（图 49 ~ 图 52）。

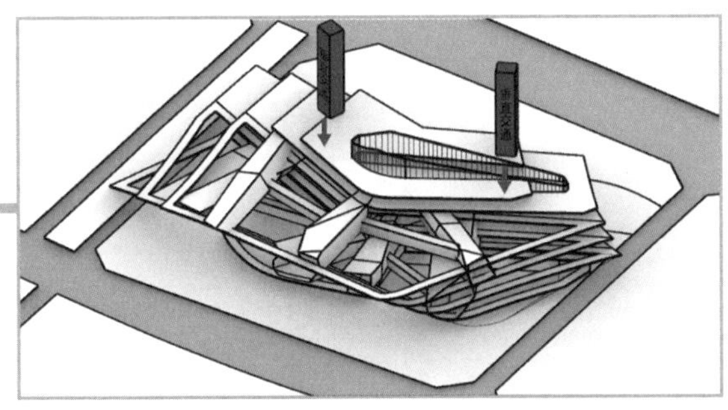

图 49

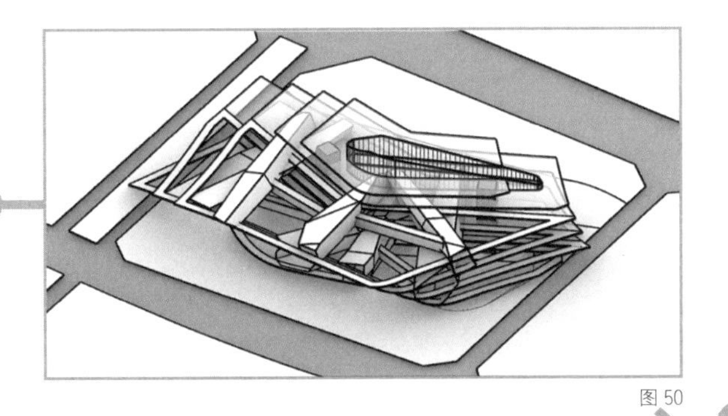

图 50

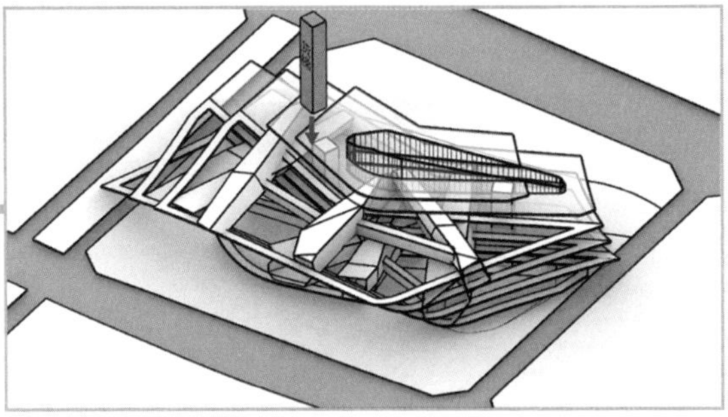

图 51

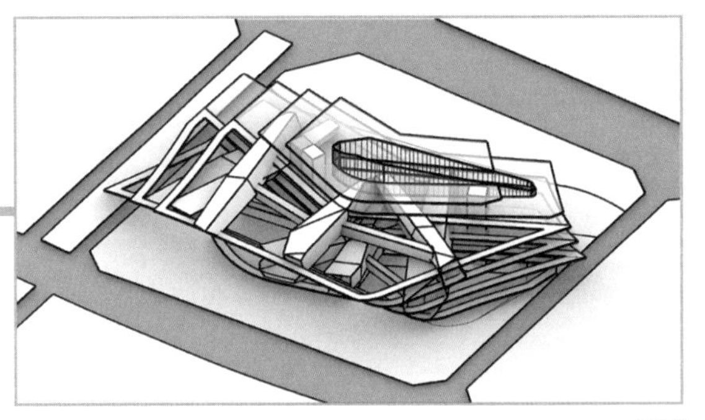

图 52

连廊之间也加入直跑楼梯方便上下连通（图 53）。

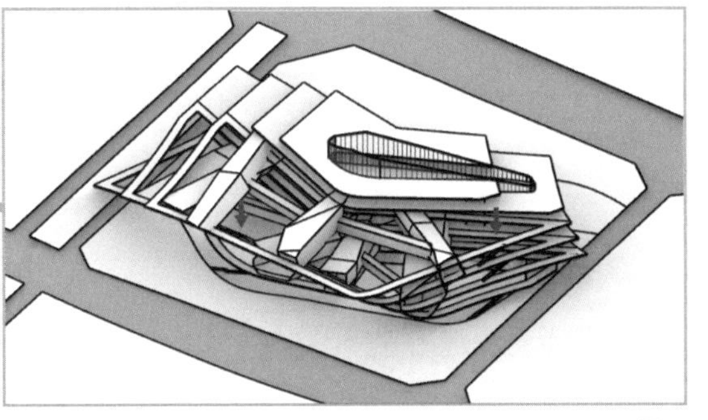

图 53

整座美术馆为人们提供了两种角度的参观流线。人们首先通过垂直交通由下至上地参观传统展示空间，这条流线提供的是直面历史的亲历者角度（图 54）。

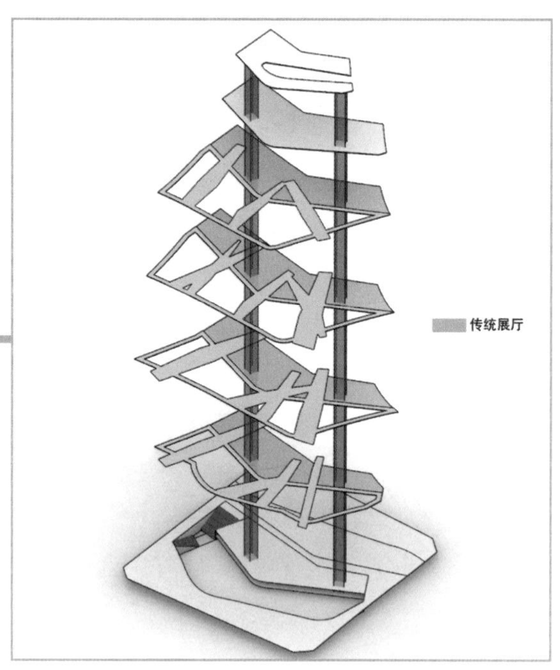

图 54

然后，人们由传统展示空间进入新的展示空间，通过每一层的封闭循环流线由上至下地游览参观时间管道展厅，这条流线提供的是审视历史画卷的旁观者角度（图 55）。

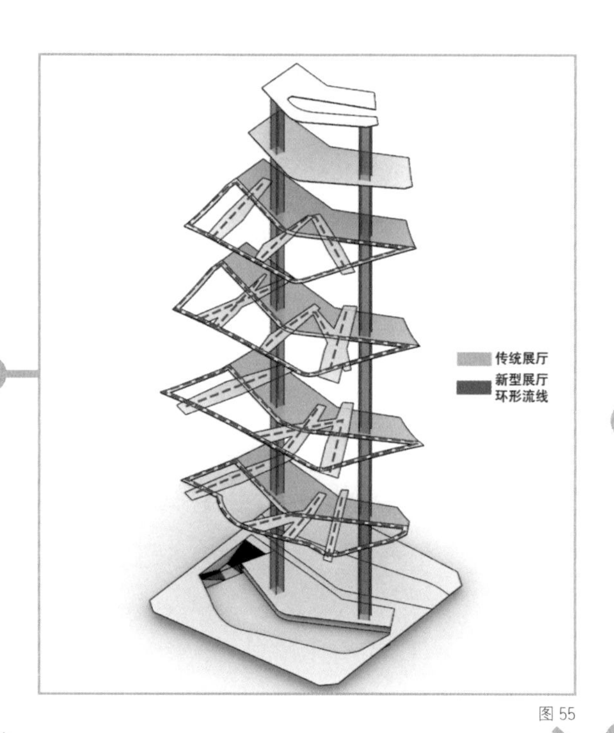

图 55

每层之间都可以通过环廊设置的楼梯相互连通（图 56）。

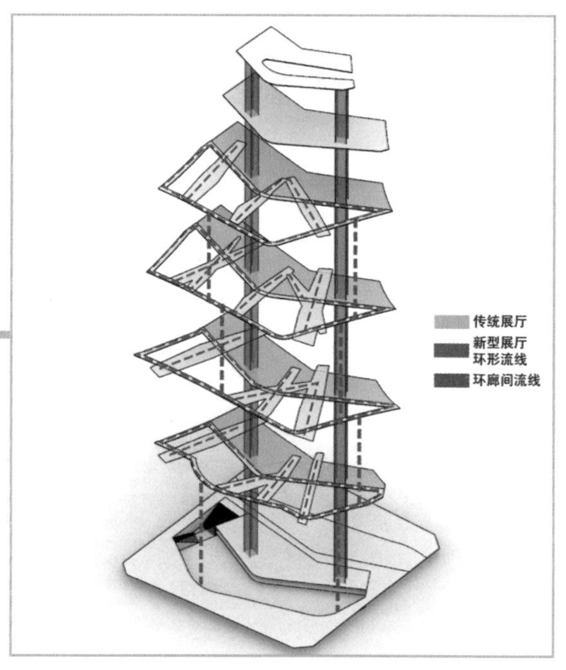

图 56

同时，人们也可以通过管道之间的连廊到达不同展区（图 57）。

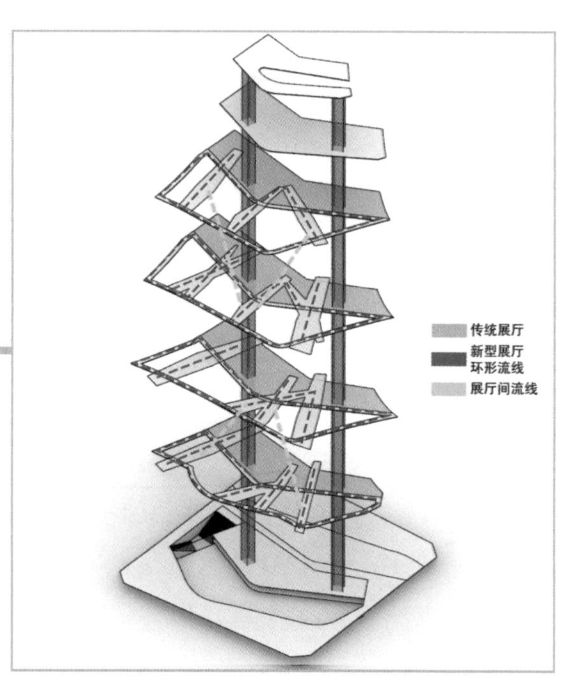

图 57

将美术馆的其他辅助功能设置在传统楼板空间内（图 58）。

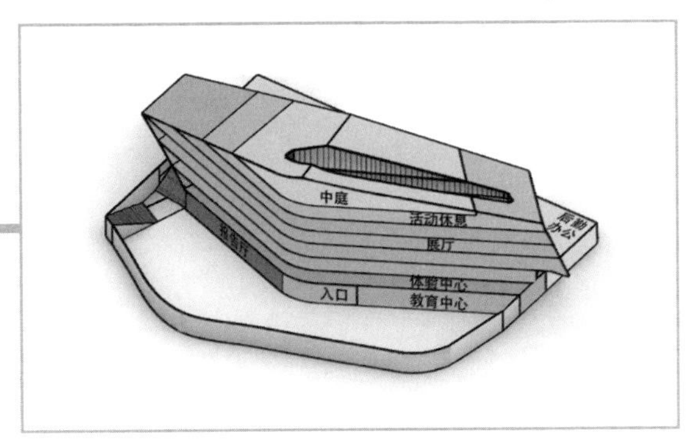

图 58

最后，套上外壳（图 59）。

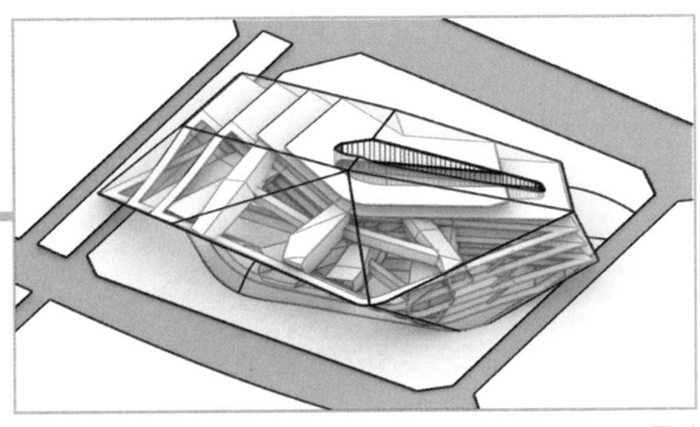

图 59

当然，既然建筑四周景观良好，美术馆绝不能放弃如此得天独厚的优势。汤姆大叔将西南边一个展厅处的外壳突出，作为取景器正对鸟巢（图 60、图 61）。

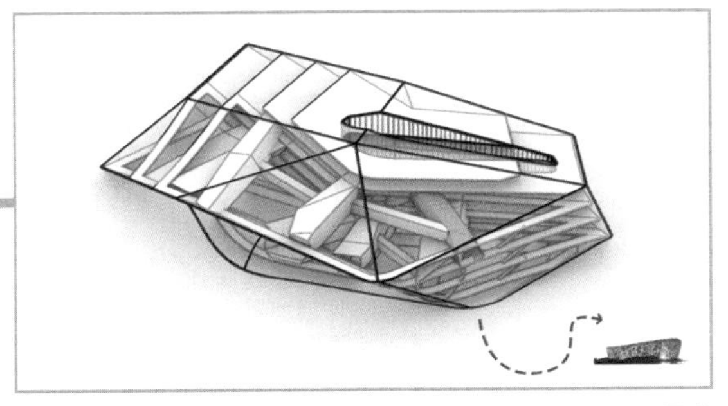

图 60

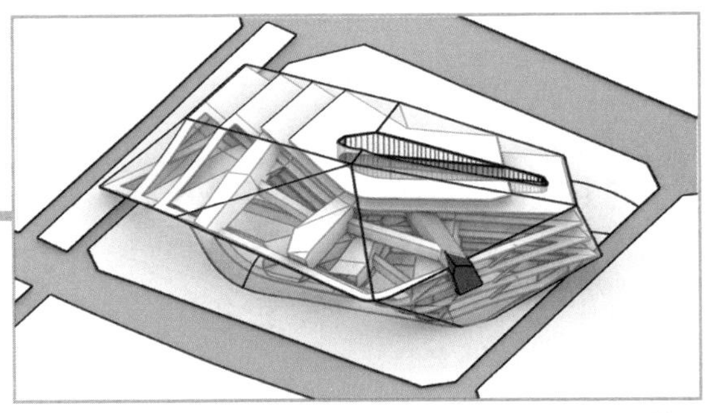

图 61

对于场地西边的景观河，则选择两个下端的管道展厅外壳突出作为取景器（图 62、图 63）。

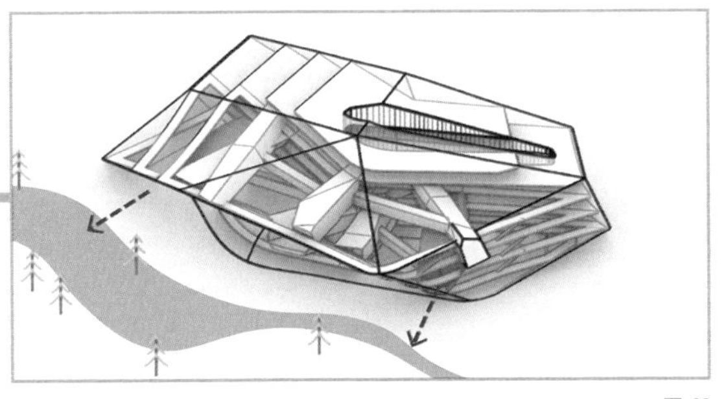

图 62

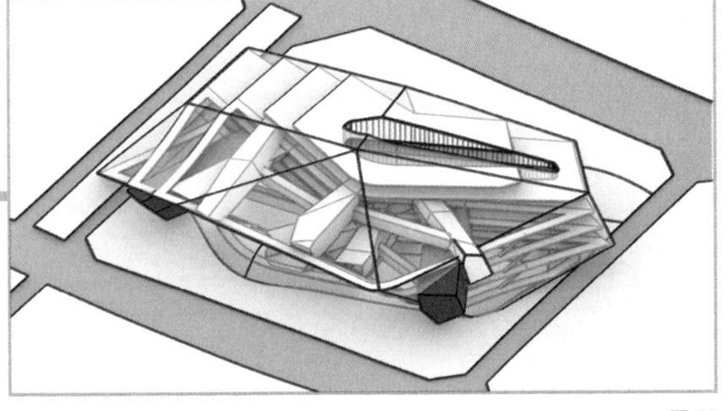

图 63

完成后的建筑各层平面是图 64 ~ 图 72 这样的。

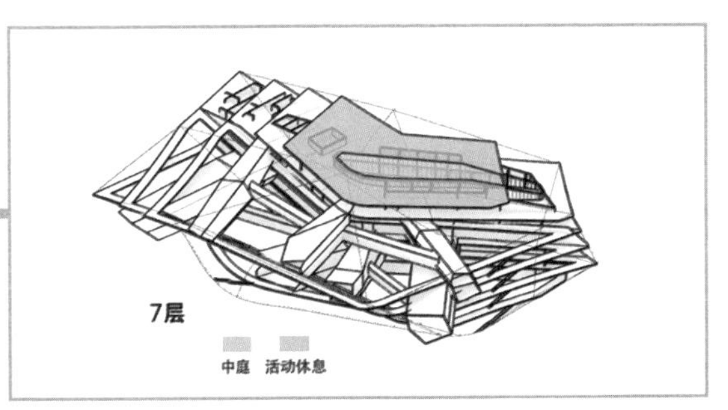

图 64

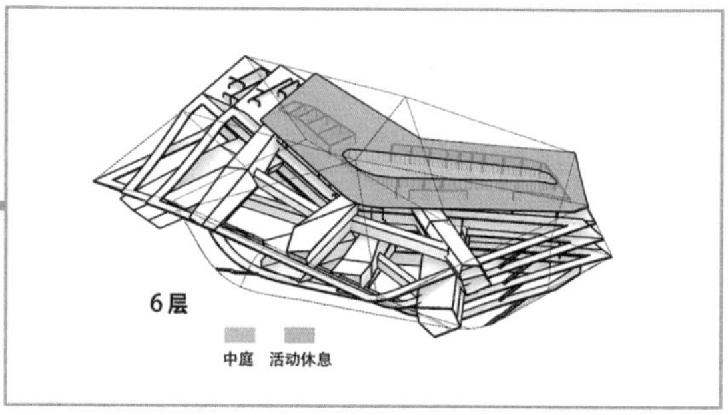

6层

中庭　活动休息

图 65

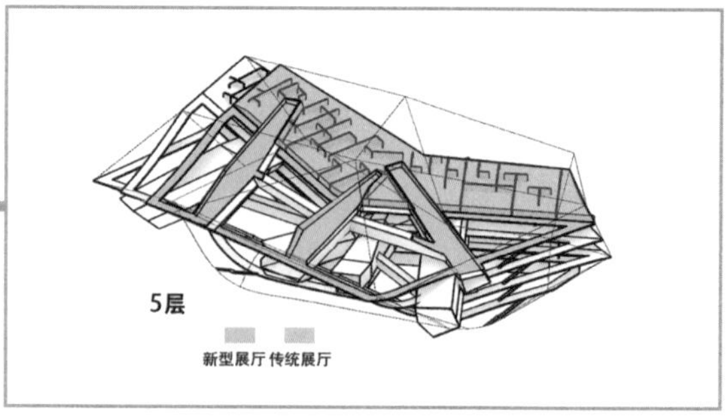

5层

新型展厅 传统展厅

图 66

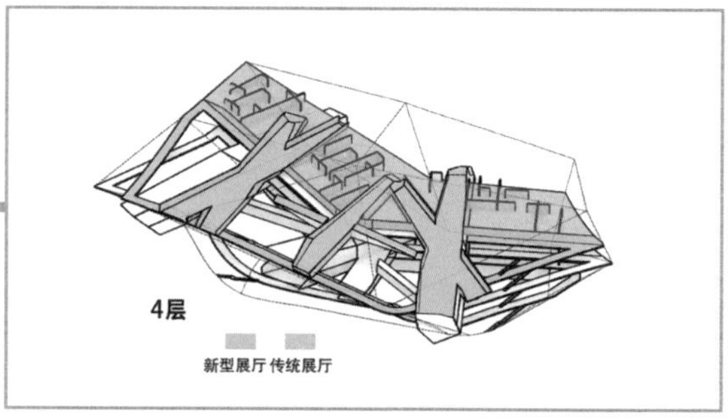

4层

新型展厅 传统展厅

图 67

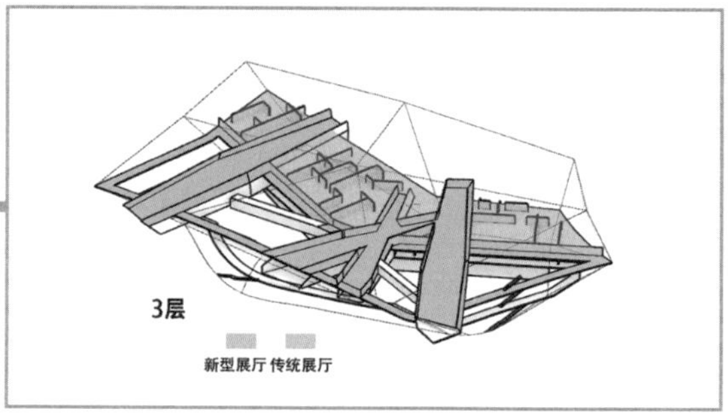

3层

新型展厅 传统展厅

图 68

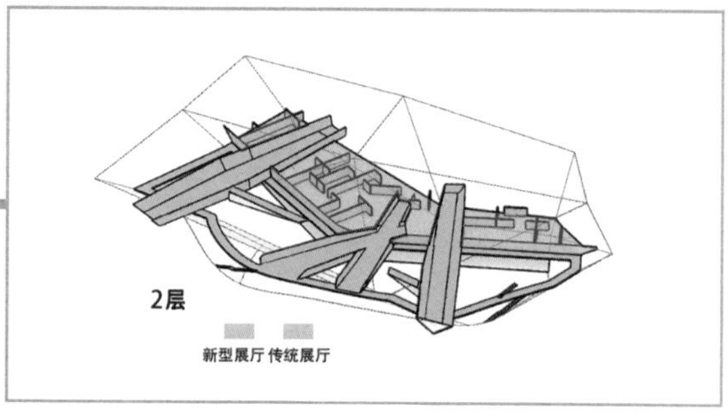

2层

新型展厅 传统展厅

图 69

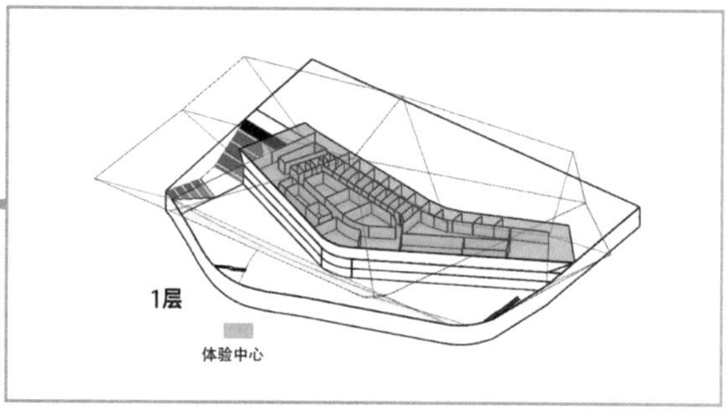

1层

体验中心

图 70

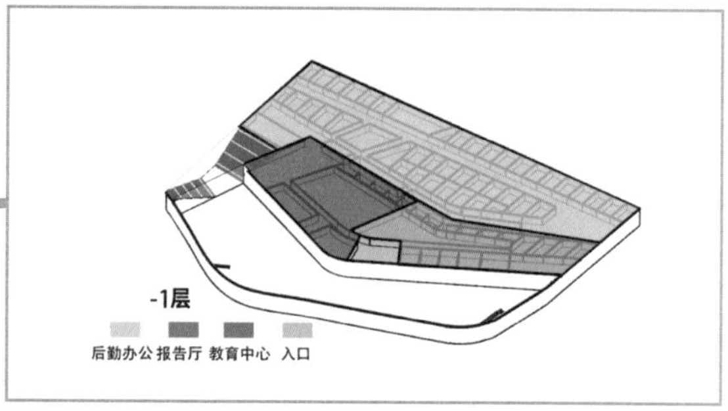

-1层

后勤办公 报告厅 教育中心 入口

图 71

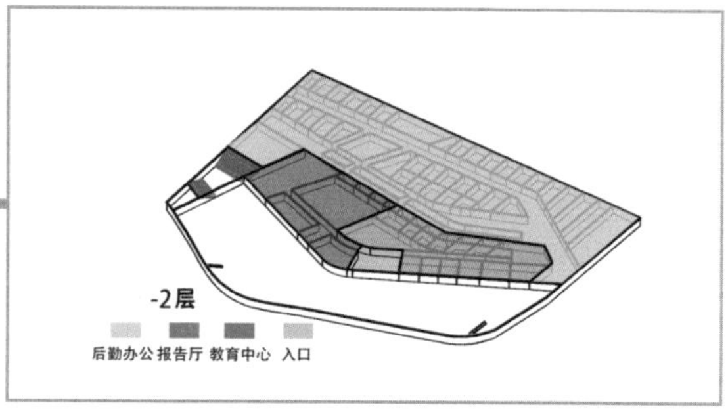

-2层

后勤办公 报告厅 教育中心 入口

图 72

最后的最后，给外壳加上一个继续呼应鸟巢的表皮。收工回家（图 73）。

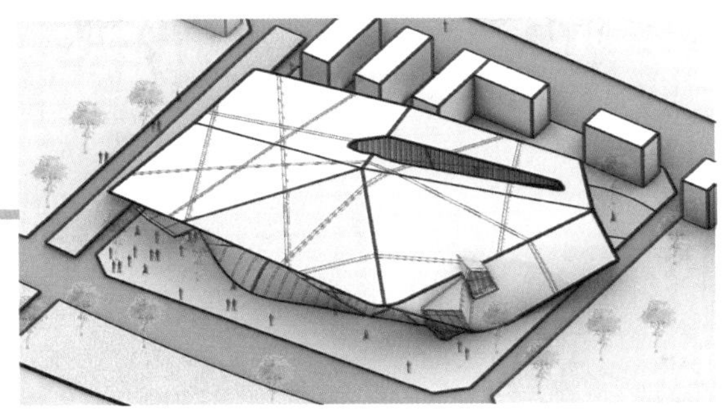
图 73

这就是 Morphosis 建筑事务所设计的中国国家美术馆竞赛方案。结果你知道，没有中标（图 74 ~图 77）。

图 74

图 75

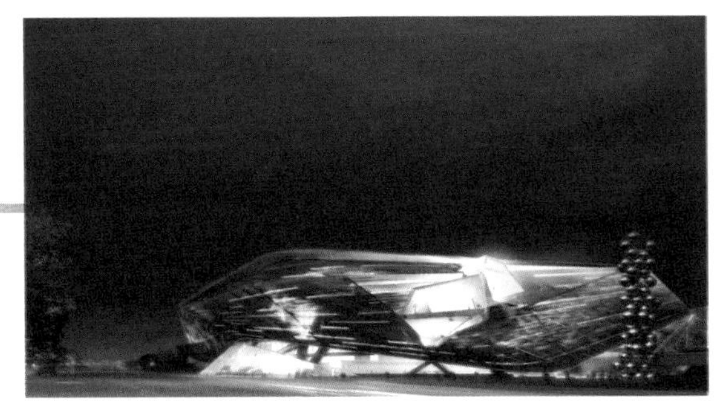
图 76

图 77

说实话，在这个设计中，想法比成果惊艳。人有三样东西是无法挽留的——时间、生命和爱，你想挽留，它们却渐行渐远，或许正因无法挽回，它们才会成为所有艺术不灭的创作主题。

图片来源：

图 1、图 74 ~图 77 来自 https://www.arch2o.com/national-art-museum-china-morphosis/，其余分析图为作者自绘。

建筑大师也躲不过的职业危机

图 1

名　称：保加利亚瓦尔纳市新图书馆竞赛方案（图 1）
设计师：Suppose 设计工作室
位　置：保加利亚・瓦尔纳市
分　类：公共建筑
标　签：图书馆，社交空间
面　积：11 000m²

建筑师对普通人的普通生活似乎都有点儿误解，至少在方案设计的时候，总有种站在凌霄宝殿俯瞰众生，已然得道成仙却不得不下凡历劫的尴尬，时不时就流露出“这片鱼塘都被你承包了，不必谢我”的荒谬自信。比方说，虽然现代人的生活离不开社交网络，但不代表我们就要像个行走的二维码一样，随时随地准备着搭讪或者被搭讪。但我们吃了一半人间烟火的建筑师只敏锐地捕捉到了这句话的前一半，然后各大公共建筑就在成为大型相亲现场的路上越跑越远。

其中，图书馆是个重灾区。确实在某年某月某一日，天气正好，气氛也正好，在图书馆上自习的某位小姐姐故意碰碎了观察已久的某位小哥哥的玻璃水杯，小哥哥趁机加了小姐姐微信。世界上最幸福的事莫过于我喜欢你的时候，你也正好喜欢我。于是为了提高“碰瓷”的成功率，建筑师操碎了心：广撒网，多敛鱼。图书都是背景，读书不是目的。舞台有多大，“脱单”的希望就有多大。没有大型社交空间的图书馆现在不配拥有姓名（图2）。

图2

事实上大家都知道，社交效率和社交圈的大小不成正比，无限扩大的社交外延只会带来扑朔迷离的无效社交或者让人不知所措的社交恐惧，同样的结论在社交空间的营造上依然成立。你以为只要空间够大，人们相互交流的可能性也就越大（图3），但其实只有舒适合理的空间尺度才能激发人们的交流欲望。

图3

想一想你社交软件上的分组功能，仅某某可见的那条动态才是脱单的第一步（图 4）。记住这几个字：分组可见。

图 4

保加利亚最大的海港城市瓦尔纳要建一个新图书馆。“黑海明珠”瓦尔纳是个旅游的好地方：气候温和，四季分明，海滩迷人，姑娘更迷人，最重要的是景美、价廉、消费低。新图书馆的位置正好离海岸不远，基地面积 2500m^2，旁边就是 17 层的瓦尔纳市政府大楼（图 5、图 6）。

图 5

图 6

功能面积要求在 11 100m^2 左右，包括图书馆经典三件套——档案空间、储藏空间和阅读空间，以及“达人必备”的公共交流空间，总建筑面积控制在 18 500m^2 以内就可以。

运用三年级数学技能可知：18 500−11 100=7400。也就是说，至少有 7400m^2 的公共空间需要建筑师自己去发挥（图 7）。

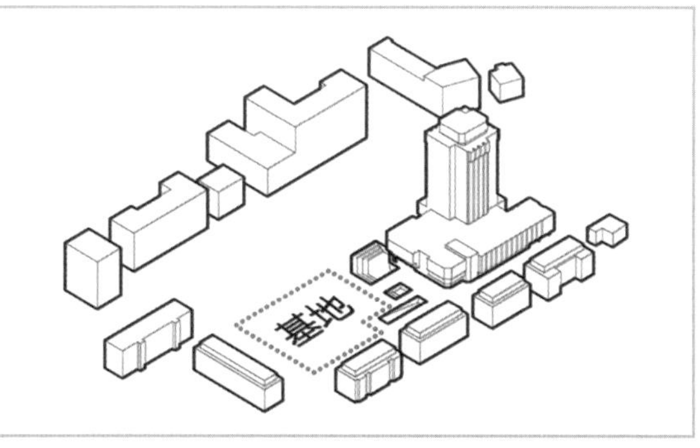

图 7

那么，问题来了：这个占了整个图书馆三分之一还多的公共空间要怎么设计呢？常规公共空间的组织基本都是围观模式，以花样繁多的中庭空间为代表，越往中心越开放，而周围具有功能性的房间则较为私密。如果不想被围观，但又想和趣味相投的小伙伴一起愉快玩耍呢？很简单，只要你转过身，就会发现我也在这里。

画重点：某位日本建筑小哥想到了神来一笔，即让限定中庭的围合构件转身背靠背，在保留中庭的同时又分组形成了几个比中庭更私密，但比功能房间更开放的次级公共空间。换句话说，就是通过转身这一个动作给公共空间划分了等级，将一个不设限的大社交平台分组管理成多个小社交兴趣圈（图 8）。

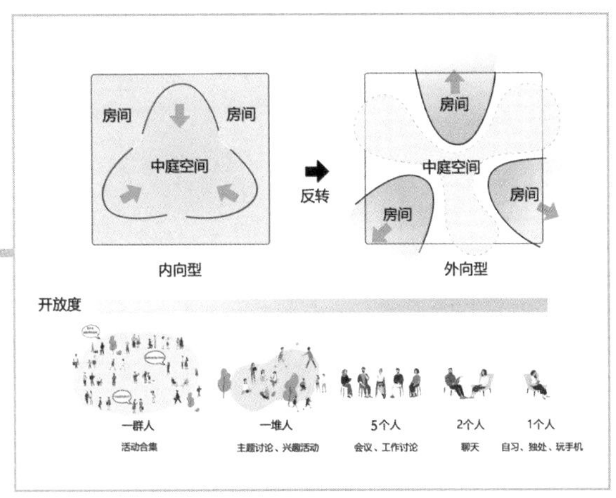

图 8

什么形式都无所谓，次级公共空间从本质上可以简单理解为几个功能房间共享一个大的内阳台（图 9 ~ 图 11）。

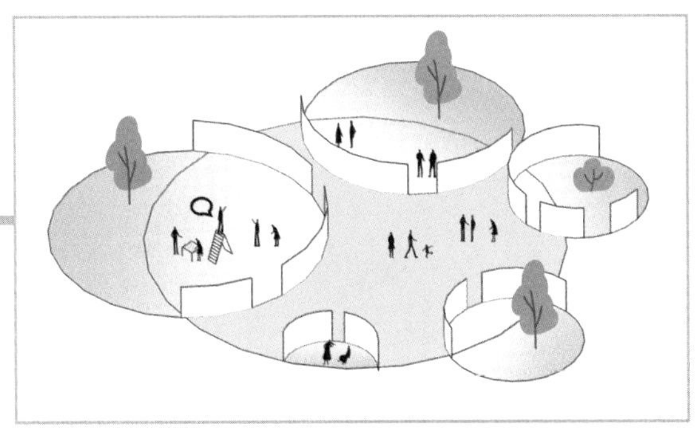

图 9

图 10

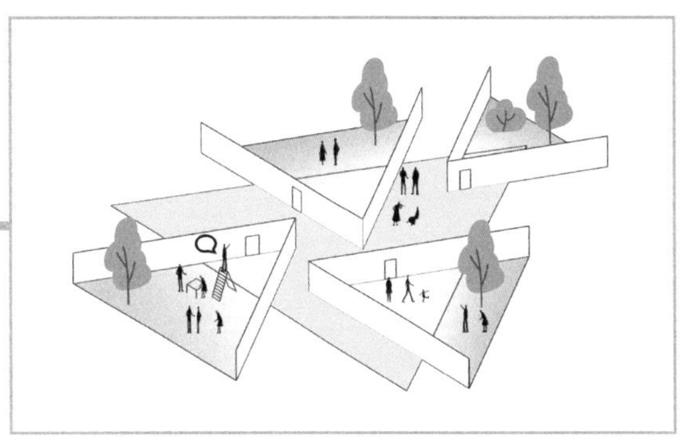

图 11

第一步：拉起体量，放入场地。为了不与旁边政府大楼的方形体量冲突，建筑师选择了圆形体量，并划分功能（图 12）。

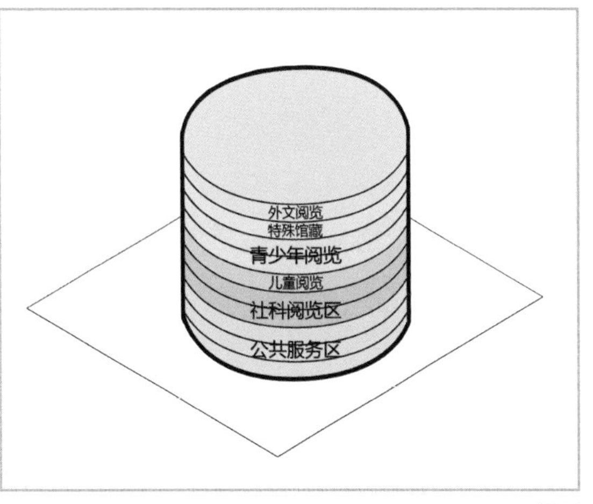

图 12

根据功能的面积需求对形体进行调整，同时打破了规则的几何圆形（图 13）。

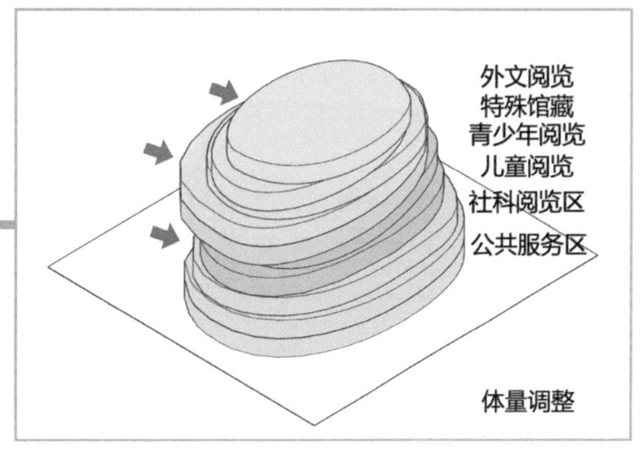

图 13

第二步：开始反转。先挖出一个中庭（图 14）。

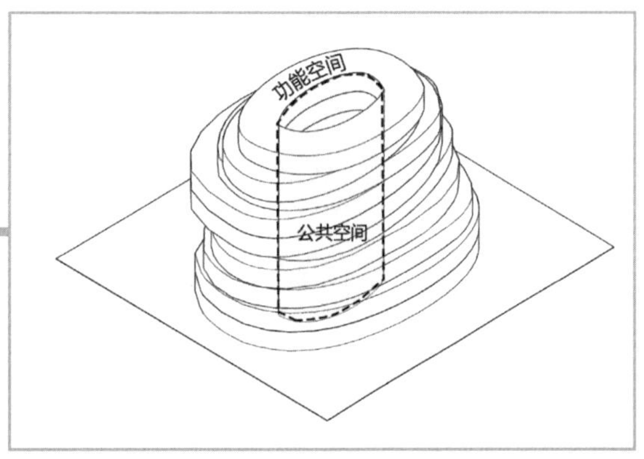

图 14

然后将中庭反转，使其转化为各层分散的弧形空间（图 15）。

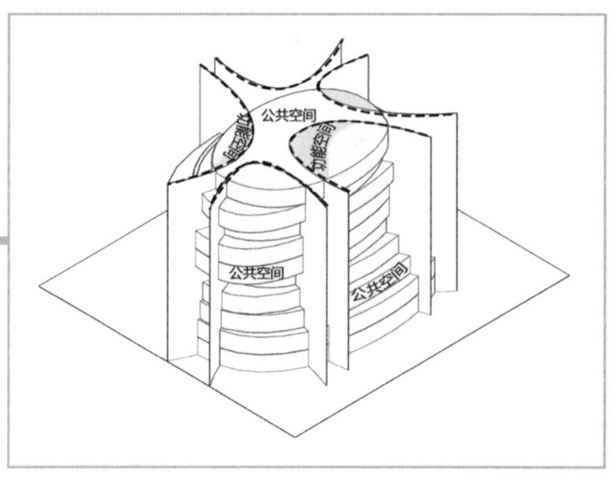

图 15

加入交通核和电梯（图 16）。

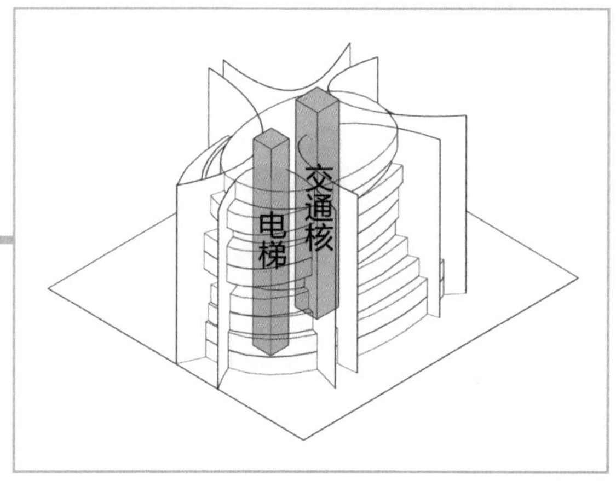

图 16

反转后的小圈子空间与绿化景观结合，同时层层退台，形成屋顶花园（图 17）。

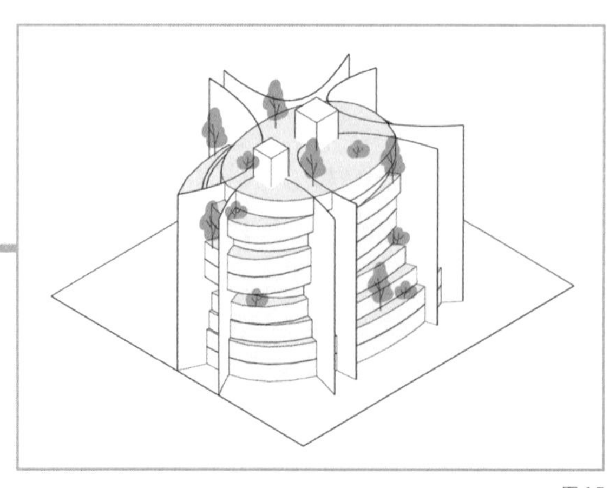

图 17

第三步：逐层变形。每层的公共空间和功能空间根据具体使用需求变形。让我们从 1 层开始（图 18）。

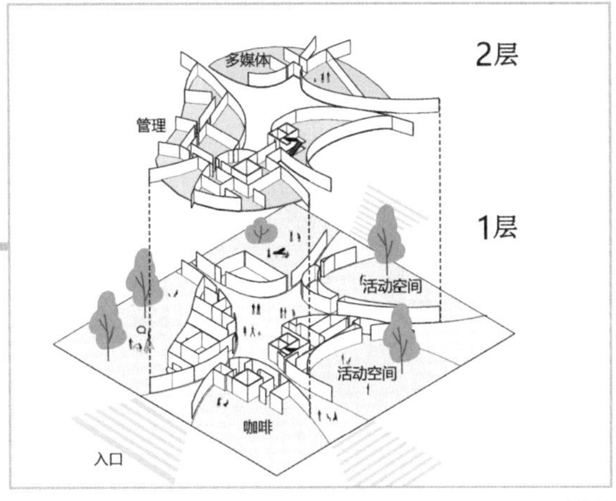

图 18

弧线与弧墙之间的缝隙形成通向场地四方的入口（图 19）。

图 19

3 ~ 6 层的各层外围是形体错动产生的屋顶花园，弧墙将阅读空间和室外环境围合在一起。有“恋爱神器”小树林加持的阅读空间，还有不暴露在众目睽睽之下的隐私保护，再不成功就真的是注定孤独一生了（图 20、图 21）。

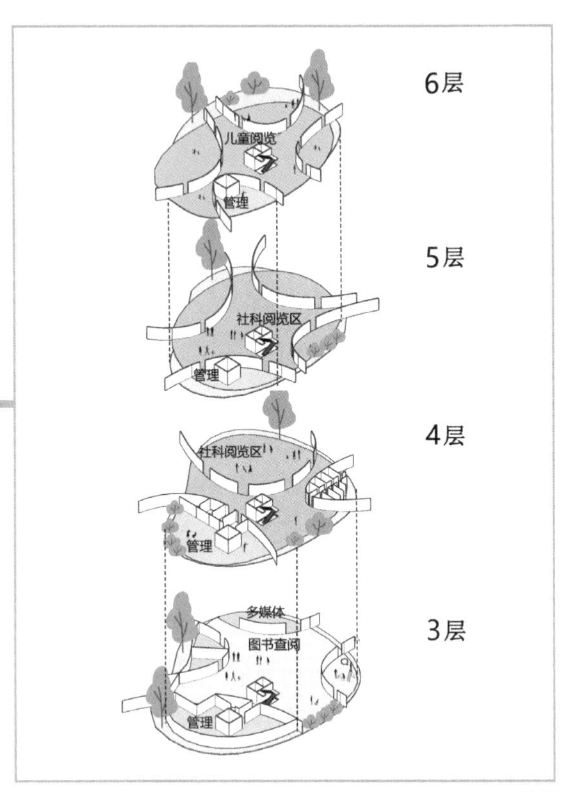

图 20

图 21

7 ~ 8 层是青少年阅览区，需要更活泼的空间，所以局部挖几个圆形中庭，形成上下通透的视觉环境（图 22、图 23）。

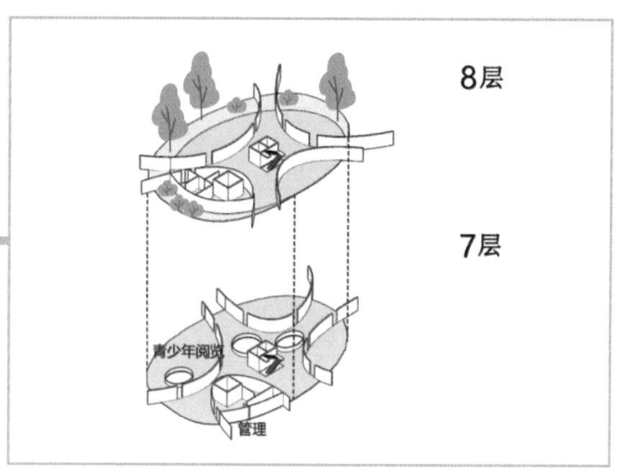

图 22

图 23

9 ~ 10 层面积进一步缩小，使整个建筑形体像山一样层层退后（图 24）。

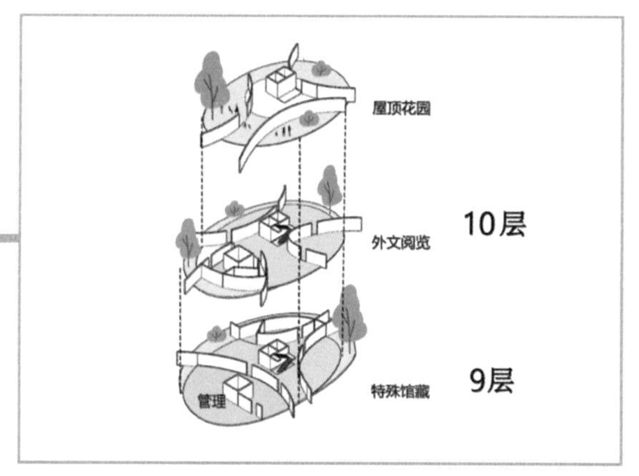

图 24

至此，建筑空间部分基本全部完成（图 25）。

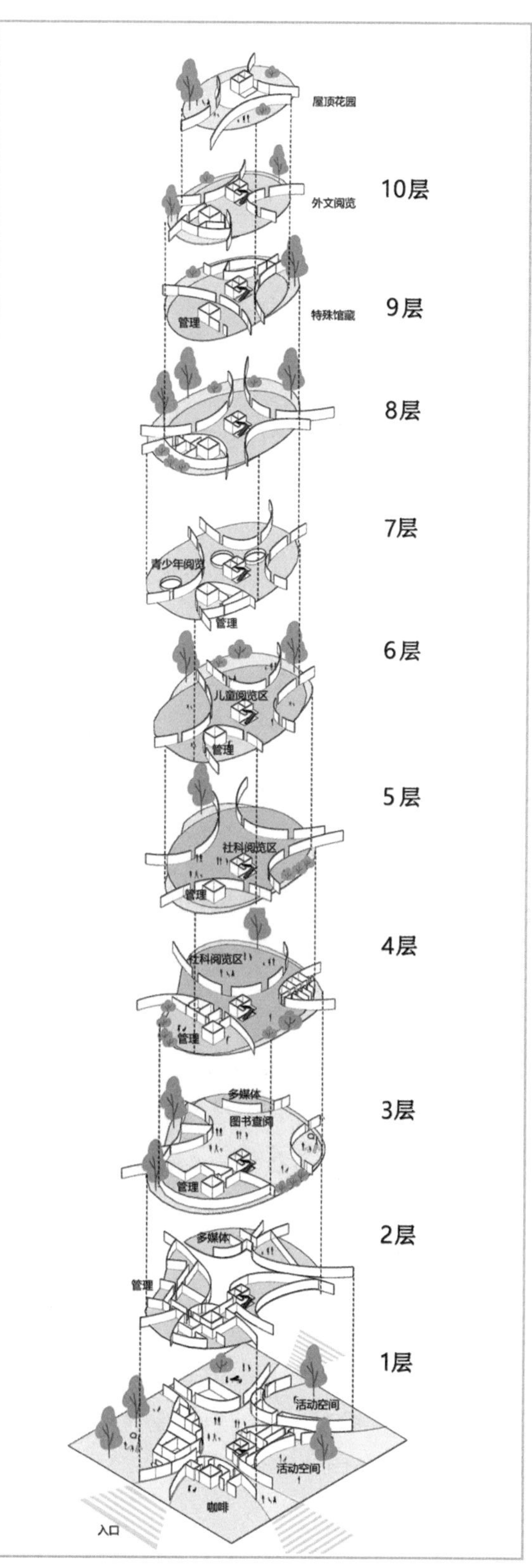

图 25

同时形成两个层级、多个分组的公共交流空间（图 26）。

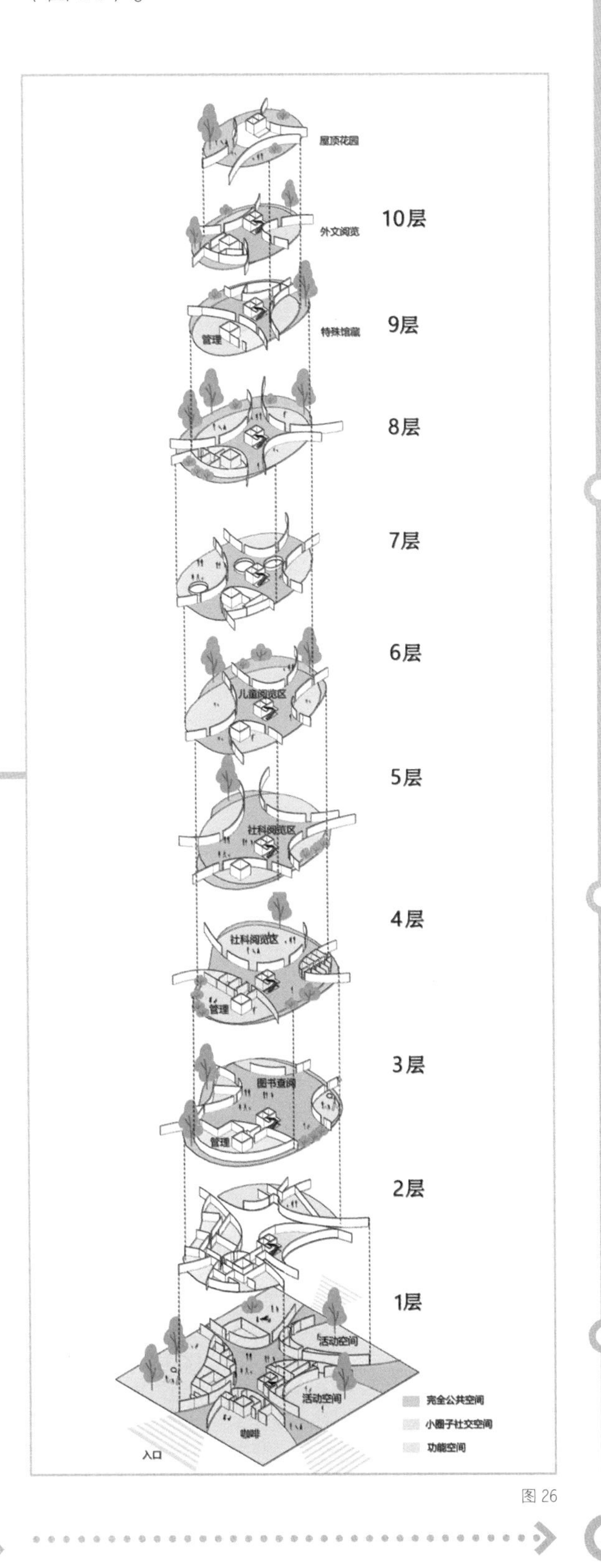

图 26

第四步：结构。其实，这种空间模式本身对结构形式不算太挑剔，感觉核心筒加柱网也完全不影响空间使用与体验。但日本小哥还是自己把游戏难度调整至困难级，护墙结构全部采用工字型钢，使其彼此搭接后整体结构更轻，从而坚持了自己对无柱空间的执念（图 27 ～图 29）。

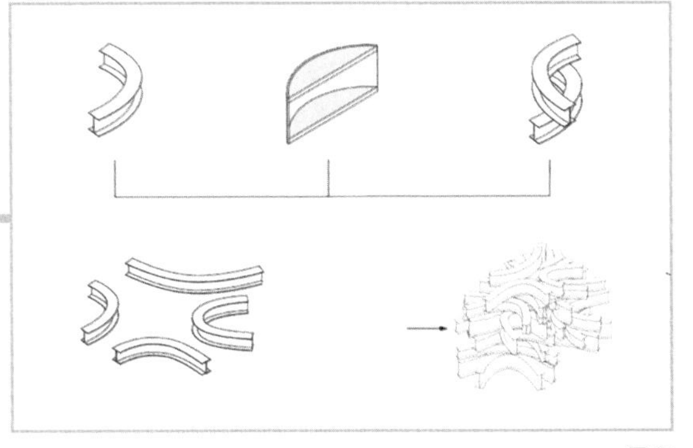

图 27

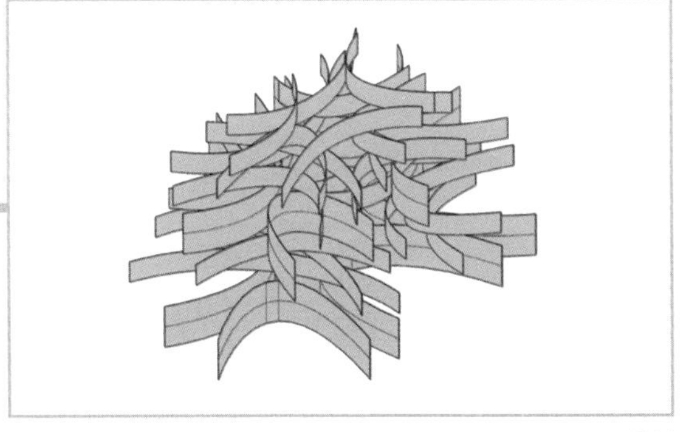

图 28

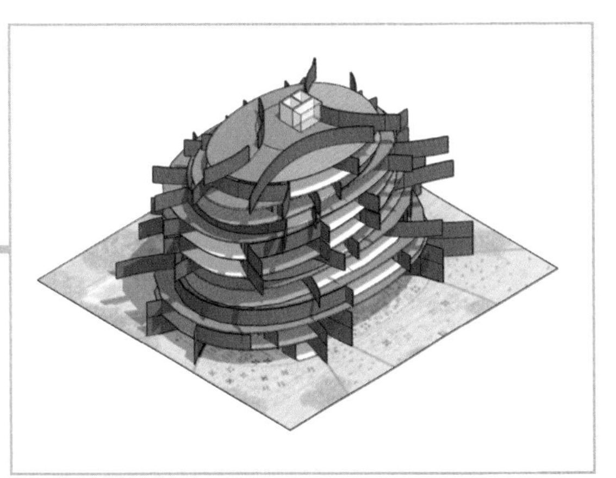

图 29

同时，工字型钢也有一部分用于隔墙，或者直接改造成书架，总之可以根据功能灵活变化，甚至外贴砖面作为装饰（图 30）。

图 30

工字型钢内部改造成图书馆书架（图 31）。

图 31

最后加上围护栏杆，收工回家（图 32）。

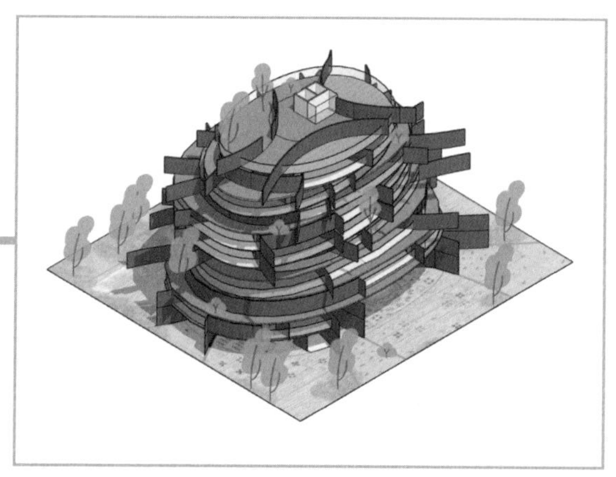
图 32

这就是日本 Suppose 设计工作室设计的保加利亚瓦尔纳市新图书馆竞赛方案（图 33、图 34）。

图 33

图 34

作为一种古老的建筑类型，图书馆从知识的权威空间变成生活的社交空间本是人性解放、自由平等的胜利。只是，我们对越来越大、越来越繁复的社交空间的追求难道不是又一种对强权崇拜的旋涡？很多时候，拥有什么比需要什么确实更能让我们获得满足。虽然我们可能永远都不记得去删除那些加了就再没联系过的好友，但这并不妨碍我们将最重要的朋友们分组和置顶。

图片来源：

图 1、图 6、图 7、图 19、图 21、图 23、图 30、图 31、图 33、图 34 来自 https://www.varnalibrary.bg/entries/327/，其余分析图为作者自绘。

END

就算设计里揉进了沙子，也要把眼泪憋回肚子

图 1

名　称：伊朗桑干酒店（图 1）
设计师：FMZD 事务所
位　置：伊朗・桑干
分　类：酒店
标　签：屋顶，庭院
面　积：50 000m²

建筑师面对自己方案的心态像极了慈祥老母亲看待自己含辛茹苦养大的仔儿，自带美颜滤镜，真是哪儿哪儿都好啊，总觉得“增之一分则太长，减之一分则太短；着粉则太白，施朱则太赤”。玩空间是体验，没空间是实用；搞形式是标志，没形式是节能；能中标是众望所归，没中标是明珠暗投。总之就是两个字——完美。

在外人看来，建筑师这就是强词夺理，换句话说叫“双标”。可设计里本就没有绝对的对与错，自己“亲生”的方案，就算基地的风沙再大、浪再高也得撑住场子。不然，哭给谁看？就算甲方给你丢到沙漠里，你也要相信脚下的沙是24k金的。

桑干原本是伊朗东北部与阿富汗接壤的一个平凡小镇，那里的人祖祖辈辈面朝黄土背朝天，过着简单的生活。忽然有一天，不知哪位天使开了眼——家里有矿啦！镇子外的山中发现了铁矿，人们一夜暴富。和钞票一起扑面而来的是各种各样的人：挖矿的、买矿的、聊天套近乎的、路过看热闹的……反正八竿子打着打不着的亲戚都来了。来的都是客，谁让咱有钱呢？

于是，小镇居民一致决定修建一座超五星豪华大酒店，使劲儿嘚瑟一把。建筑就选址在小镇和矿山之间的沙漠中，打算建 50 000m^2 的酒店就给了 50 000m^2 的场地。横竖这里除了钱多，就剩下地多了（图 2）。

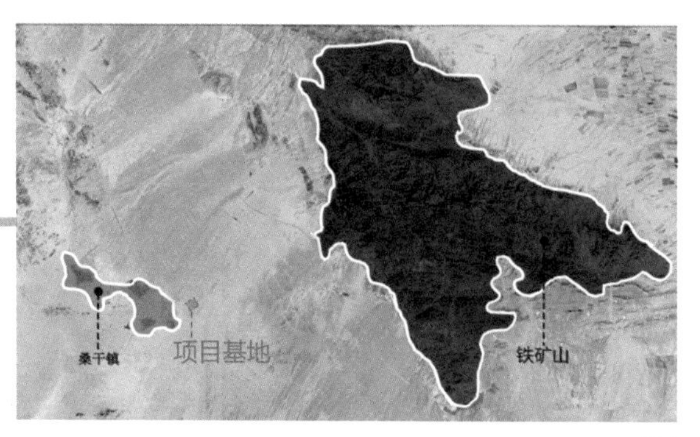

图 2

哦，还有一点，想法也比较多。听说现在最厉害的酒店就是一个长得像帆船的酒店，镇长大手一挥：就照这个来（图 3）！

图 3

镇长大人，您先冷静一下。人家帆船酒店卖的都是海景房，您这儿是打算卖沙景房，还是我们误会了，其实您是靠在沙漠里打鱼致富的？

酒店设计首先要考虑的是景观和房型。在桑干酒店中，房型的要求倒是很正常：带客厅的套房 30 间以及无客厅的标准间 40 间（图 4）。

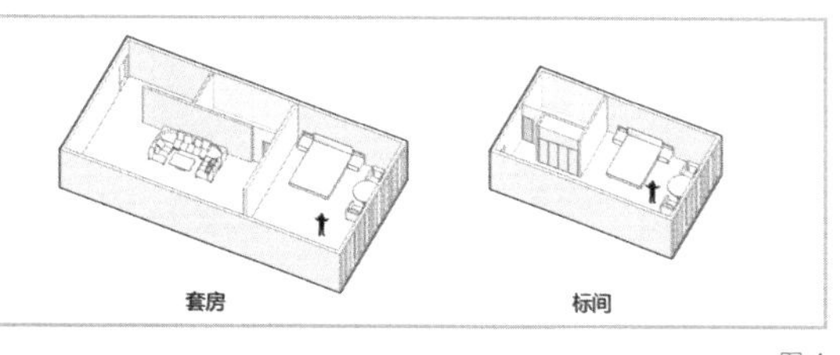

图 4

但景观就有点尴尬了。你都打算超五星了，结果净是什么无窗豪华大床房、无窗豪华总统套也说不过去吧？可是在这片荒无人烟的伊朗沙漠中，放眼望去除了沙漠还是沙漠。而且白天阳光刺眼，炙热难耐，蚊子都恨不得躲到地下，建个高层大酒店是要去钻木取火吗（图 5）？

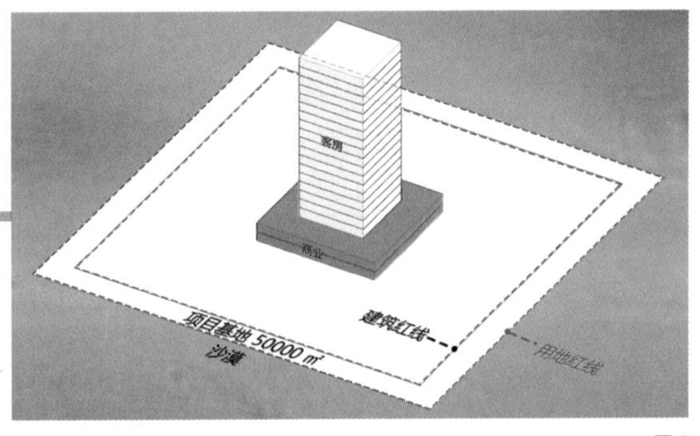

图 5

别忘了还有 50 000m^2 的场地啊，不用白不用。如果采用当地传统建筑的“回”字形布局围合出阴凉的庭院，酒店就成这样了（图 6）。

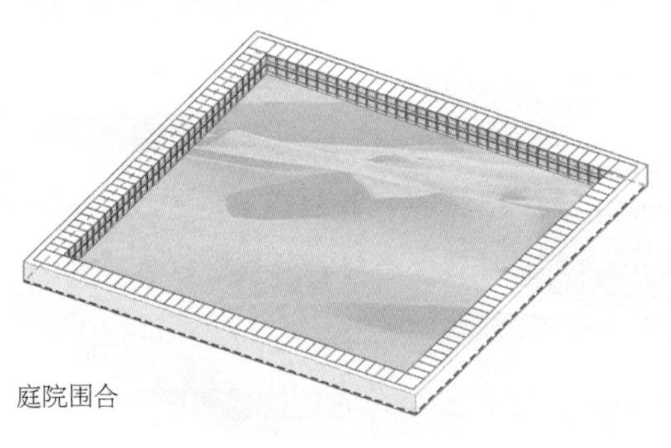

图 6

这不就是个运动场吗？还是暴晒的那种，那就将院子的尺度缩小，增加建筑的层数（图 7）。

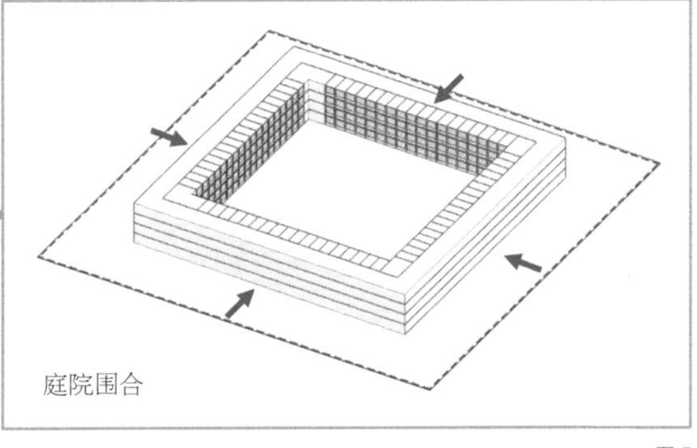

图 7

如果是普通经济型酒店，这样也勉强能使用了。然而很可惜，小镇家里有矿，要的可是超五星豪华大酒店。换句话说，酒店里必须要有附加值高且不可复制的独享资源，比如，无敌海景或者私汤温泉什么的，才能对得起每晚超豪华的价格。而现在这个院子完全是公共的，拿什么去哄抬房价（图 8）？

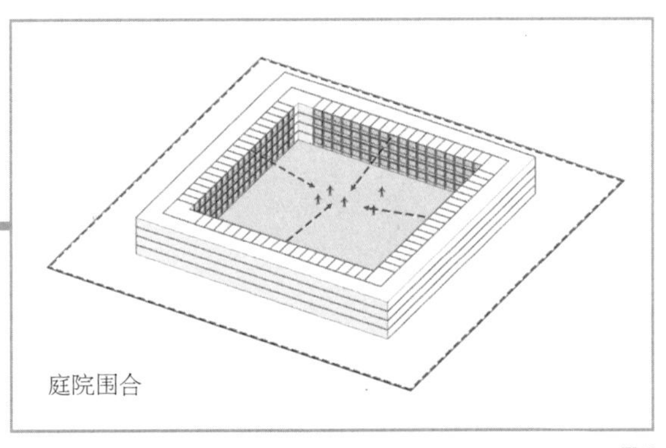

图 8

不然直接把院子分成小院子（图 9）？

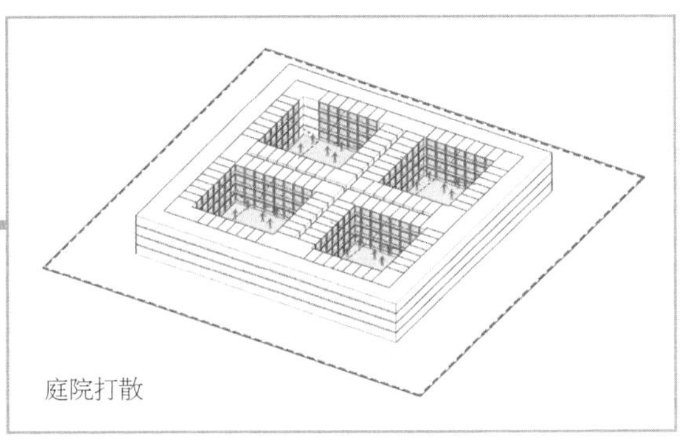
庭院打散

图 9

可这样院子是小了，但依然没有解决院子是公共院子的问题。所以，这个设计的关键问题是如何把公共的大院子不平均且各具特色地分给各个房型，创造房型的边缘差异性。比如，原本封闭的客房可以结合阳台，变成景观露台房（图 10）。

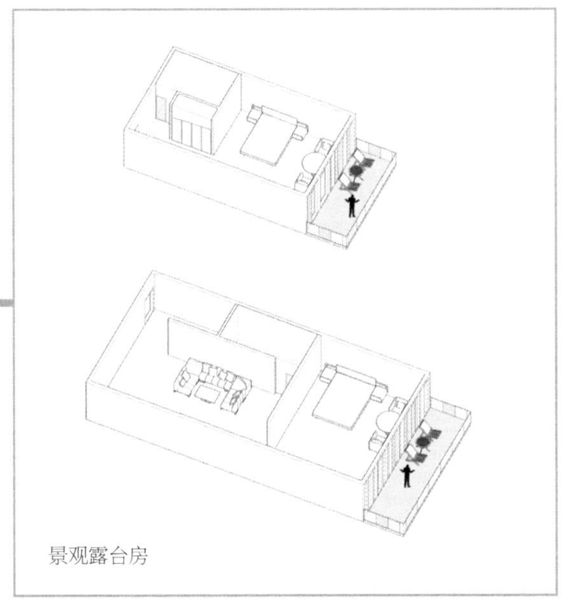
景观露台房

图 10

或者结合花园，变成花园景观房（图 11）。

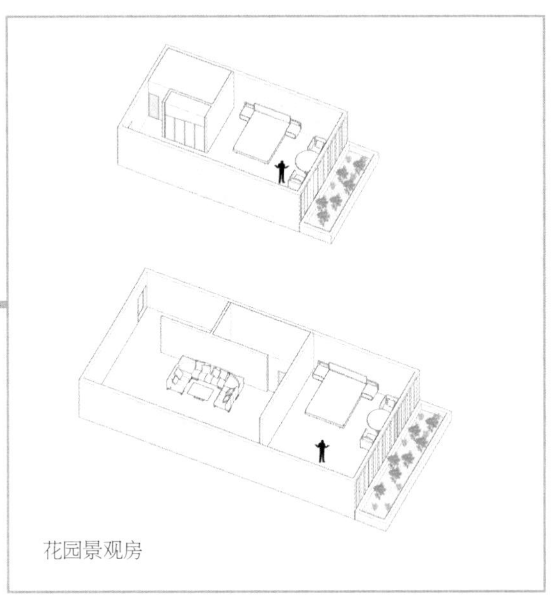
花园景观房

图 11

又或者结合花园与露台，变成景观露台花园房（图 12）。

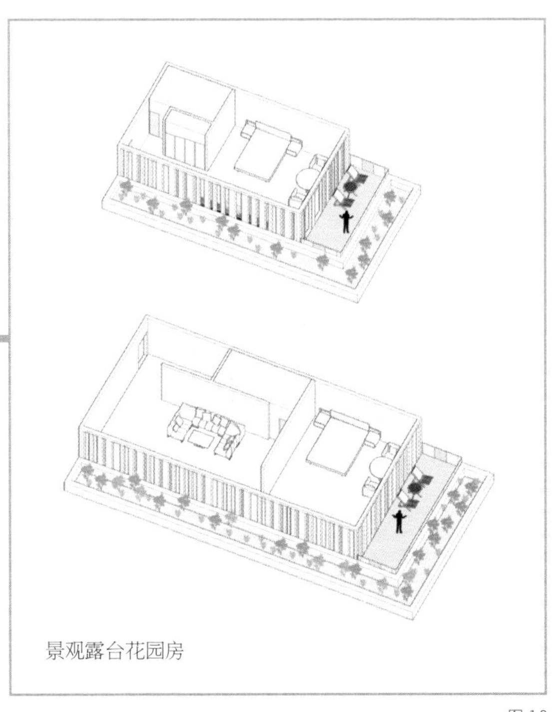
景观露台花园房

图 12

再加上原来的普通房型（图 13）。

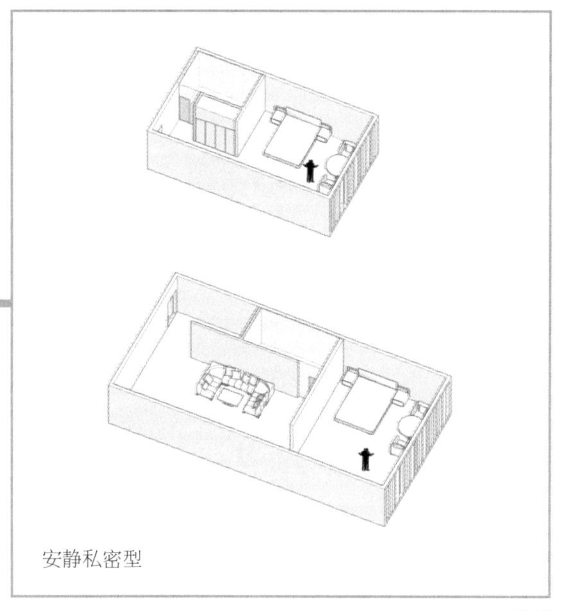
安静私密型

图 13

这样才像个豪华酒店的样子，不是吗？那么问题来了：怎么才能创造这么多房型以及这么多庭院呢？

第一步：网格划分。采用 2.5m 的网格划分庭院，既便于组织交通，也便于房间布置。再采用 7.5m 宽的体量，把大庭院分隔成小庭院（图 14 ~ 图 16）。

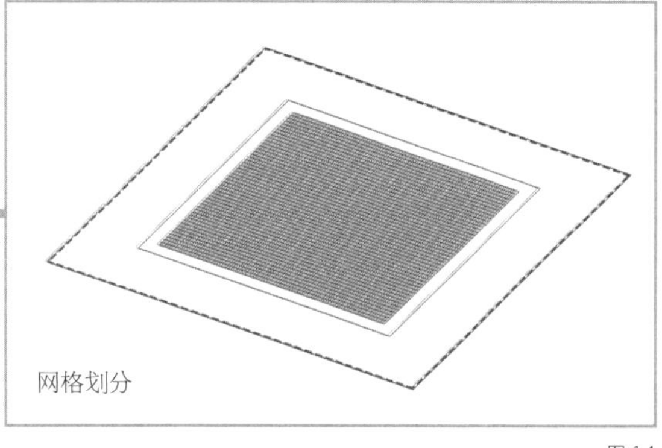
网格划分

图 14

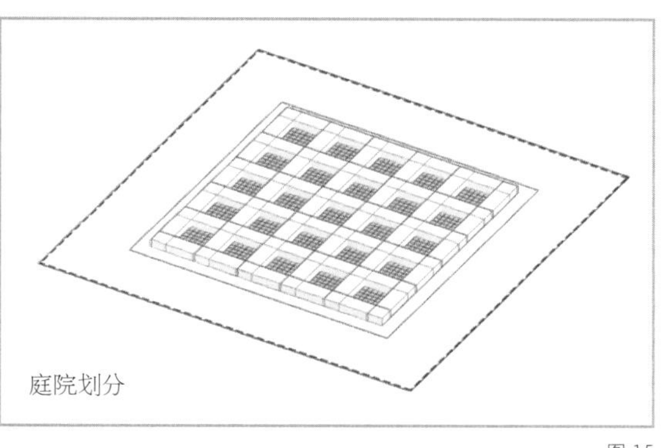
庭院划分

图 15

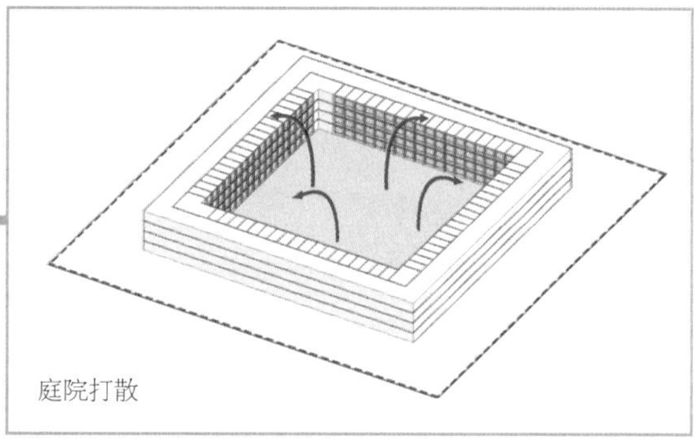
庭院打散

图 16

第二步：在平面上划分庭院。为了让庭院出现不同的差异等级，我们需要对庭院做出分区，也就是需要 N 个不同的庭院。那么，是要把庭院分成不同的大大小小区域吗（图 17 ~ 图 19）？当然不是。

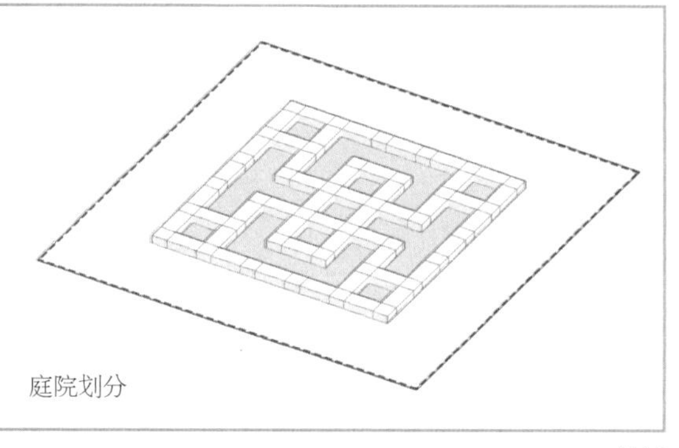
庭院划分

图 17

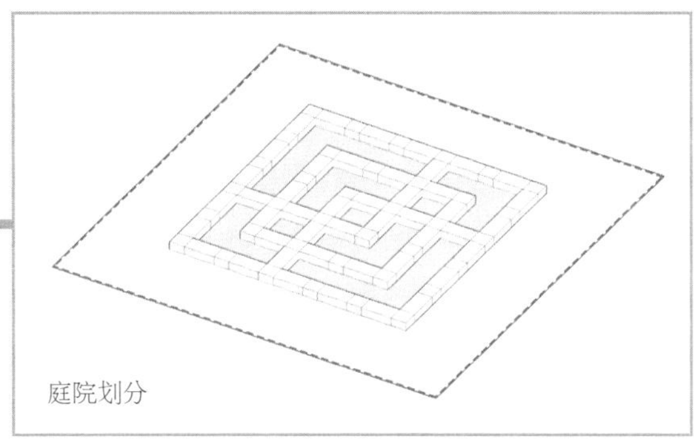

图 18

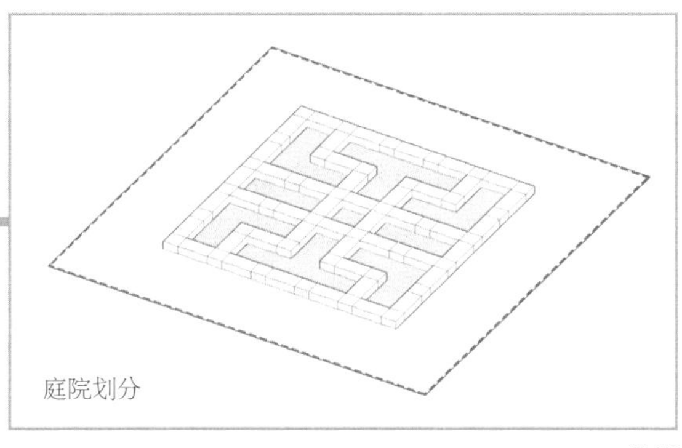

图 19

敲黑板：划分庭院的目的，是让庭院呈现出边缘差异性，也就是有不同的体验方式和使用等级，而不是相同体验不断地重复。让我们再次祭出图底关系这个大杀器，把庭院和建筑图底转换后对庭院开始操作（图 20）。

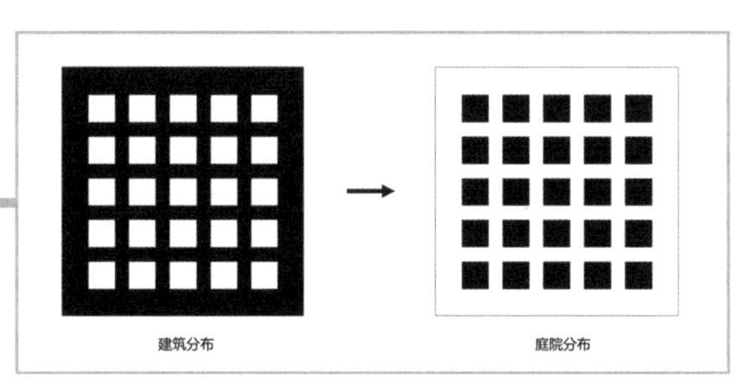

图 20

首先，合并中间部分庭院，创造出可完全共享的公共庭院（图 21）。

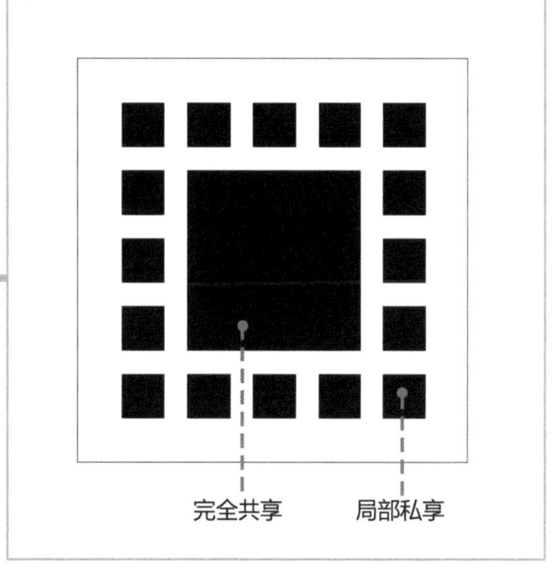

图 21

接下来，创造可局部共享的庭院。完形心理学中有一条闭合原则：一个倾向于完形而尚未闭合的图形，容易被看作一个完整的图形。利用这条原则合并产生一些半限定的院落空间（图 22）。

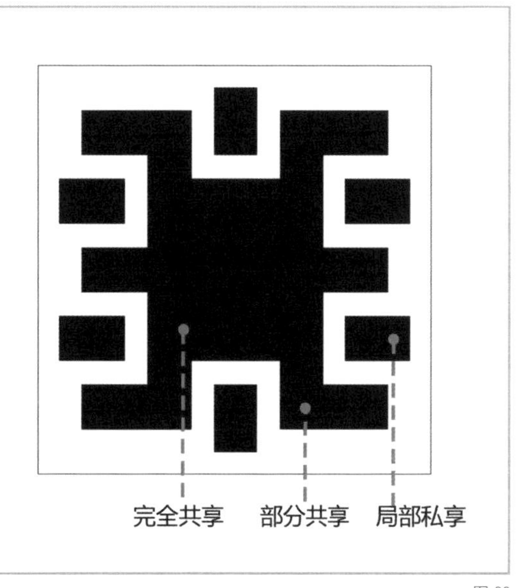

图 22

至此，庭院共呈现出3种不同的使用等级（图23）。

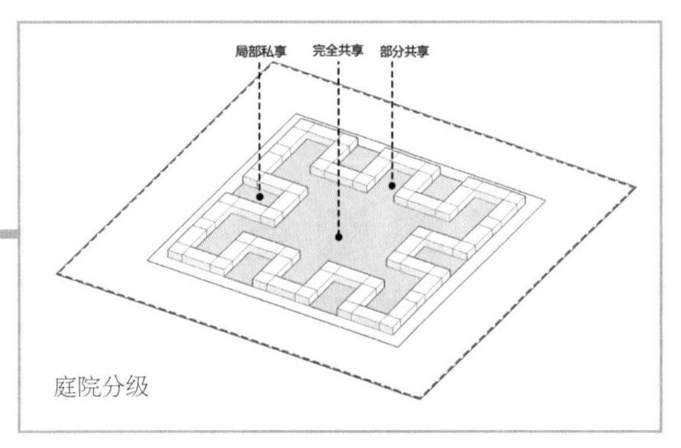

图23

向上复制达成建筑要求的使用面积（图24）。

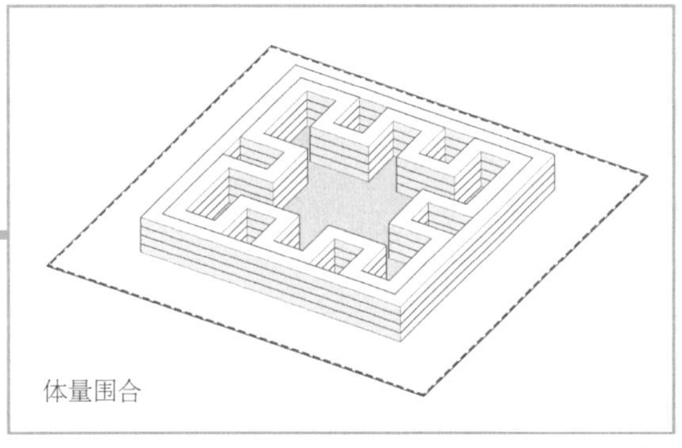

图24

复制后又出现了新问题：那就是在竖向上，庭院又变成了完全被围合的庭院，好不容易划分的使用等级就又回到了起点（图25）。

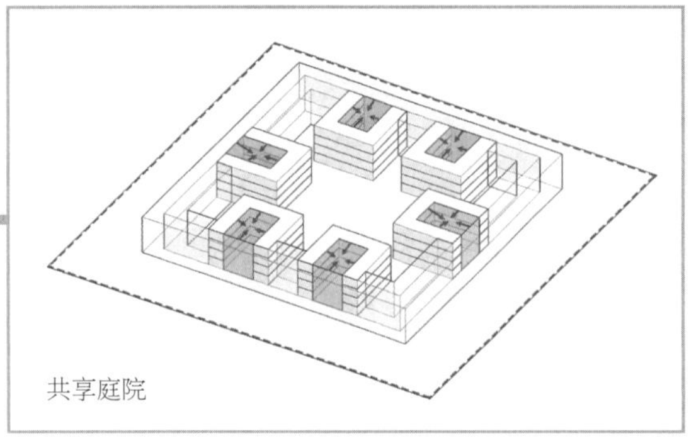

图25

所以，接下来需要在三维空间里再次划分庭院，我们拿其中一个围合院落为例：退让体块，让庭院被不同层平台分享（图26）。

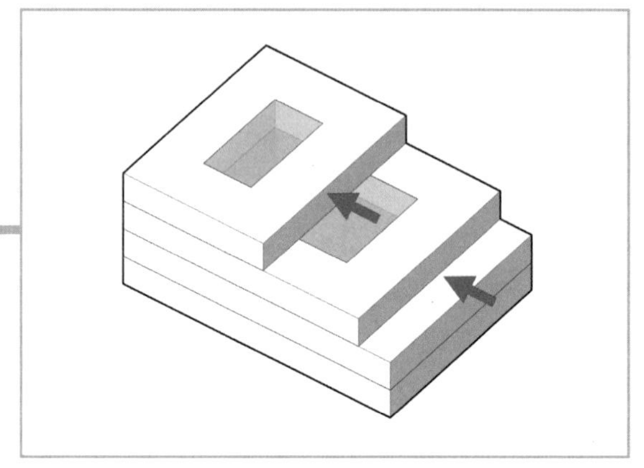
图26

将体块拉伸，让庭院向平台延伸（图27）。

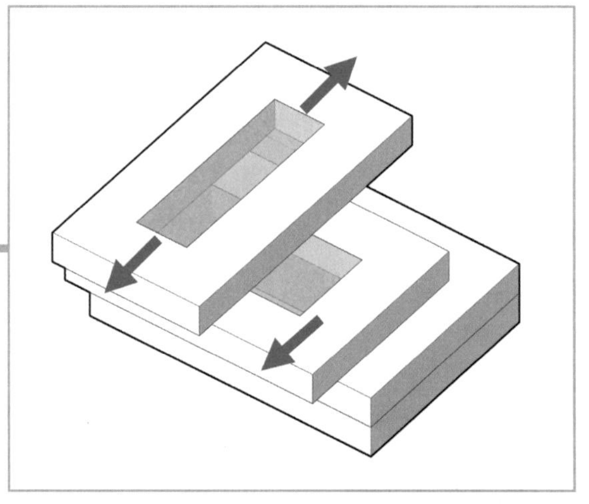
图27

这样，原本封闭的庭院就被划分成了多个层次（图28）。

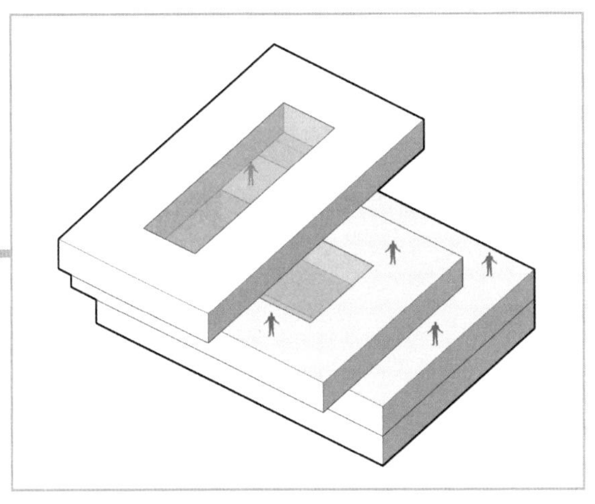

图 28

用同样的手法对全部封闭庭院在三维空间上进行再划分，并通过体块退让创造出观景平台（图 29）。

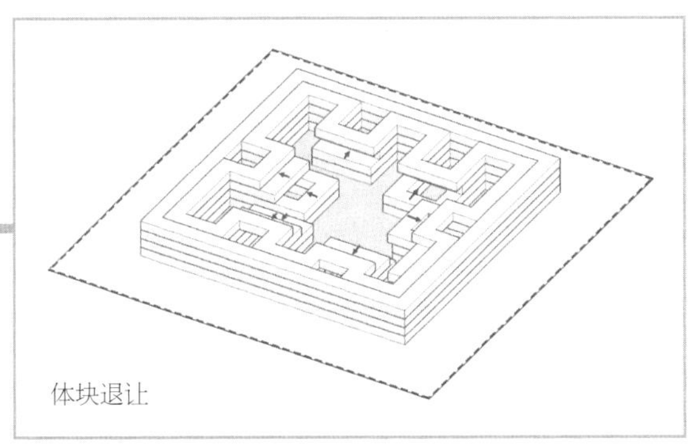

图 29

体块拉伸后延伸出新的庭院（图 30）。

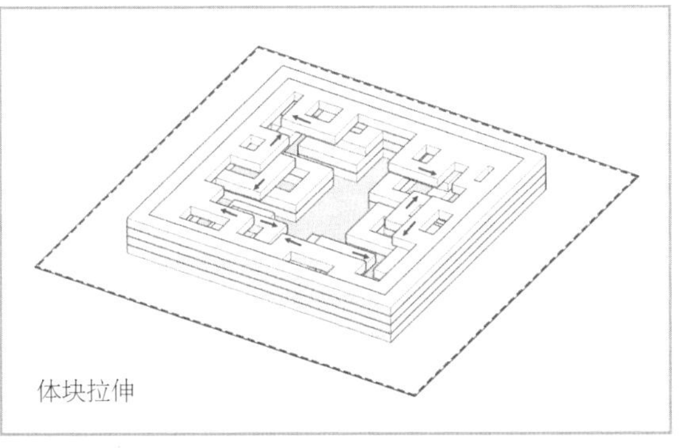

图 30

至此，庭院部分的空间结构基本完成。

第三步：配置房型。为了最大限度地利用庭院空间，将酒店会议、办公、健身等室内公共空间放置在负一层，商业空间放置在 1 层，2 层主要放置标准间和少量套房（图 31）。

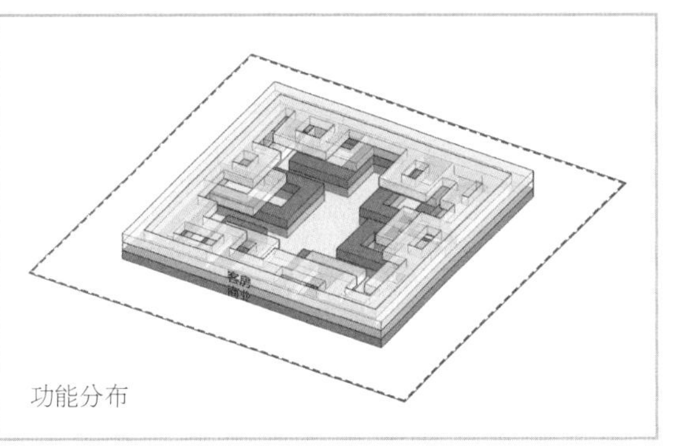

图 31

根据观景平台的分布，布置观景露台型客房（图 32、图 33）。

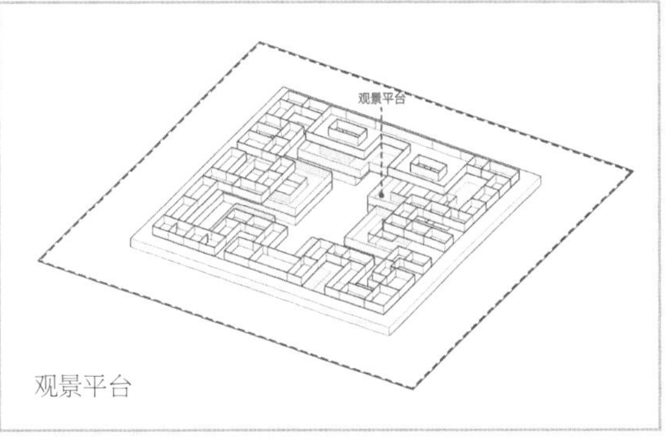

图 32

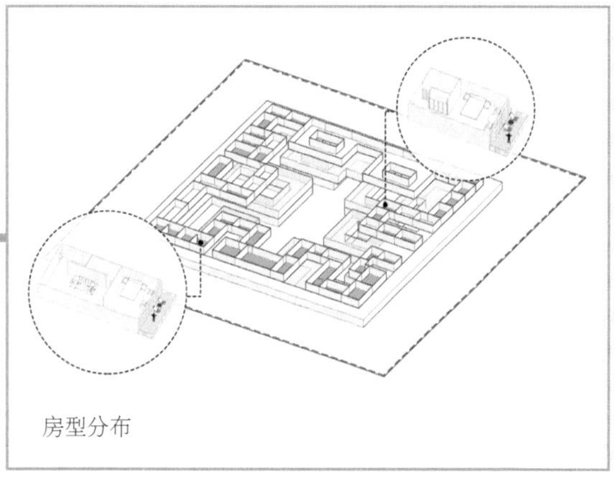

图 33

根据庭院花园的分布，布置花园景观型客房（图 34、图 35）。

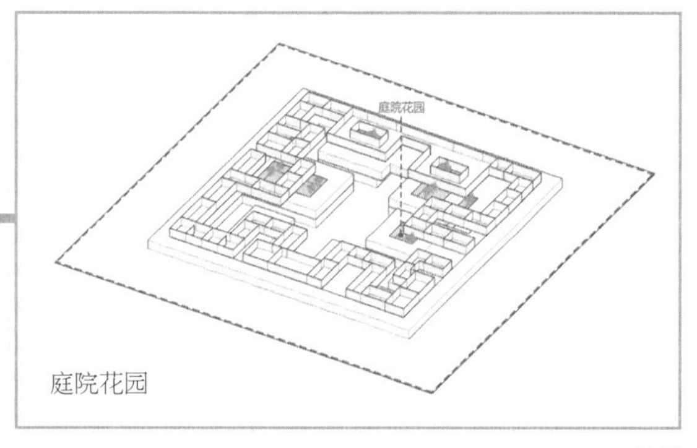

图 34

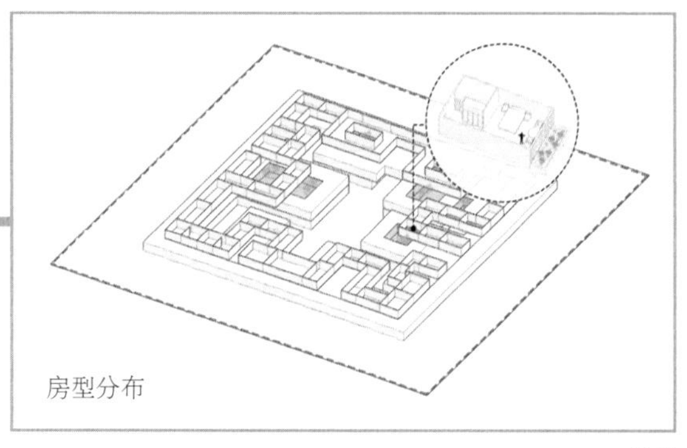

图 35

根据观景平台和庭院花园的分布，布置景观露台花园型客房（图 36）。

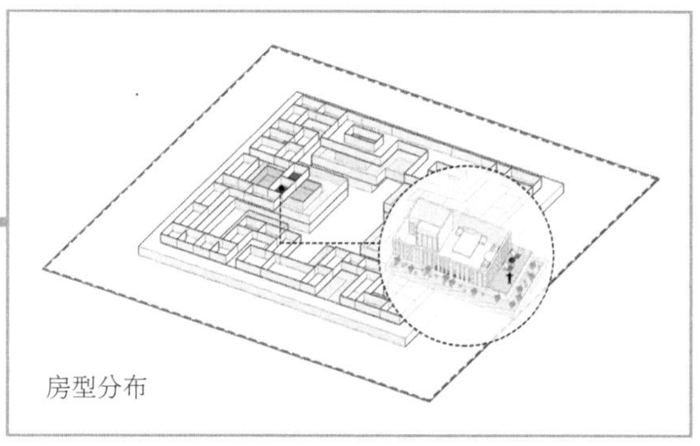

图 36

最后，在较安静的边角处布置无院落的普通客房（图 37）。

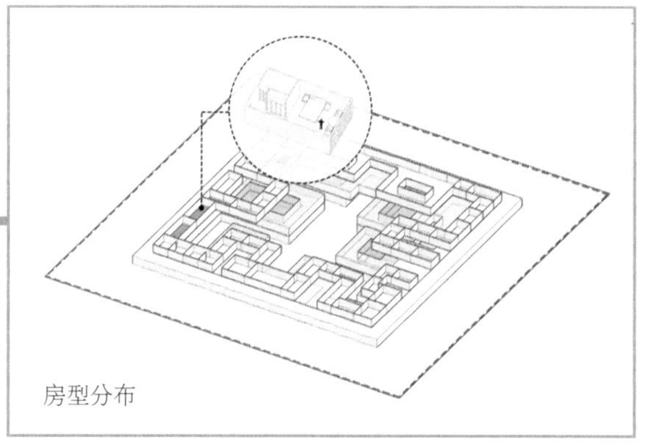

图 37

三层客房的布置采用同样的方法。根据观景平台和庭院花园的分布，布置不同的客房房型（图 38、图 39）。

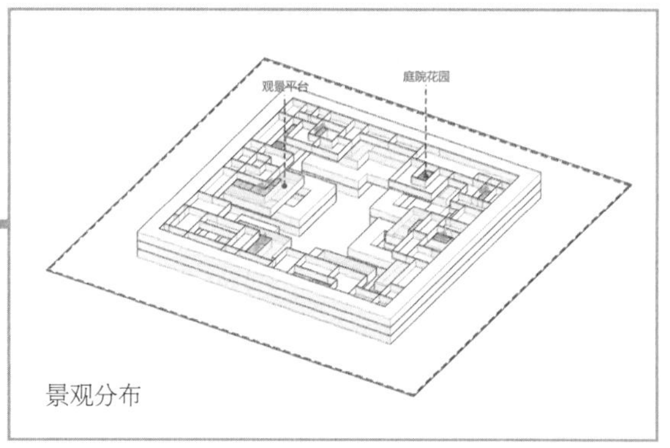

图 38

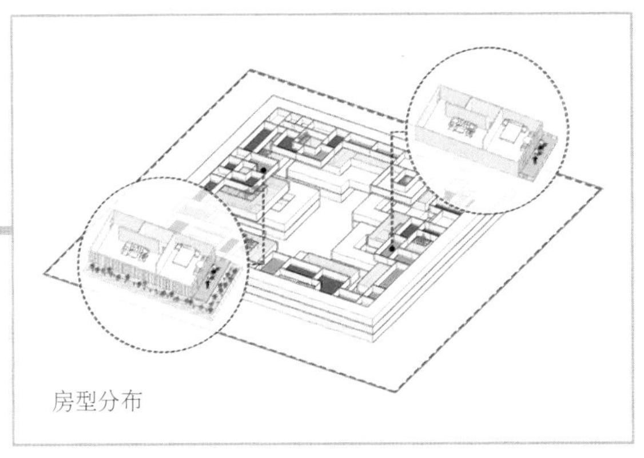
房型分布

图 39

选取部分景观良好的空间作为客房区的餐厅，将通风采光差的房间用作辅助用房（图 40）。

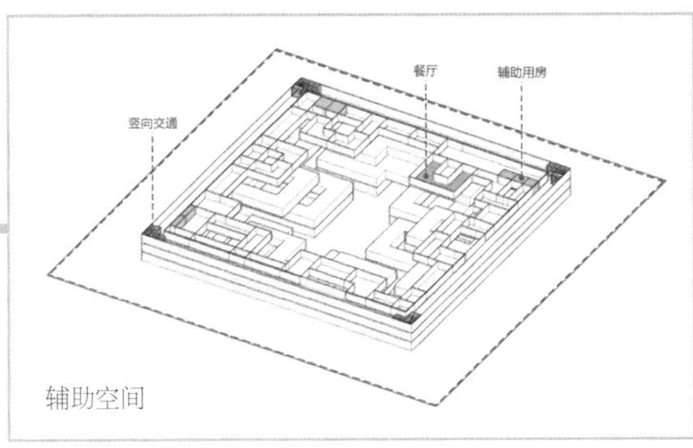

辅助空间

图 40

为了促进建筑庭院和内部空间的散热，削减部分体量以促进空气流通（图 41、图 42）。

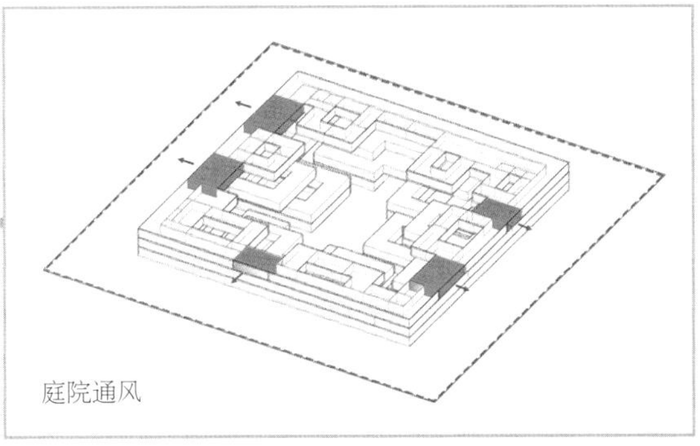
庭院通风

图 41

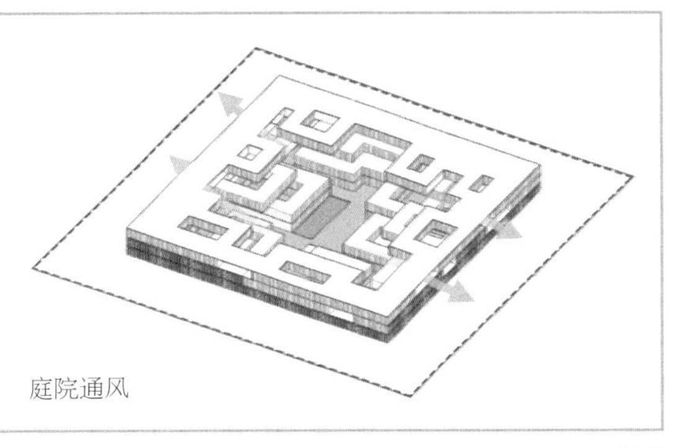
庭院通风

图 42

至此，客房配置完成。接下来是不是加个表皮就能收工了呢？当然不是。

第四步：商业空间。按理说，在这种荒无人烟的沙漠里还逛什么街？舒舒服服睡一觉不好吗？可也正因为荒无人烟，一个独具特色的商业空间搞不好就是板上钉钉的垄断霸主啊。虽然周围全是沙子，但是，商业空间占用最大沿街面的尊严依然要得到保证。商业空间只能设置在外围绝对不是房型布局的结果，但沿建筑一周足有 800m 的长度，会让逛街变成中考体育现场。所以，将原本在建筑首层的商业空间移到室外，将 800m 变成外部空间，减少人们的心理尺度判断。只能说有钱、有地就是任性（图 43、图 44）。

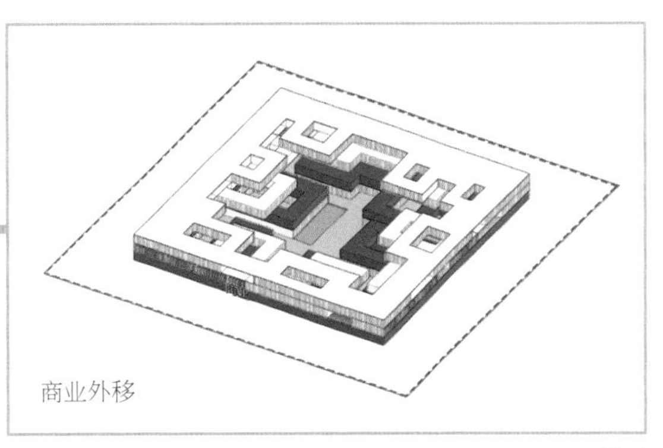
商业外移

图 43

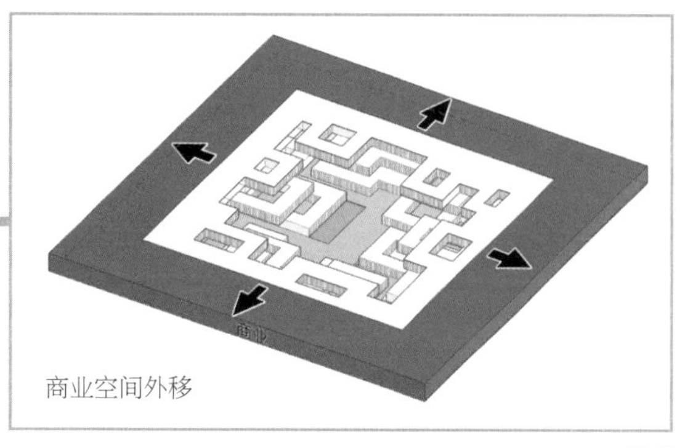

图 44

模仿当地传统建筑，采用拱廊围合外部商业空间的形式提供遮蔽（图 45）。

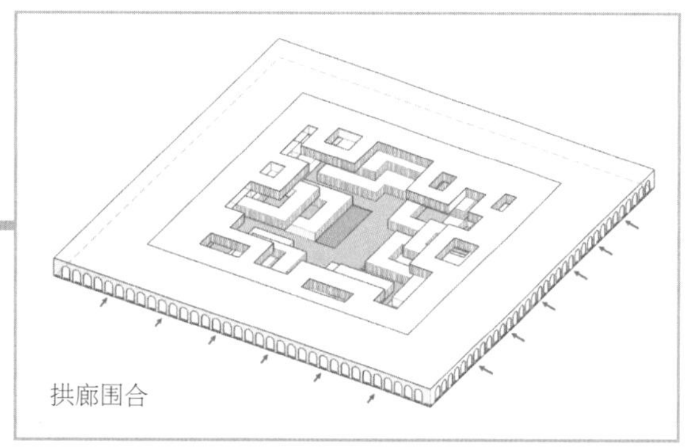

图 45

屋顶模拟成沙丘的造型，为建筑和商业空间遮阳（图 46、图 47）。

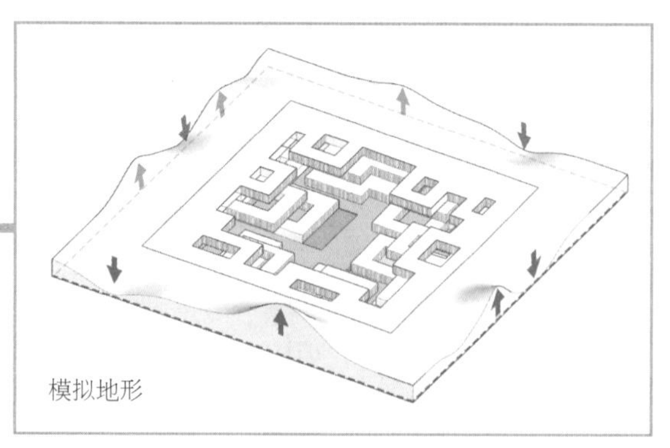

图 46

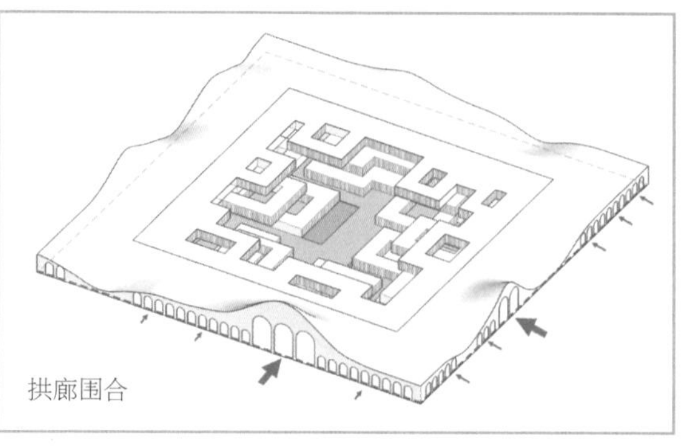

图 47

既然商业空间已经成为类似骑楼的半露天模式，那么建筑师肯定也不可能再去画蛇添足地搞什么商铺了。而在沙漠地区的小镇，最常见的商业模式就是巴扎（图 48）。

图 48

建筑师模仿巴扎集市的商业空间，将拱形门廊变成柱廊，同时也使廊下空间更加开放、明亮，保证外围柱廊不会影响内部庭院的通风（图 49）。

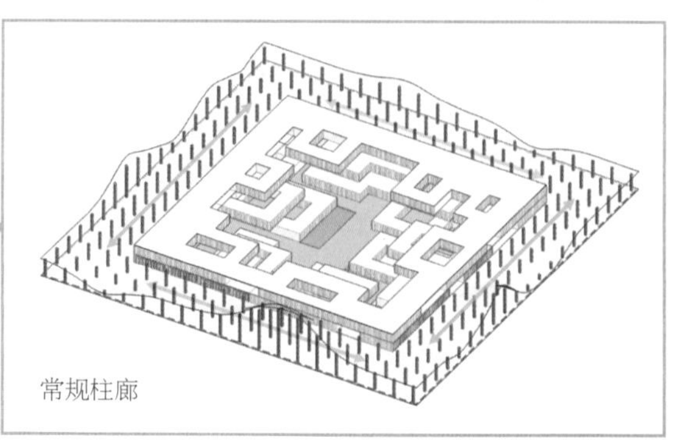

图 49

为了体现巴扎集市摊位自由散布的特点，将规则柱网变为不规则、散乱布置的细柱（图50）。

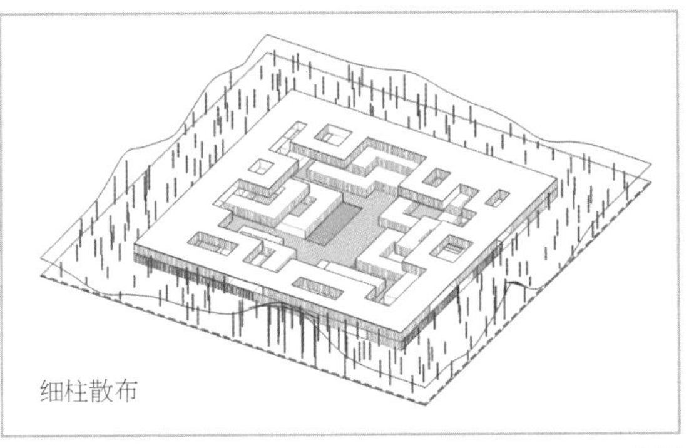

图 50

柱子的自由分散布置对空间起到了划分的效果。柱子分布稀疏的区域，可以成为聚会和活动场地，其他区域则可以根据摊位大小灵活使用（图 51）。

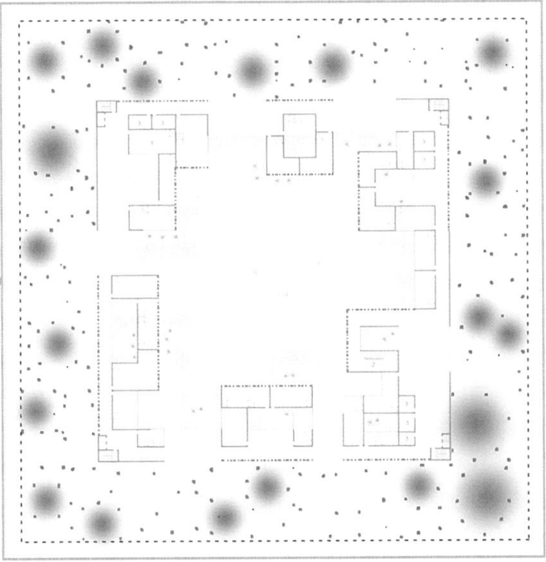

图 51

在柱子间悬挂网布，对下部空间进行限定，形成大小不一的檐下空间，除了酒店提供的商业服务外，还可以吸引附近城镇里的自由商贩来此售卖摆摊，而且在夜晚还能变为免费的露营和烧烤聚会场地（图 52）。

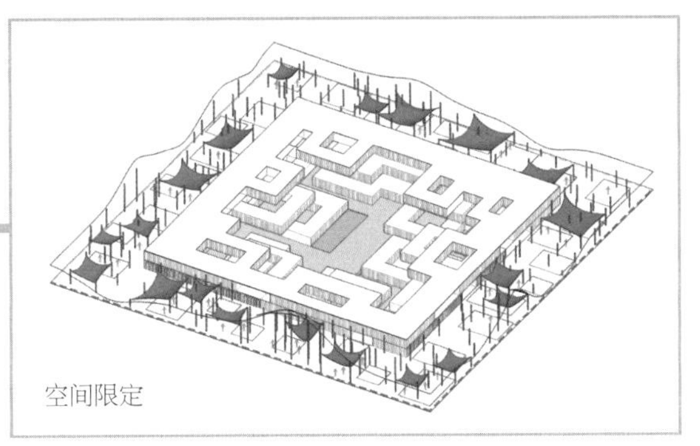

图 52

简直是沙漠必备的万能良药（图 53）。

图 53

最后，将酒店的报告厅、健身房以及后勤服务空间放置在负一层。至此，酒店的功能空间就全部设计完成了（图 54）。

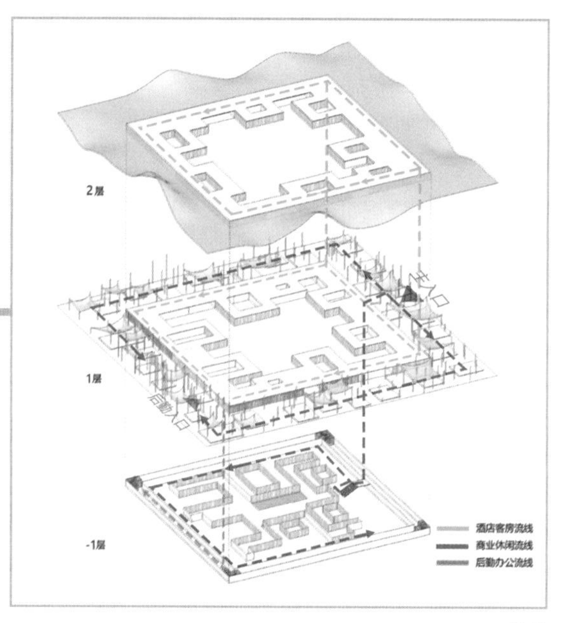

图 54

最后的最后，在这片干旱的沙漠里下雨就和中彩票头奖似的，所以起伏的屋顶采用木材建造，将酒店客房和商业空间都覆盖在遮阳顶棚下，完全不怕漏风、漏雨（图 55）。

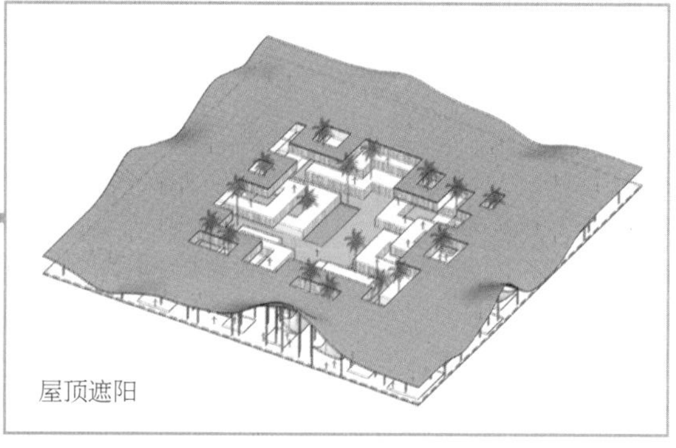

图 55

这就是伊朗FMZD事务所设计的伊朗桑干酒店，一个誓将沙子当金子卖的建筑（图 56 ~ 图 60）。

图 56

图 57

图 58

图 59

图 60

建筑里没有永恒的真理，只有喋喋不休地各说各的理。一粒沙子，磨成珍珠能当宝贝卖，攒成个撒哈拉也是世界奇景，实在不行就当一粒与众不同的沙子，说不定也能碰到有缘人。最不值钱的就是揉进眼里，随着眼泪消失在空气中的沙子，如同从没来过。建筑师的眼里不揉沙子，因为揉进去的都不是沙子。

图片来源：

图 1、图 56 ~ 图 60 来自 https://www.archdaily.com/932192/fmzd-imagines-sangan-hotel-a-tent-like-developement-in-the-north-east-of-iran?ad_source=search&ad_medium=search_result_all，其余分析图为作者自绘。

END

背着甲方偷偷皮一下，真的很开心

图 1

名　称：南特高等艺术学院竞赛方案（图 1）
设计师：JDS 建筑事务所
位　置：法国·南特
分　类：教育建筑
标　签：折叠广场，建筑改造
面　积：12 500m²

ART

大言不惭地说句“找死”的话：绝对不是想侮辱甲方您的智商，但估计您也确实看不出一个建筑方案里哪些是建筑师冥思苦想用心设计的，哪些是拍脑袋抽筋瞎乱搞的。主要是，这两者的区别真的不大。某位小可爱建筑师可能是玩《宝可梦》玩魔怔了，在设计进行不下去的空血槽时刻，竟然妄想掏出精灵球召唤皮卡丘来充电续命。

法国著名的南特高等艺术学院（ENSBAN）最近被纳入转型计划了。他们老家所在的南特岛地区政府赶时髦玩起了产业转型，打算把一个废弃旧仓库区改造升级成多功能创意园区。这个叫 Alstom 的仓库区位于卢瓦尔河分流形成的三角洲上，东侧有主路可到达北侧的卢瓦尔河和南侧的城市干路（图 2）。

图 2

浪漫的法国人虽然全身都是艺术细胞，但也依然没能逃过旧工厂变身艺术创意区这种烂大街的毒操作。所以，久负盛名的南特高等艺术学院第一个被拉来撑场子，被强行分配了两座破厂房，并被要求限时搬家（图 3）。

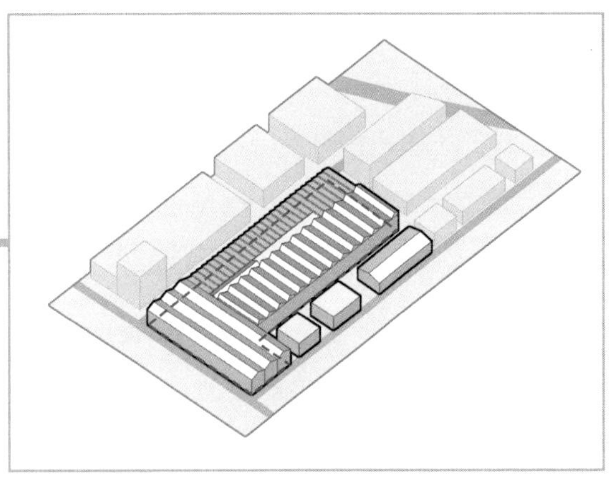
图 3

这两座厂房虽然又旧又破，但好在通高十几米，占地 17 000m^2。对于只想容纳 500 名学生的南特高等艺术学院来说，这实在是大得绰绰有余。因此，除了艺术创作必需的研究室与工作坊，学院又添加了一个艺术图书馆、一个用于创意出版的公共中心和青年中心、一个当代艺术画廊以及若干零售商业设施等豪华高配功能，才勉强凑够了一份 20 000m^2 的任务书。

天下没有白吃的午餐。给你这么大的地方不是用来摆着看的，撑场子就要有撑场子的样子。地区政府希望艺术学院尽可能对厂区开放，成为未来这个创意园区的公共活动中心。翻译一下就是：其实你可以拆一部分房子，贡献出来当广场。这也太老谋深算了吧！

那么，问题来了：拆哪里呢？其实根本没什么好纠结的，原厂房只有东侧面向主街，所以只能拆这里了（图 4 ~图 6）。

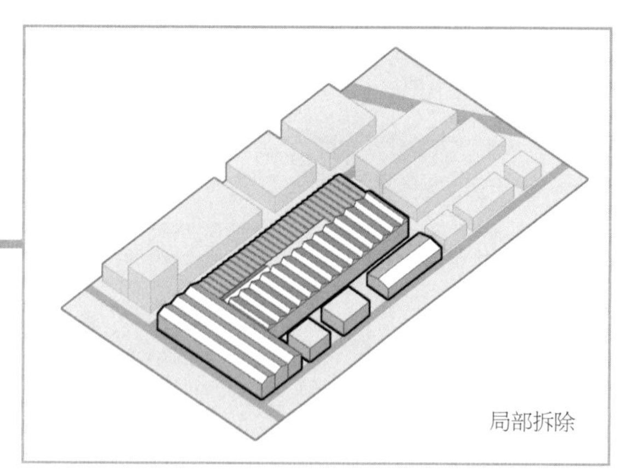
局部拆除

图 4

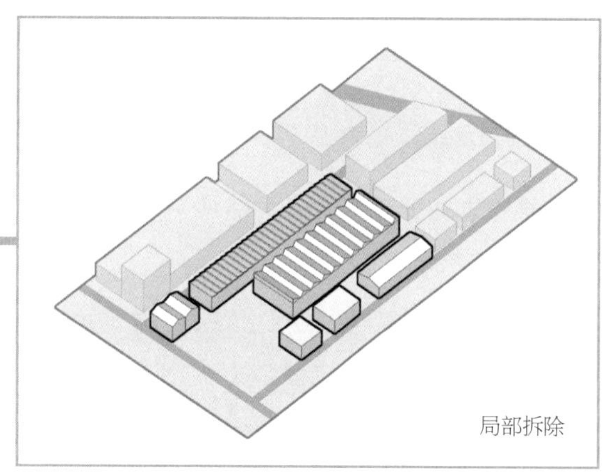
局部拆除

图 5

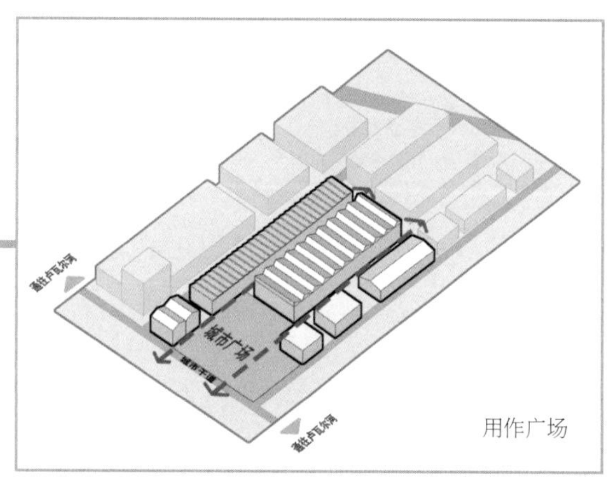

用作广场

图 6

然而，6000m^2 的这个量级放在城市广场上实在是不够瞧的。说白了，不是有块空地就能叫广场的，能吸引人来的才是广场，吸引不了人的叫“冷场”。更何况，这个小不点儿广场还要同时为城市和学院服务，再承担点儿学院功能什么的，也就基本和退了个红线差不多（图 7）。

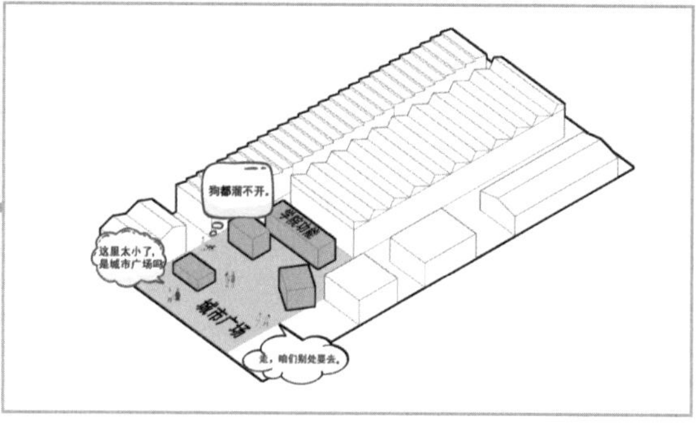

图 7

但甲方的场子，跪着也要撑。对，就是跪着撑。膝盖打弯，把广场也打个弯折起来。一个太弱，加倍总可以了吧（图 8 ~图 13）？

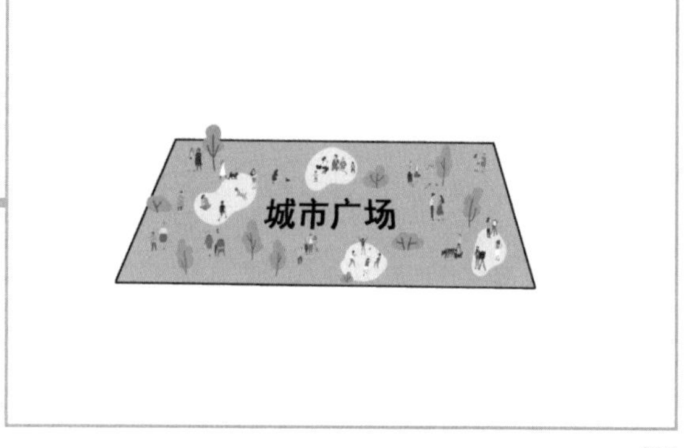

图 8

图 9

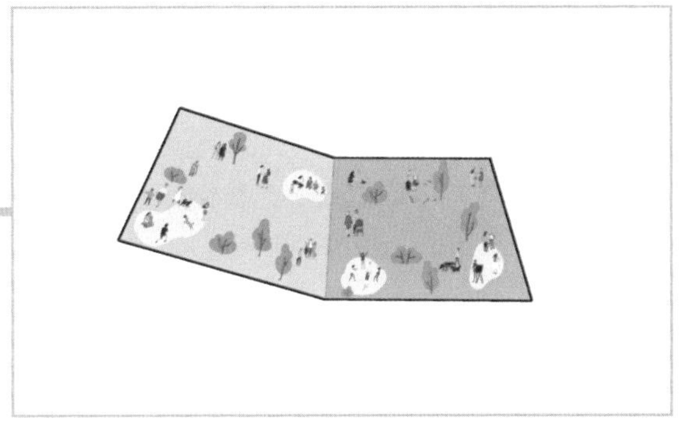

图 10

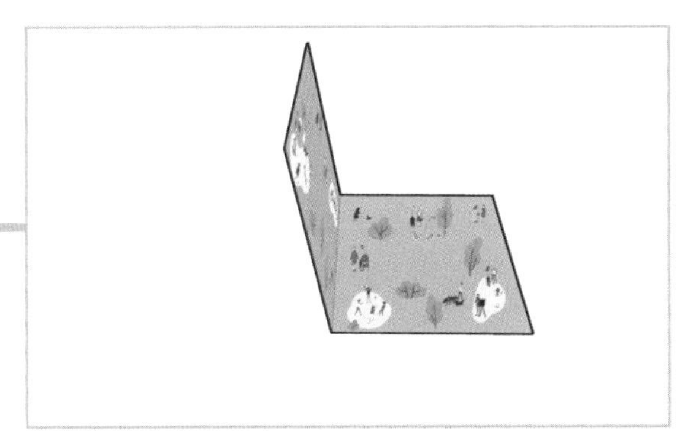

图 11

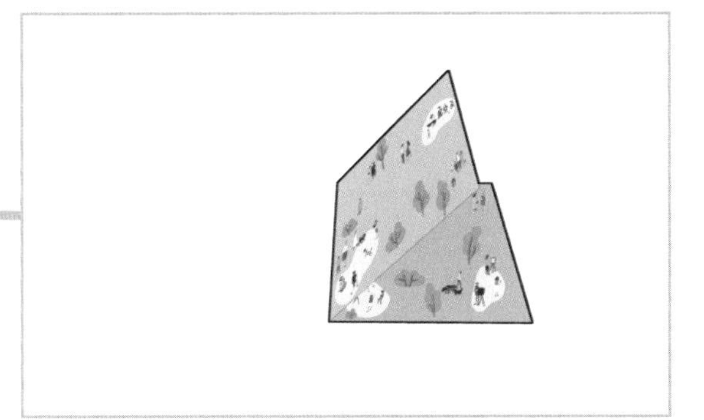

图 12

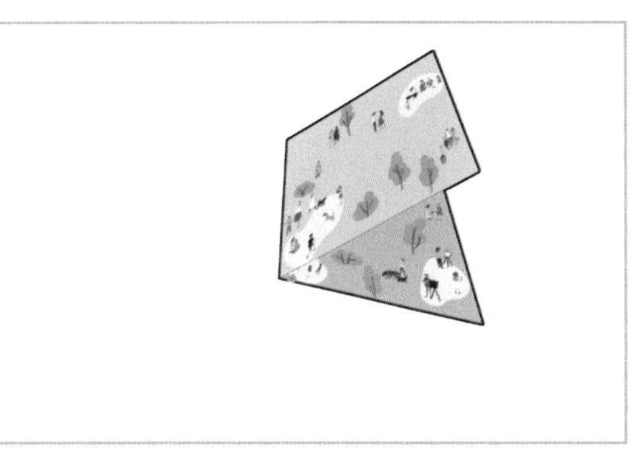

图 13

“官宣”：立体广场。这么设计除了扩大公共活动的面积，也是在三维空间上对服务城市与服务学院两个层面进行分级。换句话说，地平层的广场直接面对城市开放，走过路过不要错过；二层广场留给学院，过了这村没这个店，爬爬楼梯也无所谓了。反正你也别无选择。

画重点：将广场神转折一下，呈“之”字形展开；加入学院功能作为分隔，上下层自动分级（图 14）。

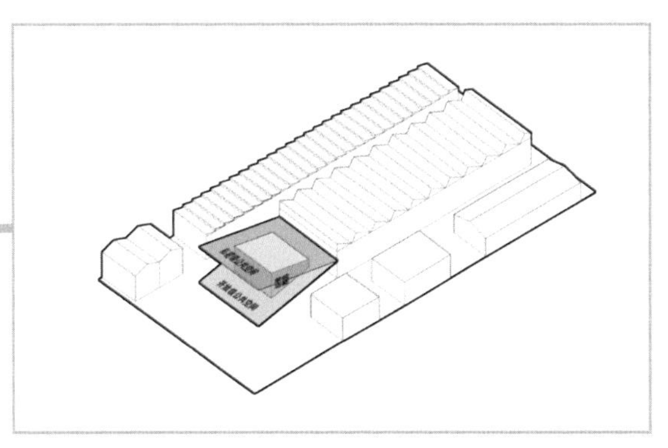

图 14

坡道全部设置为台阶，可坐可躺，增加停留空间。大台阶围绕学院功能展开，增加学院对外开放的机会（图 15）。

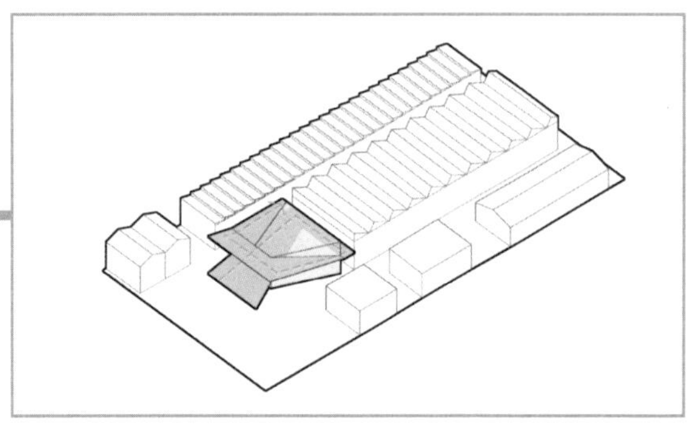

图 15

相当于把城市广场和学院建筑结合产生一个新的复合广场空间，坡道下的空间还可以继续被学院利用（图 16）。

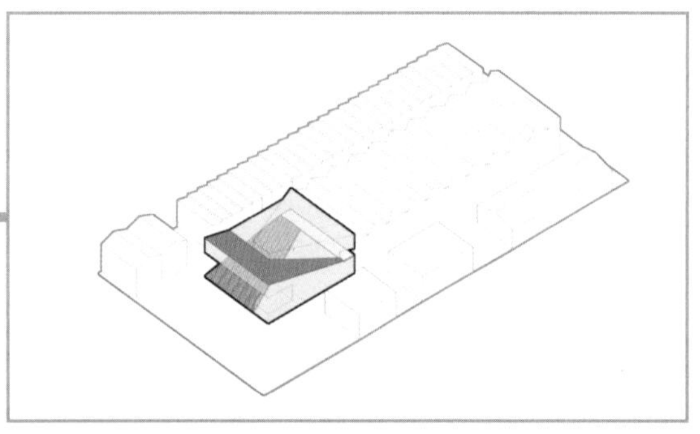

图 16

基本概念就是这么回事儿，下面来看具体操作。根据任务书进行功能划分，学院主建筑由新建的复合广场空间和改造厂房部分组成（图 17）。

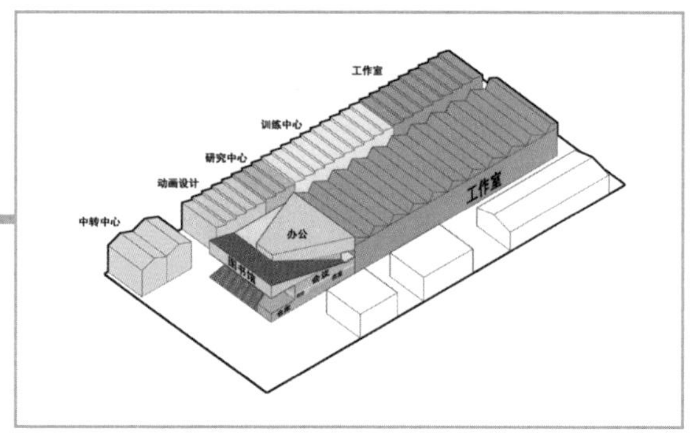

图 17

先看一下新建的复合广场空间。将一层台阶切个口，形成建筑入口广场并自然划分两侧功能：一侧做仓储、设备等辅助功能；一侧保留大台阶广场，台阶下可用空间也可作为辅助空间（图 18）。

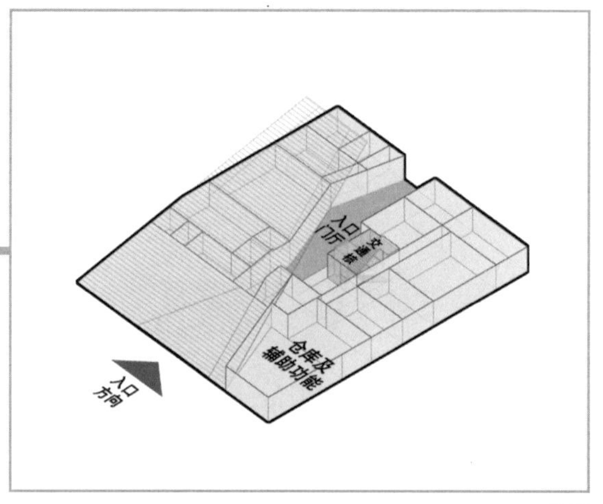

图 18

台阶广场跨越两层，利用坡度设置一个两层高的礼堂报告厅。在台阶广场上切割出一个三角形中庭作为首层门厅通高空间，中庭另一侧是学院教室、咖啡厅和休息平台（图 19）。

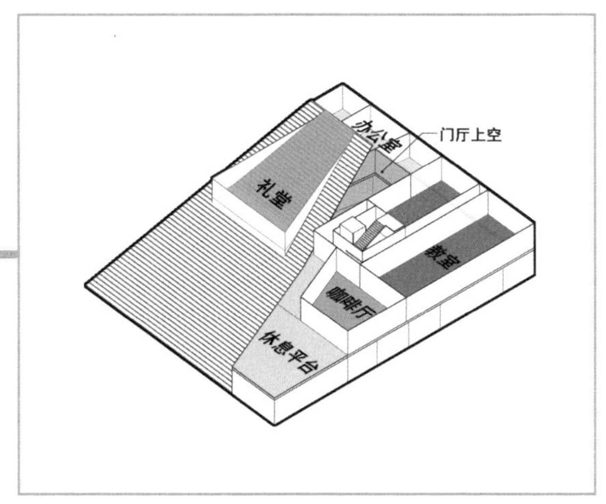

图 19

三层作为台阶转折层，延续二层的布局。中庭一侧是礼堂，另一侧做小型会议室（图 20）。

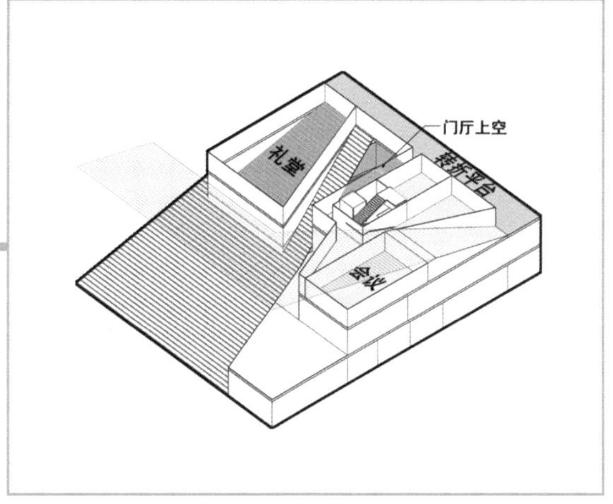

图 20

四层为保证在公共流线里尽可能多地展示学院，所以在建筑另一侧起坡。其余部分布置小型工作室，尽端的完整体量布置图书馆（图 21）。

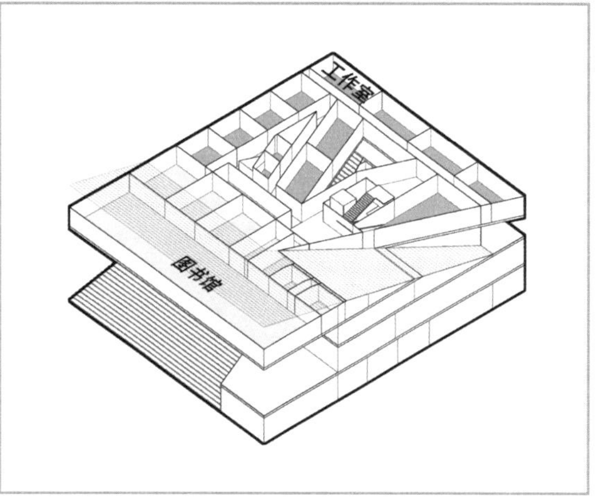

图 21

至此，这个新建的立体广场就缺一个完美的结尾了。虽然爬楼梯到顶部可以俯瞰整个园区，但对于四体不勤的现代人来说，这绝对不是一个爬楼梯的充分理由。所以，建筑师又在这里布置了一个小型观演空间，利用五层的空间外小平台做了一个小舞台。同时，高度上的隔离也使露天舞台有了一个相对安静封闭的环境(图 22）。

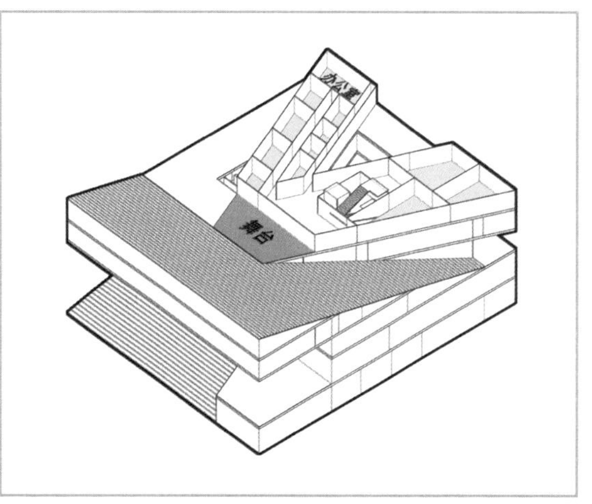

图 22

在最高平台上再切出一条小坡道，使得人们从学院内部也可以直接到达观演平台（图 23）。

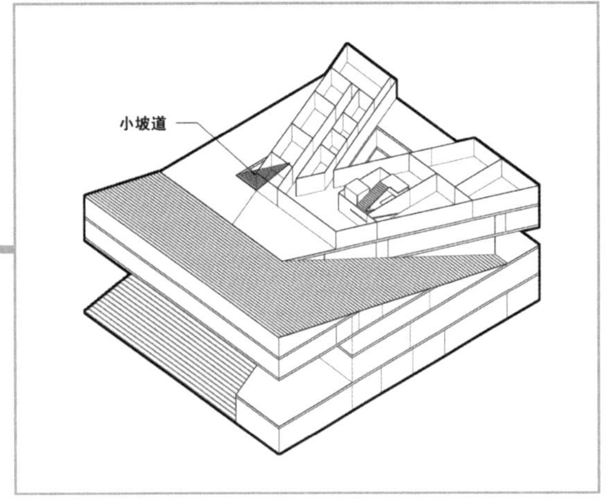

图 23

至此，复合广场差不多也就完成了，除了有点儿普通。通常，我们管这种感觉叫卡壳儿。明明在构思方案的时候意志坚定地要从功能、空间入手，绝对不能走向肤浅的形式主义，但功能排完之后又贱贱地觉得关于形式的选择师出无名。改吧，不舍得，不改又不甘心。其实这个时候，你最需要的不是做决定，而是放轻松。

不就是选择个形式嘛！什么选择不是选择？皮卡丘它不可爱吗（图 24）？

图 24

作为皮卡丘的忠实拥护者，我们的建筑师毫无负担地选择了它作为下一步的形式依据。为了和这个“萌神”合作，建筑的 5 层空间按照皮卡丘的耳朵布置，并在入口处切割三角形门前广场，使得首层形态就像皮卡丘的两个爪爪（图 25）。

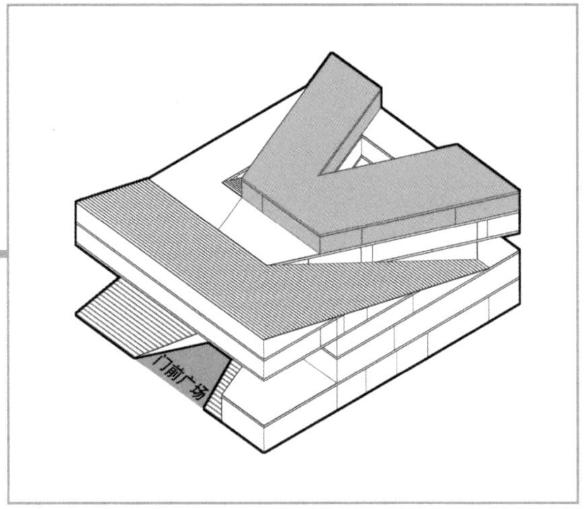

图 25

为了表明这并不是生硬的植入，仓库改造部分的空间划分也直接照搬了皮卡丘尾巴的闪电折线形状。利用皮卡丘的尾巴折线作为参考线来分割出中庭（图 26）。

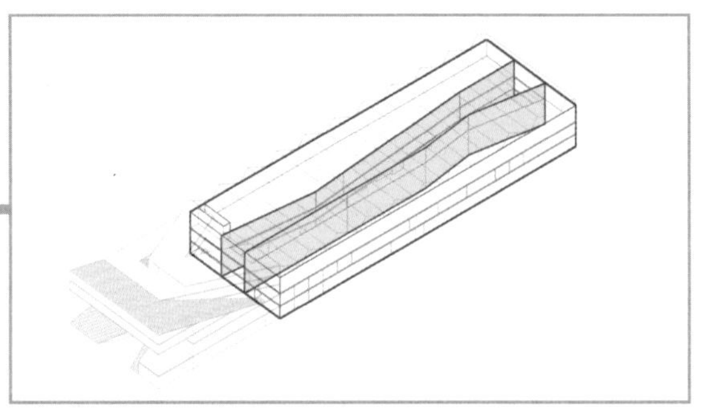

图 26

中庭范围随着层数的增加而扩大，平台面积逐层递减（图 27）。

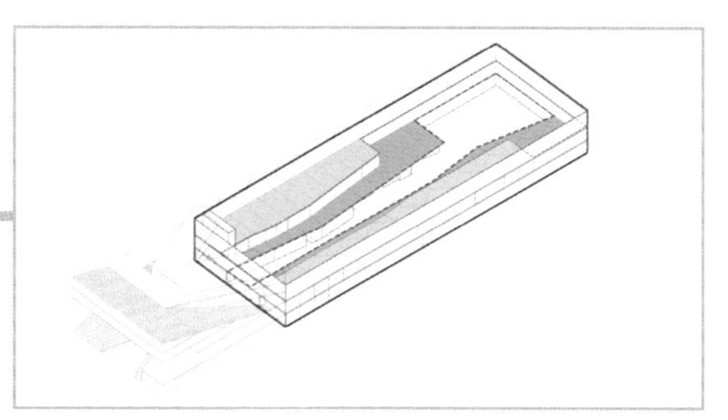

图 27

用连廊连接中庭两侧（图 28）。

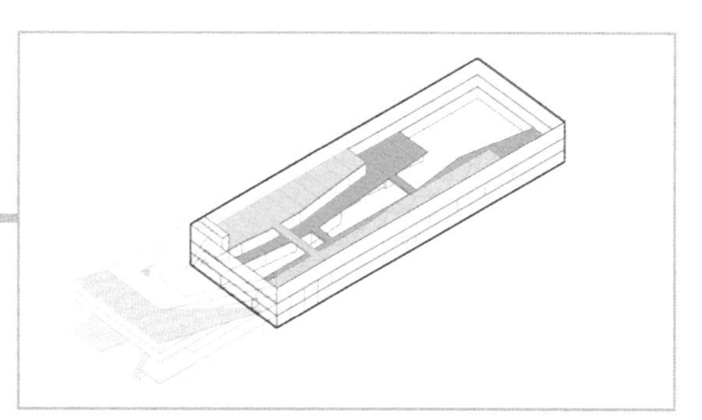

图 28

沿中庭边界置入几条公共楼梯，并在角部置入疏散楼梯（图 29）。

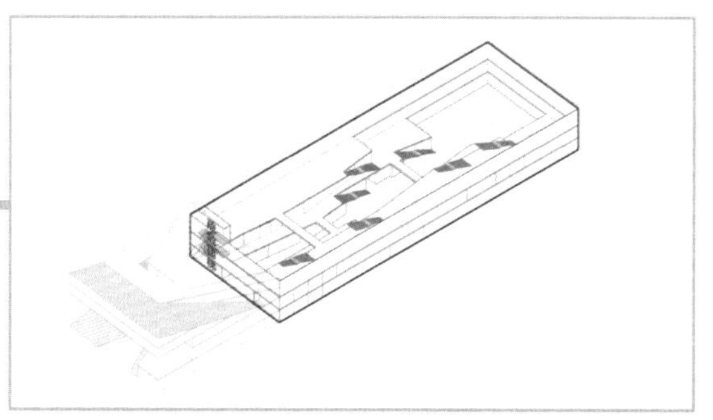

图 29

整个厂房部分都是大大小小的工作室，按需求布置在中庭两边，并在南北两侧开入口（图 30）。

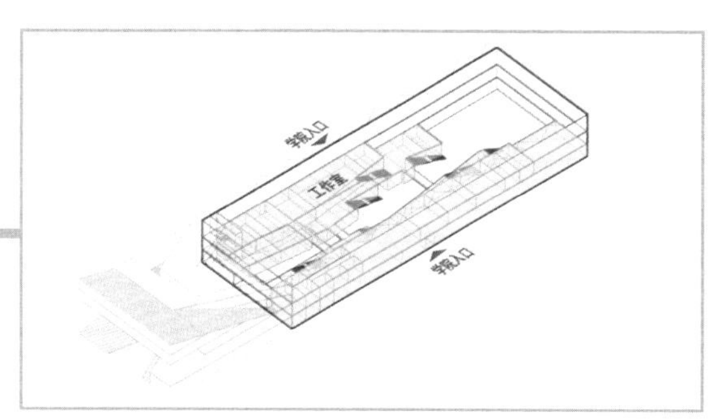

图 30

这样，新建的复合空间可以通过 3 层的平台与旧仓库改造部分联系起来，但是使用流线却可以通过交界处门的开启自由控制是否相交（图 31）。

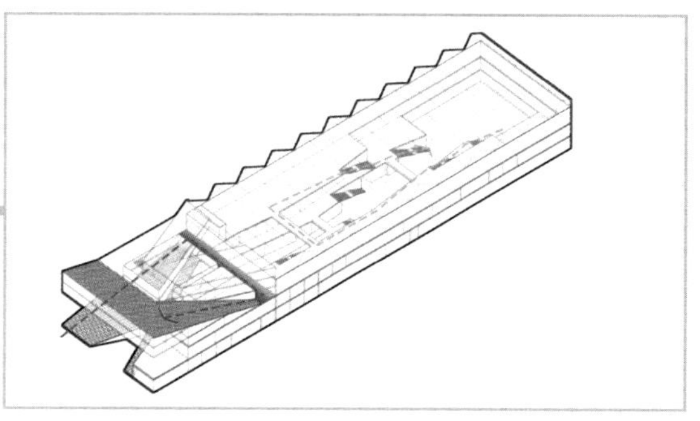

图 31

皮一下虽然很开心，但建筑本身当然不可能涂成皮卡丘的样子。玩梗要适度，适度！仓库改造部分保留了原有仓库的结构框架以及连续的坡屋顶，并选择通透开放的玻璃幕作为围合结构（图 32）。

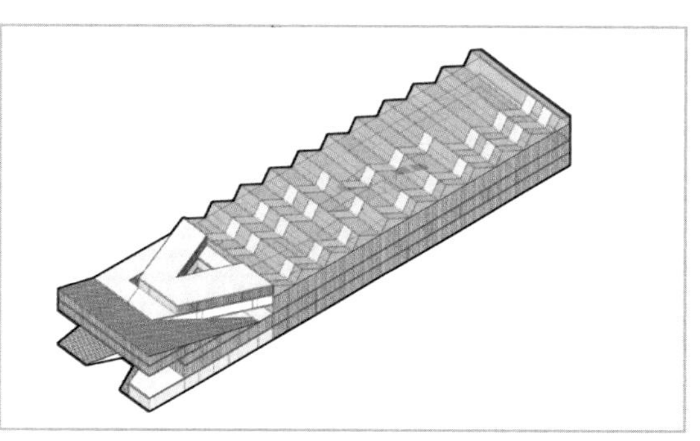

图 32

为保证采光，在屋顶处开天窗，使得仓库内整体敞亮（图 33）。

图 33

这就是 JDS 建筑事务所设计的南特高等艺术学院竞赛方案。郑重声明：皮卡丘是被官方盖章的，绝不是强行解释。虽然最后出图依然一本正经，但那真的是好一招瞒天过海（图 34 ~ 图 37）。

图 34

图 35

图 36

图 37

对于设计这件事儿，我们还是应该秉承“战术上藐视，战略上重视”的基本原则。既然甲方能脑袋一热乱点中标案，建筑师凭什么就不能悄悄皮一下呢？这样才公平嘛。做建筑师呢，最重要的就是开心。

图片来源：

图 1、图 24、图 33 ~ 图 37 来自 http://jdsa.eu/nba/，其余分析图为作者自绘。

END

世道不公，你不必把内心的小野兽都憋屈成小白兔

图 1

名　称：惠特尼美国艺术博物馆新馆（图 1）

设计师：AXIS MUNDI 建筑事务所

位　置：美国 · 纽约

分　类：博物馆

标　签：导管，灰空间

面　积：18 116m²

其实你内心清楚得很，甲方大魔王绝对不会因为你伪装成楚楚可怜的小白兔就手下留情的。只有野兽才有资格站在食物链的顶端和美女贝儿组成搭档，小白兔的故事线永远都是遇到大灰狼。建筑师也是一言难尽，虽然天天说甲方的口味奇怪、趣味邪恶、品位一言难尽、行为变幻莫测，却还是风雨无阻，多年如一日地经营自己爱岗敬业的勤劳“画图狗”形象。

有的时候甲方虐你，并不是因为内心残暴，可能只是因为你看起来好欺负。说不定换成锋芒毕露、张牙舞爪的魔童小哪吒，就能与各路神仙把酒言欢了，就算世道不公、壮烈牺牲，好歹也能留下一段佳话。

建造于 1966 年的惠特尼美国艺术博物馆是个典型的重口味小野兽。建筑师就是美国野兽派代表人物马塞尔·布劳耶(Marcel Breuer)(图 2、图 3)。

图 2

图 3

40 年后，甲方惠特尼公司的新董事长温伯格打算在纽约再建一个新博物馆。新馆位于纽约高线公园和哈德逊河之间，紧挨着高线公园的终点。甲方买下的地总面积约 17 000m^2，但是博物馆实际只占地约 4645m^2，层数要求在 6 层左右，建筑总面积 17 187m^2 (图 4)。

图 4

虽然董事长是新的，重口味却是祖传的。温伯格先生不知道是不是小时候被柱子砸过，有了阴影，以至于对博物馆没什么别的要求，就是不能有柱子，一根也不能有，当然，如果再能呼应一下旧馆那个小野兽，也是极好的。

既然甲方定了新博物馆为无柱空间，结构师就别磨刀了，赶紧来科普一下无柱空间的结构选型才是王道（图5）。

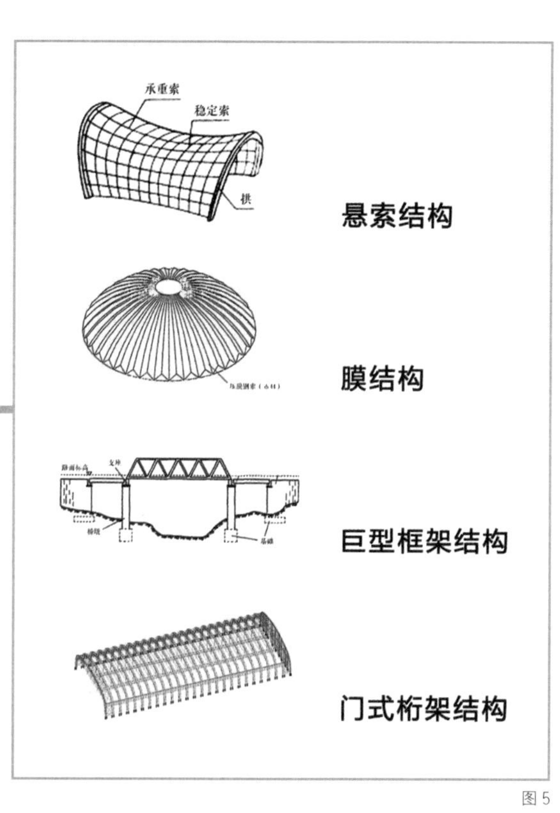

图5

可同样来自纽约的AXIS MUNDI建筑事务所觉得，能提出如此霸道又恶趣味要求的甲方一定看不上这些循规蹈矩的选择，也不会锱铢必较地控制成本。他们决定赌一把，就赌大佬的世界寂寞如雪，急需一个出口来释放内心真正的野兽。更重要的是，建筑师做久了也真的很憋屈啊。

因此，他们选择了将门式桁架结构和巨型框架结构相融合的新结构体系，从而让室内空间可以灵活地进行拼搭；简单说来，就是把管体空间视为梁元素，再靠桁架支起管体的两端，从而实现承力（图6）。

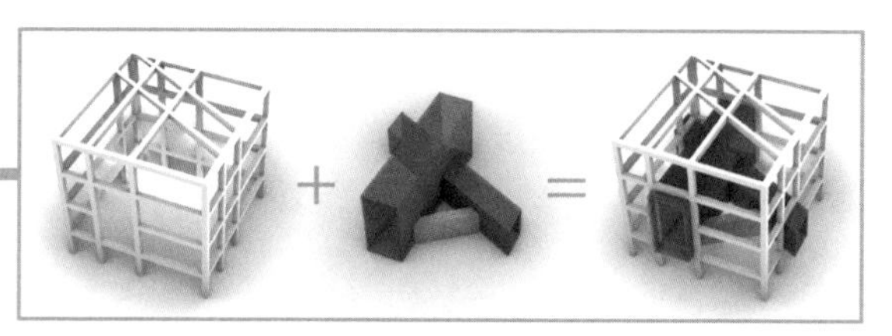
图6

如果用常规的框架结构来做类比的话，可以根据受力情况把管体分为两类：一类是两端直接落在外部结构，这种管体类似于主梁；另一类管体则是直接搭在两个类似主梁的管上，相当于次梁（图7）。

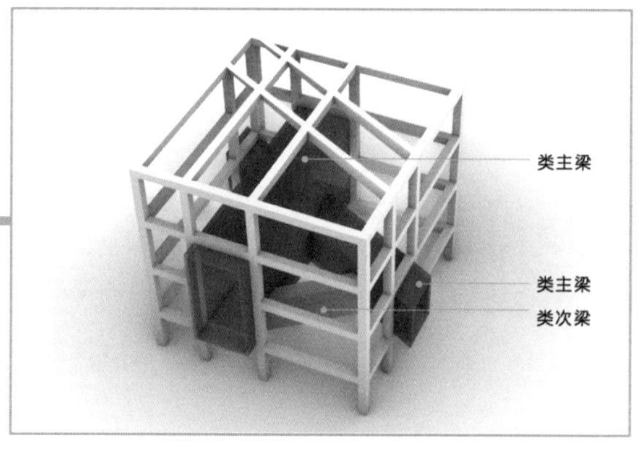

图7

确定了基本的结构体系后，就可以实际操练起来了。先根据任务书拉起建筑体块。为了减少对高线公园的压迫感，在公园一侧压低建筑体量（图8）。

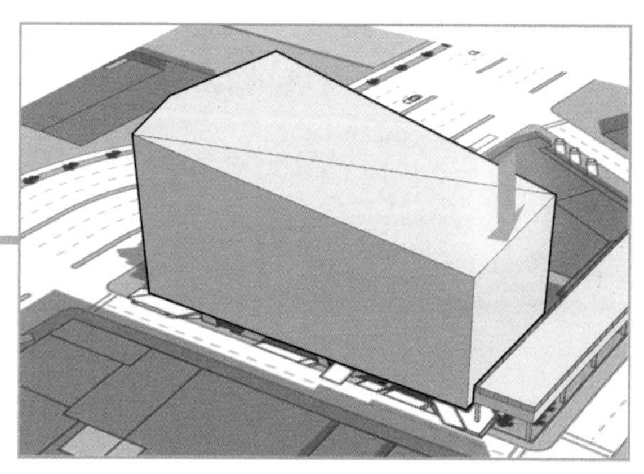
图8

然后进行建筑分层和功能分区：顶层用于办公，其余层用于展陈。另外，在建筑顶部和临河一侧都留出一部分空间作为景观休闲空间(图9)。

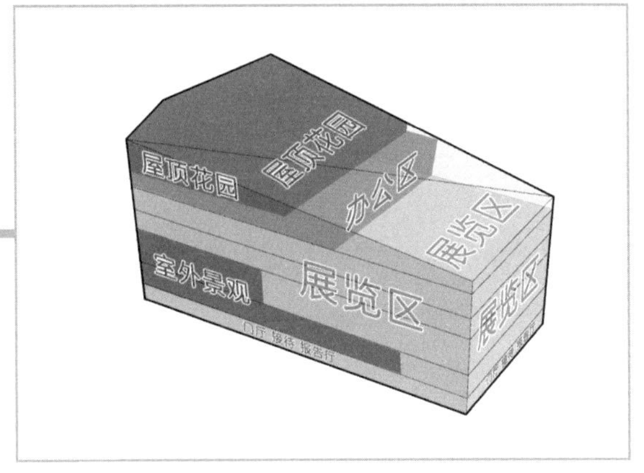

图9

由于建筑的外层需要承接管体空间端头，所以外层为结构层。同时，建筑师把垂直交通空间和卫生间等辅助功能也置于外层融入结构，这样就可以把内层的大空间集中起来，便于更灵活地组织展览空间（图10）。

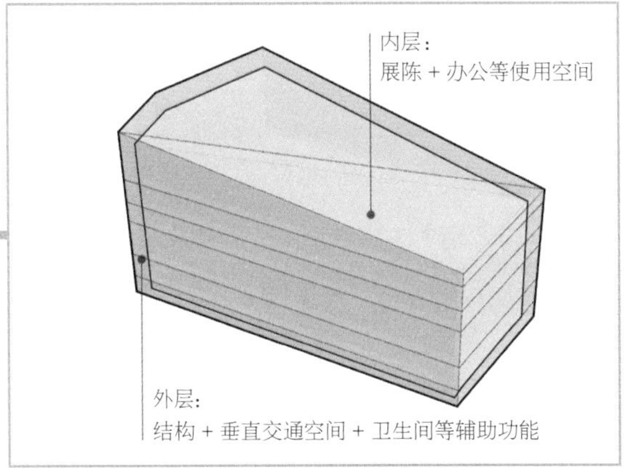

图10

根据疏散要求，在外围布置一圈垂直交通空间（图11）。

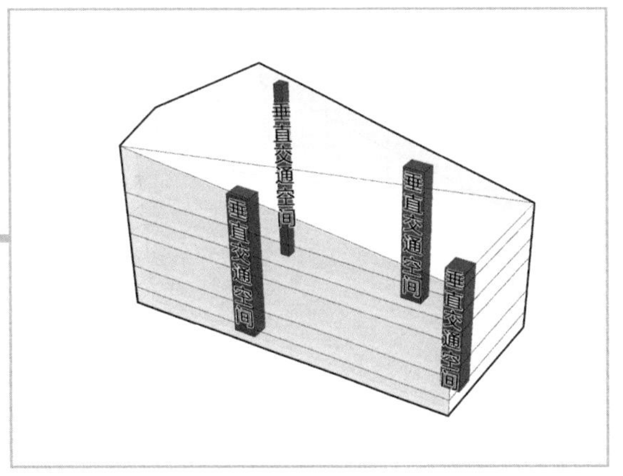

图11

接下来，就可以放心大胆地去逐层搭建室内管体空间了。每根管子宽度都设置在10m左右，同时满足展陈和办公空间的尺度。由于管体依靠外层结构支撑，因此每层的管体可以互不对位（图12～图18）。

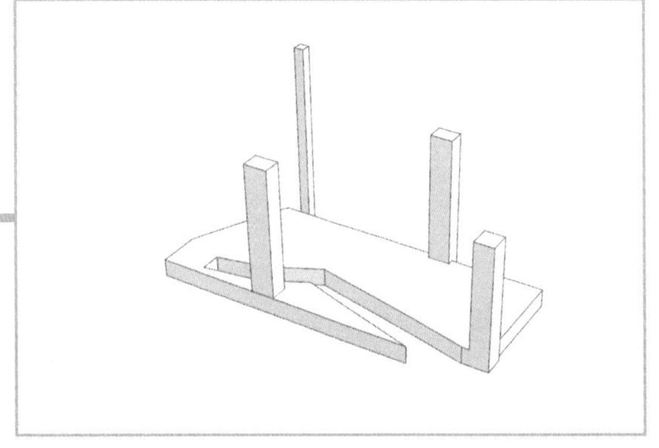
图12

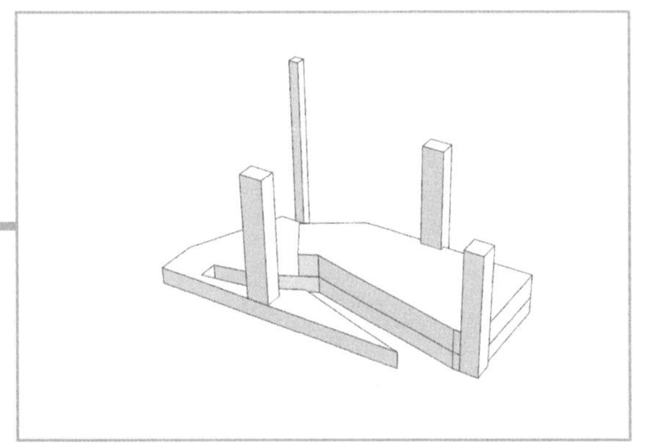
图13

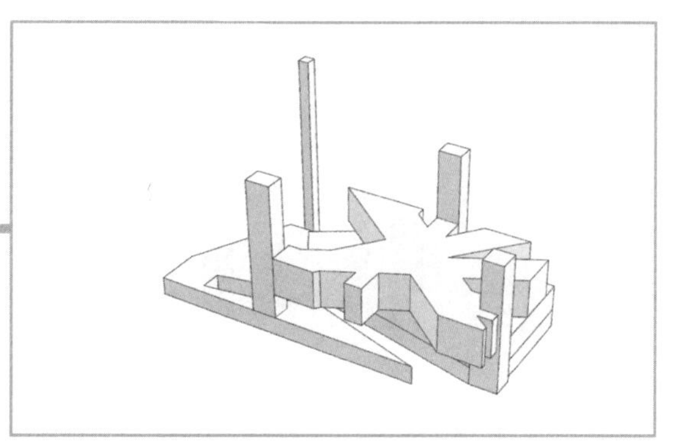

图 14

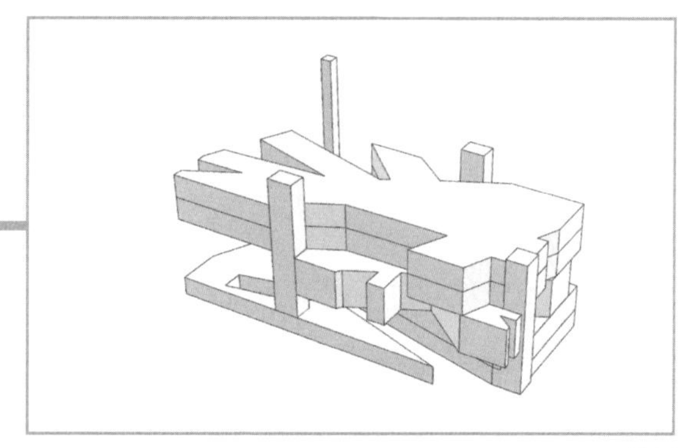

图 15

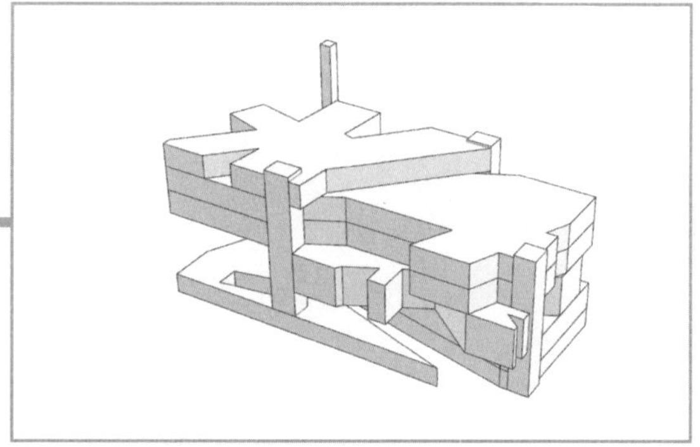

图 16

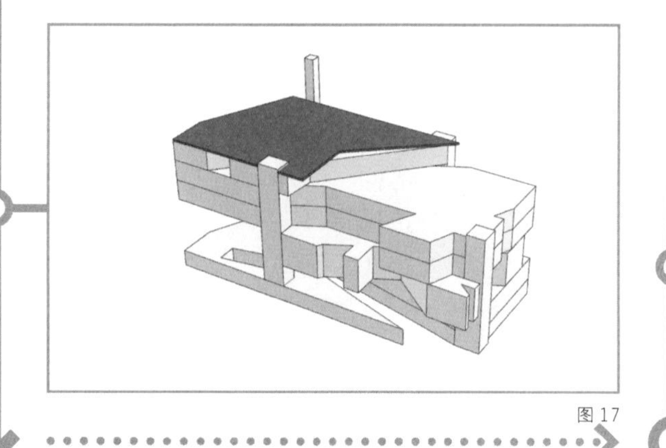

图 17

图 18

摸着良心讲，这堆管子事实上是可以随便穿插的，唯一的原则就是三个字——看心情。当然，你也可以找到各种各样的理由告诉甲方这堆管子不是瞎穿插的。比如，AXIS MUNDI 建筑事务所就表示，自己布置的这堆管子充分考虑了城市文脉和街景的视线关系。有人信就好（图 19）。

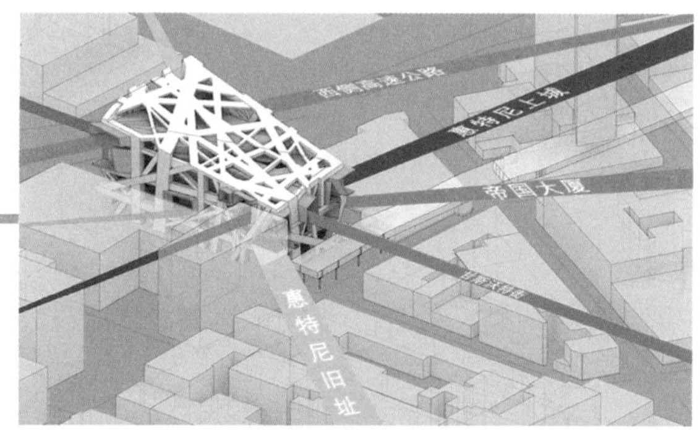

图 19

然后添加坡道和空中连桥等室外交通空间，形成多种进入建筑的方式（图 20）。

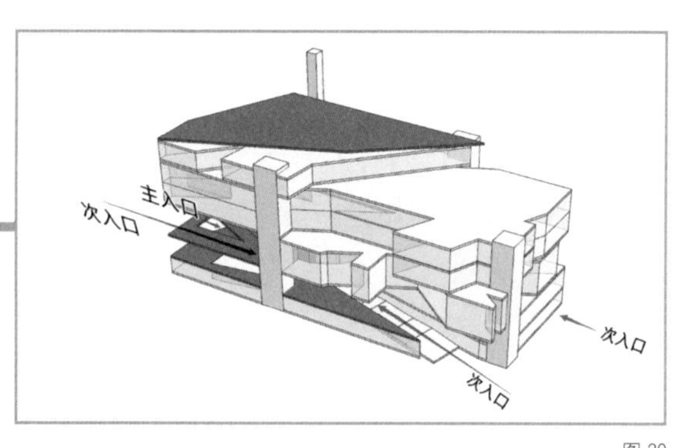

图 20

调整平面。用空中连桥把垂直交通空间以及卫生间等辅助空间与室内空间相连接。对于身在不同管子端头的部分室内空间也需要连接起来，从而形成流畅的闭环观展流线（图 21）。

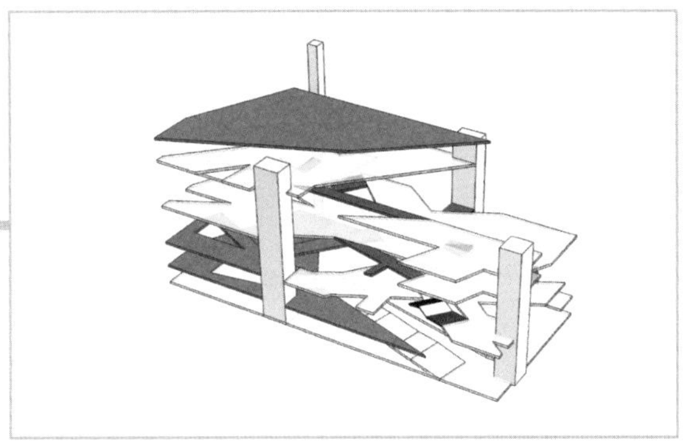

图 21

至此，“方案狗”都能本能反应出这玩意还需要一个壳把它罩起来才能收工。那么，问题来了：选择一个什么样的壳呢？最简单也是最常见的，就是用一个封闭的壳完全罩住空间体系，然后室内就会形成一堆奇形怪状的小中庭空间，壳上再铺一层自己喜欢的表皮肌理就可以了（图 22）。

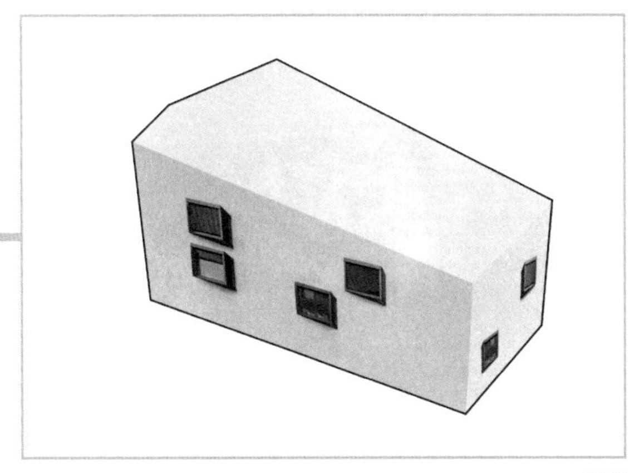

图 22

但 AXIS MUNDI 建筑事务所是来释放内心小野兽的，拿个壳子全部罩起来算怎么回事？也就是说，他们打算搞点儿事情来打破围护结构的束缚，正经说法叫模糊空间边界。“学霸”应该已经看出，这不就是黑川纪章提出的灰空间吗？他们确实想做个灰空间，却是 50 度灰，1 度不能多，1 度也不能少。

通常我们讲的灰空间是一个室内与室外的过渡空间，最经典的就是檐下空间。如果说室内空间是黑，室外空间是白，那么所谓的灰空间就是一个由黑渐变到白的空间。

画重点：AXIS MUNDI 建筑事务所想设置的这个灰空间是一个与室内、室外都有明确边界的空间，是介于室内与室外之间一个明确、独立、灰度固定的空间层次（图 23）。

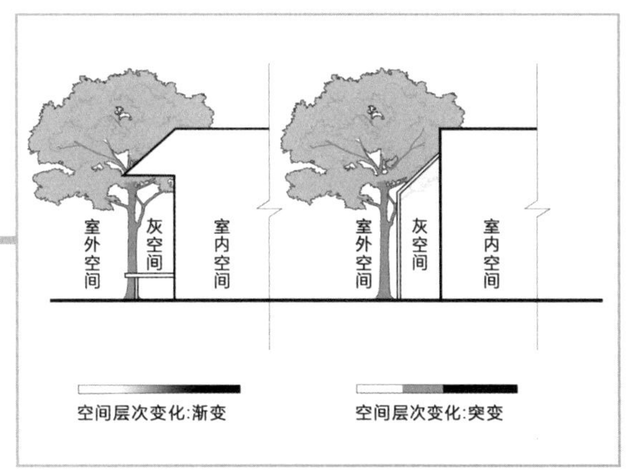

图 23

你可以将其想象成有两个男生都想约你做女朋友，一个不承诺、不拒绝，但就是每天有意无意地搞暧昧；一个直截了当地横插一脚，跟你摊牌。估计女生都会比较享受前一个，而男生则更希望是后一个。两者并没有什么高下优劣之分，只是一种对空间的设想。所以，AXIS MUNDI 建筑事务所的想法就是让各个管体空间各自封闭，外壳呈镂空状态，形成一个独立的灰空间（图 24）。

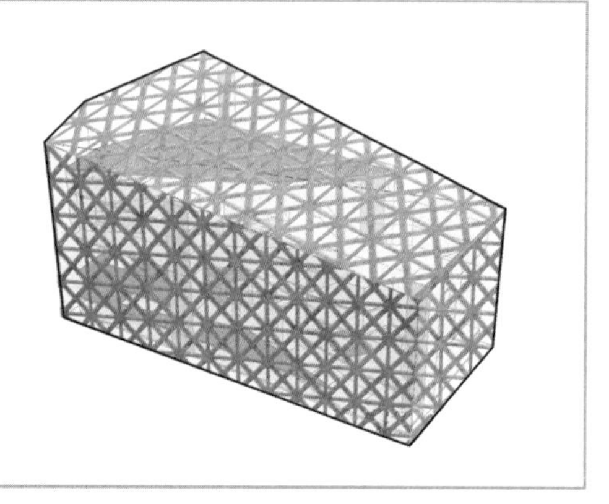

图 24

首先，根据楼板的各个端头伸出位置确定结构层的镂空孔洞，留出来搭接管体空间，形成承力（图 25）。

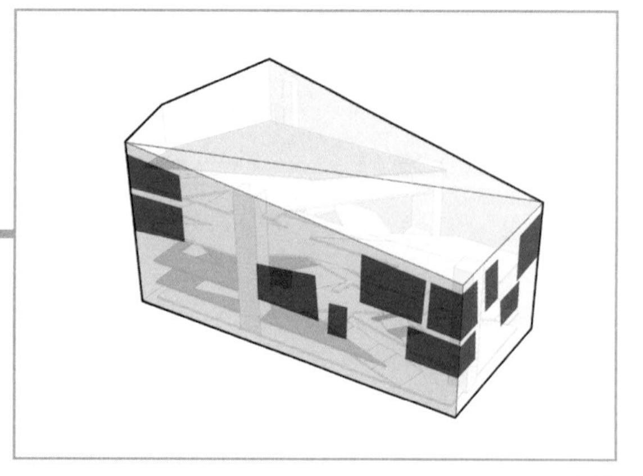

图 25

然后添加支撑构件并进行变形，基于门式桁架的承重原理，强化结构的整体性（图 26）。

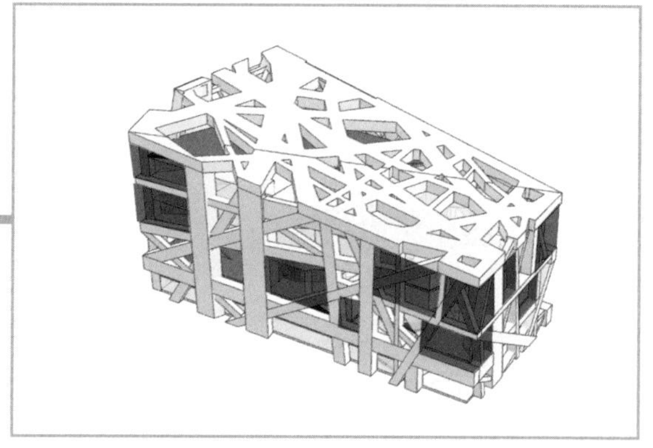

图 26

再把室内管体空间从表皮孔洞中挤出，作为悬挑的灰空间，从而让室内管体空间的受力更加稳定（图 27 ～图 29）。

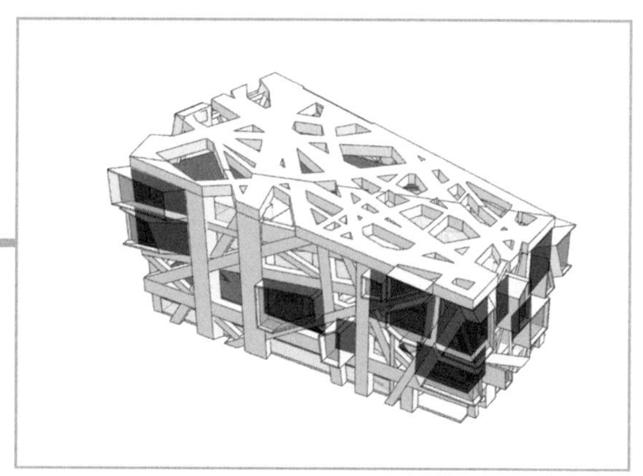

图 27

图 28

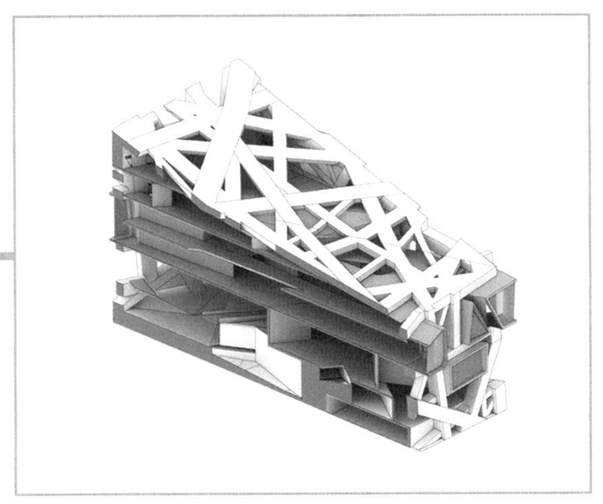

图 29

至此，建筑的外表皮就成了依赖门式桁架承力的巨型框架结构（图 30）。

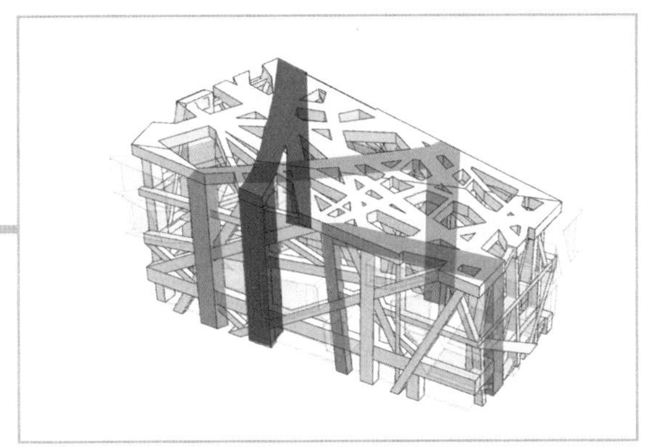

图 30

这类结构有一个大家耳熟能详的代表作——鸟巢体育场（图 31）。

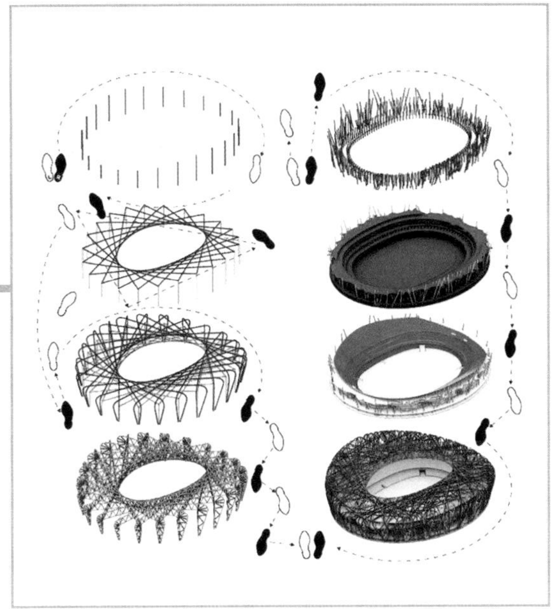

图 31

结构与空间的骨肉分离，使得结构具有了独立性，而室内空间的增减调整也变得可实现——保持结构不变，过几年改一改内部管子什么的，简直不要太简单（图 32）。

图 32

室内外的空间也通过结构层碰撞出了一个提供独特体验的50度灰空间（图33、图34）。

图33

图34

这就是由AXIS MUNDI 建筑事务所设计的惠特尼美国艺术博物馆新馆（图35）。

图35

然而，现实最不讲道理的地方就是，野兽只有变回王子才能与公主幸福地生活，但小白兔遇到大灰狼也可能称兄道弟。这个项目最后中标的就是伦佐·皮亚诺（Renzo Piano）的小白兔方案，现在已经落地建成了（图36、图37）。

图36

图37

小白兔方案的建筑总面积达到 $20\ 500m^2$，比AXIS MUNDI 建筑事务所的野兽方案足足多出2000多平方米的使用面积。可见，无论小野兽还是小白兔，经济实惠才是下单的根本动力。

图片来源：

图 1、图 19、图 28 ~ 图 30、图 32 ~ 图 35 来自 https://www.designboom.com/architecture/axis-mundi-whitney-downtown-museum-an-alternative/，图 2、图 3 来自 https://www.archdaily.com/783592/the-met-breuer-a-loving-restoration-of-a-mid-century-icon，图 4 修改自 https://www.designboom.com/architecture/axis-mundi-whitney-downtown-museum-an-alternative/，图 36、图 37 来自 http://www.archdaily.cn/cn/768067/hui-te-ni-bo-wu-guan-renzo-piano-building-workshop-plus-cooper-robertson，其余分析图为作者自绘。

END

建筑不仅有眼前的苟且，还有用可乐泡的枸杞

图 1

名　称：中国台湾台南美术馆竞赛方案（图 1）
设计师：平田晃久建筑设计事务所
位　置：中国・台南
分　类：美术馆
标　签：双重逻辑，模块
面　积：约 20 000m²

没有晚起的命，却得了晚睡的病。熬夜危害有多大，查到凌晨三点半。世界的本质是拧巴，人类的生活就是在这个拧巴的世界中继续拧巴：月黑风高好心情，红枣枸杞威士忌；前半夜敷面膜“嗑”CAD，后半夜冲咖啡泡安眠药。K 歌自备保温杯，蹦迪切记带护膝；不在放纵里挽留，就在作死中自救，谁也别瞧不起谁。

你以为所有人都只是在拧巴中自娱自乐瞎浪费，其实早有人学会利用拧巴来举一反三打装备。没有可乐泡枸杞的壮举，谁又能想到 3000 块的 Apple Watch 能靠爱马仕表带成为新的炫富小能手呢？

中国台湾台南市想建一座美术馆，没想到放眼全市却搞不到一块合适的基地，一波三折又三折后，终于抢来一块别人家的地。什么意思？字面意思。不是场地条件有多好，而是真的是别人家正在使用。这块地上面是一个覆土公园，是周围大爷大妈广场舞活动的主要据点，地下是两层的公共 11 号停车场（图 2、图 3）。

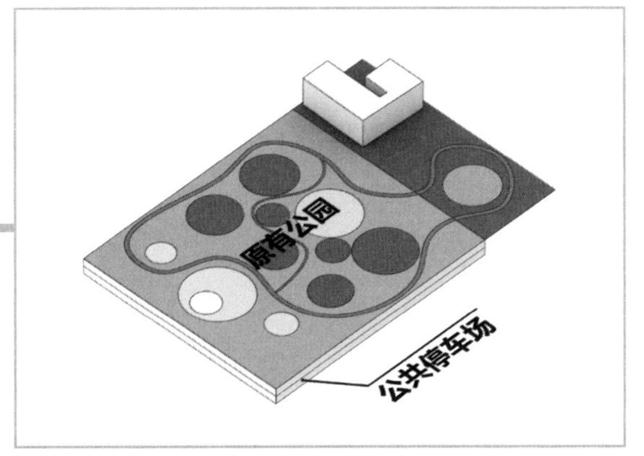

图 2

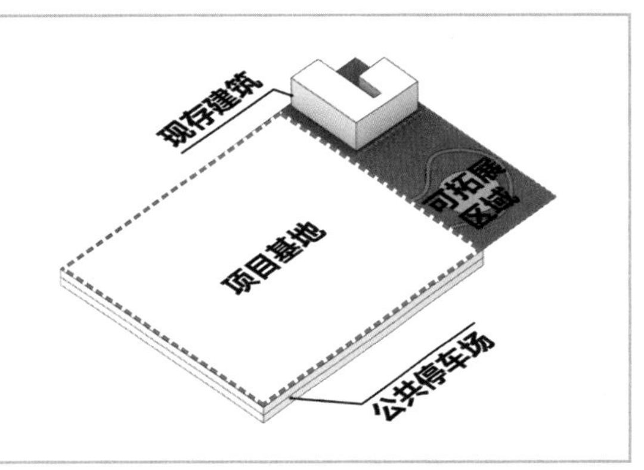

图 3

估计甲方也觉得霸占人家好好的公园去建美术馆有点儿不太厚道，所以任务书里特别说明要设计一个雕塑公园，聊胜于无地表达一下自己的良心依然活蹦乱跳。但就是这个高贵冷艳，怎么看怎么正经的美术馆和雕塑公园搭档，在明晃晃的“朋克养生党”平田晃久同学眼里，生生地就冒出一股肥宅快乐水的碳酸气泡。

美术馆外看雕塑有什么意思？美术馆外跳广场舞才是世间最美的画面，就像可乐泡枸杞一样让人欲罢不能。换句话说，平田君的脑回路是美术馆就应该功能合理、空间实用，做一个安静的美房子，公园则应该是唱着“绵绵的青山脚下花正开”跳《小苹果》。没人规定美术馆外的公园必须是艺术范儿，或者公园里的美术馆必须返璞归真吧？既朋克又养生不好吗（图 4）？

图 4

画重点：平田晃久所谓的“建筑就是创造纠缠的过程”说白了就是两条或多条相对甚至完全相反的设计逻辑同时行进，只有物理融合，没有化学反应。就像可乐泡枸杞、啤酒配党参、智能手表加爱马仕，拧巴的荒谬美感是恰好可以让残酷现实缓口气的黑色幽默。

第一步：肥宅快乐水。

平田君为快乐的广场舞公园保留了原公园起伏的地形，并再接再厉又堆了个小山（图5～图7）。

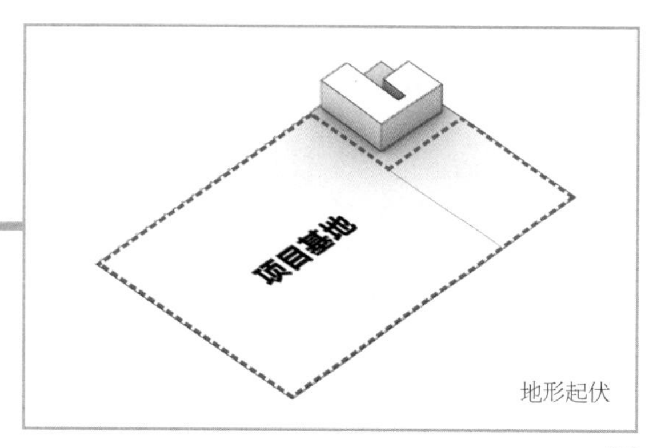

图5

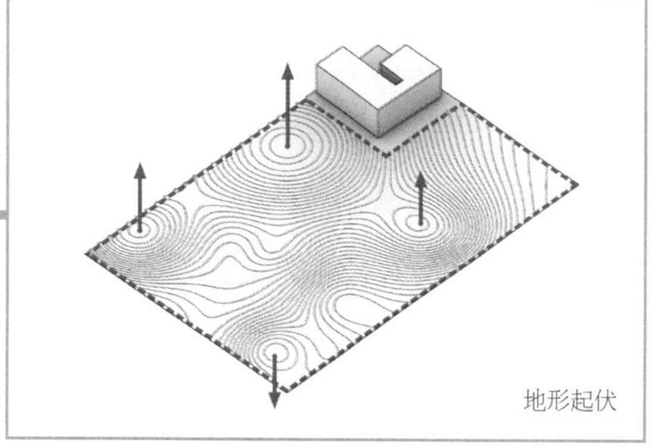

图6

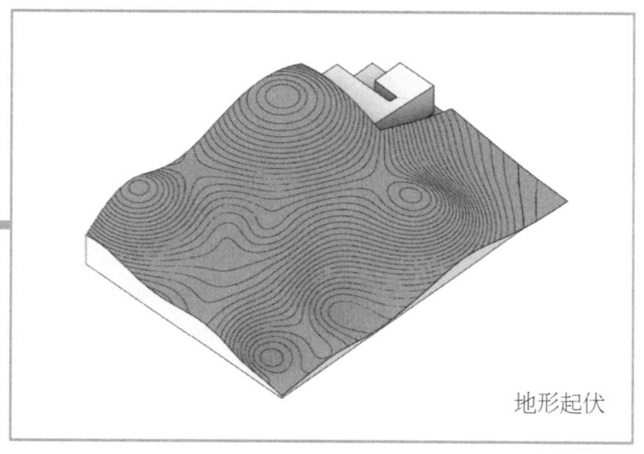

图7

正常规划公园路径并设置休闲节点，你可以完全忘掉美术馆——美术馆是谁？可乐味的吗(图8、图9)？

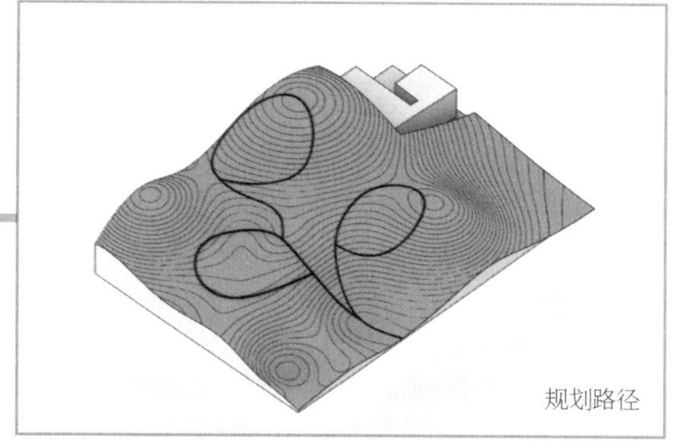

图8

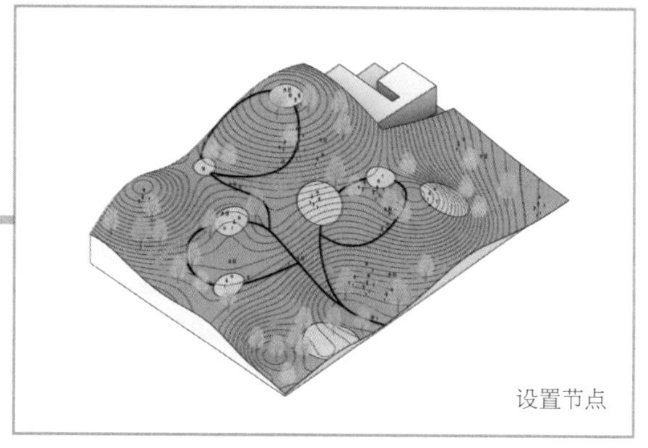

图9

至此，一个坡地景观公园基本形成。

第二步：养生枸杞茶。

作为一颗还散发着泥土芬芳的朴实枸杞，我就想本本分分地搞一个功能完善、流线合理、空间实用、正经得不能再正经的美术馆，怎么办？建议您选择横平竖直的柱网与规规整整的盒子，而地下的停车场就是现成的规矩柱网体系。

1. 沿用地下车库网格体系，并扩展到全部场地（图 10、图 11）。

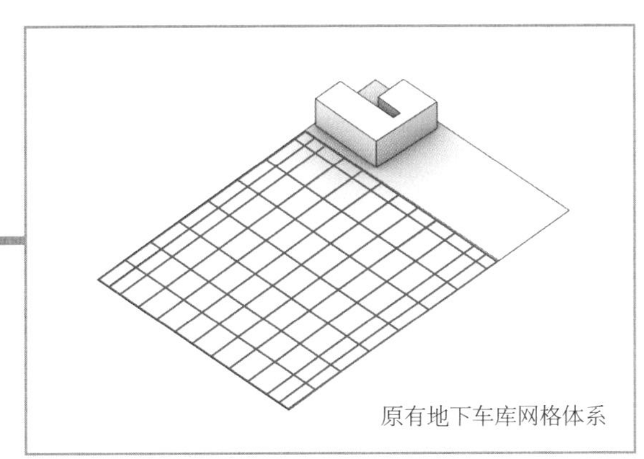

图 10

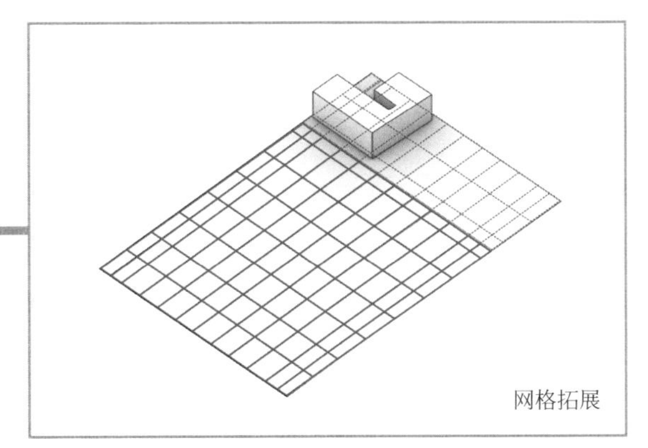

图 11

2. 以完全合理、实用的方式逐层布局功能。

1 层留出主次入口和地下车库进出口，设置藏品库房、艺术教育用房以及商业空间，门厅和咖啡厅部分通高（图 12 ~ 图 14）。

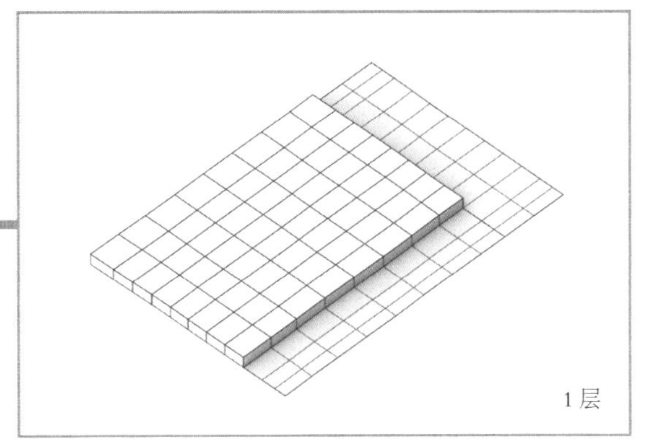

图 12

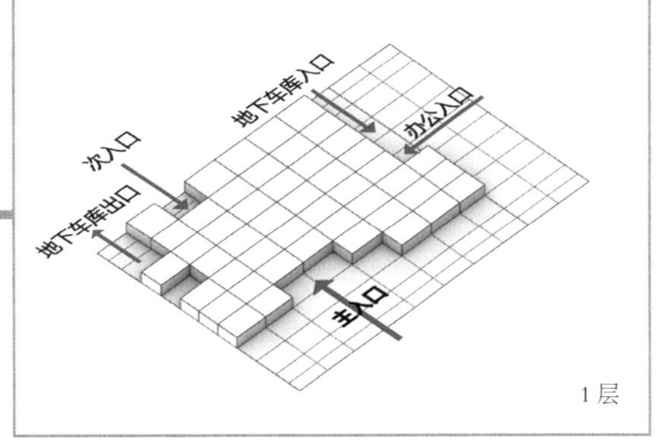

图 13

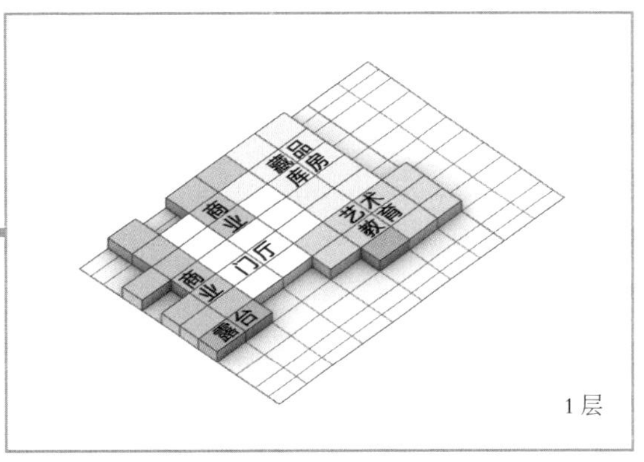

图 14

2层集中布置通高的展览空间，另一侧布置研究办公空间（图15）。

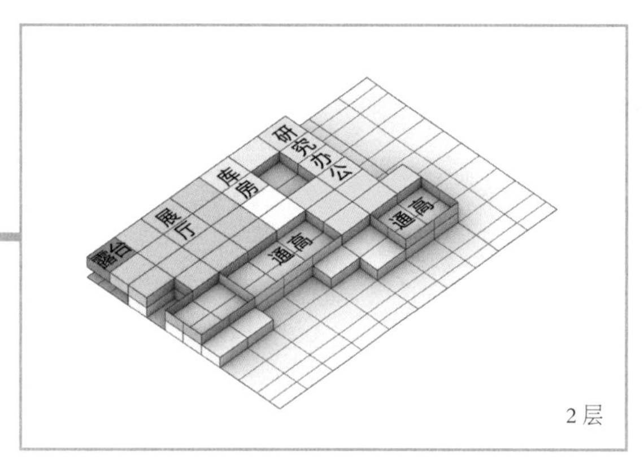

图15

3层展厅局部通高，展厅及咖啡厅周围设置休闲露台（图16）。

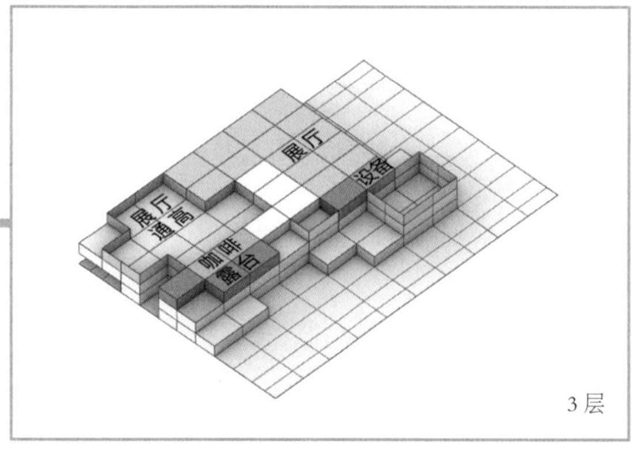

图16

增加4层部分展厅的层高，并在周边设置露台（图17）。

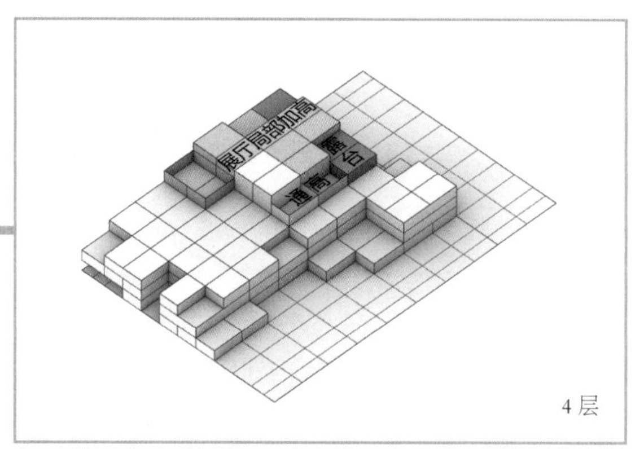

图17

在两个方向上形成逐渐抬升的通高空间，使整个体量形成向中间聚拢的趋势（图18）。

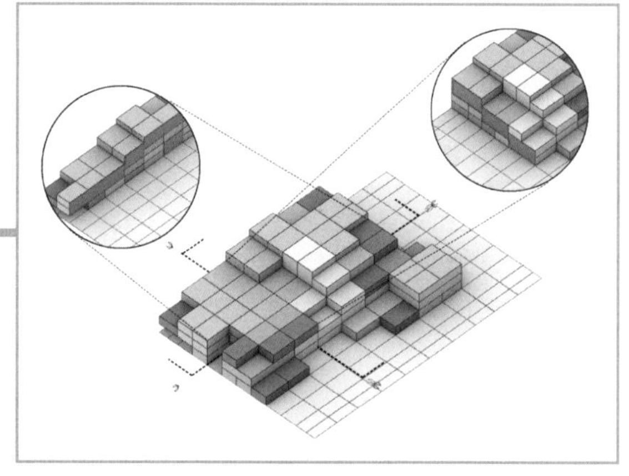

图18

3. 网格变墙（图19、图20）。

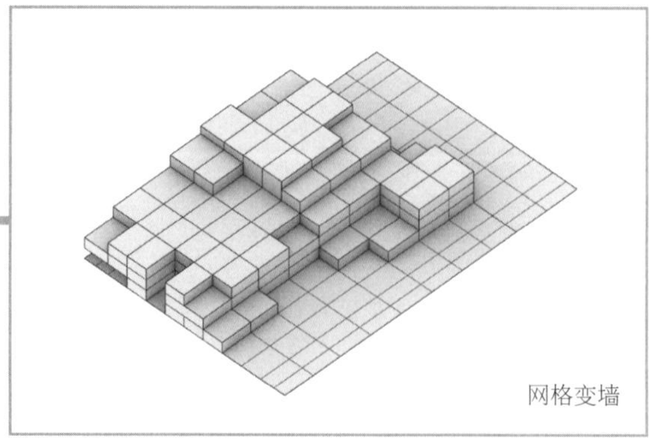

图19

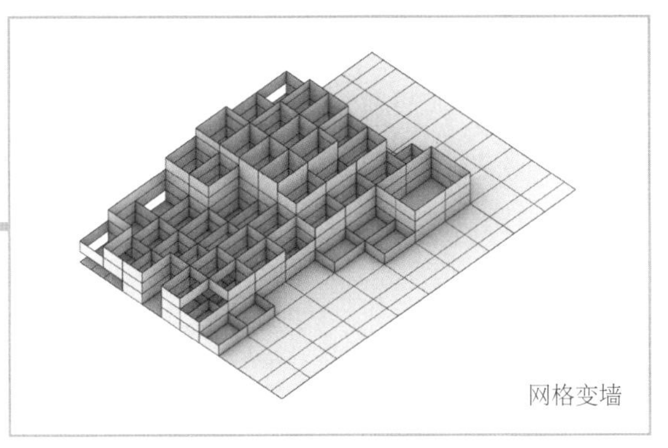

图 20

4. 展览空间的流线布局。

由于展览空间相对较为集中地布置在各层之中，因此采取更加紧凑的串联式流线，游客不必沿单一流线观展（图 21）。

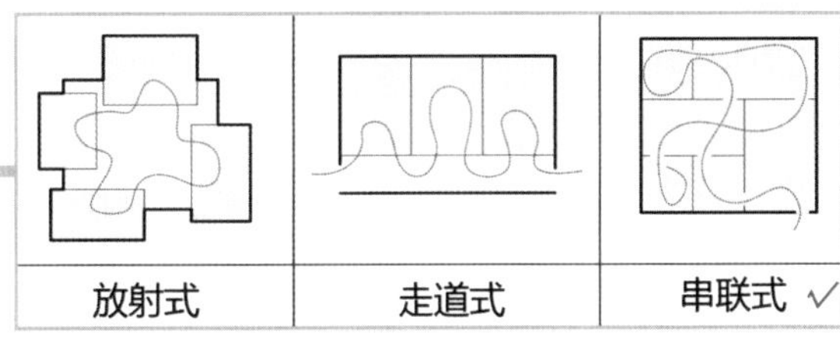

图 21

根据串联式参观流线的设定加（减）墙体开洞口。较为集中的展厅区域、串联式的展厅布置方式及错落的通高空间带来互动的多层次空间体验（图 22 ~ 图 26）。

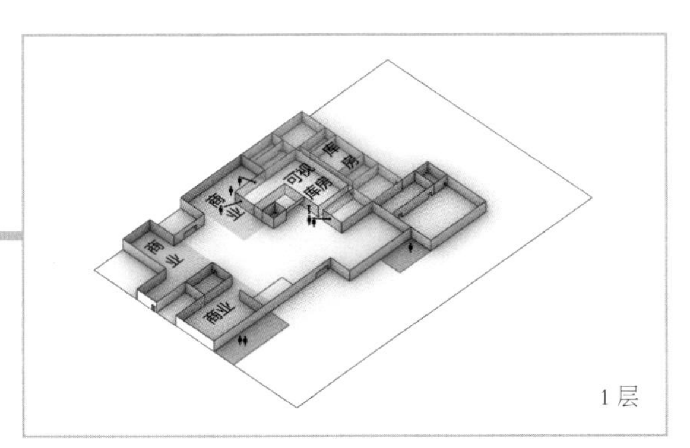

图 22

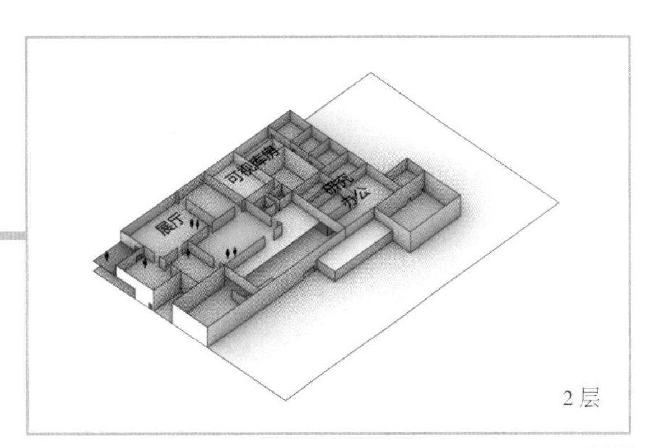

图 23

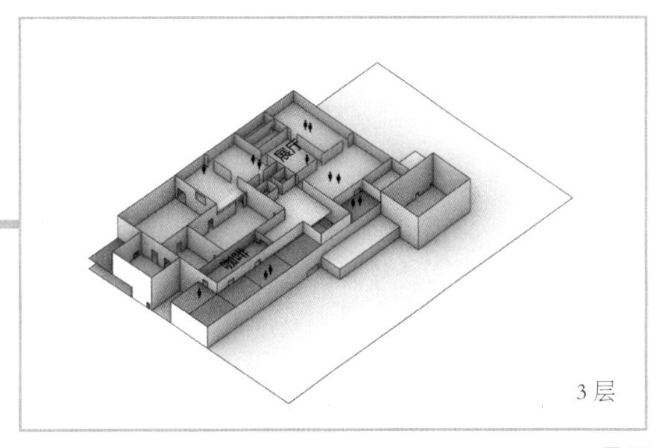

图 24

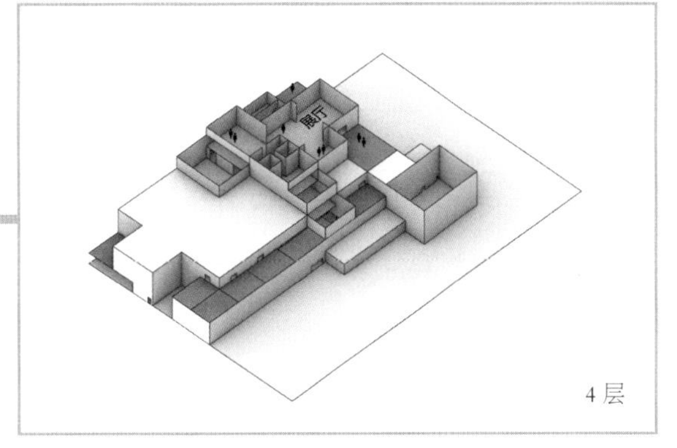

图 25

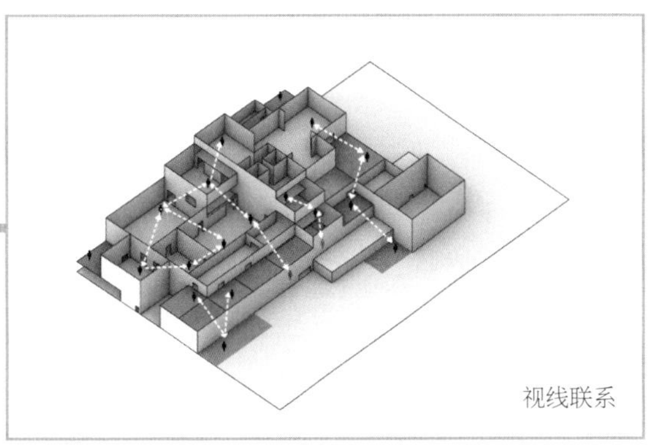

图 26

5. 插入楼梯与交通核（图 27、图 28）。

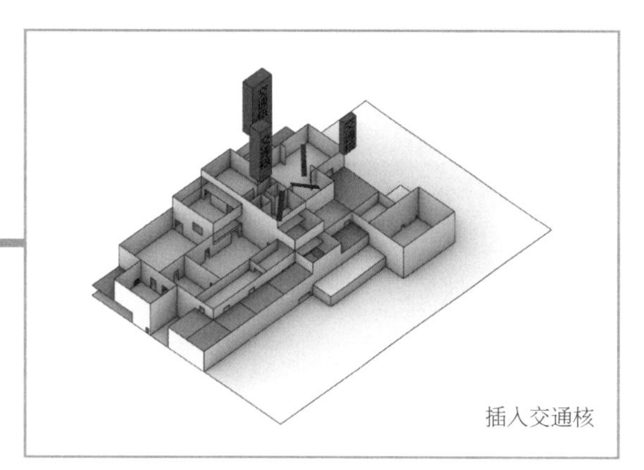

图 27

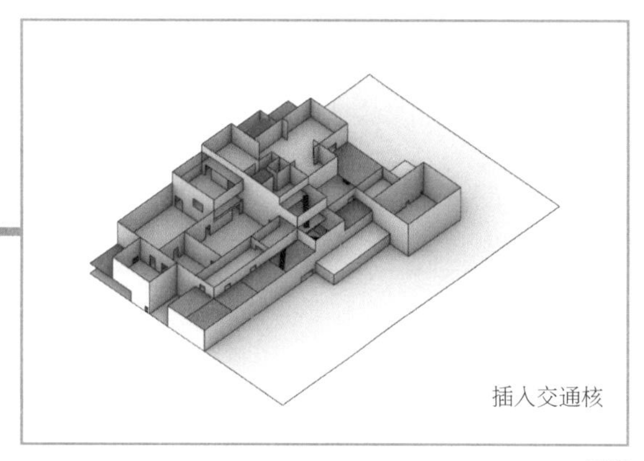

图 28

至此，一个合理好用，完全没有幺蛾子的美术馆就形成了（图 29）。

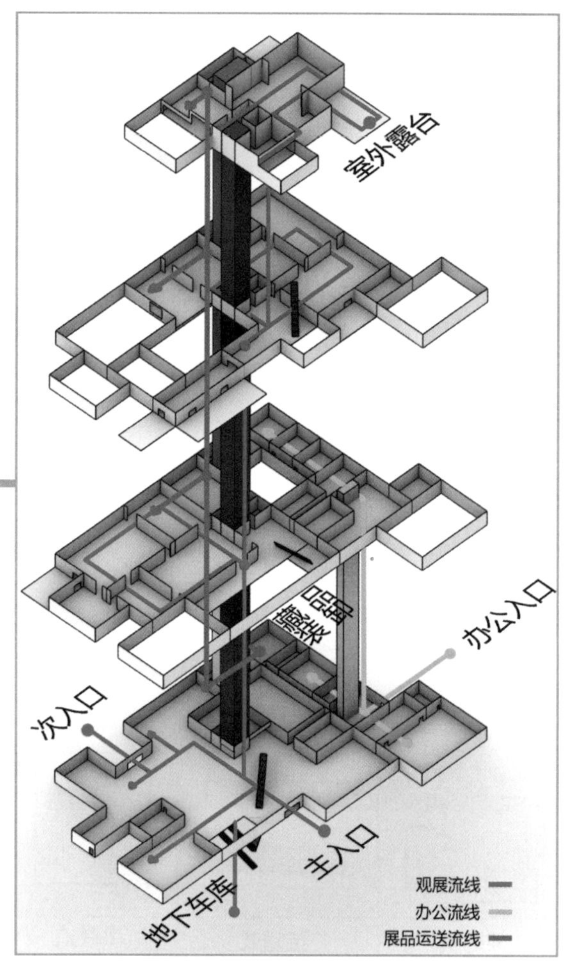

图 29

第三步：物理融合。

将两者直接连在一起。请问这是什么大型火星撞地球现场（图 30、图 31）？

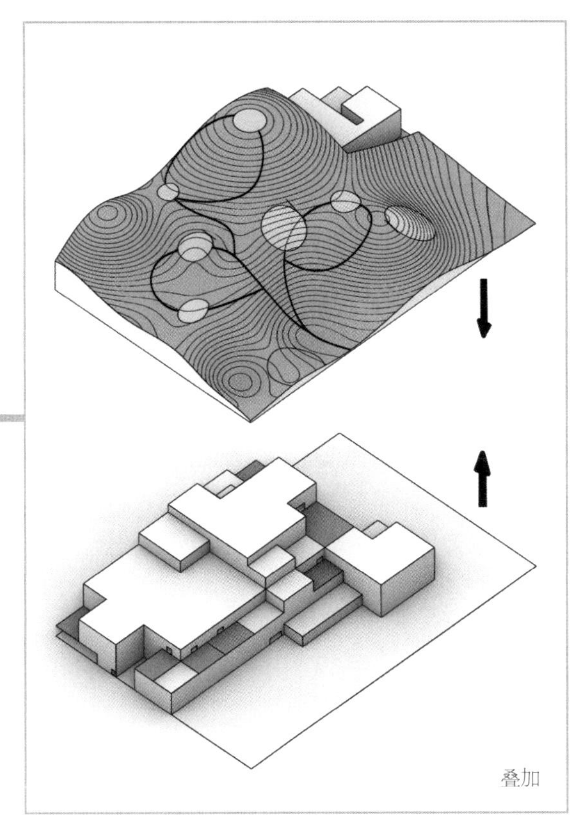

图 30

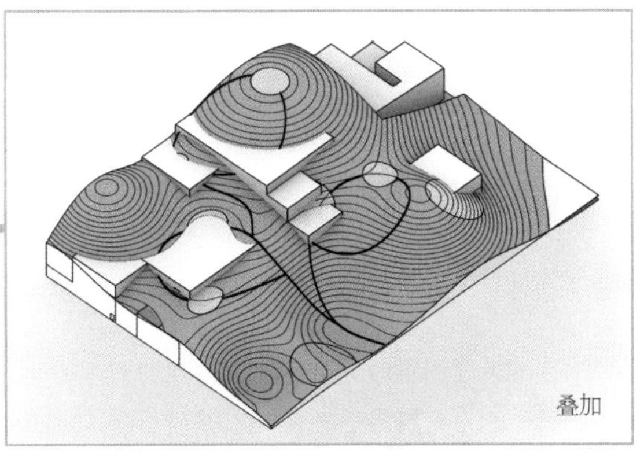

图 31

所以接下来，一个好的建筑师需要进一步施展麒麟臂大力摇晃，花手摇起来，使其均匀混合。

1. 屋顶。

双方最水火不容的地方恐怕就是这个屋顶了。

保持曲面形态？可能会造成某些空间不好用——淘汰！

保持平屋顶形态？那这个优美的山坡算是白堆了——淘汰！

谁也不必迁就对方，各退一步，海阔天空。每个小网格的顶部直接变成坡状，从而联系上下层室外空间（图 32）。

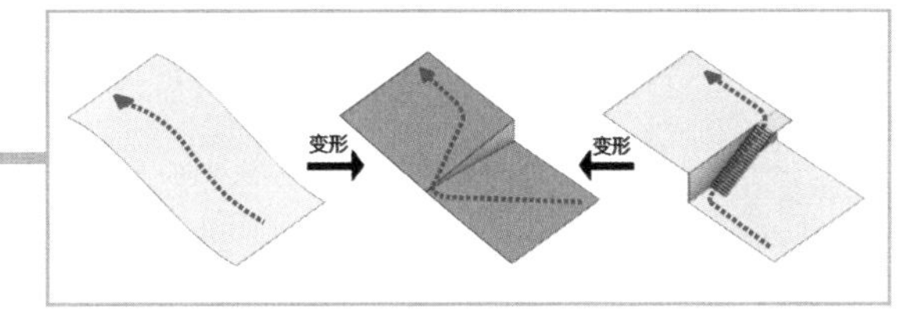

图 32

当然，这个坡也不是随便变化的，要最大限度地保留整体山坡的连续性。敲黑板：方格体块变形过程注意交点间保持关系不变，也就是采用拓扑变形（图 33）。

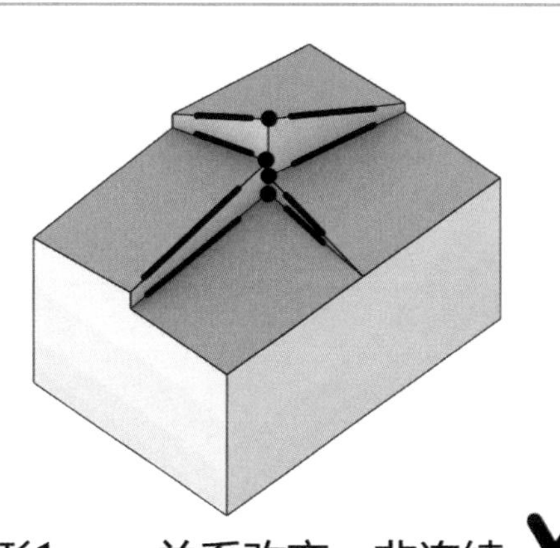

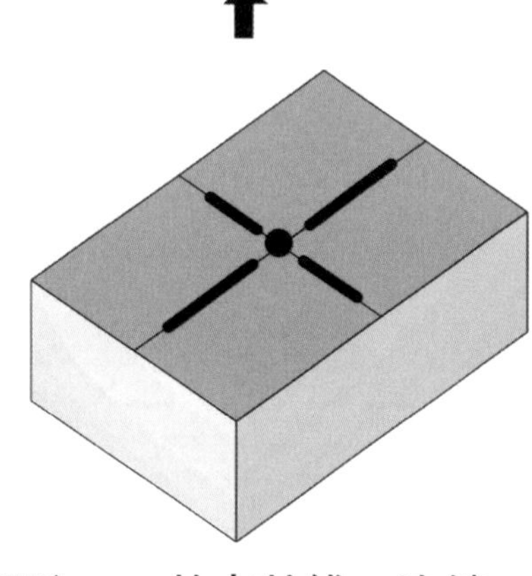

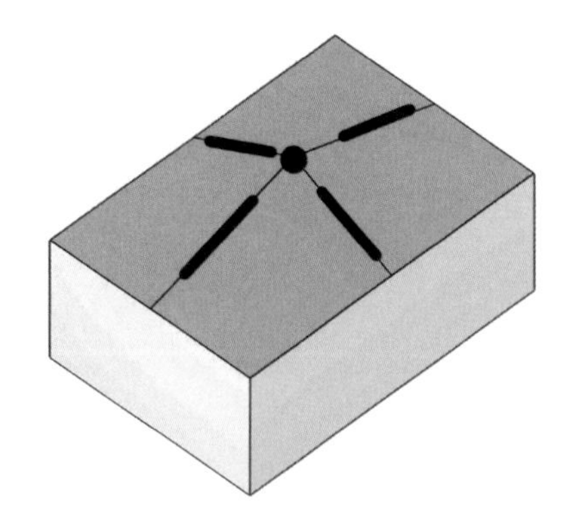

图 33

2. 流线。

前面提到了美术馆内部的各种流线，现在外部的景观公园也是需要流线的。就算要爬山，也不是随便找个山脚就能爬上去的。先设置外部流线（图 34）。

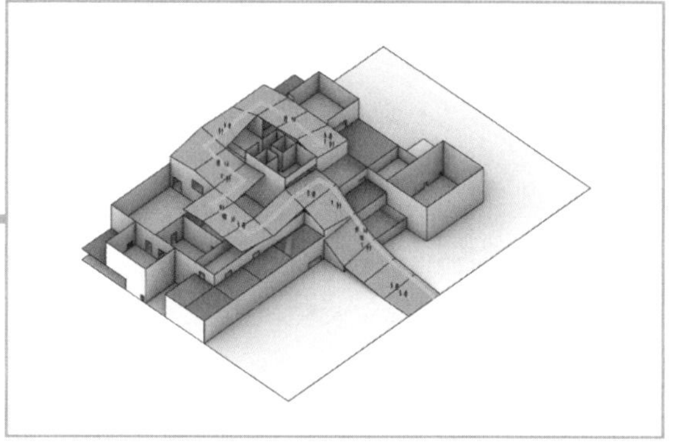

图 34

通过位于顶层的室外露台，让内部和外部流线产生交集，也就是说，美术馆流线可以与公园流线形成闭环（图 35、图 36）。

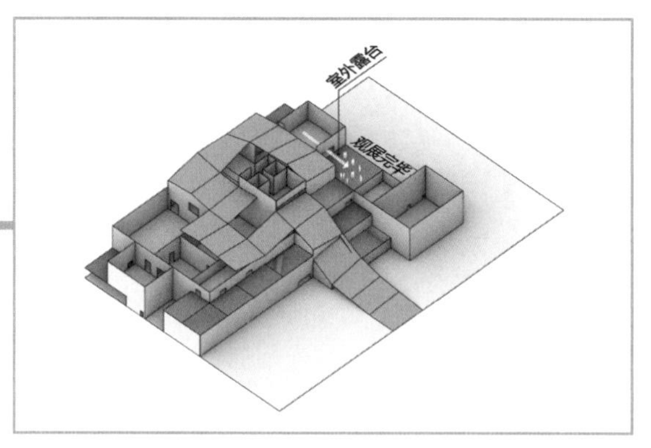

图 35

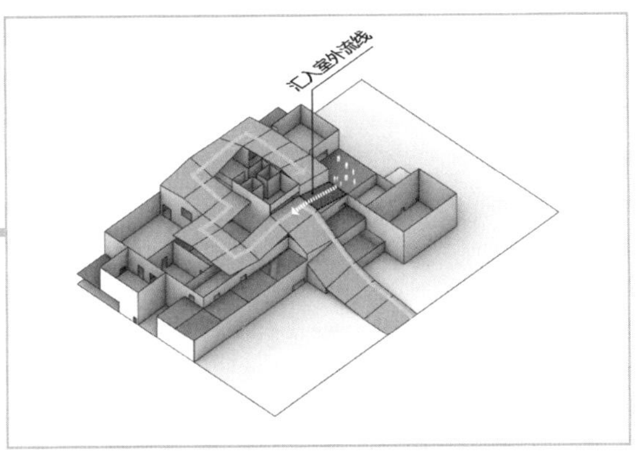

图 36

将外部主要攀爬路径作为起始点，以此为基准展开整个屋顶与场地的形变（图 37、图 38）。

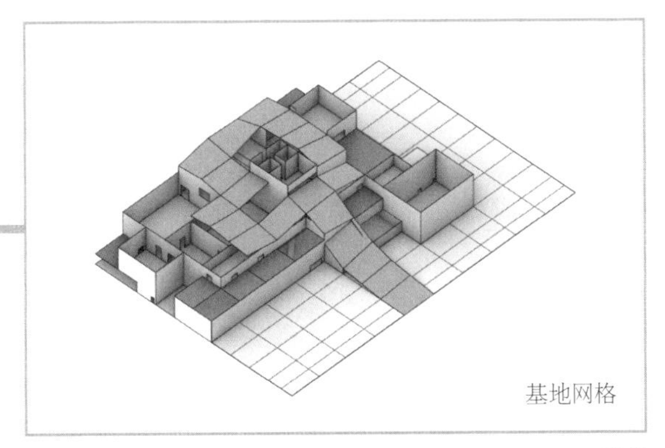

图 37

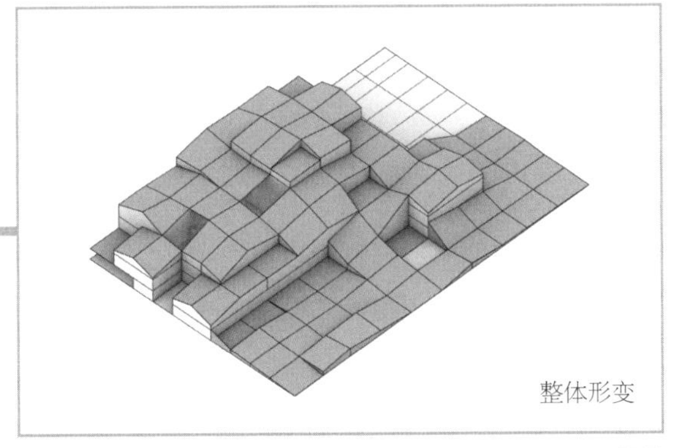

图 38

设置景观节点作为公园的休闲停留空间，也作为未来“广场舞大战”的主要据点（图 39）。

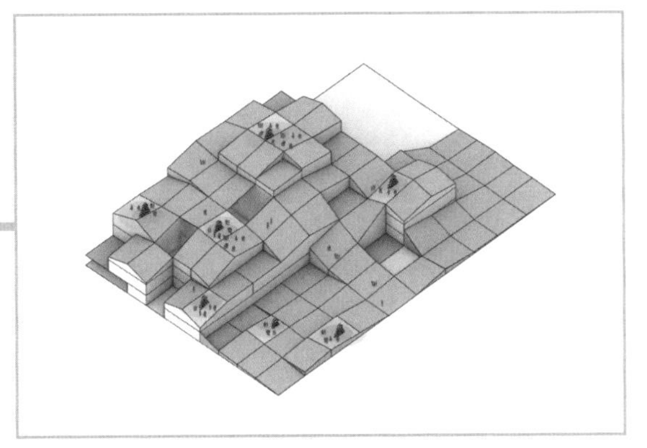
图 39

3. 结构。

采用钢梁钢柱，顶层结构变形以适应坡顶，局部增加斜撑抵抗水平力。建筑外场地部分设矮墙（图 40、图 41）。

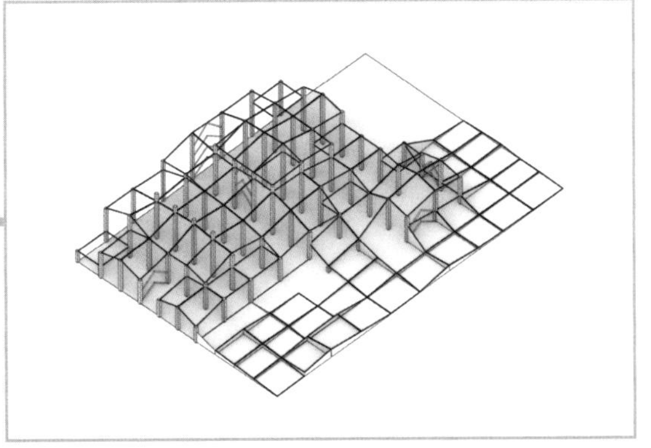
图 40

图 41

4. 造型。

室内主门厅的主楼梯产生变形，呼应外部景观公园（图 42 ~ 图 44）。

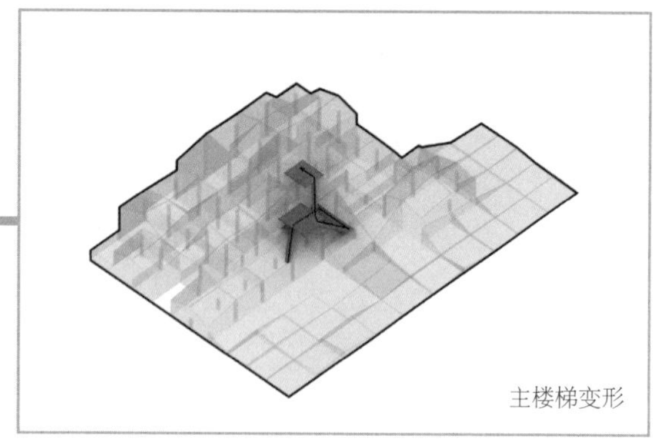

图 42

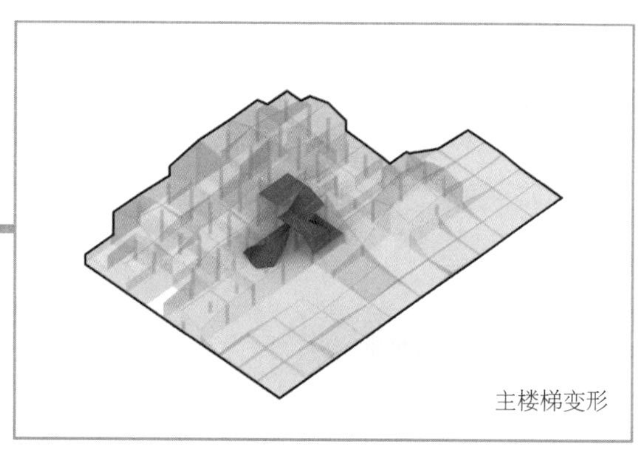

图 43

图 44

立面设计坚持两种逻辑的泾渭分明，使用红砖与屋顶绿化景观形成强烈的对比，同时呼应台南地区的历史文化（图 45）。

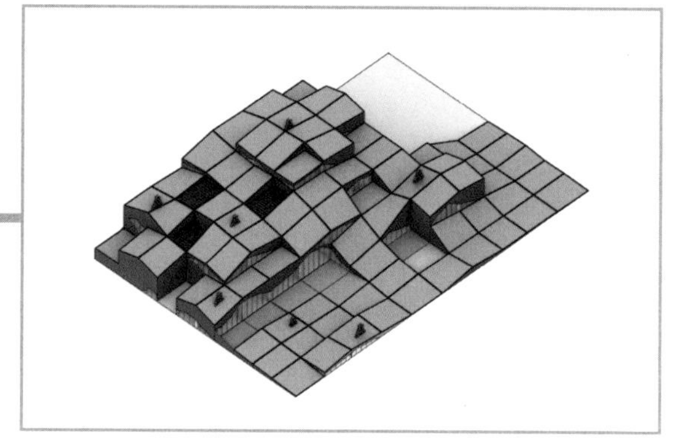

图 45

收工（图 46）。

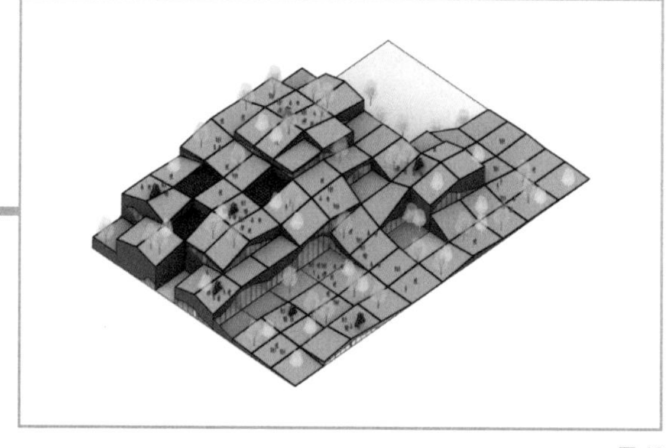

图 46

这就是平田晃久设计的中国台湾台南市美术馆竞赛方案（图 47 ~ 图 50），也是第二名的方案。中标方案就是前面拆解过的坂茂建筑事务所的中国台湾台南美术馆。

图 47

图 48

图 49

图 50

世界越来越像一个千丝万缕互相纠缠的网，每个人都深陷其中，每个人也都无关紧要，多你一个不多，少你一个不少。你可能不屑一顾“朋克养生”的无聊，就像你曾经不屑一顾网络小说的胡编乱造——确实没啥大不了，只不过就是突然有一天，这些胡编乱造就霸占了你的电视机。

世界已经变了，只是你还在原地。可乐泡枸杞不一定健康，但一定能让有些人活得很满足。

图片来源：

图 41、图 44、图 47 ~ 图 50 来自 http://www.forgemind.net/phpbb/viewtopic.php?t=33701，其余分析图为作者自绘。

END

某一天，流浪的建筑师扎下了帐篷

图 1

名　称：欧洲城当代马戏团（图 1）
设计师：Clément Blanchet Architectes（CBA）事务所
位　置：法国・戈内斯
分　类：剧院展览
标　签：竖向空间
面　积：7400m²

很多很多年以前，这世界上还没有大银幕，没有电视机，没有平板电脑，没有直播，没有网游，更没有综艺。日出而作、日落而息的人们每天看太阳东升西落，也每天翘首盼望村口出现那辆邋里邋遢的大篷车，带着聒噪的猴子和永远睡不醒的狮子，懒散地支起一个似乎随时会被风吹走的油腻帐篷。红鼻头的小丑用一个气球就让全村的孩子热血沸腾，然后眯眼笑的魔术师一声口哨，开启了几天几夜的马戏狂欢。这是那些漫长而寂静的世纪里，独属于每个孤独小村落的快乐密码。

然而，在崭新的年代里，“马戏”这个词已经离我们越来越远。2016 年 11 月，世界三大马戏团之一的纽约大苹果马戏团宣布破产。2017 年 5 月，有着 146 年历史的玲玲马戏团在纽约长岛举行了最后一场谢幕演出。2020 年的 4 月，一直努力求变的加拿大国宝“太阳马戏团”也宣告破产。在没有魔法的现实里，我们应该再也看不见那个黄蓝相间的大帐篷升起在大大小小的城市里了。

马戏这种东西终究是不适应当代社会的吧。且不说动物表演本身就会引发争论，就算是魔术杂耍，更多人也宁愿选择去电影院看 DC（美国漫画公司）的小丑，或者宅在家里钻研《第五人格》的魔术师玩法攻略。所以，如果有一天，作为建筑师的你接到一个马戏团的设计委托，会不会以为昨晚打雷下雨没关好窗，穿越到了兵荒马乱的二百年前?

Clément Blanchet Architectes（CBA）事务所掐大腿之后确定自己没穿越，不但没穿越，似乎还抱了个大腿。这个马戏团项目位于法国近几年最大的文化旅游商业综合项目“欧洲城”里。“欧洲城”位于法国巴黎郊区的戈内斯，占地面积 $80hm^2$。前期的整体规划由BIG负责（图 2、图 3）。

图 2

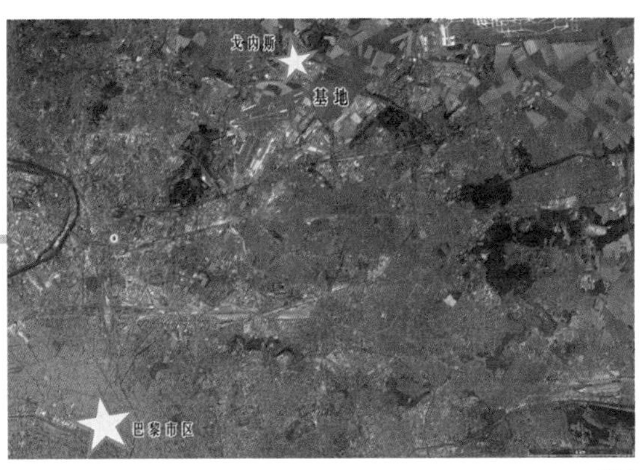

图 3

后面甲方又安排了Hérault Arnod Architectes 事务所设计音乐厅（图 4），UNStudio 设计电影文化中心（图 5），BIG 设计火车站（图 6）。

图 4

图 5

图 6

就在这片“长”满了炙手可热的建筑师的土地上，CBA 邂逅了需要他们负责的当代马戏团项目（图 7）。

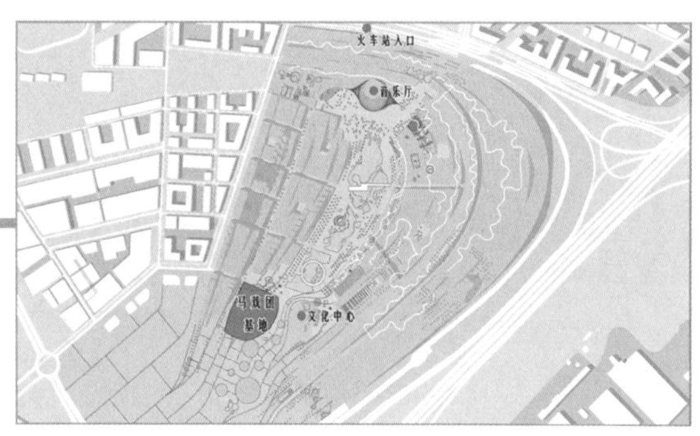

图 7

虽然甲方说是马戏团，但在 BIG 的规划中，这就是个面积 7400m^2，限高 20m，可接待 1500 名观众的表演剧院。大家都懂，所谓马戏团就是个噱头（图 8）。

图 8

可耿直男团 CBA 却不打算认 BIG 的账：说是马戏团就是马戏团，干吗偷梁换柱成表演剧院？

是欺负我们不会搭帐篷吗？CBA 如此咬文嚼字当然不是为了玩文字游戏，和 BIG 打嘴仗，也不是童心未泯为了过搭帐篷的瘾（帐篷肯定也要搭，这个后面再说），而是牵扯到一个对演艺类建筑来说非常重要的问题——表演空间的形式问题。

在我们常见的剧院设计中，表演厅多为鞋盒式（图 9 ~ 图 11）或者葡萄园式（图 12 ~ 图 14）。

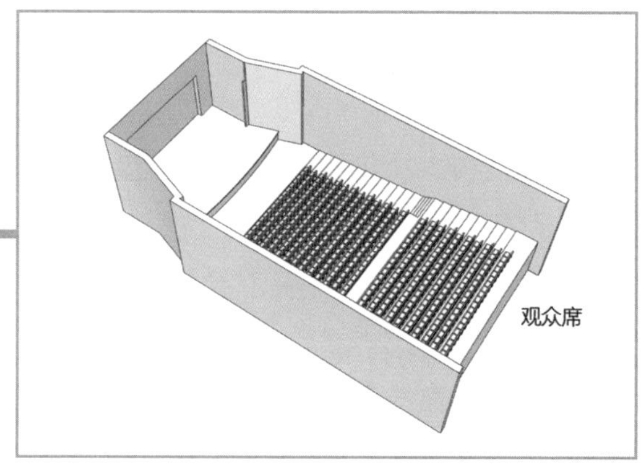

图 9

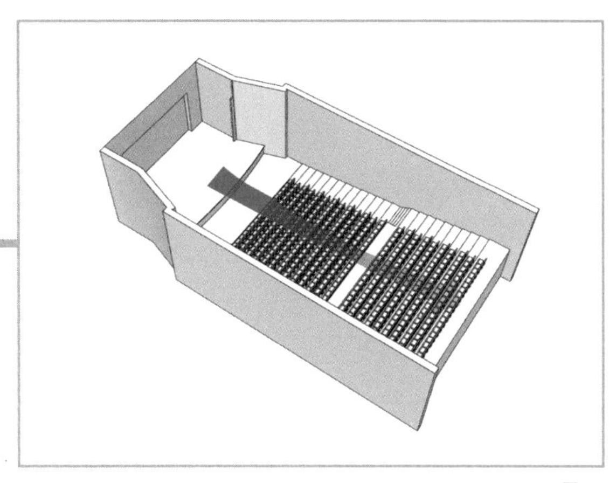

图 10

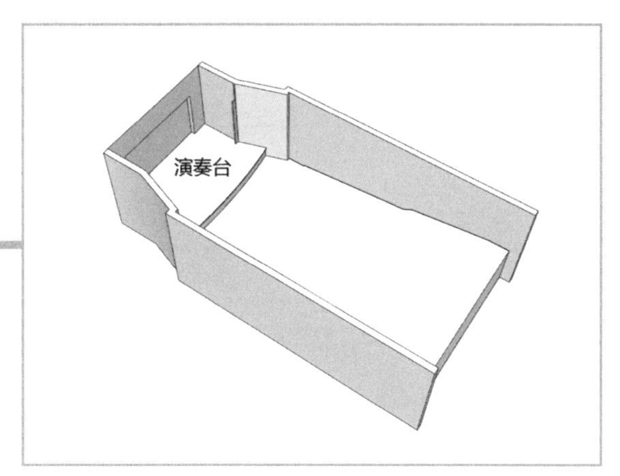

图 11

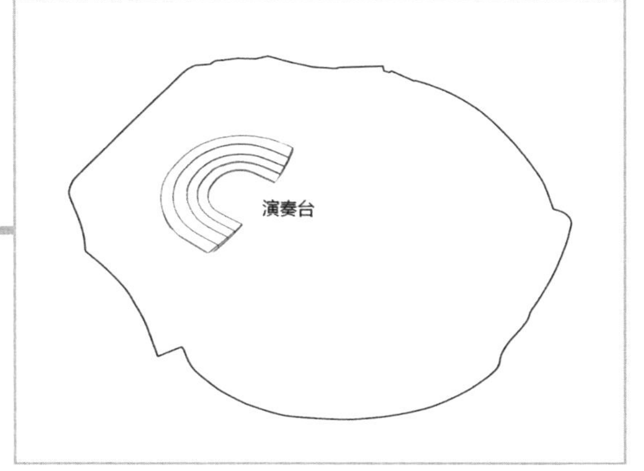

图 12

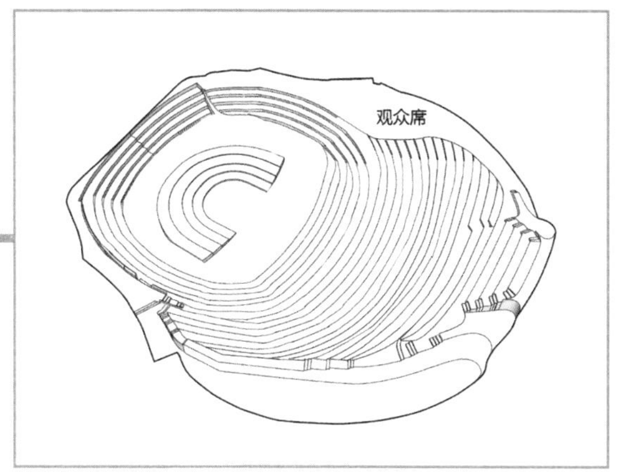

图 13

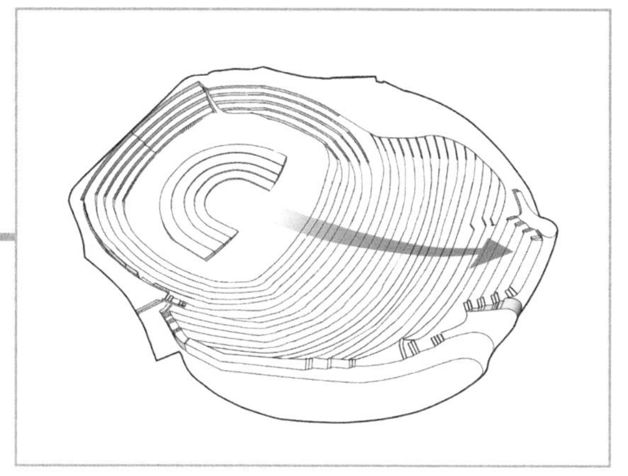

图 14

而马戏的英文名称“circos”直接来自拉丁语，有圆形广场之意，起源于古罗马残酷的斗兽场。现代马戏之父菲利普·阿斯特利（Philip Astley）在1768年建立了第一个现代马戏团，首创圆形表演场地，让观众可以从任何一个位置上清楚地看到演出者的表演，并一直沿用至今。换句话说，CBA执着于这是一个马戏团设计而不是普通剧院设计，也就是表明整个建筑的核心空间将是一个圆形表演厅（图15～图17）。

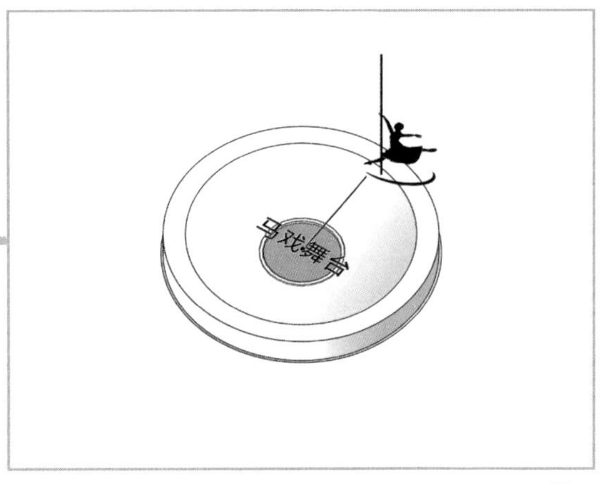

图 15

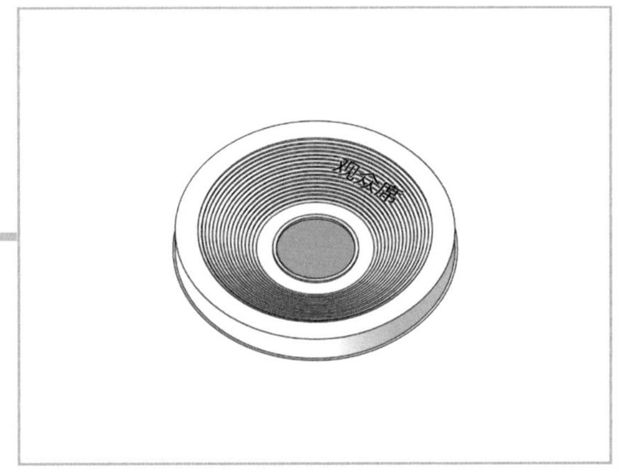

图 16

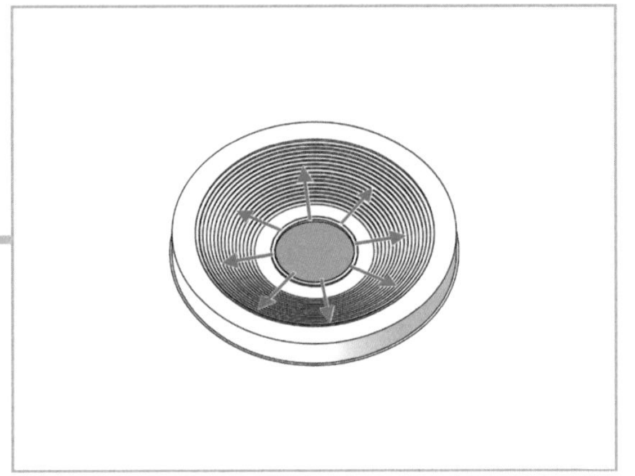

图 17

同时，马戏团设计还必须要考虑参加表演的动物们对空间尺度的要求。被迫营业已经很可怜了，还不给住好吃好简直对不起天地良心。可你也不能全按照大象的身高体重来划分房间，毕竟面积有限，且马戏团的主力队员还是我们普通人类（图 18）。

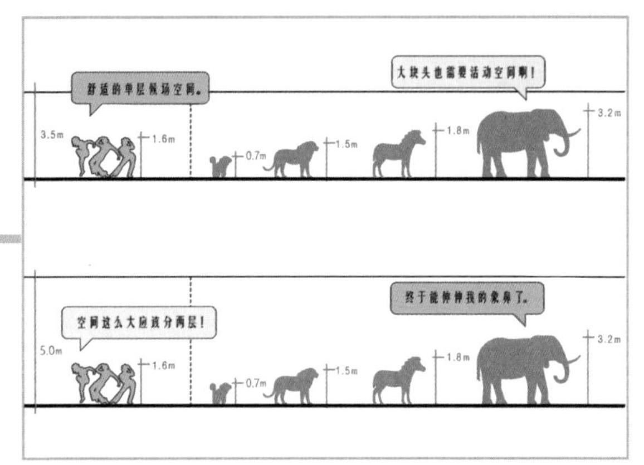

图 18

比较经济实惠的解决方法是充分利用观众席下的楔形空间，自然划分出不同尺度（图 19）。

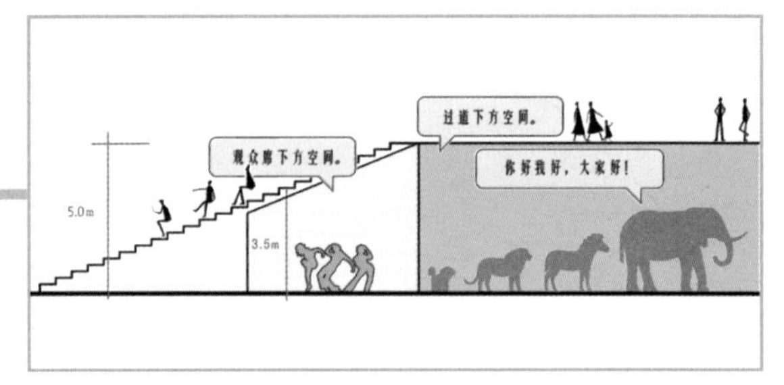

图 19

虽然 CBA 打定了主意死磕马戏团，但事实上，无论马戏团还是普通剧院都必须要面对的另一个问题是，如何在非演出时间保持建筑的空间活力（图 20）。

图 20

演艺类建筑在城市生活中的地位确实有点儿尴尬，很像是适龄儿童家家必备的钢琴：钱是没少花，当然也有用，但大部分时间实在也是用不到，纯粹是当家具摆，还是特别易落灰的那种。虽然现在做演艺建筑都知道再搞点儿文化商业什么的，奈何“身高体重”都干不过剧场这种实心大疙瘩。人家那边一谢幕下班，自己这儿的小猫三两只就显得格外孤苦伶仃。倒是外面标配的疏散广场经常人欢马叫的，可这和建筑本身又有什么关系呢？热闹都是别人的，落幕的舞台只有孤独（图 21）。

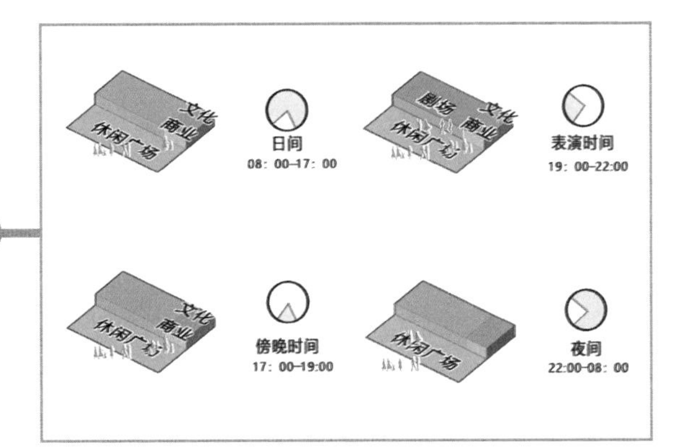

图 21

于是在一个下雨天，CBA 看着自己头顶的雨伞突然灵感迸发。你看这个伞啊，它又大又圆。雨伞的灵魂是伞骨架，但吸引眼球的却是花色各样的伞布。如果我们将表演空间作为空间的主骨架，文化商业空间作为外围支撑骨架，而人欢马叫的活动广场就像花里胡哨的伞布一样罩在外面，是不是就可以假装这个剧场 24 小时活力无限（图 22）？

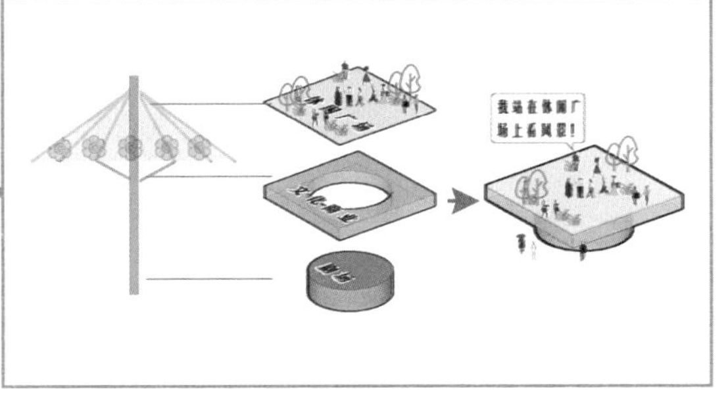

图 22

第一步：主骨架——表演厅设计。

根据基地形状，将圆形表演厅位置确定在地形开阔的基地正中央，进行表演功能设置并排布 1500 座的观众席（图 23 ~ 图 25）。

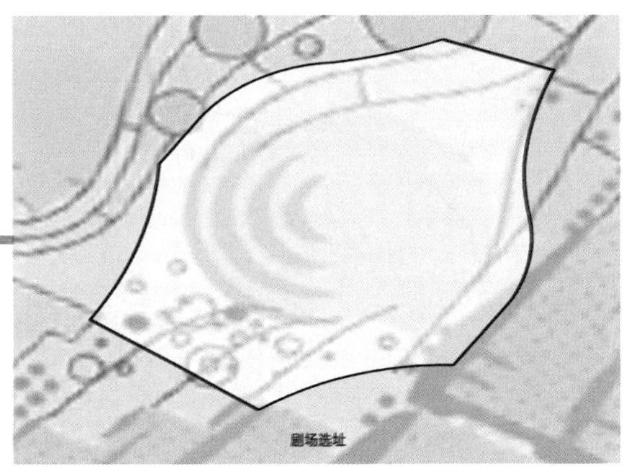

图 23

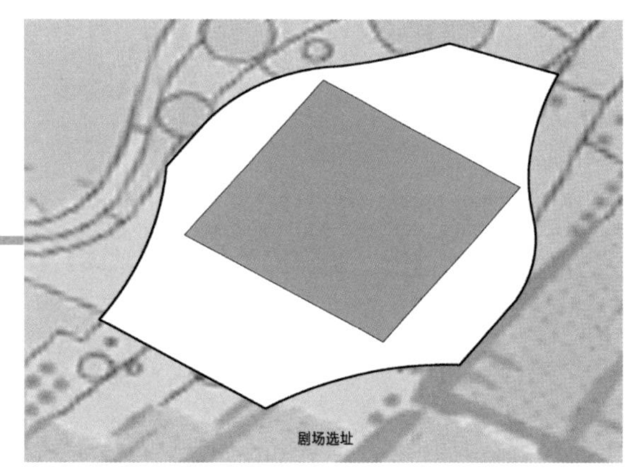

图 24

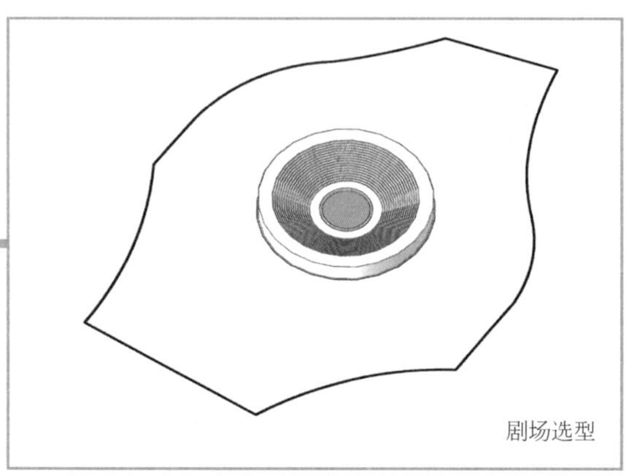

图 25

由于人和动物表演对表演舞台的尺度要求不同，并且考虑到动物表演的安全性问题，将表演舞台分为与观众席联系密切的中心杂技舞台和相对远离观众席的马戏舞台（图 26）。

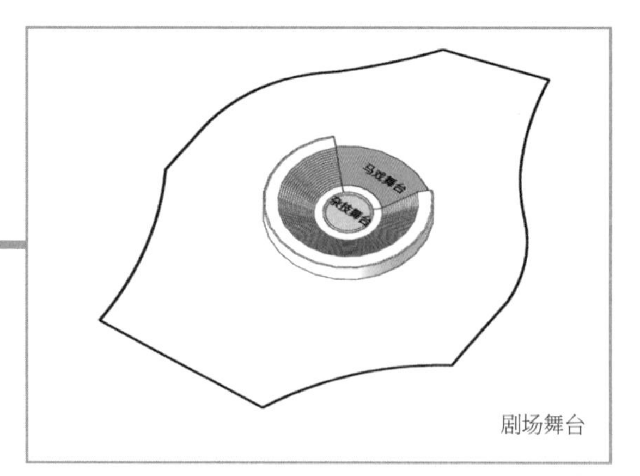

图 26

接下来将辅助工作空间布置在观众席下方，支撑观众席的同时利用剩余空间。由于表演人员的使用空间高度要求比动物空间使用高度要求低，因此将工作人员及表演人员的候场空间布置在观众席下方，而将动物活动空间布置在背向表演区的观众席外围（图 27 ～图 30）。

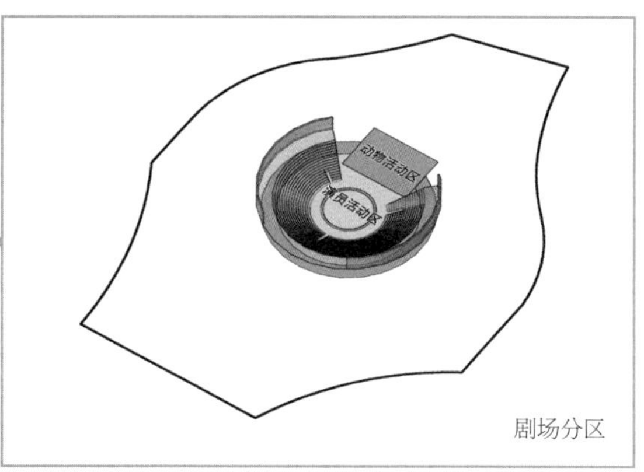

图 27

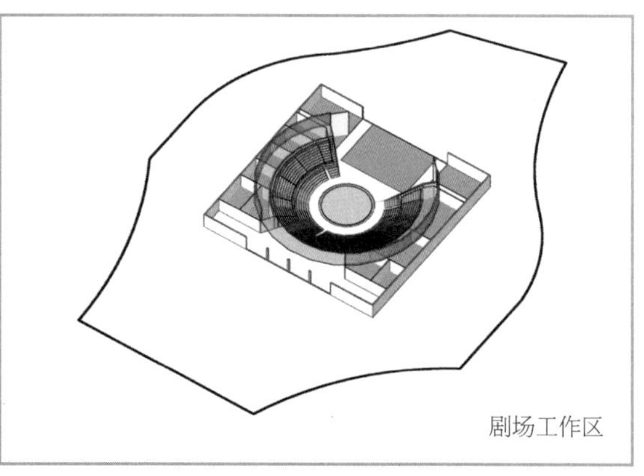

图 28

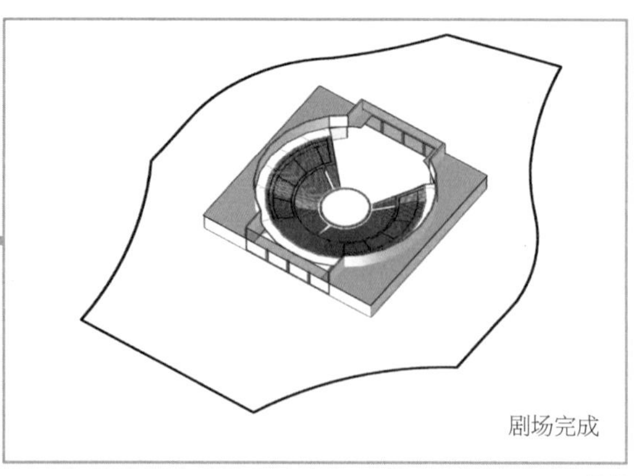

图 29

图 30

第二步：外围骨架——文化商业空间。

将文化商业体块置于表演厅上方，包围顶部，并保证表演厅直接对外疏散。更重要的是，打肿脸充胖子地让所有开放的活跃空间暴露在人们的视线中（图 31、图 32）。

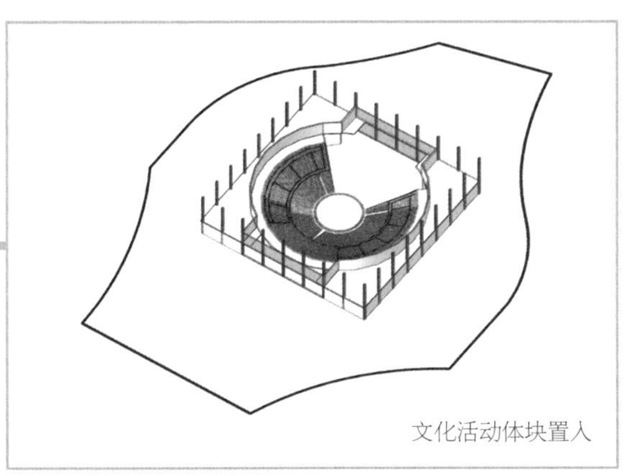

文化活动体块置入

图 31

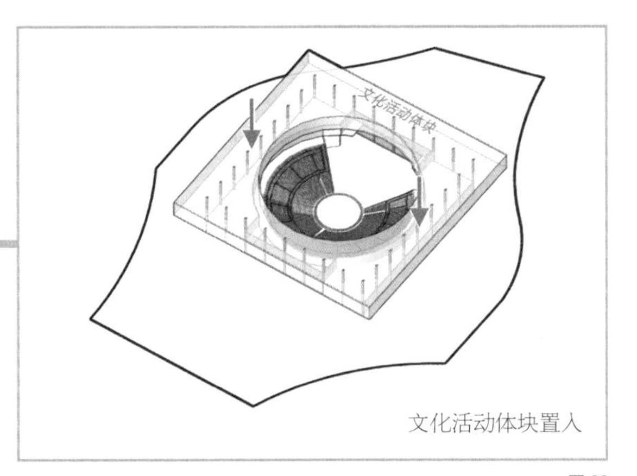

文化活动体块置入

图 32

当然，因为表演时间和文化商业空间的开放时间不统一，因此在表演厅底部外围设置独立交通出入口，直达顶部以保证商业空间的持续开放（图 33、图 34）。

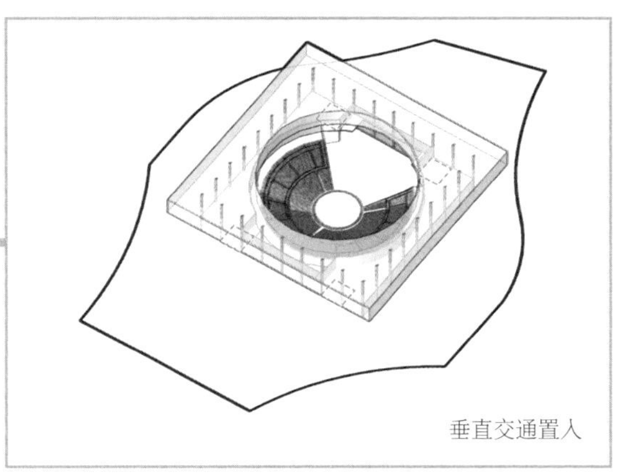

垂直交通置入

图 33

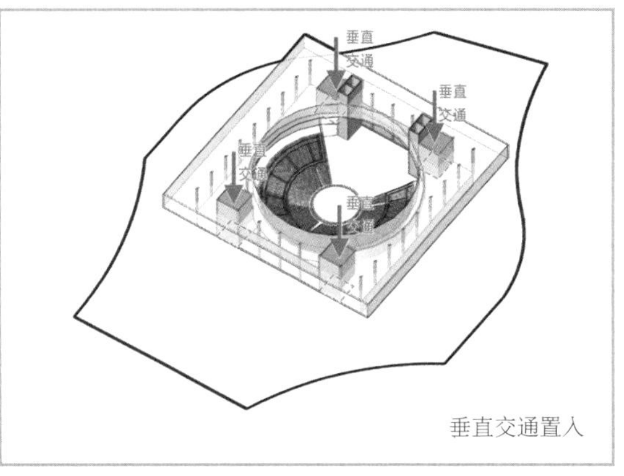

垂直交通置入

图 34

交通体块包围剧场顶部，将空间分为设备工作区和文化商业区两个部分（图 35、图 36）。

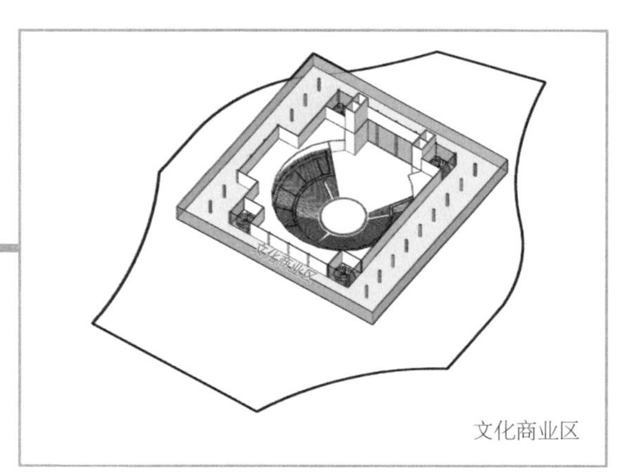

图 35

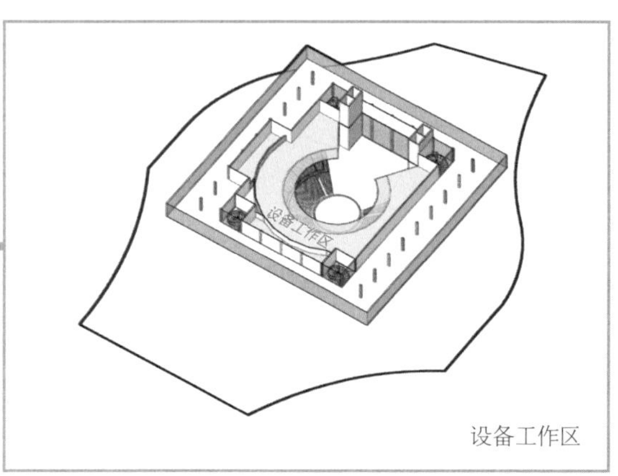

图 36

文化商业区可更具体地分为商业零售和文化展览两个功能块，布置在建筑两角并加入隔墙和架空桁架结构（图 37、图 38）。

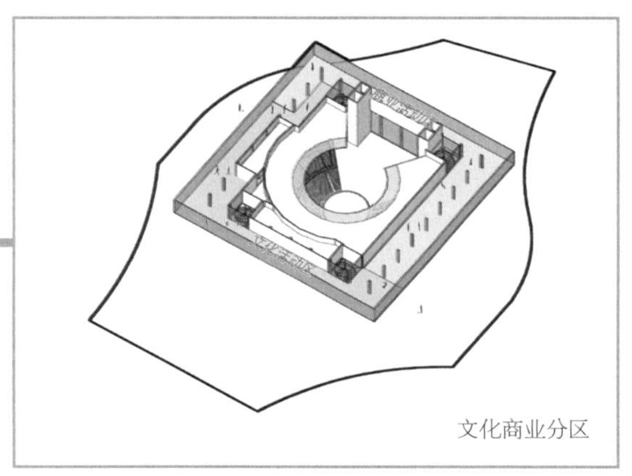

图 37

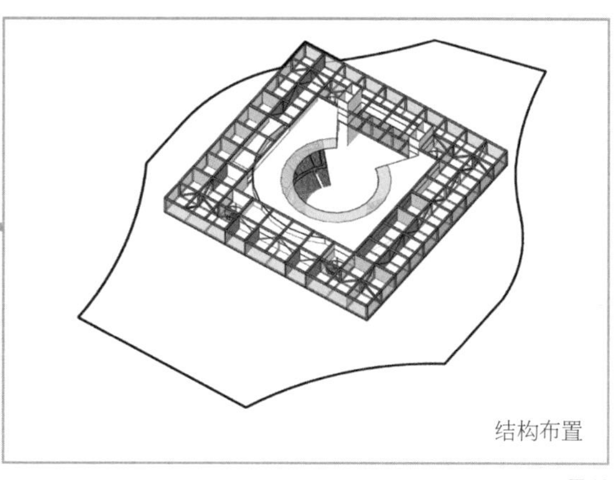

图 38

至此，马戏团的主要建筑功能设置完成。

第三步：伞布——马戏团永恒的帐篷。

按照原计划，将休闲活动空间设置在表演厅和文化商业空间的顶部并将二者包围。但问题是，凭什么让别人爬好几层楼去上面玩耍呢？我们需要一个至少不会张口就让人拒绝的理由。CBA 给出的理由就是马戏团的帐篷（图 39）。

图 39

虽然帐篷作为临时建构设施无法长期使用，但作为当代优秀建筑师的 CBA 很容易就找到了替代品——张拉膜结构。张拉膜结构由刚性和软性两种构件组合而成，索杆顶起膜结构形成半柔性空间。通过索杆的增多，膜结构可在索杆中间构成更大的等高空间（图 40）。

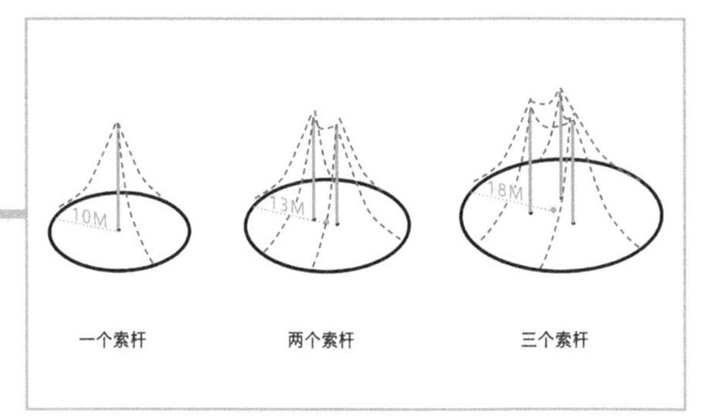

图 40

屋顶高度确定后，将圆形表演厅的穹顶突出屋顶，也算增添新的兴趣点吧，随后进行屋顶索杆布置（图 41 ~图 43）。

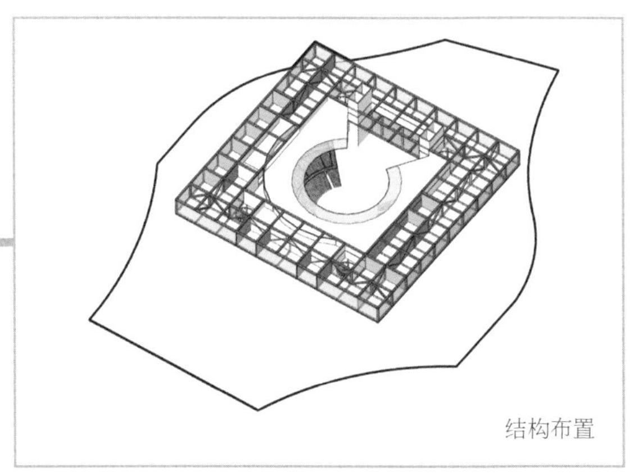

图 41

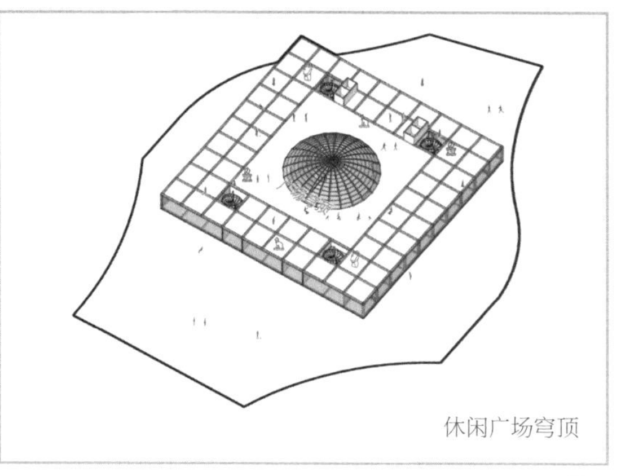

图 42

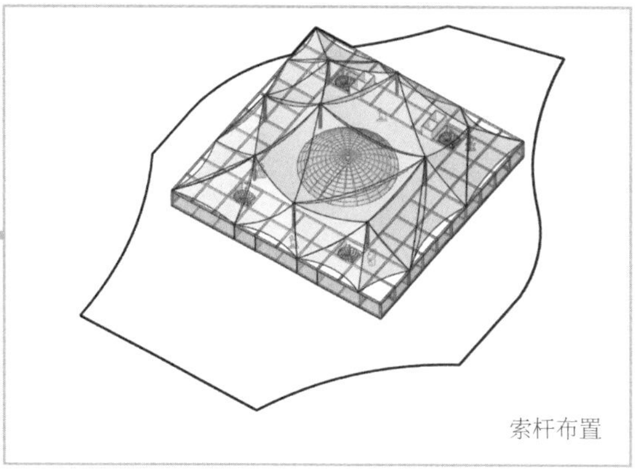

图 43

这样，整个建筑空间上方就被一个巨大的帐篷广场所覆盖。CBA 特意选择了透明与半透明两种材质的膜来覆盖，依然可以重现几百年前流浪马戏团帐篷下看星空的浪漫（图 44）。

图 44

至此，整个马戏团算是基本成型了。由于上位规划限高 20m，也为了使表演厅顶部的文化商业中心以及帐篷广场具有更便捷的可达性，因此建筑师将首层剧场及后台区域下沉至地下一层。这样一来，游客想去表演厅或者商业区都只是下一层或者上一层的事儿了（图 45、图 46）。

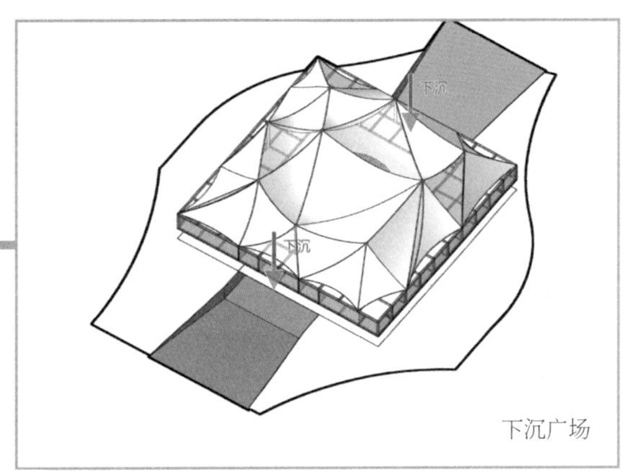

下沉广场

图 45

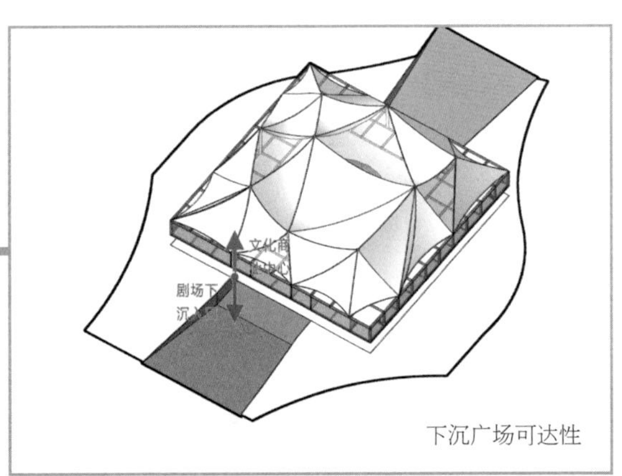
下沉广场可达性

图 46

建筑可达性得到平衡的同时，也满足了剧场瞬时疏散的要求（图 47）。

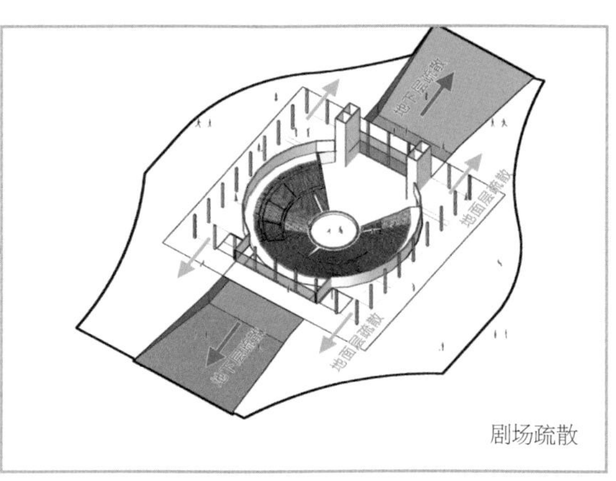

剧场疏散

图 47

最后，为了保证表演厅和其他活动空间的独立性以及垂直空间的疏散要求，在建筑周边布置扶梯和垂直楼梯，满足建筑 24 小时的开放性需求（图 48）。

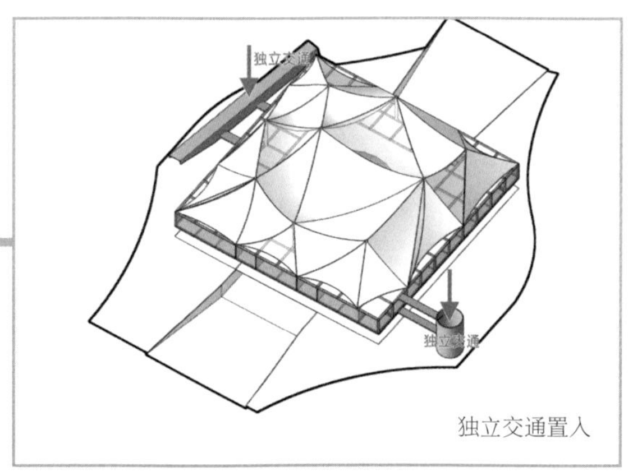

独立交通置入

图 48

游客可以根据各自的需求前往独立开放的建筑功能空间，帐篷广场空间也可以保证一天全时段的开放（图 49 ~ 图 52）。

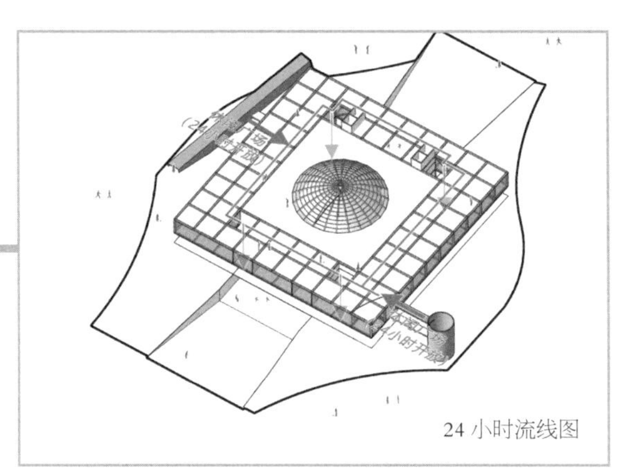

图 49

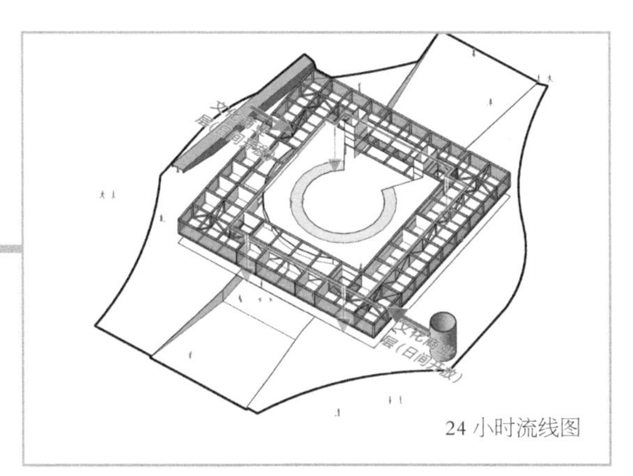

图 50

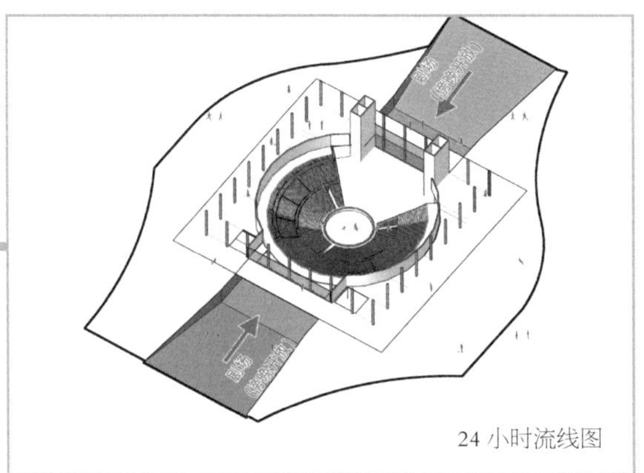

图 51

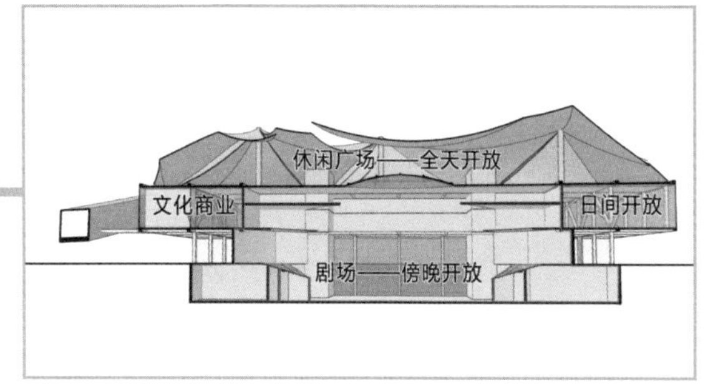

图 52

最后，在下沉广场两边设置线性水池和绿植，建筑周边设置休闲娱乐设施增强活跃性。收工——妈妈喊我回家看马戏了（图 53）。

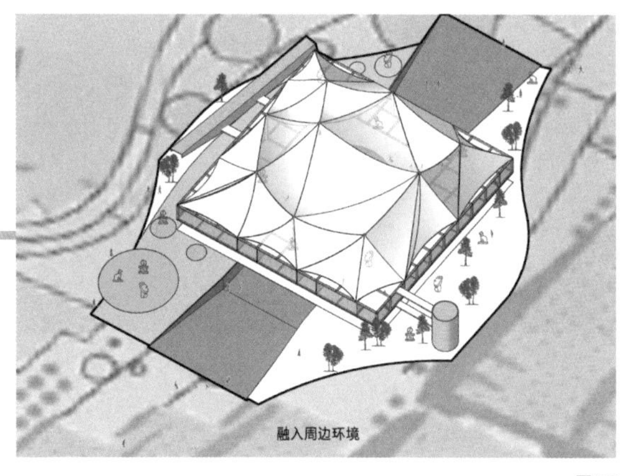

图 53

这就是 Clément Blanchet Architectes 设计中标的欧洲城当代马戏团，一个让古老的流浪帐篷在新世界扎根的建筑（图 54 ~图 60）。

图 54

图 55

图 56

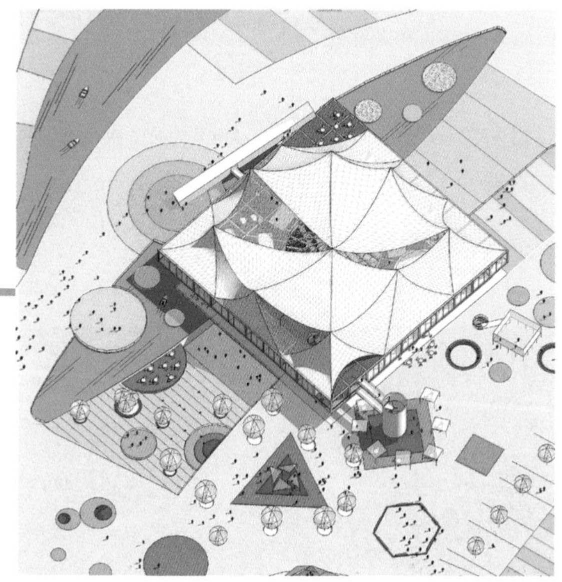

图 57

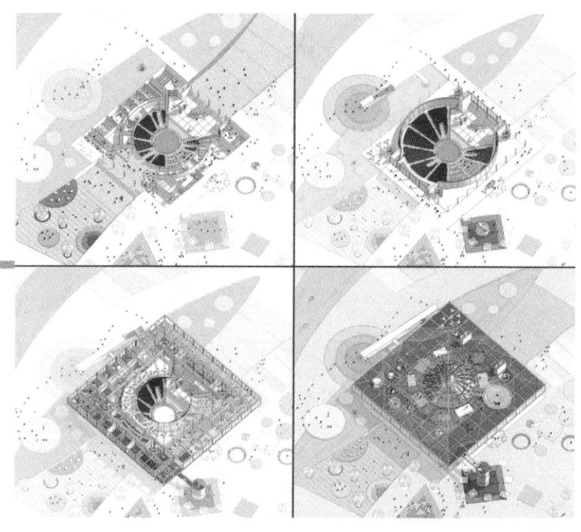

图 58

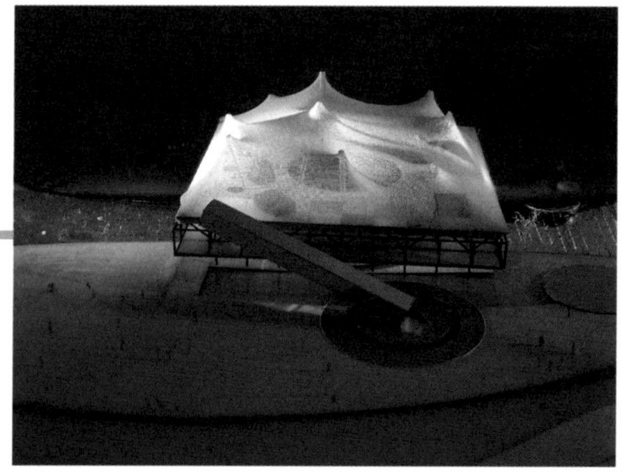

图 59

图 60

有一个段子说，马戏团团长接到了一通电话：“您好，请问你们需要一匹会说话的马吗？”团长觉得很搞笑，直接挂了电话。过了很久，电话又响了，里面传来声音：“你怎么可以直接挂电话！你知不知道用蹄子拨号有多难？”

没办法，这世上的有些乐趣只能传达给有缘人，有些建筑也是。

图片来源：

图 1、图 30、图 44、图 54 ~图 60 来自 https://www.metalocus.es/en/news/clement-blanchet-architecture-wins-international-competition-design-new-circus3，图 2、图 4 ~图 8 来自 https://www.dezeen.com/2018/03/21/europacity-development-paris-big-eight-new-buildings/，图 39 来自 https://en.wikipedia.org/wiki/Circus，其余分析图为作者自绘。

END

你嘲笑的那个废标，废了全场，『大杀』四方

图 1

名　称：英国布莱顿学院科学楼和体育中心（图 1）

设计师：大都会（OMA）建筑事务所

位　置：英国・布莱顿市

分　类：公共建筑

标　签：二合一

面　积：7425m²

建筑是门生意，在商言商，从来都没有什么拯救世界的英雄，只有步步为营的算计。你的少爷蝙蝠侠早就表明：我的超能力就是有钱。你以为投标是场考试，按要求答题才能按规则得分。其实投标是场谈判，规则都是人定的，没有什么是不能商量的，最重要的是，你手里的设计有多少筹码。

英国的布莱顿学院是一所挺不错的私立寄宿学校。对私立学校来说，“挺不错”就意味着软件不错，硬件更不错，还要越来越不错——兜里有点儿小钱就去“刷装备”是学校的常规操作。

布莱顿学院最近的改造计划就有两个。一个是看学校的体育设施不太顺眼：游泳馆太旧，运动场太小，连个塑胶跑道都没有，网球场不但偏，还被莫名其妙地当成了停车场。另一个是学校的物理、化学等各种实验室严重短缺，校方打算把一些不太常用的教室改造成实验室。校长大人打了打小算盘发现小闲钱竟然还挺多，于是大手一挥就发布了两个投标公告。注意：两个。

学校整体分成南北两个区，南边的教学区由 19 世纪的建筑组成，北边的运动区周围都是 20 世纪七八十年代的联排房屋。地形上北高南低，从操场南端到北端大约有一层楼的高差。

第一个招标公告是将运动场西侧的游泳馆扩建成一个新的体育中心，内部要包含游泳馆、健身房、室内篮球场等，外面加建一条短跑跑道以及至少容纳 20 个车位的停车场（图 2）。

图 2

第二个招标公告是将操场西侧的教学楼扩建成科学馆的实验楼，要求至少能容纳 20 个 $100m^2$ 左右的实验室。为保持校园风貌，新建筑的高度被限制在 16m（图 3）。

图 3

如果投标是场考试，那这个时候正常建筑师要么选择答 A 卷，要么选择答 B 卷。个别“学霸”手速快可以 A、B 卷都答，同时上交。然而很可惜，在某些建筑师眼里，考试是不存在的，因为没什么是不能商量的。你定你的规则，我谈我的条件。比如说，我做一个方案收你两个项目的设计费行不行，生意嘛。

估计你肯定猜到了这样的“毒操作”必定来自我们敬爱的库哈斯大老板。库大老板的谈判条件是：首先，因为你要改造的游泳馆和教学楼离得很近（图 4）……

图 4

所以，你这两个建筑都有问题，很大的问题，你自己解决不了的那种。绝对不是吓唬你呦。你看你这个实验楼，难道真的不觉得离其他教学楼有点远？凭什么大家都是抱团学习、共同进步，只有它自己一个人孤零零地在操场上罚站？难道它不是你“亲生”的教学楼吗（图 5）？

图 5

被孤立也就算了，可这周围不是蹦蹦跳跳的就是跳跳蹦蹦的，人家“学霸”还怎么专心学习做实验？耽误了未来诺贝尔奖得主的前程谁负责？更何况现在教学楼的用地只有 800m^2，限高 16m 改成 4 层的实验楼的话也就是刚好能塞下 20 个实验室以及配套空间，完全没有休息娱乐的空间了。校长大人，劳逸结合啊，怎么可以这么苛待祖国的花骨朵、未来的建设者（图 6）？

图 6

其次，你想把这个游泳馆改成体育中心，别的就不提了，就说游泳馆总共才 30 多米长，跑道往哪儿放？最短的 50m 跑道放屋顶上还多出来一截呢，放地上就更甭想了，游泳馆和运动场之间留个走道儿都困难，还跑道呢（图 7）！

图 7

亲爱的校长大人，别挣扎了。我很负责任地告诉你，你的这两个改建招标都不会成功，不如你把两笔设计费都给我，我给你解决所有问题怎么样？合作共赢才能各得其所啊。

画重点：合作共赢。库大老板的主要设计策略就是这四个字，而且是最简单粗暴的那种：把所有地合到一起，所有功能也合到一起，勾肩搭背哥俩好，盖一座楼就万事大吉啦（图8）！

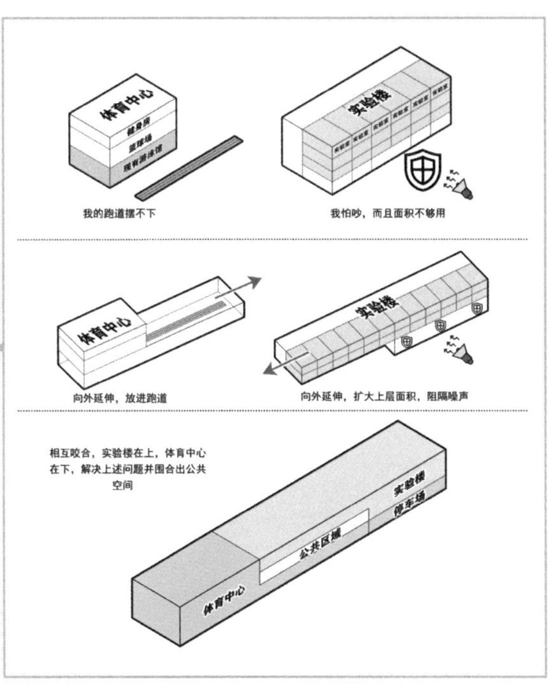

图8

体育中心、实验楼、停车场三合一之后，现在场地变成这样了：一个大长条（图9）。

图9

在此之上，直接把基地拉起16m高生成建筑体量，但注意限高是从建筑最南端靠近教学区处的标高算起的，因此北侧会有部分空间埋在地下（图10）。

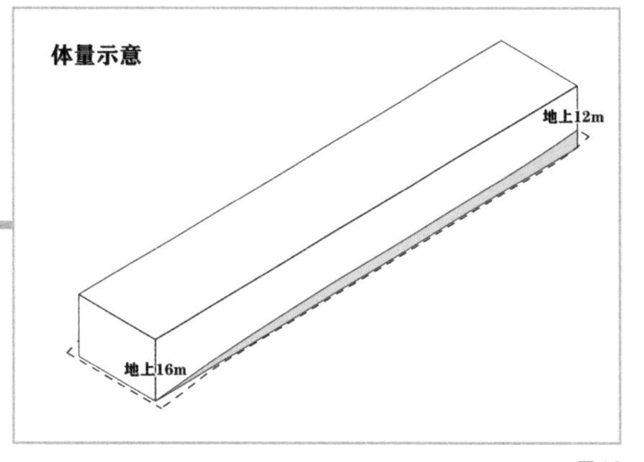

图10

具体算一下，用地面积减去退线也就剩下不到 3000m²。根据面积需求，顶层空间全部做成科研区域，划分成化学、生物、物理三个专业的实验室。底层为游泳馆、车库以及后勤空间。中间层在北段向内收，留出地下车库的入口，并布置室内球场。中部余下的空间布置办公室以及健身房、公共空间（图 11）。

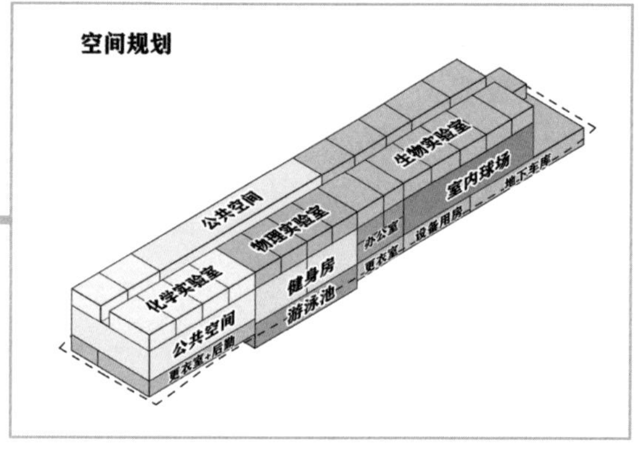

图 11

功能排好了，那么就可以确定流线的走向，从而敲定出入口的位置。总体思路是人从中间层进入建筑，上楼去科研功能空间或者下楼去运动功能空间，保证两部分可达性的平衡，因此在中间层面向校园的东侧和南侧各开一个出入口（图 12）。

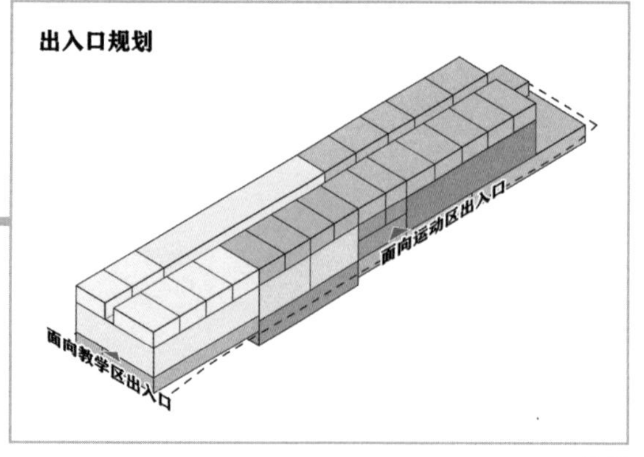

图 12

东侧出入口的位置就选在球场和游泳馆的交点，顺手配上一个交通核，迎接来自运动场的人流（图 13）。

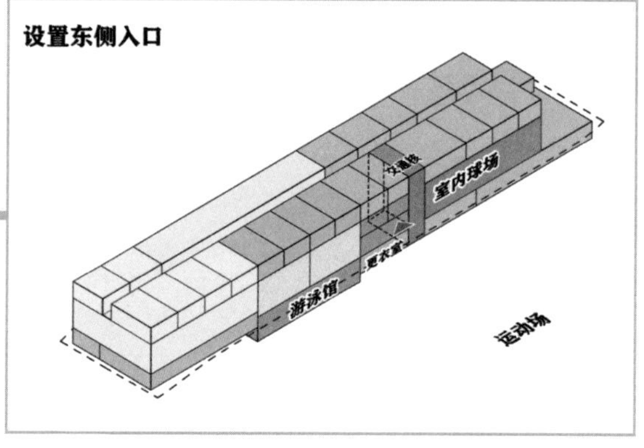

图 13

而场地南侧的入口设置就比较麻烦。出于地形原因，这里需要设置楼梯或者坡道化解出入口与室外地坪间的高差，同时还要另设一个出入口直接通向体育中心。而场地宽度十分有限，只有 30m，站在教学区基本看不见这个体量庞大的新建筑（图 14）。

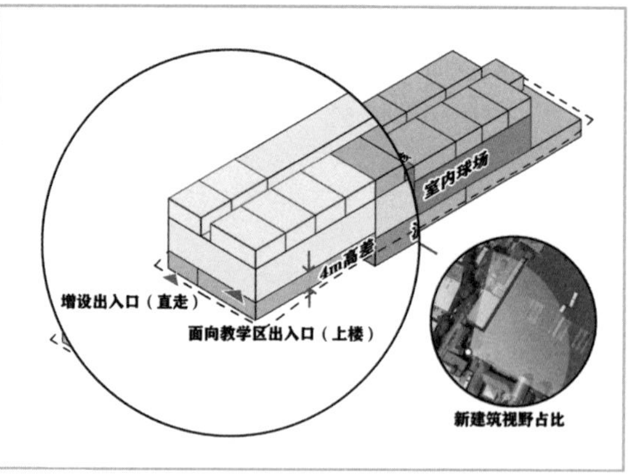

图 14

所以，现在的问题是不但要在这指甲盖大小的地方设置两个出入口，还得给教学区明晃晃的指引和提示，要是能有个小广场什么的就更好了。

这种状态对别人来说或许是困难模式，但对库大老板来说就是简单模式。地方不够，咱不是会抢吗？债多不压身，抢地盘这种事儿，抢第一次还有点儿心理负担，抢多了就是家常便饭。于是，他强行把南边宿舍的楼前空地征用了一半（图 15 ~图 17）。

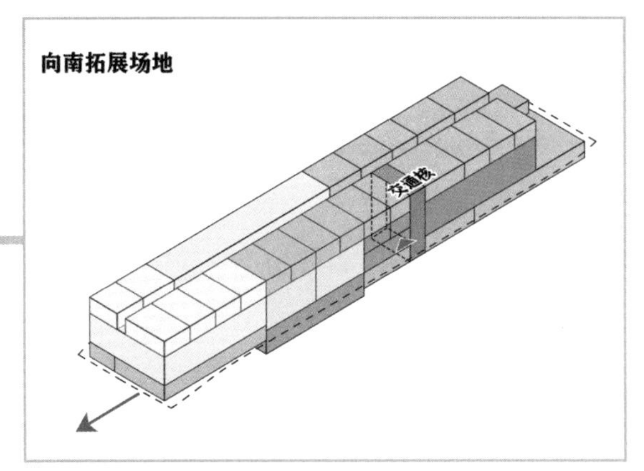

图 15

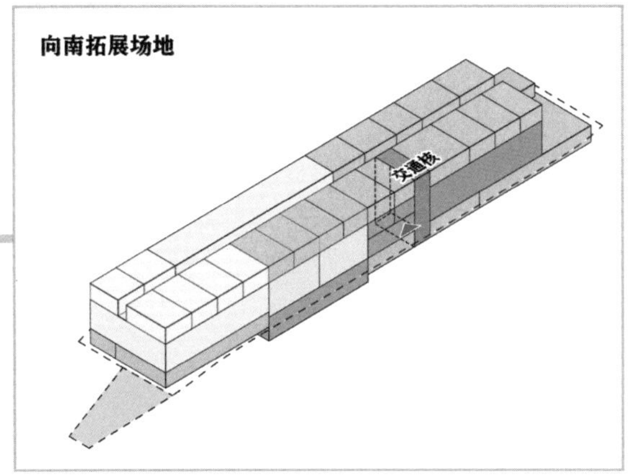

图 16

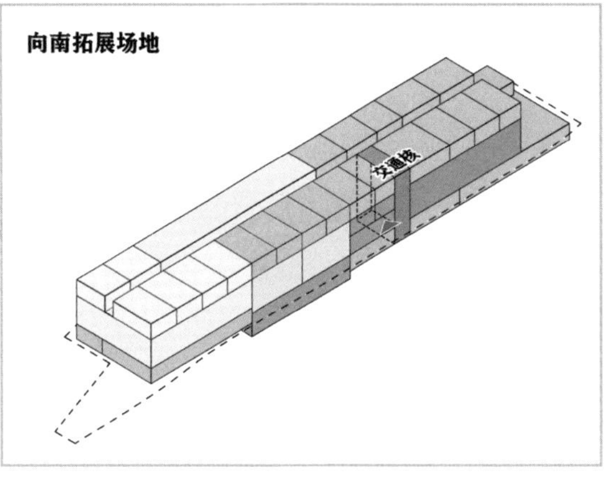

图 17

再把墙体内收，做个气派的大台阶，留出个小广场，引导人流自然地走进建筑的中间层。而且这一手还利用咬合关系顺便解决了建筑体量过大导致的与周边建筑难以融合的问题。嗯，你霸道你有理。体育馆的入口则开在西边靠近城市道路的地方，顺便对外开放还能收点场地费（图 18 ~图 22）。

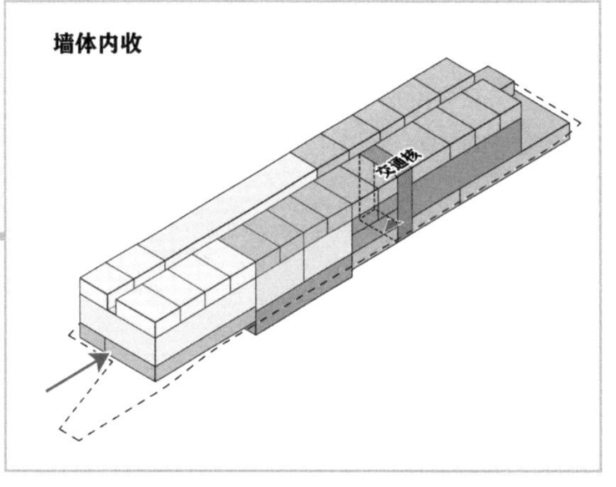

图 18

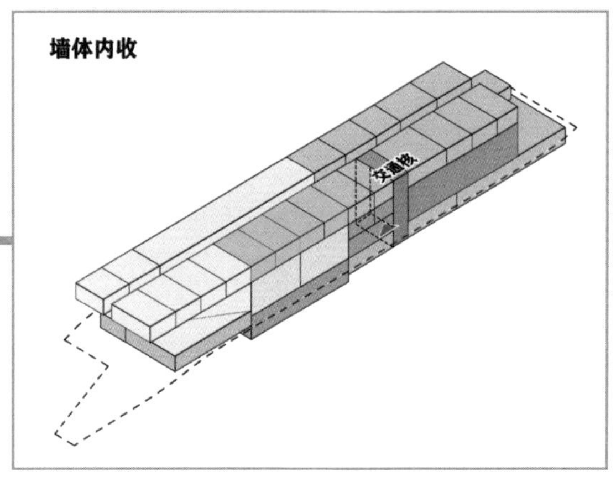

图 19

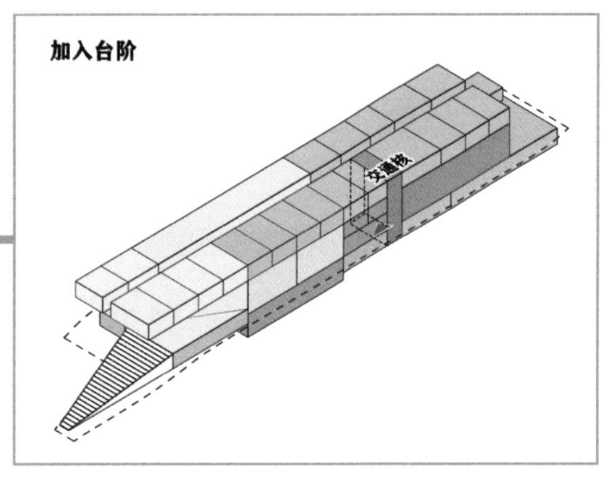

图 20

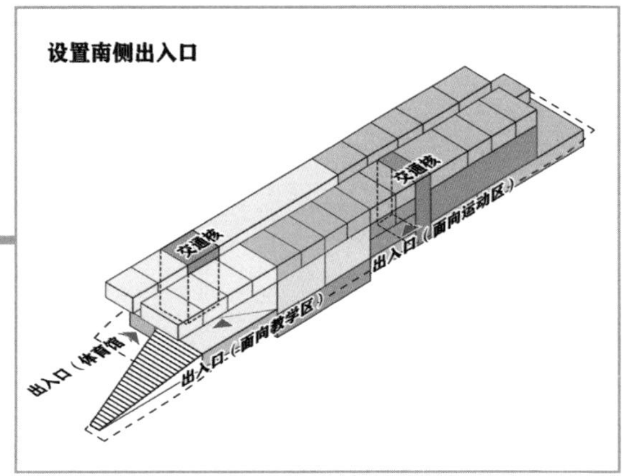

图 21

图 22

解决完外部流线，还要继续梳理内部流线。这么长的一个建筑，内部流线的最大问题就是要同时保障效率与体验，既要让理科“学霸”和运动男女们可以便捷地到达科研区或运动区，又要避免大家各自圈地，只使用自己那一棵歪脖树而忽略了整片森林。也就是要消除科研和运动两种空间的用户的使用隔阂感，邂逅什么的不美吗？

在 1 层西侧走廊加入台阶消化内部高差，顺便把走廊铺上橡胶做成跑道，让从西边进入建筑的“科学系”同学在咖啡厅就能跟从东边跑过来的“体育系”同学相遇（图 23 ~ 图 26）。

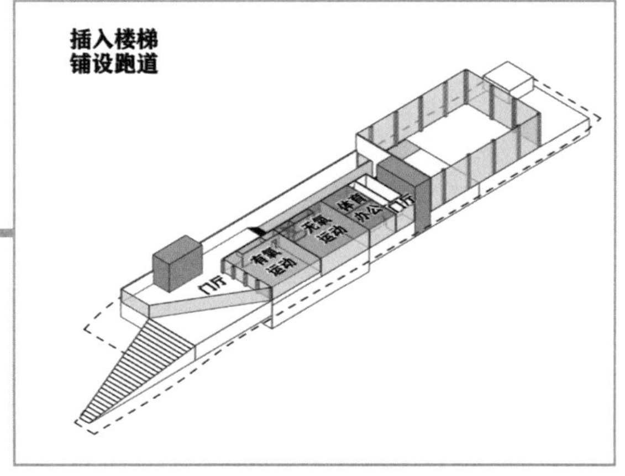

图 23

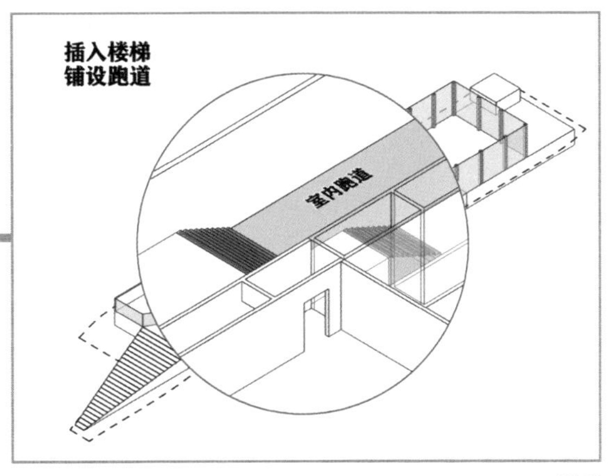

图 24

图 25

图 26

然后，在消化高差的台阶附近加入两组直跑楼梯，分别连接 1、2 层和 2、3 层，使得两股人流都可以自然地上楼（图 27 ~图 29）。

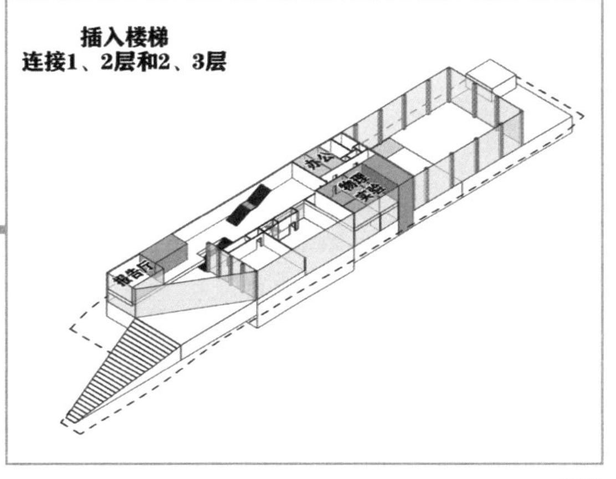

图 27

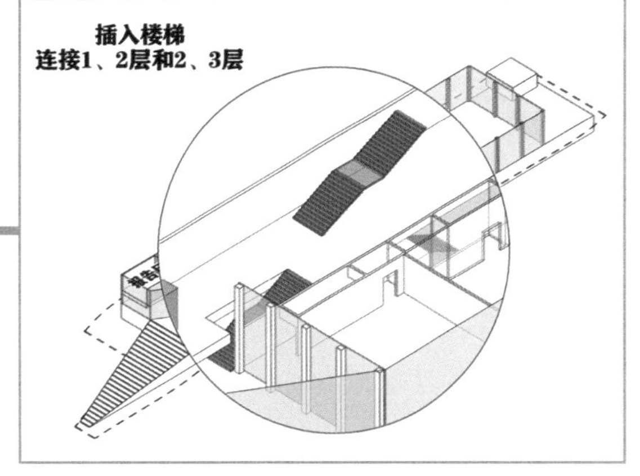

图 28

图 29

好，现在“科学系”的同学可以在上三楼做实验之前围观一下“体育系”同学的训练了。可是“体育系”的同学最多也就能上到二楼听个讲座什么的，怎么才能自然地混到三楼实验室偷看女神呢？库大老板帮你解决。

最美不是下雨天，而是和你一起淋过雨的屋顶。你看这个屋顶，它又窄又长，长得真像一个跑道啊。所以，将屋顶设置成天台跑道，并把三层楼板连着三个物理实验室一起下移，在建筑内部和外部形成两个超大号楼梯（图 30 ~ 图 34）。

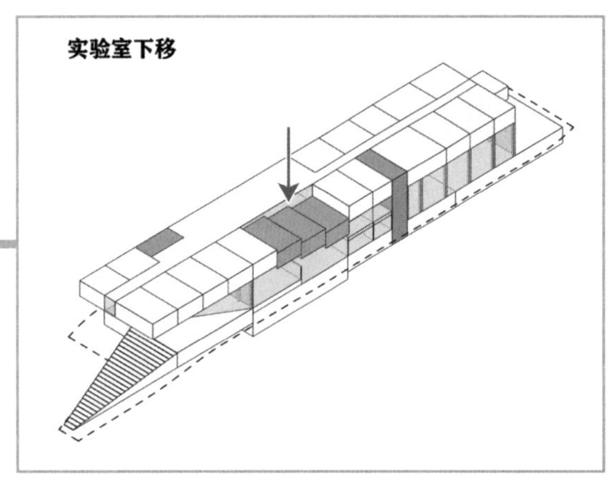

图 30

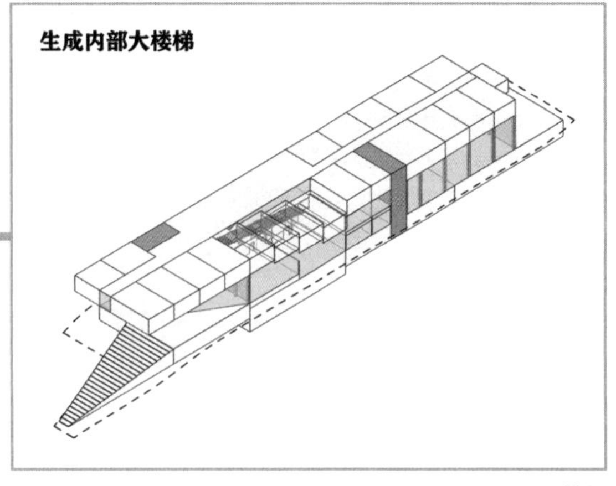

图 31

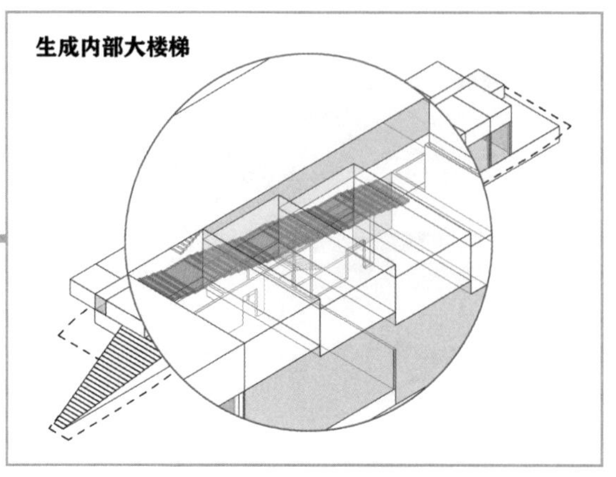

图 32

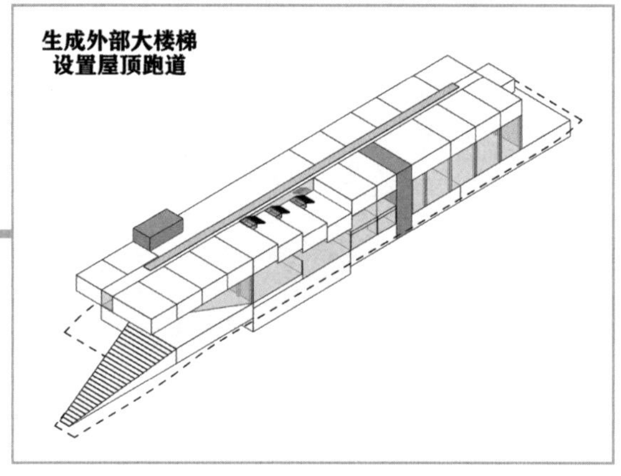

图 33

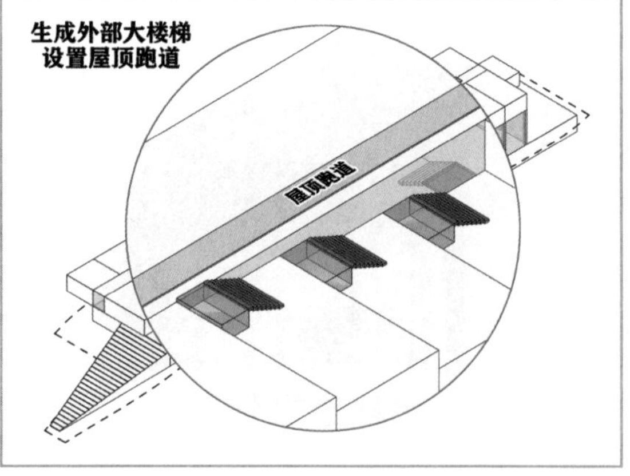

图 34

内部的斜向大楼梯不但可以制造邂逅，还能顺便坐下聊个天（图 35、图 36）。

图 35

图 36

而室外的大楼梯顺便生成了不同高度的屋顶平台，进一步丰富了空间层次（图 37、图 38）。

图 37

图 38

至此，一个既促进交流又互不打扰的流线体系就建立起来了（图 39）。

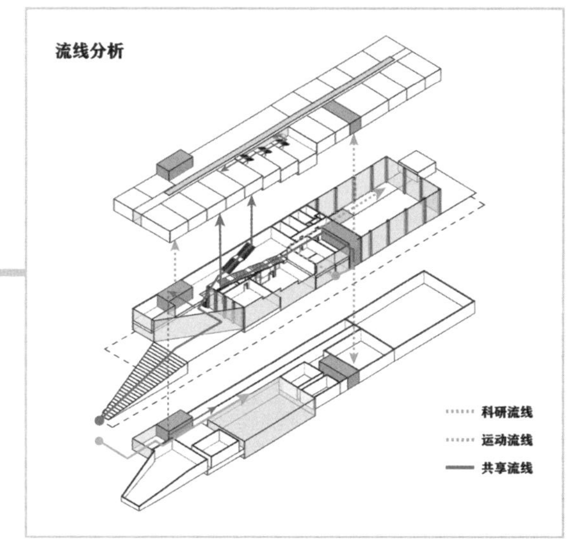

图 39

最后，参照操场对面的传统连排房屋，库大老板给新的学校综合体搞了一个格子排排坐的外立面（图 40 ~ 图 42）。

图 40

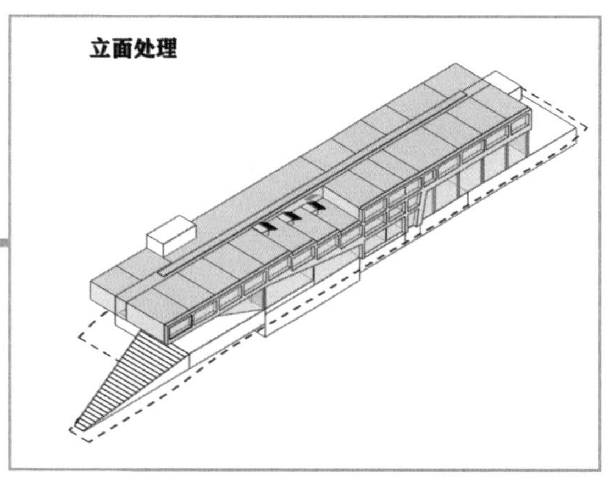

图 41

图 42

西侧的悬挑部分再补上一些支撑柱，这就算完工啦（图 43、图 44）。

图 43

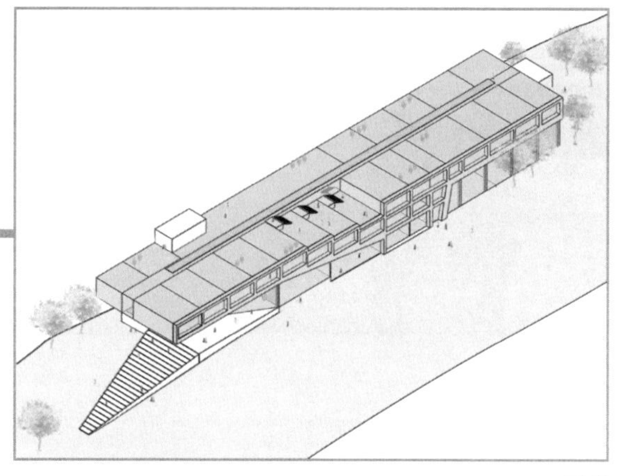

图 44

这就是大都会（OMA）建筑事务所设计的英国布莱顿学院科学楼和体育中心，一个自己抢地盘做设计的方案（图 45 ~ 图 47）。

图 45

图 46

图 47

当然，私自改建设用地这种事儿也不是开玩笑的，英国规划局不要面子的吗？但甲方校长大人铁了心要和库大老板做生意，愣是软磨硬泡了两年拿到了建设许可。

不要再说甲方不可理喻了，人家可能只是不想理你。既然愤世嫉俗，就别同流合污。废标不可怕，废物才不可救。

图片来源：

图 1、图 22、图 25、图 26、图 29、图 35、图 36、图 38、图 40、图 42、图 43、图 45 ~ 图 47 来自 https://www.archdaily.com/931957/brighton-college-oma，其余分析图为作者自绘。

一锅端出平立剖三种面的黑暗料理法

图 1

名　称：马德里数字艺术博物馆竞赛方案（图 1）

设计师：cưng 建筑事务所

位　置：西班牙 · 马德里

分　类：公共建筑

标　签：剖面，博物馆

面　积：1000m²

都市里昼伏夜出、高贵冷艳的建筑师对待食物的要求和对待设计是如出一辙的：食不厌精。“中午吃什么”和“汇报说什么”是日常考验脑力极限的两大世纪难题。明明有无数想法在冒泡，但就是无法最终下决心：红烧牛肉泡椒鸡、鱼香肉丝、酸菜鱼、剁椒排骨、狮子头——到底该泡哪一个呢？方便面不是为了方便吗？为什么要有几十种口味？做一碗安静朴实的泡面不香吗？

拆房部队今天就要拆一包真正的“方便”面。一锅端出平立剖，一键解救“方案狗”。

西班牙马德里发起了一项数字艺术博物馆的建筑设计竞赛，基地就选在西班牙马德里市中心的老城区里。别看名字挺玄乎，说白了还是一个博物馆，且是一个面积不太大的博物馆，总共也就 $1000m^2$，功能也没作妖：除了应该有的展览空间，就是一些办公和教室这种常规功能。项目要求尽可能向城市开放，多提供公共交流的空间（图 2）。

图 2

至此，竞赛的所有条件都很正常，恍如一朵盛世白莲，普度众生。但一个没有妖气的项目拿什么吸引各路神仙、好汉为民除害呢？如果你再多看一眼基地，估计就能感觉出这里不是没有妖，而是“妖”得很片面。

由于场地位于高密度老街区，占地面积只有 $300m^2$。$300m^2$ 不要紧，反正建筑面积要求总共也没多大。真正要紧的是整个基地有且仅有一个临街面，还是个北面（图 3、图 4）。

图 3

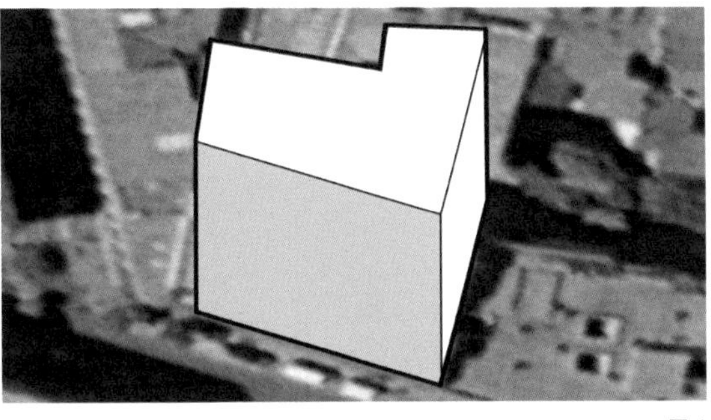

图 4

摊开了说就是，作为一个临街面，公共活动空间必须在这里拥有姓名；作为一个北侧面，展厅因为采光问题也必须在这里“行使权力”。那么，问题来了：作为三层楼的唯一临街北侧面，是选公共空间还是选展览空间呢？要不你俩先打一架？警察叔叔说了：不要打架，打赢坐牢，打输住院。

如果不打架的话，现在的问题就变成如何在这个独苗小立面内既放下相对实的展览空间（formal）又放下相对虚的公共空间（informal）（图5）。

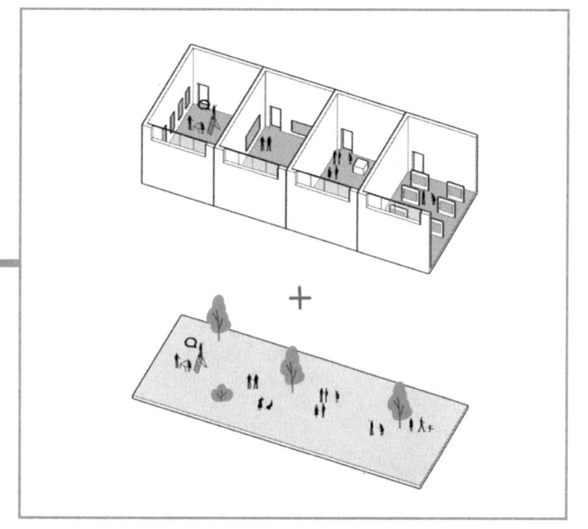

图5

首先声明，按照常规方式间隔设置在这个项目里没法操作。原因很简单，面积不够，排不开（图6）。

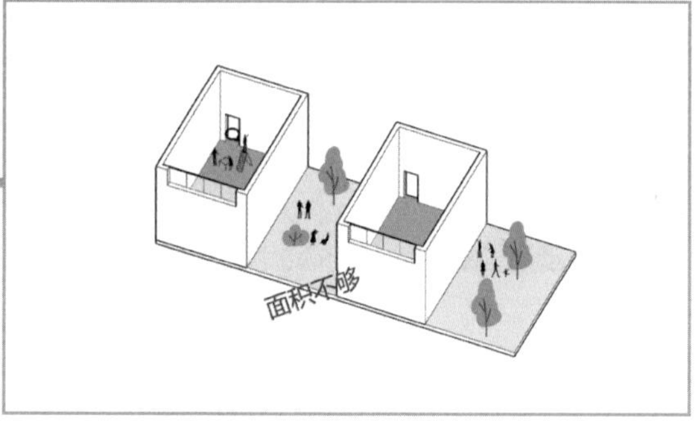

图6

常规的不行，那就要来点儿非常规的黑暗料理了。

画重点：保留有效关系，打破建筑空间的正交关系。没人规定房间非得正正方方的吧？你的祖师爷柯布西耶已上线，罚你抄写并背诵新建筑五点100遍。

虽然展览空间和公共空间都需要对外开敞，但明显开敞程度不同：展厅采光只需要一小截高窗就能解决，而公共活动空间当然越开放越好；相反，展厅空间需要相对完整的空间深度以便适应不同展品的布展，而公共空间则无所谓。也就是说，二者的有效空间不同（图7）。

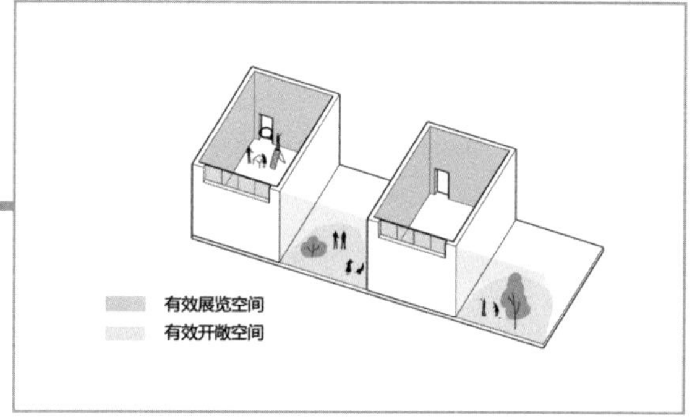

图7

那么，大家都只选择自己需要的部分不就好了吗（图8）？

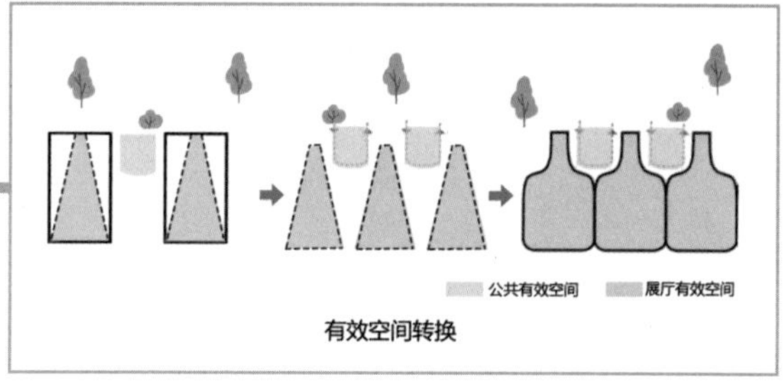

图8

按照有效空间的需求生成建筑空间（图 9）。

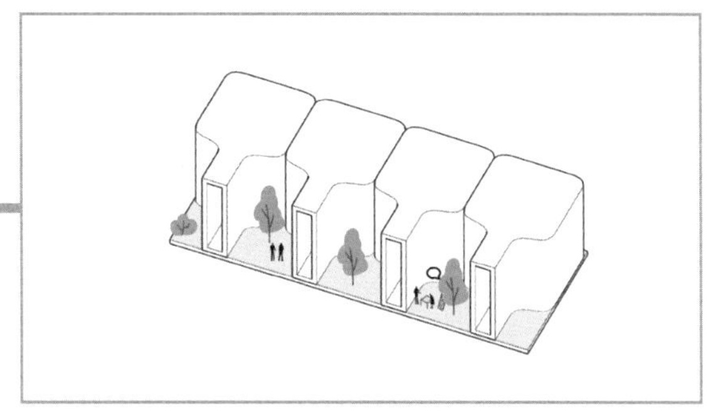

图 9

更进一步拉开展厅间的距离，让公共空间深入建筑内部。这样一来，活动空间可以最大限度地保持开放，而竖直窄窗也满足了展厅的采光需求，并且还可收获不同时间段的光线投影（图 10、图 11）。

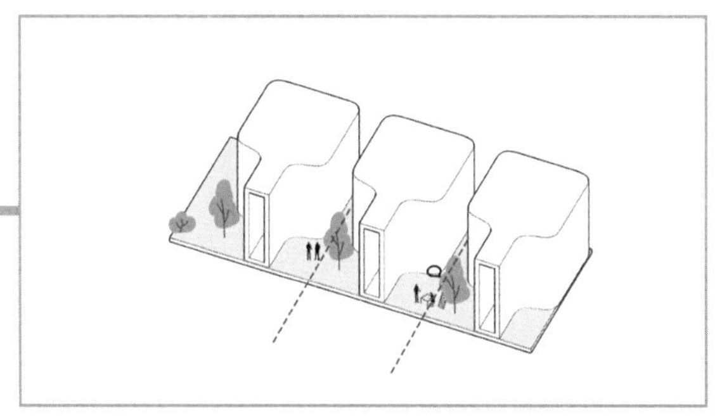

图 10

图 11

将得到的这种空间模式在建筑体量中排布后就可以得到几组上下贯通的活动空间，基本相当于边庭。此时，展览空间与公共空间彼此独立，互不干扰（图 12）。

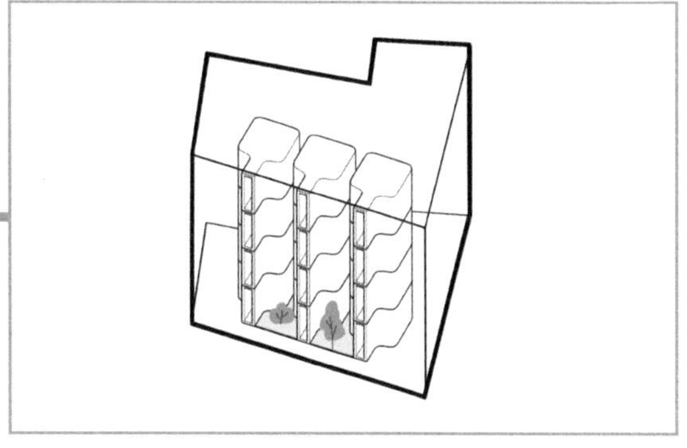

图 12

为了使每层的展览空间都有可供交流互动的公共空间，继续给公共空间在垂直方向上加分层。这不是什么大问题，强加平台法、随意错动法都可以解决问题（图 13）。

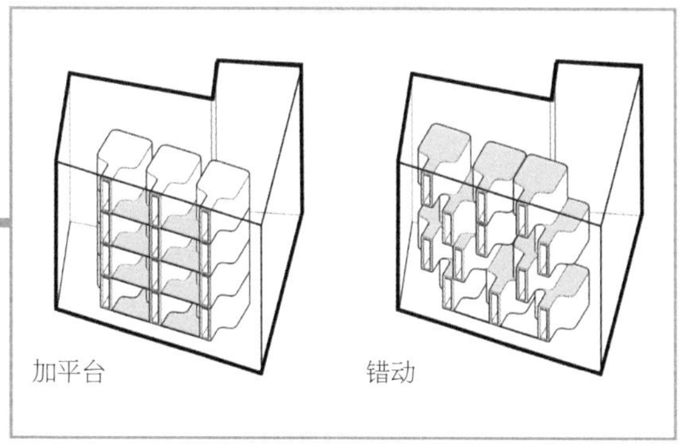

图 13

但不要忘了某个关键要点：这可是全场唯一仅有的立面，我们不把它变成整条街上最靓的仔怎么对得起列祖列宗？

再次画重点：通过形式美法则，剖面立面一锅端。通过错动法给建筑加公共活动的平台，但是错动要有规律，让展厅的竖直窄窗和周边老建筑的立面开窗和谐统一，同时面向城市展示整个空间的骨架结构。这就是传说中的剖面当立面用（图 14 ~图 16）。

图 14

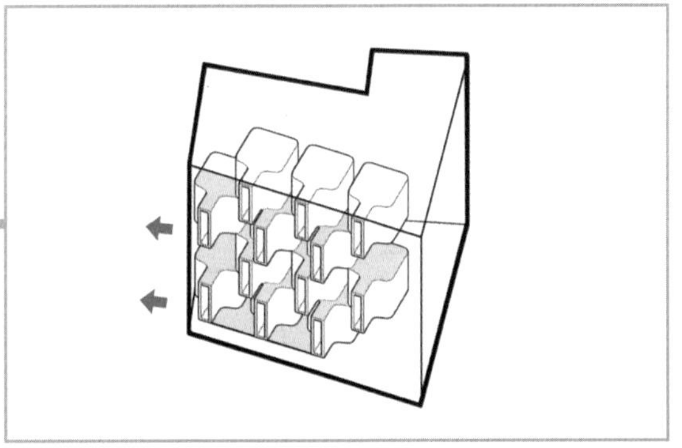

图 15

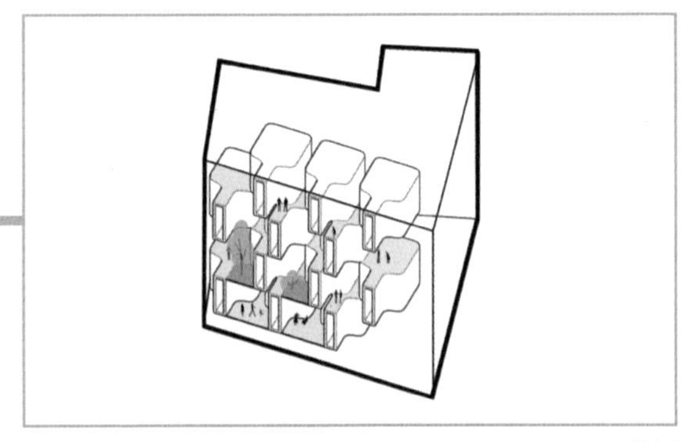

图 16

至此，这个平立剖一锅端的空间模式已经基本成型了。简单总结一下，就是将实空间和虚空间在水平和垂直两个方向上都按照形式美的法则有规律地排布就可以了。要是实在转不过弯儿来，就也别难为自己发明创造了，背诵全文换换房间形式就算了（图 17）。

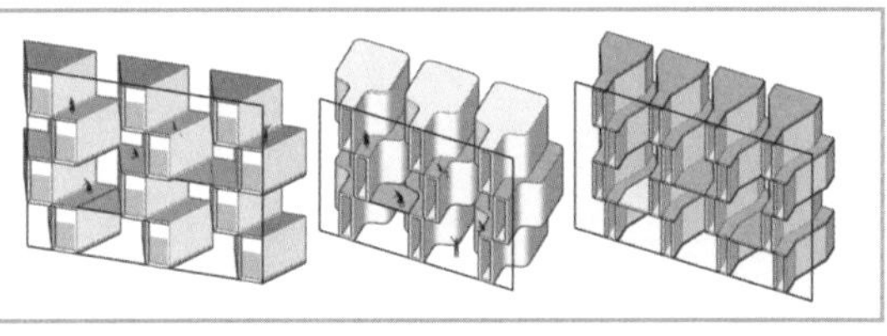

图 17

再回到这个博物馆。加入各层楼板，将办公区等辅助功能放到展厅后侧（图 18）。

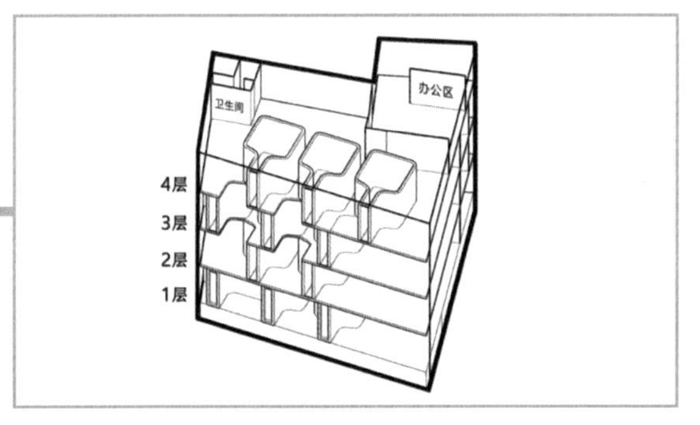

图 18

挖出中庭，并在入口设置通高空间的门厅（图 19 ~图 21）。

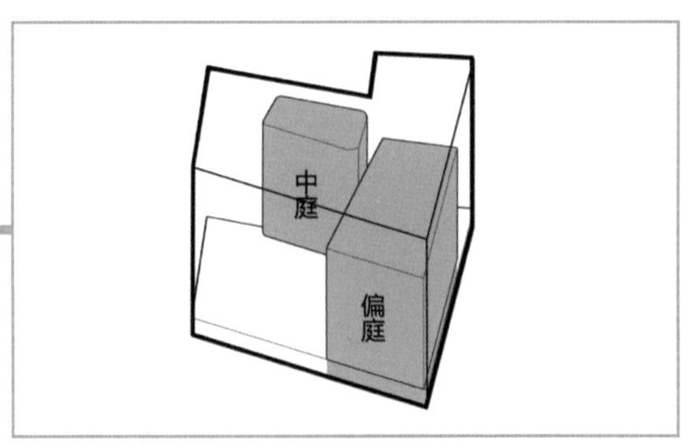

图 19

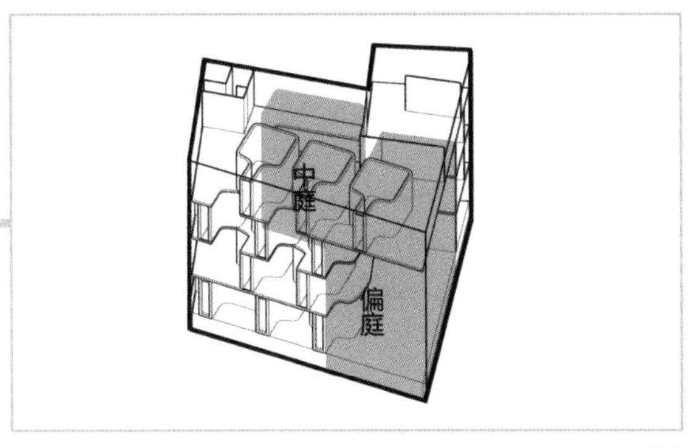

图 20

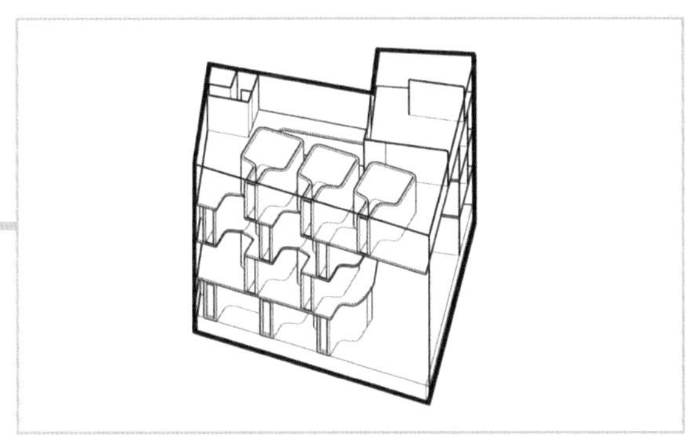

图 21

因为入口门厅也在这个唯一的立面上，所以也要按相同的形式逻辑处理。首先，设置入口大楼梯解决高差，引入人流（图 22）。

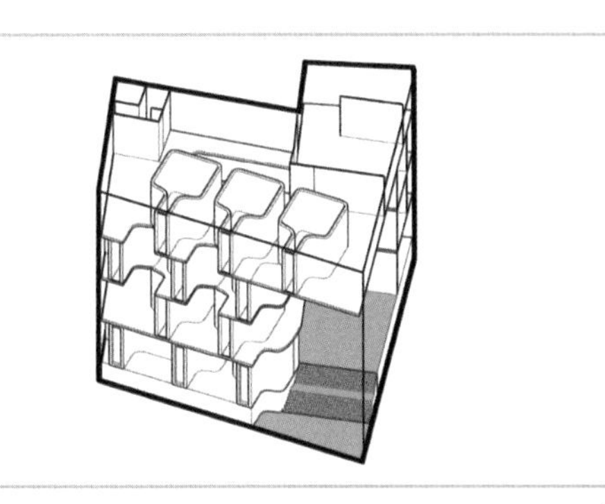

图 22

然后设置两个大小不同的拱形结构，让其符合透视规律——外部的空间变大、内部空间变小，增加进深感，并且外扩内收的形式与公共空间形式保持一致（图 23、图 24）。

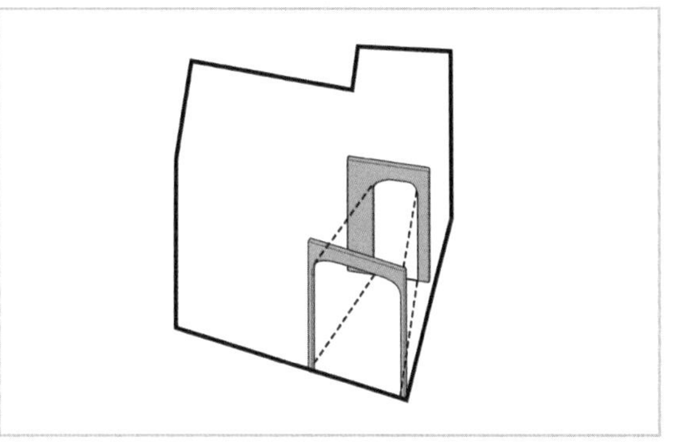

图 23

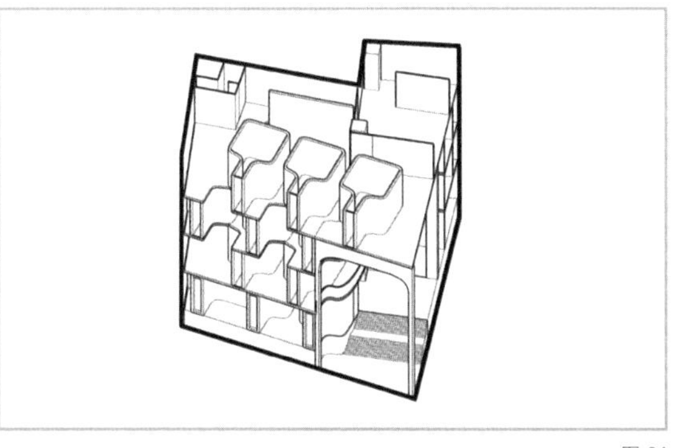

图 24

在门厅上方设置走廊，并使其与门厅的拱形结构相交，为入口增加可停留的空间（图 25、图 26）。

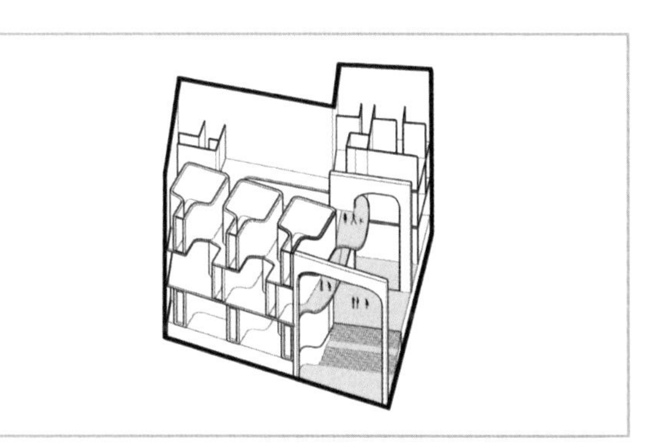

图 25

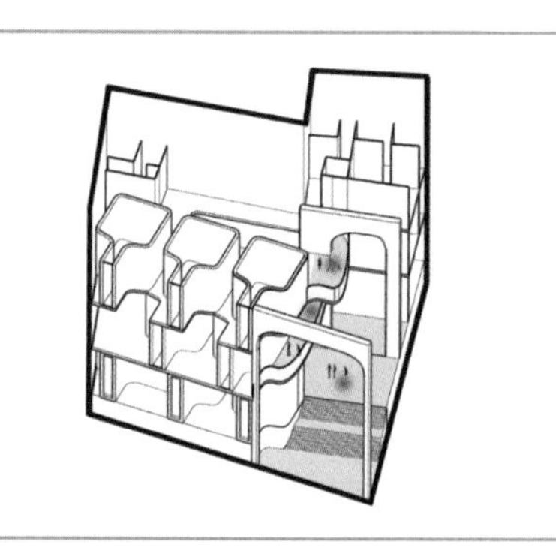

图 26

这个走廊还有一个作用就是为入口空间提供了不同视角的观察场景。三张效果图（图 27）看似张张不同，其实都是拍摄的门厅空间，也就是通过增加记忆点的方式来扩大小空间的心理感受。同样的面积，毛坯房显小，精装修后就显大也是这个道理。值得注意的地方多了，就觉得空间大了。

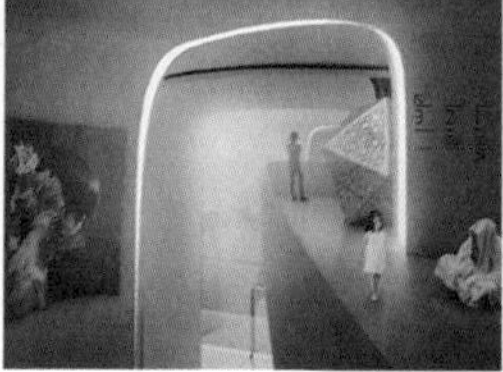

图 27

再加入垂直交通（图 28、图 29）。

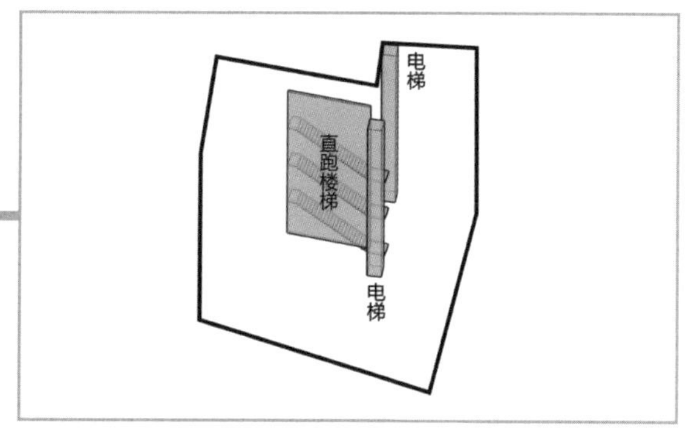

图 28

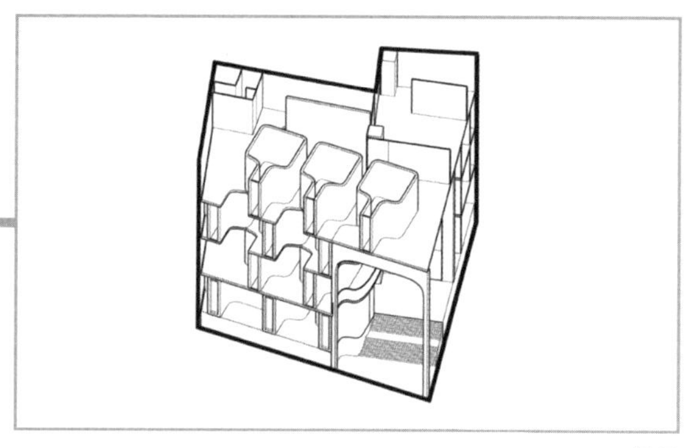

图 29

最后加入表皮，并开天窗增加后侧空间的采光。收工（图 30）。

图 30

这就是 cưng 建筑事务所设计的马德里数字艺术博物馆竞赛方案（图 31 ~图 33）。

图 31

图 32

图 33

没有哪个月底是一顿方便面熬不过来的，如果不行，就两顿、三顿、四顿……没有熬不过的月底，也没有熬不出的方案。熬着，熬着，可能就一锅端了。

图片来源：

图 1 ~图 3、图 11、图 27、图 31 ~图 33 来自 https://archello.com/project/madrid-digital-arts-museum-honorable-mention-3，其余分析图为作者自绘。

『甲方』两个字，怎么就变成贬义词了呢

图 1

名　称：韩国 Galleria 商场光教店（图 1）

设计师：大都会（OMA）建筑事务所

位　置：韩国・光教

分　类：商场

标　签：步道，中庭

面　积：137 714m²

乙方是用来否定的，甲方是用来抱怨的。乙方越过越随性：方案通过就吃顿好的，没通过也无所谓，吃吃土也饿不死，我们设计的不是建筑，是和平。甲方越来越魔系：方案随便改，通过了算我输；易燃易爆易爹毛，怨天怨地怨空气，我们挑剔的也不是建筑，是寂寞。

套用某模板的话说：我们这个行业，用主机与屏幕，献模型效果。从未离开座位，上趟茅房，干过什么投机取巧之事。设计好了，鞠躬拜票谢甲方，设计砸了，诚惶诚恐熬通宵。顶三五载虚浮名，挣七八吊烟火钱。终归零落成泥，随风散去。甲方总会有新宠，不复念旧图。看在曾给甲方片刻欢娱，能否值回些人间温暖？那我就明确告诉你：有！

你的好友“温暖人间甲方小天使”已上线。公道一点讲，甲方朋友圈里愿意一掷千金为建筑师才华打卡又埋单的也不在少数，但大多都是押宝在美术馆、图书馆这种城市公共建筑上——本就无利可图，挣个好名声也算合理合法，而普通建筑师日常遇到这种惺惺相惜的甲方的概率约等于0。普通建筑师的“标配”是普通甲方，俗称开发商。创意就是距离，成本全是问题，比设计更重要的是设计费。听说你想让我付尾款？那咱俩天生八字不合。

因此，作为商业开发商的韩国Galleria连锁百货公司才算是“甲方界”的一股清流，特爱组开发商与建筑师抱团取暖、投桃报李的兄弟局。我们之前的书里就讲过面积小、用地可怜的天安Galleria商场在UNStudio的一顿行云流水的操作下喜提超豪华大中庭的励志故事（图2）。不知道是因此尝到了设计就是生产力的甜头，还是天生就信任建筑师，反正这次位于韩国光教的新Galleria商场的设计依然被开发商无条件地交给了另一个神仙设计团体——OMA（图3）。

图2

图3

这次完全没有面积小、用地紧张的问题：一万多平方米的场地建 130 000m² 的功能面积，业态从生鲜市场到名牌精品店，再到餐厅、电影院，包罗万象。你懂的，这玩意儿国外叫购物中心，国内叫综合体，我国各大开发商流行命名：XX 城（图 4）。

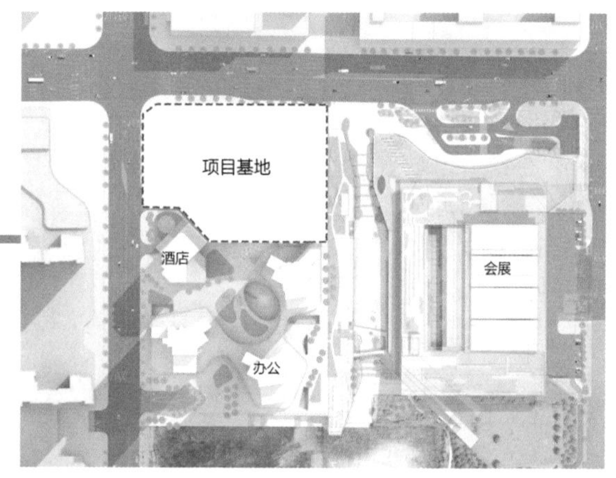

图 4

那么，问题来了：项目没困难，甲方没要求，还要建筑师干什么？普通建筑师大概会想早点儿收工回家，文艺建筑师应该开始琢磨来段即兴创作。可 OMA 既不普通也不文艺，他们只想和甲方做朋友。做朋友的意思就是，你叫哥们儿来撑场子，哥们儿就不能给你跌份，热搜前三先给你预定了。

先来一轮灵魂拷问：我们为什么要去逛商场？在过去的传统商场里，人们的主要目的就是买买买（图 5）。

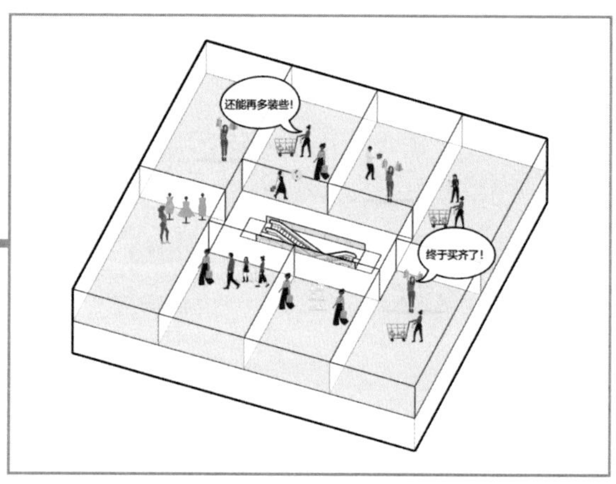

图 5

后来商场越开越大，为了让大家保持体力多买一会儿，也为了开展各种各样的促销活动，就开始流行设置大中庭，作为休息、休闲和集会活动的空间（图 6）。

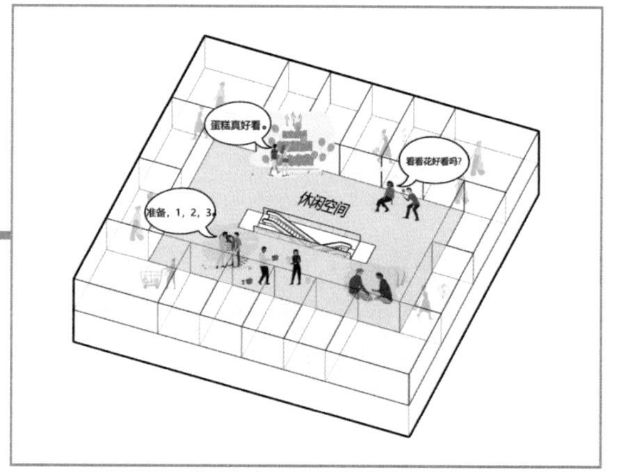

图 6

再后来，网上购物越来越方便，买东西已经不能把人们从家里吸引出来了。原来不配拥有姓名的吃喝玩乐组合摇身一变成为主力，越来越多的餐饮、娱乐、休闲业态水涨船高，开始与传统零售业平分天下。我们现在的大部分商场综合体都是这么个局面（图 7）。

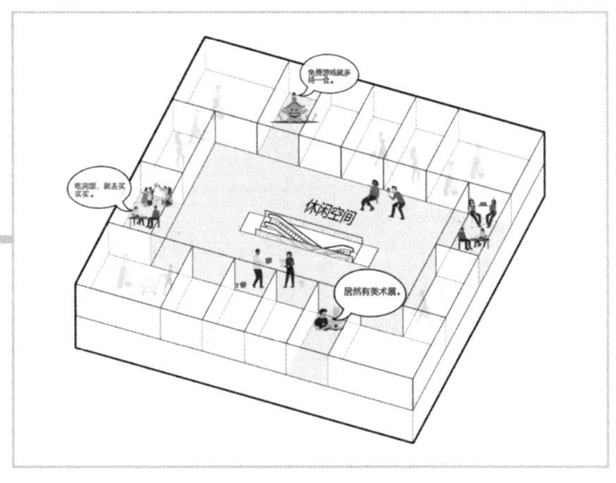

图 7

这个局面虽然可以带动消费，承包人们一天的活动需求，但偶尔也会出现隔壁火锅店排队火爆，我的文艺小服装店寂寞如雪，还要沾染一身油辣子气的尴尬现场，抑或你在对面咖啡店优雅地喝下午茶，我在你对面挥泪大甩卖的诡异邂逅。

至此，OMA 终于抛出了稳住全场的终极提问：怎么让新休闲业态和传统零售既保持充足的接触面，又减少彼此间的影响，还能让用户在逛、吃两种行为里自由转换呢？

气氛烘托到这儿，该画重点了。OMA 给出的这个拔份儿的操作就是空间大挪移。也就是将原来围绕中庭设置的休闲空间反转环绕在商业空间外部，两者既保持独立又互相联系，休闲行为和消费行为可以在两个空间的接触位置任意转化（图 8）。

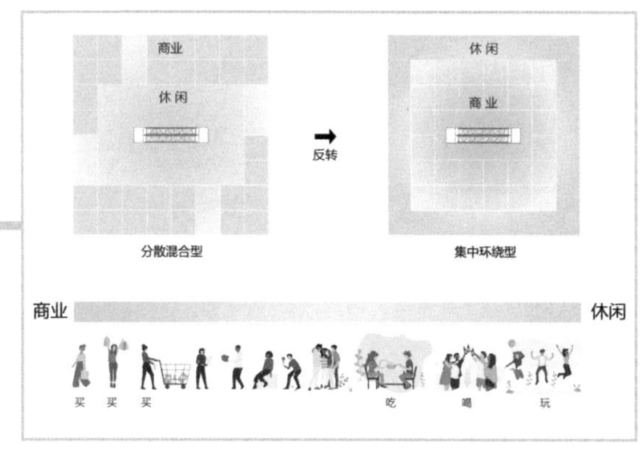

图 8

第一步：拉起建筑体量后采用休闲功能包围商业功能的组织方式。

依然将商业空间结合中庭布置，并设置直达商业区的交通通道（图 9、图 10）。

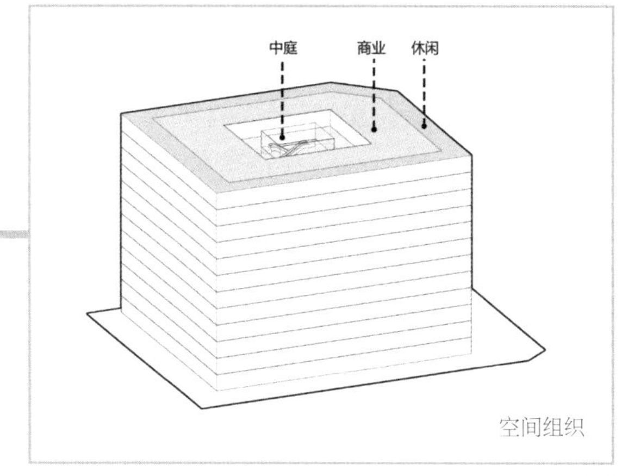

图 9

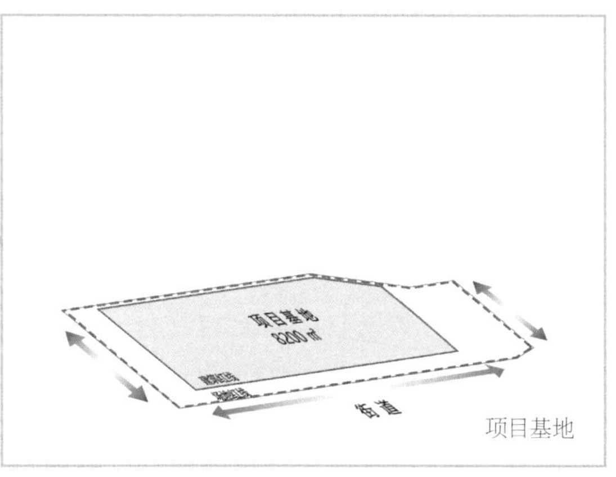

图 10

休闲空间环绕在零售空间外侧，设计成常见的螺旋上升的漫步台阶（图 11）。

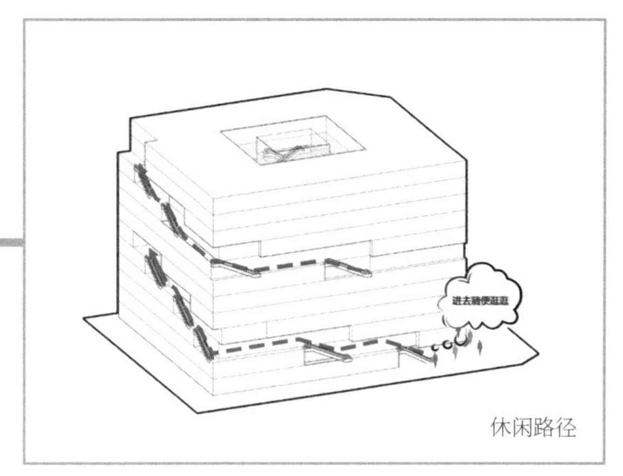

图 11

第二步：打散休闲空间。

既然是休闲流线，那就是边看边玩边休息。所以，除了有盘旋而上的台阶步道，还需要有节奏地不停设置可停留、可玩耍的空间。增加玩乐空间没问题，问题是增加的玩乐空间无论如何都会占用商场的零售商业面积。你当然可以说服甲方不要因小失大，损失一点零售商业面积换回更大的人流量，这买卖不亏（图 12），但面积是眼前实打实的，流量是未来不可测的。

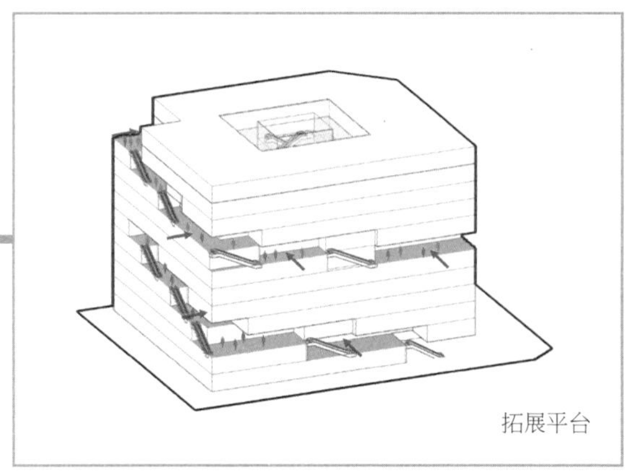

图 12

OMA 觉得，既然要讲义气就不能开空头支票，既然把休闲流线放在外围空间，那中庭就没必要再设置休闲功能了，保留基本的垂直交通功能就可以了。说白了就是保证零售面积不变，缩小中庭面积补充给外部休闲空间（图 13）。

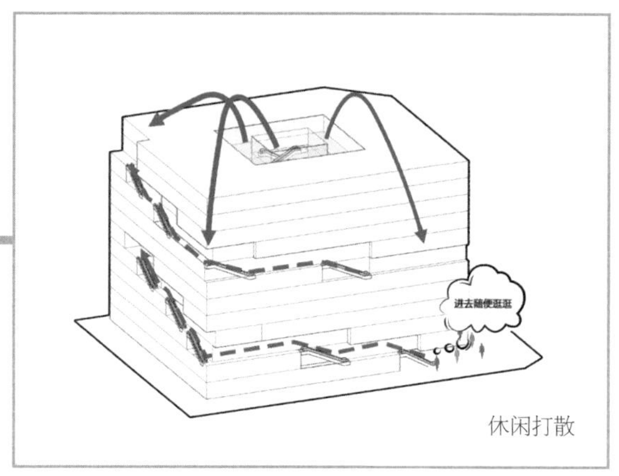

图 13

第三步：调整中庭位置。

在建筑的外围设置休闲空间后，使得中庭偏离了内部商业区的中心位置。为了保持中庭和商业空间的联系，将中庭做整体偏移（图 14）。

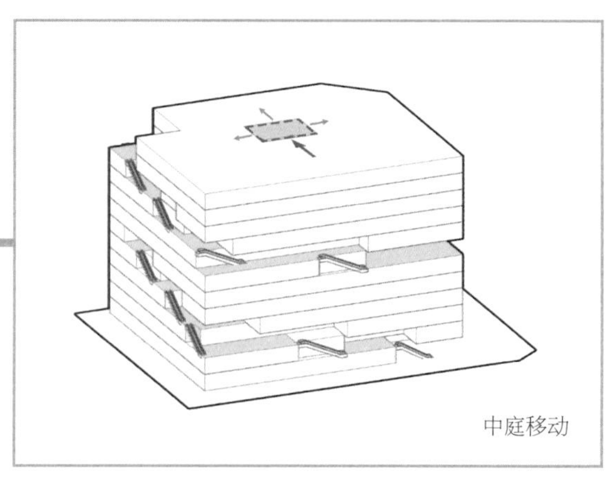

图 14

第四步：逛上去不是爬上去。

休闲漫步流线的路程较长，基本等于爬 10 层楼，怎么能让人自觉地爬上去还不觉得烦呢？千万别说看看风景就上去了，这种话估计你自己都不信。爬是不可能爬上去的，这辈子都不可能，但逛是可以逛上去的。想想你女朋友800m 跑了 6 分 30 秒还累得像丢了半条命，但拉你逛街逛 10 小时走了 3 万步，你累得丢了半条命，她还能活蹦乱跳地继续逛夜市。这能找谁说理去？

设计小的路演广场并向漫步流线开放（图 15、图 16）。

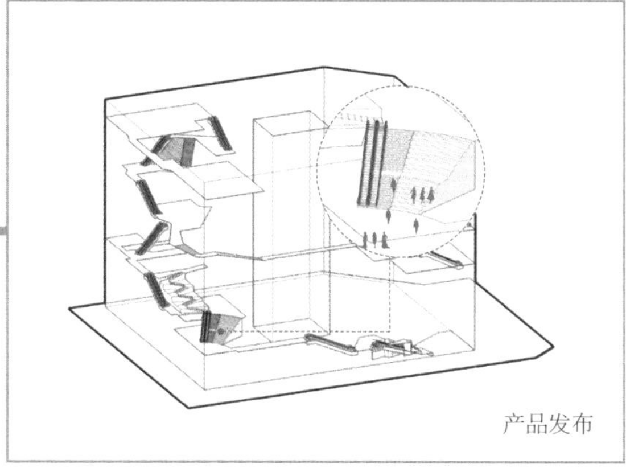

图 15

图 16

结合小型艺术展览，设置休息空间（图 17、图 18）。

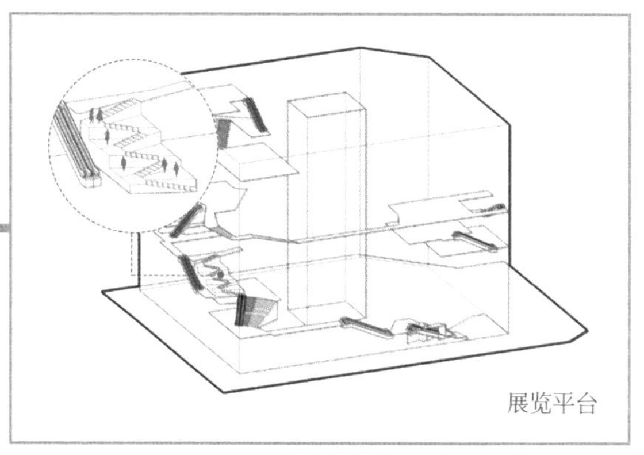

图 17

图 18

在每个楼层结合当前楼层的零售业态，设置漫步节点。也就是把每一层的卖场渗入休闲空间一部分（图 19、图 20）。

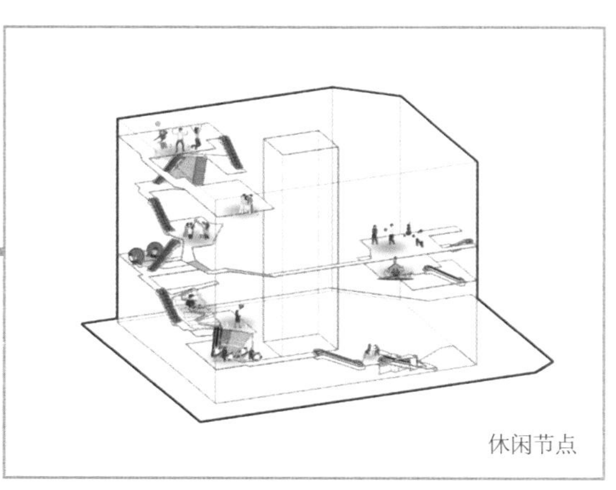

图 19

图 20

第五步："人格分裂"的 S 号中庭。

地球人都知道库哈斯是 XL 尺寸的"脑残粉"，但这次剑走偏锋设计了一个 S 号中庭是准备弃暗投明吗？那是不可能的。尺寸虽然小，但野心依然很大。我们通常会将中庭作为一个整体来对待，不管造型多么扭曲，本质上都只是一个空间（图 21）。

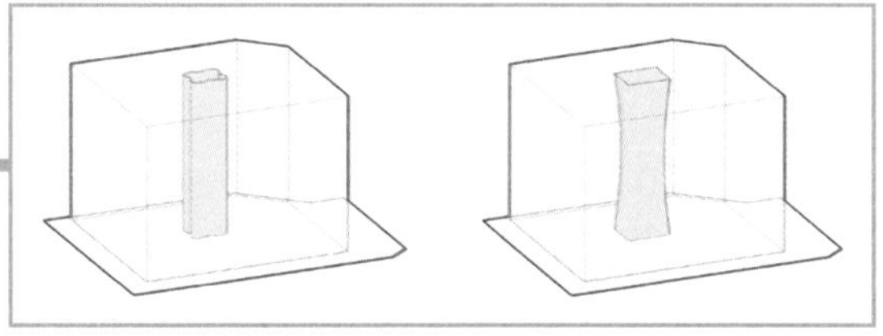

图 21

完整型中庭对整体建筑空间的贡献肯定是大于使用尺度空间的。也就是说，这种 XL 号的大中庭在普通人类眼里永远都是看得见、摸不着的碎片，而且还是每层都重复出现的碎片。OMA 本来就看完整型中庭不顺眼，何况 S 号的小不点儿杵那儿像个水井似的，对整体建筑空间的贡献更有限，还不如全心全意为人民服务呢！具体说就是将整个中庭根据楼层分割成多个独立体量，一层一个样儿（图 22）。

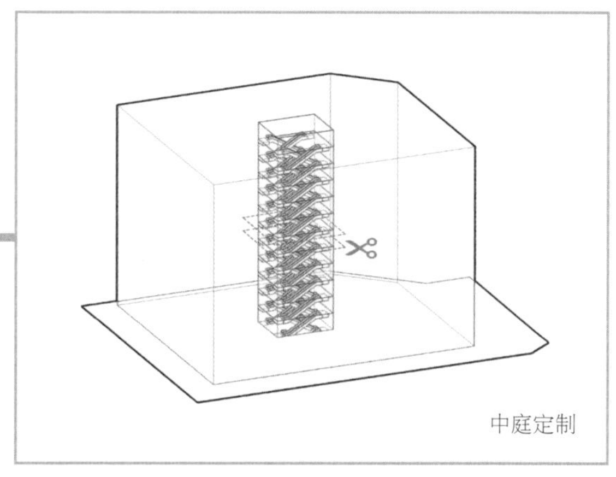

图 22

在 1 ~ 2 层的珠宝销售区，用吊灯照亮中庭空间，自带珠光宝气的光鲜华丽（图 23、图 24）。

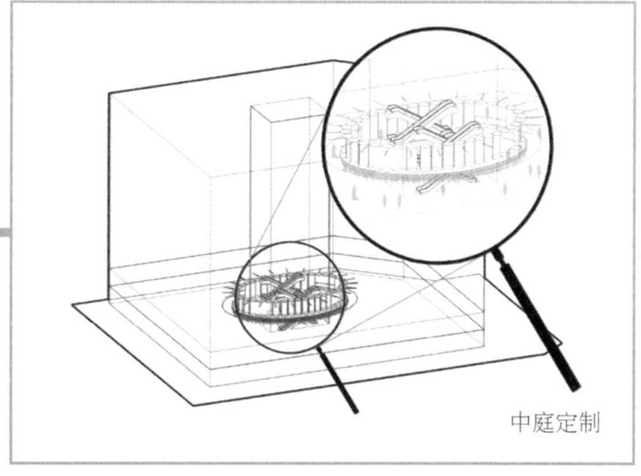

图 23

图 24

3 ~ 4 层的女装区，用墙体形成画框的效果，你就是别人眼里最亮丽的风景（图 25）。

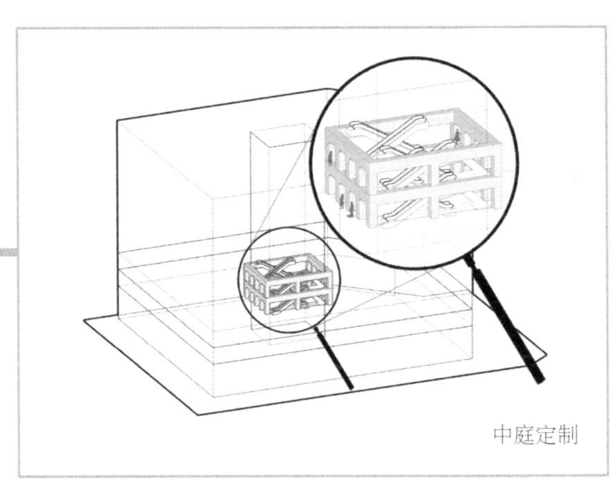

图 25

再往上的 5 层男装区，采用电子商品展墙环绕中庭。"直男"不需要审美，只需要效率。指哪儿打哪儿什么的最合心意了（图 26）。

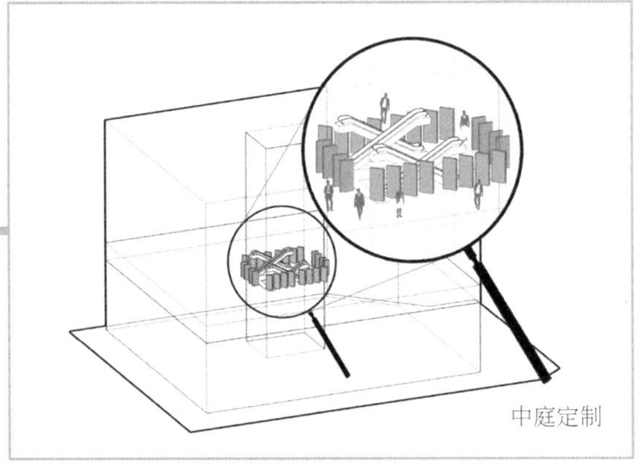

图 26

在 6 层的儿童用品和游乐区，采用管道包裹扶梯，模仿滑梯的形态吸引儿童（图 27）。

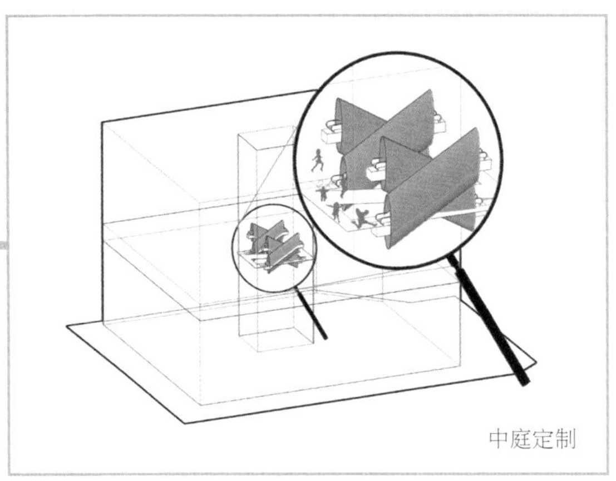

图 27

7 ~ 8 层的生活用品区延伸中庭的边界，扩大展示体验区（图 28）。

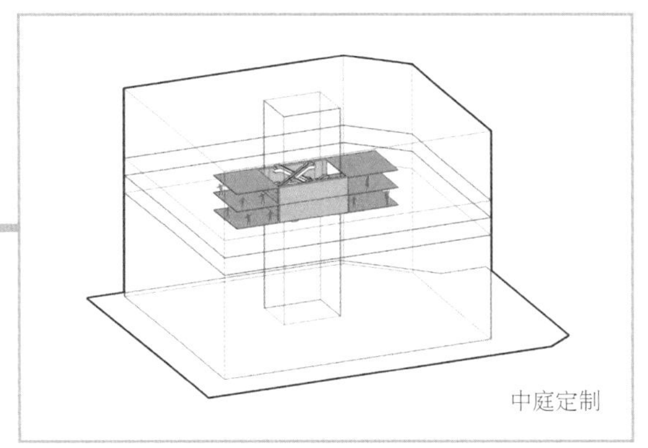

图 28

在 9 层餐饮休闲区，延伸中庭与周边的店铺相连，提供充足的开放餐饮区（图 29）。

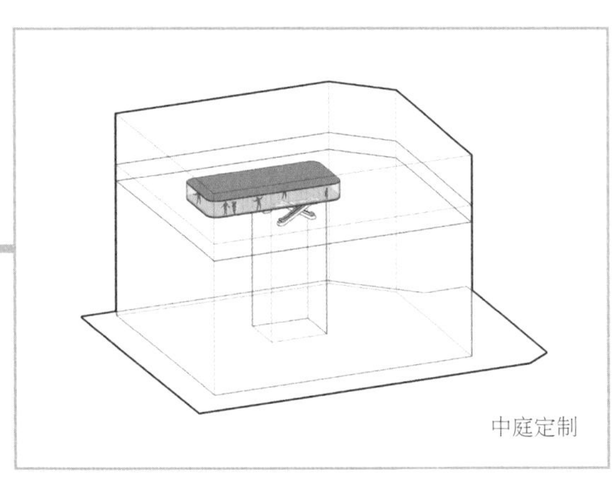

图 29

10～12层是顶层电影院和会议中心，中庭可以功德圆满了。至此，一个拥有8种“人格”的中庭设计就完成了（图30）。

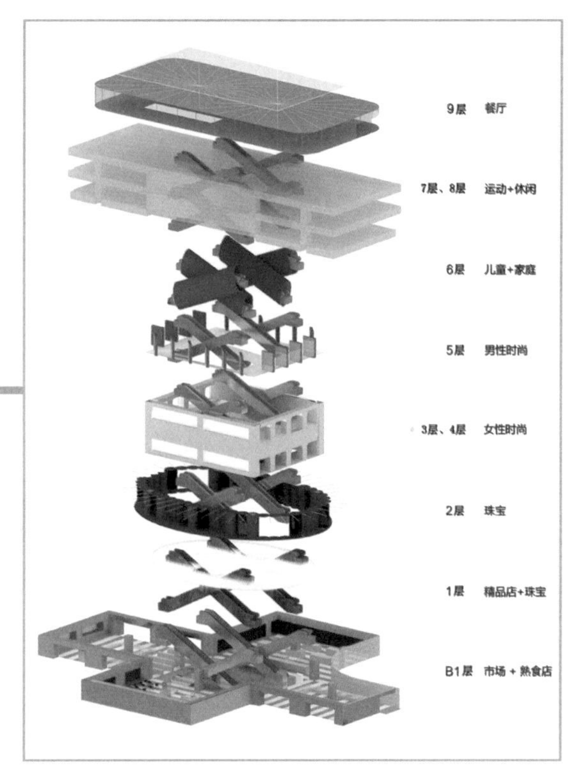

图30

第六步：连接两个行为空间。

商业和休闲空间都设计完成后，将两个空间通过路径和公共空间进行连接，实现消费和休闲行为的互相联系和转化（图31）。

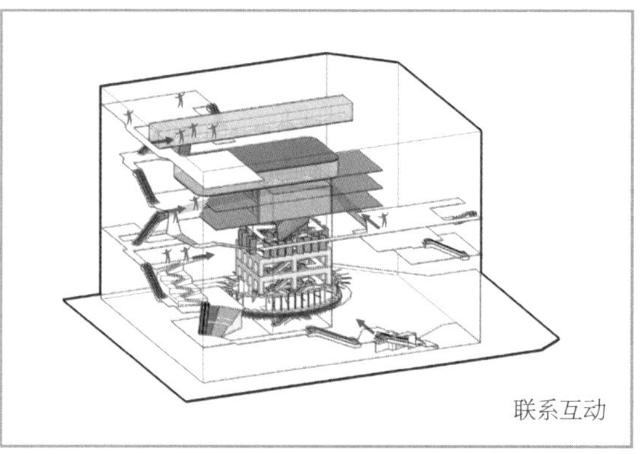

联系互动

图31

在建筑的边缘设置电梯和辅助空间（图32）。

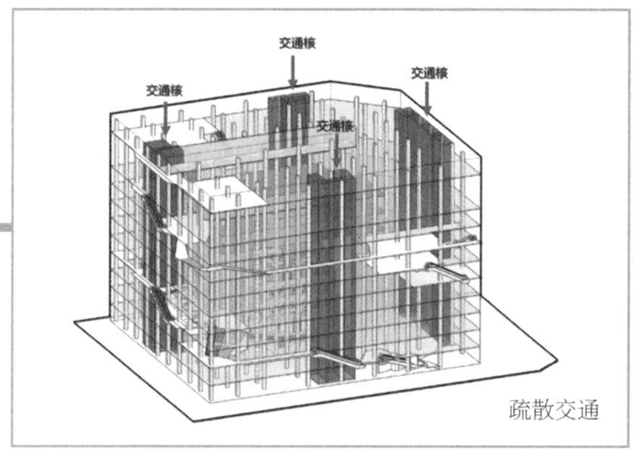

疏散交通

图32

最后，一向在立面形式上不走心的OMA特意为这个商场做了一个像素化的大理石花纹立面，并将休闲步道系统以拼接玻璃的形式嵌入其中（图33）。

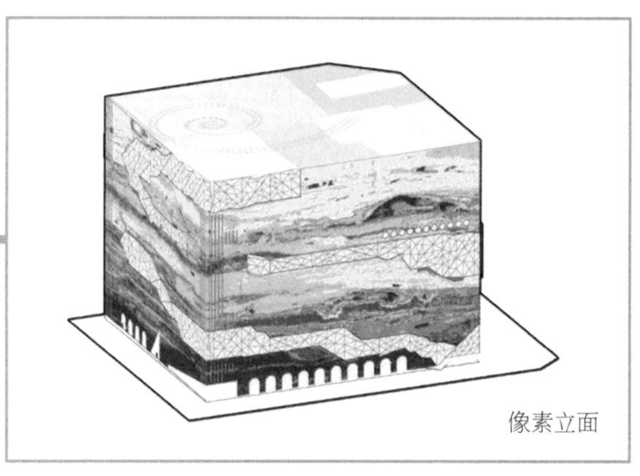

像素立面

图33

这就是 OMA 设计的韩国 Galleria 商场光教店，这个珠光宝气的风格真是闪瞎了眼（图 34 ～图 37）。

图 34

图 35

图 36

图 37

甲方不是什么贬义词，只是属性有点儿复杂；设计师也没有多无辜，只是性情有点儿不定。这世界本就没有纯粹的黑或白，只有你不愿承认的五彩斑斓的黑和五花八门的白。

图片来源：

图 1、图 16、图 18、图 20、图 24、图 30、图 34 ～图 37 来自 https://oma.eu/projects/hanwha-galleria-in-gwanggyo，图 2 来自 https://www.archdaily.com/417291/world-photo-day-the-13-architecture-photographers-to-follow-now/521229b6e8e44e4bf90001f6-world-photo-day-the-13-architecture-photographers-to-follow-now-image，其余分析图为作者自绘。

END

把自己活成防弹衣的建筑师，累吗

图 1

名　称：丹麦新科学中心竞赛方案（图 1）
设计师：ADEPT 建筑事务所
位　置：丹麦·海勒鲁普
分　类：展览建筑
标　签：空间倒置，建筑改造
面　积：12 000m²

图 2

名　称：柏林史蒂芬博物馆（图 2）
设计师：ADEPT 建筑事务所
位　置：德国·柏林
分　类：展览建筑
标　签：空间倒置，建筑改造
面　积：7800m²

据说，每个学建筑的女生都能把自己如水的骨头炼成钢筋混凝土的。上得了厅堂下得了厨房，换得了灯泡修得了电脑，拧得了瓶盖搬得动模型，打得过结构斗得过暖通，文能提笔安天下，武能跨马定乾坤，一个人就是一支队伍，还要男朋友干吗？自我磋磨、下凡历劫吗？至于男建筑师，对不起，是女朋友不需要你们。

综上，有些建筑师单身的根本原因是把自己活成了件防弹衣——刀枪不入还软硬不吃。你累得要死要活，别人还搭不上手。你总得缺点儿什么，别人也才好下手。人生就像拼图，你缺我补，才有机会最终完整。事事追求完整，凑在一起就只能开心消消乐（图 3）。

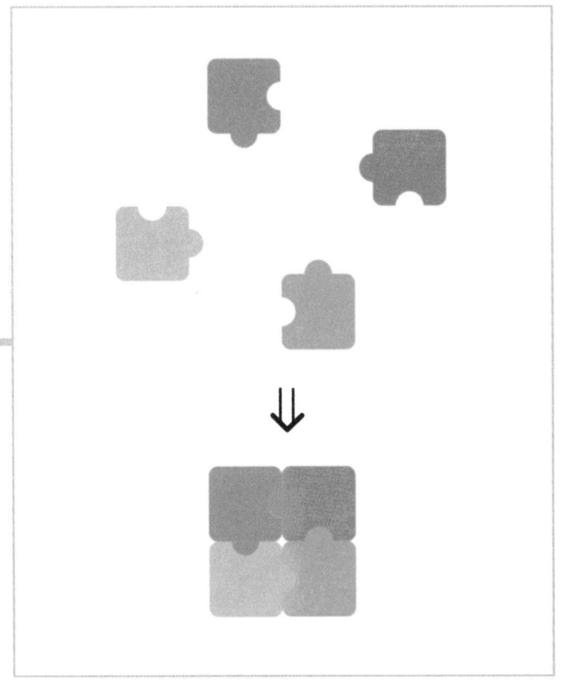

图 3

就像我们做旧建筑改造项目时，总得留点儿什么才好互动，全拆了那你也就可以消失了(图4)。

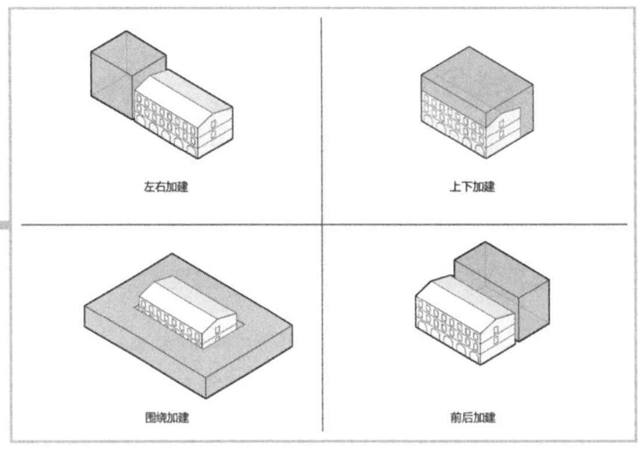

图 4

而通常的互动关系也就那么两种：要么互不迁就，狭路相逢，长得怪的胜（图 5）；要么互相迁就，主要是新来的拜码头（图 6）。

图 5

图 6

还有没有第三种关系？有。那就是，灵魂伴侣，空间契合。我们老祖宗也管这个叫鲁班锁（图 7）。

图 7

什么叫灵魂伴侣？首先你得有灵魂，其次你的灵魂不完整，需要伴侣来填补。就像失去海盐的芝士，不加珍珠的奶茶，以及一栋缺了个口的房子（图 8、图 9）。

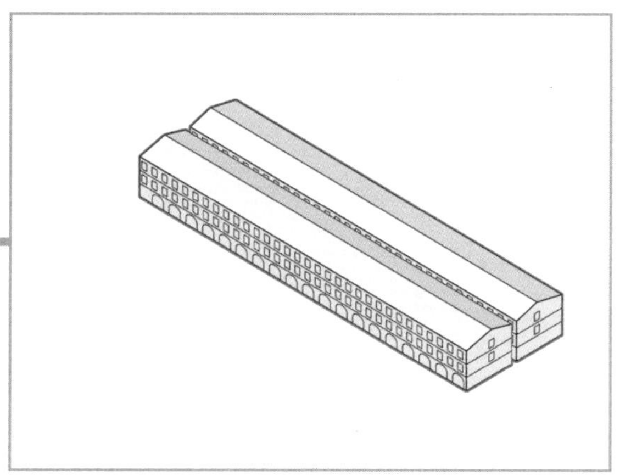

图 8

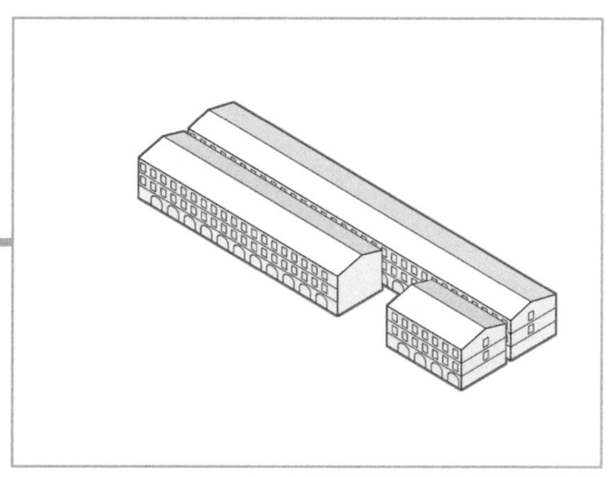

图 9

当然，在创造契合的拼图关系时，缺口越多，契合就会越紧密。只要你保证缺口空间仍然可以使用就可以了（图 10）。

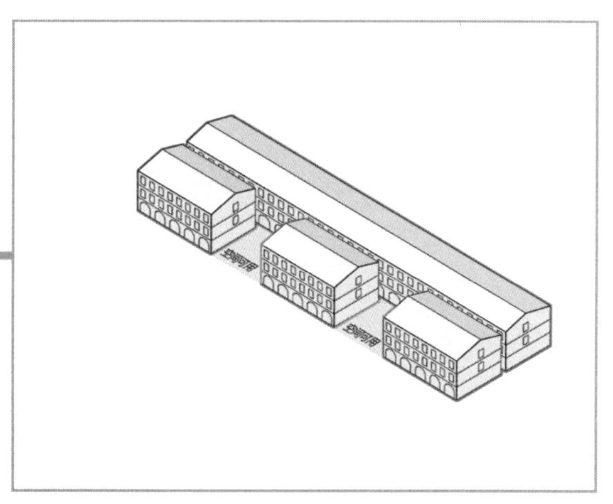

图 10

在缺口部分置入新的加建体量，新旧建筑互相弥补，我们就得到了一个空间契合的完整灵魂。可以水平加建交错契合（图 11），也可以竖向加建交错契合（图 12）。

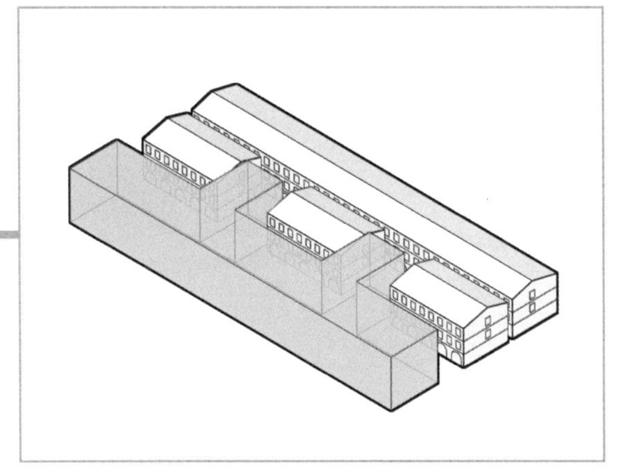

图 11

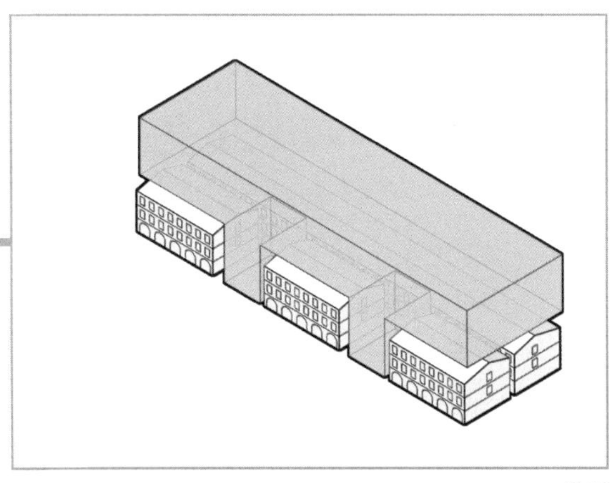

图 12

关系已经定性了，下面就看各位建筑师怎么做了。

丹麦的新科学中心竞赛项目选中的基地就是 Tuborg 啤酒厂的一个废弃装瓶厂。从 1991 年开始，这个厂房里就举办过许多思想先进、富有挑战性的展览。多年的媳妇熬成婆，政府终于下决心将这个老厂房改造成一个正儿八经的前卫科学展馆了。但不改则已，一改就有点刹不住车：功能要求不是一般的多，包括 7 个 1380m² 的主题展厅、1 个 1400m² 的固定展厅、3 个 550m² 的临时展厅、1 个 300m² 的多功能展厅，以及 1 个 100m² 的趣味展厅。不改造都不知道有这么多东西需要展览。此外还有 1 个 400m² 的报告厅、900m² 的办公室、600m² 的教室，以及餐厅、票务、仓库等各种辅助功能 3500m²。原来的老厂房肯定是放不下的，加建是必需的（图 13）。

图 13

这个废弃的装瓶厂要说有什么文物保护价值吧，也确实没有，但它作为一个非正式的展览场地又真的存在了 20 多年，保留了很多人的记忆。所以，主办方对这个旧建筑的态度就很暧昧了：没说不能拆，可也没说哪里能拆，能拆多少。领会一下精神就是：自己看着办吧（图 14）。

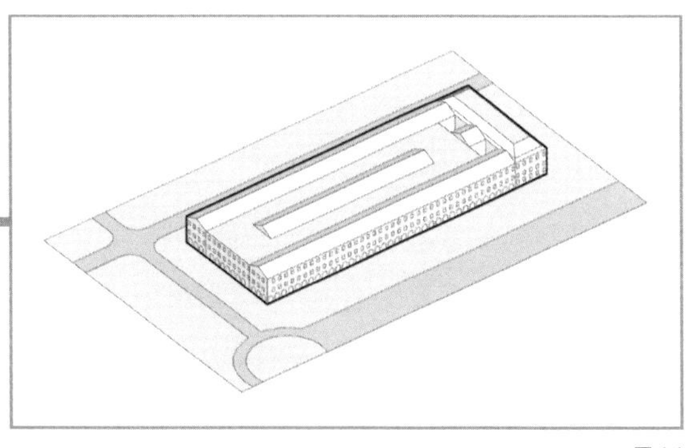

图 14

但对于寻找灵魂伴侣的某建筑师来说，拆了才有缺口，不用犹豫。首先，拆掉旧厂房中间的大跨度的屋顶，剩下四周 U 形的条状建筑（图 15、图 16）。

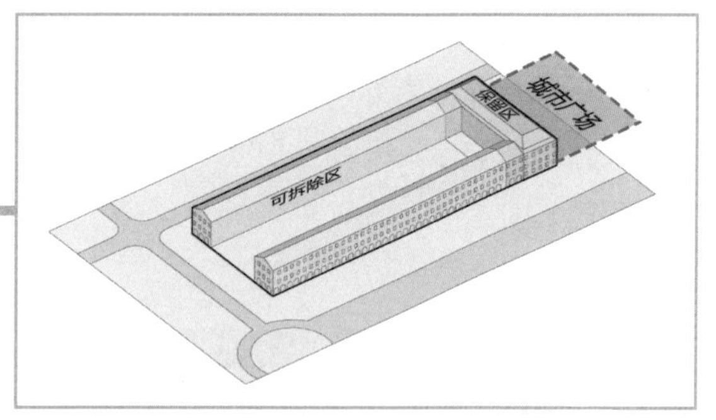

图 15

图 16

由于厂房西侧建筑与其他传统建筑围合成一个小广场，因此被全部保留，也就是说其他部位都可以用来打造缺口了。按缺口与保留部分大概 1 ：1 的比例进行拆除，拆除的部分刚好可做城市进入科学馆的入口（图 17）。

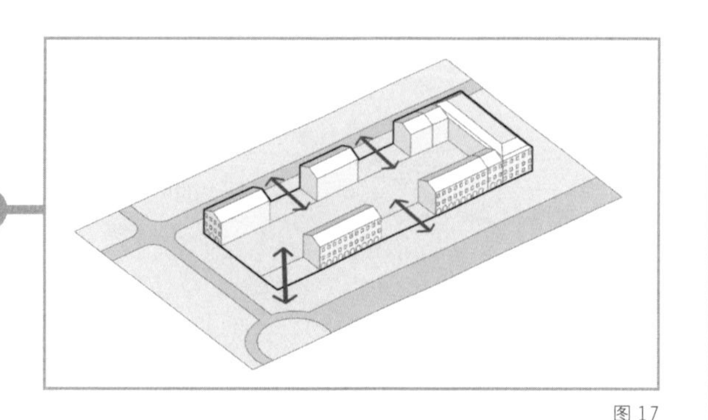

图 17

然后在拆除处加建新的体量咬合模块，在咬合模块上再加建主体（图 18 ~ 图 20）。

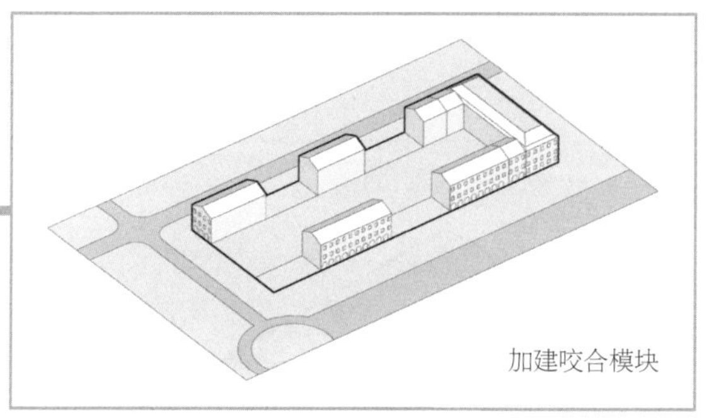

图 18

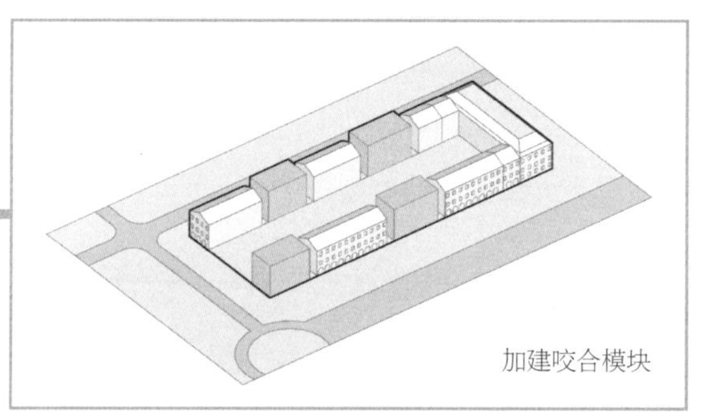

图 19

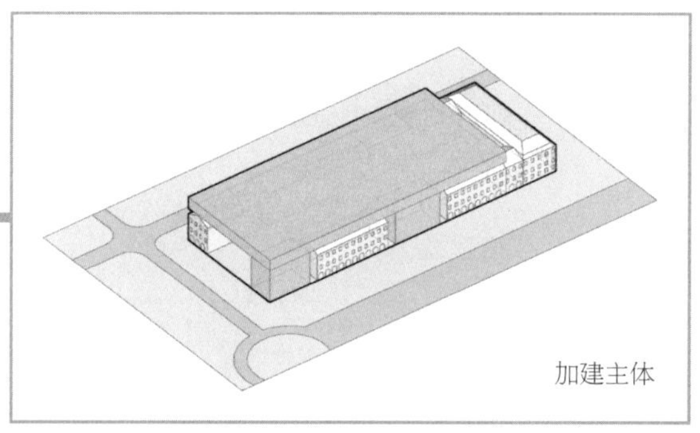

图 20

新旧建筑两部分通过咬合的模块关系围合出了一个鱼骨状中庭，可以作为新科学中心的公共空间渗透到各个功能区（图 21）。

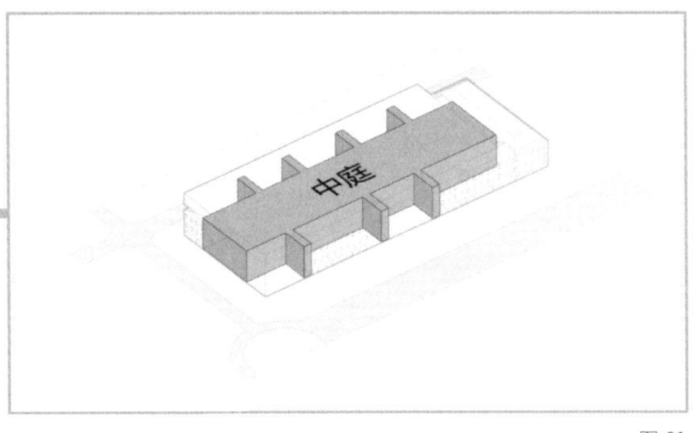

图 21

至此，基本空间结构已经出来了，“灵魂”也契合得挺严丝合缝。但问题是太严丝合缝了，我等凡人从哪儿进？总不能找个缝钻进去吧？你说对了，还真的就是找个缝钻进去。但为了让这个缝合理合情合法，某建筑师专门写了个剧本——城市倒置。“你知道就算大雨让这座城市颠倒，我也会给你怀抱”（图 22）。

图 22

将插入的咬合模块悬挂在新建主体上，就空出入口的空间了。而由于悬挂起来不会占用地面空间，因此悬挂部分可以适当地向内扩大，在中庭正上方也可加入新的悬挂体块（图 23）。

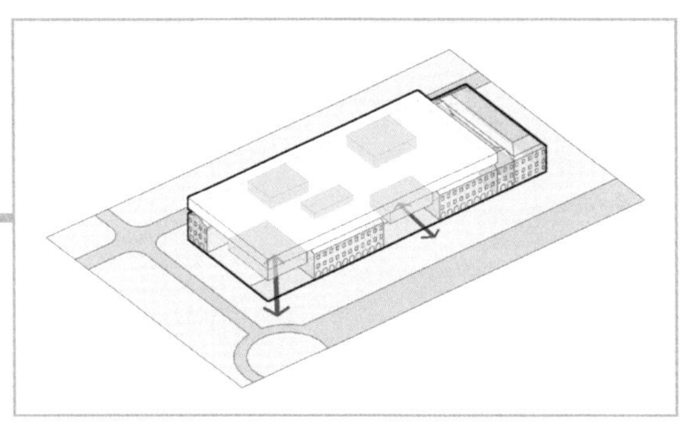

图 23

将报告厅、工作坊、仓库等辅助空间藏在一层，在入口处设置大台阶直接将人流引向二层（图 24）。

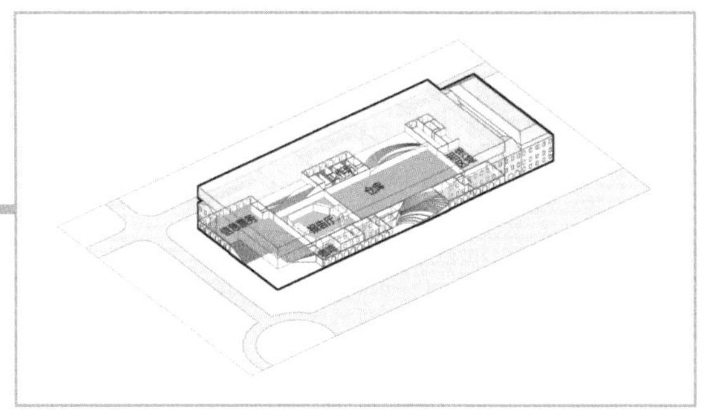

图 24

然后把悬挂的咬合模块镜像成旧厂房的形式，倒置城市就形成了（图 25）。

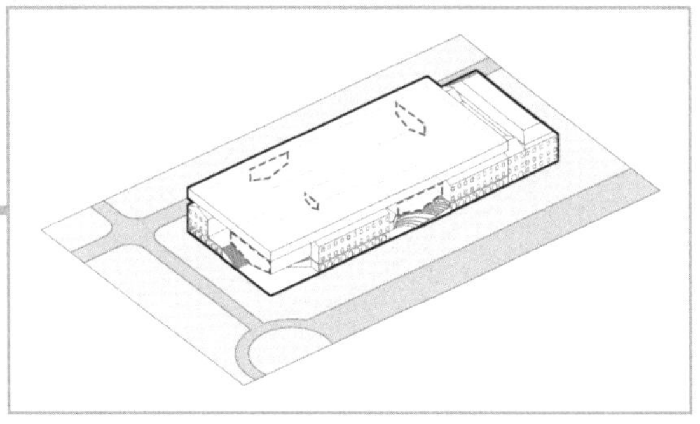

图 25

此时新旧建筑之间的缝隙空间既扩展了公共空间，同时也像胶合剂一样将两部分牢牢粘在了一起（图 26）。

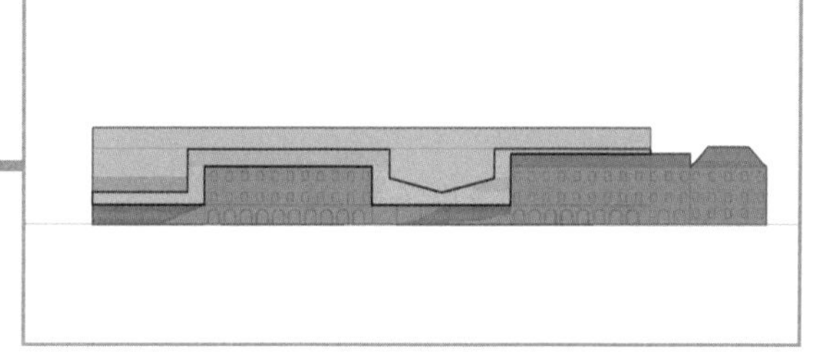

图 26

现在问题来了：城市倒置是很浪漫啦，但请问，一个倒立的坡屋顶要怎么用？其实对当代公共建筑来说，什么奇形怪状都见过，利用一个倒置的坡屋顶算小意思啦。比如，利用起坡做展览空间（图 27），利用起坡做报告厅（图 28），利用起坡做阅览自习室（图 29），以及科学馆中异想天开的海洋生物展厅，还可以做一个倒挂在空中的透明展池。只要你敢想，没有干不了的（图 30）。

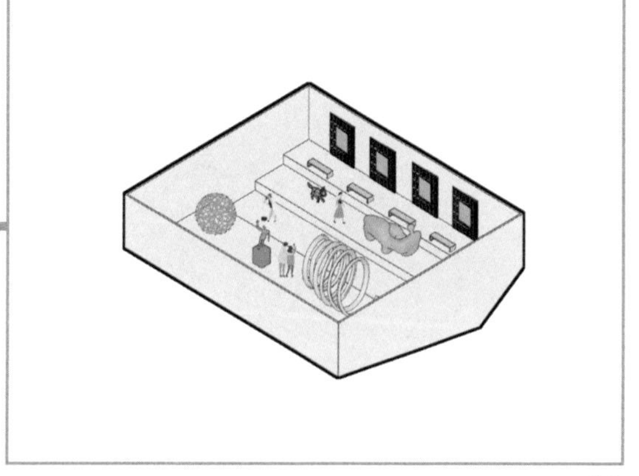

图 27

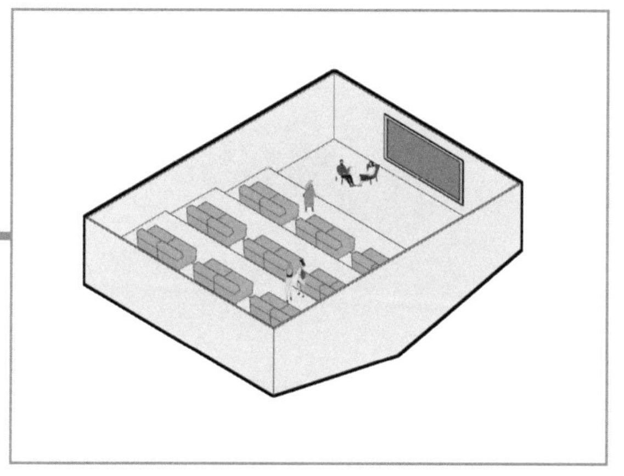

图 28

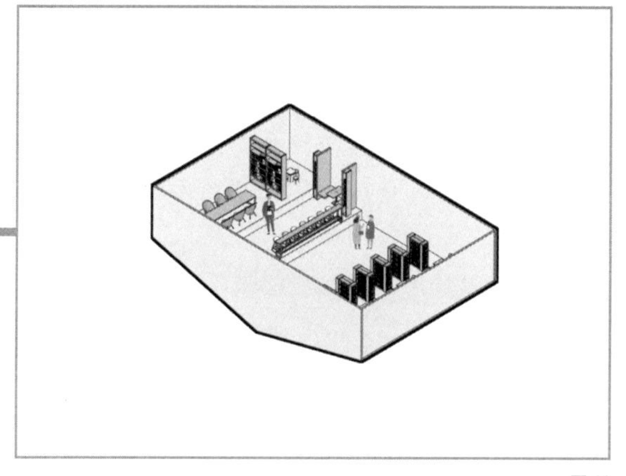

图 29

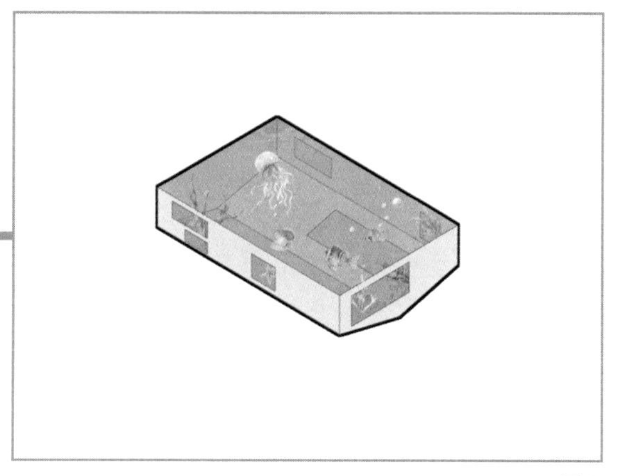

图 30

那么，问题又来了：结构怎么处理？新建筑主体结构是一个桁架结构，桁架承重柱脱离旧建筑，倒置的所有展厅空间都被悬挂在这个桁架上（图 31）。

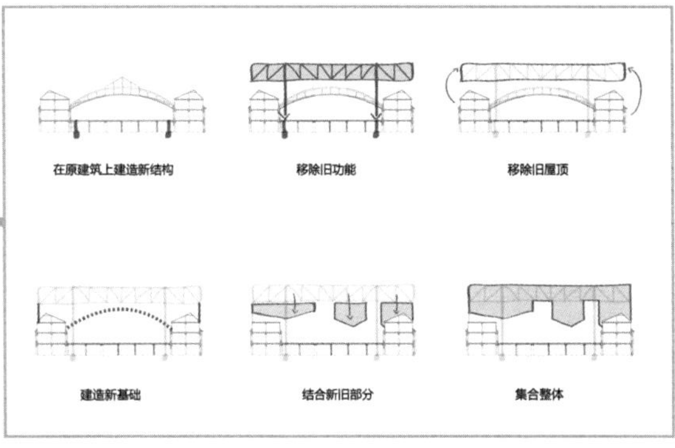

图 31

然后在屋顶设置花园，并向主入口方向开口营造小广场（图 32）。

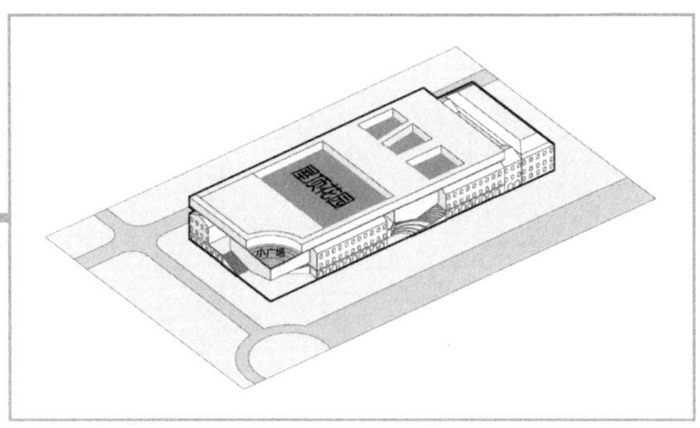

图 32

将任务书要求的那一堆展厅以及其他功能布置到建筑中（图 33 ~ 图 37）。

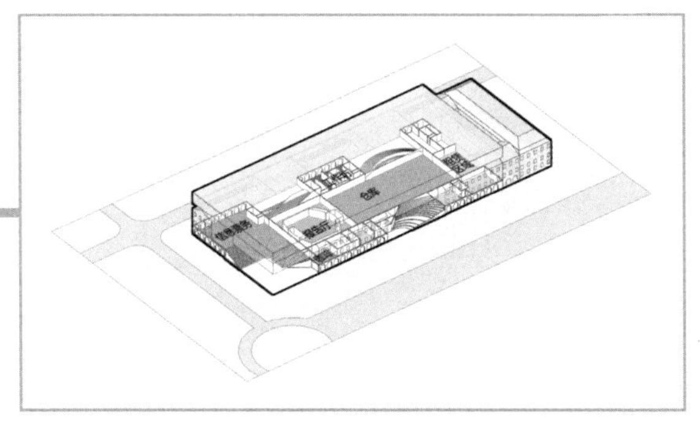

图 33

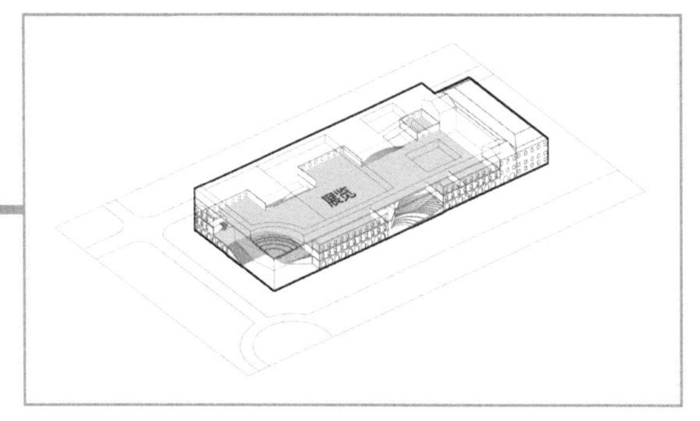

图 34

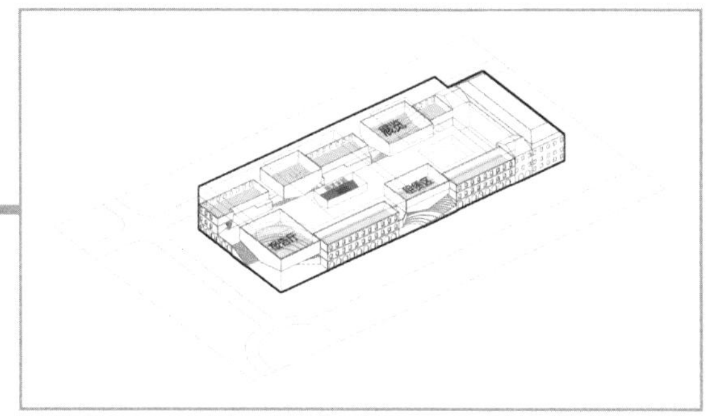

图 35

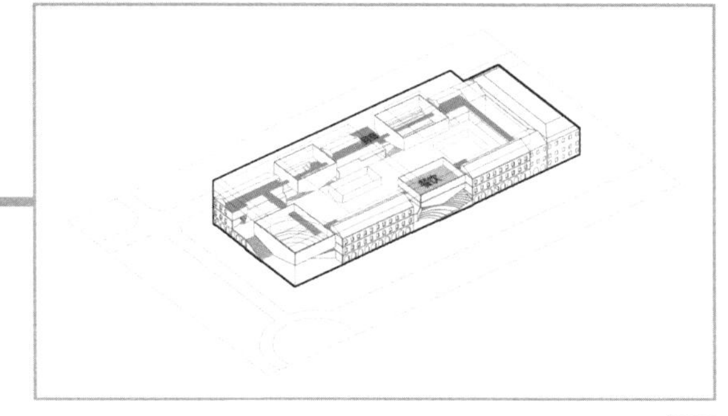

图 36

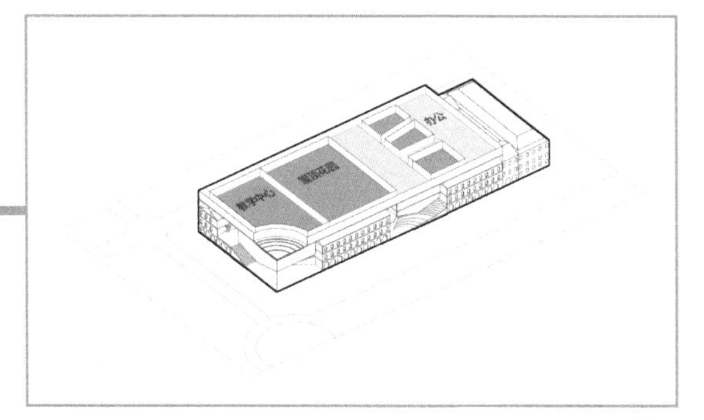

图 37

置入交通核，加入围绕大中庭的公共楼梯（图38）。

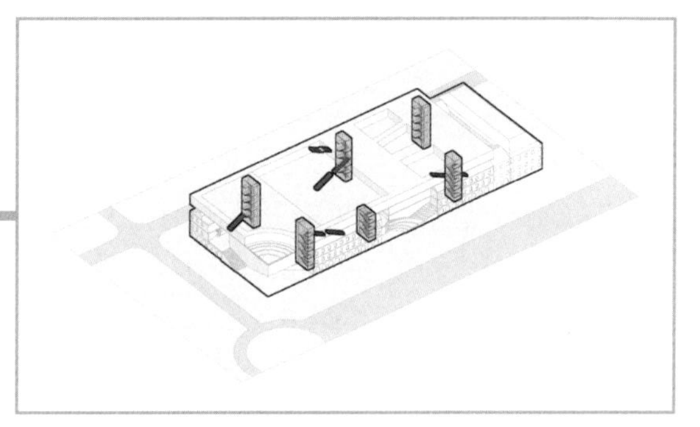

图 38

最后再赋予整个建筑透明材质的围合结构，收工（图 39、图 40）。

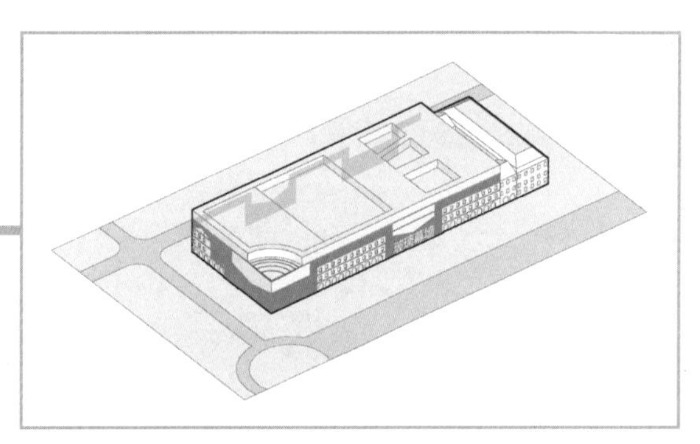

图 39

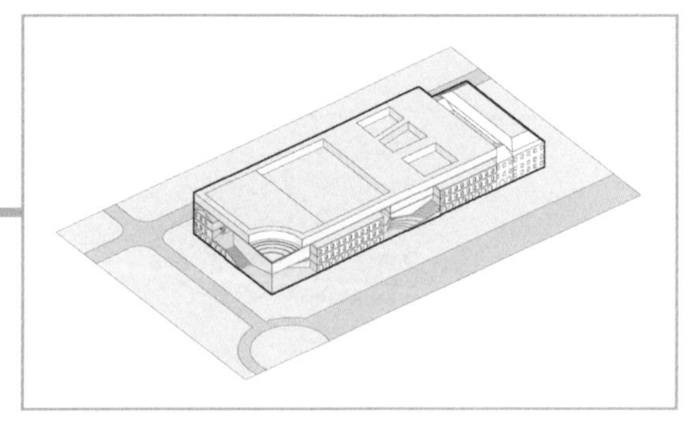

图 40

这就是 ADEPT 建筑事务所设计的丹麦新科学中心竞赛方案（图 41 ～图 44）。

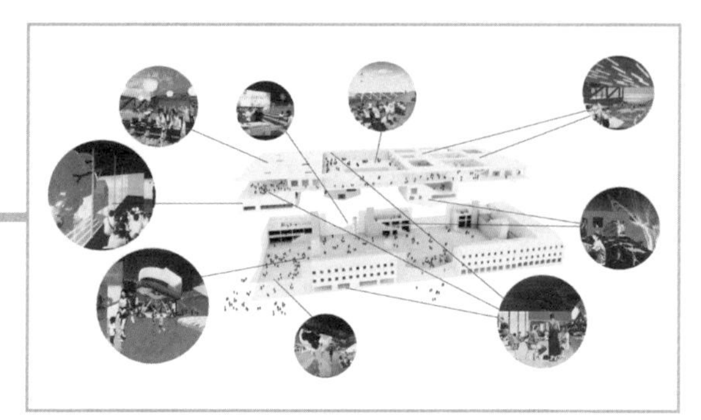

图 41

图 42

图 43

图 44

然而，就算大雨真的让城市颠倒，这个方案也没中标。ADEPT建筑事务所越挫越勇、再接再厉，在位于柏林的原海军军官俱乐部（图 45）开始了第二次寻找灵魂伴侣之旅。

图 45

这个建筑在 2000 年做过一次修缮，立面稍做了调整，但仍然保持了古典主义三段式的构成形式（图 46）。

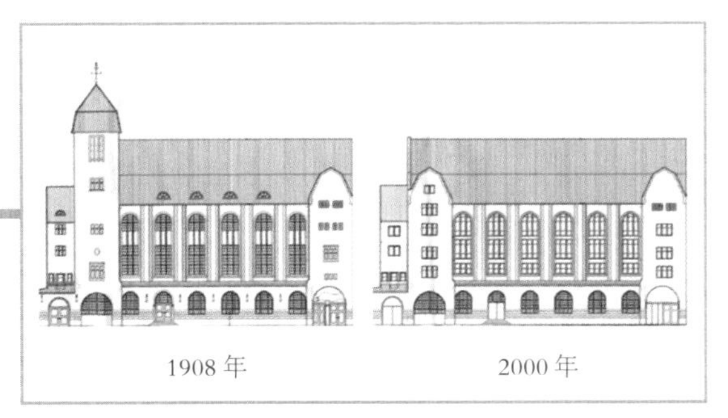

图 46

如今，这座建筑被重新规划为柏林城市博物馆建立文化集群的中心部分，为文化活动和当地社区创造空间。当地政府希望它成为城市实验室，并希望建筑师尊重、保护建筑物。说白了就是一个介于社区活动中心和文化博物馆之间的新物种，具体到功能上，就是除了展览空间以外，还有同等比重的阅览、活动、作坊、餐饮等社区功能。

但要在这样一座建筑里利用空间契合关系来进行加建，仿佛不能像上一个案例一样大拆特拆。所以，ADEPT 建筑事务所果断拆掉了内部空间（图 47）。

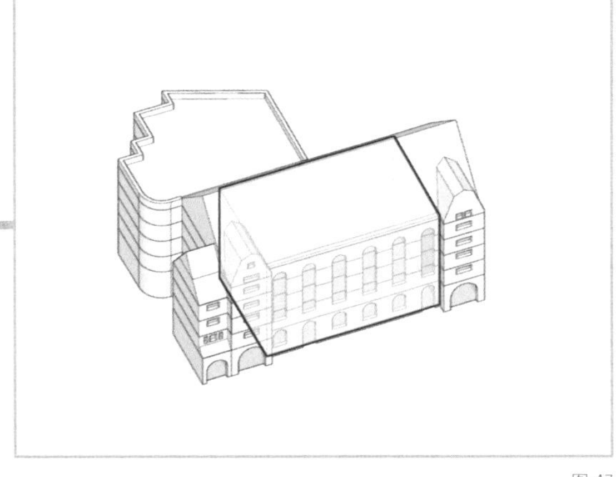

图 47

那谁和谁互相契合组搭档呢？当然是自己和自己组啦。简单说就是在建筑内部加建一个新空间，使其与剩下的旧空间互相契合（图 48）。

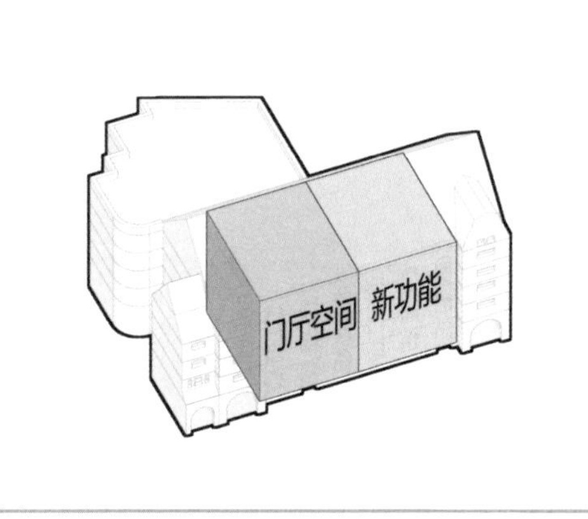

图 48

在确定契合的比例时，依然采用保证新功能空间每层可用且和旧门厅空间有足够多的契合点的原则。ADEPT 建筑事务所选择了阶梯空间层层契合，新功能部分依然悬挂在上方（图 49）。

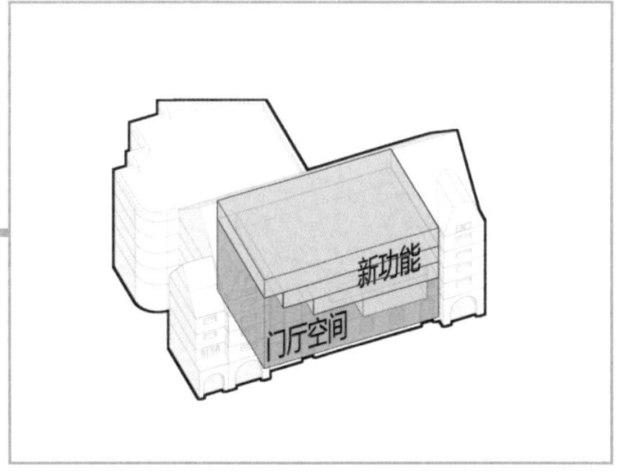

图 49

两部分空间斜向推进，相互咬合（图 50），材料也使用了不会和旧建筑产生强烈冲突的木材（图 51）。

图 50

图 51

新博物馆的功能在这个倒置模式下仍然很适用（图 52 ~ 57）。

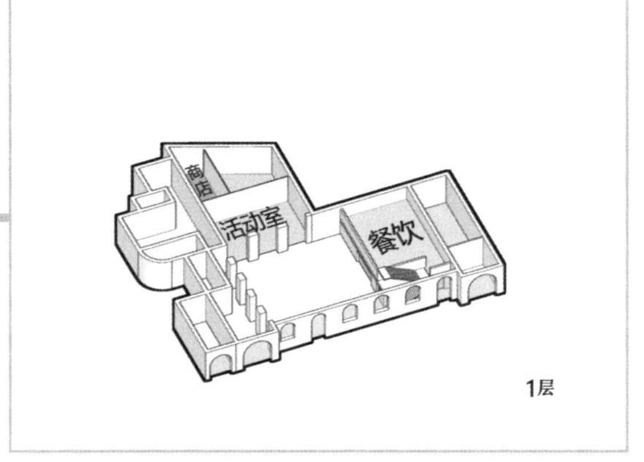

图 52

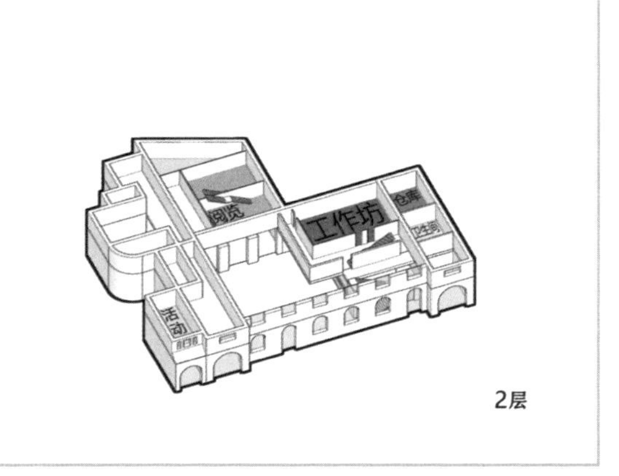

图 53

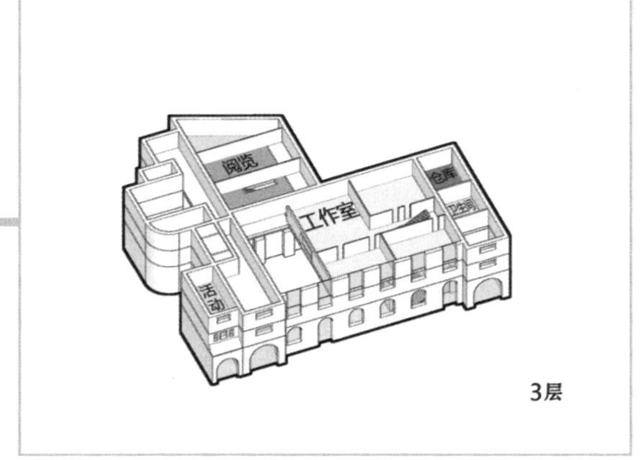

图 54

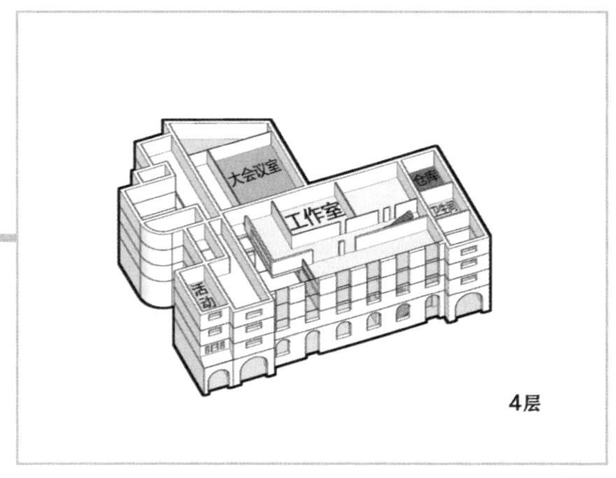

图 55

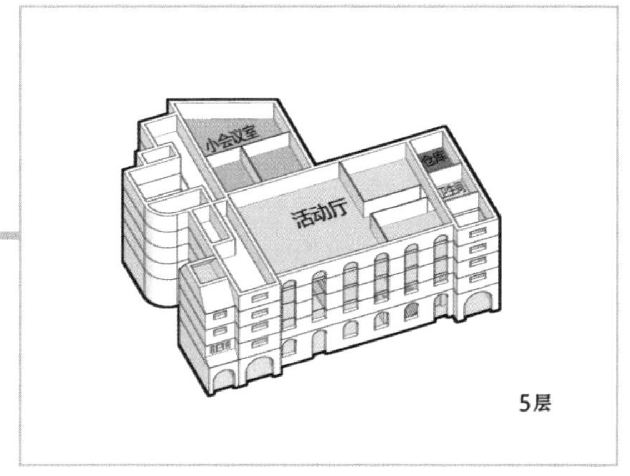

图 56

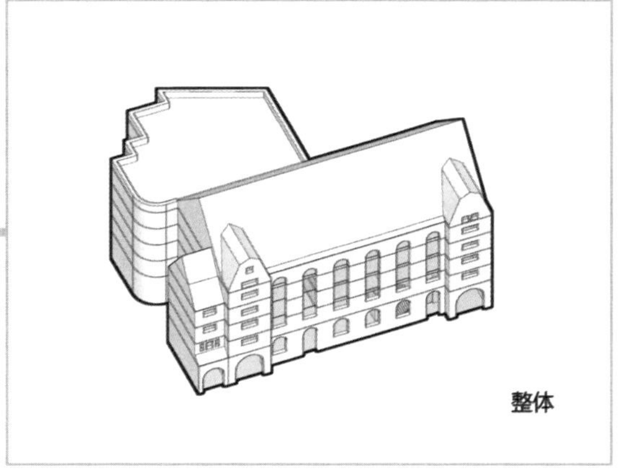

图 57

交通核放在旧建筑的边角空间里就可以了（图58）。

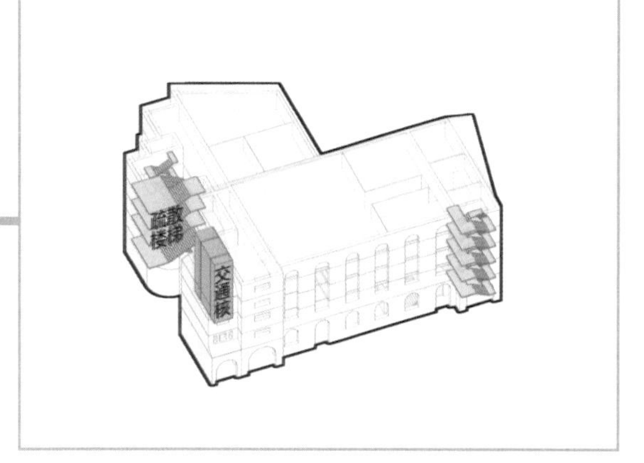

图 58

这就是 ADEPT 建筑事务所设计的柏林史蒂芬博物馆。这次 ADEPT 建筑事务所成功“脱单”，一举中标，预计 2022 年开始建设，2025 年完成（图 59 ~ 图 63）。

图 59

图 60

图 61

图 62

图 63

人生喜欢开玩笑，完整的不一定圆满，圆满的不一定完美，完美的不一定是你想要的。最幸运的不就是“我想要的，正好你有”吗？

图片来源：

图 1、图 22、图 41 ~图 44 来自 https://www.adept.dk/project/experimentarium，图 31 来自 https://www.beta-architecture.com/new-science-center-adept/#gallery-11，图 2、图 45、图 46、图 50、图 51、图 59 ~图 63 来自 https://www.adept.dk/project/stadtmuseum，其余分析图为作者自绘。

END

『神兽归笼』的『笼』，凭什么捕获人类幼崽

图 1

名　称：阿玛尔儿童文化馆（图 1）
设计师：多尔特·曼德鲁普（Dorte Mandrup）
位　置：丹麦·哥本哈根
分　类：博物馆
标　签：视线，动线
面　积：930m²

每年9月，“神兽归笼”，朋友圈一片欢腾。老母亲们忍不住要笑出鹅叫声：宅在家里鸡飞狗跳地当伴读书童的日子终于熬到头了，崽儿不开心我开心。

饲养过人类“幼崽”的人应该都知道，这个“物种”的需求有多旺盛。吃喝拉撒就算了，还要亲亲抱抱举高高；亲亲抱抱举高高就算了，还要哄睡陪玩一条龙；哄睡陪玩一条龙也就算了，还要玩中讲究智力开发，闹时谨记爱与自由。每天心里默念一百遍：亲生的，亲生的，亲生的……

带娃秘诀只有一个字——熬。想干点儿自己的工作，不下点儿狠心是不行的。那么问题来了：在工作“爆头”，情绪“暴走”的时候，可以就近将娃扔到哪儿？关键词：就近。具体一点儿，社区范围遛弯可达。

丹麦首都哥本哈根的厄勒海峡附近有一个叫Amager的老旧社区。老旧社区的春天就是拆迁，Amager社区没等来春天，但是等到了政府送温暖：被选为哥本哈根的综合城市更新项目，其中有一个更新就是建一个社区儿童文化中心。基地选址位于社区中Øresundsvej街区的一个街角，场地大致呈L形（图2、图3）。

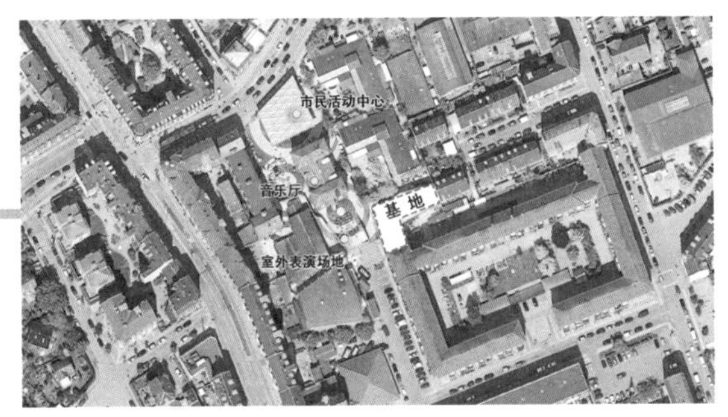

图2

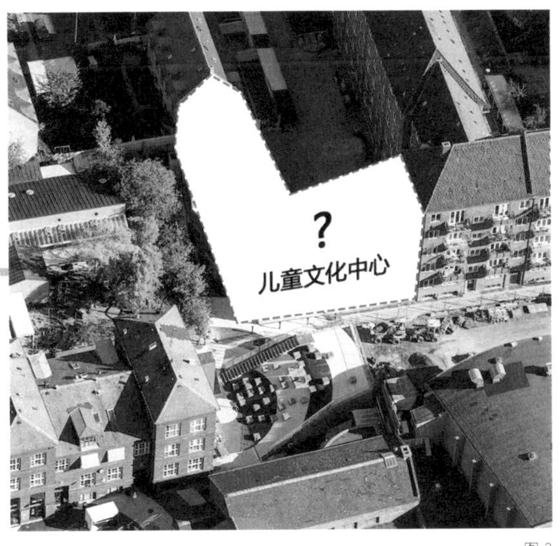

图3

但这个基地不是不友好，而是相当不友好。本着顺应老城区城市建筑与道路肌理，外加不能影响周边建筑自然采光的原则，建筑底部被限制在两侧楼之间的L形地块里，总面积只有大约400m²（图4）。

图4

而且必须保证建筑沿街界面的完整性。也就是说，儿童馆的两端必须与两侧住宅的山墙面相连接（图 5）。

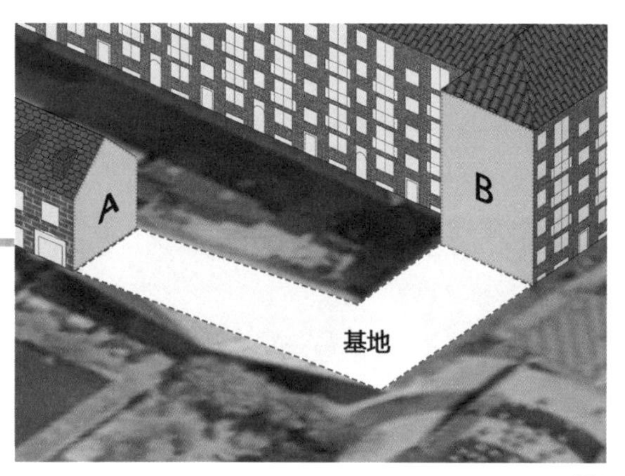

图 5

还有，老城区的建筑限高，新房子的体量不宜高于两侧的邻居。限高不是问题，问题是两侧邻居不一样高啊：右侧建筑有六层高，而左侧建筑只有两层高（图 6）。

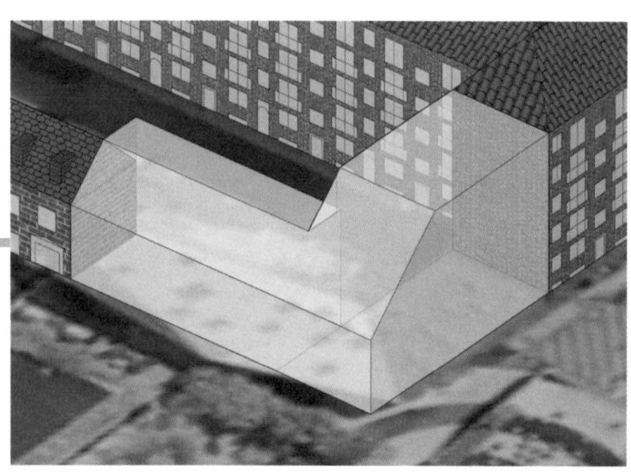

图 6

总结一下就是：限高 + 两侧建筑边界被固定死 = 整个建筑体量已经被限制得死死的。擅长造型的建筑师可以洗洗睡了。

然而，限制再多也没有要求多。根据任务书要求，儿童文化中心的具体功能包括但不限于图 7 所示。

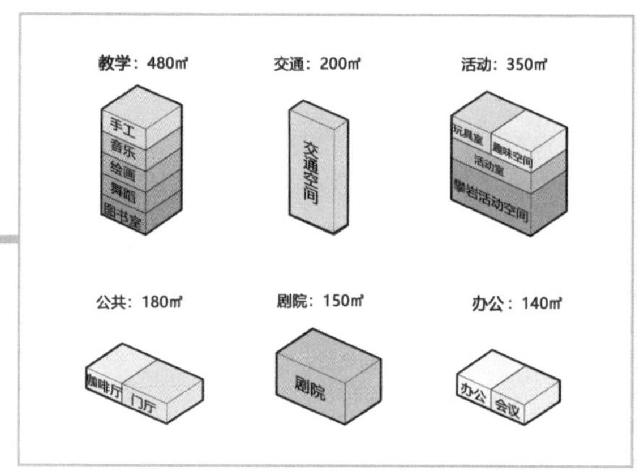

图 7

加上设备储藏等辅助功能，功能面积总计大概要 1700m²。再总结一下就是：根本放不下。而小朋友的地方，也不太适合放到地下（图 8）。

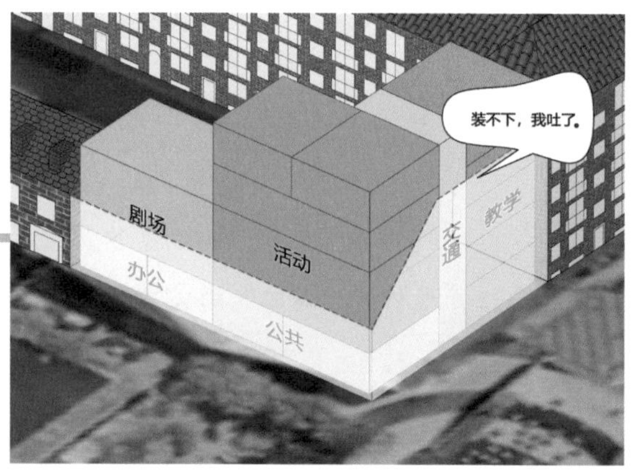

图 8

现在这个体量，玩儿命排也就仅能凑出来大概 1000m² 的规整空间。主线任务都完成不了，更别提去引诱神兽来打卡刷副本了。此时，你需要一本“空间压缩秘籍”。学会它，你就是一个行走的“压缩文件”。

第一步：空间压缩大法。

1. 合并同类项，按行为划分功能。

寻找行为共同点，把产生相同行为的空间拼合起来。比如，楼梯和攀岩，行为本质都是一个爬，空间本质都是一个斜面，这就可以将攀岩斜面与楼梯结合设置，既节省面积、提高空间利用率，又有趣（图9）。

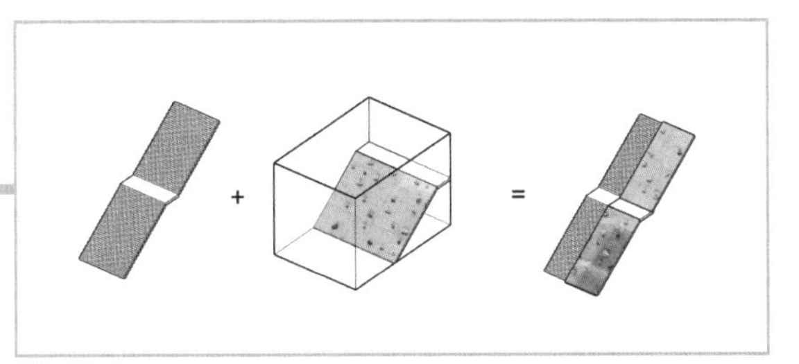

图9

同理，也可以将门厅与大的活动室合并。反正都是玩（图10）。

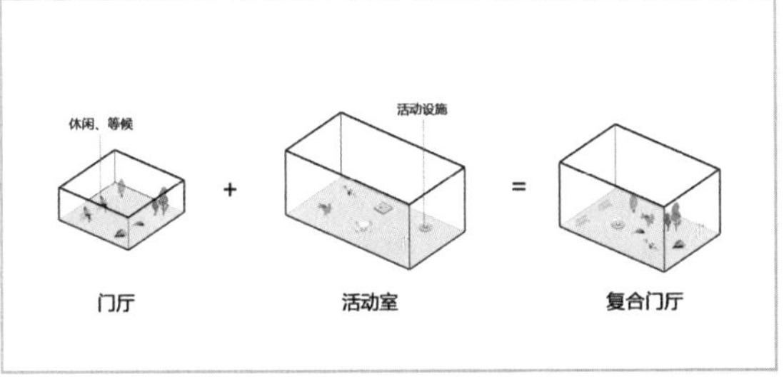

图10

2. 寻找差异点，功能服从于时间。

一提到面积紧张，必须提到空间管理大师库哈斯提出的“功能服从于时间”定律。简单说就是把不常用的功能与公共空间直接相连：使用时自我隔离，不用时大家共享。

①剧场开放共享。

小剧场与门厅以及活动空间组合连接。拉上帘子开始演出，拉开帘子就是活动空间的延伸（图11）。

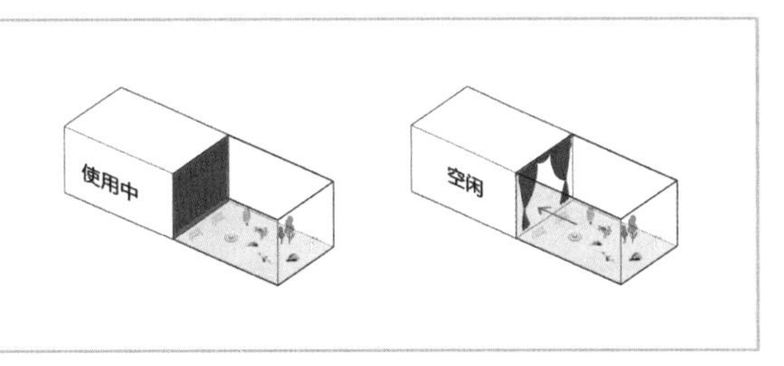

图11

②教室分时段使用。

对于教学区来说，按照教学特点对教学设施的需求不同可划分为以手工教室、绘画教室、图书室为主的“坐着学派”和舞蹈教室、音乐教室一类的“站着学派”。

换句话说，只要打好时间差，两个教室足够用。所以，可以把教学活动区直接压缩成两间教室和一个提前制订的课程教室时间表（图12）。

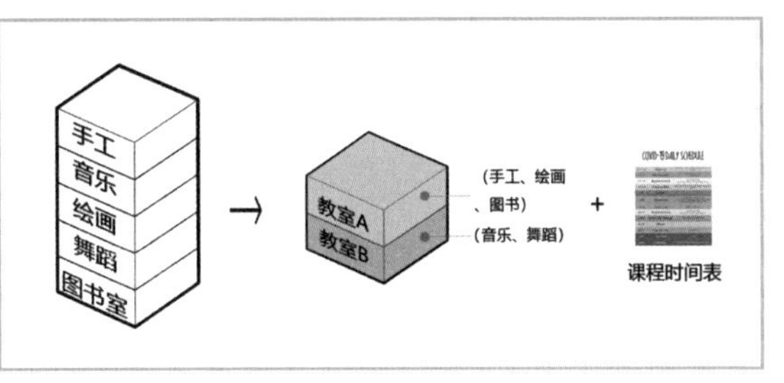

图12

同时，教室内部配备轻便的可自由组合的桌椅，以便根据课程需求灵活排布空间（图 13）。

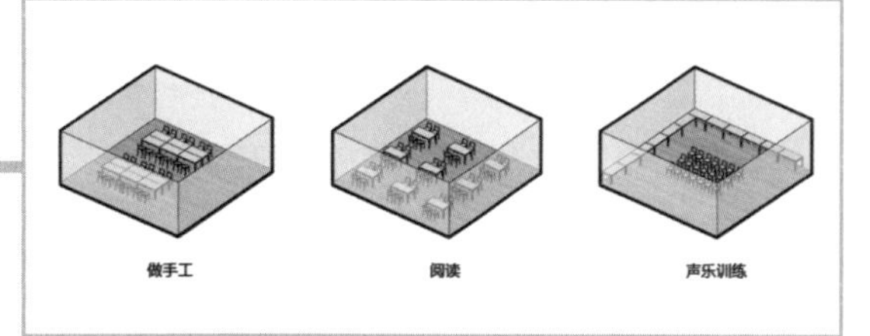

图 13

第二步：压缩空间的重新整合。

这样便产生了压缩后的精简版功能分区，面积也“瘦身”成功，甚至有点儿富余（图 14）。

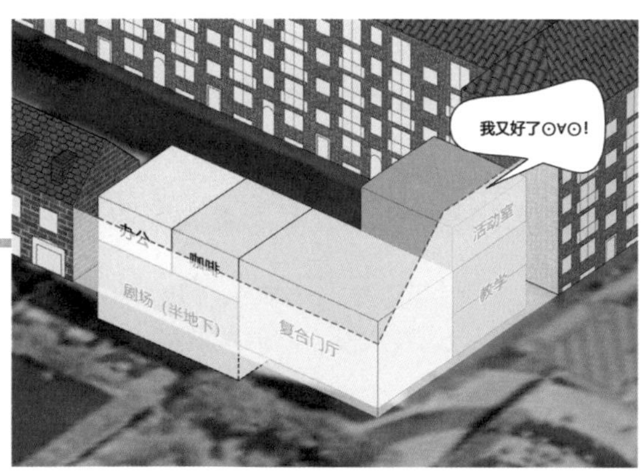

图 14

活动大厅放在 L 形的折角处，方便连接两侧功能，剧场设在 1 层并拥有独立出口。接下来排布具体房间（图 15）。

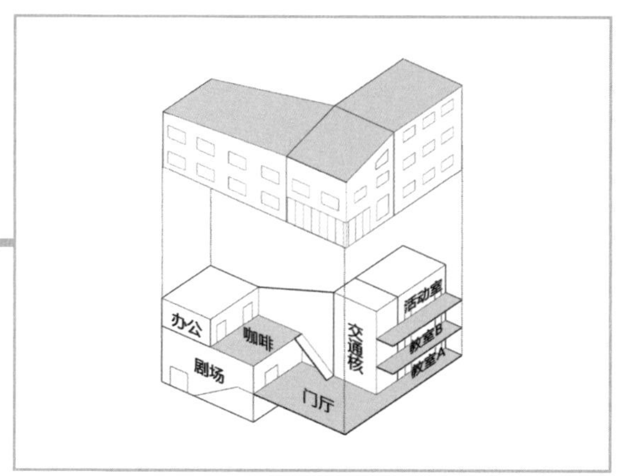

图 15

至此，建筑已经满足基本要求，且看起来十分合理有序。但问题也正出在这个“合理有序”上。到底是谁觉得合理有序？是我们，成人，大人。儿童活动中心的主要服务对象是小孩子，所谓“合理有序”其实是不符合小孩子的心理预期和行为习惯的。孩子们的行为随机性高，兴趣点也多，但同时计划性和持续性比较差。

你觉得合理有序，孩子们只会觉得无聊不好玩。最简单的就是，老母亲们总是锲而不舍地想把玩具收拾整齐，而崽崽们的最大乐趣就是把玩具翻得底朝天——也不是要玩，就是单纯地翻出来。所以下一个问题是：什么样的空间策略才能顺应人类幼崽的迷惑行为？

策略一：视觉吸引。

人都是视觉动物，小孩子更是用眼睛思考：看到有趣的东西基本不过脑子就会先跑过去。所以，进入建筑时的第一印象很重要。对小朋友来说，进门那一刻觉得有趣就会继续往里探索，觉得没趣很可能掉头就走。那么问题来了：趣味空间在哪里？

画重点：按视线落点分布。进入 L 形体量后，视线会自然地朝两个端点的方向延伸。以视线的方向为路径，在起点、连接点及端点上分别设置趣味空间。这样，在远、中、近三个视线落点上都有值得探索的地方（图 16）。

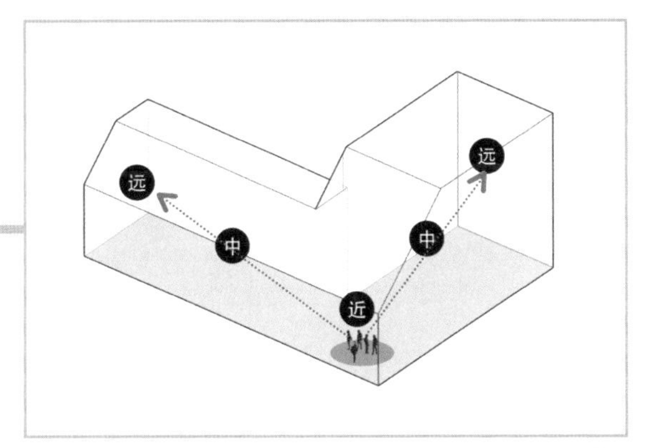

图 16

对于 L 的右半边：近景用设置在门厅的装饰解决，中景连接部分由攀岩与楼梯结合的交通系统承担，远景则通过设置在形体两端的半封闭玩具室实现（图 17、图 18）。

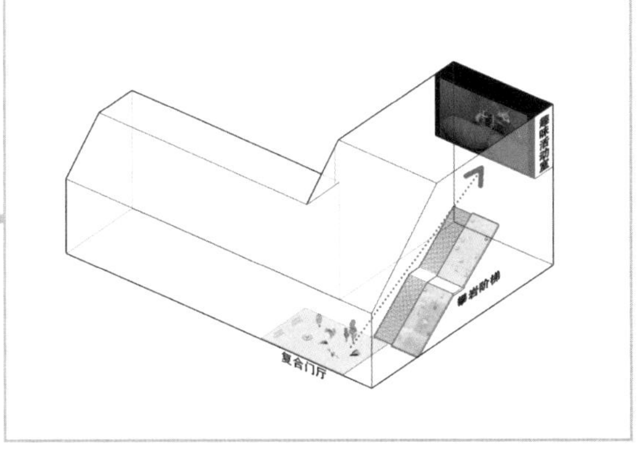

图 17

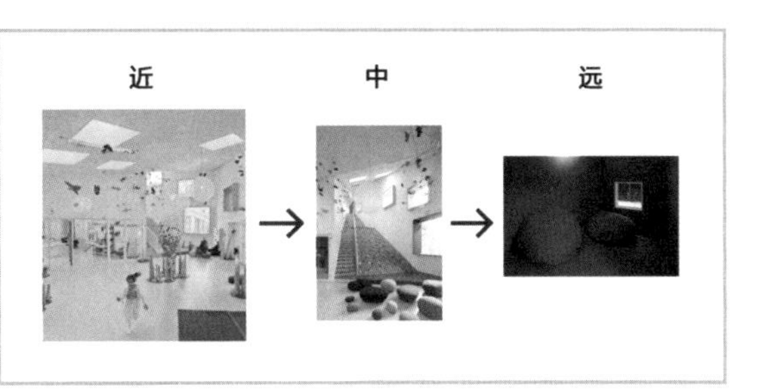

图 18

另一侧是同样的三点式设置手法，但具体形式与趣味空间不同（图 19）。

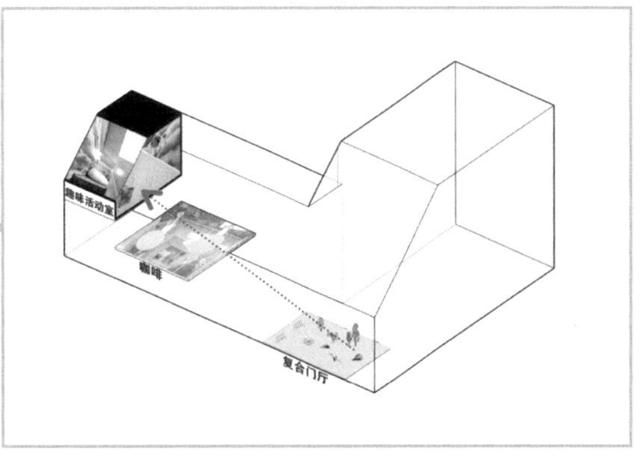

图 19

近景同样是门厅，中景是视线可以穿过的咖啡厅，远景是隐藏在阁楼上的秘密基地（图 20）。

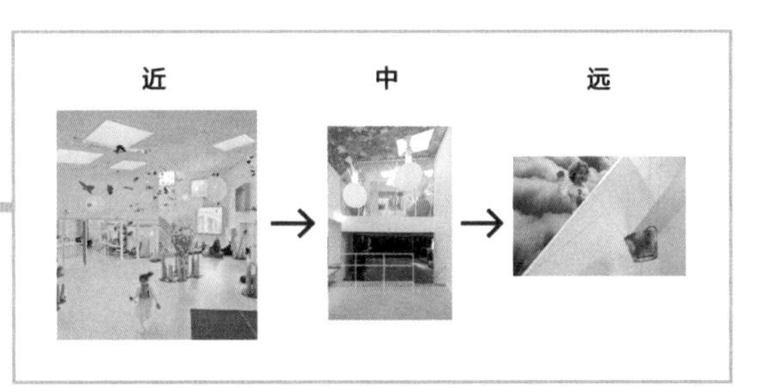

图 20

合起来并为三层空间并加入交通联系后是这样的（图 21）。

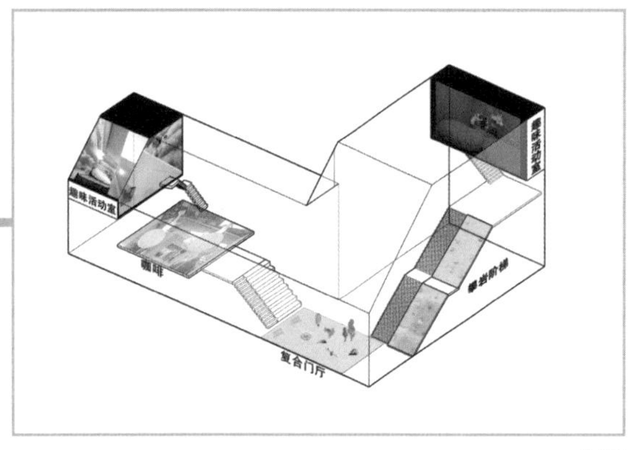

图 21

同时，空间的开放程度和私密性也是通过空间尺度的缩小来实现层层递进的。大人被限制在前景与中景两个层级里，远景成为孩子们独享的圣地。空间尺度与开放度的大小符合透视规律，延伸视线的同时也扩大了空间的心理感受（图 22）。

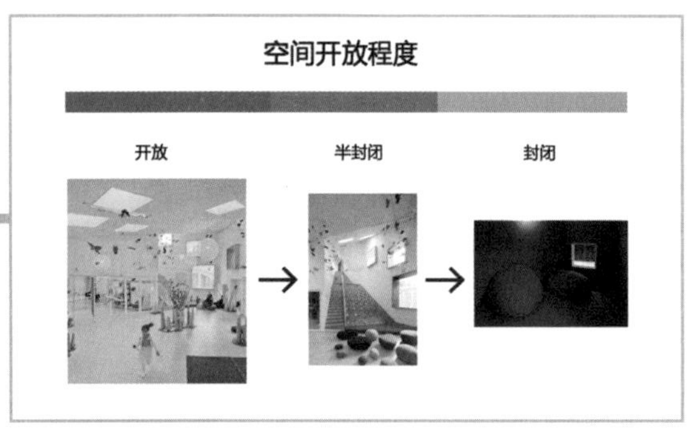

图 22

基本路径确定后，令教学、办公等空间沿其排列，组织剩余部分空间（图 23）。

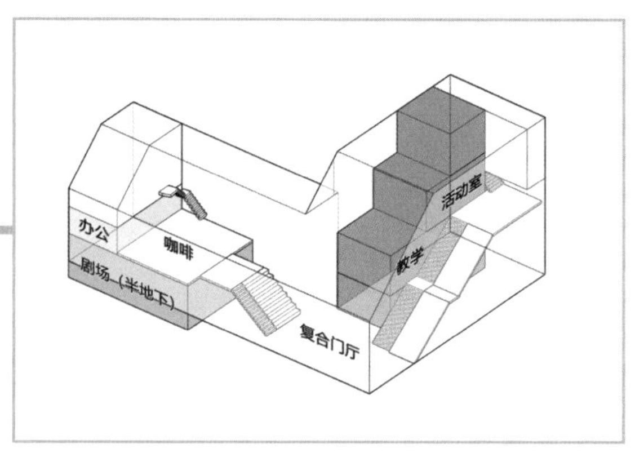

图 23

进一步调整路径角度等，丰富空间效果并修整空间（图 24）。

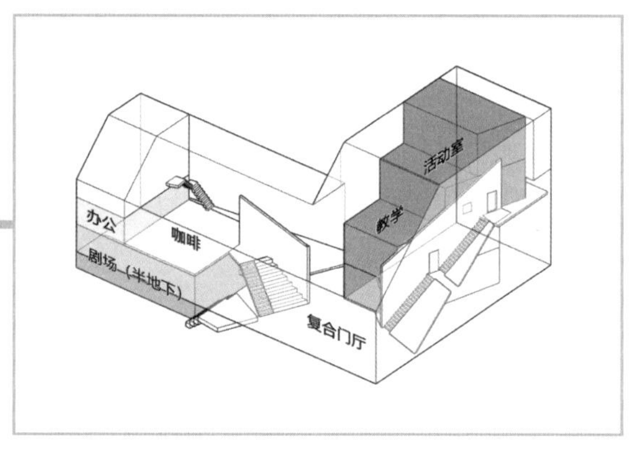

图 24

策略二：动线循环。

小孩子基本都是“充电”五分钟，闹腾两小时，所以儿童空间都会有意识地延长活动流线，而在这个小小的建筑里再延长也没有多长。怎么办？当然是去创造一个可以在趣味空间中无限循环的玩耍流线系统。具体操作是在前面视线落点的基础上，加入趣味空间的纵向连接，视线与动线结合形成闭环。包括运用电梯连接与楼梯连接两种形式，电梯与楼梯的位置都是根据流线循环系统确立的（图 25）。

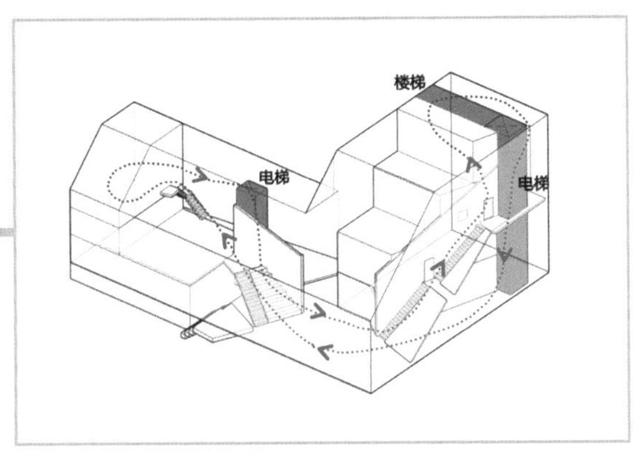

图 25

再进一步开放交通体系，设置多个出入口，从任一入口都可以直接进入循环流线系统（图 26）。

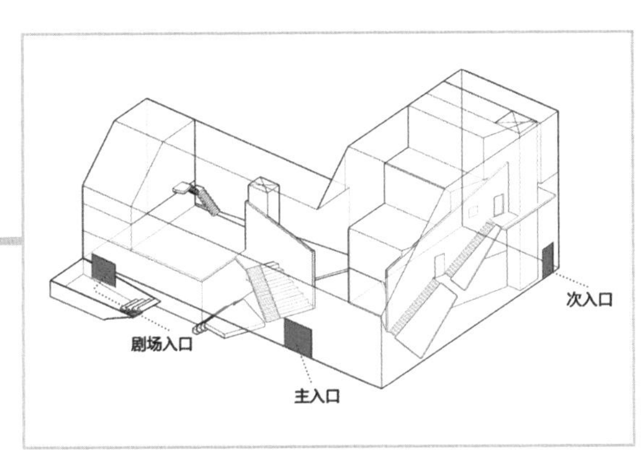

图 26

给办公区和教学区设置外挂楼梯，方便不对外开放时候的办公活动（图 27）。

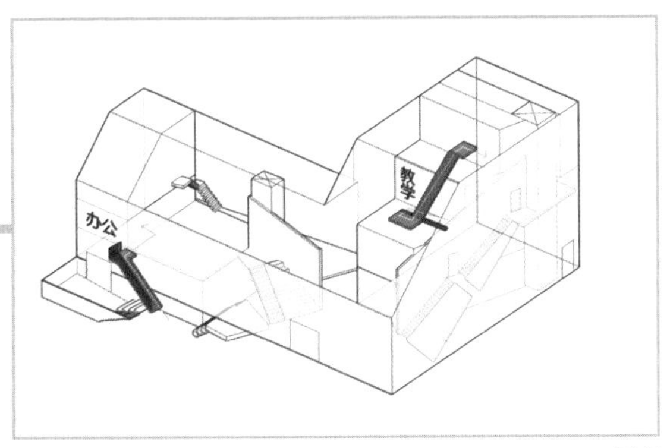

图 27

卫生间配合交通核放在边角处，墙壁全刷黑板漆，方便小朋友写写画画（图 28、图 29）。

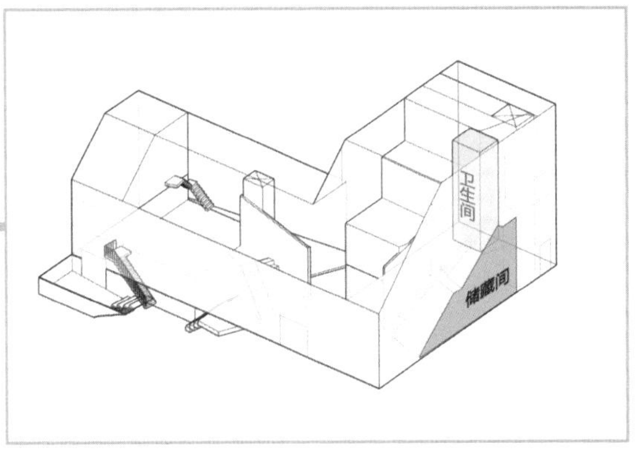

图 28

图 29

第三步：形体优化与表皮处理等。

从两侧屋顶的坡度出发，切割形体，摆个酷炫的造型还能合理融入，还可以顺带宣称不遮挡居民区视线。材料选取具有科技感的金属外表皮制造“反差萌”（图 30）。

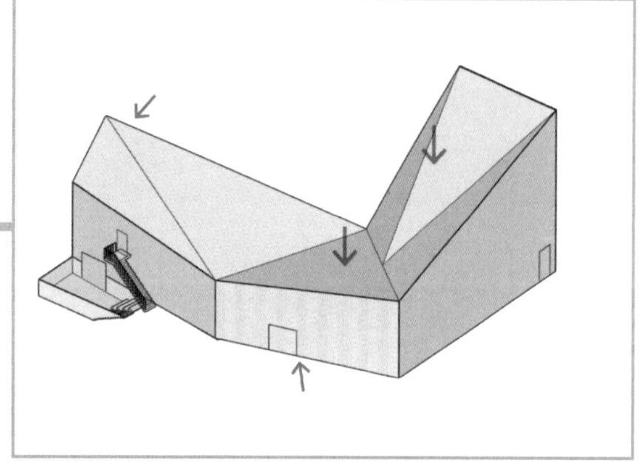

图 30

立面开小方窗，大空间的开窗沿内部空间走势（图 31）。

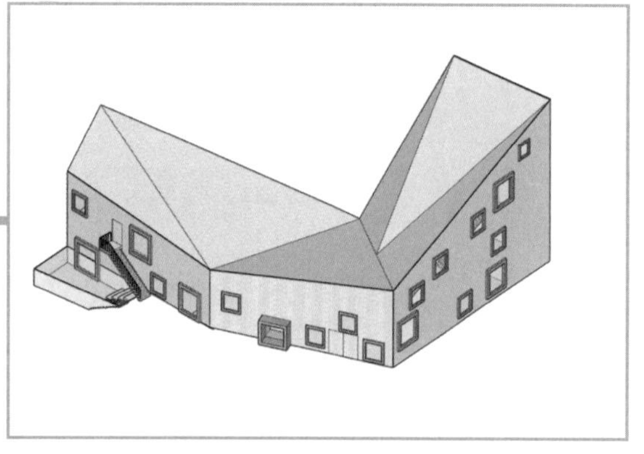

图 31

最后打开天窗，祖国的花朵多晒晒太阳是有好处的（图 32 ~ 34）。

图 32

图 33

至此，整个设计阶段就全部完成了，收工回家。这就是丹麦女建筑师多尔特·曼德鲁普设计的阿玛尔儿童文化馆（图 36 ~图 41）。

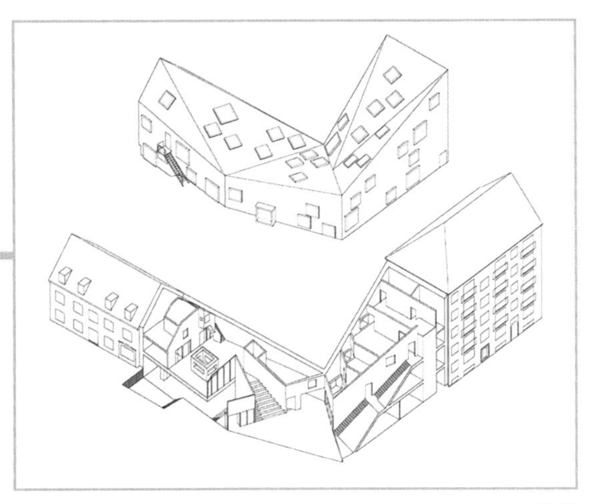

图 34

室内因此也更加明亮、温暖（图 35）。

图 35

图 36

图 37

图 38

图 39

图 40

图 41

我们总说建筑是妥协和选择的艺术，问题在于你为了谁妥协，又是替谁在选择。没有目的的妥协是懦弱，没有立场的选择永远都是错的。很多时候，孩子们要的并不多，他们不要你做得多完美，他们要的只是你用心。

图片来源：

图 1、图 3、图 29、图 33 ~ 图 41 来自 https://www.archdaily.com/388629/ama-r-children-s-culture-house-dorte-mandrup，其余分析图为作者自绘。

END

放心吧，据说建筑大师也在偷偷『抄』方案

图 1

名　称：达拉纳媒体图书馆（图 1）

设计师：藤本壮介，ADEPT 建筑事务所

位　置：瑞典・法伦

分　类：图书馆

标　签：螺旋空间

面　积：3000m²

抄方案，学名“借鉴”，分为“局部抄”“概念抄”“整体抄”“甲方逼着抄”等多种操作方式；也可分为 “暗度陈仓抄”“移花接木抄”“回锅再热抄”“换汤不换药抄”等多种战略战术。其承担风险程度与建筑师咖位大小没有关系。

郑重声明：抄袭是不对的。只要被扒出来，就是职业生涯中无法掀掉的“一口锅”，洗不白、摘不掉的那种。但话说回来，书非借不能读，设计非借鉴不能成图。只有平地而起的房子，却很难有平地而起的方案。有想法的得借鉴借鉴别人的方法，会技巧的得参考参考别人的灵巧。没有十全十美的人，但甲方却要十全十美的图。说句不太正确的话，借鉴也是一种学习，借着借着可能就会了。

只要不沦为简单无脑的 Ctrl+C（指键盘上的复制功能）、Ctrl+V（指键盘上的粘贴功能），基本也不会轻易地就被 Ctrl+Z（指键盘上的撤销功能）。但有一种情况，可以放心大胆地复制粘贴，绝对没有人敢说一个“不”字，那就是自己抄自己。

众所周知，“流量担当”藤本壮介想当年是靠武藏野美术大学图书馆一炮而红的。在那个项目中，藤本壮介生生把一个“正直朴实”的图书馆掰成了“贪吃蛇”（图 2）。

图 2

武藏野美术大学图书馆提出了一种独特的空间模式：墙体围合形成的螺旋形空间结构，使原本静止的读书空间转化为拥有最长动线的“逛书”空间（图 3）。

图 3

藤本壮介还通过使墙体向外辐射状开洞，让流线产生更多选择性。辐射线条作为寻找图书的最短流线模式，兼有图书检索作用（图 4）。

图 4

最后，再在螺旋中心处设置借书与咨询的前台，平衡服务全体空间。这个新的图书馆空间模式，既拥有最长的逛图书馆流线，又拥有最短的借书流线。强强联合，形成了独特的平面螺旋空间（图5）。

图5

其实，这个空间模式的适应性还是挺强的，运用到博物馆、美术馆、百货公司等地方也没有太大的违和感（图6）。

图6

这个有来有去的“贪吃蛇图书馆”一“出道”就收获粉丝无数，其中就包括达拉纳大学图书馆负责人玛格丽塔·马尔姆格伦（Margareta Malmgren）。所以在达拉纳大学打算新建一座媒体图书馆时，MM 先生第一时间就找来了藤本壮介，要求就一个，也很简单：复制一个武藏野美术大学图书馆。

新图书馆基地位于瑞典法伦的达拉纳大学，并且连接着旁边的旧馆（图7）。由于旧馆缺乏新媒体层面与社交层面的功能，因此校方表示：希望新图书馆能搭建一个学习和会面的新型公共空间。嗯，就是武藏野美术大学图书馆那种。

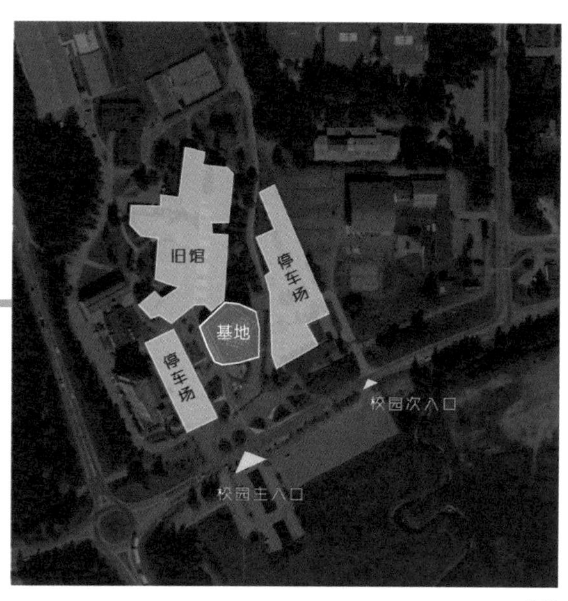

图7

复制一个武藏野美术大学图书馆听起来简单，现实中却没有坐标轴。两个项目哪儿哪儿都不一样，压根找不到插入点，怎么 Ctrl+V？

新图书馆邻近校园主入口，所以基地前还要留出一块集散广场，供图书馆和校园入口共同使用。另外，建筑基地原本是一片停车场，以后肯定也是车水马龙，确定武藏野美术大学图书馆那个八面漏风的“贪吃蛇”能保持清净？

以上问题还不是全部，最要命的是，武藏野美术大学图书馆和达拉纳媒体图书馆的基地面积相差太大了。武藏野美术大学图书馆的基地平坦而宽敞，面积近 4000m²，这也是它的平面螺旋空间能铺开那么多圈的重要基础条件。达拉纳媒体图书馆就比较惨了：不仅基地小多了，只有 1900m²（图 8），每层根本就螺旋不了几下，而且基地形状还方不方、圆不圆地不规则（图 9），场地还有 3m 的高差。

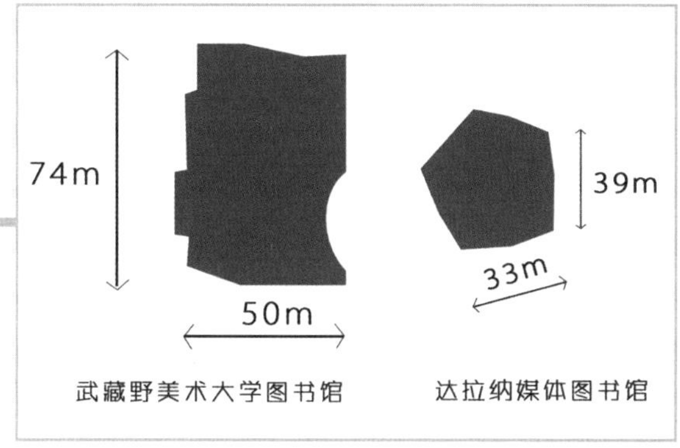

图 8

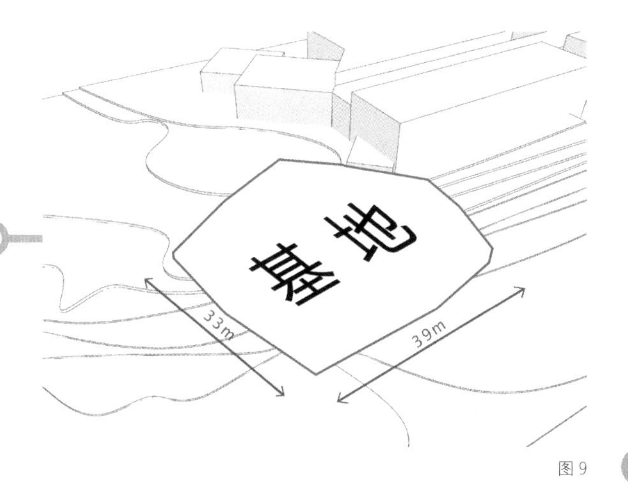

图 9

这种条件还玩什么贪吃蛇？确定不是扫雷？不过，藤本壮介表示：自己捣鼓出的空间，跪着也要抄完。平面螺旋铺不开几圈，咱们可以做空间上升的螺旋呀（图 10）。

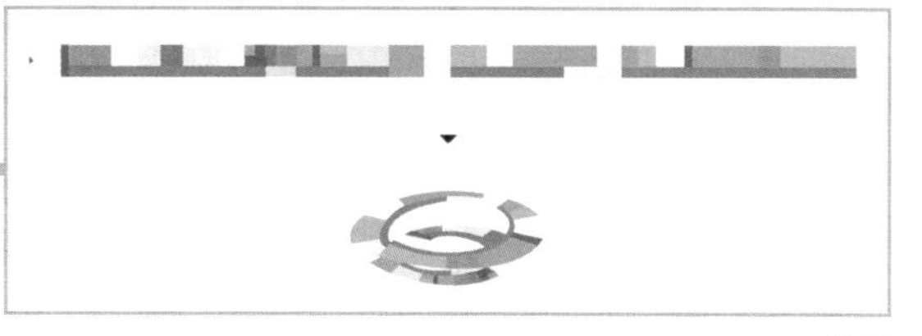

图 10

既然基地已经很紧张了，为了让上升螺旋不至于太小且太陡，并尽量保证它的总长度能够最大化，所以空间螺旋的大小尽量卡着建筑体量来确定（图 11）。

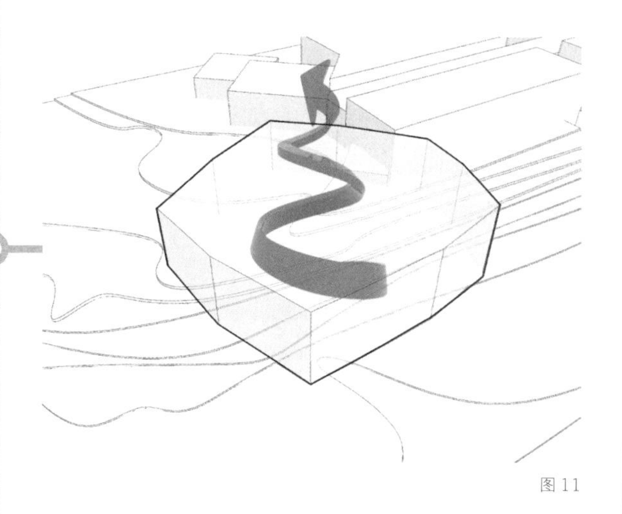

图 11

根据场地人流量的主要来向确定建筑的几个主次入口（图 12）。

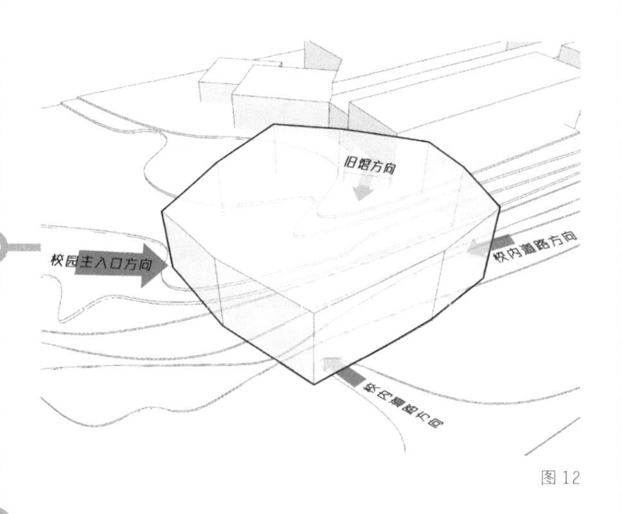

图 12

由于这些入口需要分别与室外标高尽量一致，因此在顺应地势盘旋而上的方向依次连接它们，从而确定空间螺旋的盘旋方向。在顺利解决场地高差问题的同时，还使得室内形成了长而流畅的闲逛流线（图 13）。

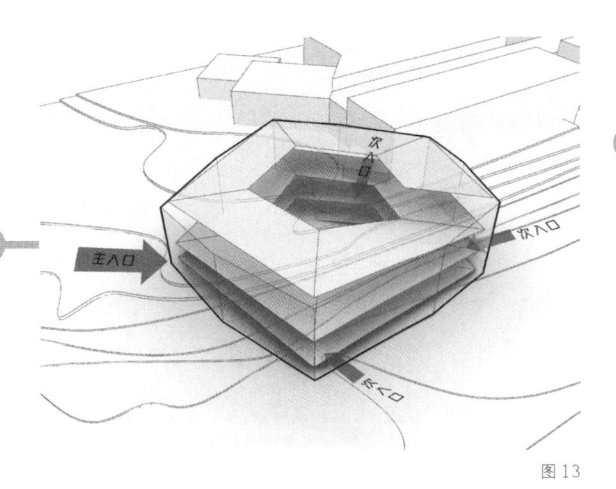

图 13

在武藏野的螺旋空间生成逻辑里，有着故意混淆空间方向让人更容易迷路以增加交流机会的目的。因此，藤本壮介在建立螺旋形的模数网格之后还做了切角变形处理，模糊了原本长方形体量的长短边（图 14）。

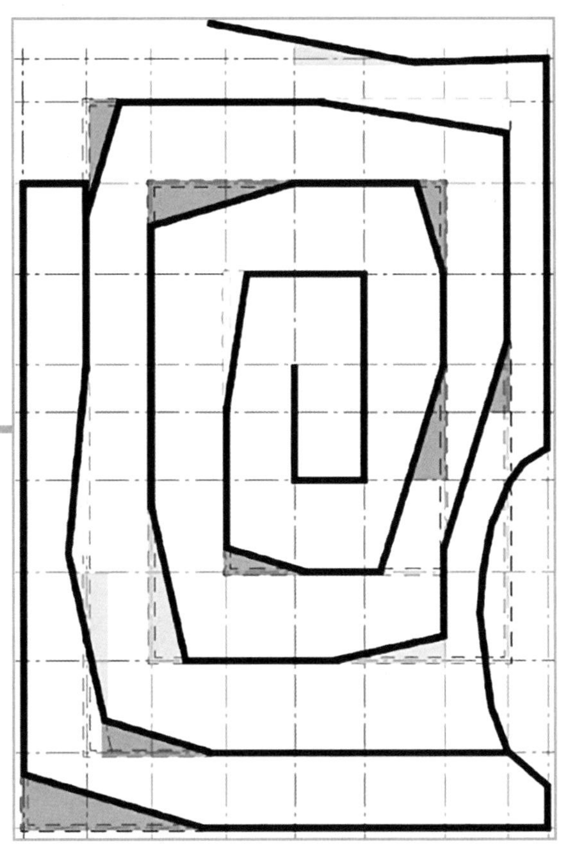
图 14

但这种在网格上摊大饼的空间形式并不适合场地紧张且极度不规则的螺旋上升式空间。所以藤本壮介换了个转法，可以简单称之为偏移旋转法，就是把建筑外轮廓的这个多边形向内偏移，再调整角部进行错落扭转。根据这些控制圈，形成从底层至屋顶的连续空间，从而产生类似逐层退台的旋转效果。

考虑到有些空间兼具交通走道和阅览取书的功能，相邻两圈控制线之间的尺寸不小于 2m（图 15、图 16）。

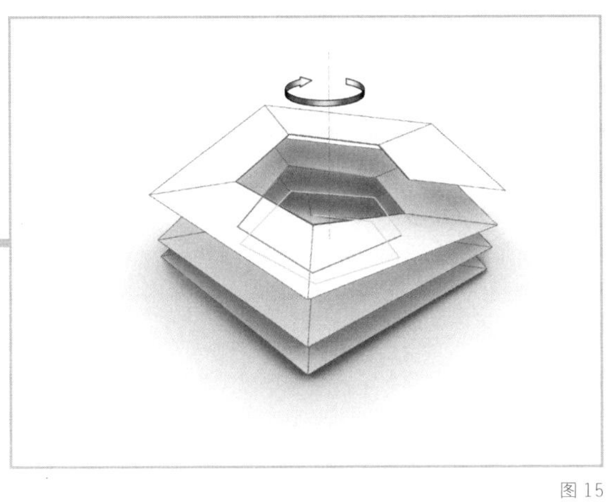

图 15

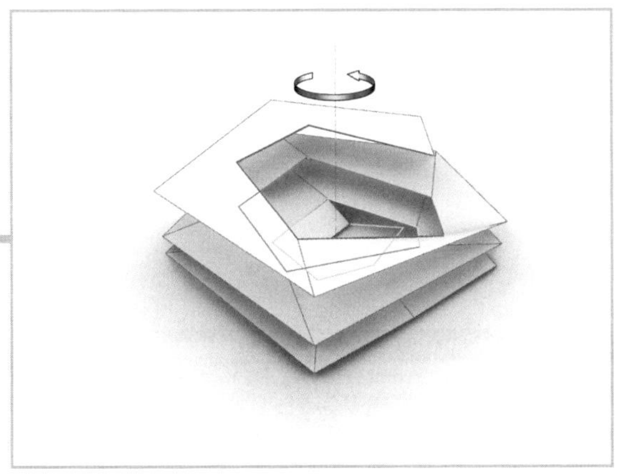

图 16

接着把高差集中到各边的中部，统一用小楼梯来消解（图 17 ~图 20）。

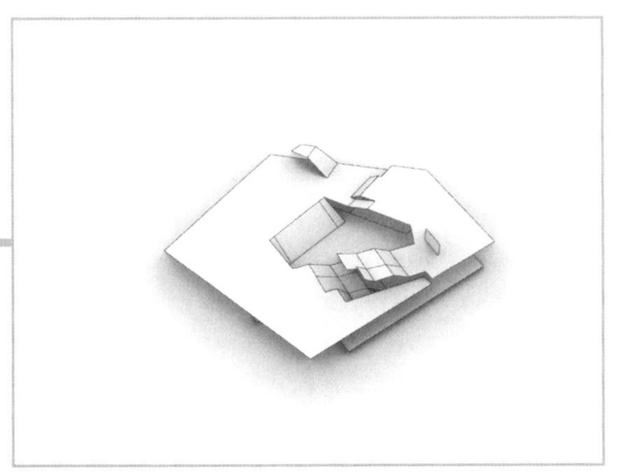

图 17

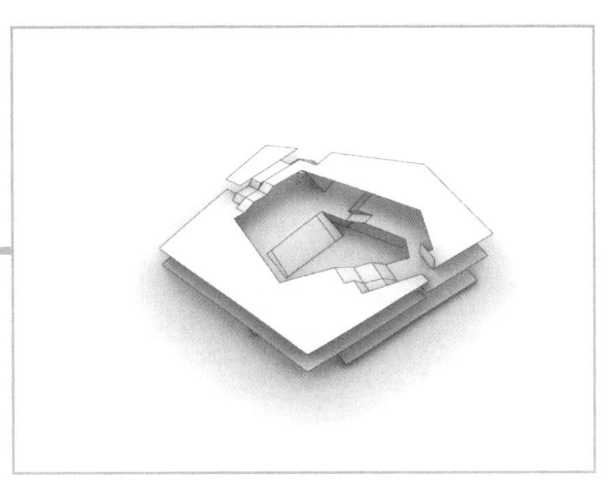

图 18

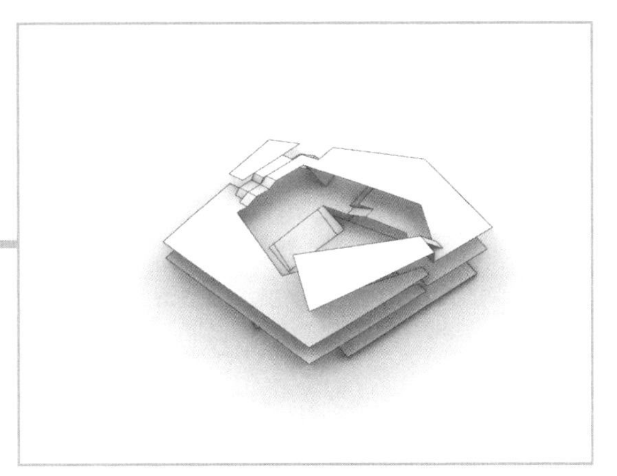

图 19

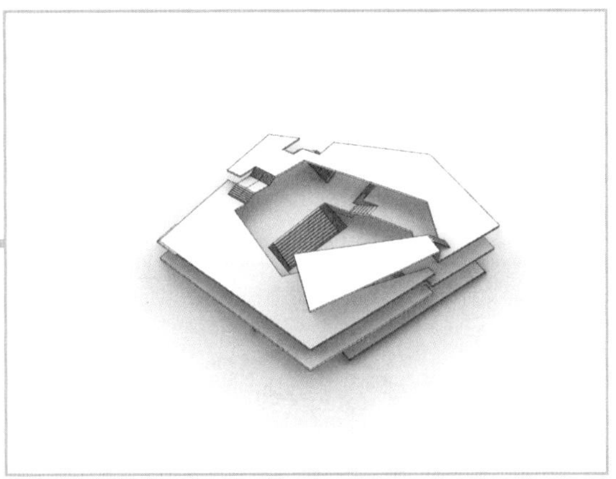

图 20

再依照偏移的控制线，生成像洋葱一样层层包围的墙体，以围合螺旋空间（图 21）。

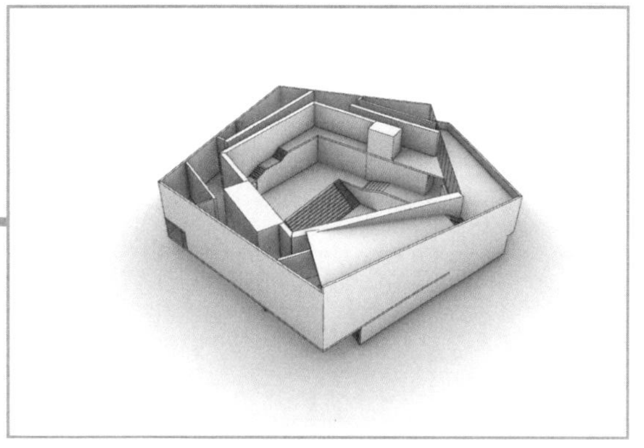

图 21

并且从核心向外作辐射线，进行交错打洞以打通流线和视线（图 22、图 23）。

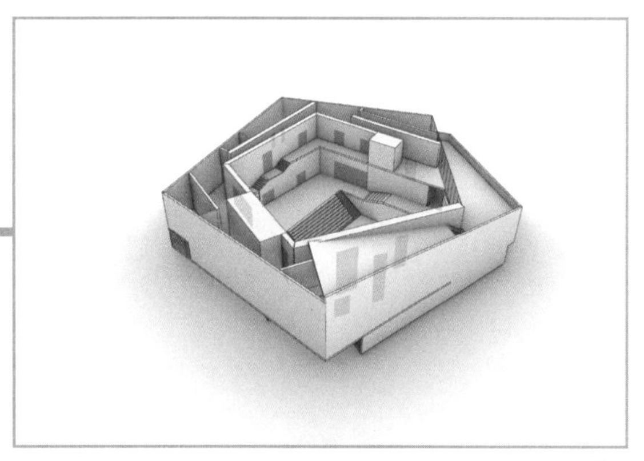

图 22

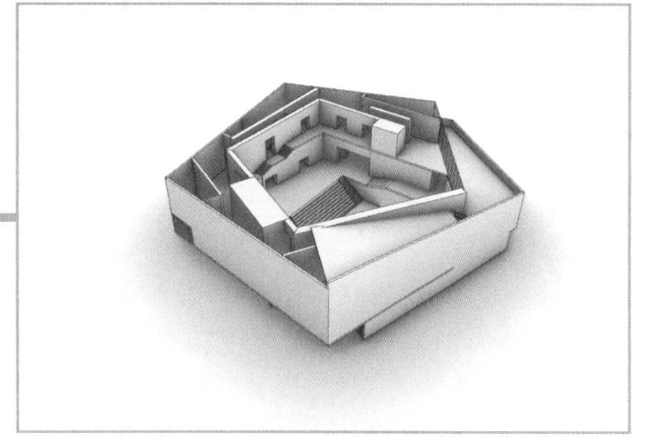

图 23

为了让人们体会到像武藏野美术大学图书馆一样被书墙层层包围的空间氛围，又不至于让本就不大的图书馆被一眼望到底，就要使内圈和外圈的墙洞尽量交错，而不是像武藏野美术大学图书馆一样呈辐射状贯穿（图 24）。

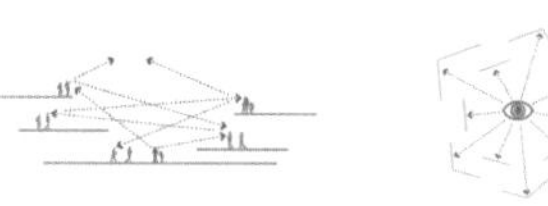

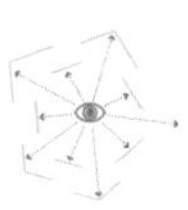

图 24

在中国古典园林中，这叫“漏而不透”：能在视线上实现丰富的空间层次，产生移步易景的效果。这个小技巧在武藏野美术大学图书馆里也可以见到（图 25）。

图 25

墙洞打通流线后，在建筑的内圈部分，阅览空间与交通空间就彻底融为一体了，形成多种空间层次的同时，也带来了有趣的闲逛体验（图 26）。

图 26

而在建筑的外圈部分，墙体则分隔出学习和办公用的封闭小房间，充分利用自然采光（图 27）。

图 27

至此，新图书馆虽然在空间感受上和武藏野美术大学图书馆差不多，但在空间使用上却差多了。

前面说了，武藏野美术大学图书馆的螺旋空间是辐射状打洞，流线更加自由的同时还形成了图书检索空间（图 28）。

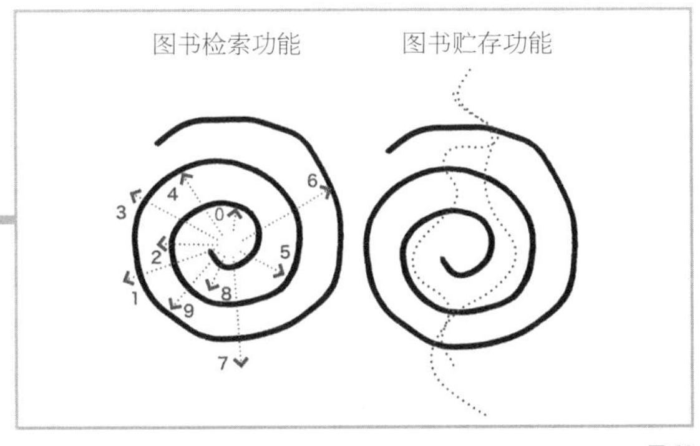

图 28

而新图书空间是上升螺旋，虽然也打通了很多洞，但人们在流线上却没有多少选择——毕竟，你不会飞。依赖自由选择流线而建立的检索性空间就更无从谈起了。那么，这个上升螺旋的中心既然失去了选择性和检索性，也就没有作为照顾全局的服务前台存在的意义了。

怎么办？既然大家的视线依旧可以通达到中心区域，中心区域也可以看到图书馆的各个角落实现视线交流，不如就索性将核心区域改为下沉广场，成为社交空间。这个不规则形状的下沉广场作为视线焦点，还可以为人们提供方向感，起到引路作用（图 29）。

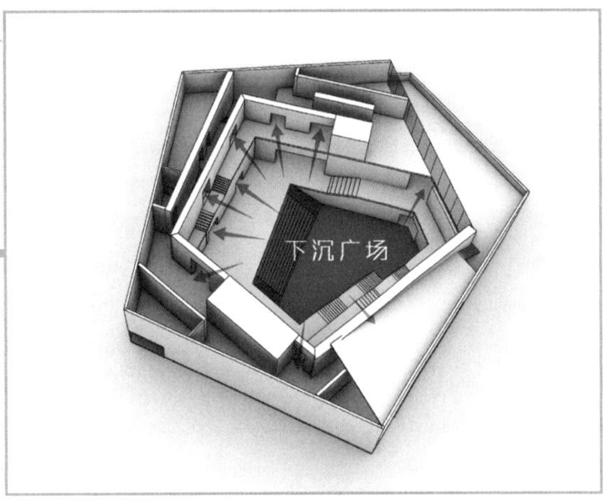

图 29

同样是螺旋空间，武藏野美术大学图书馆让人迷路，达拉纳媒体图书馆却让人不迷路。这其实没什么好纠结的，因为无论迷路还是不迷路，都无法取悦所有人。反正总会有人爱，不是爱迷路的文艺青年，就是怕迷路的路痴。当然，除了引路以外，搭配了大台阶的下沉广场还是个天然的开放礼堂，随时可以用于举办各种集体活动（图 30）。

图 30

至此，该结构师来救场了。武藏野美术大学图书馆螺旋的书柜墙元素是平面螺旋直接贯穿到顶层，所以可以采用排列紧密的钢梁柱结构，并将其隐藏在书架里面（图 31）。

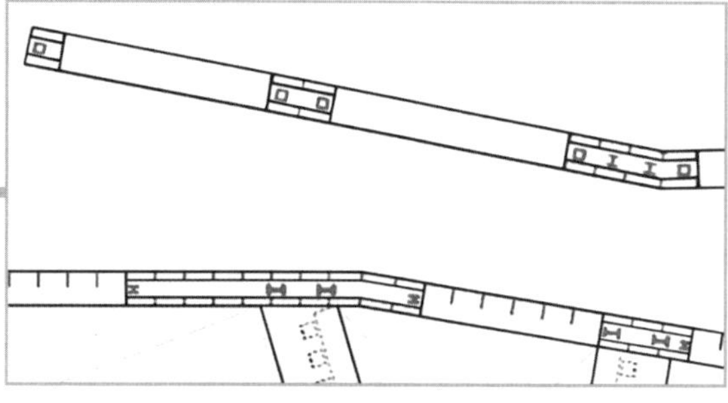
图 31

但达拉纳媒体图书馆就没这么好运了，不仅螺旋是拧巴着上升的，而且每层分隔墙的位置都不完全一致，再加上中央还有个拒绝柱子的下沉广场……因此这里采用外剪内框的结构，再搭配核心筒的剪力墙，强化承力（图 32）。

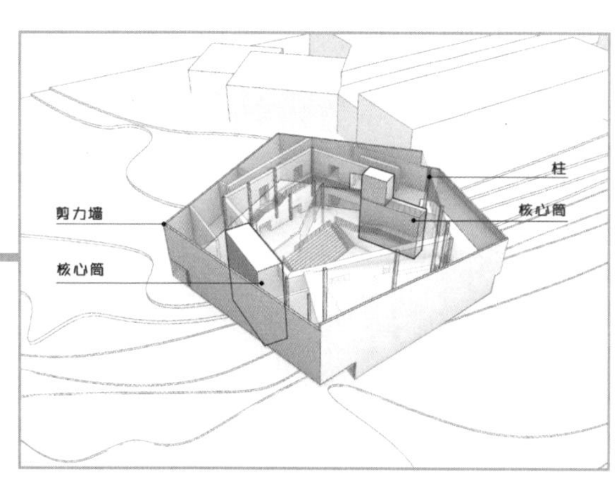

图 32

而这就导致了另一个问题。我们都知道，武藏野美术大学图书馆采用的外立面造型延续了室内的书墙元素：特立又独行，美丽又极具个性——那是因为纤细的工字柱的钢结构很好隐藏。你现在把剪力墙搁在建筑外立面这一层上，能包住它的书墙得多厚啊？更别提还想打这么大的洞了，这不是妄想，是想都别想。所以，藤本壮介果断采用双表皮外立面，包住这残酷的真相。并且“里侧贴木墙 + 外侧挂不锈钢格栅”的这种双表皮空间还具有一定的降噪作用，减少停车场的干扰（图 33）。

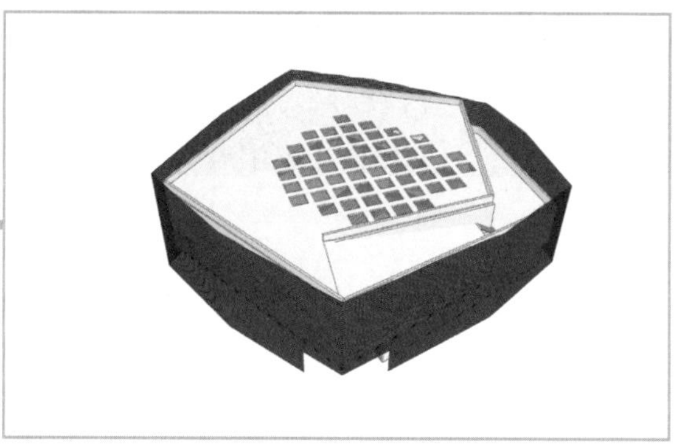
图 33

最重要的是，双表皮还有夹缝啊，哪个樱花建筑师不喜欢夹缝呢？塞点儿小楼梯、小挑台什么的，灵魂才能归位啊（图 34）。

图 34

至此，整个设计总算是完成了。这就是藤本壮介同 ADEPT 建筑事务所自己抄自己的达拉纳媒体图书馆（图 35 ~ 图 38）。

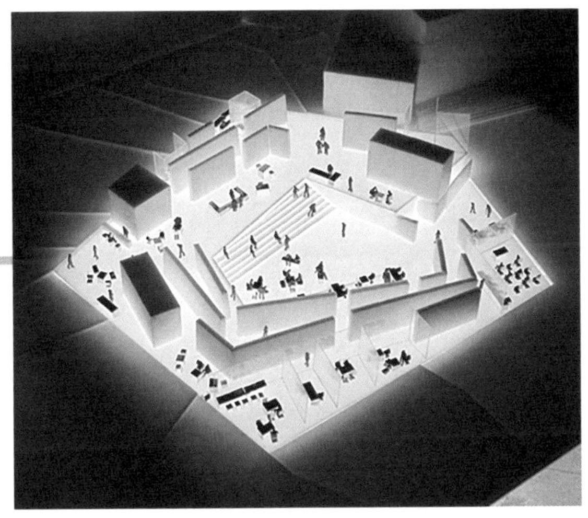

图 35

图 36

图 37

图 38

只要功夫深，别说把武藏野美术图书馆改成另一个图书馆，就是改成个大花园也不在话下。最重要的是，你得是自己动脑子的建筑师，而不是把一切交给电脑的工具人。

图片来源：

图 1、图 10、图 24、图 26、图 27、图 30、图 34、图 36 ~ 图 38 来自 https://www.archdaily.com/511535/dalarna-media-library-adept?ad_medium=mobile-widget&ad_name=more-from-office-article-show，图 2 来自 http://www.archina.com/index.php?g=works&m=index&a=show&id=1722，图 3、图 4、图 14 来自论文《漫步螺旋形书海——武藏野美术大学图书馆新馆设计解读》，作者冯永民，图 5 来自 https://www.archiposition.com/items/20181229053453，图 6 来自岳敏君的艺术作品《迷宫艺术》，图 25、图 28、图 31 来自 https://www.archdaily.cn/cn/627499/wu-cang-ye-yi-zhu-da-xue-tu-shu-guan-sou-fujimoto，图 35 来自 https://www.dezeen.com/2010/08/16/dalarna-media-arena-by-adept-and-sou-fujimoto-2/amp/，其余分析图为作者自绘。

END

直面卒姆托：摊个煎饼都不圆，还想收谁的『智商税』

图 1

名　称：洛杉矶郡艺术博物馆（图 1）
设计师：TheeAe 事务所
位　置：美国・洛杉矶
分　类：博物馆
标　签：盆景，建筑景观一体化
面　积：约 52 000m²

本故事分为上下两集。上集：《乘风破浪的卒姆托》。下集：《兴风作浪的其他建筑师》。如有雷同，那一定不是巧合。

上集

迈克尔·戈万（Michael Govan）是洛杉矶郡艺术博物馆（Los Angeles County Museum of Art，简称 LACMA）的馆长，也是洛杉矶这座充满野心和欲望的城市里最有野心的那一拨人之一，因为他打算筹集 6 亿美元（约合 38 亿元人民币）重新改造这座美国西海岸最大的博物馆。

俗话说，你的幸福感取决于你的邻居。其实，你的野心也是。洛杉矶郡艺术博物馆的邻居们就都不是一般角色。他们所在的区域被称为奇迹一英里（Miracle Mile），其实就是博物馆一条街。基地东北面为著名的汉考克公园，公园内分布着两座博物馆；基地西侧还有三座博物馆和一座展馆，南邻威尔希尔大道，那是一条历史悠久的大道，被誉为洛杉矶最优雅的林荫大道（图 2）。

图 2

戈万先生估计也是宫斗剧资深爱好者，不折腾出点儿响声来就觉得“总有刁民要害朕”。为了博物馆的改建，他举办了一场声势浩大的国际竞赛，并最终选择了普利兹克奖得主彼得·卒姆托的方案。按理说，像卒姆托这种兢兢业业的体力派建筑师应该是入不了野心家的眼的。但你错了，世界已经变了。卒姆托的中标方案长图 3 这样，2019 年公布的效果图却长图 4 这样。

图 3

图 4

没想到吧？卒姆托也是个狠人，原博物馆四栋建筑直接全部拆除！地形就是摆设——新建筑直接横跨威尔希尔大道盖到街对面！你问为什么要盖到街对面？因为人家这个方案玩的是全部架空，且仅有一层。是的，3万多平方米只建一层！基本就等于摊了个超薄的煎饼，还不圆（图5）。

图5

虽然卒姆托人狠话不多，但洛杉矶人民也不是吃素的——直接抄起家伙、甩开膀子反对，共同宣称那是灾难，并有理有据地列举了卒姆托方案的八大致命缺陷，其中包括极易成为恐怖分子的袭击目标等，顺便还想象了各种袭击方案：比如，从天上扔炸弹都不用瞄准，而从地上只要将卡车炸弹停在巨大的架空层下，估计就可以看到尸体和艺术藏品横飞的场面。官方批评团还专门组织了设计专业人士、艺术专家及市民代表向博物馆甲方苦口婆心地讲道理：各退一步好不好？我们不反对全部拆除原来的博物馆，就当你完全新建一个，但主要是卒姆托的方案也太不实用了——只有一层，还横跨了繁华的威尔希尔大道，挤占了价值5000万美元的大型停车场，浪费了大量的土地（图6）。这也就算了，谁让你有钱任性呢，但结果新建筑面积还不到原来的三分之二，甚至不得不取消了大部分藏品库房和管理用房，导致博物馆规模变小、藏品减少，这就损害公共利益了是不是？也不利于进一步发展呀，你说是不是？

图6

最重要的是，这个玩意儿它不好看啊，严重影响威尔希尔大道景观。既不实用又不美观，我们为什么要埋单？面对来势汹汹的一波接一波的反对浪潮，甲方认真思考后表示：意见随便提，反正也不听。于是一个叫市民大队（The Citizens' Brigade）的市民组织直接上大招：发起了名为“LACMA Not LackMA”的抗议型设计竞赛，旨在收集“可以拯救洛杉矶艺术博物馆”的设计方案。虽然是非官方竞赛，但也吸引了包括蓝天组在内的不少著名事务所参加。毕竟批评大佬，人人有责。

下集

TheeAe 事务所也打算掺和一脚。反正是空手套白狼的买卖，一旦赢了可是打败了彼得·卒姆托，要是输了的话——那不是很正常吗？

首先，还是要面临拆除或翻新的选择。原有建筑建造年份较早，扩建翻新需进行抗震升级。而且按照原计划，扩建后的建筑应增加约 14 000m^2 的使用面积，也就是要增加更多抗剪结构，并加强现有结构，这样一来让本就空间不富裕的博物馆更加雪上加霜（图 7）。

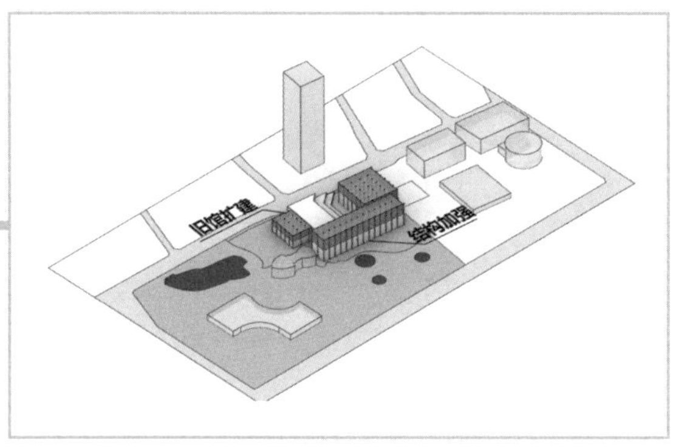

图 7

另外，现有建筑阻断了西侧建筑群景观轴线，同时与汉考克公园缺乏联系（图 8）。

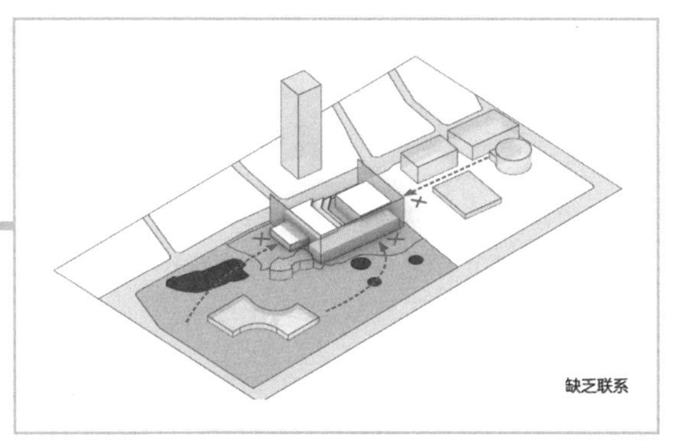

图 8

于是 TheeAe 建筑事务所没怎么纠结就做出了和卒姆托同样的选择：拆除原有建筑，全部新建。事实上，在这次竞赛中半数入围作品都采用了完全拆除的策略。拆除原有建筑之后，这里就是一片任你发挥的空地，到处都散发着自由的气息。但方案也不是一拍脑门拍出来的，总得找个理由切入，不为说服别人，至少说服自己。前面提到这个博物馆算是整条街的中心位，是加强各方联系的重要节点。建筑和人一样，想有联系就得加好友。站在你旁边的不一定认识，活在朋友圈里的才能点赞（图 9）。

图 9

那么，问题来了：新博物馆怎么和身边的各方势力加好友呢？这就不得不提到老祖宗留给我们的宝贵遗产——盆景了。所谓盆景，并不是在盆里种棵树就可以了，那只能算个盆栽。真正的盆景艺术讲究的是“缩龙成寸”“缩得群峰入座青”，也就是将种种元素融于咫尺之间。这像不像一个充满各种动态的朋友圈（图 10）？

图 10

那我们是不是也可以干脆在这块地上放一个大盆景，以此建立起各方要素的联系呢?

第一步：寻找原材料。

寻找原材料的过程其实就是寻找与周边环境联系的过程，我们究竟通过哪些元素才能与环境产生对话?

1. 与城市的联系——几何体。
冷峻高耸的塔楼、整齐有序的街区是南侧城市界面的典型意象，新建筑可以通过简洁的几何体与之呼应。几何体比例与南侧塔楼相近，实现与城市的形式联系（图 11）。

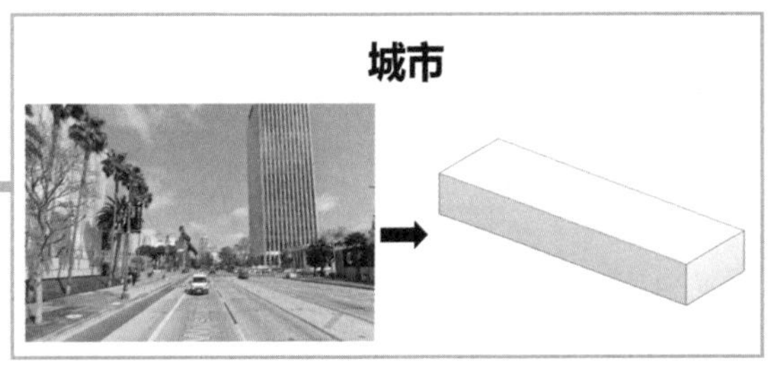

图 11

2. 与景观点的联系——取景器。
基地旁边有公园，公园里面有湖有树，还有个沥青坑；基地的另一边还有长得各种各样的博物馆——新博物馆想与它们都有形式上的呼应是不可能的，只能求同存异。不管你是什么，反正算一景，也就是以取景器的形式，实现与周围景观点的视线联系（图 12）。

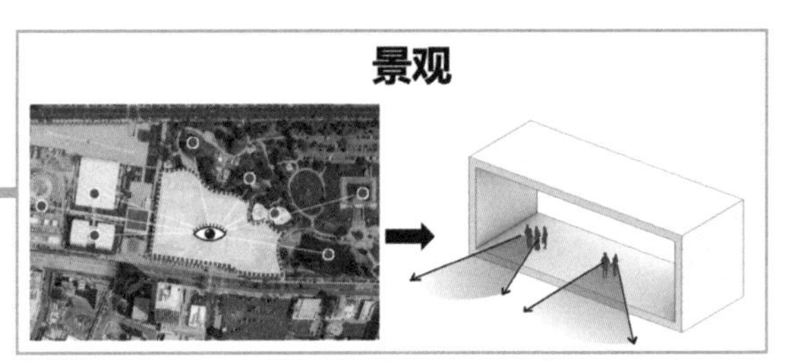

图 12

3. 与公园的联系——小山丘。
不是与公园景观的联系，而是公园自然地形的延续。以造山的方式实现与公园地形的形体联系，毕竟谁不想有山有水有树林呢（图 13）?

图 13

第二步：组织“原材料”。

也就是如何用上面的三种“原材料”去打造一个大盆景。传统盆景一般具备三要素：几、盆、景。所谓“几”，就是放置盆景的架子，在这里可以看作建筑的基地。

下面来说说“盆”与“景”。传统盆景中，“盆”就是人工赋予的平台，在这个平台上再放置自然的山水树木为“景”（图 14）。

图 14

那么，在这个方案中谁做“盆”，谁做“景”呢？“盆”应该是较为完整的体量，基本就是在几何体和山体里二选一了。

1. 以几何体为“盆”，山体覆于上部形成起伏，即以自然为“景”。

这也是现在较为常见的方式（图 15）。

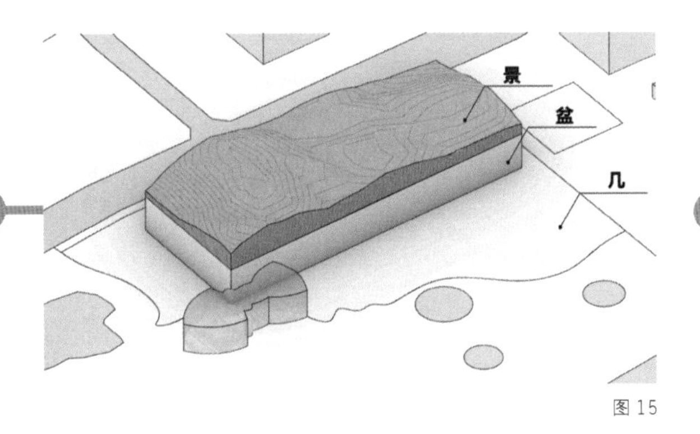

图 15

2. 以山体为“盆”，将几何体和取景器嵌入其中，即以人工为“景”。

这种方式不太常见，但也不是不可行（图 16）。

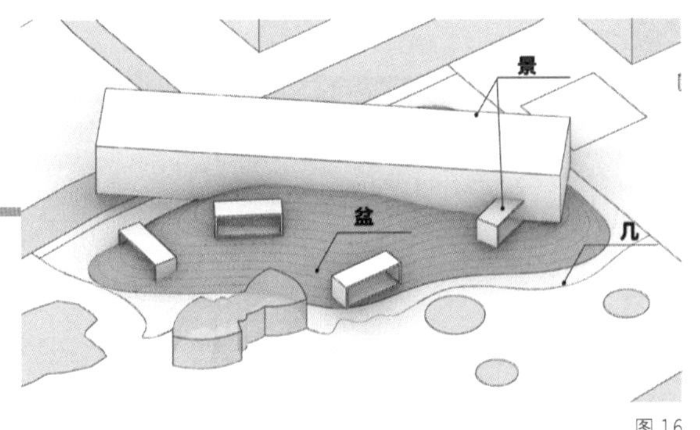

图 16

这两种做法无所谓对错，只有谁更适合，或者你更中意谁。TheeAe 建筑事务所选了后者。自然景观比单纯的人工构筑物更能控制住较大的基地面积，所以采取以山形体量为底，连接汉考克公园。这样，新建筑的控制范围就不仅仅是自己那一亩三分地了，而是可以扩展到整个公园（图 17）。并且几何体轮廓更为清晰，与山体的自然形态形成强烈对比（图 18）。

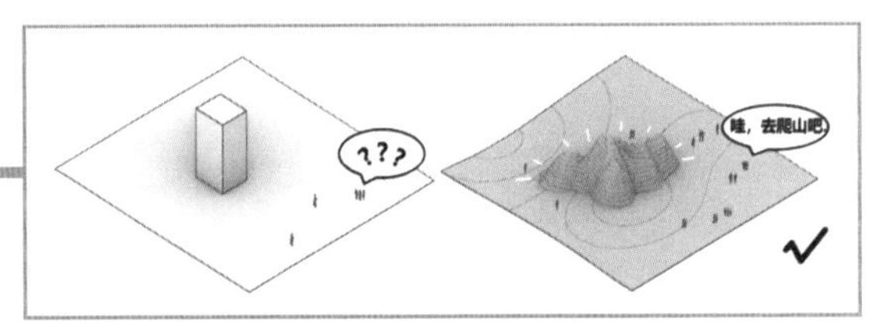

图 17

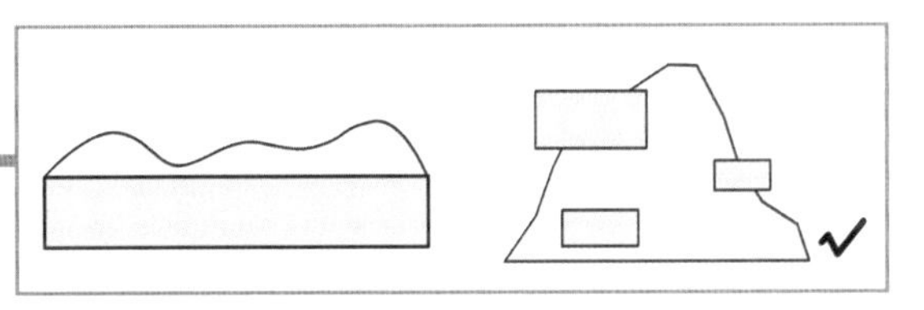
图 18

首先，在靠近城市处布置几何体，形成完整的沿街界面，取景器零散地布置在北面公园侧（图 19 ~ 图 21）；再在山坡上设置取景点（图 22），按取景点位置插入取景器（图 23），设置登山路径串联取景器，同时取景器顺应山体呈曲线形态与路径相连（图 24、图 25）。

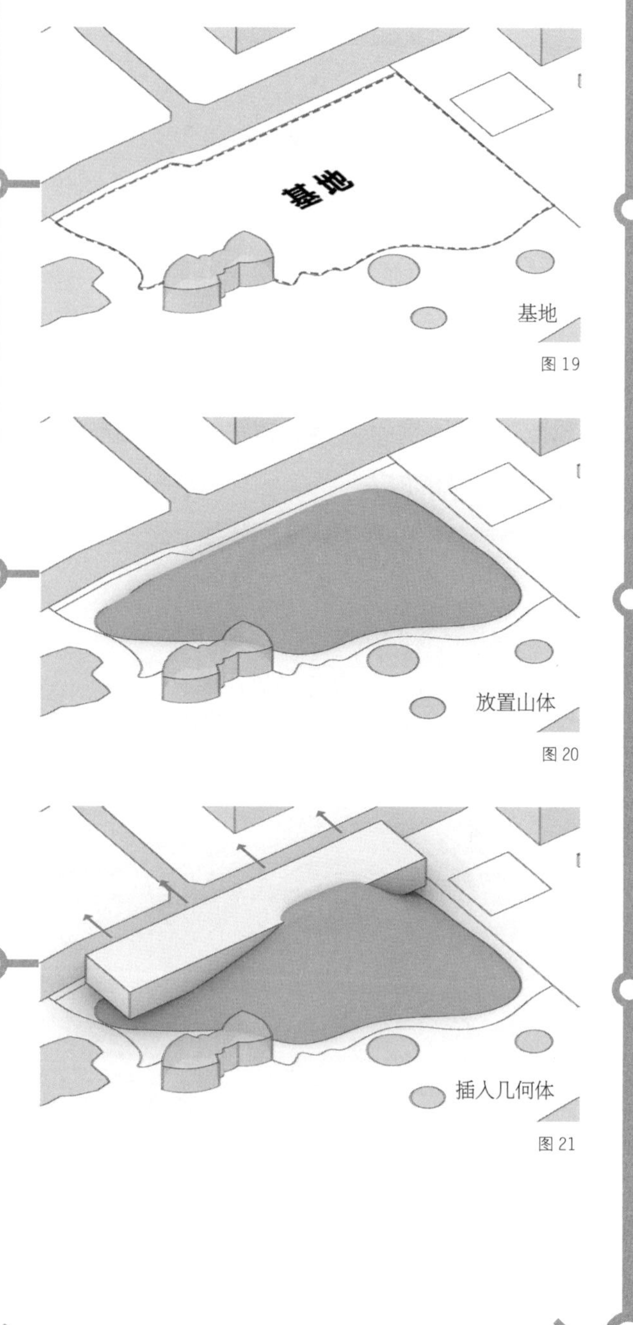

图 19

图 20

图 21

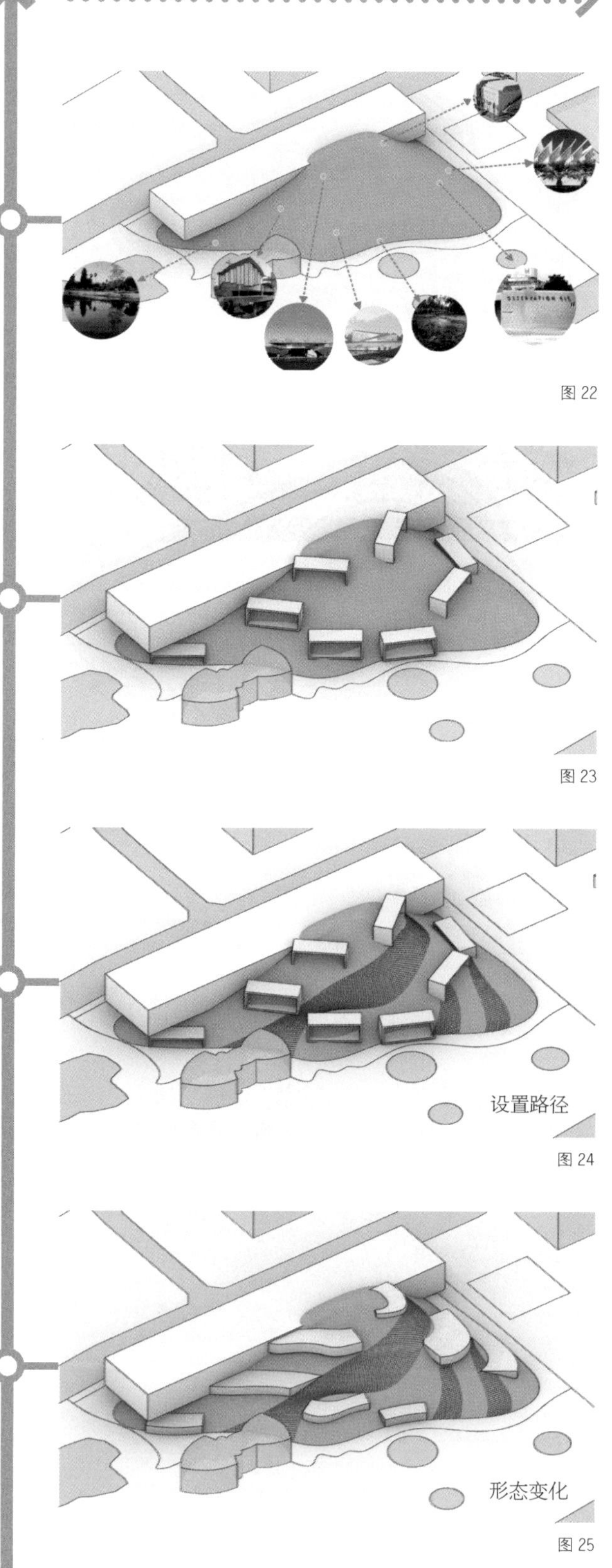

图 22

图 23

图 24

图 25

取景器承载展厅功能，向山体内部延伸。被山体掩盖的部分采取直线形式便于利用空间，取景器大小根据展厅需求设定（图 26）。

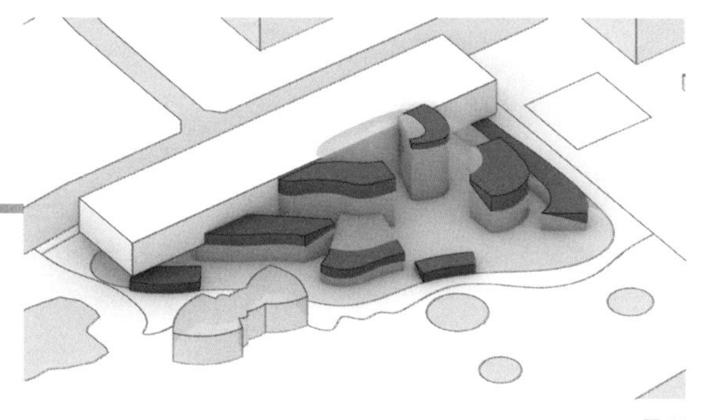

图 26

取景器上部可形成山体上的休闲观景平台，也可用作室外展台形成雕塑公园，提供爬山看展两不误的体验（图 27）。

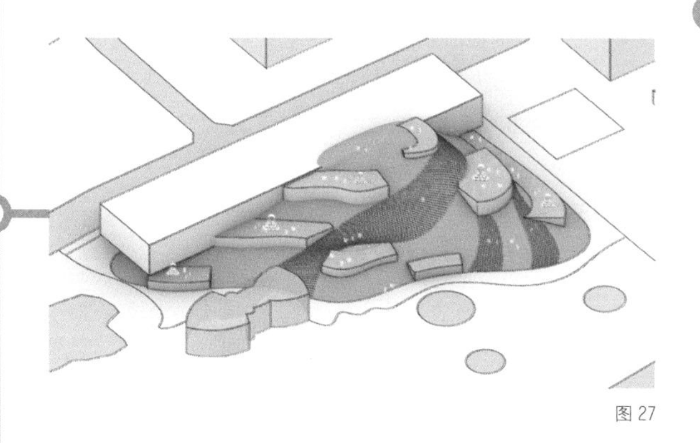

图 27

这一系列操作基本可以看作在山体中插展厅的过程，且展厅是贯穿山体的。

第三步：空间深化。

1. 平面深化。

设计进行到这一步，其实还没有深入研究过平面如何组织。

画重点：这个方案中平面形式是空间操作的结果——有了空间结构后，只要在相应标高处切上一刀，有什么算什么，就是平面布局了。

先插入楼板（图 28）。

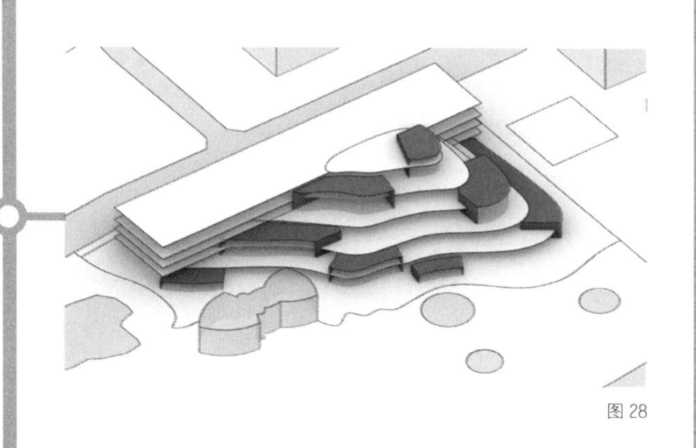

图 28

因为山体进深过大，所以加设中庭（图 29）。

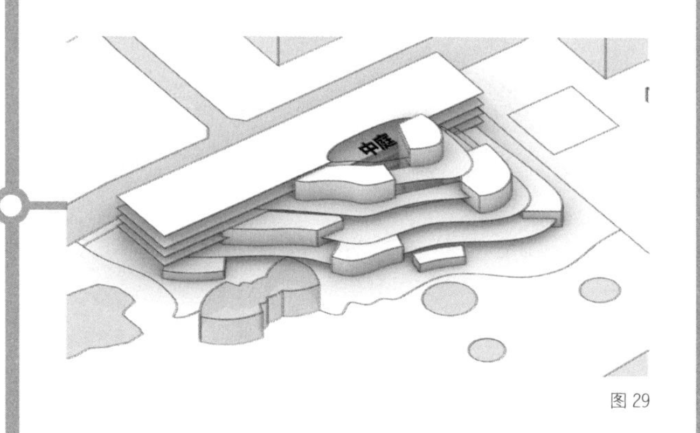

图 29

根据功能要求调整各层平面。1 层两个取景器分别作为餐厅入口及面向公园的次入口，加入后勤及行政用房（图 30 ~图 32）。

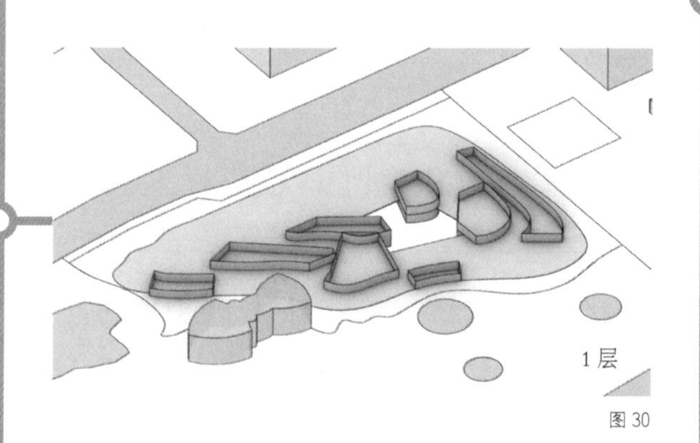

图 30

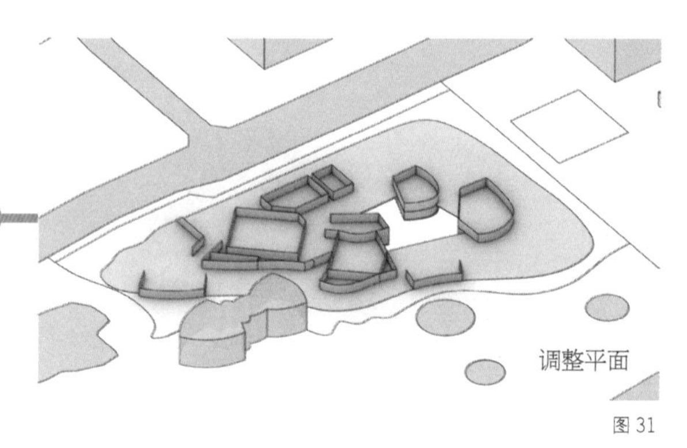

图 31

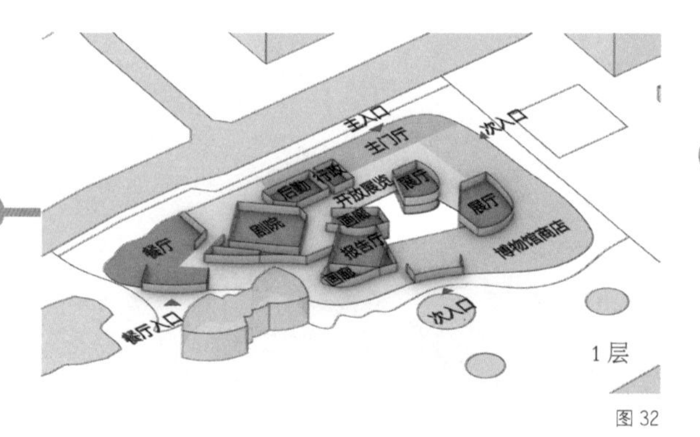

图 32

2 层两个取景器向内打开成为开放展厅，局部下沉以限定空间，设置大面积后勤及行政办公空间，靠近门厅侧做边庭（图 33）。

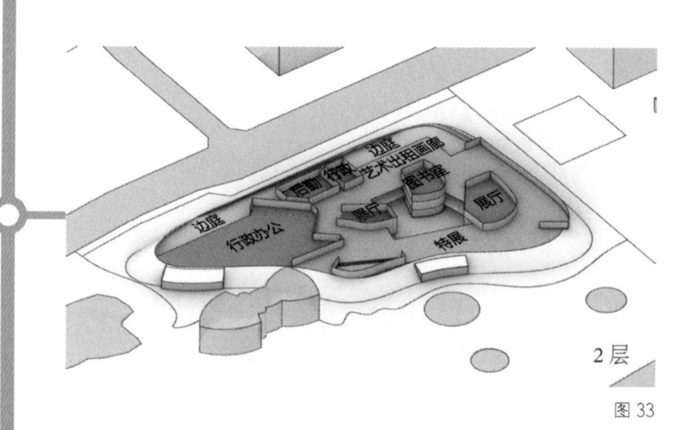

图 33

3 ~ 6 层平面调整，主要为不同开放程度的展厅以及后勤辅助用房（图 34 ~图 37）。

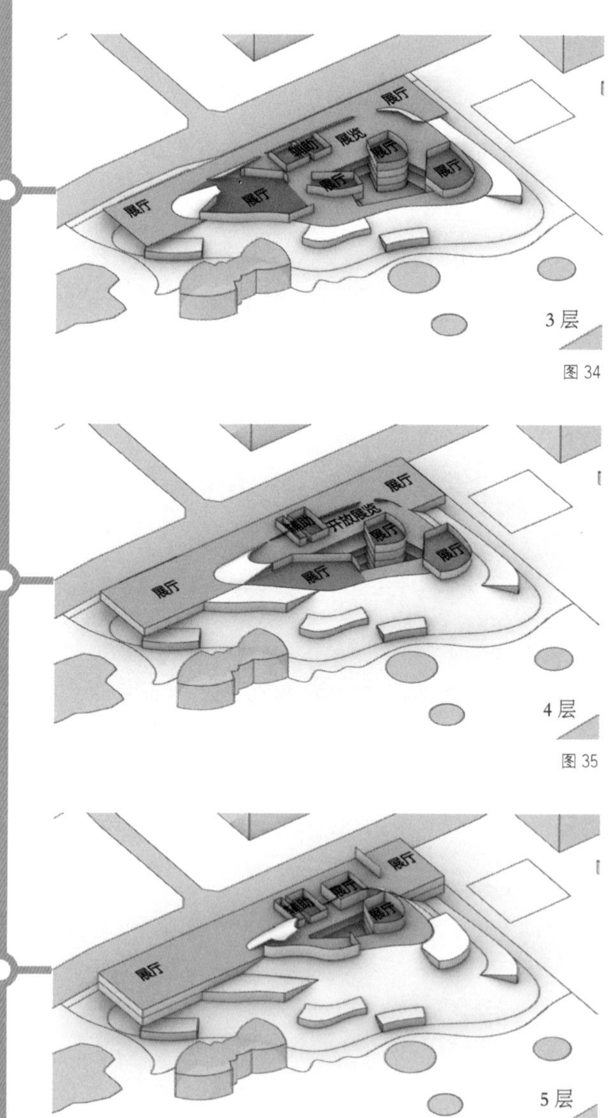

图 34

图 35

图 36

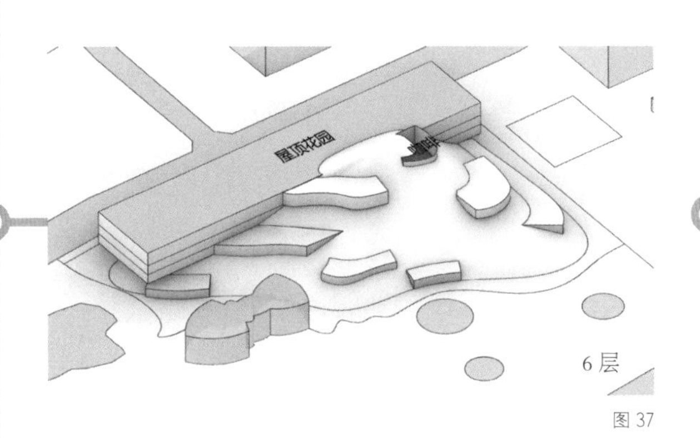

图 37

但是有一说一，这样得出的平面布局必然会出现空间浪费、异形空间难以利用的情况。

2. 观展流线。

设置快行电梯与慢行观展坡道（图 38 ~ 图 40）。3 ~ 5 层坡道周围通高，增强垂直向联系（图 41），再插入疏散楼梯（图 42）。

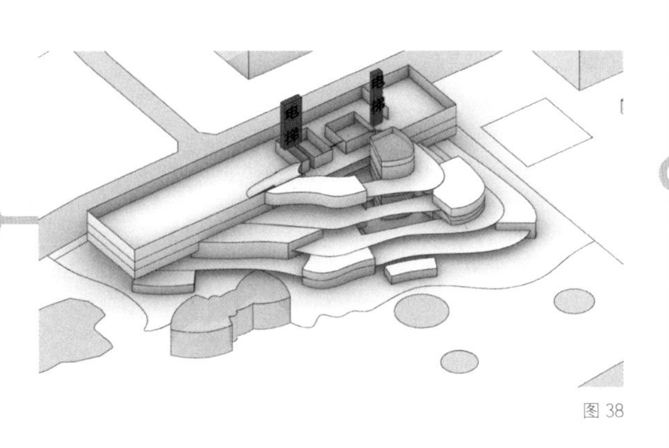

图 38

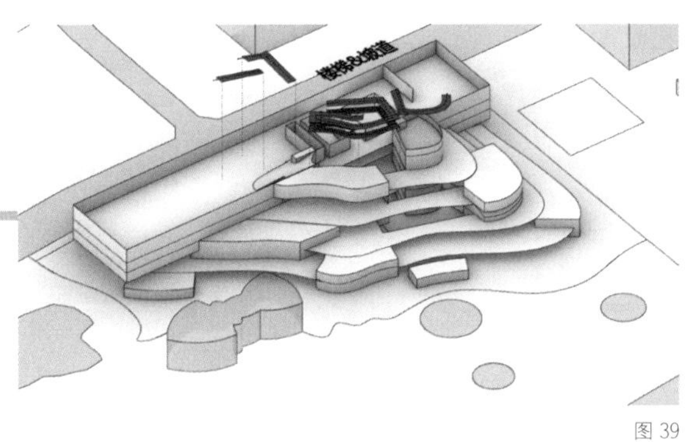

图 39

图 40

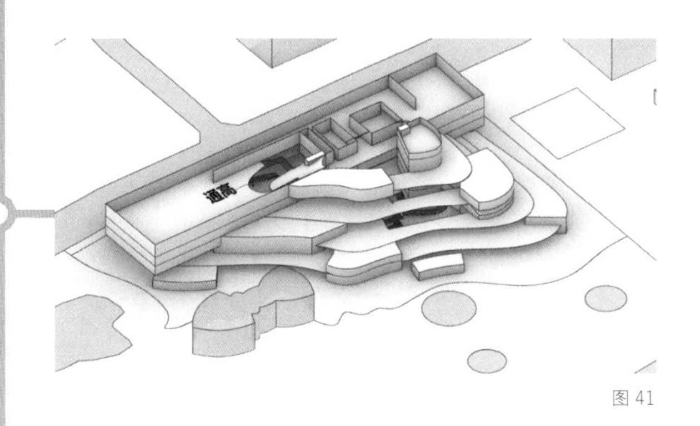

图 41

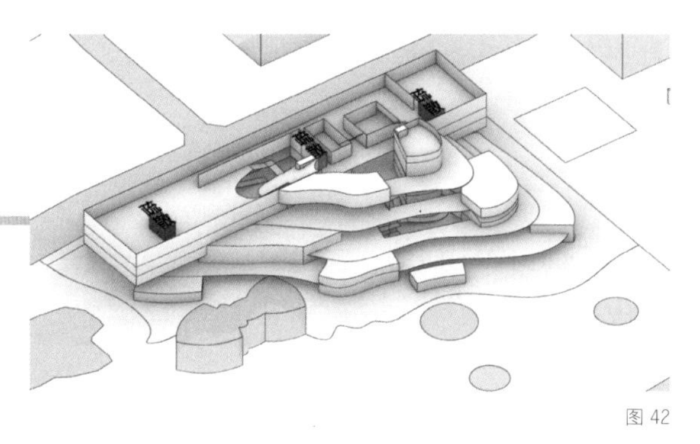

图 42

为进一步延长室内外的游览动线，让室内外流线在顶部咖啡厅处交汇，使游客可在室内或山体上继续游览（图 43）。

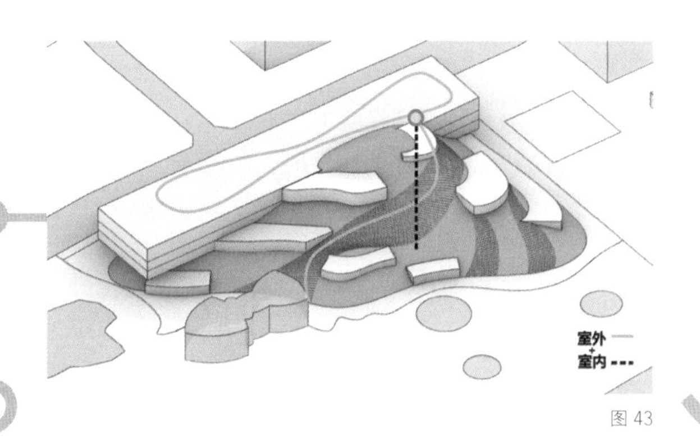

图 43

第四步：立面设计。

沿街立面也是很“后浪”了。1 层和 2 层采用岩体包裹形成自然基座，其余楼层采用格栅表皮，波浪起伏。人工的轻盈动感与朴实自然的基座形成对比（图 44、图 45）。

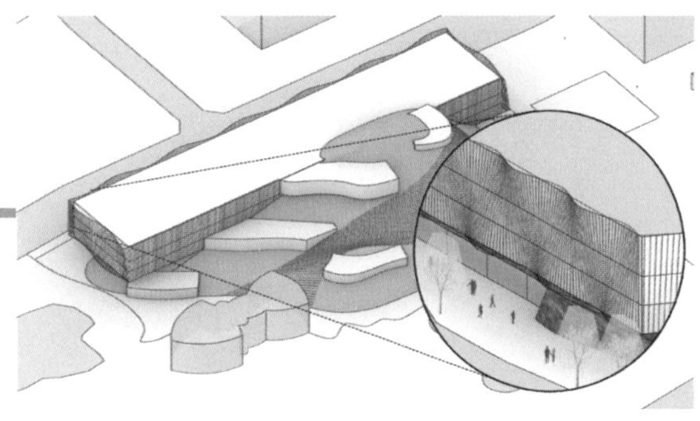

图 44

图 45

面向公园一侧的取景器则主要为简洁平板加玻璃幕，与有机的山体形态形成对比（图 46、图 47）。

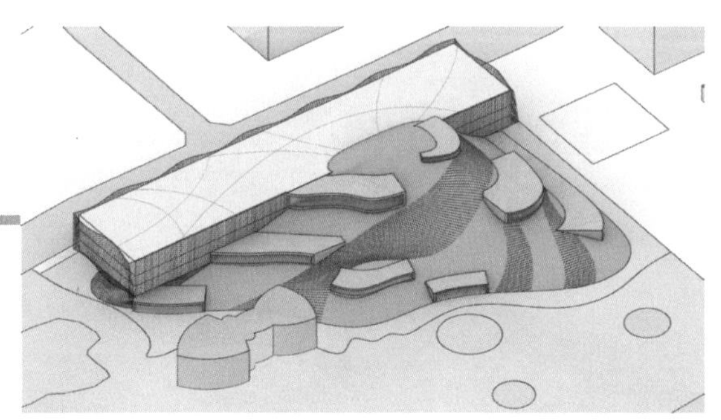

图 46

图 47

收工（图 48）。

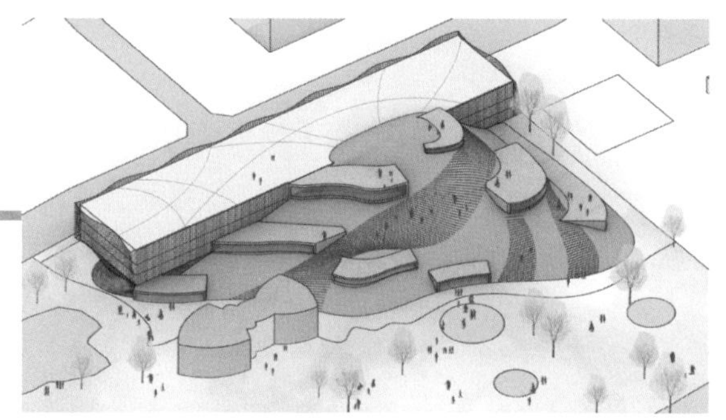

图 48

这就是 TheeAe 建筑事务所为批评卒姆托方案设计的洛杉矶艺术博物馆，也是这次抗议设计竞赛最后的六名优胜者之一（图 49 ~ 图 53）。

图 49

图 50

图 51

图 52

图 53

然而，你命由天不由你。轰轰烈烈地批评了半天，人家那边依然如期开工，还干得如火如荼，新冠疫情期间都没停工，预计 2023 年完工。

存在即合理。批评的结果不重要，批评本身就是结果。

图片来源：

图 1、图 40、图 45、图 47、图 49 ~ 图 53 来自 www.theeae.com/portfolio/lacma_not_lackma_international-design-competition，图 3 ~ 图 6 来自 https://www.archiposition.com/items/20200416021719，图 10、图 14 改自 https://www.vcg.com/，其余分析图为作者自绘。

我膨胀了，我居然拉黑了结构师

图 1

名　称：伊斯法罕梦境商业中心改造（图 1）
设计师：FMZD 事务所
位　置：伊朗·伊斯法罕
分　类：商业综合体
标　签：单元模块
面　积：30 000m²

没有抬杠，不是手滑，也不是误会，家里也没有矿，就是吃了熊心豹子胆拉黑了结构师！我们来到这个世上，就没打算活着回去！所以，我是打通任督二脉、一夜开窍了吗？当然不是啦！我还是我，我只是发现了一个秘密：结构这玩意儿也是可以看脸的。

伊朗的第三大城市伊斯法罕从2008年开始就定了一个小目标：要建一个比肩迪士尼、脚踢欢乐谷的宇宙无敌、世界一流的游乐园。基地就选在位于伊斯法罕市东南方向的高速公路旁，离周边几个城市都很近，路对面是伊斯兰阿扎德大学。该建筑还起了一个如梦似幻、高端大气的名字——梦境游乐园（图2）。

图2

然而，你猴哥早就在祭赛国的金光寺教育过我们，不是“久住之物”的名字不吉利。这个梦境游乐园也和它的名字一样——想得美啊。

由于政府资金不足，游乐园于2008年开工，开了两年什么都没开出来。甲方终于反应过来，原来天上不下银子，赚钱还得靠自己，于是，紧急开会改变策略，先把游乐园的商业中心建起来，卖货攒银子盖游乐园。2011年，商业中心开业救场，营业额直接提现成工程款——终于在2014年，游乐园胜利竣工！

然而，就像所有“我打工供你读书，你毕业就把我抛弃”的狗血故事一样，没想到游乐园是个“薄情寡性”的，本来这个商业中心也是匆忙上马的，自然“相貌平平”。游乐园自从建好后，就觉得旁边这个商业中心不顺眼，怎么看也配不上我这如梦似幻的美貌（图3）。

图3

于是甲方再次紧急开会商量对策：拆了重建是不可能的，因为没钱。不拆那就只能改了，可改也需要钱啊。有钱男子汉，没钱汉子难。难上加难的甲方终于小心翼翼、字斟句酌地发布了招标任务书，要求那是相当明确了：低成本改造建筑形象。就差红字加粗置顶群发：老子真没钱，设计请谨慎。

那么，问题来了：这片三万多平方米的商业建筑怎么才能花最少的钱达到像重新投胎的改造效果（图4）？

图4

商业中心从外面看，长图5这样，很普通。内部空间是图6这样，也很普通。结构是由6m×6m的轴网形成的框架结构，依然很普通（图7）。

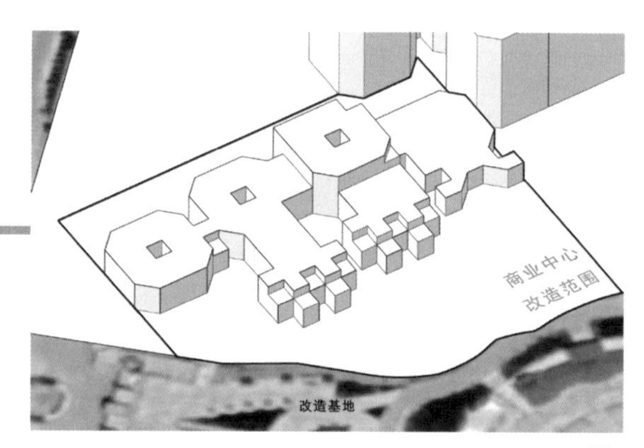

图5

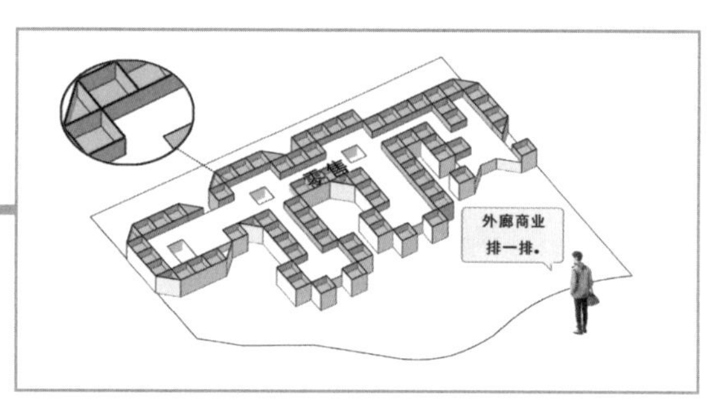

图6

图7

既然改造的前提是少花钱，那么结构肯定是不敢也不能动的。其实这种情况，正常建筑师一般也都是选择直接改造立面，俗称“换皮”，也叫“城市装修”。横竖现在黑科技也多，什么动态表皮、生态材料多得很，实在不行刷遍涂料改个色，也算有件新衣服（图8）。

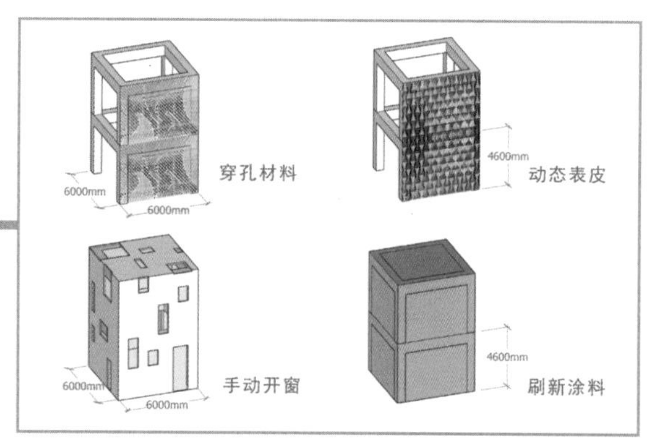

图8

但伊朗本土建筑事务所FMZD信奉的是“美人在骨不在皮”。整容不行，要整就整骨。那么问题来了：怎样在不动结构的情况下改变结构？敲黑板，思维转换又来了！如果我们抛除杂念，只看结构，那么整个建筑就是图9这样的。

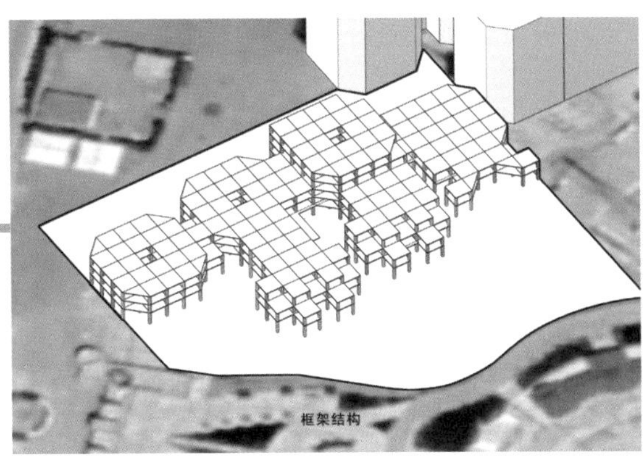

图 9

由此形成的空间结构就成了图 10 这样的。

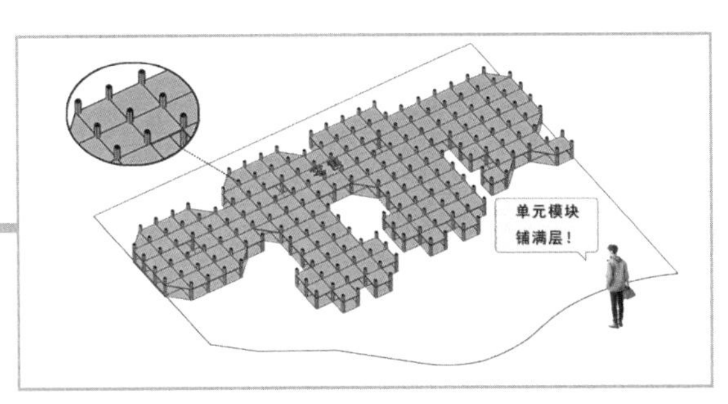

图 10

画重点：建筑结构也是——有形象的！虽然你拉黑了结构师，但你还有托尼老师啊。想想你背了三天三夜的古希腊柱式。柱式不同，神庙空间的体验就不同。同理，改变框架结构的形式，空间体验也会不同（图 11）。

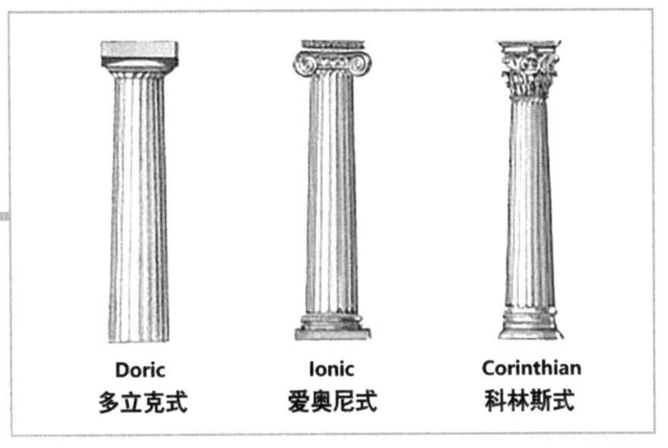

图 11

第一步：空间模式重组。

在原本的商业中心中，建筑的功能关系呈现为老旧的百货商场模式（图 12）。

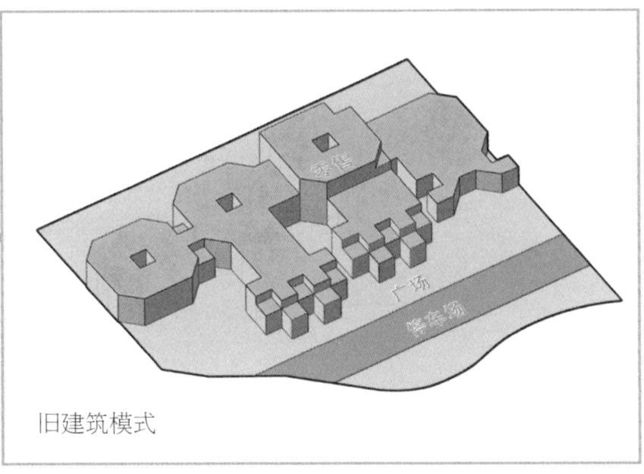

图 12

游乐园开门营业后，单一的商场零售功能已经不能匹配游客们的多向消费需求。更重要的是，在游乐场疯玩一天还有几个人有精力去逛街？因此，新商业中心必须要增添各种休闲餐饮娱乐功能，为游乐场提供一条龙服务（图 13）。

图 13

将基地按结构轴网分割，停车场放置在地下层，商业中心与游乐园连接，以提高游客的可达性（图 14）。

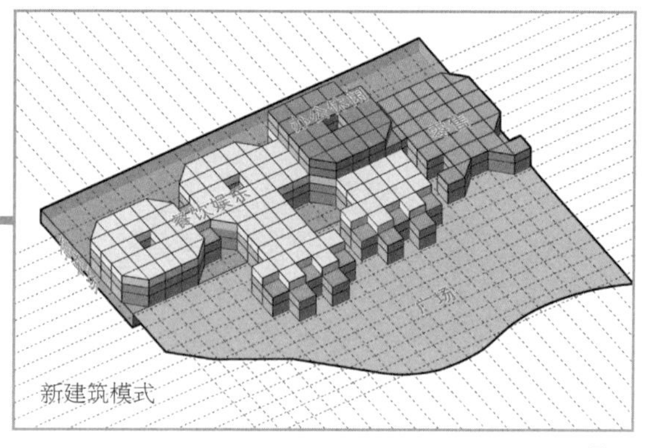

图 14

结合模块化的结构单元为重组后的功能划分新空间。根据内部活动空间的需求，将旧建筑的部分结构拆除（图 15 ~ 图 17）。

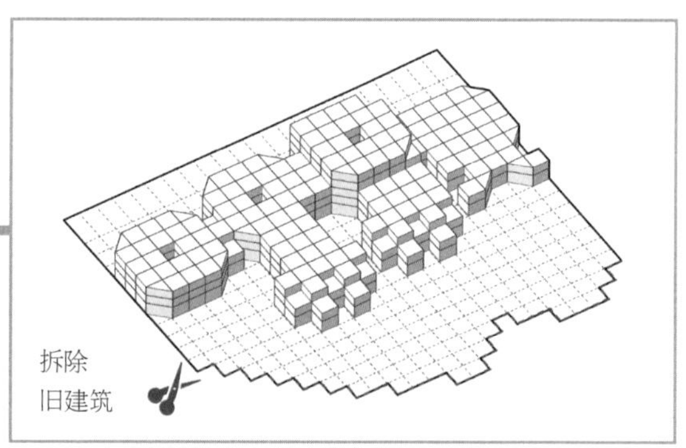

图 15

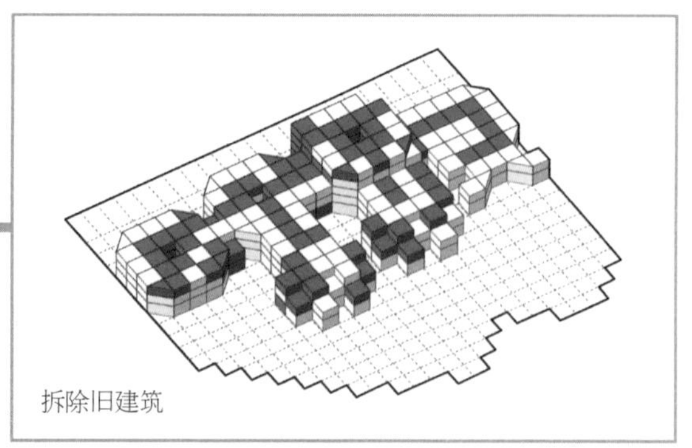

图 16

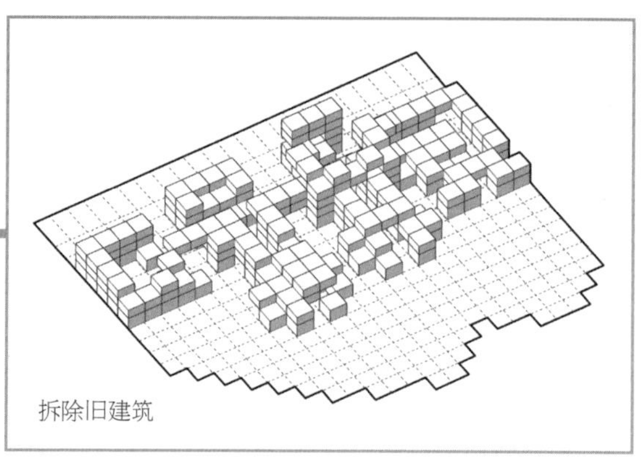

图 17

拆除内部的部分结构单元制造出商业内部广场，同时在外部广场上增添多个单元模块，构成新的屋顶广场和娱乐休闲空间。随后依次将休闲娱乐、餐饮等功能置入，构成层层递进的错层广场，最大化地获得与游客的接触面积，碎片化的商业空间也能在游乐园方向中全部开放（图 18 ~ 图 22）。

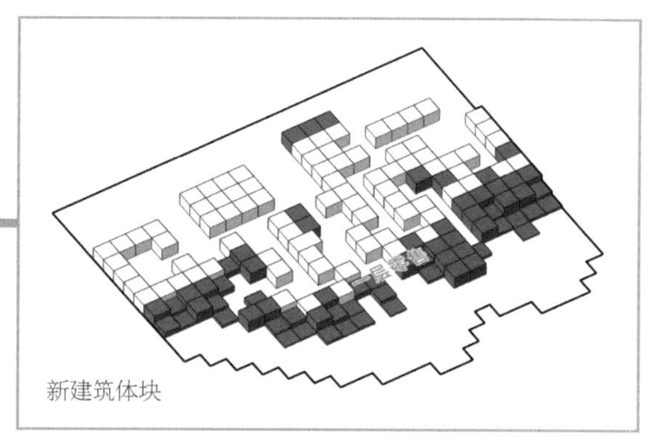

图 18

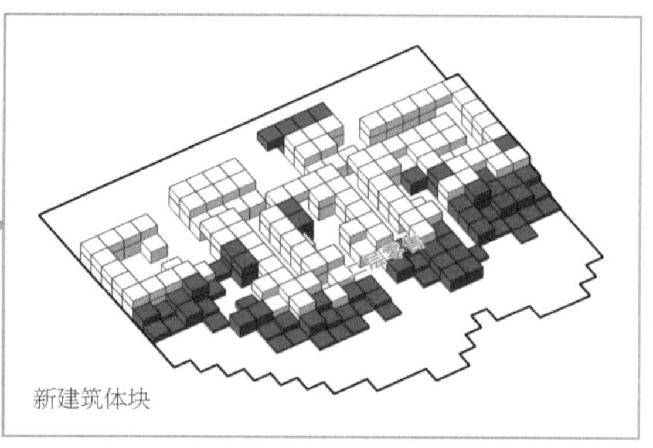

图 19

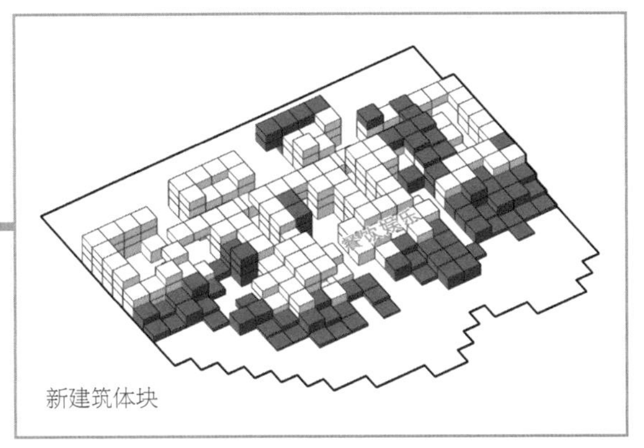

图 20

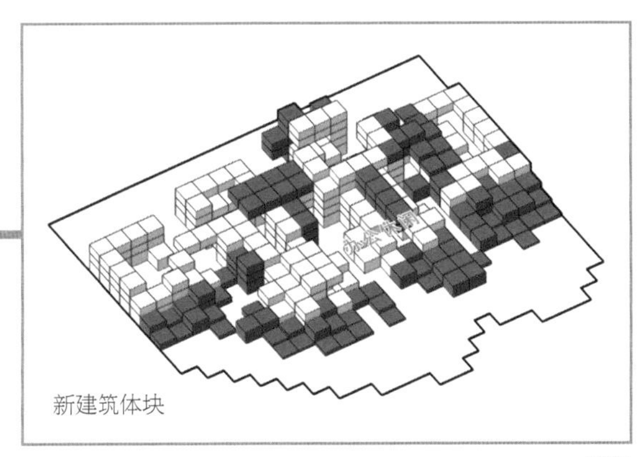

图 21

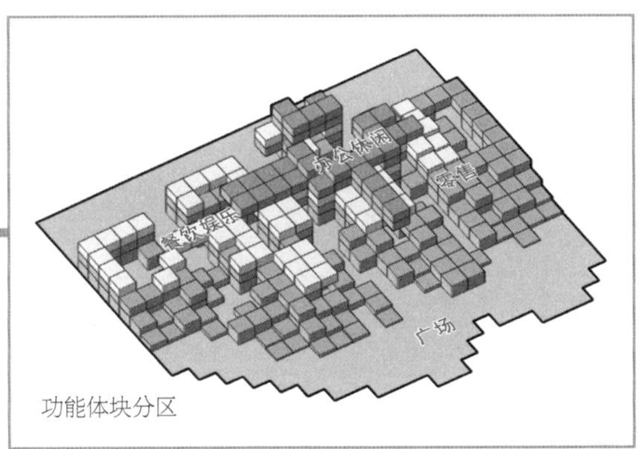

图 22

第二步：结构形象改造。

被轴网固定下来的现存框架结构实质上也是一种模块化设计，既然不想简单粗暴地只改立面形式，那么就将原本的结构进行形象改造，从而丰富建筑立面。

FMZD 事务所的方法其实很简单，就是把方盒子框架单元抹成了一个拱形（图 23）。

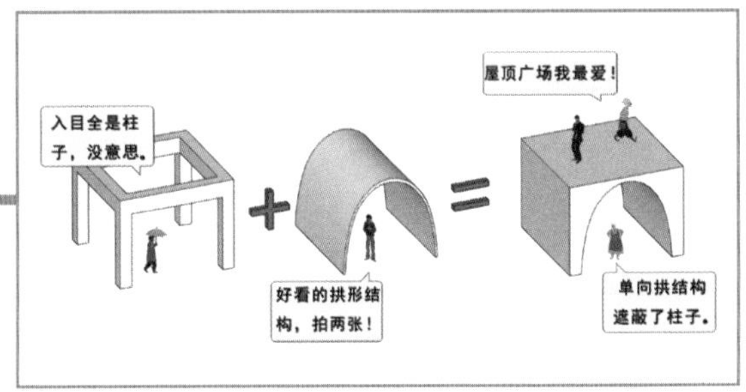

图 23

这种单向拱结构配合现存的框架结构可以适应不同开间大小的功能空间，原本的框架结构也可以多组进行替换，而且更能够适应当地气候环境（图 24）。

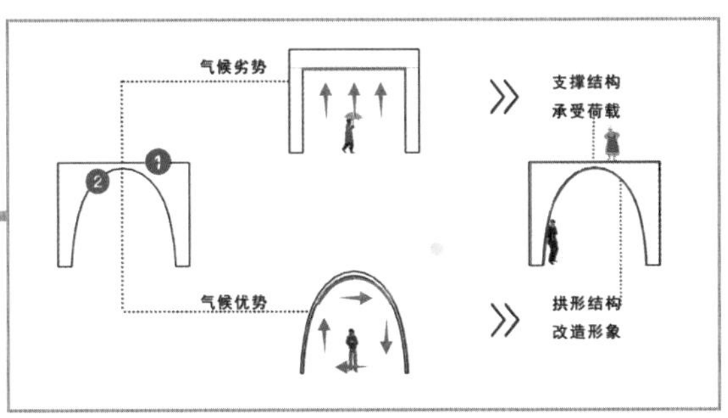

图 24

真拱假拱无所谓，反正大家都不懂。拱形也是很符合伊斯法罕本土建筑的形象了。

第三步：根据功能空间需求置入拱形。

邻近高速路的区域要注意立面的完整性以及建筑高度，增强建筑对外吸引力的同时保持联系游乐园主要入口旁的广场面积不变（图 25）。

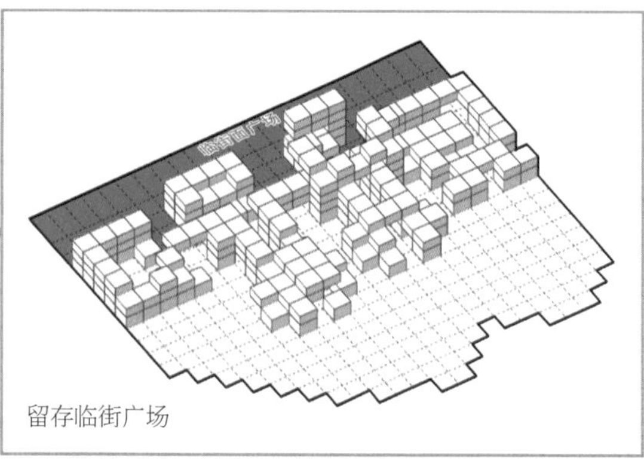
留存临街广场

图 25

因为游乐园方向的人流将是未来商业中心的主要消费人群，所以先将外部广场、内部庭院以及商场入口处的结构单元抹成拱形，使各层拱结构之间进行交互，带来新的活力（图 26～图 29）。

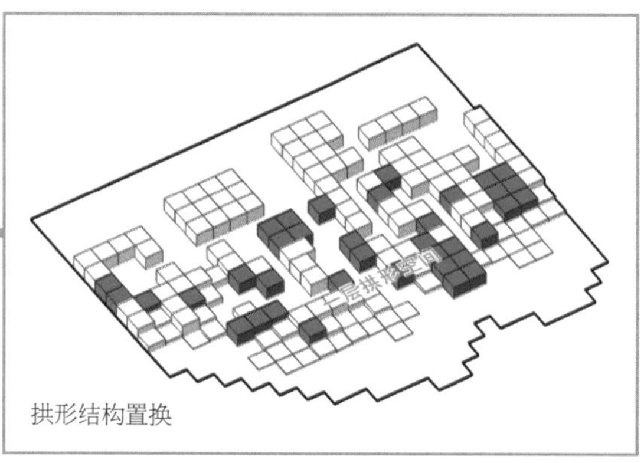
拱形结构置换

图 26

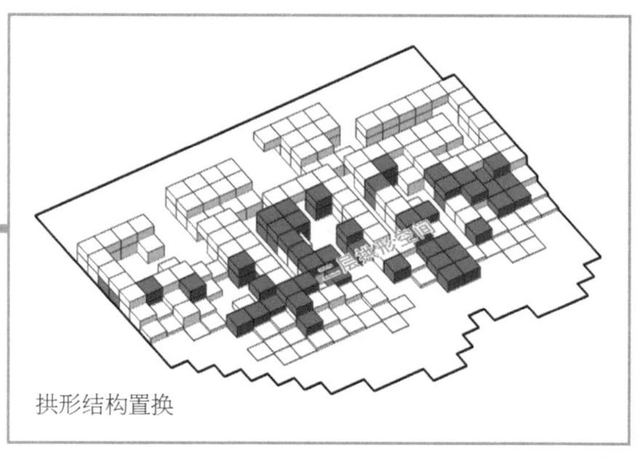
拱形结构置换

图 27

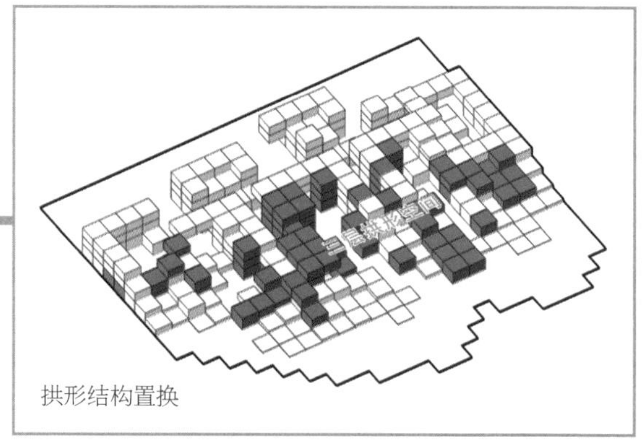
拱形结构置换

图 28

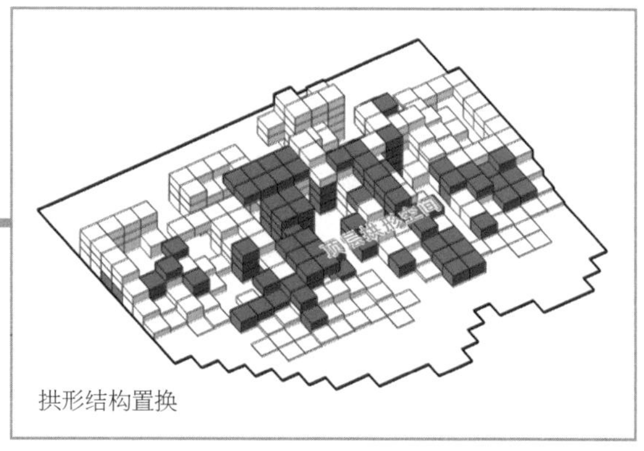
拱形结构置换

图 29

然后，将拱形结构根据不同功能的空间需求，以不同的组合方式进行置入（图 30），有商场拱形入口置入（图 31）、内部拱形庭院置入（图 32）、屋顶休闲拱形观景置入（图 33）、互动空间拱形置入（图 34）。

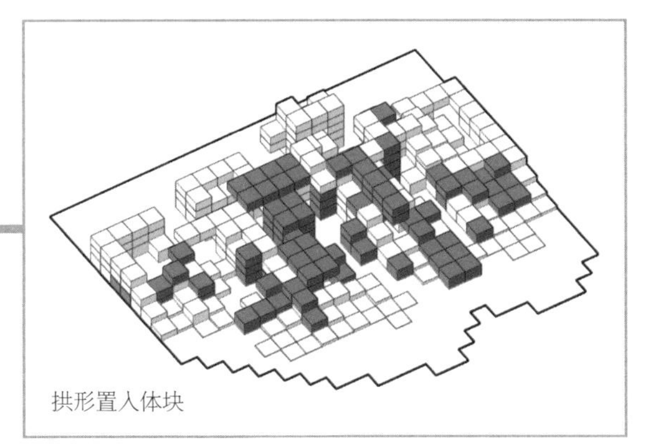
拱形置入体块

图 30

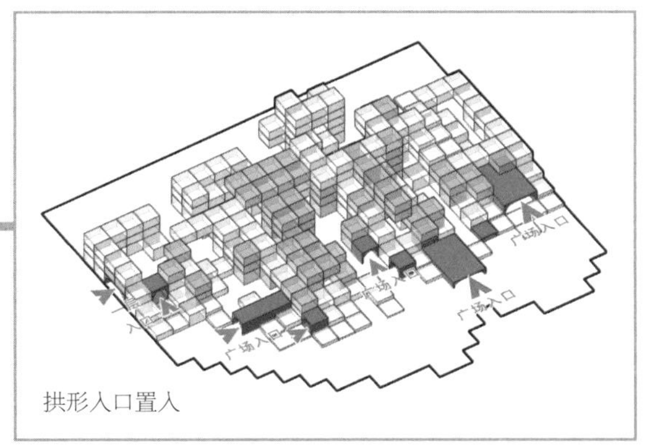

拱形入口置入

图 31

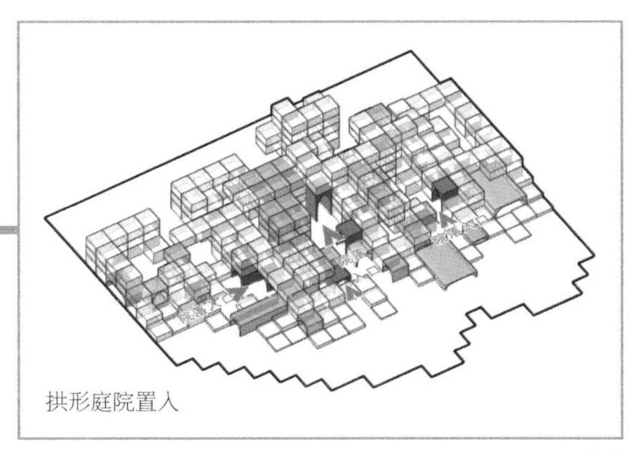
拱形庭院置入

图 32

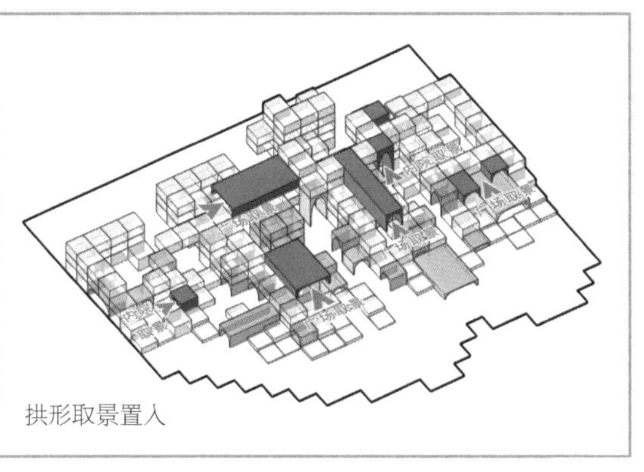
拱形取景置入

图 33

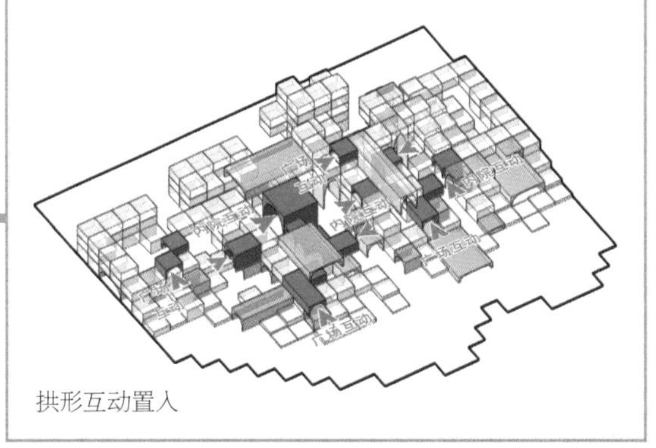
拱形互动置入

图 34

至此，拱形置换完成（图 35）。

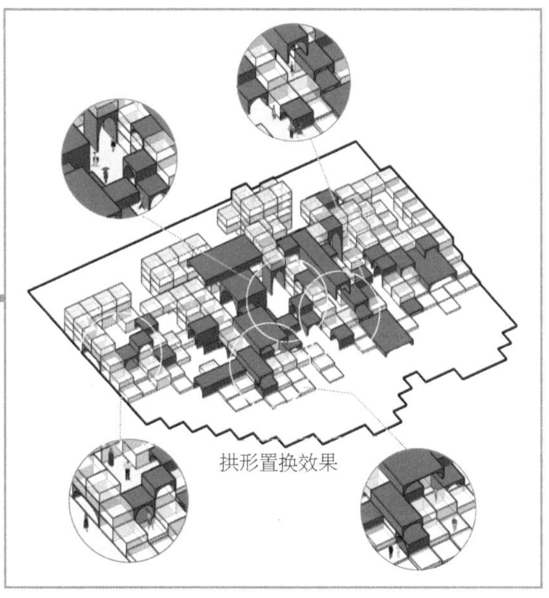
拱形置换效果

图 35

不同拱形按照功能排布可以形成多种多样的组合效果（图 36），也就有了各种各样的有趣空间（图 37 ～图 40）。

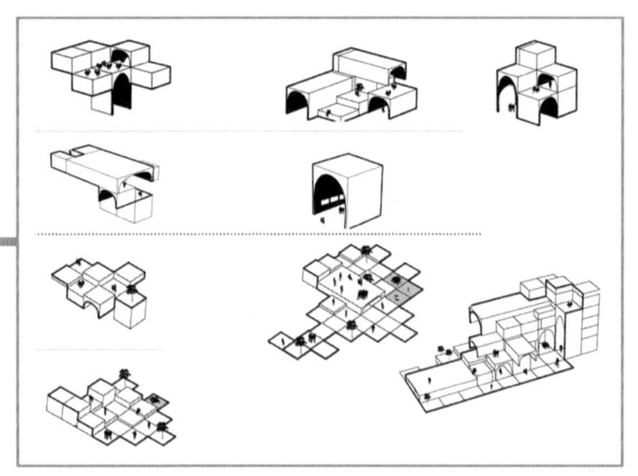

图 36

图 37

图 38

图 39

图 40

随后，置入楼板，拱形结构处形成错层的院落及中庭空间，从而达成建筑空间的内外流动（图 41 ～图 44）。

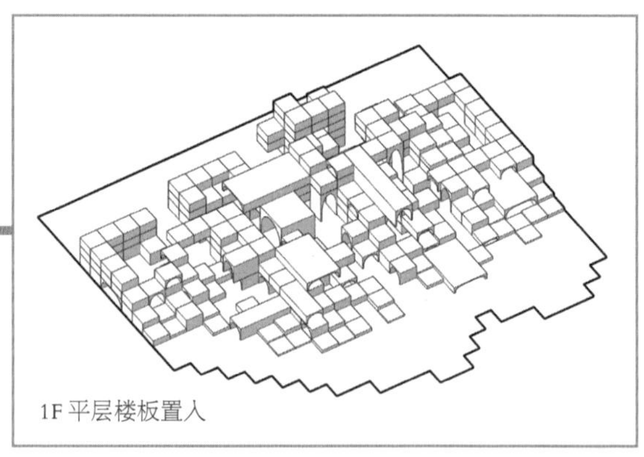

图 41

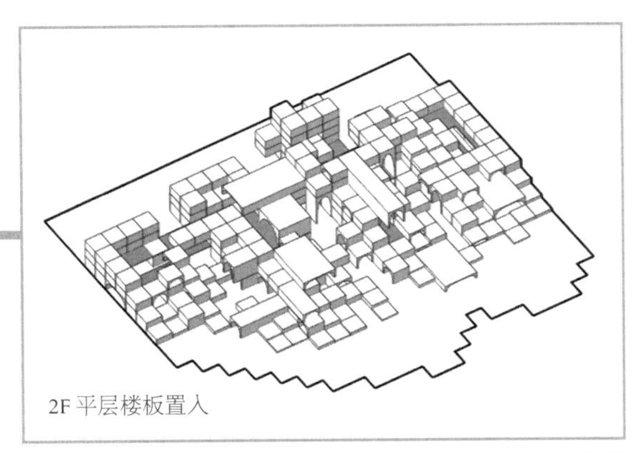

图 42

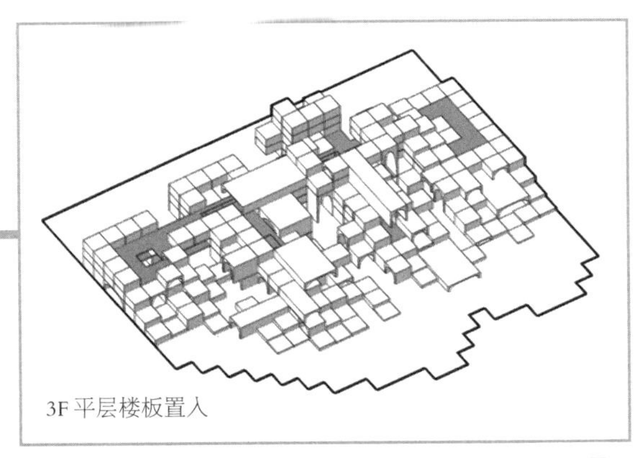

图 43

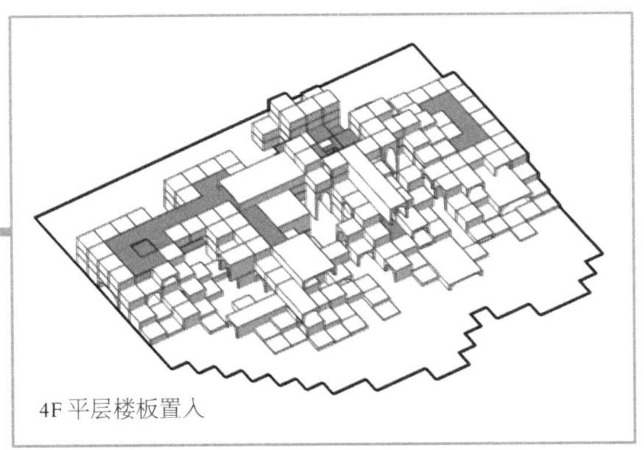

图 44

第四步：错层循环路径设计。

布置从多个区域到达每层广场的垂直交通，将原来的垂直交通保留，加入扶梯和外挂楼梯，进行功能空间的竖向组织（图 45 ~ 图 48）。

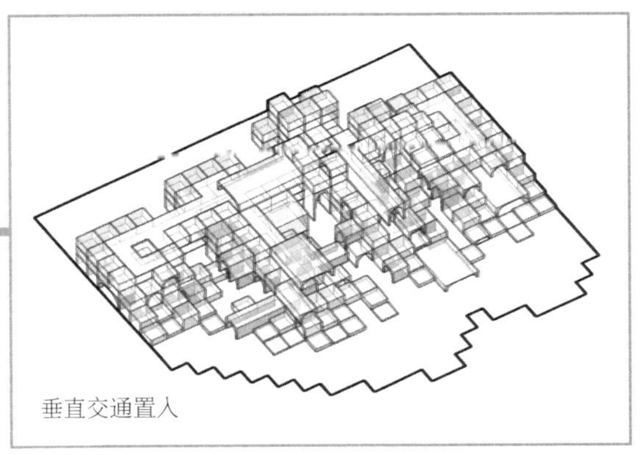

图 45

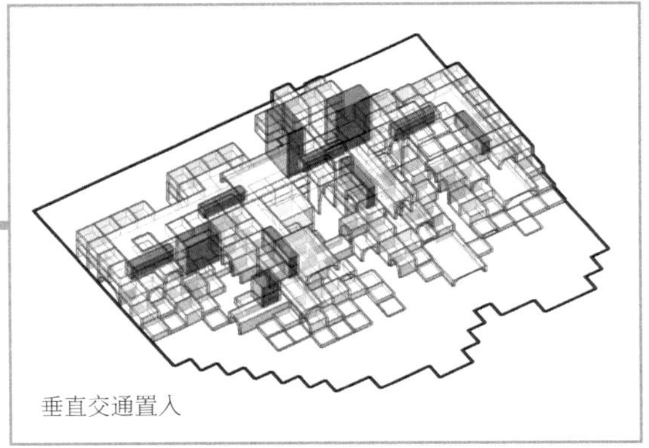

图 46

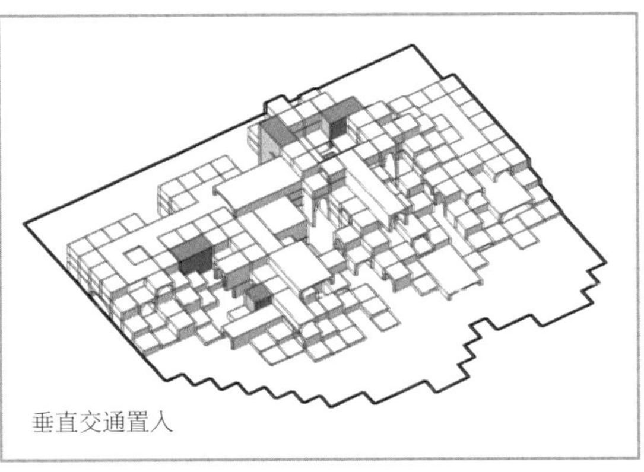

图 47

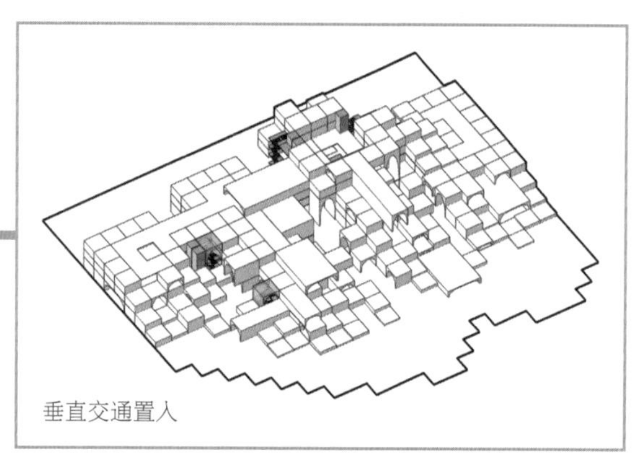

图 48

第五步：融入环境。

在建筑的临街面设置巨大的广告牌，吸引眼球；同时在屋顶和广场上设置阶梯，形成室外休闲区（图 49）。

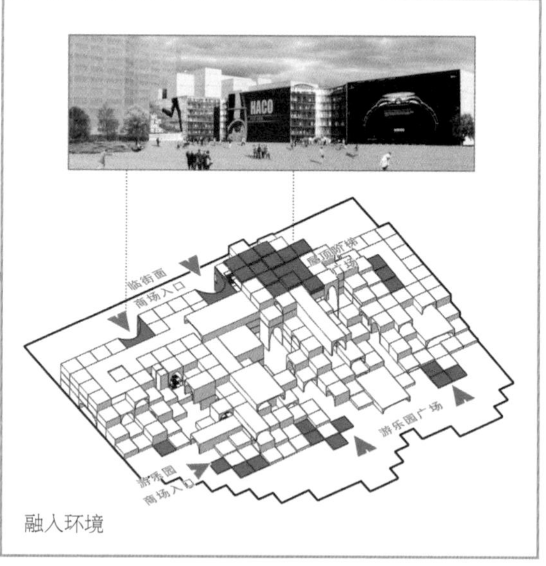

图 49

最后，赋予建筑单元模块符合当地建筑形象的木质材料，在游乐园内部的广场以及建筑多层屋檐上设置更多的露天空间和绿植，增添活力，使建筑融入游乐园周边环境。

收工（图 50、图 51）。

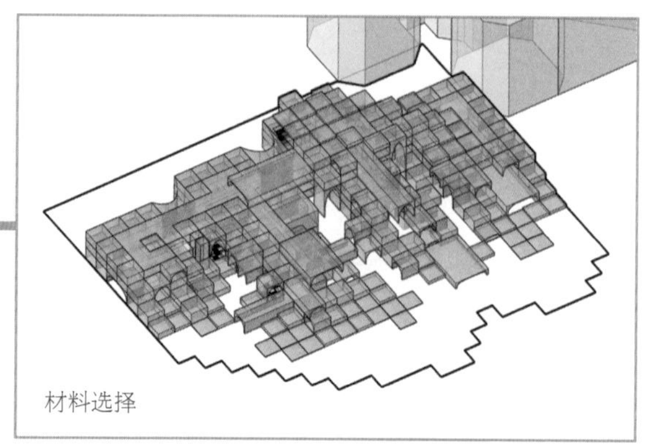

图 50

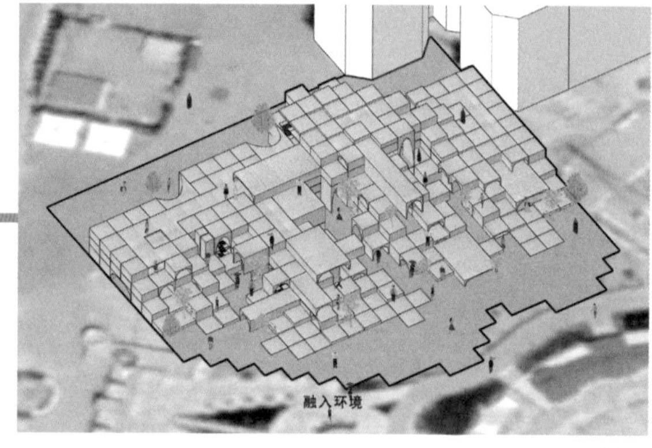

图 51

这就是 FMZD 事务所设计中标的伊斯法罕梦境商业中心改造方案。改造后的形象与旧建筑形象相去甚远，然而事实上旧建筑的结构和主要交通核仍在新建筑中留存使用——堪称脱胎换骨式改造的省钱之作（图 52 ~ 图 56）。

图 52

图 53

图 54

图 55

图 56

限制梦境变现的永远都不是钱，而是我们脑子里坚固的钢筋混凝土框架。结构也是有形象的，“学霸”也是爱美的。抛开成见才能拥抱新世界。就像拉黑了结构师，才能有机会跪求他把好友加回来。

图片来源：

图 1、图 52 ~ 图 56 来自 http://www.caoi.ir/en/projects/item/350-isfahan-dreamland-commercial-center#description，图 6 来自 https://archello.com/story/25790/attachments/photos-videos，图 10、图 36 来自 https://www.google.com/imghp?hl=zh-CN&tab=ri&ogbl，其余分析图为作者自绘。

在设计院挣扎的建筑师，距离方案自由还有多远

图 1

名　称：比利时根特市 WaalseKrook 城市图书馆竞赛方案（图 1）
设计师：伊东丰雄
位　置：比利时・根特
分　类：图书馆
标　签：模块建筑
面　积：约 27 000m²

建筑师人生自由的八个阶段。

初段：呼吸自由（日常检查自己还活着）。二段：草图纸自由（瞎画的时候随便画）。三段：咖啡自由（通宵的时候随便喝）。四段：电脑自由（想摔的时候随便摔）。五段：加班自由（加班的时候随便走）。六段：睡觉自由（每天睡够 8 小时）。七段：甲方自由（合作的甲方都爱我）。八段：方案自由（字面意思）。所以，人生哪个阶段才能实现财富自由呢？你想多了。建筑师连财富都没有，哪儿来的自由？不是不想，是想都别想。咱们还是唠唠方案自由的事儿吧。

大部分建筑师可能都有一个误区，觉得方案自由的前提是有一个待你如初恋、宠你上青天、一言不合就砸钱的“甲方金大腿”。先不说这种甲方是否真实存在于地球上，就算真有，那也是一个活生生的食肉动物杵在那儿——危险是天生的，说不定哪天就想开荤了呢。

什么时候建筑师做方案最自由？当然是——没有甲方的时候最自由。

日本著名建筑师伊东丰雄先生绝对是放长线钓甲方，靠没事儿瞎琢磨一点一滴实现方案自由的杰出代表。疫情赋闲在家，甲方也没空出来兴风作浪，正好可以做几个方案活动活动筋骨。可是，做个什么样的方案好呢？

伊东先生觉得家门口老槐树下的那个马蜂窝真是怎么看怎么顺眼（图 2）。

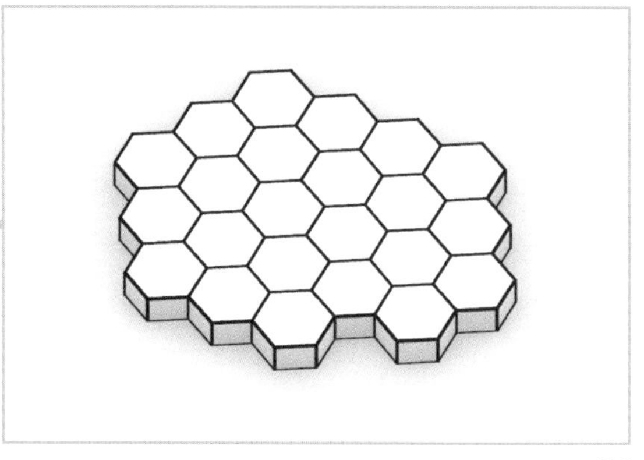

图 2

等等，蜂巢形式的六边形模块建筑可不是什么新鲜东西，伊东先生这是打算起个勤劳小蜜蜂的范儿吗（图 3）？

图 3

当然不是。画重点：伊东君看上的可不是六边形的形，而是六边形的边（图 4）。

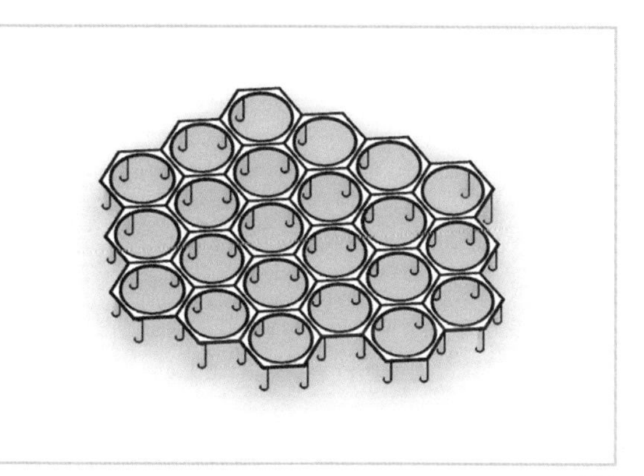

图 4

更重要的是，伊东君看上的还不是六边形的直边，而是折边。通常情况下，我们一般认为六边形是由 6 个边组成的（图 5）。

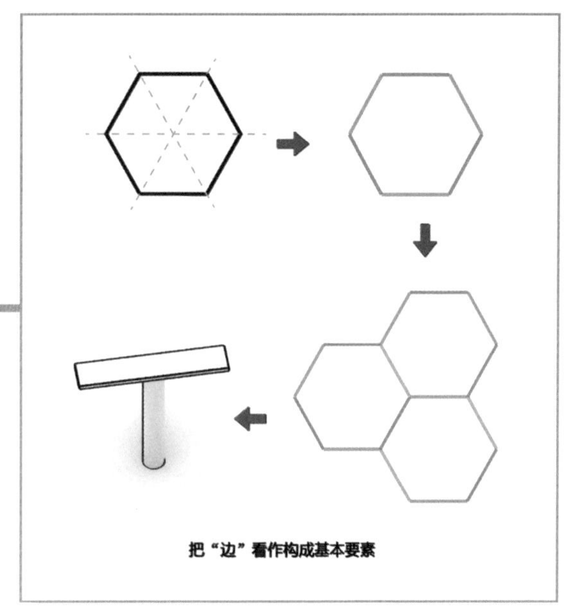

图 5

但在不正常情况下，比如，在自由的伊东君眼里，六边形是由 6 个角组成的（图 6）。

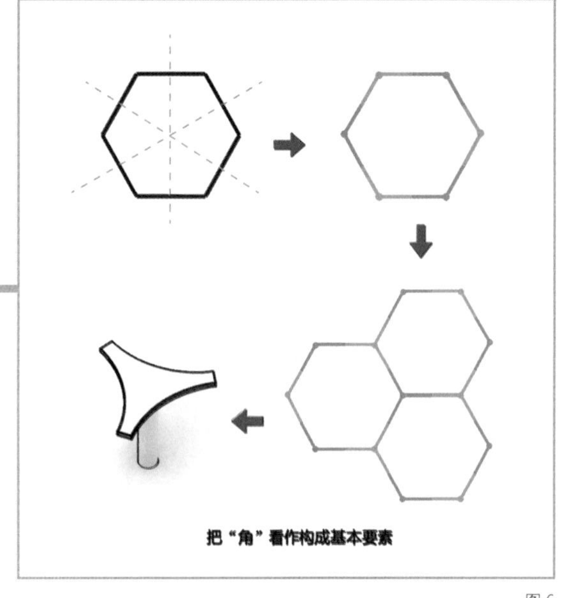

图 6

你看世界的方式决定了世界的形式。看到折边的伊东君顺手就仿照框架结构提炼出框架，并在交点处设立结构柱（图 7）。

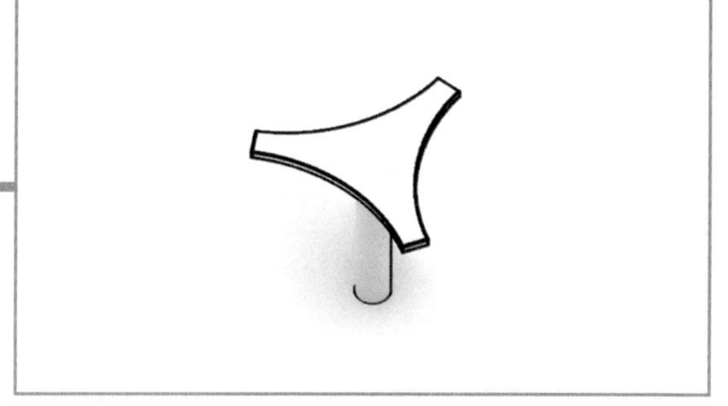

图 7

为缓解交点的荷载，将结构柱进行修改并做出挑（图 8）。

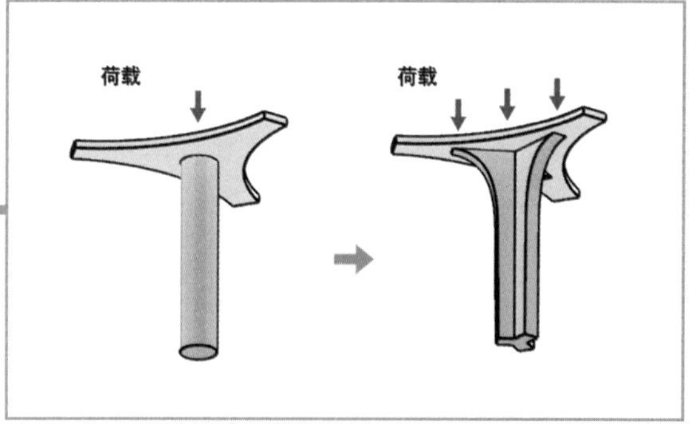

图 8

至此，伊东君就得到了这样一个可爱的小玩意儿（图 9）。

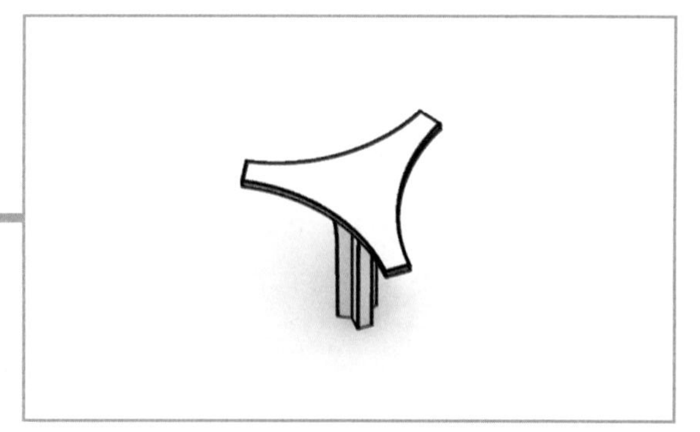

图 9

然后，事情就变得有意思起来了。一个六边形结构就可以由6个这样的小玩意儿组成（图10）。

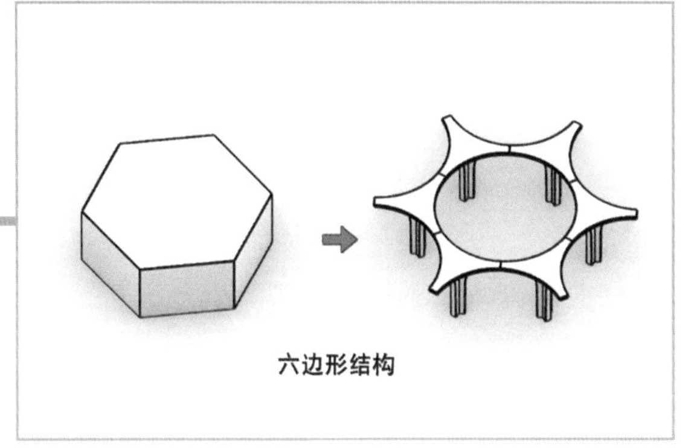

图10

而N个六边形的整体结构形态就变成了图11这样。

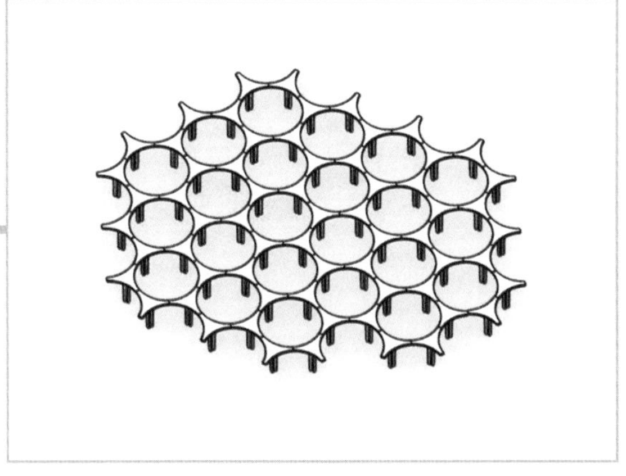

图11

但这个小玩意儿真正有意思的地方并不是可以组成六边形，而是可以摆脱六边形。也就是说，这个小玩意儿其实可以任意组合成五边形、七边形、八边形，甚至各种边形（图12、图13）。

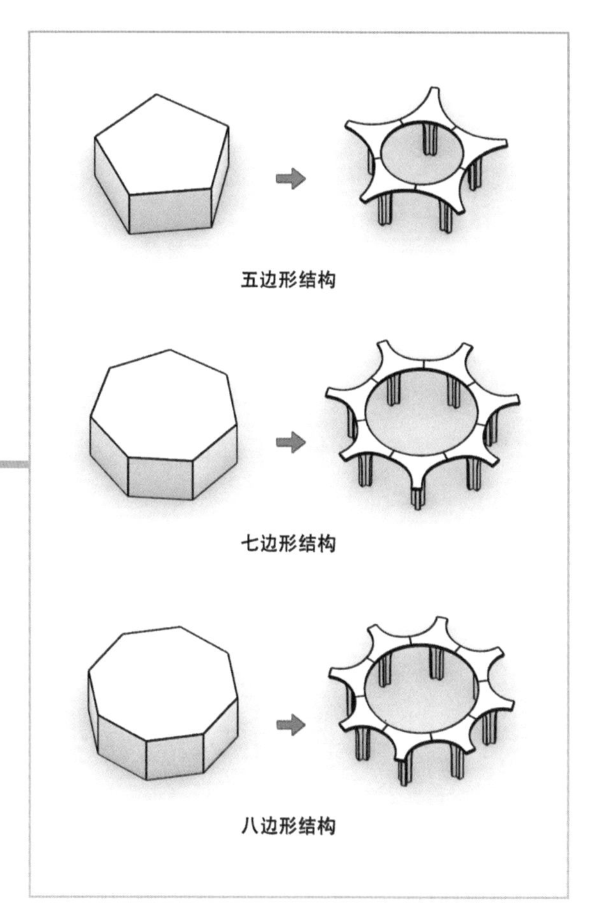

图12

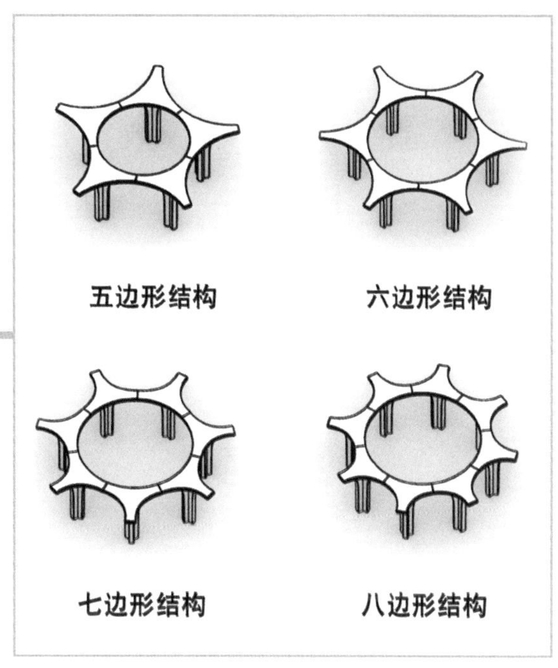

图13

那么，问题来了：甲方要求千奇百怪，怎么能在没有甲方的前提下组合这些单元体使其适应所有功能呢？下面就来介绍一下伊东君的方案——自由偷懒大法。

伊东丰雄设计了一种几乎可以说是万能的花瓣空间组合方式。简单说就是一个大空间周围环绕 N 个小空间。中央的大空间作为主要使用功能或者核心开放空间，四周的小空间作为辅助空间或者封闭空间使用。这个世界上的功能需求无非就是在全封闭和全开放之间任意滑动，而花瓣组合提供了足够多的空间界面，也就有了足够多的封闭（开放）组合，也就可以适应足够多的功能需求（图 14）。

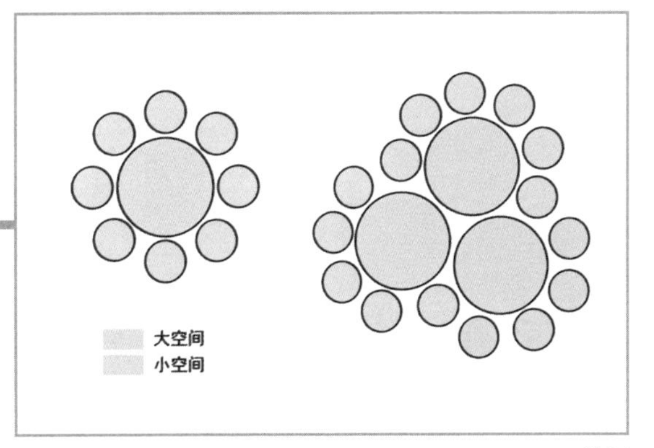

图 14

同时也自然区分出流动空间和停留空间（图 15）。

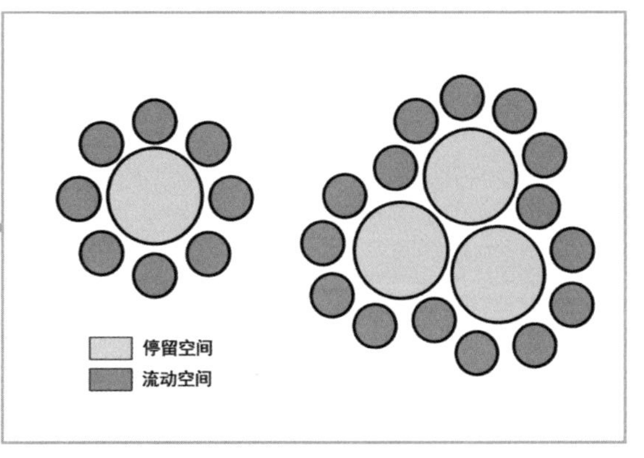

图 15

然后就可以用前面那个有意思的小玩意儿来组合成花瓣了。我们以八边形为例先拼接中央大空间。并不是所有几何体都可以严丝合缝地拼接在一起，比如八边形（图 16）。

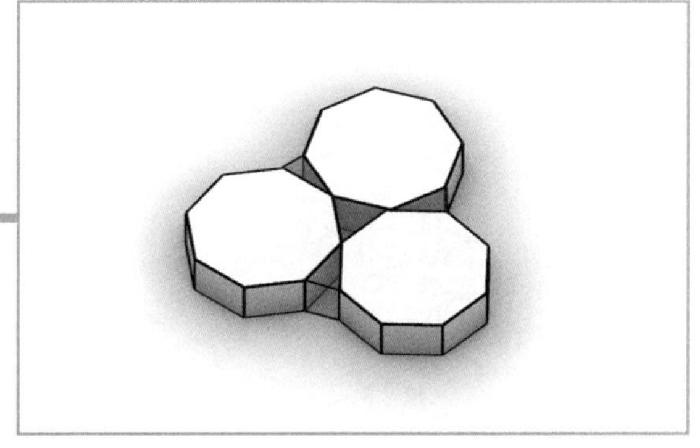
图 16

所以对基本结构体进行变形，使得八边形可以完美拼接，不留缝隙（图 17），从而得到可以实现完美拼接的变异八边形结构体（图 18）。

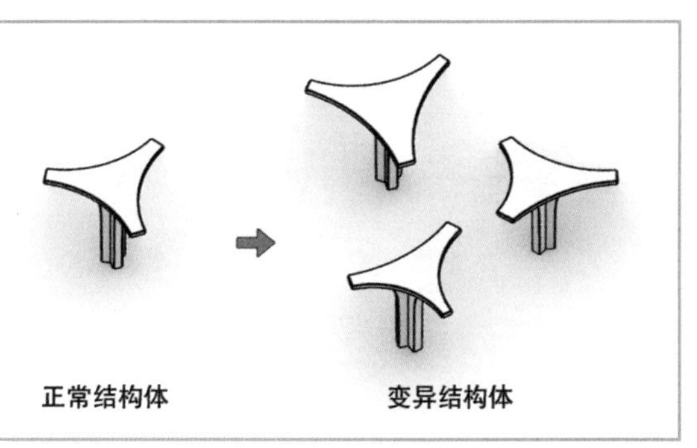

图 17

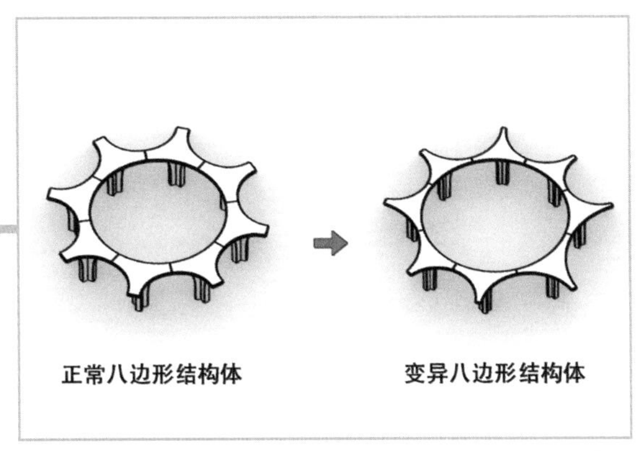

图 18

再将变异后得出的多边形结构体进行拼接（图 19），然后拼接外围小空间（图 20）。

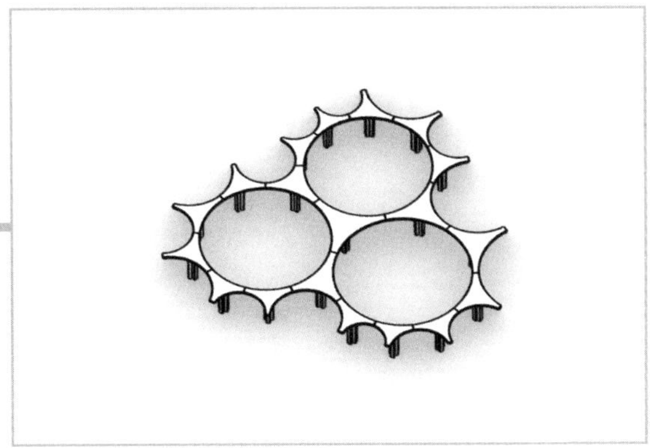

图 19

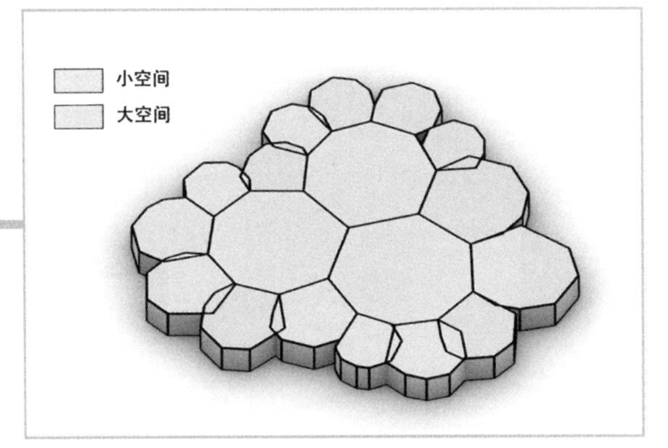

图 20

组合完成后真是怎么看怎么难看。同样都是八边形，怎么一大一小拼起来就这么费劲呢？原因很简单，就是因为都是八边形啊。同性相斥，同形有时候也一样。八边形变小后，无论怎么变形，还是有很多多余的“边”在相互打架。因此需要进行降级处理，把周围小的八边形降级为七边形、六边形或者五边形（图 21、图 22）。

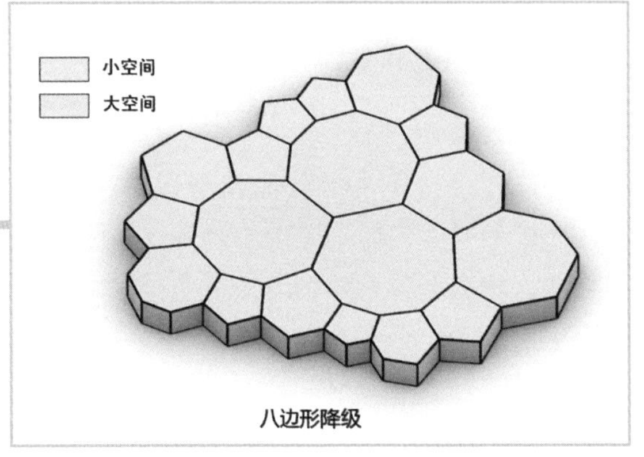

图 21

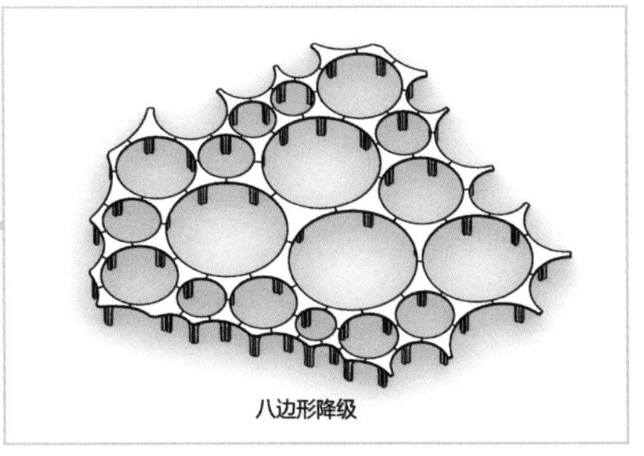

图 22

总结一下小空间组合成大空间的原则就是没有原则。只要不打架，爱咋咋地（图 23）。

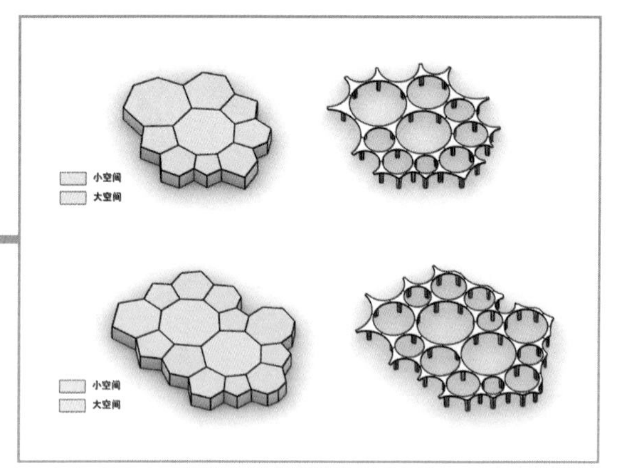

图 23

至此，伊东君的自由方案基本完成了。就等甲方上钩，根据各种各样的地形按情况摆放就可以了（图 24）。

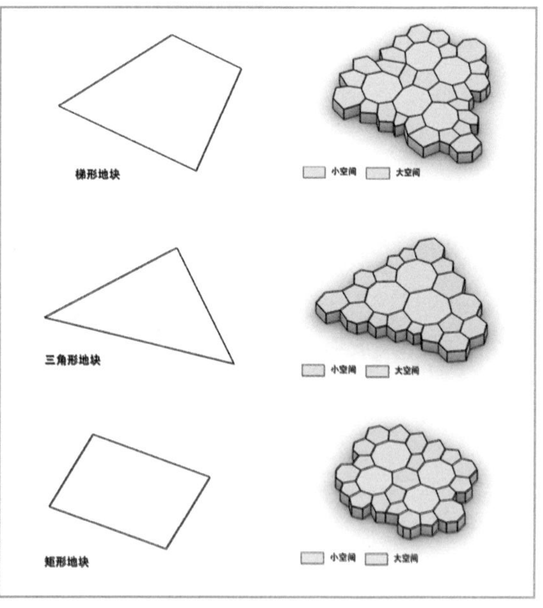

图 24

很快，甲方就上门了。比利时根特市打算建造一座新的城市图书馆，主要功能需求除了图书馆还包括一个媒体中心，总建筑面积大约 20 000m^2（图 25）。

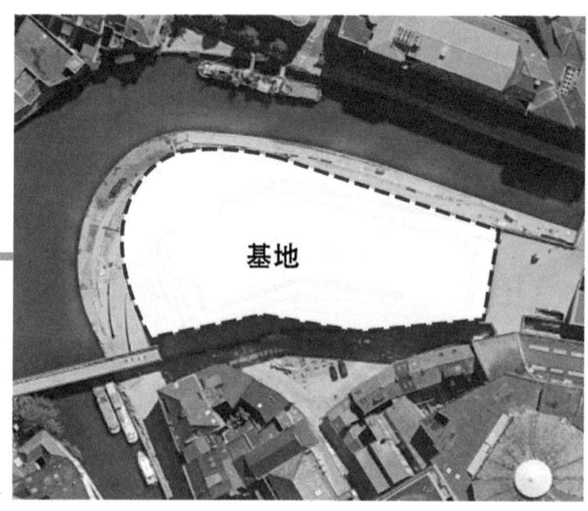

图 25

伊东君召唤出他的可爱小构件，开工。

首先，将基本单元沿地形铺满（图 26、图 27），再补充一些基本结构体，塞满边界（图 28），得到图 29、图 30 这样一个体块效果。

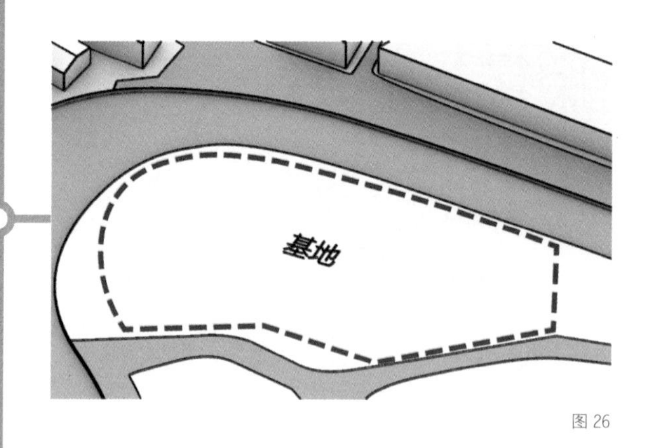

图 26

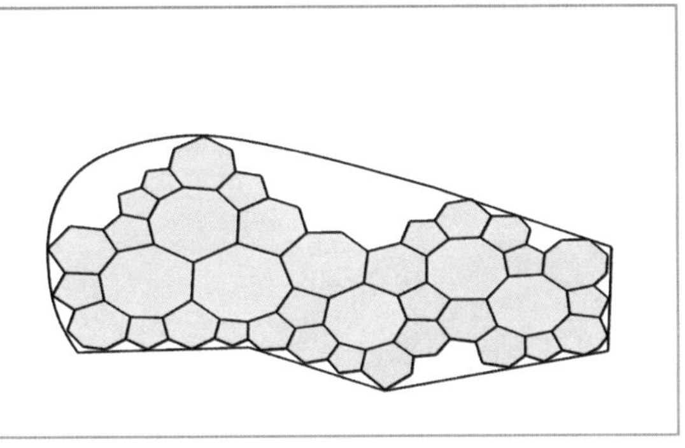
图 27

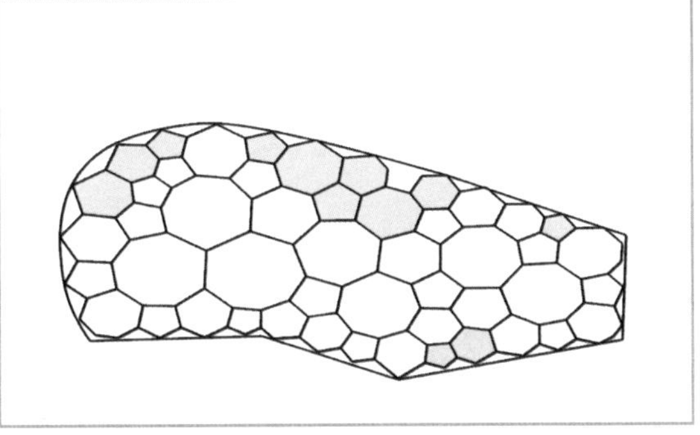
图 28

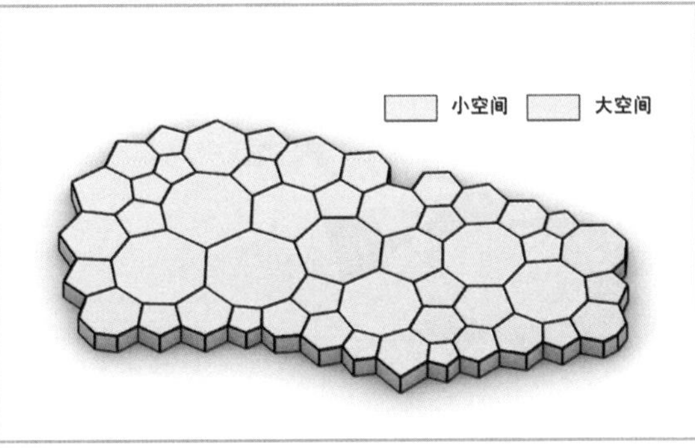

图 29

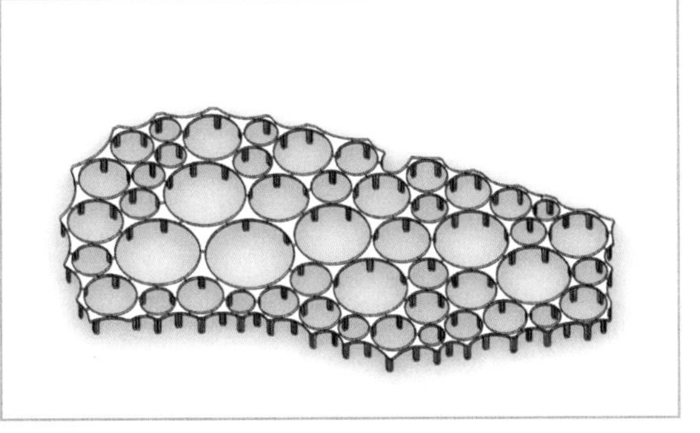
图 30

由于整个图书馆一层搞不定，伊东君又做了一点小小的调整。首先是为多边形组合设置一个拱形的屋顶（图 31）。

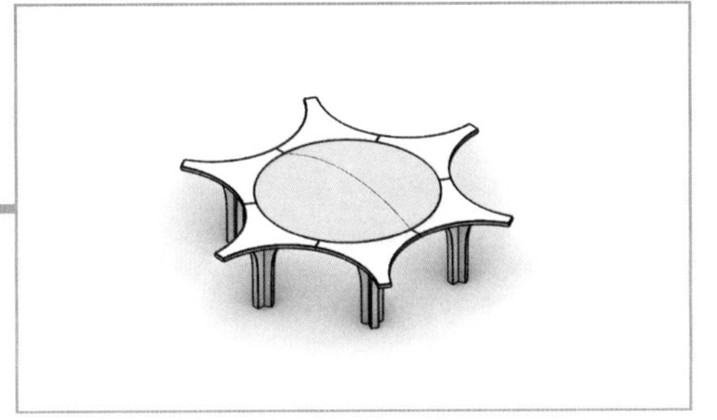
图 31

因为拱顶不好站人，所以又单独再设置楼板为使用者提供活动空间（图 32）。

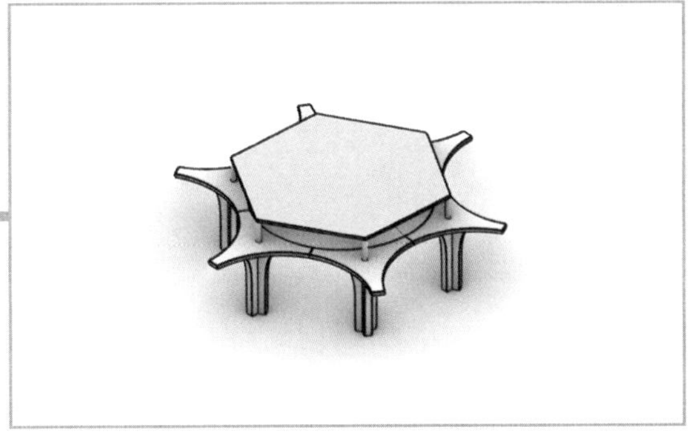
图 32

楼板和拱顶之间的夹层用作设备层（图 33）。

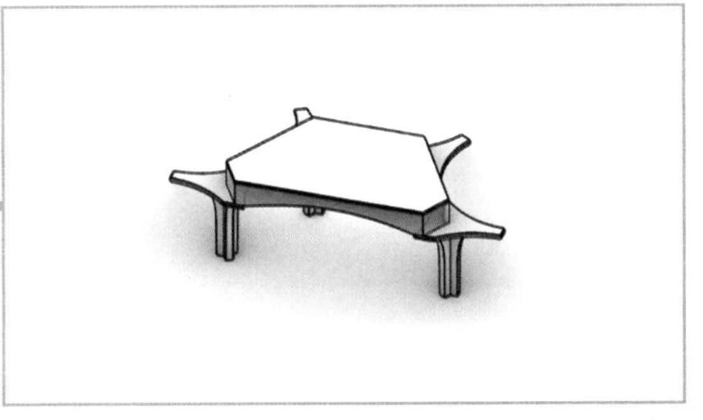
图 33

然后把改进后的组合单元应用到整个结构中（图 34、图 35），依据地块形状补齐边界（图 36），根据面积需求复制粘贴，得到地上 4 层、地下 1 层共 5 层建筑（图 37）。

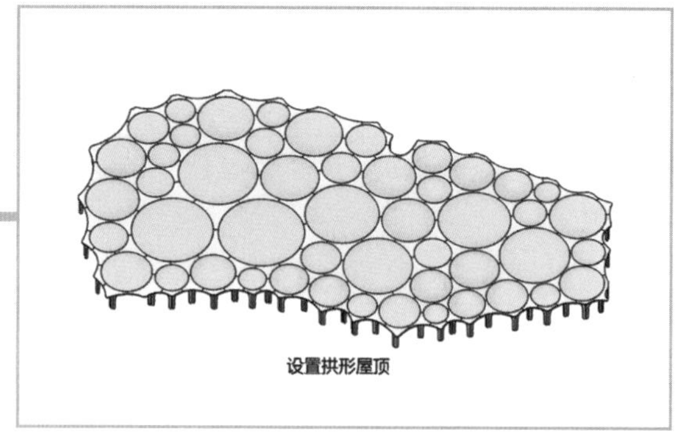

图 34

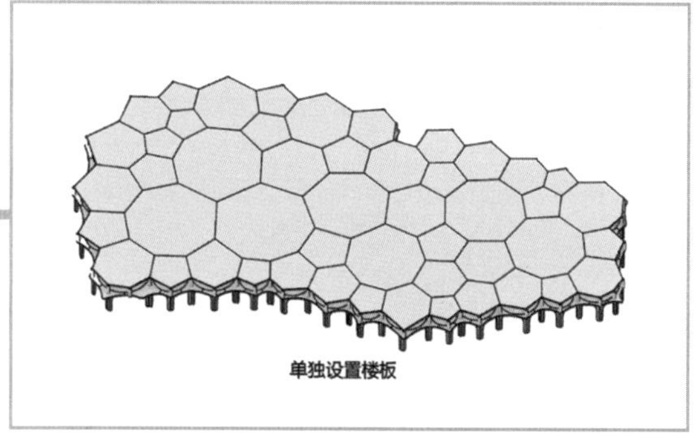

图 35

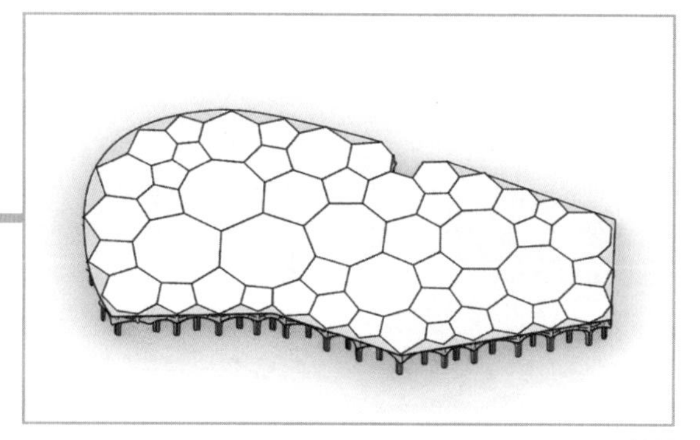

图 36

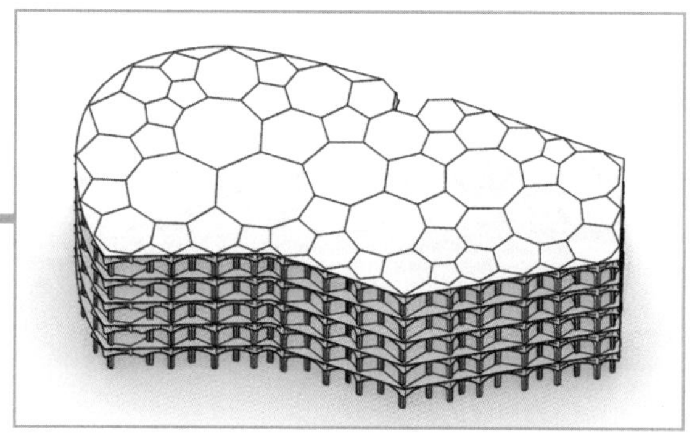

图 37

然后排布功能（图 38、图 39）。

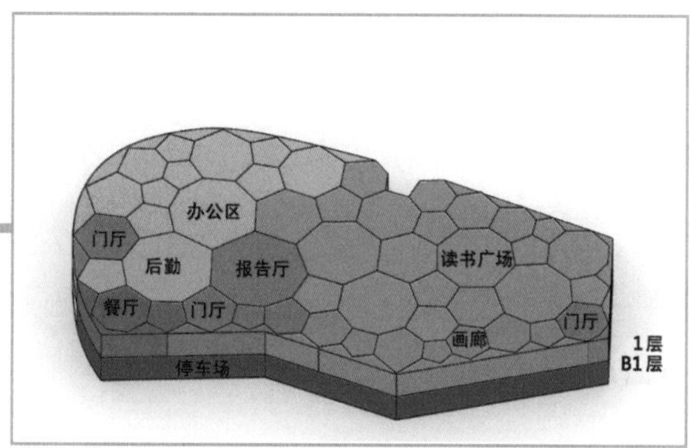

图 38

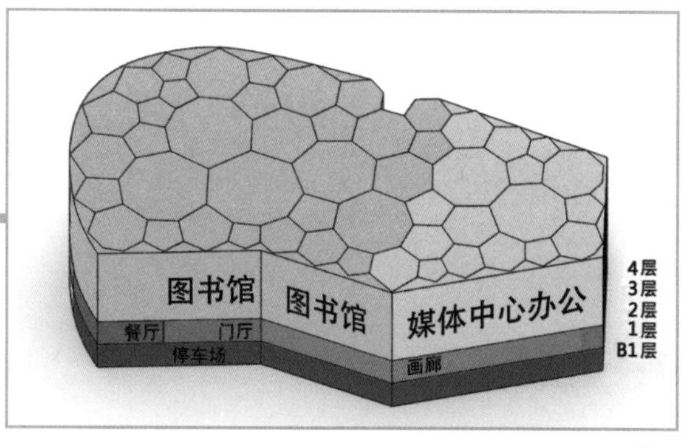

图 39

再根据具体的功能使用要求调整局部空间细节，插入垂直交通（图 40、图 41）。

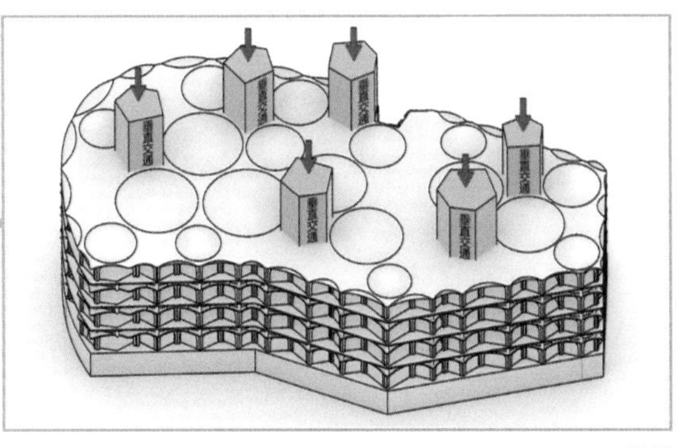

图 40

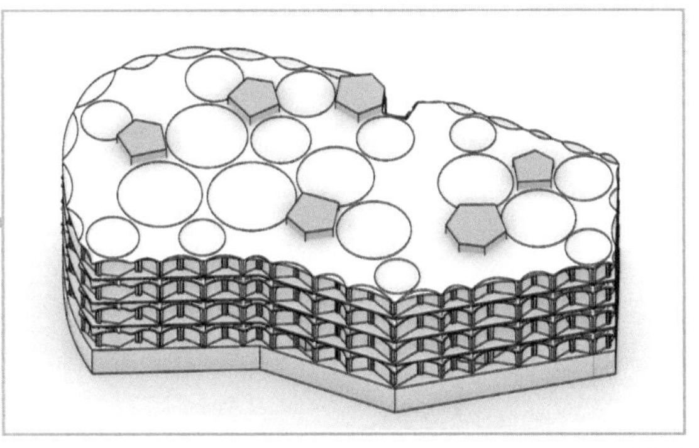

图 41

1 层报告厅和读书广场的部分根据层高要求做成通高空间（图 42）。

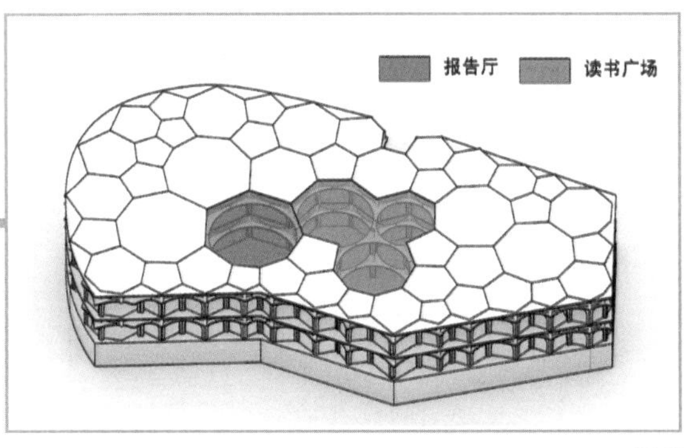

图 42

因为屋顶部分计划做成花园，所以去掉屋顶结构层（图 43、图 44）。

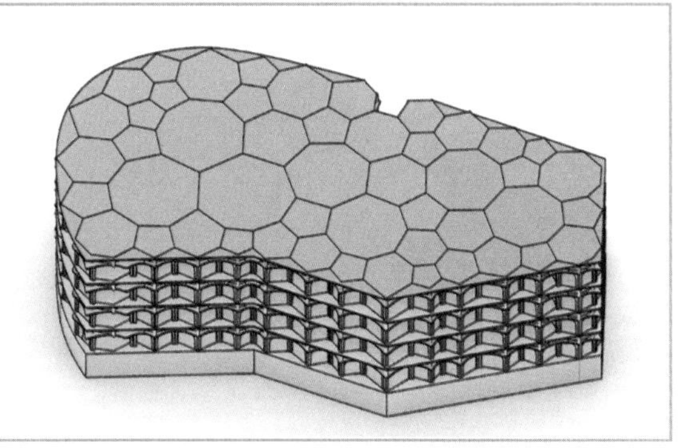

图 43

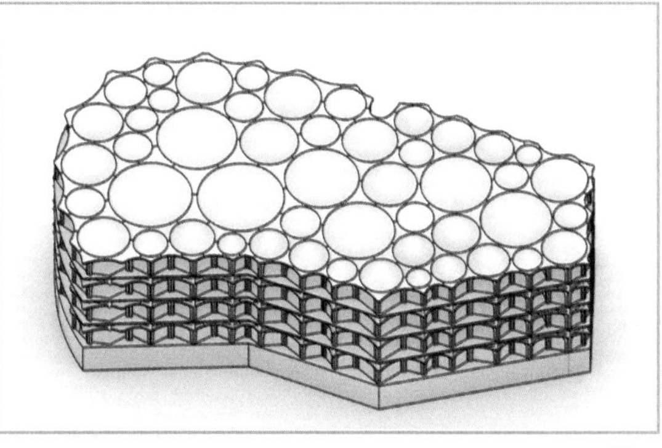

图 44

然后补齐屋顶（图 45）。

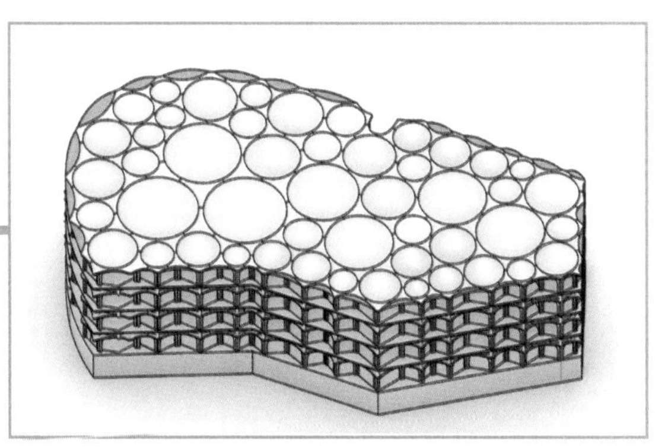

图 45

将小多边形单元的拱形顶压平，作为屋顶活动空间（图 46、图 47）。

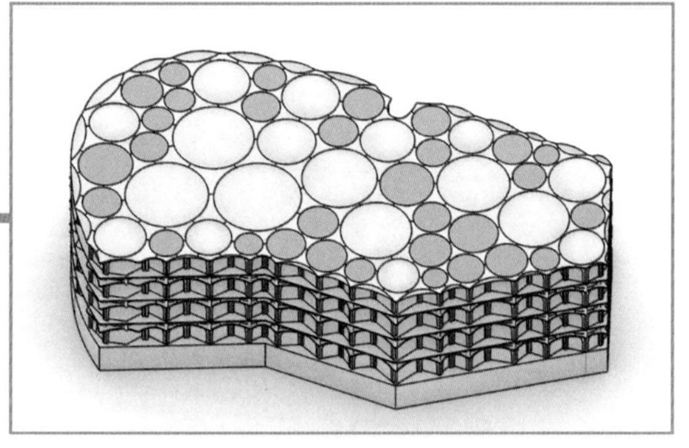

图 46

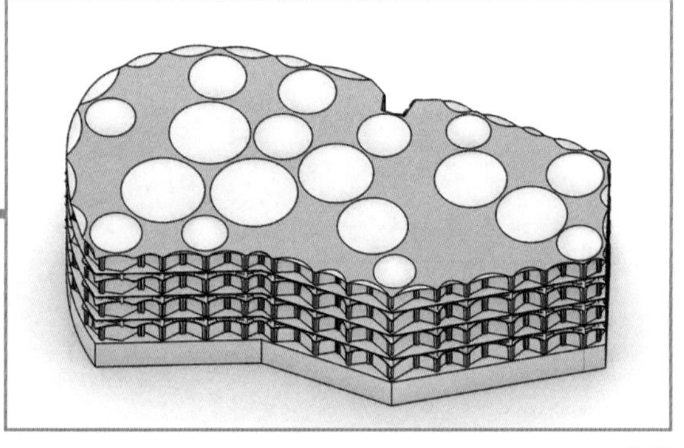

图 47

剩下的拱形顶设置为屋顶绿地（图 48）。

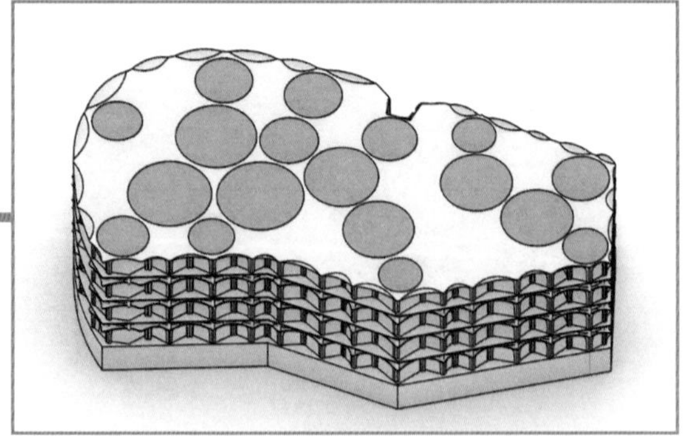

图 48

进入屋顶花园的交通核顶部统一变为圆形（图 49）。

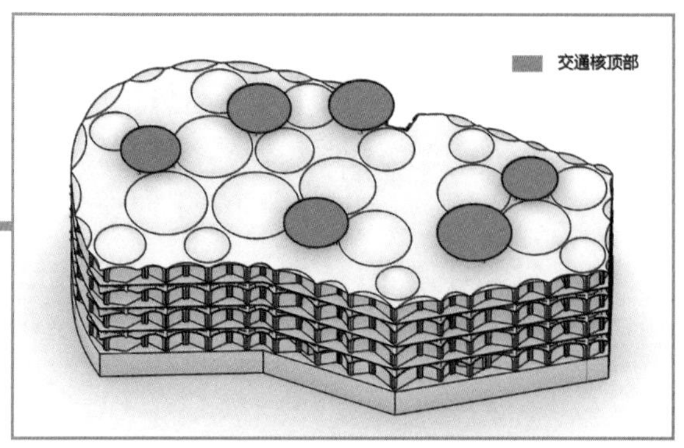

图 49

在建筑外边界设置绿化平台（图 50）。

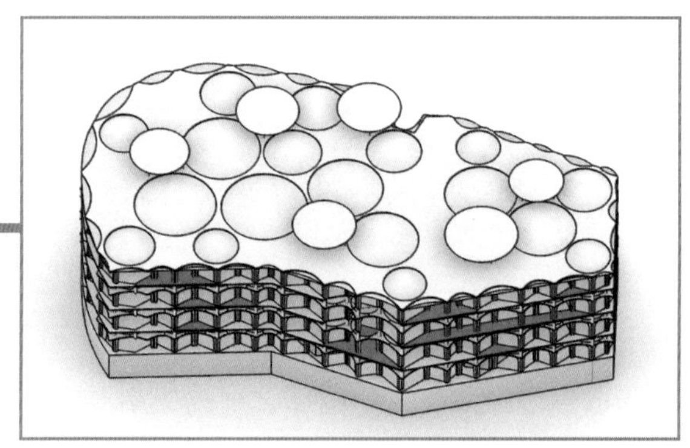

图 50

加上玻璃幕表皮（图 51）。

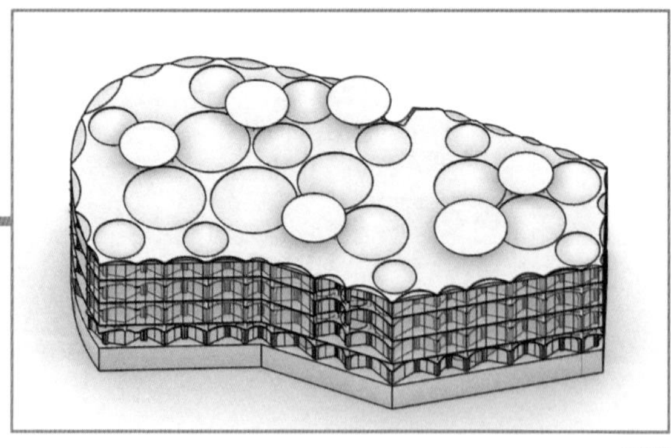

图 51

最后，象征性地连接一下基地旁边的马戏团，使马戏团和建筑内的媒体中心产生联系（图 52）。

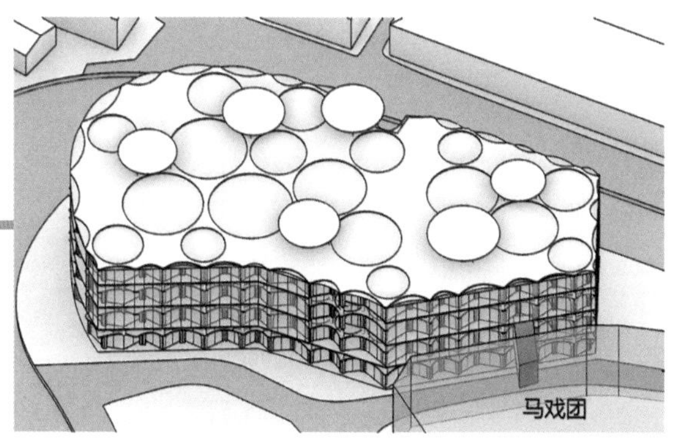

图 52

收工（图 53）。

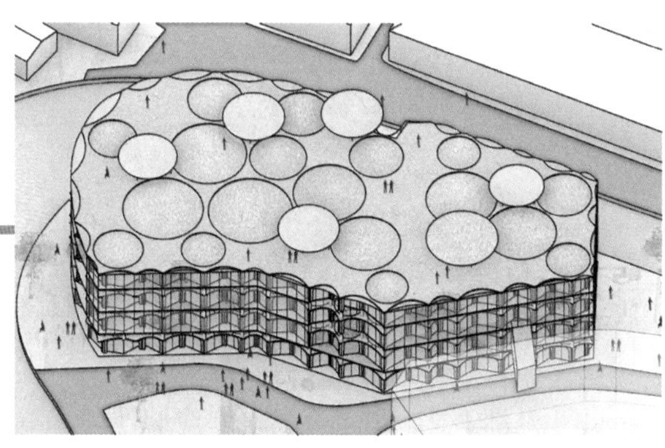

图 53

这就是伊东丰雄设计的比利时根特市 WaalseKrook 城市图书馆竞赛方案（图 54 ~图 57）。

图 54

图 55

图 56

图 57

伊东丰雄一定是现存建筑师里活得最随性的，设计靠缘分，甲方也靠缘分。看风使舵或许精明，守株待兔也不见得就是傻。只要你的“株”够多，还怕撞不上兔子吗？所以，少吃外卖多种树才是通往财富自由的必经之路啊。

图片来源：

图 1、图 54 ~图 57 来自 https://faculty.chungbuk.ac.kr/index.php?mid=gallery&document_srl=10826，其余分析图为作者自绘。

END

建筑师别分裂了，人类只需要一个安静的地方玩手机

图 1

名　称：日本大阪松原市市民图书馆（图 1）
设计师：MARU。Architecture 事务所
位　置：日本・松原
分　类：公共建筑
标　签：模糊空间
面　积：2987.33m²

表演流派里面有个体验派，代表人物是斯坦尼斯拉夫斯基，写了让星爷手不释卷的那本《演员的自我修养》。斯先生的意思大概就是说演什么角色就把自己完全想象成什么，产生下意识的行为动作和情感流露。虽然说艺术创作在一定程度上是相通的，但建筑师显然无法做个深度体验派。明明生活已经糟糕到狼狈不堪，设计的建筑却依然体面得一丝不苟，仿佛装帧精美的《礼仪规范手册》。

我们在自习室睡觉，在咖啡馆自习，在操场上遛弯，在公园里跑步，在寝室里玩手机，在餐厅里玩手机，在图书馆玩手机，在KTV里玩手机，在厕所里玩手机——给我一个手机，我可以玩一辈子。

说白了，什么功能不功能的，人类只需要一个安静的地方玩手机。生活在“宅家”发源地的日本建筑师最先发现了这个秘密，并且十分贴心地连地方都给各位客官准备好并打扫干净了，那就是社区小图书馆，又称：家门口偷懒躲清净悄么声玩手机的好地方。

首先，社区小图书馆的功能是模糊的。或者说，它的本质功能只有一个，其他所有功能都是在给手机打掩护。用建筑学的话说，就叫整体空间：空间不限定，功能不明确（图2）。

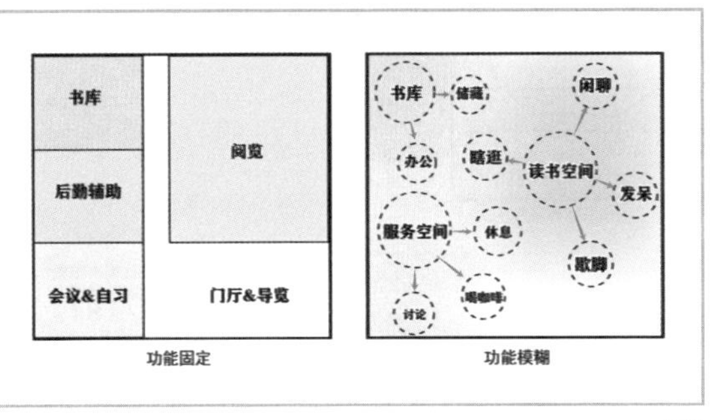

图2

其次，流线是随便的。消除正儿八经的借阅流线，反正你去也不是为了正儿八经读书的。大家都溜溜达达，走走逛逛，就不会在一群“学霸”中显出你的无所适从（图3）。

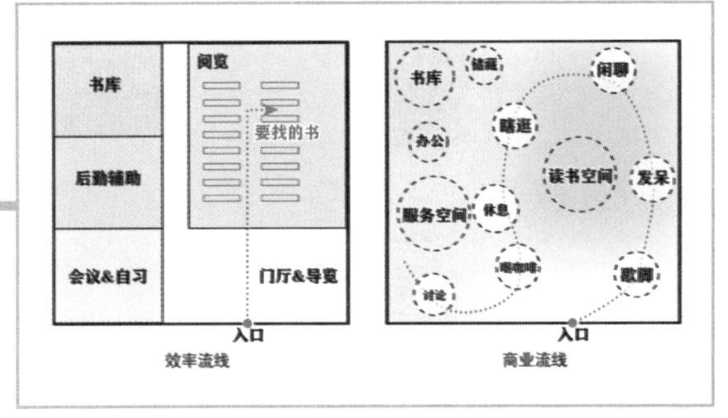

图3

第三，位置就在家门口。以上“家门口的小图书馆”的空间模式只适用于“家门口”的使用场景，也就是服务半径局限于遛弯可达。对于国家某某图书馆、某市最大图书馆这种知识的海洋，就不劳咸鱼们费心了（图4）。

图 4

总结一下：家门口的图书馆应该是一个遛弯可达、功能模糊、流线随便、气氛轻松的一体化空间（图 5）。

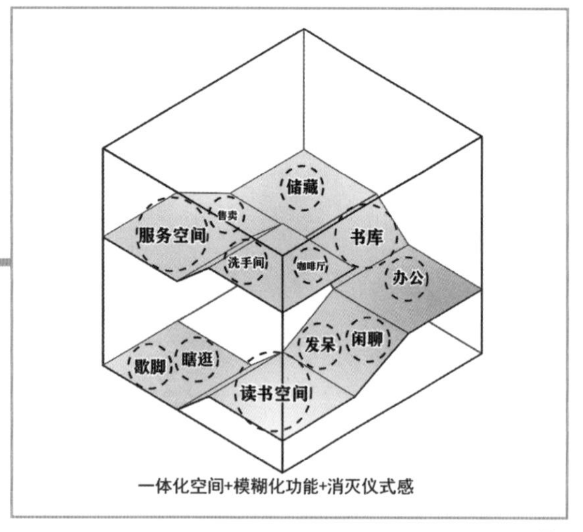

图 5

下面还是抡起大锤拆给你看。日本大阪的松原市打算新建一个社区市民图书馆，然而却发现了一个不可抗力：不是没钱，是没地。

日本城市的建设密度也算是有口皆碑了，规划局翻了一圈也没翻出块空地，于是果断打出了一张“无中生有”的牌：把马路西边那个人工湖填上一半当作建设用地吧（图 6）。

图 6

规划局的想法很简单，填出 1600m^2 的“用地”建设一座 3000m^2 左右、限高 18m、藏书 30 万册的小图书馆。可他们却忘了这个即将被霸占的小湖是方圆 2km^2 内的“独苗”，是附近居民心中的白月光，你一言不合就填上一半，问过大爷、大妈、大哥、大姐们的意见吗（图 7）？

图 7

更糟的是，人工湖是靠水泵来实现水循环从而保障水体生态健康的。本来湖里就只有角度不太好的两个水泵对向布置，勉勉强强能循环起来（图8）。

湖面原状

图8

新图书馆占地之后，剩余水面会形成一个T形。水面少了不说，还有一处水面会得不到有效循环，成为死水（图9）。

填湖造陆

图9

先是占了一半的湖面，又废掉了一处水面，这简直是要把人家小湖“赶尽杀绝”啊，良心真的不会痛吗？ MARU。Architecture 事务所的两位主创——森田祥子和高野洋平摸了摸自己的良心，决定还是要让人工湖和图书馆互利互惠，而不是互相伤害。如果按照任务书直接填湖拉起一个体块，不但破坏了水环境，更破坏了周边居民的遛弯环境（图10）。

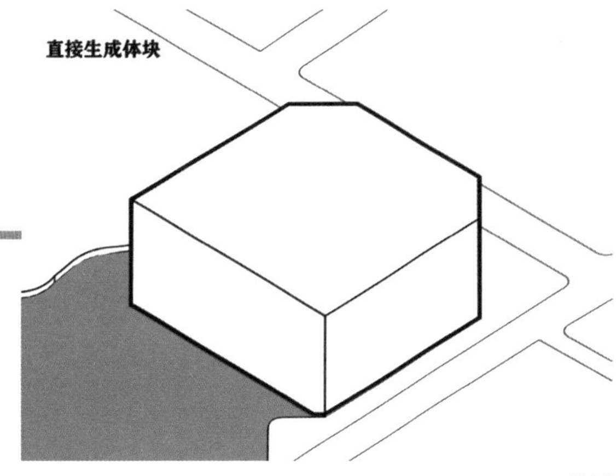

图10

新建图书馆是要来丰富周边社区生活的，不是去搞破坏的。鸠占鹊巢的图书馆可不是好图书馆呦（图11）。

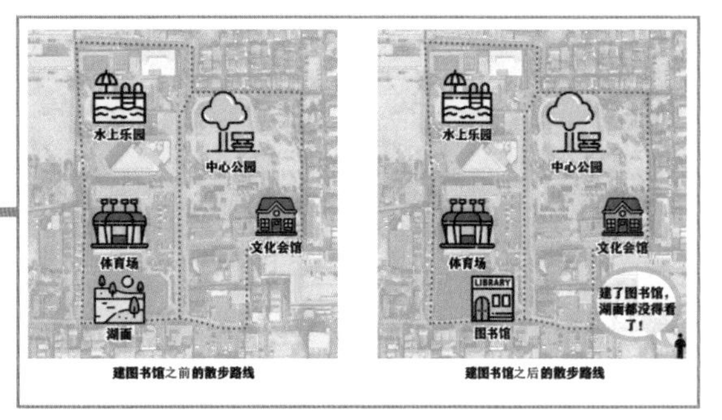

图11

敲黑板！建筑师做了一个重要决定：改填湖为造岛。也就是把体块缩小，让图书馆从滨水建筑变成水中建筑。这样湖面的面积有了保障，水体循环也顺畅了起来，更重要的是沿湖界面没有缺失，建筑外形还因为一圈水的环绕显得相当超凡脱俗。一箭好几雕（图 12、图 13）。

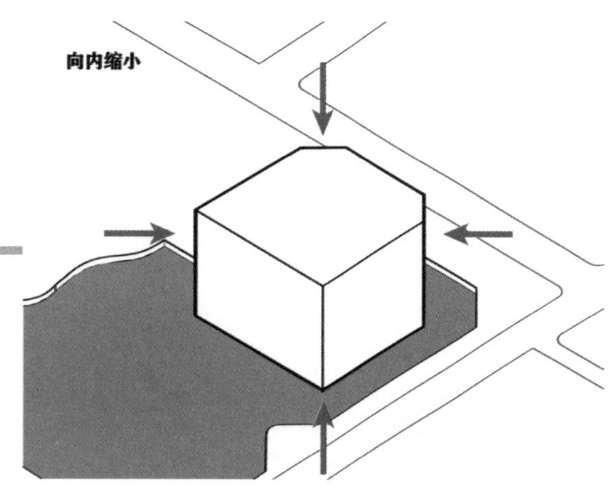

图 12

填湖造岛

图 13

那么，问题来了：用什么姿势"造岛"才能既美丽又"贤惠"呢？首先来科普一下造岛更加利于水循环的原理：相比于填湖造陆，水体可以围绕建筑有着更长的流动路径和更少的流动死角。因此，理论上建筑边界只要从湖畔向内稍稍退让一些，使得水流通道的宽度能够满足循环需求就行了。至于退多少，还要由内部空间的需求来决定。

由于限高 18m，建筑最多也就能做 3 层加一个屋顶花园，也就是说"岛"的底面积至少为 1000m^2。虽然这样做基本就告别中庭和露台了，但换来的是更好的水环境，还是很划算的。于是建筑师果断决定将建筑底面积缩减到 1000m^2，留出 600m^2 的面积用作水循环通道（图 14）。

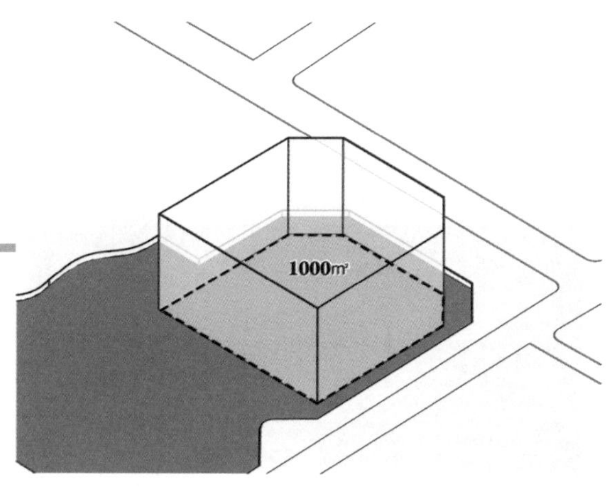

图 14

由于松原市时常遭受台风侵袭，所以建筑师又根据风力计算来修改形体的形状。具体怎么算的，咱也不知道，咱也不敢问，反正最后的结果就是现在这个下宽上窄的不规则六边形体块（图 15）。

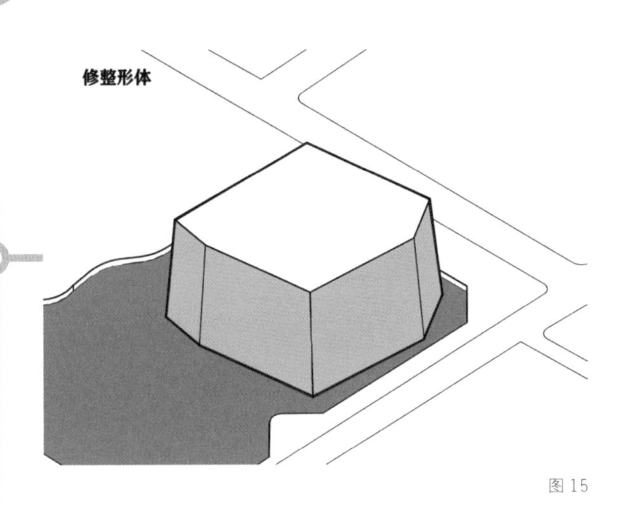

图 15

体块确定了，下面就可以安心地为人类终身的玩手机事业服务了。

建筑底面为不规则六边形，因此索性将整体空间做成螺旋上升的形式，以便适应纵向不断变化的墙体。众多功能在整体空间中自由布置——无所谓，反正就是为玩手机做掩护（图 16）。

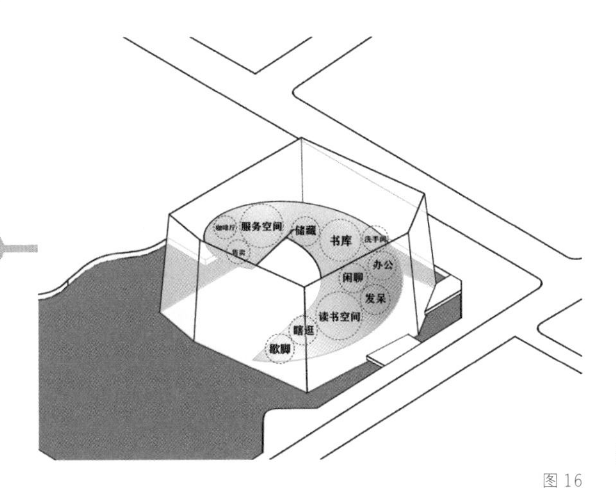

图 16

既然内部功能如此单一，那么出入口的布置就主要受场地条件制约。基地北侧紧邻停车场的出口，西侧为湖面，因此将人行出入口布置在东南侧的街角，后勤出入口布置在南侧，然后用短桥连接建筑与街道（图 17）。

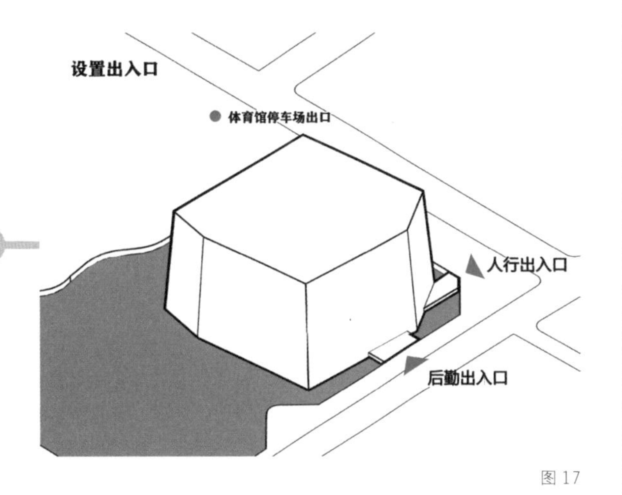

图 17

1 层门厅前方留出一点儿缓冲区，其余地面下沉 1m，让室内地坪与水面平齐，使人与水的关系更加亲近。处理高差时，采用台阶和坡道两种形式。增强可达性其实也就是在削弱仪式感（图 18、图 19）。

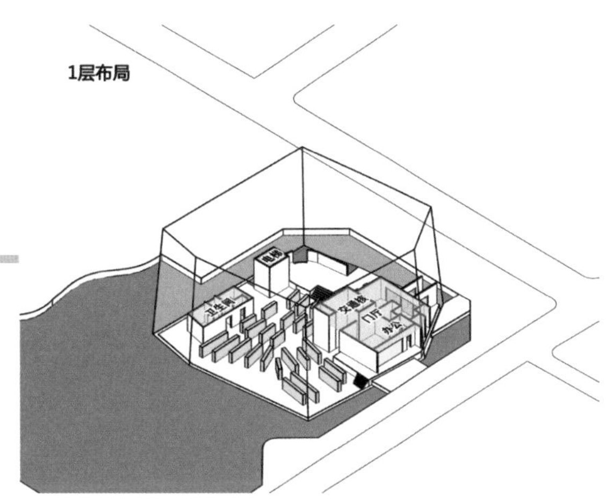

图 18

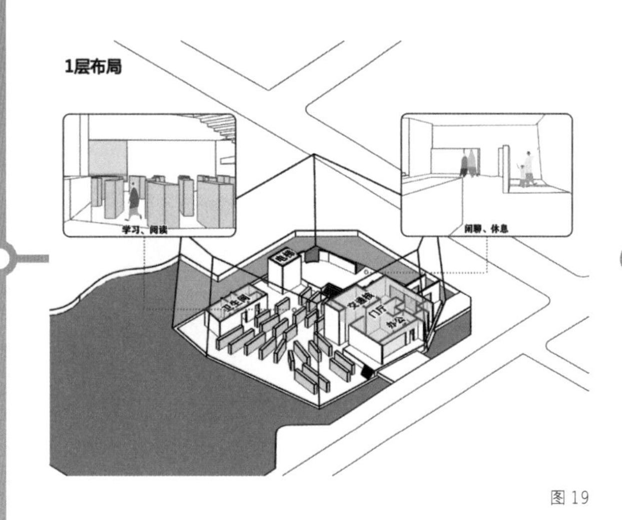

图 19

2 层先把闭架书库和办公室布置在南侧，靠近后勤入口和货运电梯，方便运输。剩下的区域肩负着联系 1 层和 3 层的重任，然而在这中间还要开一个小中庭来改善中部的采光，那么余下的面积就被分成了两部分。将这两部分的楼板下落不同的高度来加强与首层的联系，功能上继续不定义（图 20 ~ 图 22）。

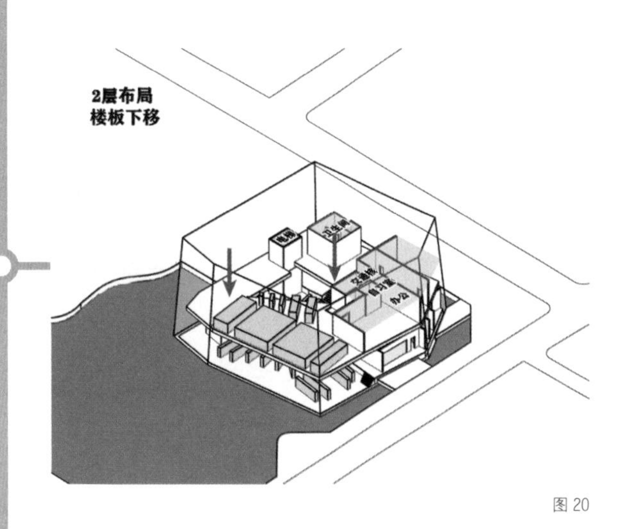

图 20

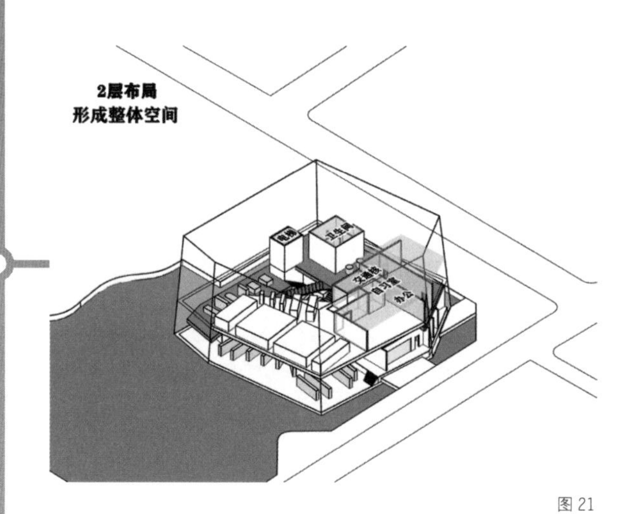

图 21

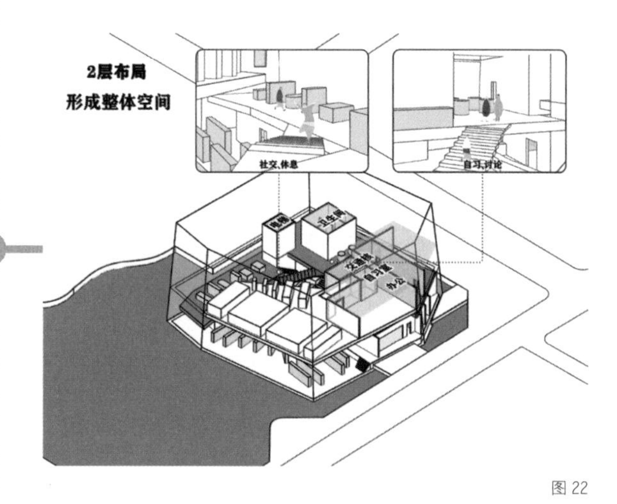

图 22

3 层延续之前的思路，同样是利用书架和桌椅的布置形成随意的空间，用铺地颜色差异等软界定形成不同的空间感受（图 23、图 24）。

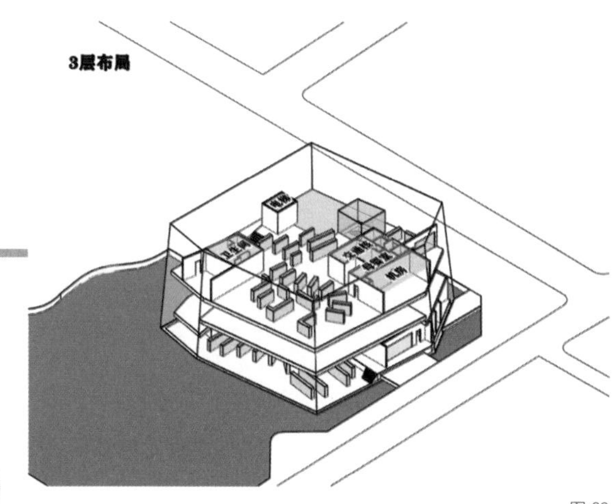

图 23

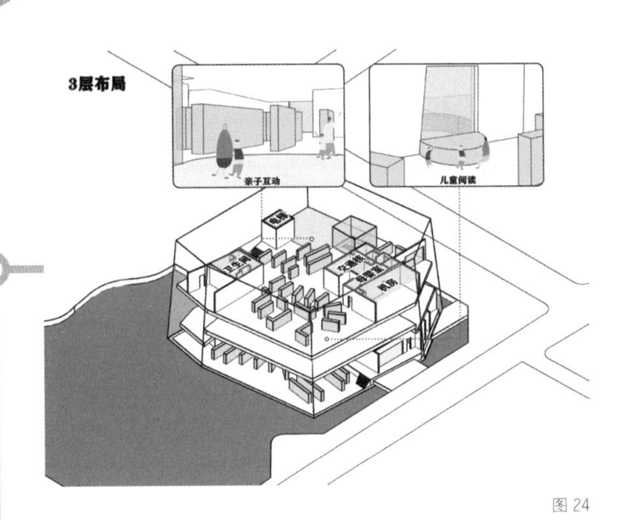

图 24

随后是屋顶平台，先给 3 层阅读区安排上几个天窗改善采光。到了屋顶平台，自然是可以观赏更远的景色，于是建筑师特意把屋顶平台的墙体做到了与视高平齐，目的就是引导人们观赏城市景色以及远方的群山，只有人站在墙边的时候才能俯视湖景（图 25、图 26）。

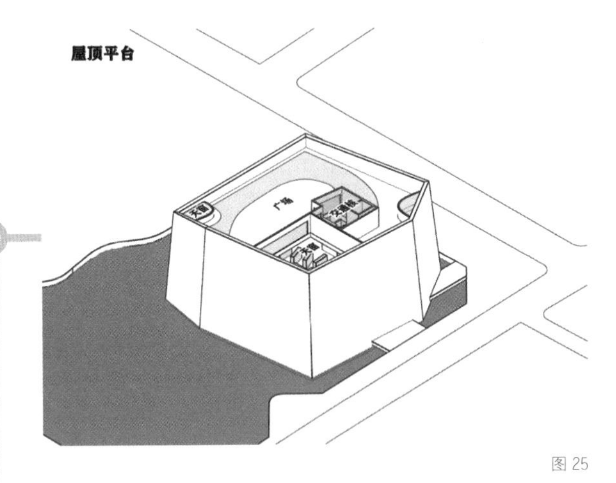

图 25

图 26

至此，内部空间基本完全布置完成。其实也没布置什么，就是一个大空间。为了减轻内部梁柱对整体空间的割裂感，建筑师选择将外墙做成 600mm 厚的钢筋混凝土壳体，配合内部的钢结构形成承重体系（图 27）。

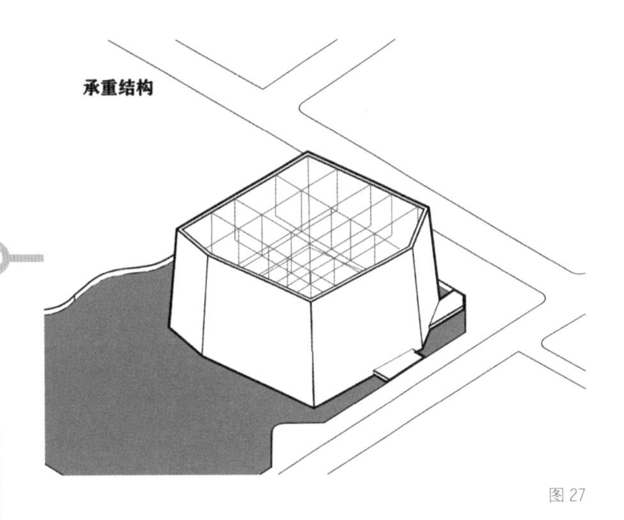

图 27

结合受力计算和内部整体空间的采光需求，在立面上小心翼翼地开几个大洞，并配上小露台，让人与景色更加亲近，也更利于紧急情况时消防车展开救援（图 28）。

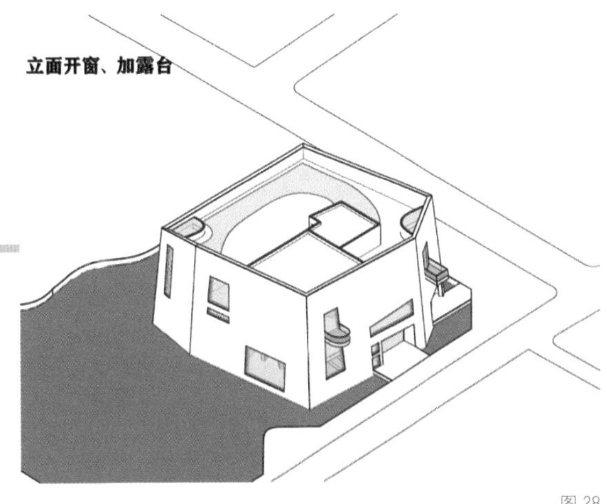

图 28

最后，在沿街面添加一组外挂楼梯连接露台，更方便人们悄悄溜进去（图 29、图 30），收工回家玩手机啦。

图 29

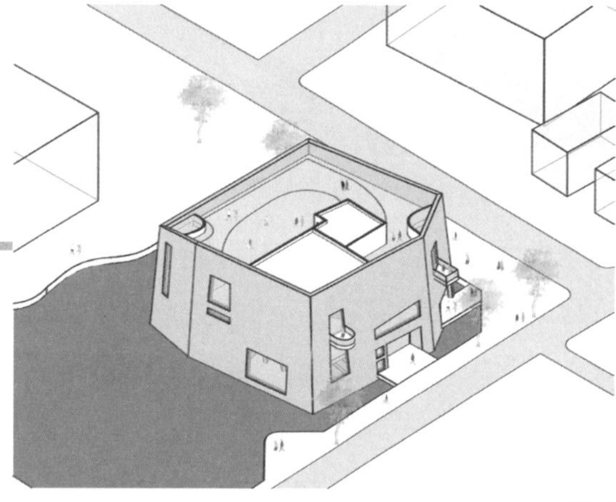

图 30

这就是 MARU。Architecture 事务所设计的日本大阪松原市市民图书馆（图 31 ～图 36）。

图 31

图 32

图 33

图 34

图 35

图 36

这种模糊整体空间功能的图书馆模式几乎成了日本小图书馆的入门基本款（图 37 ~ 图 46）。

图 37

图 38

图 39

图 40

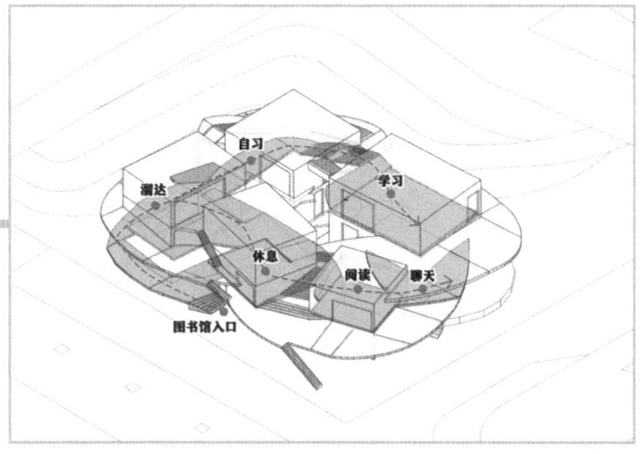

图 41

图 42

图 43

图 44

图 45

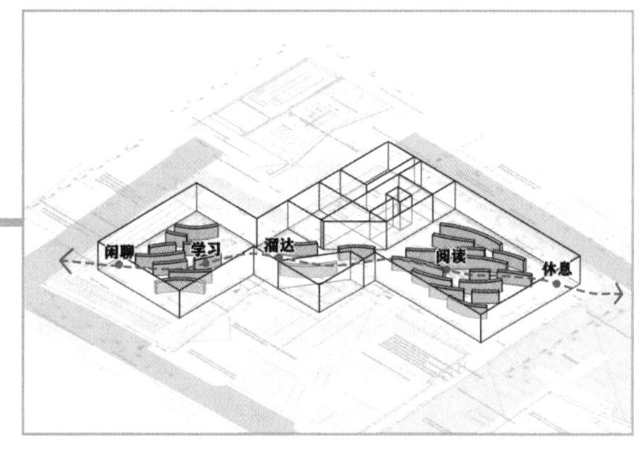

图 46

建筑是生活的容器，功能是行为的发生器。但这一切的本体都是人——活生生、会呼吸、满身臭毛病的普通人，而不是无欲无求、十全十美的机器人。我们是为真实的生活设计理想空间，不是为理想生活去绑架真实空间。

图片来源：

图 1、图 33 ～图 36 来自 https://maruarchi.com/matsubara/，图 26、图 29、图 31 来自 https://www.japan-architects.com/ja/architecture-news/gong-gong-shi-she/matsubaracitylibrary-maru-konoike，图 32 来自 SHINKENCHIKU 杂志 2020-05 期 141 页，图 37 ～图 40 来自 https://www.archdaily.com/897778/art-museum-and-library-in-ota-akihisa-hirata，图 42 ～图 45 来自 https://www.gooood.cn/taketa-municipal-library-by-takao-shiotsuka-atelier.htm，其余分析图为作者自绘。

END

你已经被包围！
你所设计的一切都将成为呈堂证供

图 1

名　称：卡塔尔法院竞赛方案（图 1）

设计师：AGi architects 事务所

位　置：卡塔尔·多哈

分　类：公共建筑

标　签：三角，采光

面　积：44 000m²

人生如戏，全靠演技。做演员最怕有黑料，做建筑师最怕有黑房间。但黑和黑也不一样。有的是甘愿自黑，黑到深处自然红；有的是无奈被黑，久走黑路遇到鬼；还有的是因为没钱买防晒霜。

对建筑师来说，只要智商正常，就不会主动去钻小黑屋——要钻也是钻大黑屋，比如，剧场或者影院（图 2）。

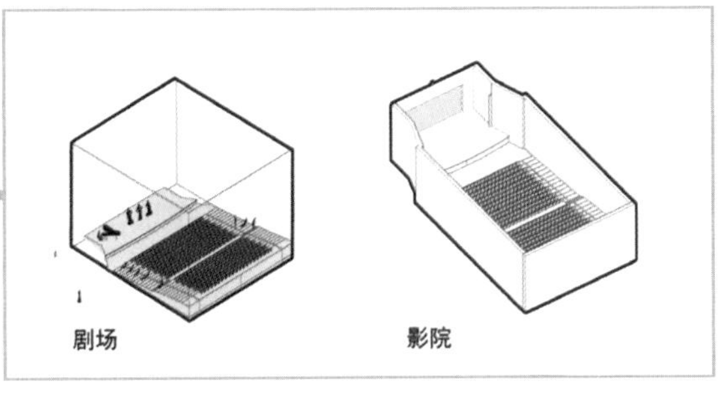

图 2

然而，没钱买防晒霜的情况却是真实存在的。不但没钱买防晒霜，还没钱买遮阳伞、太阳镜、冰箱、空调、电风扇。原因呢，也很明显——除了挣得少，还有可能是身上背的包袱太多。比如，法庭（图 3）。

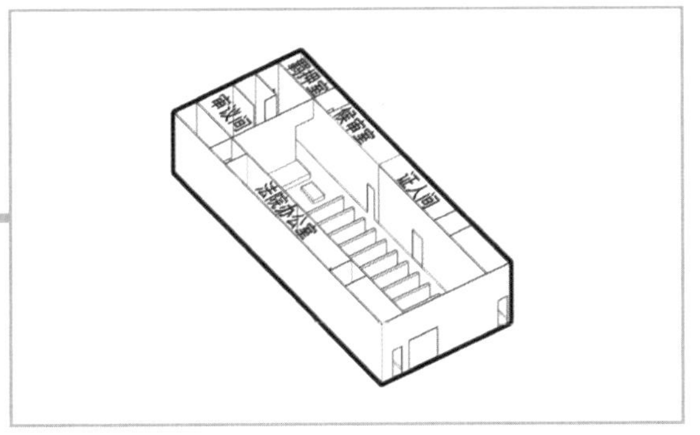

图 3

挣得少还能哭哭穷，但包袱多的就真不好意思叫屈——不知道的还以为在炫富。于是，本身代表光明和正义，内心也极度需要光明空间的法院建筑就这么稀里糊涂地被忽略了。此外，每个法庭不但周围排满了各种必须要有、一个都不能少的辅助功能用房，还需要为法院工作人员、证人、嫌疑人和旁听人员提供互不干扰的独立流线，所以建筑外围至少要有两条走廊。换句话说，四面围得比铁桶都严实，开窗采光想都不要想（图 4）。

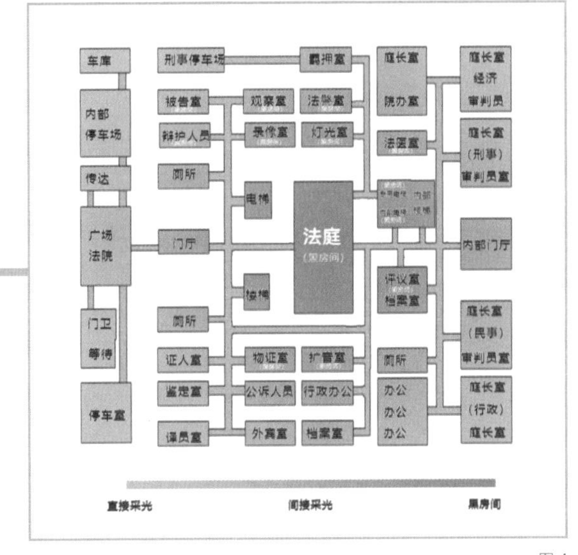

图 4

有的建筑就是这样：天生一张冰山扑克脸，循规蹈矩，生人勿近，让所有人都忘了其实它内心或许也需要阳光。卡塔尔政府就是这样一个小太阳，他们专门为新的法院大楼举办了一场设计竞赛：希望用新的形式展示政府的亲民形象，不要整天冷冰冰地拒人于千里之外。基地位置选在卡塔尔首都多哈的北部（图 5）。

图 5

功能包括上诉大厅、重罪和轻罪大厅、民事法庭、家庭法庭，以及停车场、内部人员办公活动区等辅助功能，共 44 000m² 左右。为了焐热千年冰山的心，政府也是下了血本：基地面积充足，建设资金管够——不知道的还以为在比武招亲（图 6）。

图 6

然而，说得再天花乱坠，这也不是一个可以随意建造的项目。这不是商场，不是办公楼，也不是图书馆，这是法院啊朋友们，是任谁一辈子都不想进来的地方啊！拿相声演员张鹤伦的话说，干得好了叫张总，咱们迪拜见；干得不好叫张某，《法制进行时》见。现在流行的什么复合流线、社交空间、重组功能，你有胆子在这里搞一个试试？你是想和审判长社交，还是想和嫌疑人邂逅？转角不会遇到爱，遇到警棍还差不多。因此，一般情况下，法院建筑只能泾渭分明地布置，功能要明确，流线要独立（图 7）。

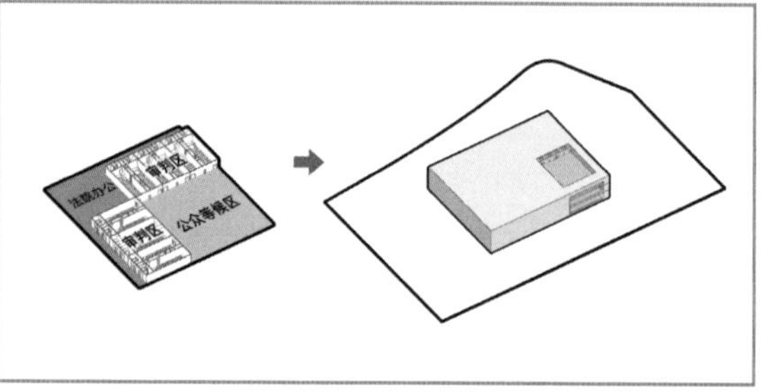

图 7

如果法院够大，也可以选择分组布置，每组依然是办公区、审判区、公众区一套活儿（图 8）。

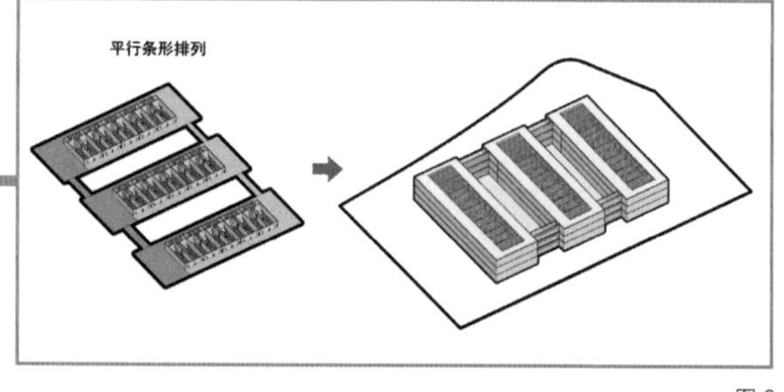

图 8

如果场地够大，还可以调整方向，打散组团方向，减少组团间的互相干扰（图 9）。

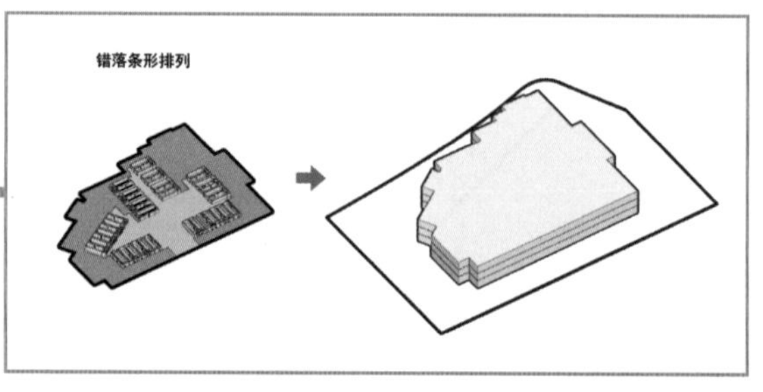

图 9

很幸运，卡塔尔法院秉承了一贯的优良传统：面积够大，地也够大。正所谓：建筑无难事，只要地够大。既然地够大，那么咱们就可以考虑考虑给法庭采光的问题了。很明显，四周都没有机会，那就只能考虑天窗采光了。

明亮策略 1：楼板错动。

通过把条形组团打散错落的方法，各层建筑实体实现不完全交叠，容纳各个功能块的同时为引入天窗采光提供可能（图 10）。

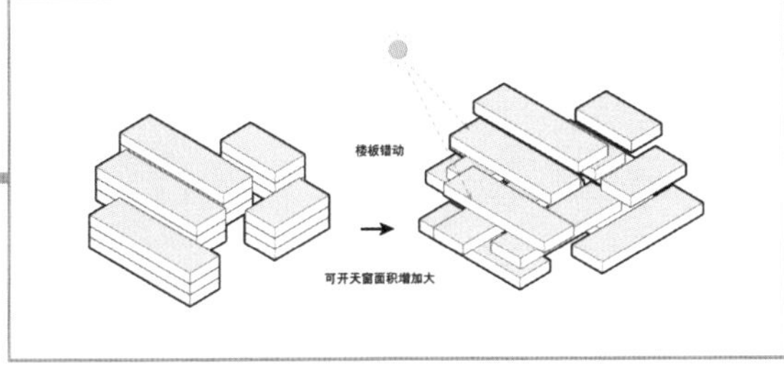

图 10

按照不同的功能，将审判庭一层层叠放上去。1 层主要包含上诉大厅、重罪法庭；2 层为民事法庭，楼板纵向排列；3 层是家事法庭，与下层楼板错开一定角度（图 11 ~图 13）。

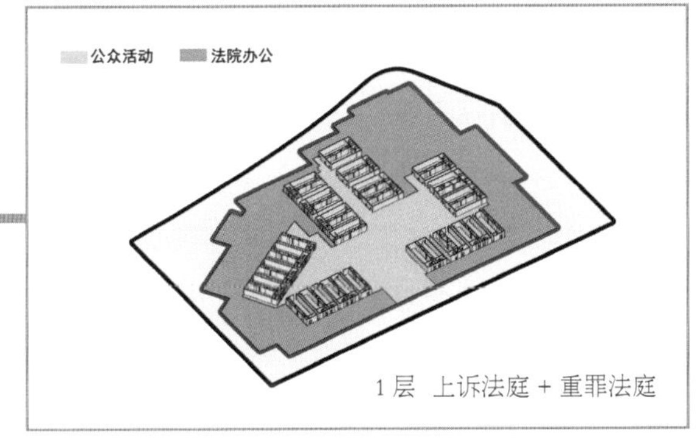

图 11

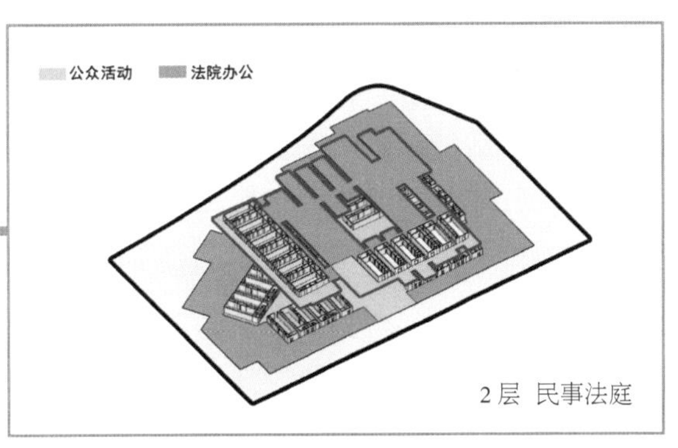

图 12

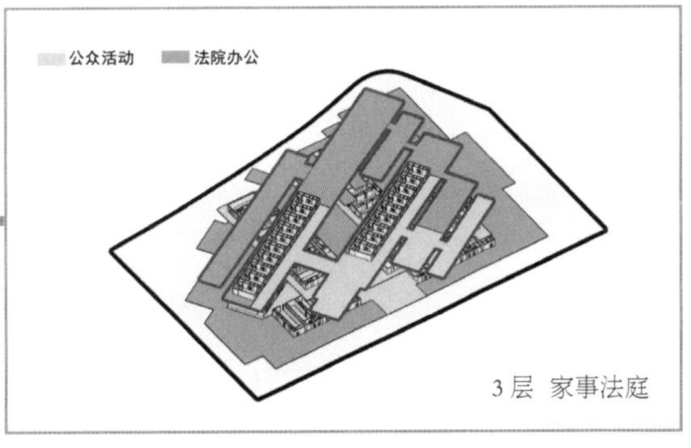

图 13

明亮策略 2：拉开楼板距离。

错动之后，部分法庭和办公区域可以采光了，但是还有被遮挡的部分。所以，在错动基础上拉开各层之间的距离（图 14）。

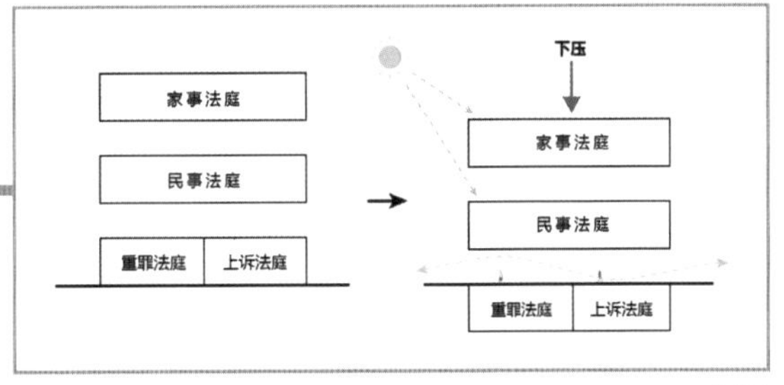

图 14

相当于让每层建筑都充分暴露在阳光下（图15、图16）。

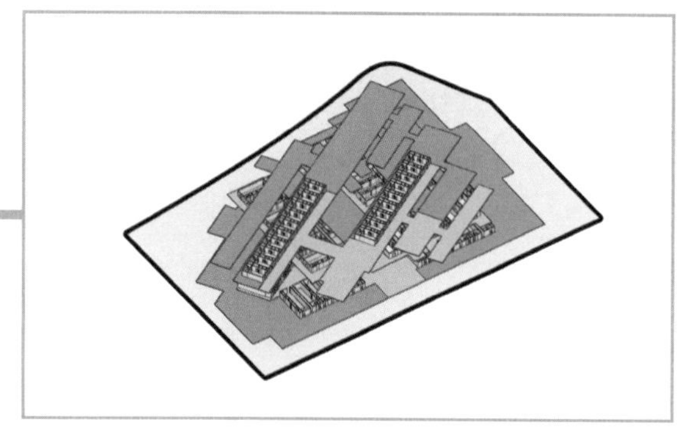
图 15

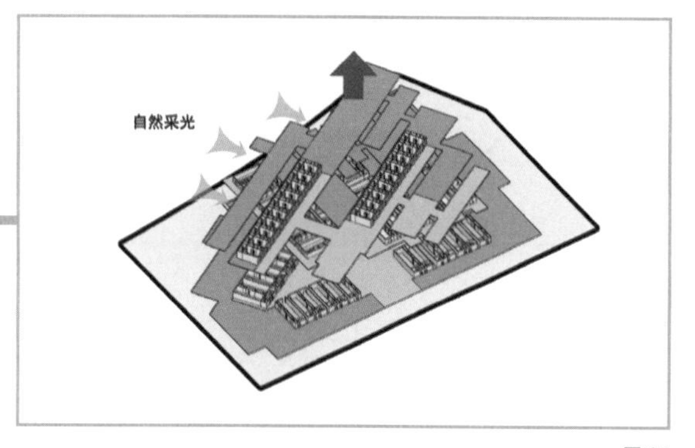

图 16

明亮策略 3：体量下移。

现在，整个建筑从原有的 3 层空间变成了 3 层空间和两个空气夹层。这样本身没什么问题，但考虑到政府作为一个含辛茹苦的老父亲，迫切希望自家内向的孩子打开心扉、拥抱社会，建筑师果断将整体下移一层，使开放的空气阳光层面对城市，力求改变路人们看见法院就两腿发抖，有心理压力的现状（图 17 ~ 图 19）。

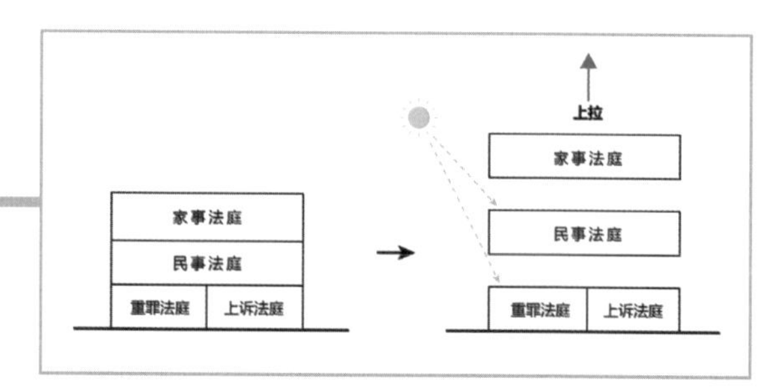

图 17

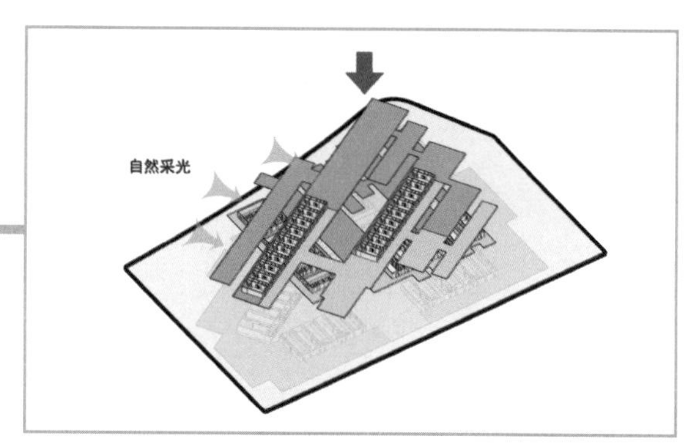

图 18

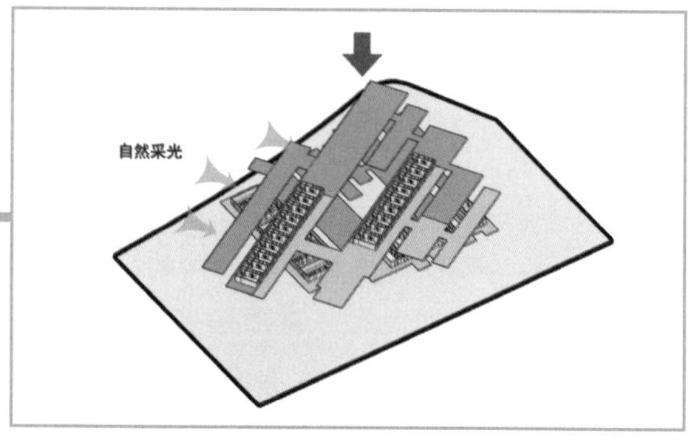

图 19

明亮策略 4：开天窗，引入自然光线。

虽然已经具备了开天窗采光的条件，但具体怎么开窗依然是个问题。别忘了这可是在卡塔尔，热带的沙漠就像一把火。你直接在屋顶开窗，确定不是在研发太阳能烤箱（图 20）？

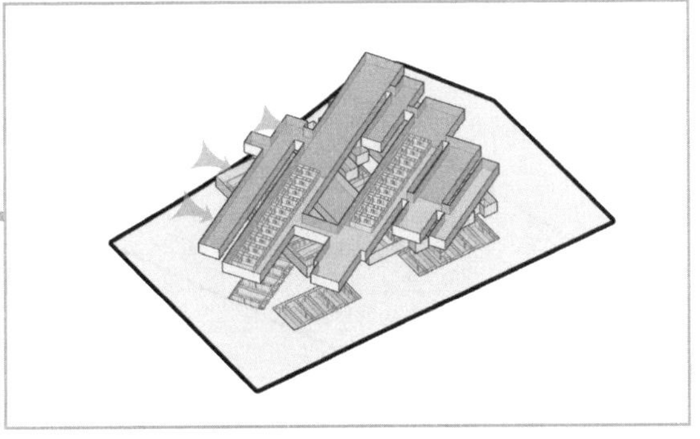

图 20

既想要光线，又不想承担阳光辐射产生的热量，怎么办？前方神来之笔预警。

建筑师在两个法庭组团之间的空隙开天窗，但真正的“神操作”是把楼板做成了倒三角形。让天光在倒三角形楼板上产生折射后温柔地洒满法庭（图 21）。

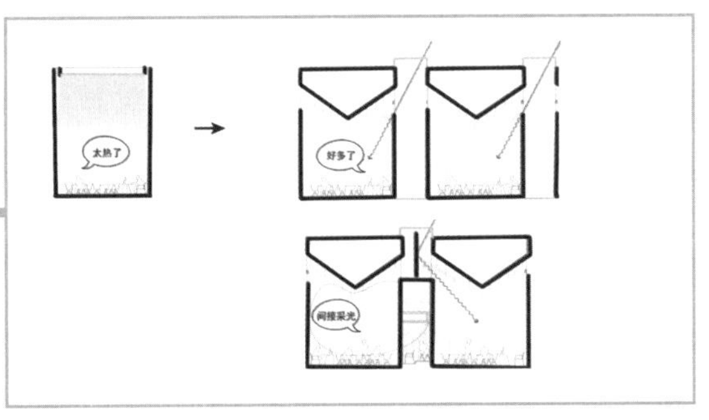

图 21

根据采光计算数据，把长方形楼板的平整底面雕刻成特定角度的倒三角形（图 22、图 23）。

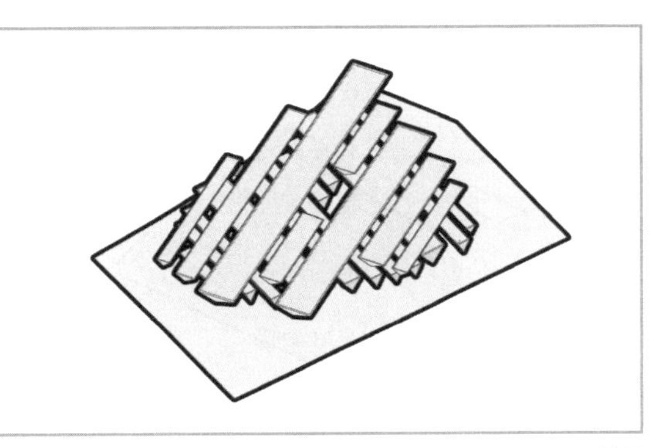

图 22

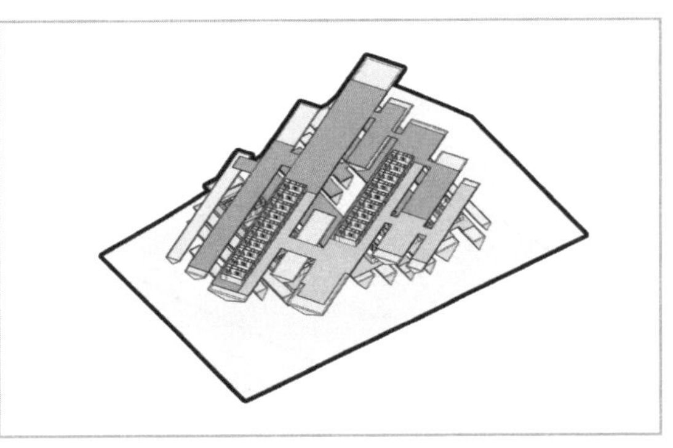

图 23

然后对各层进行精细调整，“雕刻”光线。地下一层在地面上开条形采光窗。不同时段，随着光线入射角的变化，一部分光线从高侧窗直接洒入审判庭，还有一部分光线先洒到辅助房间的顶面上，再经光线反射进入审判庭（图 24 ~ 图 26）。

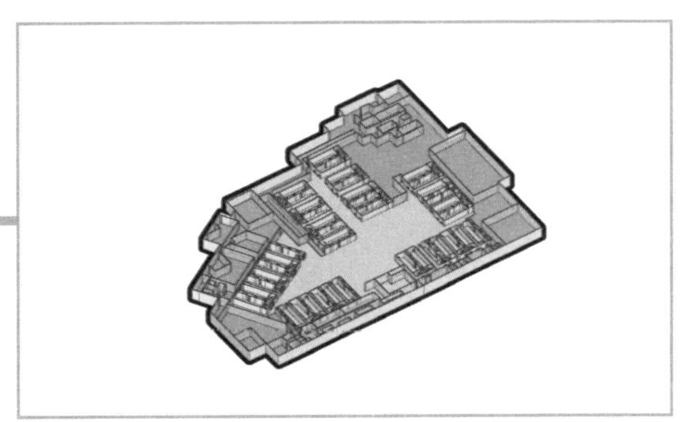

图 24

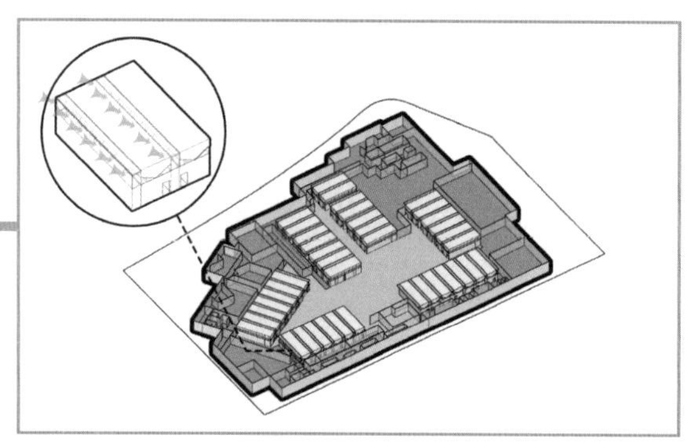

图 25

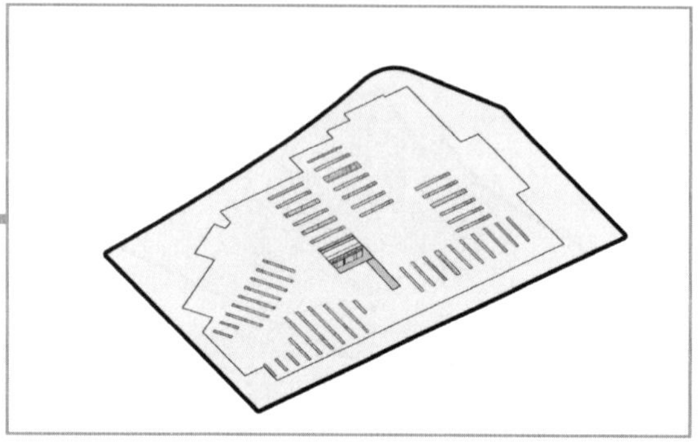

图 26

1 层的光线从天窗顶部射入室内，一部分光线直接通过侧高窗进入审判庭室内，还有一部分光线洒到辅助房间的顶面上，再经过多次反射进入审判庭，使整个空间的光线分布均匀、柔和（图 27 ~图 29）。

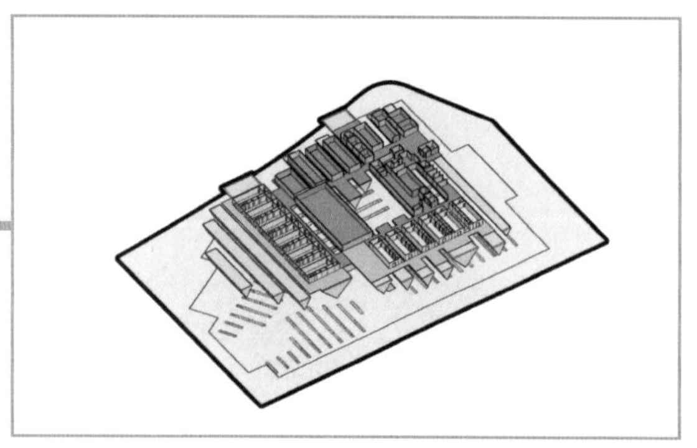

图 27

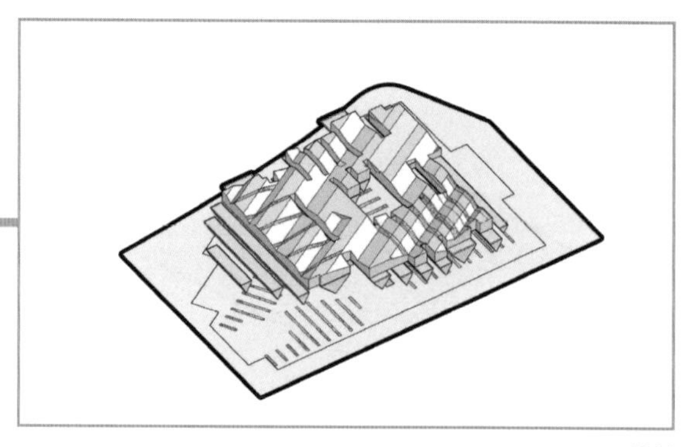

图 28

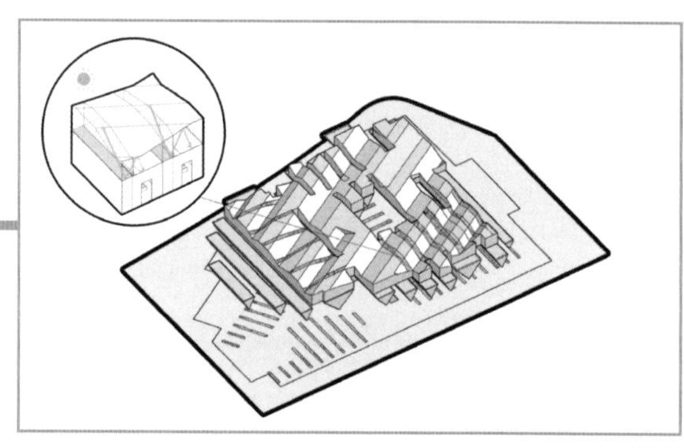

图 29

2 层，也就是顶层，三角形构件重复排列作为遮光板，光线沿一定角度射入后，再通过阳光反射板将光线反射到审判庭内，使整个空间的光线温和明亮（图 30 ~图 32）。

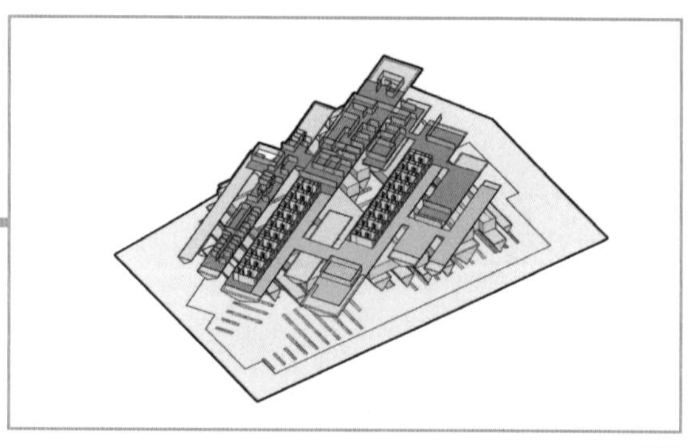

图 30

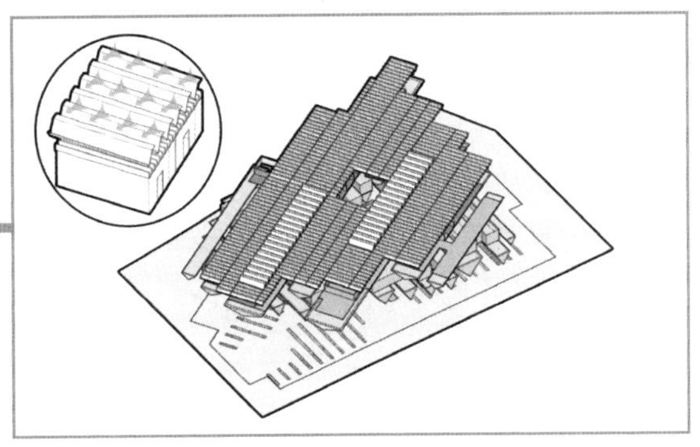

图 31

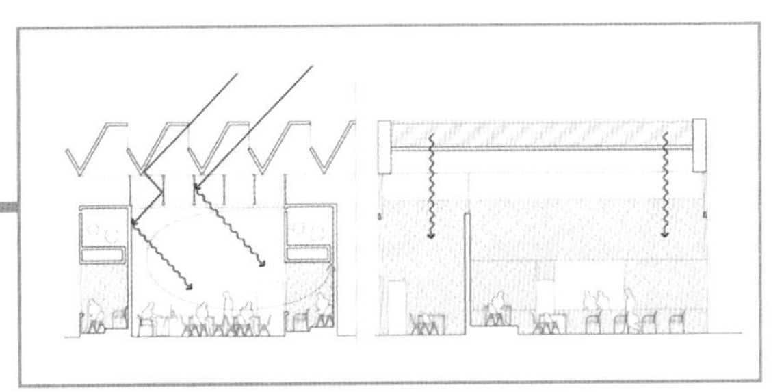

图 32

至此，铁桶般重重包围的法庭空间总算是成功设计好采光了。下面再来解决建筑问题。

1. 交通。

加入两个交通核，对应外部公众和内部工作人员，二者互不干扰（图 33、图 34）。

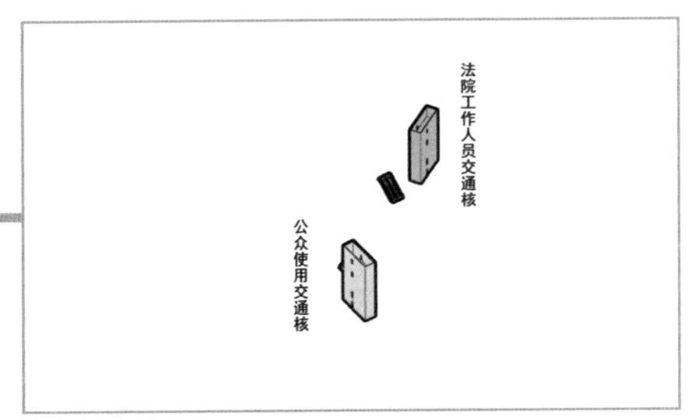

图 33

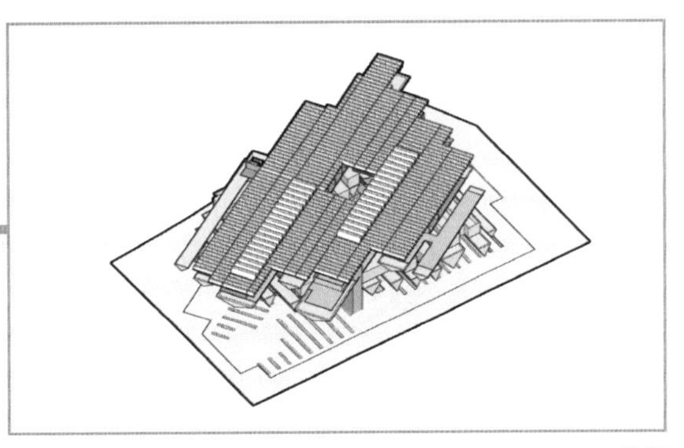

图 34

即使在 1 层，二者也各自独立，没有交叉（图 35）。

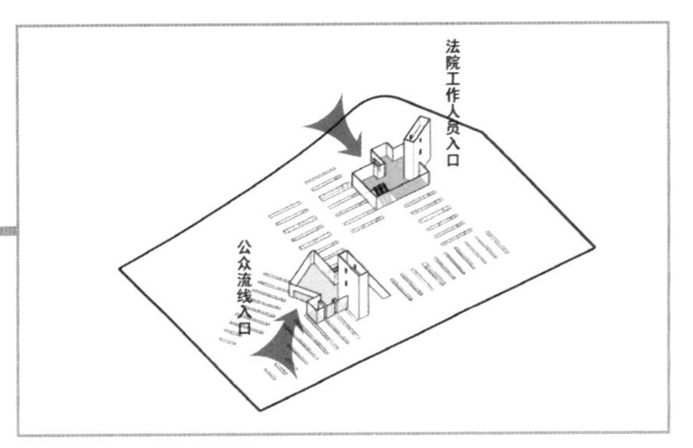

图 35

2. 结构。

主要结构是类似于桥梁设计的大跨结构，用 X 形钢结构柱支撑起倒三角的梁（图 36 ~ 图 38）。

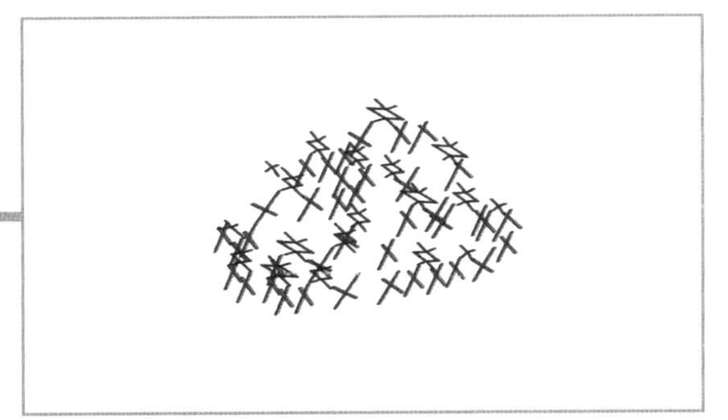

图 36

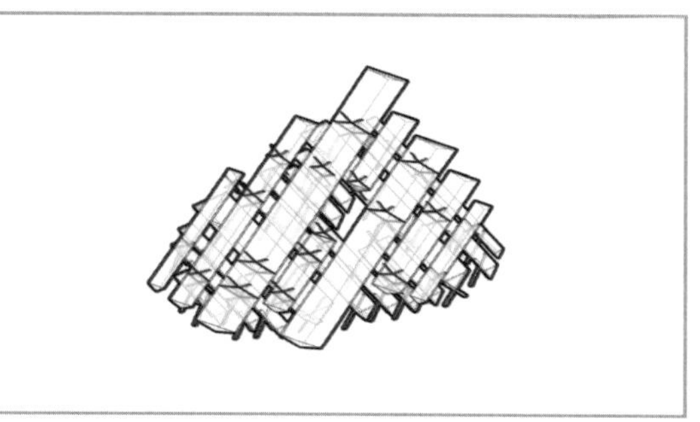

图 37

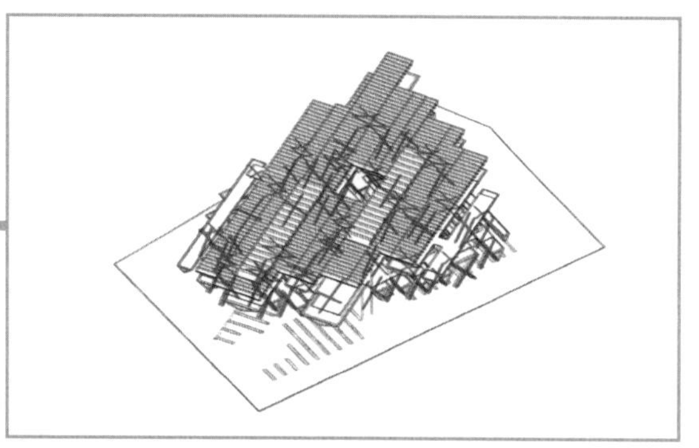

图 38

另外，倒三角形楼板总不能填个实心疙瘩，所以内部空间也不能浪费，设计成一个个休闲娱乐的小空间，法证先锋们也要休息的嘛（图39）。

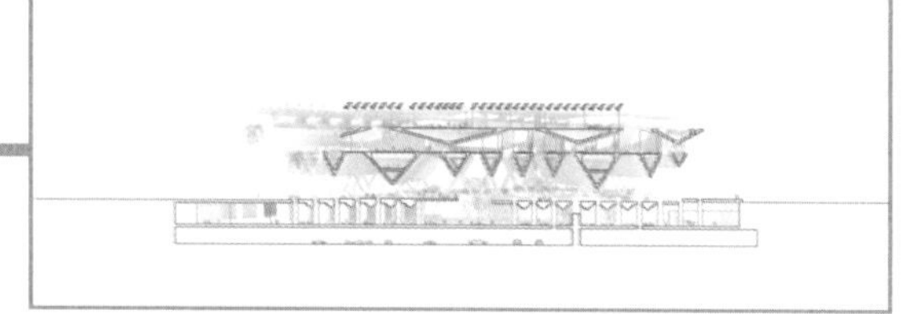

图 39

增加空中的种植平台，继续改造法院印象（图40、图 41）。

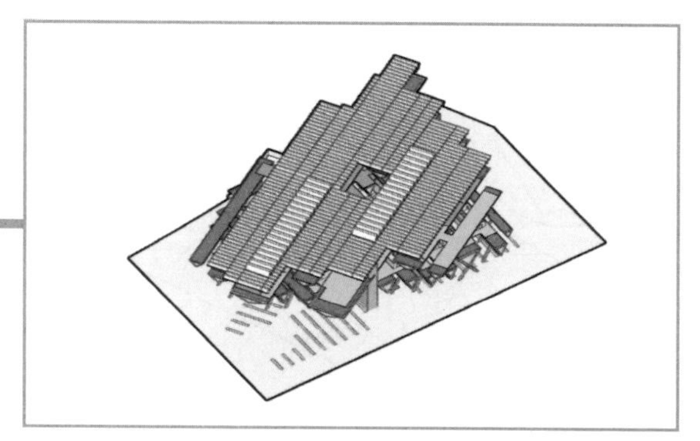

图 40

图 41

收工（图 42）。

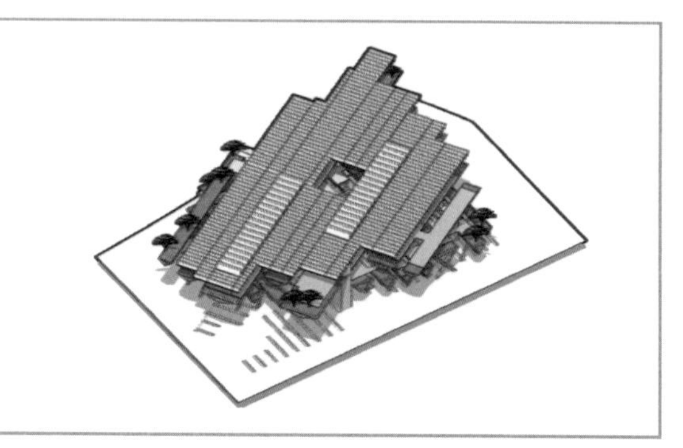

图 42

这就是 AGi architects 事务所设计的卡塔尔法院竞赛方案，也是这次设计竞赛中的第二名。而传说中第一名似乎有可能空缺，反正没人见过，也没公布过（图 43 ~ 图 45）。

图 43

图 44

图 45

骑白马的不一定是王子，也可能是唐僧；会烧香的不一定是和尚，也可能是熊猫。先入为主不可怕，可怕的是先入为主的那个人是你。更可怕的是，你的对手正在巴不得你先入为主。

图片来源：

图 1、 图 32、图 39、图 41、图 43 ~ 图 45 来源于 https://www.archdaily.com/592463/agi-architects-floating-courthouse-wins-second-prize-in-qatar-competition，图 5 来源于 https://www.google.com，其余分析图为作者自绘。

END

万物皆可『综合体』，真的烦透了

图1

名　称：荷兰多德雷赫特市政大楼（图1）
设计师：SHL 建筑事务所
位　置：荷兰・多德雷赫特市
分　类：综合体
标　签：旋转，中庭
面　积：22 000m²

每个建筑师心里面可能都住了一个摆摊儿的小贩儿——还是算术不太好的那种。五块钱一个，四块钱不卖，十块钱两个再送你一个。就好比除了设计费，没有什么是不能商量的，非要商量，那就再送你一个方案。当然，一言不合就送方案，成本太高，也太突然。更经济实惠的套路是送功能——遍布全球、“大杀四方”的“综合体派”自此横空出世！

你库大爷库哈斯就是掌门，“功能重组”的意思就是“功能重组之后搞成个综合体”。

您想建个图书馆？那给您来个图书综合体吧，看书、吃饭、买东西，一条龙服务包您满意。

您想建个音乐厅？那给您来个音乐综合体吧，听歌、吃饭、买东西，一条龙服务包您满意。

您想建个体育馆？那给您来个体育综合体吧，打球、吃饭、买东西，一条龙服务包您满意。

您想建个菜园子？那给您来个田园综合体吧，种地、吃饭、买东西，一条龙服务包您满意。

……

总之，万物皆可综合体。不想做综合体的建筑师不是好厨子。

那么，问题来了：什么时候建筑师可以拒绝综合体？当然是甲方十分不想要综合体的时候啦。所以，真正的问题是，如果甲方特别特想要综合体，你还有勇气拒绝吗？

荷兰多德雷赫特市政府就是一个时尚的“综合体男孩”。当他们的市政办公楼终于快熬到退休年龄（2023年起将不再满足荷兰办公楼年限的最低法律要求），需要重建改造时，他们立刻要求建一个“大”综合体。

他们不但给自己“加戏”，将原本单纯的办公楼扩充成包括行政办公、市民服务中心、图书馆、旅游信息中心在内的办公综合体，还非常有心机地选择了一块已经拥有文化中心、百货商场和停车楼，面积8400m^{2}的基地作为重建场地，并且很包容地宣布：旧建筑可以全部拆除，只要功能保留就行，就差把“我要个大综合体”写在脸上了（图2）。

图2

于是，原本几千平方米的办公楼硬是给自己强行组了一个 20 000m^2 综合体的局。在甲方的丰满理想里，旧建筑要全部拆掉，然后集合所有功能盖成一个新大楼，这样新大楼从“身高”“体重”各方面，都一定是这条街最靓的仔（图3～图5）。

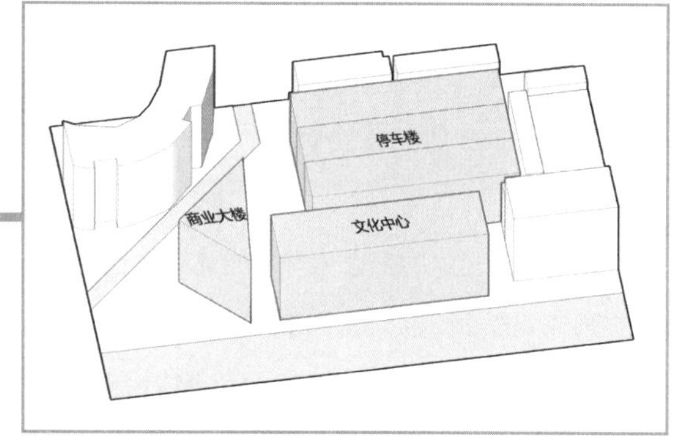

图3

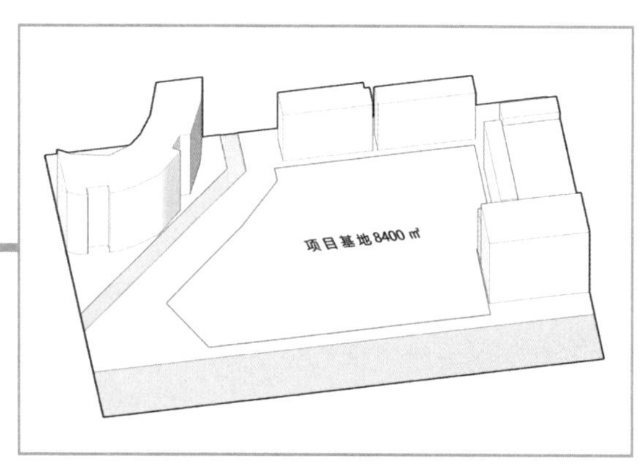

图4

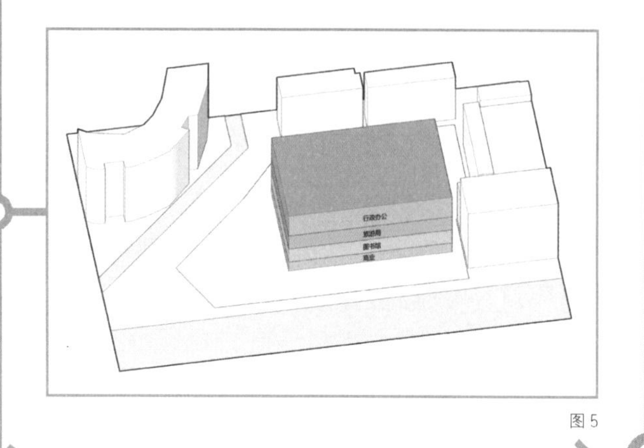

图5

来自丹麦的 SHL 建筑事务所决定不能惯着甲方这些臭毛病，但这倒不是因为有勇气，反而是因为没勇气。你想，商场肯定得临街吧？旅游信息中心最好也临街，图书馆就算不临街，生生给举到四五层也实在赶客。最最难办的是，这个项目正儿八经的甲方是政府，但政府的办公区和办事大厅只能放到顶层。顶层也就算了，可下面的百货商场天天和赶集一样，真拿豆包不当干粮啊？一不小心再给当成山寨的给举报了，甲方的脸面还要不要？但是，甲方的综合体梦想也不能就这么随随便便给否定了。

SHL 建筑事务所灵机一动，福至心灵。虽然这几个主要功能之间是八竿子都打不着的关系，但还有一个八竿子打得着的，那就是停车场。管你什么功能，闹的静的，都得停车吧（图6）？

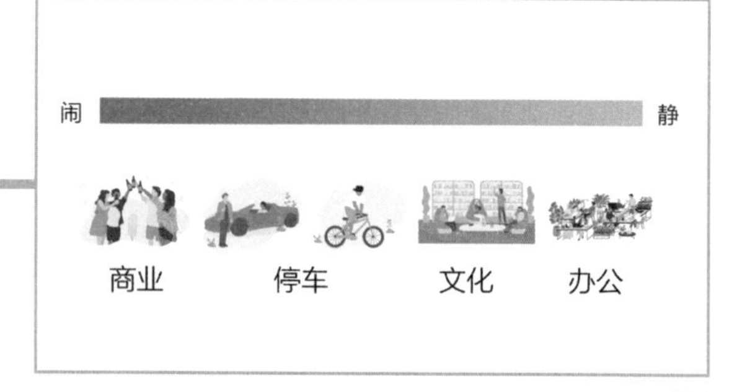

图6

所以，SHL 的策略就是保留原有停车楼作为综合体的那个“综合”来应付甲方，然后剩下的就可以各回各家、各找各妈了（图7）。

图9

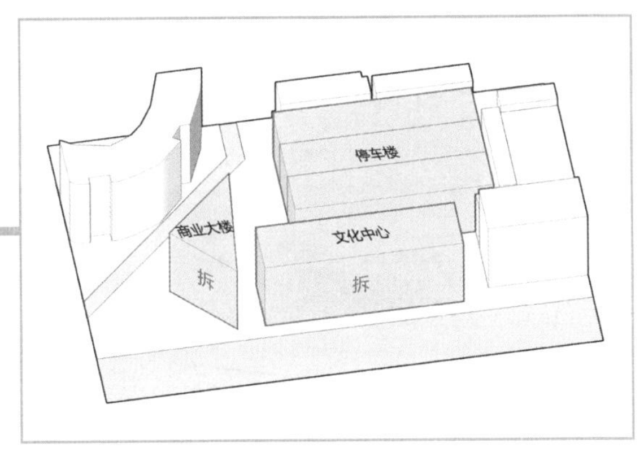

图 7

简单来说，这个策略是通过停车空间联系商业百货和市政办公两大功能区，让二者都有独立的开放界面面向城市，使停车楼高效服务各个空间。保留的停车楼上部还可以用作预留空间，将来开发成为餐饮商业、酒店公寓等项目，让甲方的综合体梦在未来继续做（图 8）。

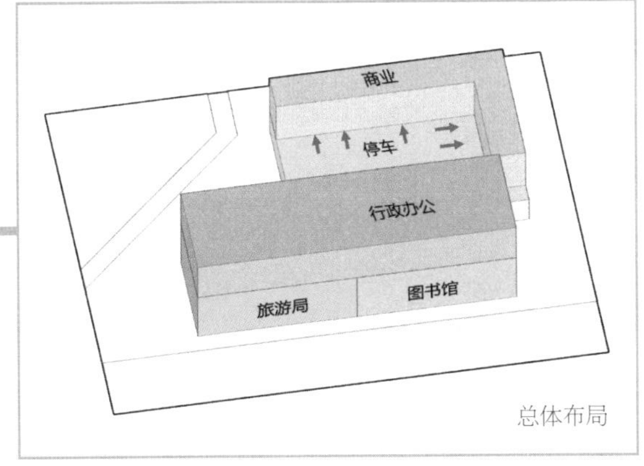

图 8

此外，打开停车场的沿街界面，使屋顶作为公共空间向城市开放。同时，将承担展现城市形象的旅游局放在街角，需要向公众开放的图书馆也放置在底层（图 9）。

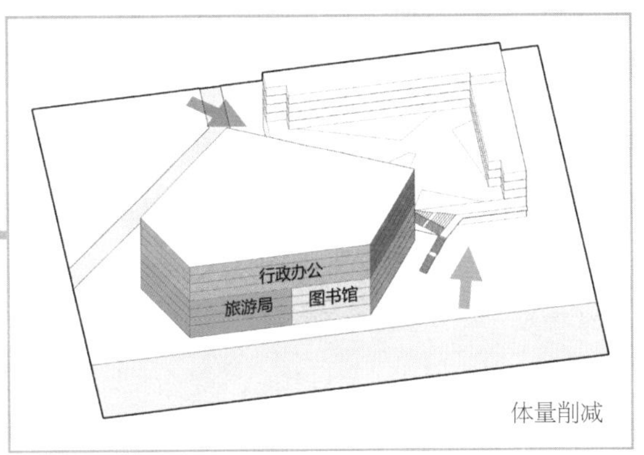

图 9

商场就是正常的商场，先不去管它了。重点是旅游局、图书馆和行政办公这三者之间怎么能“相亲相爱”地“组团出道”。

这三者中，行政办公的公务员肯定是严肃认真，很安静，而旅游局的小导游肯定是叽叽喳喳停不下来，只有图书馆宜静也宜动。也就是说，公务员和小导游性格不合不会成为朋友，但他们有一个共同的朋友——图书馆（图 10）。

图 10

敲黑板：图书馆作为枢纽，分别与行政办公和旅游局组合，连通整个建筑空间。在建筑 1 层，旅游局和图书馆可以共享对外开放展区。这样在图书馆举办的各种展览等活动，就可以被来自天南地北的游客看到，反过来也会吸引更多人来参展（图 11、图 12）。

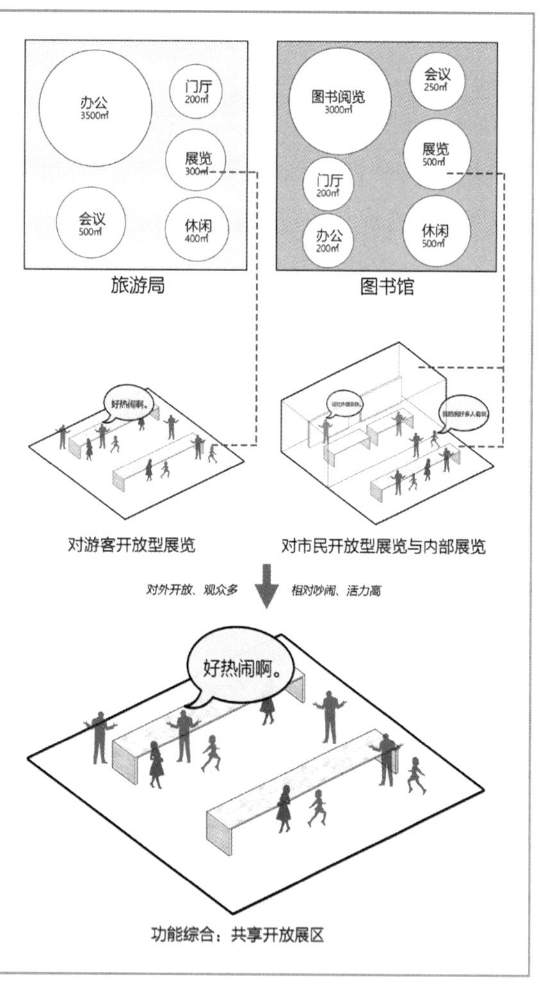

图 11

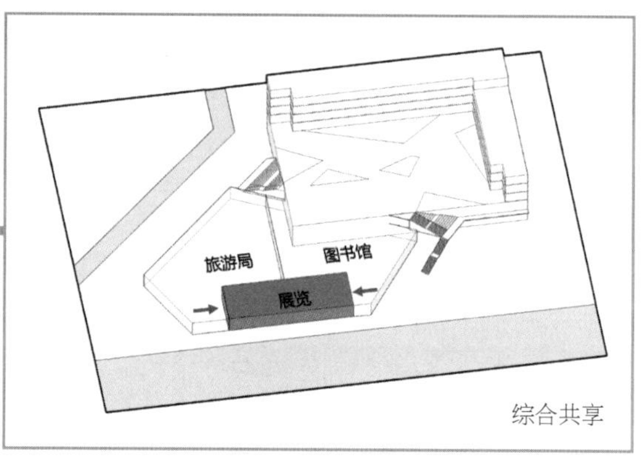

图 12

在建筑 3 层，旅游局的工作人员可以和图书馆的读者共享较为安静的休闲空间（图 13、图 14）。

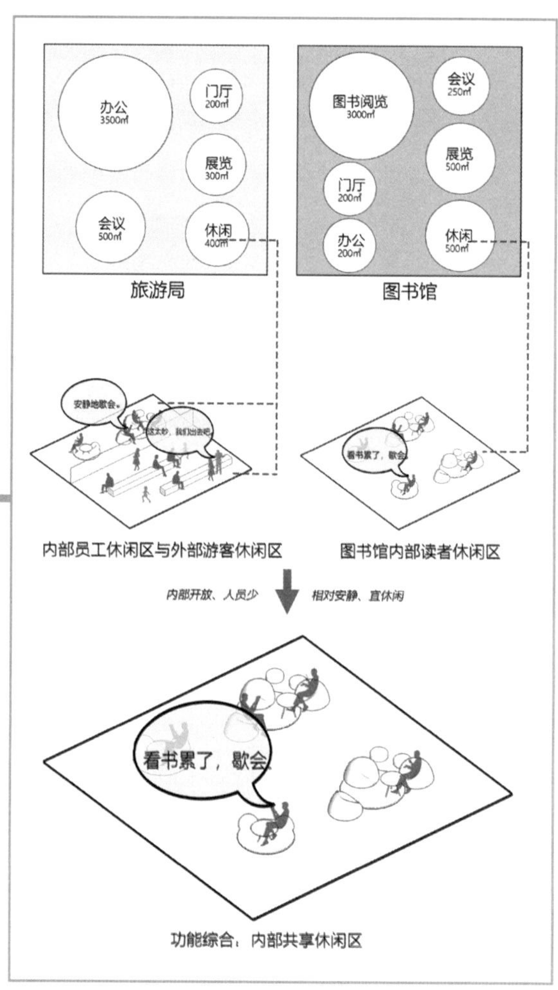

图 13

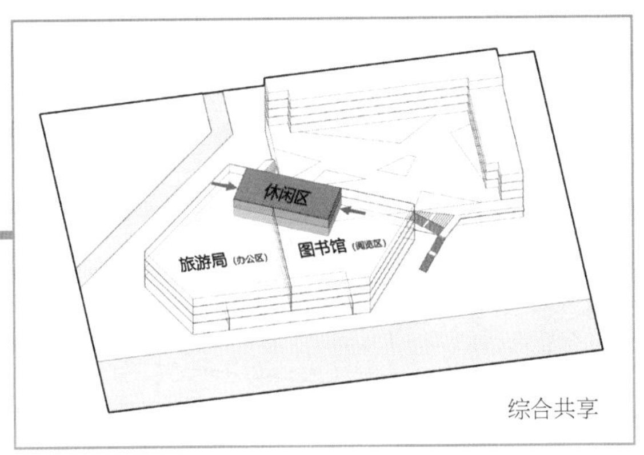

图 14

在建筑 4 层，旅游局的工作人员可以共享图书馆的大型会议空间（图 15、图 16）。

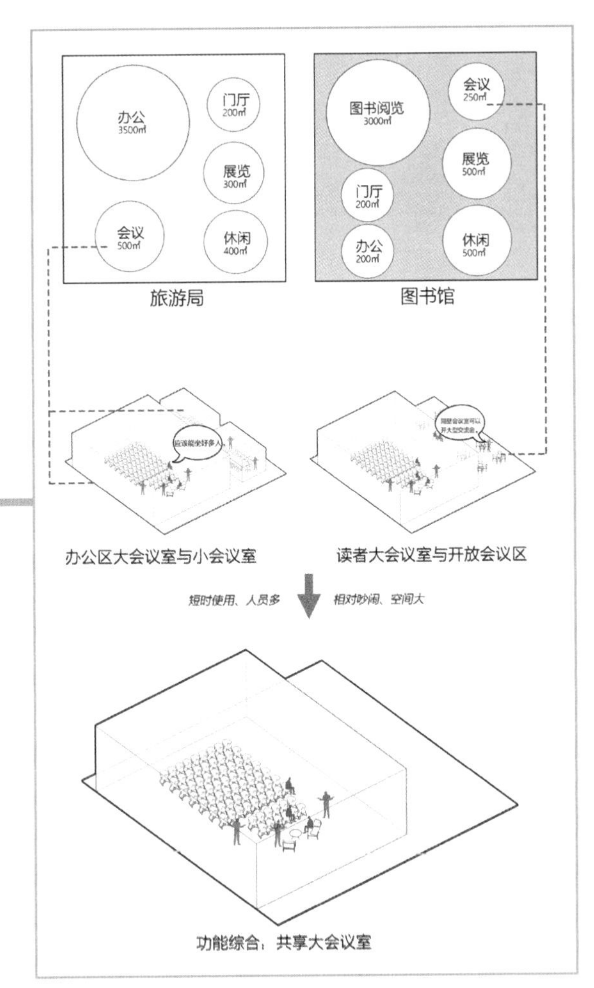

图 15

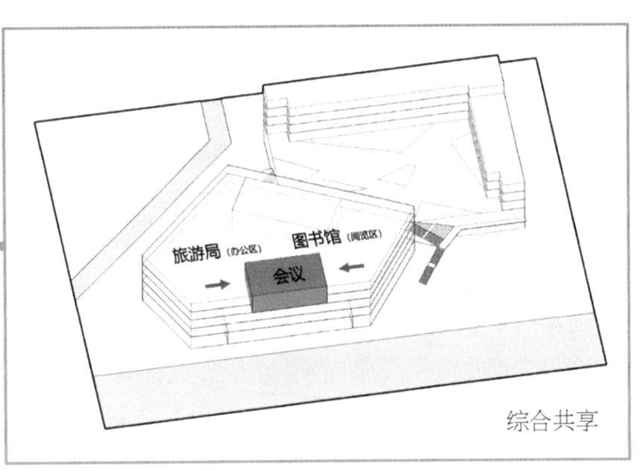

图 16

在建筑 5 层，行政办公的公务员可以共享图书馆的内部休闲空间（图 17、图 18）。

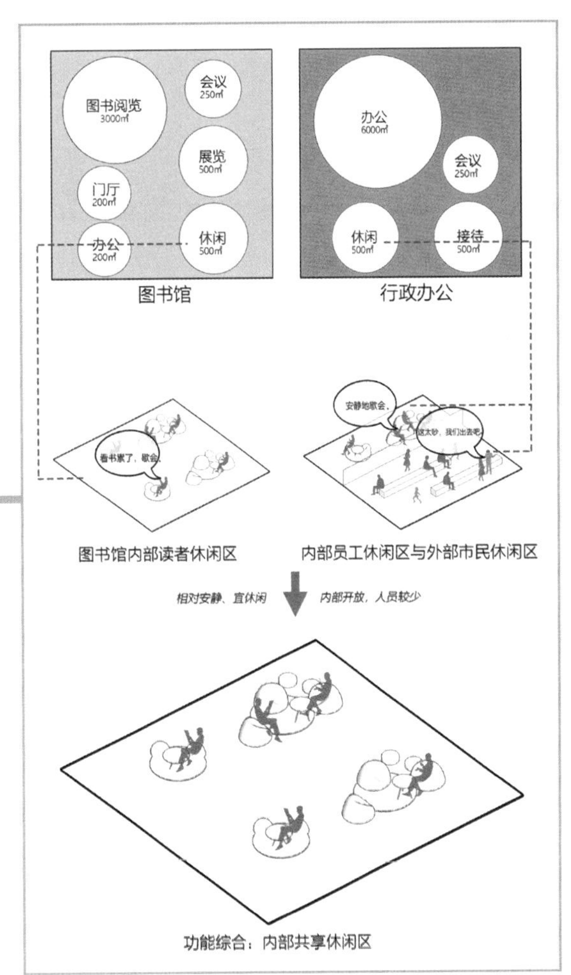

图 17

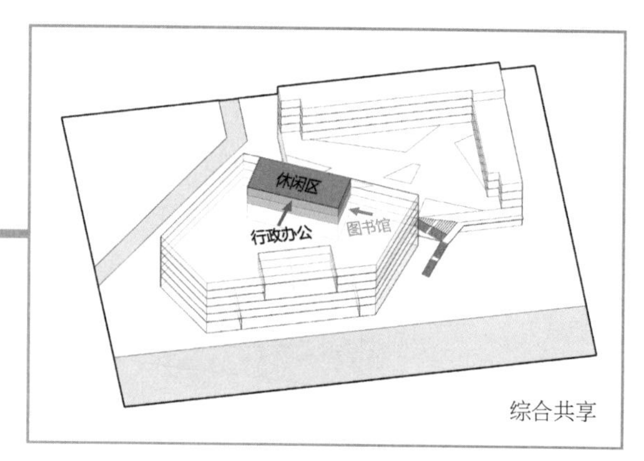

图 18

整个行政办公空间的内部不同楼层可以共享接待等候空间（图 19）。

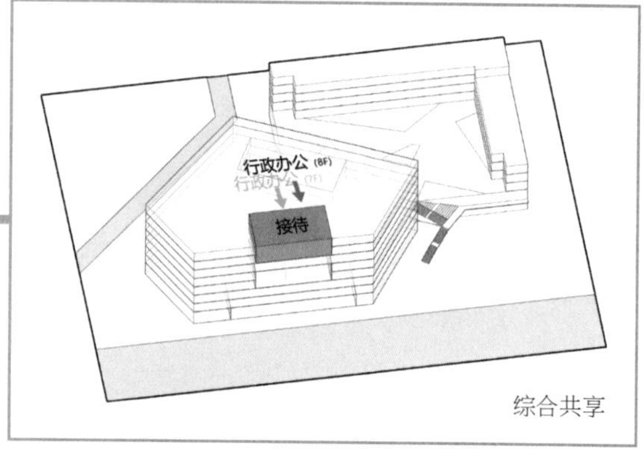

图 19

至此，我们得到 5 个可以共享行为的公共空间。那么，问题来了：这 5 个共享空间该怎么在建筑里分布？SHL 为了强化建筑的标志性和改善共享空间的景观，决定让 5 个共享空间分别对应城市的河景、教堂、车站等主要景观（图 20、图 21）。

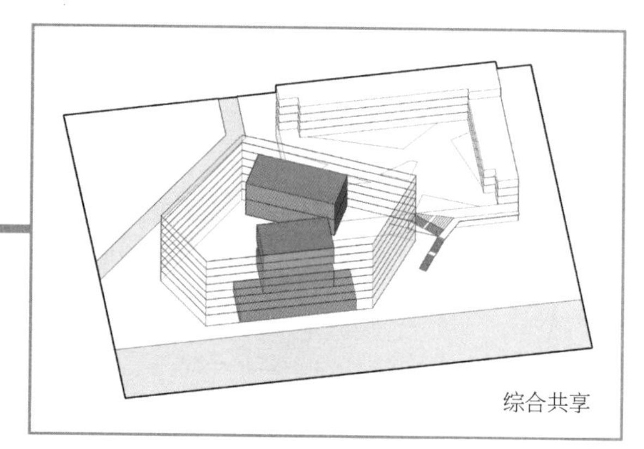

图 20

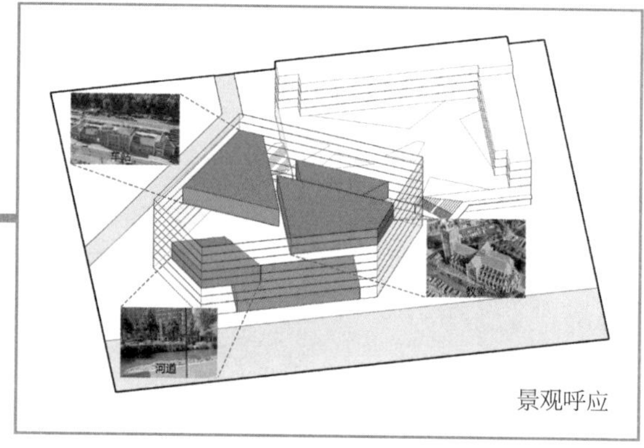

图 21

再通过中庭将 5 个共享空间连通起来。常规的中庭是从下到上完全贯通，方便上下楼层的联系（图 22）。

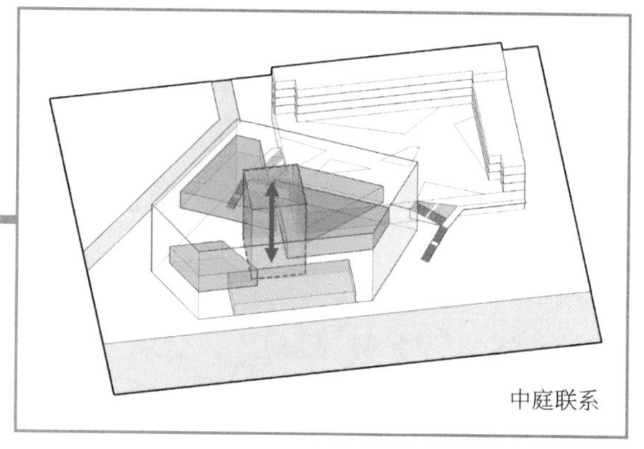

图 22

但现在的 5 个共享空间是有选择的，是有相同行为特征的共享，而不是所有人的共享。贯通的中庭会让所有人混杂在一起，互相干扰，所以将原本贯通的中庭打散，分成多个小中庭（图 23）。

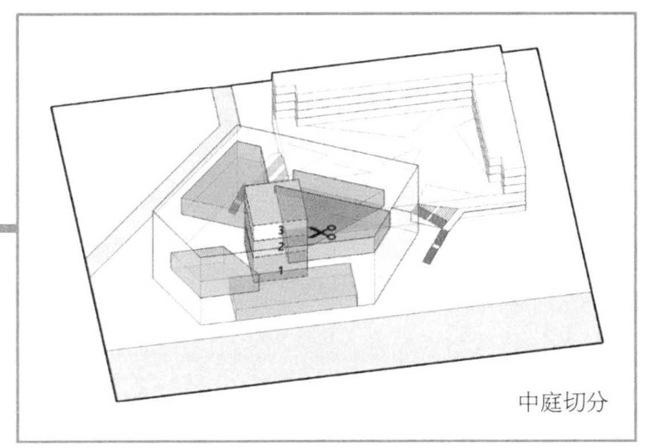

图 23

1 号中庭，连接 1 层公共展览空间和 3 层共享休闲空间，在一楼闹腾完可以上楼找个地方歇一歇（图 24 ~图 26）。

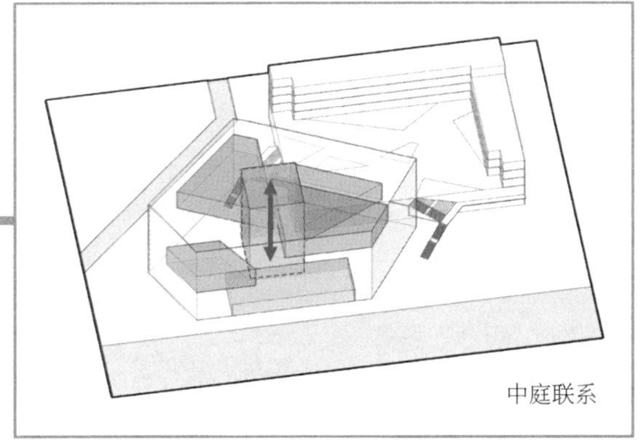

图 24

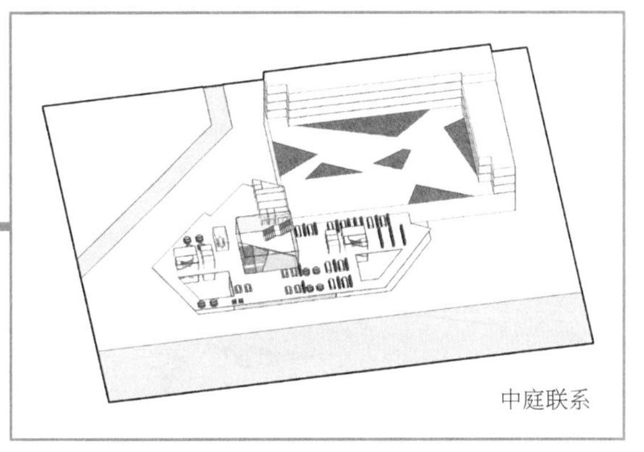

图 25

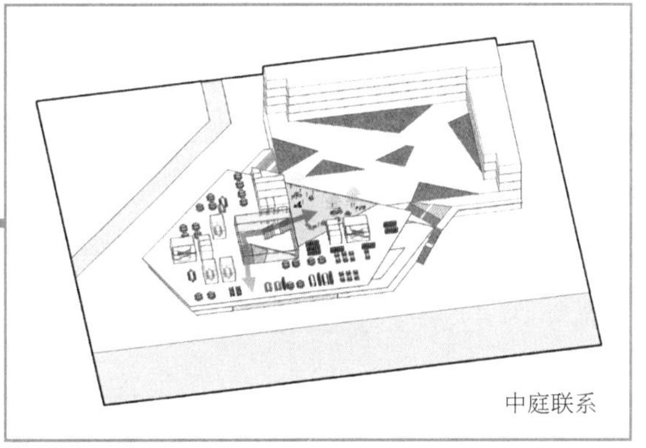

图 26

2 号中庭，连接 3 层共享休闲空间和 5 层共享休闲空间，主要服务于内部工作人员相对私密安静的休闲行为（图 27）。

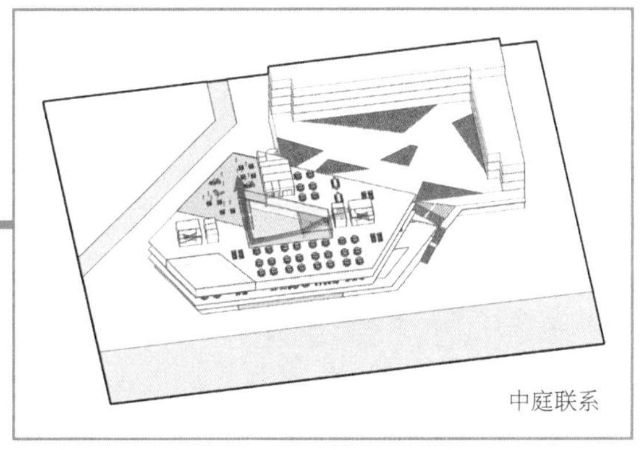

图 27

3 号中庭，连接 5 层共享休闲空间和 7 层接待空间，让行政办公区的接待洽谈更加便捷舒适（图 28）。

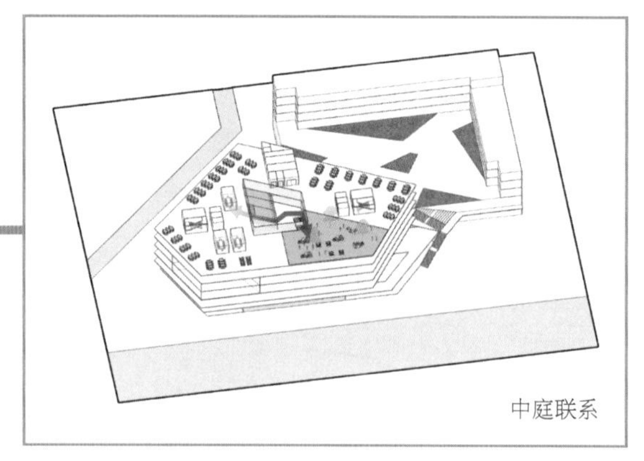

图 28

最后，采用木格栅包裹建筑立面，在视野良好的通高空间处降低格栅的密度（图 29）。

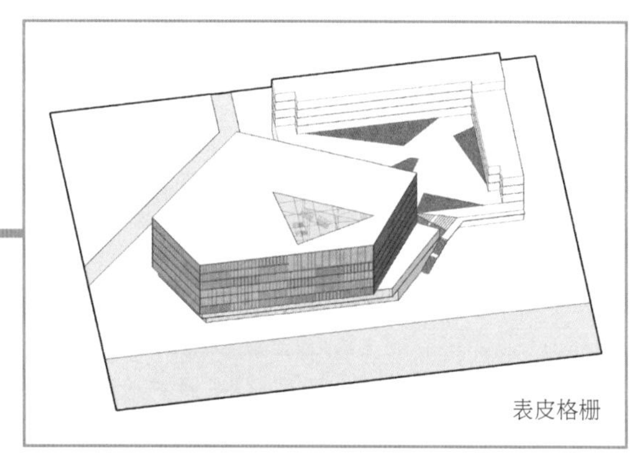

图 29

这就是 SHL 建筑事务所设计的荷兰多德雷赫特市政大楼。虽然尿尿地把甲方的大综合体梦想给偷梁换柱了，但这个假综合体还是中标得了第一名（图 30 ~ 图 32）。

图 30

图 31

图 32

空间关系的本质是人的关系，你和你最好朋友的关系大概和任何小说电影里描写的都不一样，却是让你最舒服、最放松的关系。空间关系亦是如此，流行的东西当然诱惑人心，而坚信自己的判断才会收获惊喜。

图片来源：

图 1、图 30 ~图 32 来自 https://www.shl.dk/house-of-the-city-and-region/，其余分析图为作者自绘。

END

考试是门玄学：『学霸』靠命，『学渣』认命

图 1

名　称：首尔平昌洞艺术中心竞赛方案（图 1）
设计师：Arcbody Architects 事务所
位　置：韩国・首尔
分　类：展览建筑
标　签：功能分化
面　积：约 7500m²

图 2

名　称：首尔平昌洞艺术中心竞赛方案（图 2）
设计师：ODA 建筑事务所
位　置：韩国・首尔
分　类：展览建筑
标　签：空间咬合，功能复合
面　积：约 7500m²

这个世界上总有些事情可能会迟到，但永远不会缺席，比如，高考。其实考试并不可怕，不就是切断网络，离开心爱的手机两个小时吗？何况还有精心挖坑、步步惊魂的考试卷子供你消遣——实在忍不了且不怕死的，可以启动人工微信、手动传纸条聊天，保证惊险刺激，还有可能收获“终身禁止考试大礼包”。真正可怕的是那个生命不能承受之考试结果，轻则板砖，重则搬砖。只会迟到不会缺席的除了考试，还有爹妈招呼你的十八般武艺，考试结果比考试范围还要虚无缥缈。

某日，天气闷热，宜考试。韩国的甲方老师出了这样一个题目：在首尔平昌洞设计一个艺术综合体，要包括一个 1200m² 的社区中心、一个 2000m² 的档案展示馆、一个 1200m² 的主题画廊以及一个 1000m² 的图书馆。而建设基地足足给了七千多平方米，并准备了 950 万英镑（约 8441.5 万元人民币）的预算，还不包括 50 万英镑（约 444.3 万元人民币）的设计合同（图 3）。

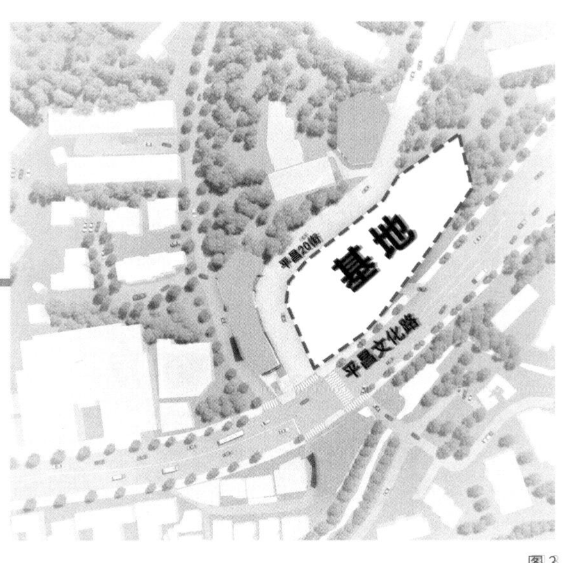

图 3

然而，就像小明家里的水池总是一个水管进水一个水管出水，小明去公园的路上要从队尾走到队头，又从队头回到队尾反复折腾，没有变态设定的应用场地是不配召唤小明的。所以，这个位于北汉山附近的场地毫无意外地是个山地：高差 23m。然后，前方高能——建筑限高 20m！也就是说，这块七千多平方米的场地，除去超过限高的部分以及必须要留的疏散广场，还剩下四千多平方米，且这四千多平方米依然还有将近 20m 的高差（图 4）。

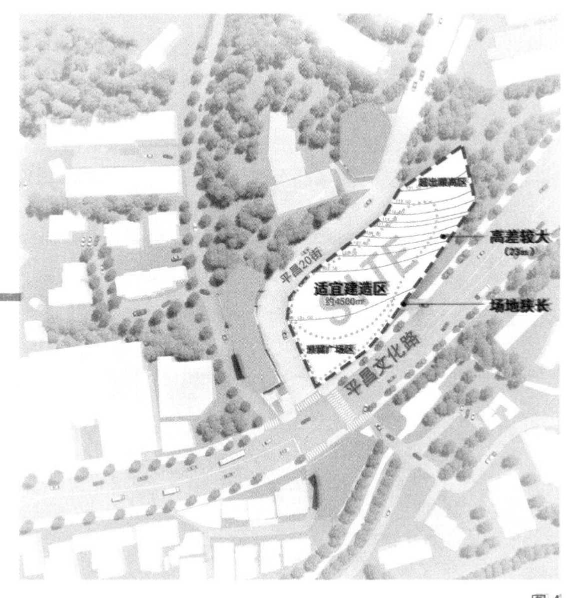

图 4

这就像参加数学考试，题目限制了你只能去使用哪些公式。奇变偶不变，符号看象限。现在这种情况，最优解大概就是退台法了（图 5）。

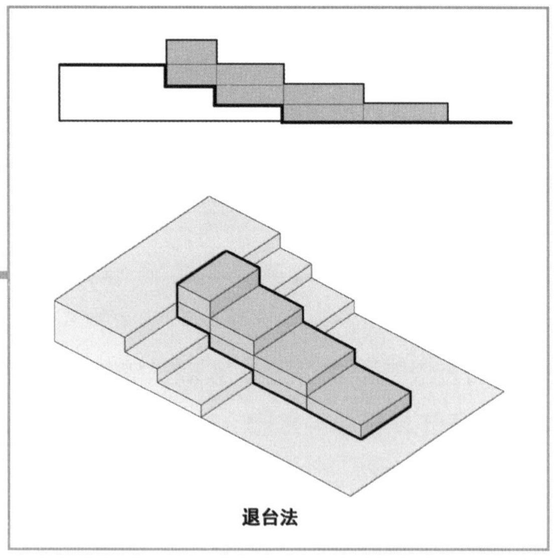

图 5

然而，就算都背对了口诀写对了公式，“学霸”和“学渣”之间依然差了一条银河系。根据对任务书的理解，先将功能赋予简单的盒子形态（图 6）。

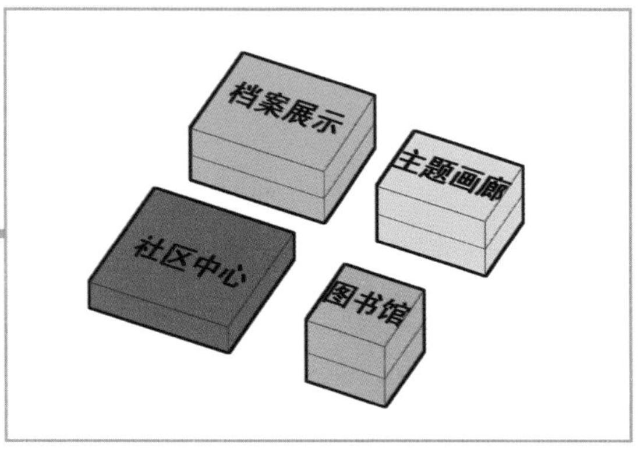

图 6

对于“学渣”来讲，能把功能块理清，没有错漏已经算超常发挥了。可对于“学霸”来讲，真正的超常发挥才刚刚开始。首先，至少也要对功能进行个更细致的划分——该复合复合，该重组重组。然而，不行。因为面积不允许，4 个盒子放进场地就已经满了（图 7）。

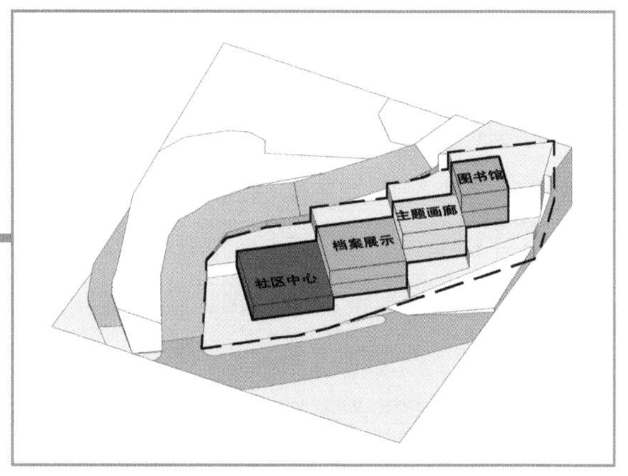

图 7

但这对“学霸”来说不叫事儿，《5 年高考 3 年模拟》不是白做的。面积不够就通过时间规划来进行空间压缩。考虑到每一个公共功能都可以由一个通高大空间和一排密闭小房间来标配组成，那么就可以使用共用通高大空间来节省面积。更重要的是可以实现真正的跨功能连通（图 8）。

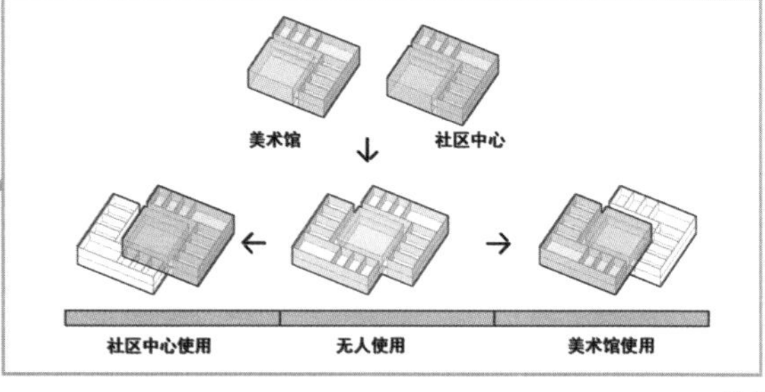

图 8

有了这个空间压缩大法来节省面积，4 个功能盒子挤一挤就可以挤出 7 个功能盒子，也就是细分出 3 个独立功能（图 9）。

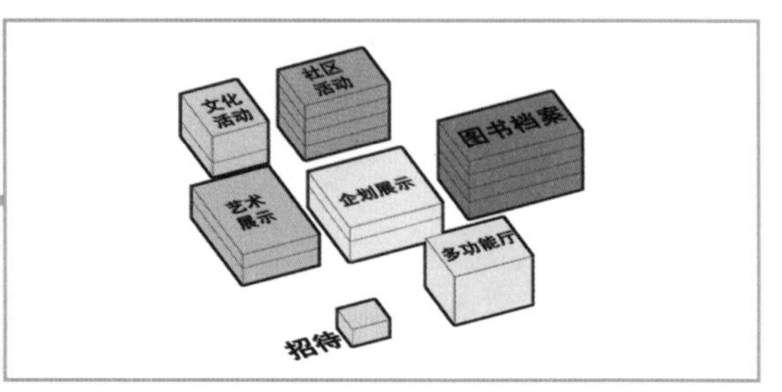

图 9

接下来就是怎么往场地里摆这些盒子。其实也没有更多选择，场地限制已经很明确了，退台布置就是最优解。“学渣”只求简单省心，将4个盒子错动一下，让出了室外场地已经算尽力了（图10）。

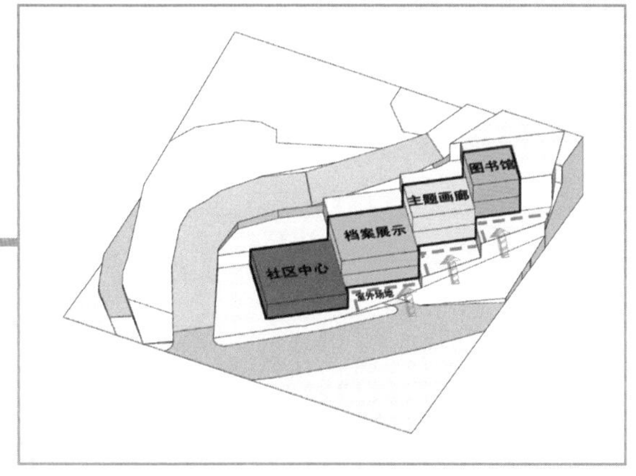

图10

再让盒子向着日照方向旋转了一下就是发挥洪荒之力了（图11）。

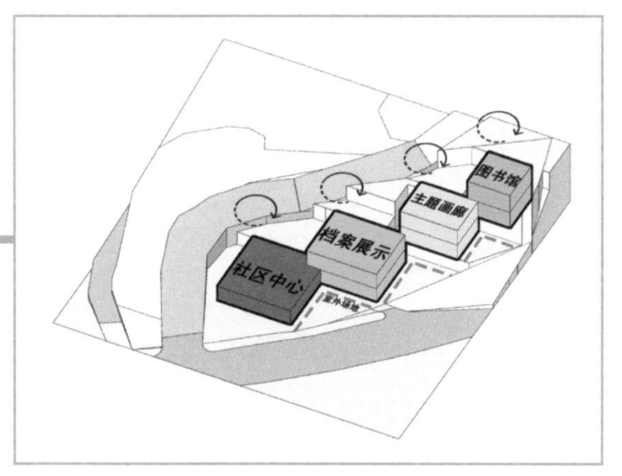

图11

然后，就没有然后了。再看“学霸”的花式解题法。先把通过空间压缩挤出来的7个功能盒子一字排开（图12）。

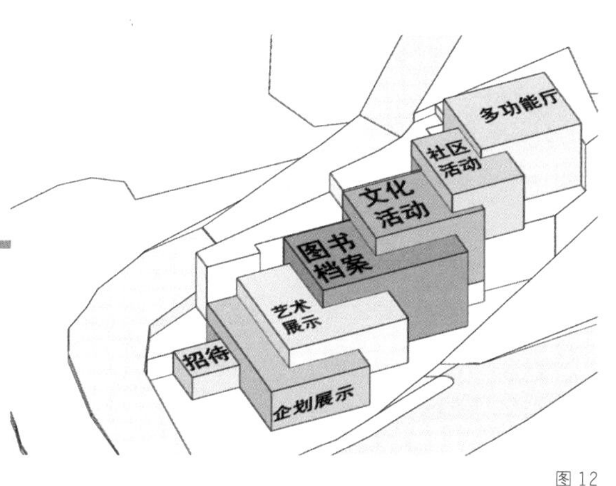

图12

再通过咬合空间作为两个盒子空间的共有部分来进行复合，如企划展示和艺术展示的展厅就可以共用通高展厅（图13）。

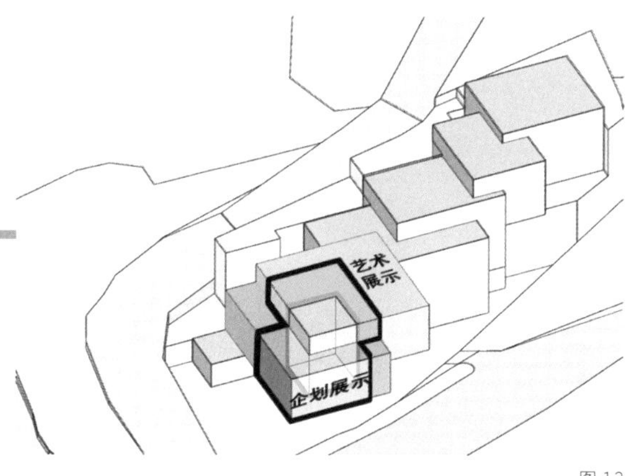

图13

艺术展示的展厅可以和图书档案馆的公共空间复合共用（图14）。

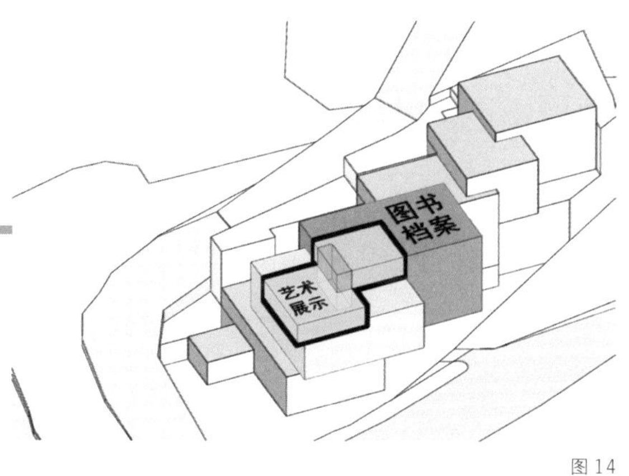

图14

文化活动、社区活动的公共空间不再复合，但是可以通过透明围合的结构来实现视线穿透(图15)。

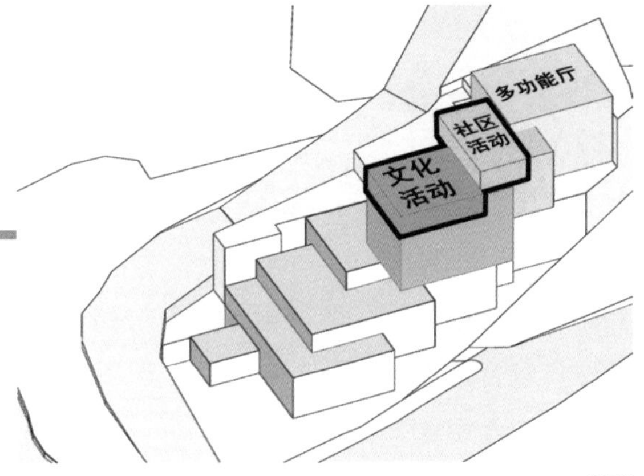

图 15

将所有咬合的复合公共空间相连通，让它们像串糖葫芦一样躺在山地上(图16)。

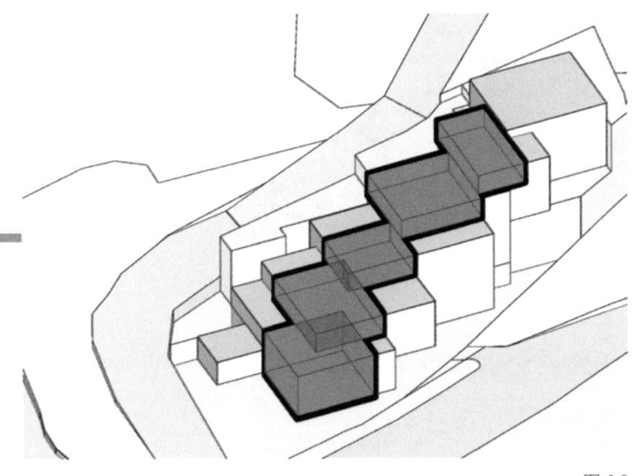

图 16

至此，“学渣”和“学霸”都完成了基本的空间结构，下面要开始深化设计了。“学渣”依然秉承不操心、不费心的原则，将每一个功能盒子都当成一个独立的房子来布置内部空间(图17～图20)。

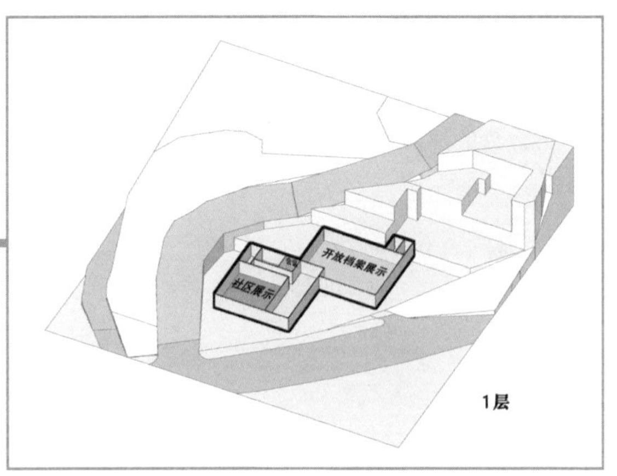

图 17

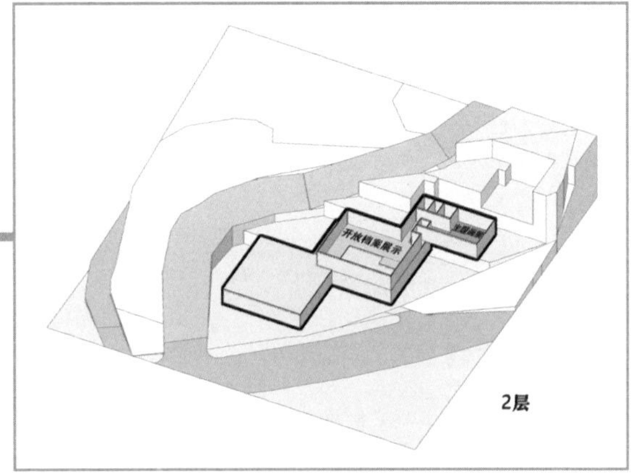

图 18

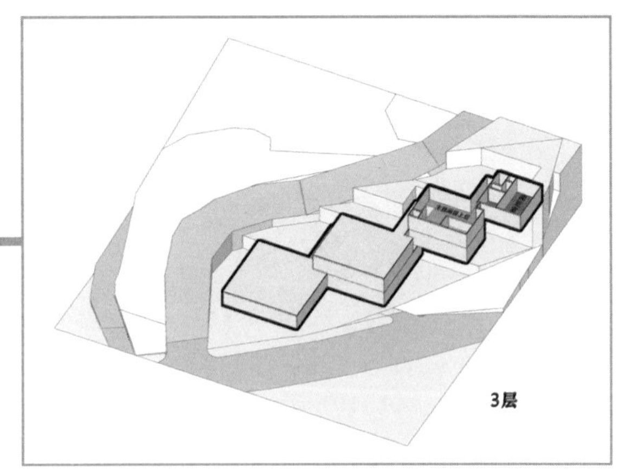

图 19

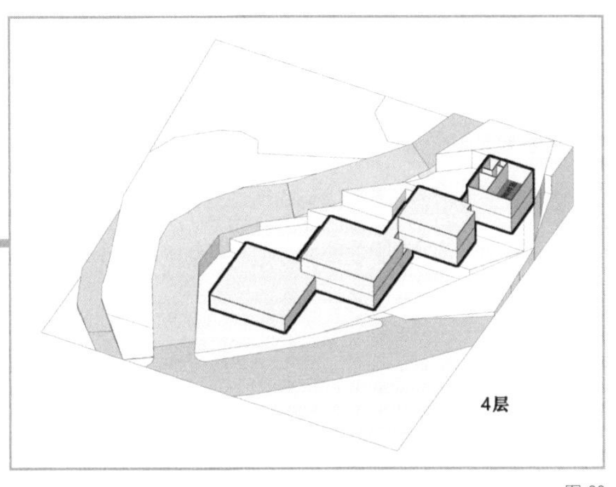

图 20

再加入楼梯交通就算齐活了（图 21）。

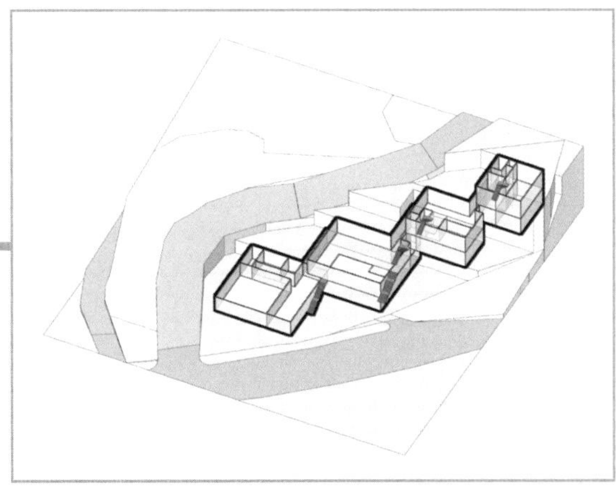

图 21

“学霸”虽然也是在布置内部空间，但明显要复杂很多。因为咬合共用空间的存在，整个建筑其实都连成了一体。因为退台布置而形成的垂直向限定被模糊掉，取而代之的是因为共用空间而形成的视线更加穿透和开阔的水平空间（图 22 ~ 图 26）。

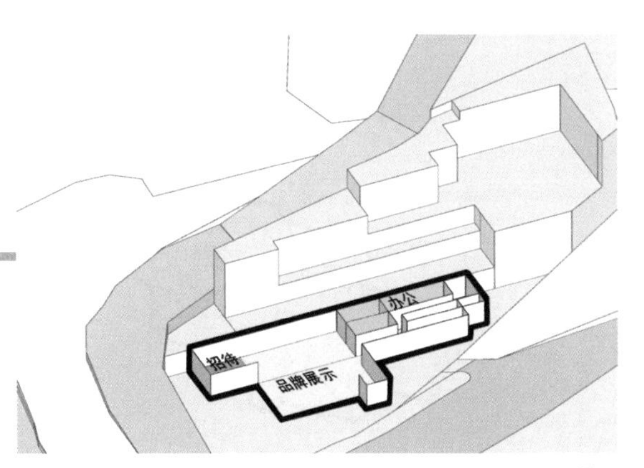

图 22

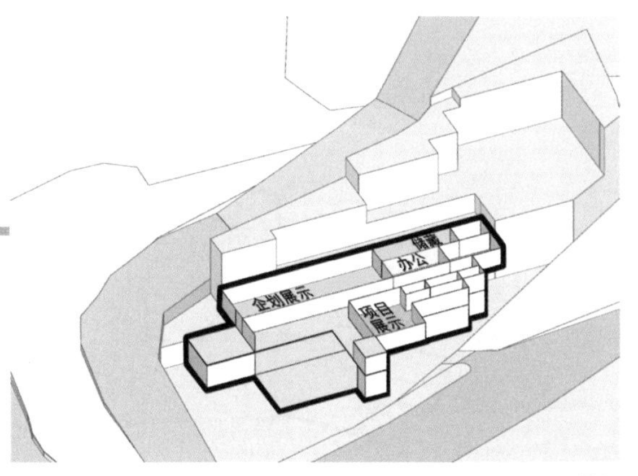

图 23

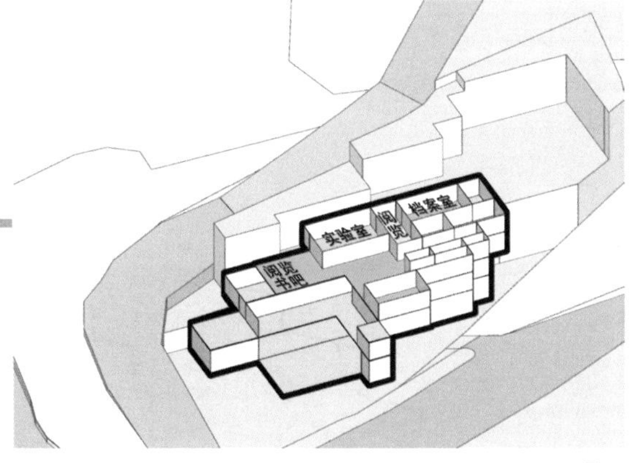

图 24

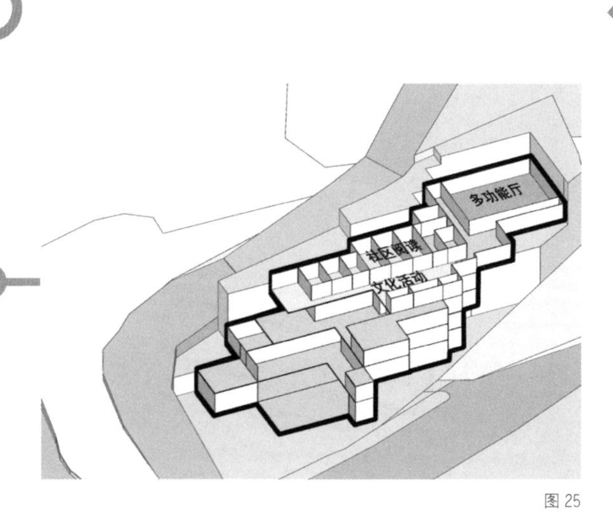

图 25

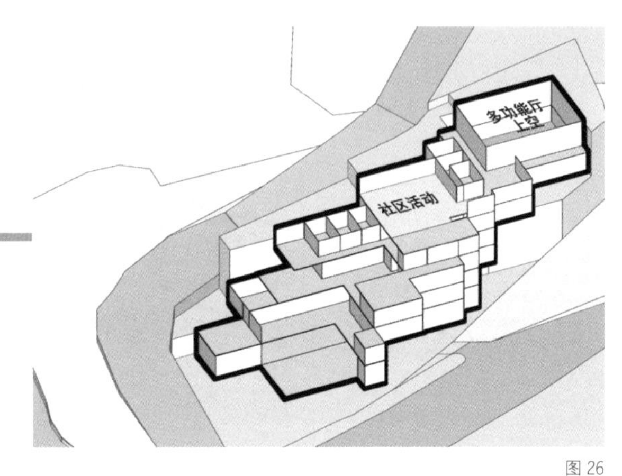

图 26

加入楼梯交通（图 27）。

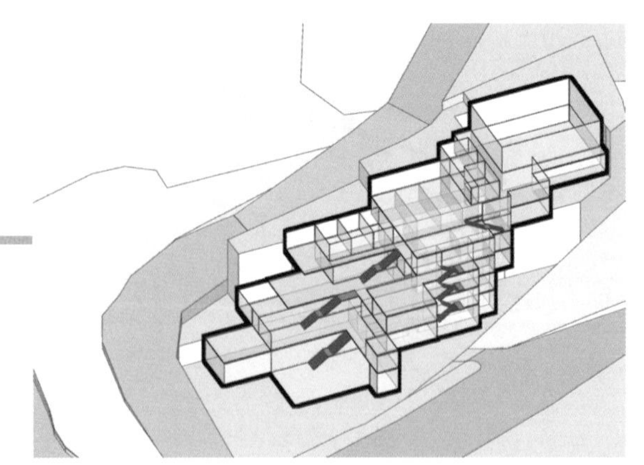
图 27

因此，二者的交通流线模式也是完全截然不同的。“学渣”的模式仍然简单粗暴，基本就可以理解成山坡上的一堆小平房。每个房子面前都有自己的一个小广场，市民可以通过每个功能盒子外的道路便捷地到达目的地，指向性非常明确（图 28、图 29）。

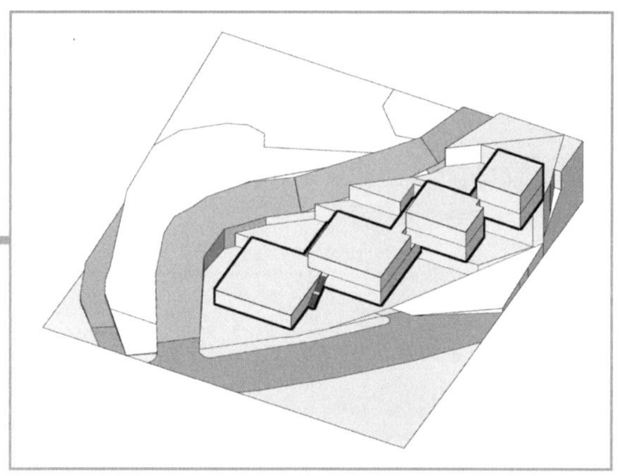
图 28

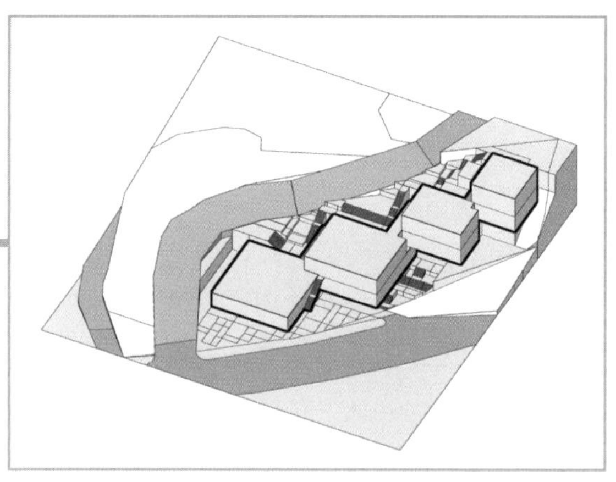
图 29

不用穿过主题画廊再达到图书馆，却保留了从主题画廊前往图书馆的权利。看似有点儿啰唆，却给了使用者更多的主动选择权（图 30）。

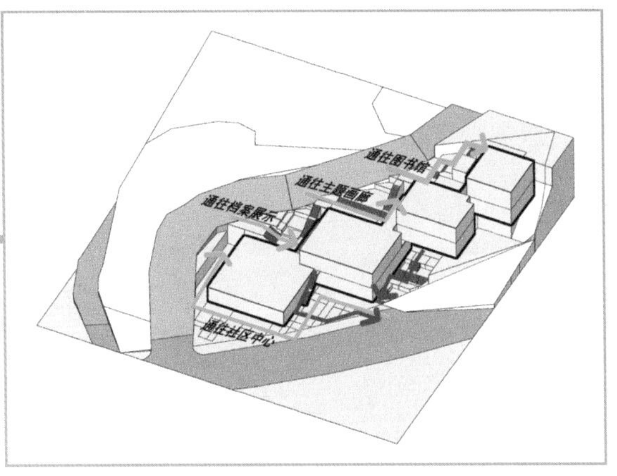

图 30

而“学霸”简直就是韩剧男主角的翻版，既温柔又体贴。虽然内部流线已经很完整了，但毕竟甲方说了希望更具开放性，所以在室外再加个外挂楼梯好不好（图 31）？

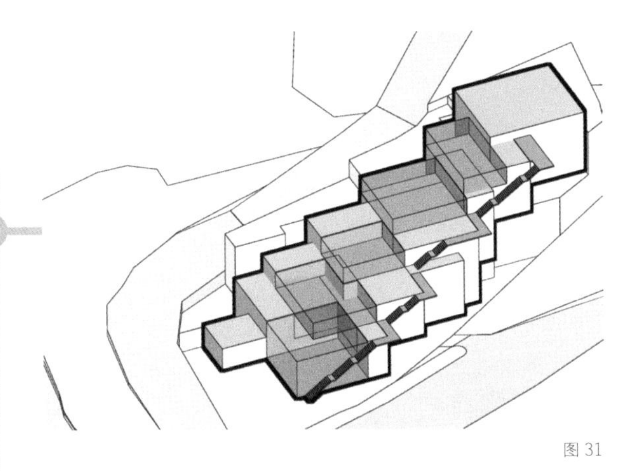

图 31

当然，干巴巴地爬楼梯谁也不喜欢。“学霸”的想法是把楼梯当成山来爬，蜿蜒起来不就有意思了吗？把围绕咬合中庭的盒子屋顶向外扩展或向内收缩，留出供人环绕行走的平台（图 32、图 33）。

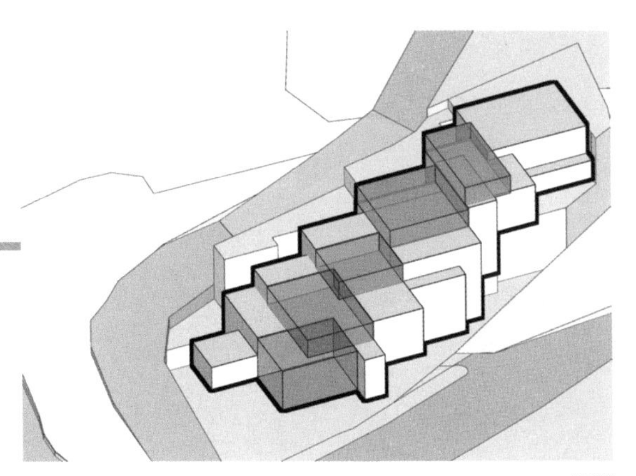

图 32

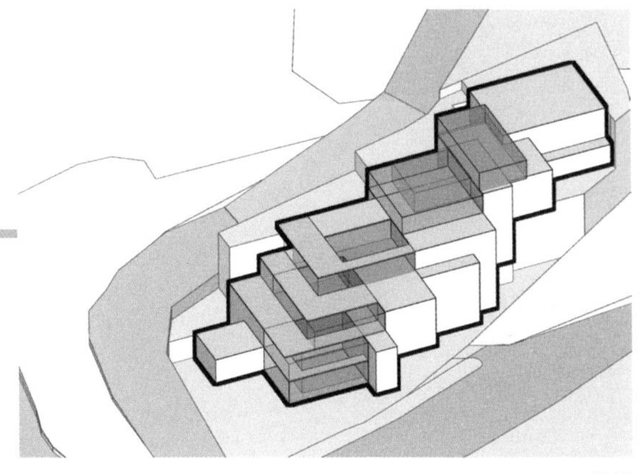

图 33

再用公共楼梯将各个平台辗转连接（图 34）。

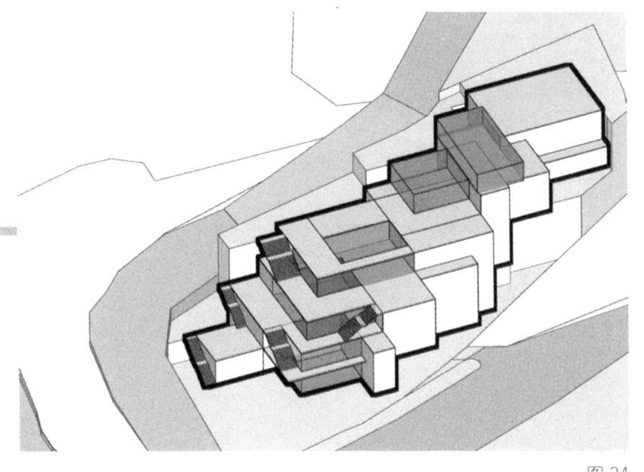

图 34

为求山体拟态，把楼梯也做成圆弧状（图35）。

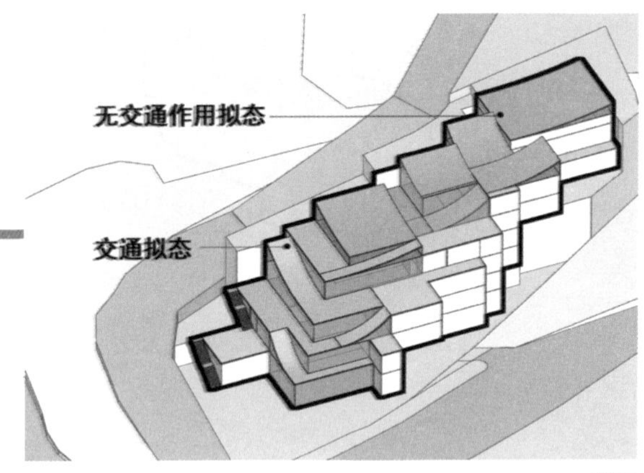

图 35

这样就有了室内外两条流线。室内顺梯而上，贯通所有功能；室外蜿蜒向上，饱览山间美色（图 36）。

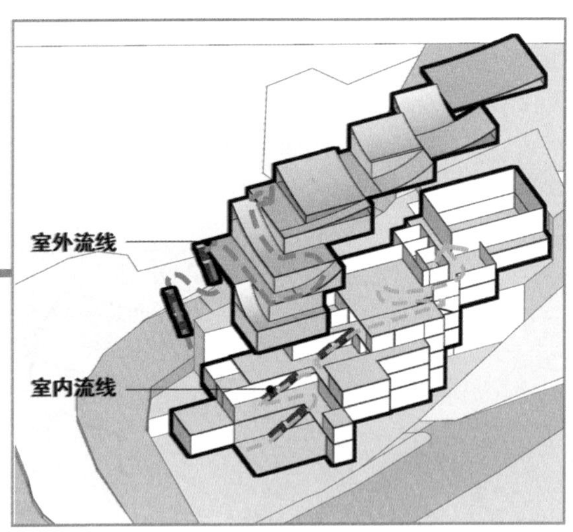

图 36

另外，还提供了外部俯视内部展厅的观赏视角。当然，也可以在上面像电视剧男女主角一样深情对望（图 37）。

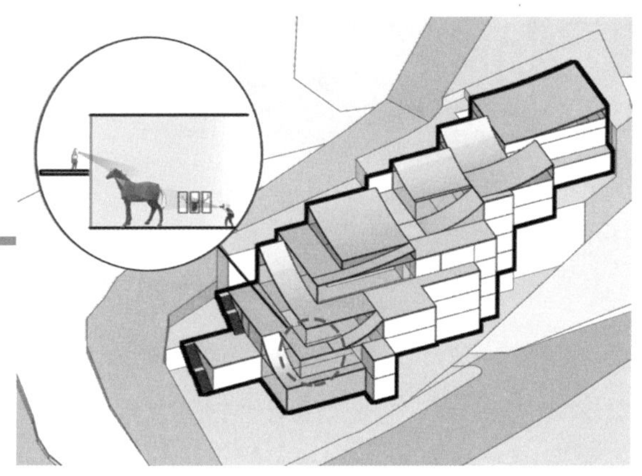
图 37

最后，再各自披上各自的皮，收工回家。这就是首尔平昌洞艺术中心的两个竞赛方案：一个是韩国事务所 Arcbody Architects 的“学渣”方案（图 38、图 39），一个是美国建筑事务所 ODA 的“学霸”方案（图 40、图 41）。

图 38

图 39

图 40

图 41

你猜谁最后中了标？早说了，考试是门玄学。“学霸”靠命，“学渣”认命。总之，你命由天不由你。什么都不重要，甲方顺眼最重要。当然是来自韩国本土的“学渣”喜提 50 万英镑设计合同。非要找个理由强行解释的话，那可能就是因为这个所谓的艺术综合体比较小吧（图 42）。

	优势项
ODA方案	空间复杂 功能复合 造型轻盈
Arcbody Architects 方案	功能明确 到达便捷 效率至上

图 42

或许大型公共建筑通过功能复合再细分可以实现效率提升，但是小型公建强行复合反而会压缩自己本身的功能。简单说就是，如果你家住 300m^2 的大别墅，当然可以拿出一部分房间用来和邻居聚会或者邀朋友同住，但你家只有 30m^2，自己都转不开身，哪还顾得上别人（图 43）？

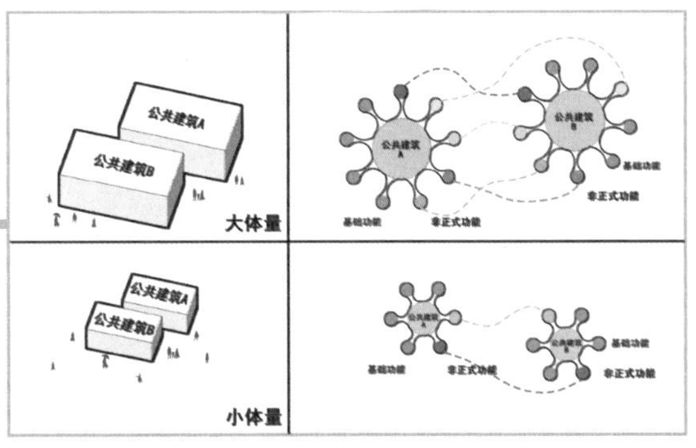

图 43

人生就像一场考试，心里有把握的时候绝对都考不好；一不小心考好了，那就真的是不小心。若结果在踏入考场的那一刻已经注定，那你又有什么可害怕的呢？不如拼尽全力，还能攒个经验。

图片来源：

图 1、图 38、图 39 来源于 https://www.archdaily.com/867373/seouls-new-community-art-complex-celebrates-cultural-and-artistic-engagement?ad_medium=gallery，图 2、图 40、图 41 来源于 http://www.oda-architecture.com/projects/pyeongchang-dong-arts-complex，其余分析图为作者自绘。

END

别怕，建筑师不是什么好人

图1

名　称：玛丽亚·蒙特梭利·马萨特兰学校（图1）
设计师：EPArquitectos事务所，Estudio Macías Peredo事务所
位　置：墨西哥·马萨特兰
分　类：学校
标　签：低成本，模块化
面　积：2100m²

ART

律师眼里没有好人坏人，只有当事人，建筑师眼里也没有正方反方，只有甲方。从文艺复兴时期有了建筑师这个职业开始，权利与资本就是这个职业续命的氨基酸。我们与甲方之间只有纯洁的金钱关系：拿钱干活，收钱走人。不论甲方横行霸道还是乐善好施，建筑师都得全心全意服务。不论房子奢华还是简朴，建筑师都得兢兢业业创作。成年人的世界中利益最直接，但是，有的利益不一定是用金钱衡量。

墨西哥的马萨特兰市要建一所新的社区小学，得到了一块特别大的基地。然而，这就是全部了，甲方穷得只剩地了。这个学校其实有点儿类似于咱们的希望小学，社区是城市边缘的低收入社区，学校的建设也全靠募捐（图 2）。

图 2

募捐是募捐，但这不是校友遍地的老牌私立学校，也不是历经劫难、全民关注的重建项目，这只是一个在城市角落为穷苦孩子提供教育机会的普通学校，说白了，就是一个可怜的“小透明”，虽然不至于揭不开锅，可吃了上顿也没有下顿。

真相就是校长先生现在筹到一部分钱可以启动建设，但远远不够建成整个学校。那搞个分期建设不就行了吗？没那么简单。因为谁也不知道下一笔钱什么时候来，能来多少。可能三五个月，也可能十年八年，可能来的是三五百块，也可能是十万八万，还可能永远也等不来。

正常建筑师可能会马上反应过来，在第一期建设中就要保证所建部分能正常投入使用，每个功能都得有一部分，比如，教室、活动场地、室内体育场、办公这些都得先来点儿。然后，就没有然后了。最多设计费打个折，再送个二期建设的效果图。还想怎样？谁也不能管你一辈子是不是？何况所谓募捐根本就是海市蜃楼，想想就算了。但来自墨西哥第二大城市瓜达拉哈拉的 Estudio Macías Peredo 事务所联合马萨特兰市当地的事务所 EPArquitectos 想一次到位，给学校解决问题。

关键词：一次到位。所谓一次到位就是说，无论将来有钱没钱，有多少钱，什么时候有钱，这个学校永远都能保持一个完整状态。随时建，随时停，建 10m^2 还是建 1000m^2 都一样。聪明如你，应该能够想到模块化了（图 3）。

图 3

模块化产生的建筑形体具备自由生长的潜力。但光自由生长不行，还得时刻保证完整状态，总不能留个烂尾楼或者半成品给墨西哥的“花朵”吧，就好比织毛衣，织完了就得锁边，再想继续织，就得拆了锁边才能接上（图4）。

图4

那么现在的问题就是：怎么能给模块化建筑锁边，但又不用拆锁边就能继续加建？答：给每个模块都锁个边。注意，前方神操作：OFFSET（偏移）模块锁边法。

OFFSET模块锁边法是指把每个模块向内偏移一圈，以外围为交通、活动的非正式空间，以内部用作教室、办公等功能空间（图5）。

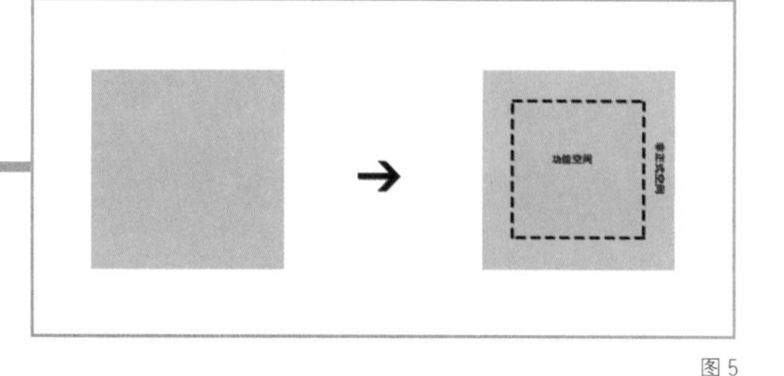

图5

这样就实现了空间的自由组合和恣意生长，且能永远保持建筑的完整性（图6）。

图6

但要用哪种形体做基本单元模块还是个问题。为了筛选出适合本项目的最佳模块单元，我们有请以下几何体开始比拼。

第一轮：空间使用情况（图7）。

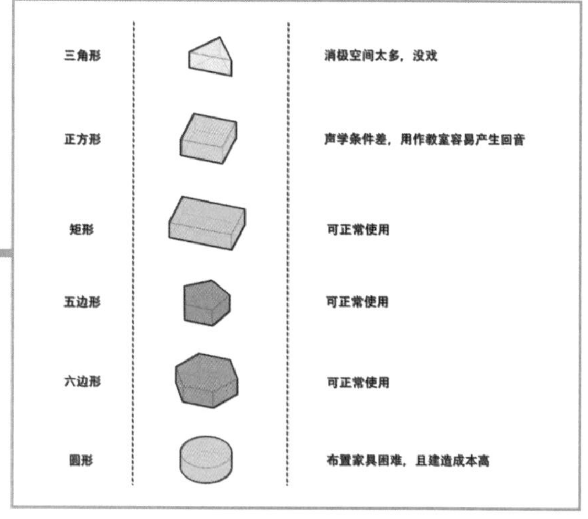

图7

在这一轮中，恭喜矩形、五边形和六边形胜出！

第二轮：组合方式（图 8）。

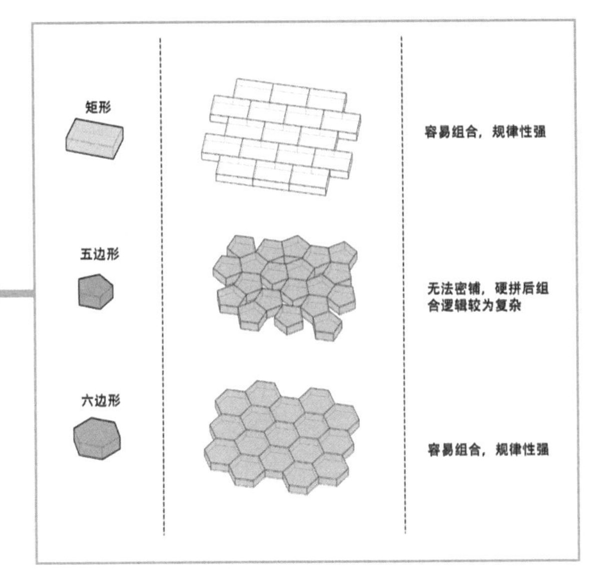

图 8

正五边形内角 108°，整数倍不能组成 360°，所以不能密铺。如果非要拼在一起，组合逻辑也过于复杂，难以形成稳定的规律性。若考虑变形为非规则五边形的可能性，迄今只有 15 种不规则凸五边形被科学家发现可以满铺，但肉眼可见，它们中的大部分空间都不怎么好用。与本轮其他两位选手相比，五边形性价比太低，设计与施工成本都得高出不少，不适用于低成本的设计（图 9）。

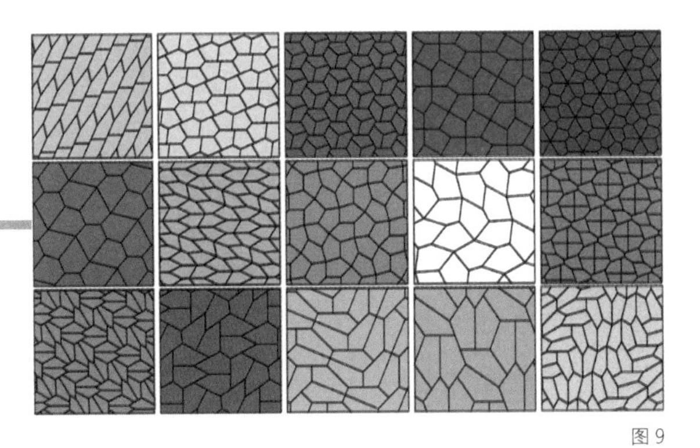

图 9

所以，在第二轮中，矩形、六边形胜出！

第三轮：空间流线。

把前两轮的优胜者分别做偏移处理。矩形有过多的直角转折，转折点视觉盲区较大，不确定性因素多，不利于小朋友们在非正式空间（走廊）里来回跑动，有撞人的危险（图 10）。

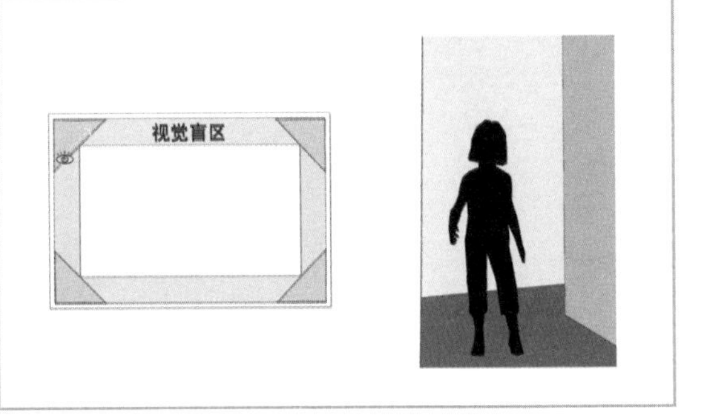

图 10

六边形转折点盲区较少，可以提前预判前方跑来的小朋友，不会产生上述问题（图 11）。

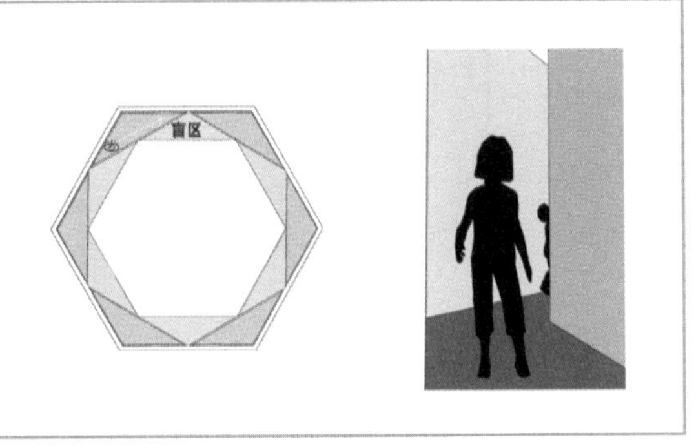

图 11

两者对比可以判定最终优胜者是六边形（图12）。

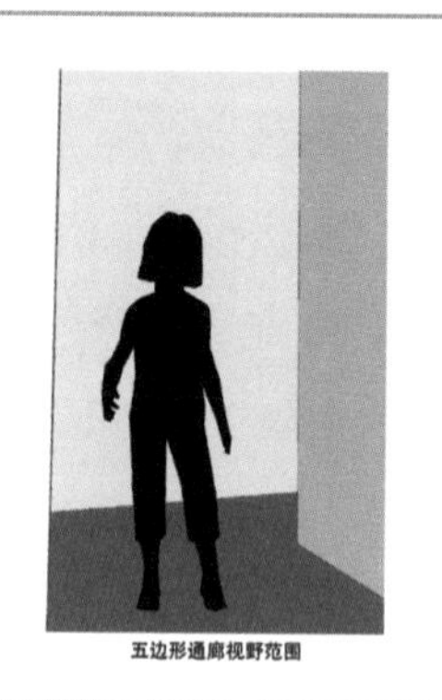

图 12

经过三个回合的比拼，六边形模块单元终于脱颖而出。下面终于可以愉快地做方案了。

首先，由于学校大部分区域是教室，基本模块的体量和尺度按照教室尺度确定（图 13）。

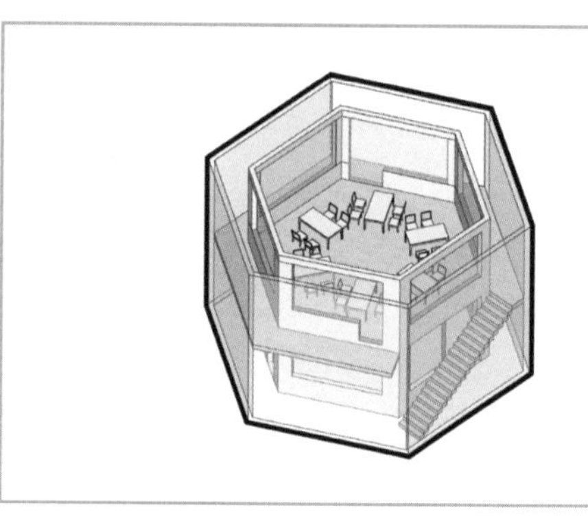

图 13

其次，考虑到墨西哥当地气候的特殊性——高温高湿，所以一是要遮阳挡雨，二是得通风良好。偏移模块产生的外围空间可以解决遮阳挡雨的问题，而通风问题可大可小，考虑到校长先生可能并不会有闲钱给孩子们装空调，所以好人做到底，建筑师决定好好解决一下。

通风主要从两个方面下手。

1. 在模块单体上。

①三角形门窗。

前面提到了，外围的非正式空间也可以作为遮阳空间使用，所以在开门开窗上就一定要克制，和无孔不入的阳光斗智斗勇。这里选取三角形窗，上小下大。对于小朋友来说，底部可通过空间足够大，来回跑动无障碍，而上部的收缩也能最大限度地增加遮阳面积（图 14、图 15）。

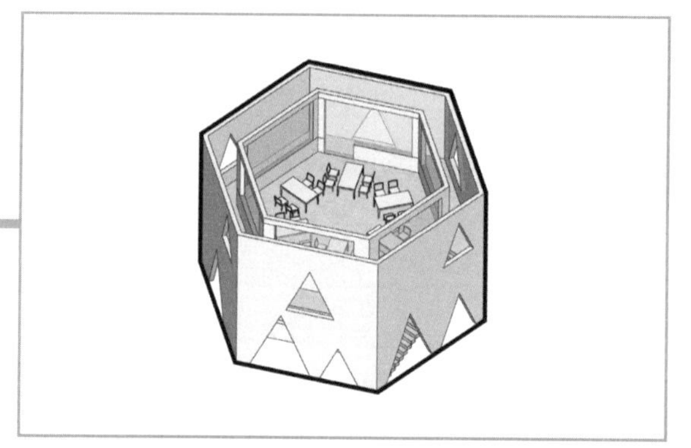

图 14

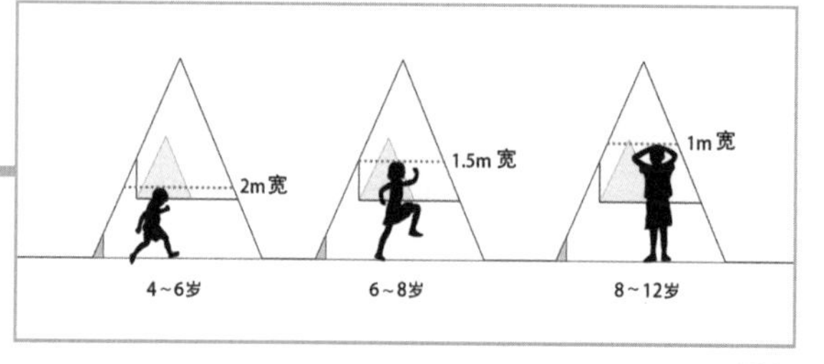

图 15

同时，这种不常见的三角形窗平添了空间趣味性。类似洞穴的形态也往往能激发孩子们的探索欲。虽然没钱去建设高级的活动空间，但这样处理后，如山洞般贯穿的外廊可以说是零成本的游乐场了（图 16）。

图 16

②天窗。

进一步在模块顶部开天窗，利用“烟囱效应”形成自下而上的循环气流，从顶部带走室内热空气，促进通风。同时，也有助于补充室内光线（图 17、图 18）。

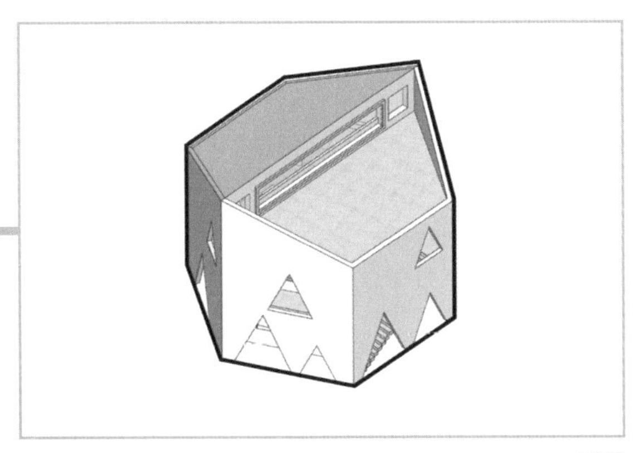

图 17

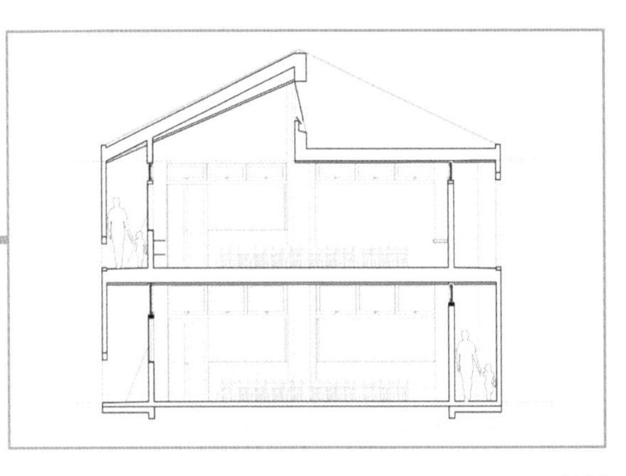

图 18

2. 在模块组合方式上。

如果按照常规方法采取紧密的排列方式，那么里面的模块就没办法通风（图 19）。

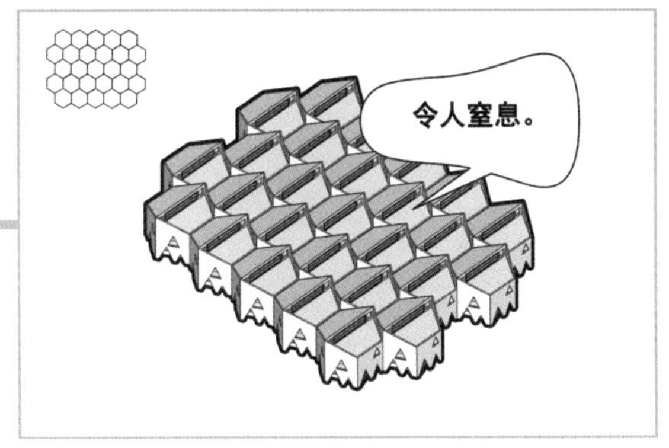

图 19

减去中间的部分体块会好一些，但也不能保证每个面都能通风（图 20）。

图 20

那么，就没有每个面都能通风的办法吗？当然有。第二个神操作来了！模块松散组合法。

在常规排列方式的基础上，进行扭转错动，形成松散的模块排列，就能实现 6 个面同时通风了。不仅如此，这样还能产生一大一小两种庭院尺度：小庭院作为“拔风竖井”，大庭院绿化种树，作为活动场地（图 21、图 22）。

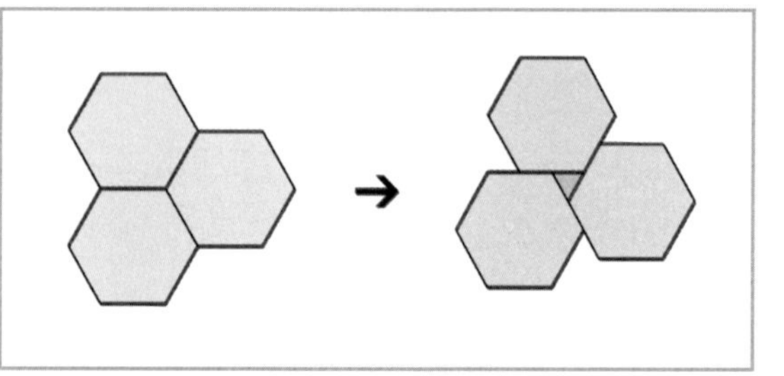

图 21

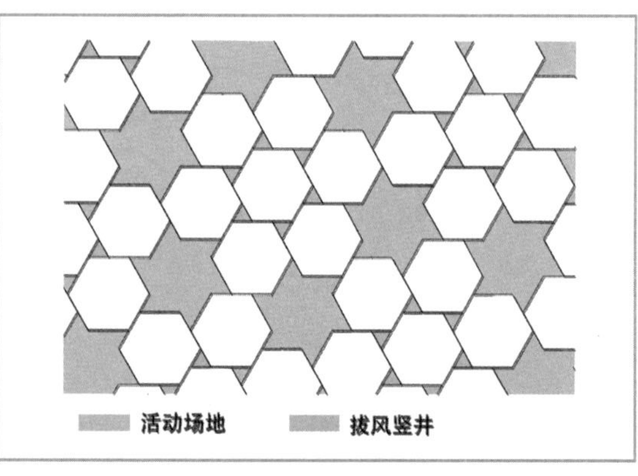

图 22

至此，模块的最终形式与组合方式确定完毕。下面回归场地，进行实际操作。

第一步：按确定的组织规则在场地上排列单元模块（图 23）。

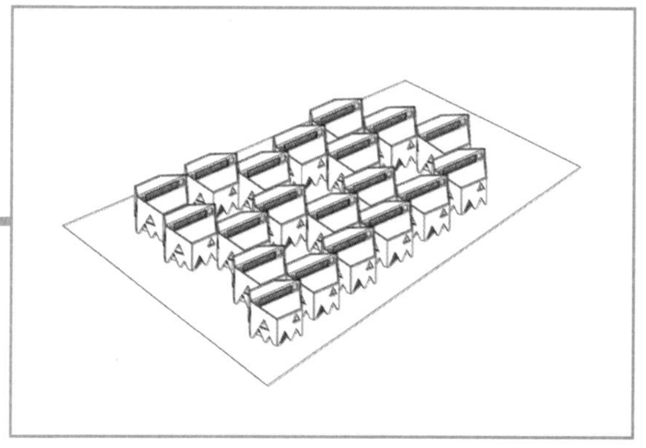

图 23

第二步：布置每个单元模块的功能（图 24）。

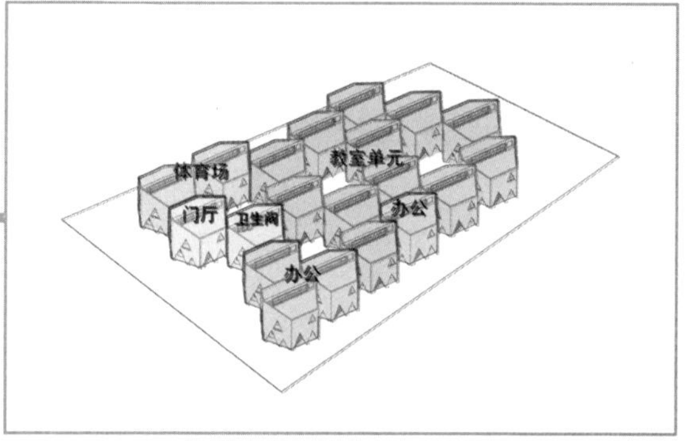

图 24

第三步：将教室模块变形为其他功能模块。

1. 办公模块。

办公部分面积较小，不足以占据整个模块，所以把一个模块分割为办公与室外庭院两部分处理，外廊照常连接（图 25、图 26）。

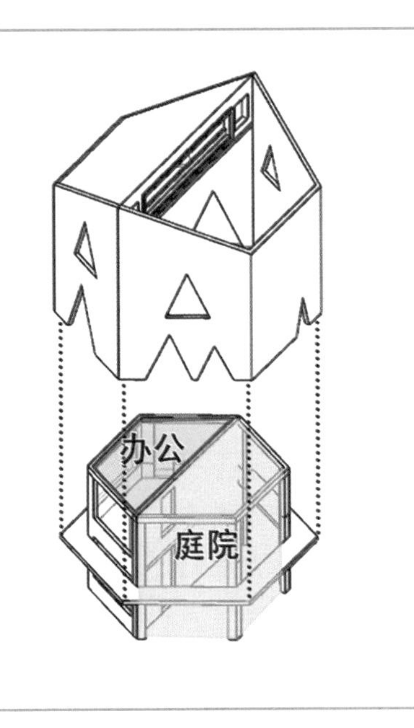

图 25

图 26

2. 卫生间模块。

将模块三等分，男女卫生间朝向环形廊道开口，另有一部分留作休息区（图 27）。

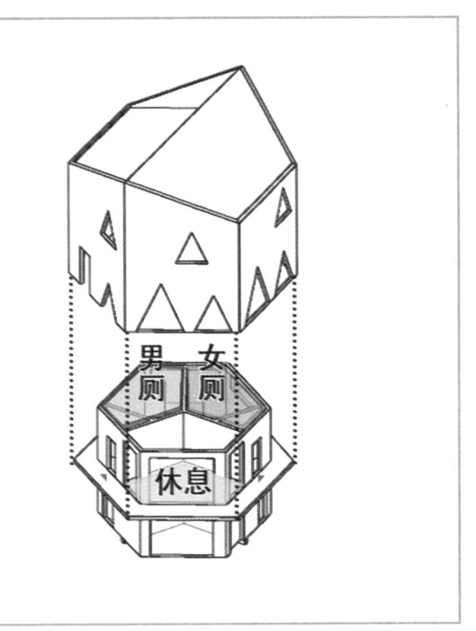

图 27

3. 体育场模块。

连接、合并两个单元体（图 28）。

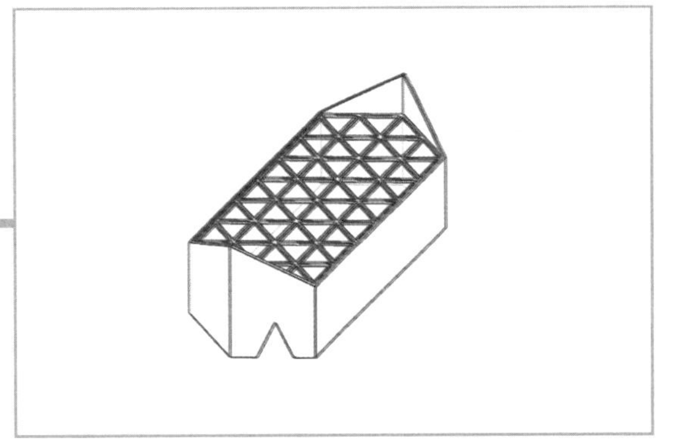

图 28

4. 门厅模块。

与办公模块相同，划分为室内与庭院两部分，并且降低层高（图 29）。

图 29

然后，将细化布置后的模块归位到场地上（图 30）。

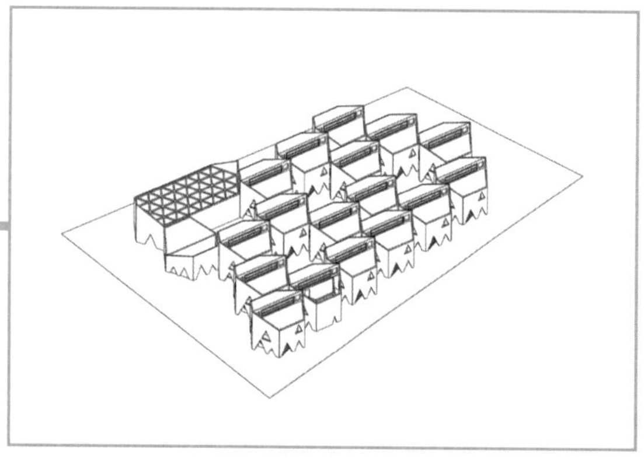

图 30

第四步：交通连接。

调整单元内部楼梯位置，因为不用每个单元都独立对外，所以删除部分楼梯，使每个相接的单元模块衔接顺畅（图 31）。

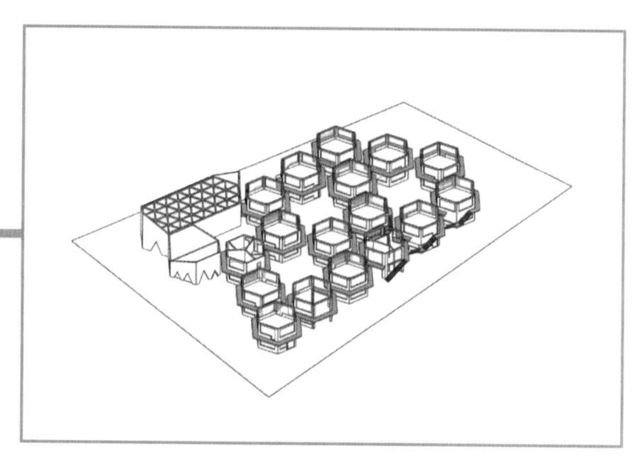

图 31

顺带形成了可供小朋友随意选择的自由活动流线（图 32、图 33）。

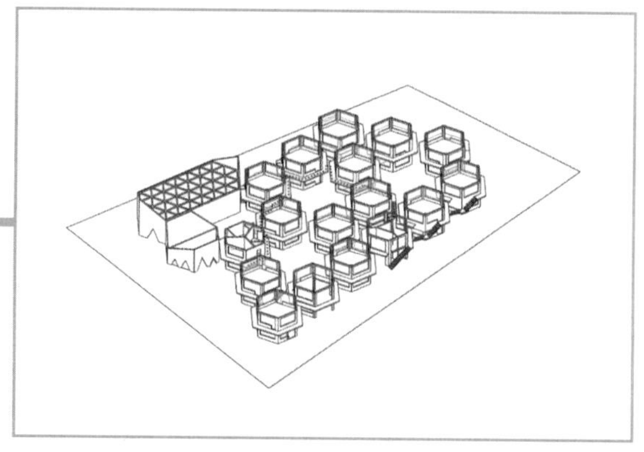

图 32

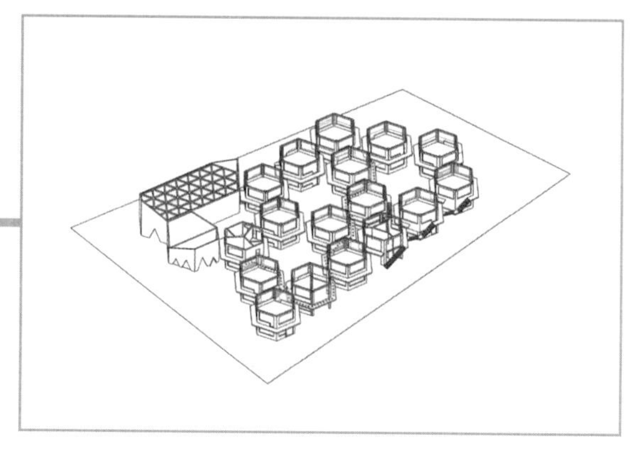

图 33

另外，补充一个三角外挂楼梯（图 34）。

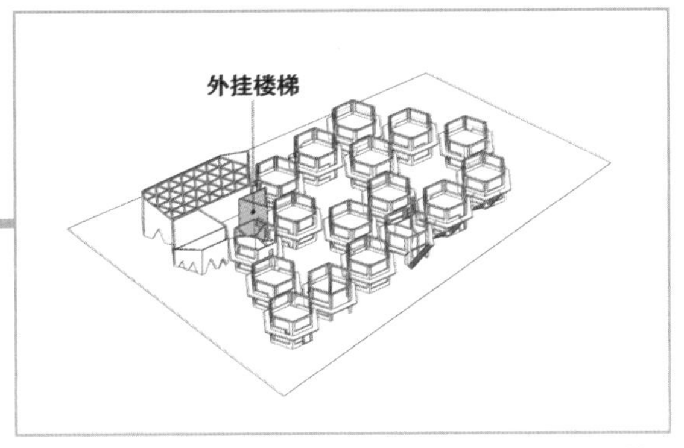

图 34

再根据风环境调整天窗朝向（图 35）。

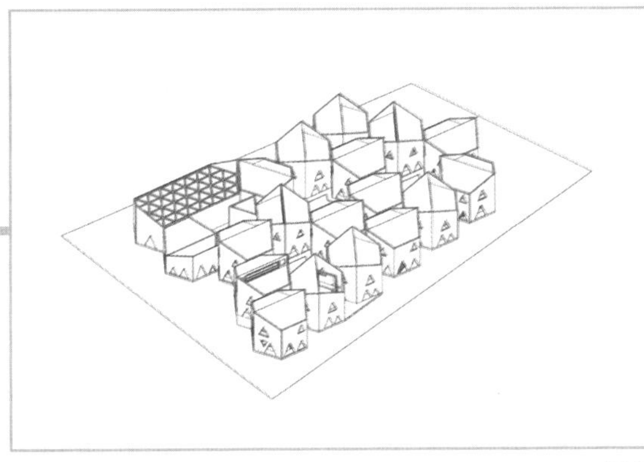

图 35

第五步：一点细节。

1. 外表皮。

一切本着省钱的目的，所以外表皮选用当地材料及低成本又耐腐蚀的砖砌结构（图 36、图 37）。

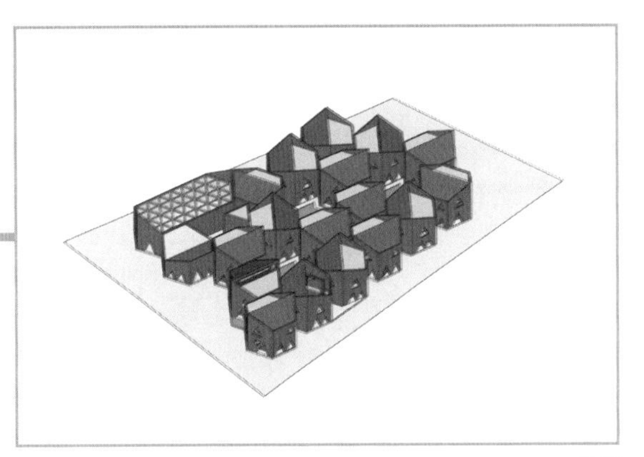

图 36

图 37

2. 入口台阶。

在朝向主要道路的界面上加上大台阶，以强调出入口空间（图 38、图 39）。

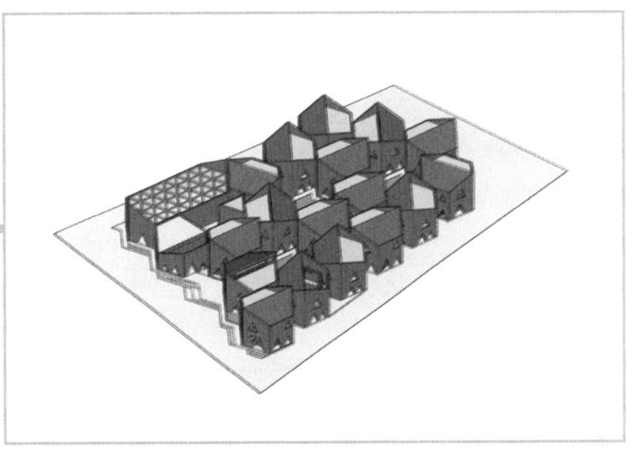

图 38

图 39

至此，可以暂时收工了。以后学校筹到了钱就自己找地儿，盖这种自带锁边的模块就行了。

这就是 EPArquitectos 事务所和 Estudio Macías Peredo 事务所设计的玛丽亚·蒙特梭利·马萨特兰学校，一个吃了上顿没下顿，但建筑师铁了心要负责到底的低成本学校。现在，学校已经部分建成且开学了（图 40 ~ 图 47）。

图 40

图 41

图 42

图 43

图 44

图 45

图 46

图 47

善良其实是一种很昂贵的品质，好人总是忘记全身的武器，而坏人不会放弃最后一把改锥。越聪明的人，才越有能力善良。在窘迫的甲方面前，真正善良的设计不是免费设计，而是让甲方有尊严地摆脱窘迫。授人以鱼不如授人以渔。好的建筑师不一定是个好人，但一定是个有用的人。

图片来源：

图 1、图 16、图 18、图 26、图 37、图 40 ~ 图 47 来自 https://www.archdaily.com/873184/maria-montessori-mazatlan-school-eparquitectos-plus-estudio-macias-peredo，图 3 来自 https://www.archdaily.com，图 9 来自 https://www.wikipedia.org；图 39 来自 https://vidamaz.com/tag/colegio-maria-montessori-mazatlan/；其余分析图为作者自绘。

END

那些玩变形金刚长大的建筑师，选择拒绝『爹味儿』

图 1

名　称：美国布朗大学表演艺术中心（图 1）
设计师：REX 事务所
位　置：美国・普罗维登斯
分　类：公共建筑
标　签：机械，可变
面　积：11 000m²

ART

虽然有些建筑师口口声声叫甲方爸爸，但内心还是充满了“想当爹”的想法。每次方案汇报现场都像是一场大型的爱国主义教育主题思想交流会暨当地历史文化发掘保护研讨会，每个长得中规中矩的方盒子都是刚正不阿，预示着未来蓬勃发展的那个稳重大气的方盒子，每个长得不规矩的歪盒子都是奋发图强、独树一帜，也预示着未来蓬勃发展的那个时尚特色的歪盒子。你要是特别没有眼力见儿地跑去问为什么非得设计成歪的，那么恭喜你，你将会收获从宇宙运行原理、人类技术革命到城市发展与时代脉搏要靠努力融合之类的“忠告大礼包”。

你以为主创们一抓一大把，扑簌簌地往下掉的是头发吗？不！那都是忧国忧民的缕缕思绪啊。然而，在自家亲爹的棍棒淫威下也要看《变形金刚》长大的小孩儿，本能地讨厌一切“爹味儿”的东西，无论“爹味儿”的前辈，还是“爹味儿”的设计。对这些建筑师来说，在成年人的世界里，只需要记住两件事：关你啥事？关我啥事？有事儿说事儿，没事儿洗洗睡，再高端的马车也没有快报废的二手汽车跑得快。

2017年，位于美国罗得岛州普罗维登斯市的常春藤名校布朗大学准备投资建设一座表演艺术中心，为师生提供汇报讲演和戏剧表演的空间。布朗大学分为两个校区：南部的老校区以及北边的彭布罗克学院。二者于1971年合并，通过一条南北向的步行街连接，而表演艺术中心的用地就位于这条步行街的西侧中部（图2）。

图2

一所百年名校意味着什么？意味着它已经搞了几百年的建设。这时候竟然还能再挤出一块地来盖表演中心，那就说明真的是挤出来的。基地北侧是生命科学学院，东侧是创意艺术中心，西侧是历史学院，南侧是城市环境实验室。换句话说，这一亩三分地就是最后的倔强（图3）。

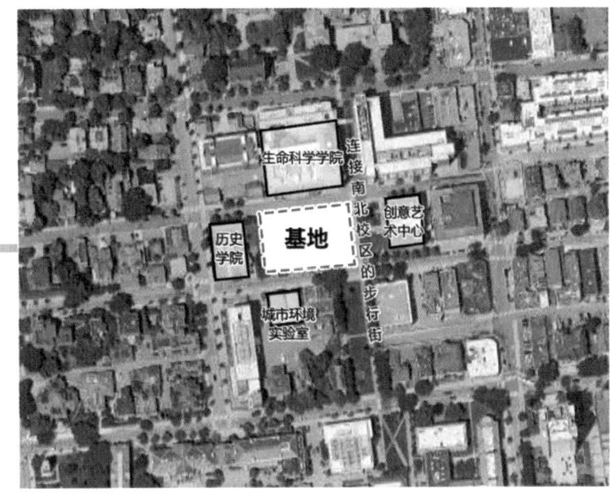

图3

具体来说，这最后的倔强只有 2800m²，东西两端还有约 3m 的高差，做个表情包都嫌小，还表演艺术中心呢（图 4）！

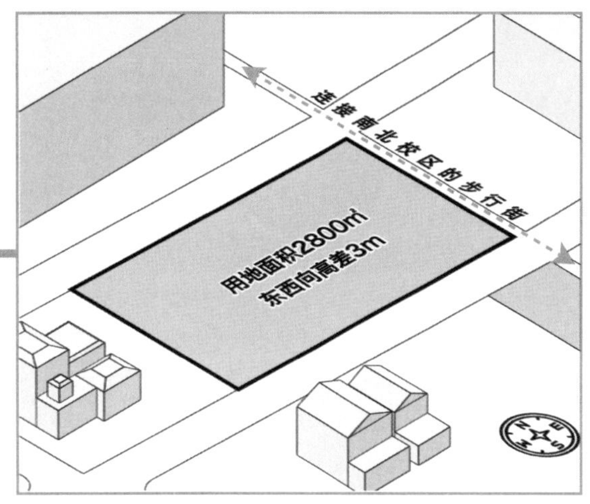

图 4

但永远不要低估一所活了好几百年的老学校的排场，除了地不大，什么都要大。校长大人一开口就要 8 个不同大小、不同需求的表演空间。你没看错，就是一二三四五六七八的八。难道是美国人也觉得 8 比较吉利？

8 个空间里面有 5 个是剧场。一是实验媒体剧场，也是最小的表演空间，主要用于前卫艺术表演、研讨会以及小规模的歌舞表演，对座位数量没什么要求，就是一个供年轻人瞎折腾的地方；二是 350 座的独奏音乐厅；三是 250 座的表演厅，支持舞蹈、戏剧、音乐剧、歌剧、影像播放和讲座报告等多种使用需要；四是 625 座的管弦乐演奏厅，也是最大的表演厅；五是甲方特别要求的一块多功能自定义空间，也不知道具体干什么，但面积要越大越好。你确定这真的不是在凑数（图 5）？

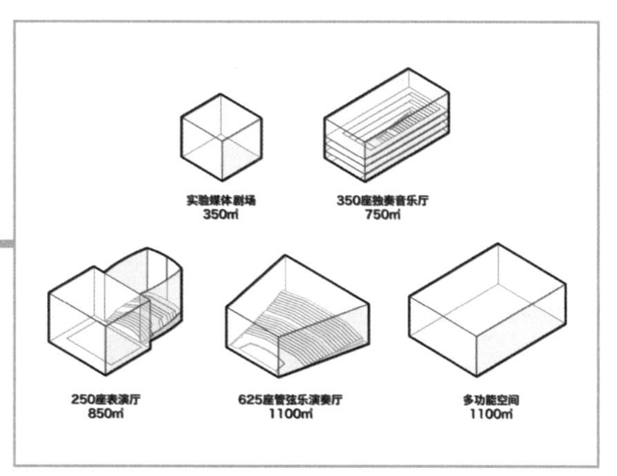

图 5

除此以外，还得再来 3 个排练厅（图 6）。

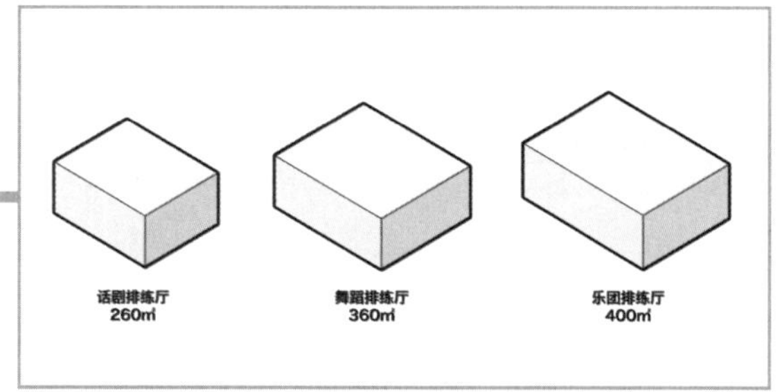

图 6

5+3=8，大吉大利。然后，毫无意外地，场地放不下，而且放不下得很彻底，不但地上放不下，就算把 3 个排练厅扔到地下去，还是放不下（图 7）。

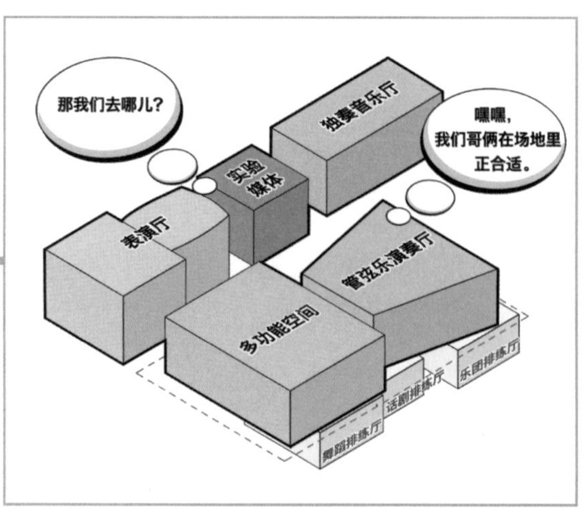

图 7

这也没关系，一层放不下还可以两层嘛，两层不行还可以放三层嘛，万丈高楼平地起，啥事儿都得靠自己。虽然不想说，但真的很抱歉，场地限高 23m，您超高啦（图 8）。

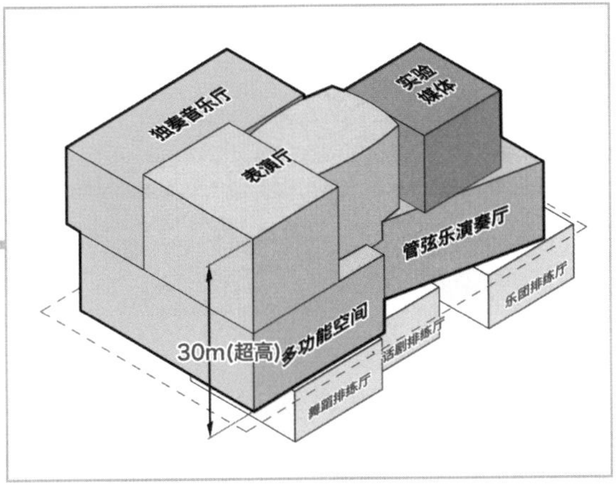

图 8

冷静！初中数学老师教过我们，遇见多项式要先合并同类项。喝口水分析一轮：独奏音乐厅、末级舞台以及管弦乐队演奏厅都是传统的剧场空间，只不过所需的面积、高度、座位布置不同，剩余的实验媒体剧场和多功能空间则相对自由许多。那么，我们可以先把 3 种剧场空间的舞台合并了（图 9）。

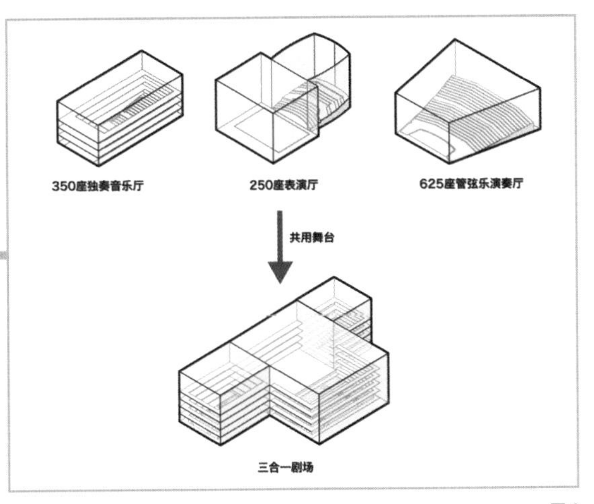

图 9

然后，将它们再放到场地里，你就会惊喜地发现，一层依然放不下，两层依然要超高，折腾半天还是回到原点（图 10）。

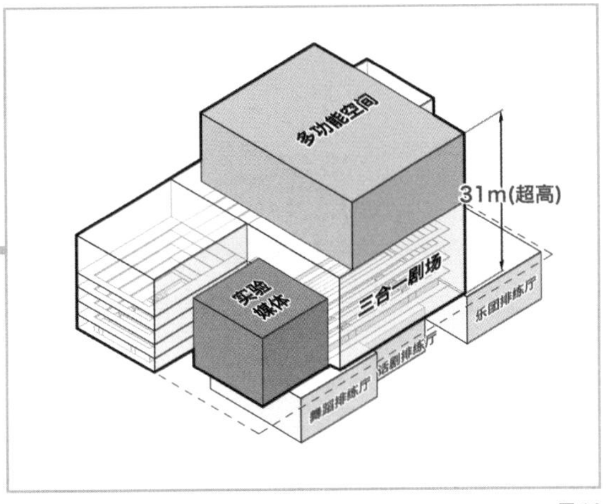

图 10

综上，8 个表演厅是不可能完成的任务，再吉利也不可能。

做不到那就坐下来聊聊吧，要么你说服自己放弃：世界如此美好，何必非得在一个竞赛上吊死？要么你说服甲方放弃：世界如此美好，何必非得和 8 较劲？ 6 也很吉利啊。不管你是说服了自己还是说服了甲方，都暴露了一件事儿，你肯定没看过《变形金刚》，正常人做不到，那就变形成汽车人啊。

关键词：变形。光合并舞台有什么用？要合并就连座席区一起合并了，最好是把 5 个空间全都塞进一个方盒子里去，这才是擎天柱。对这 5 个演出空间取一个最小公倍数，即设置一个能承载上述 5 个表演空间的最小方盒子（图 11）。

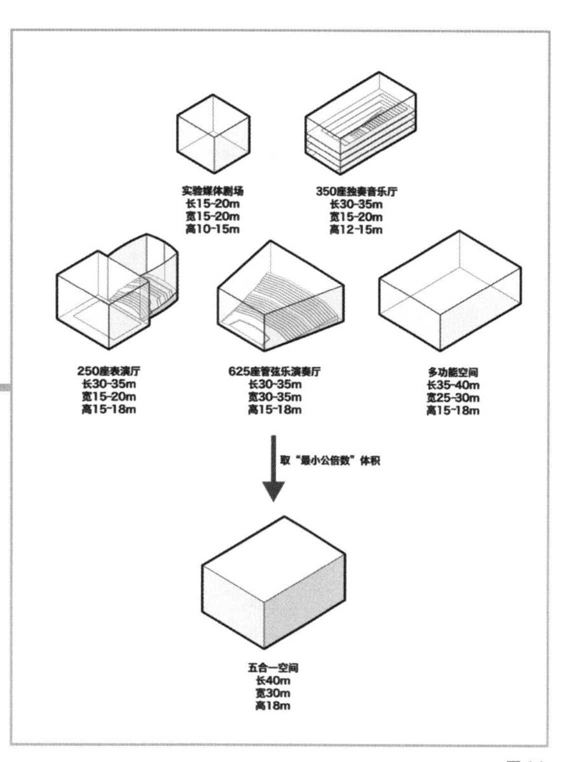

图 11

然后，把内部的墙和楼板都变成可移动的，用哪个空间就变成哪个空间不就行了吗？别说 5 个、8 个，就是 58 个也能七十二变啊（图 12 ~ 图 17）。

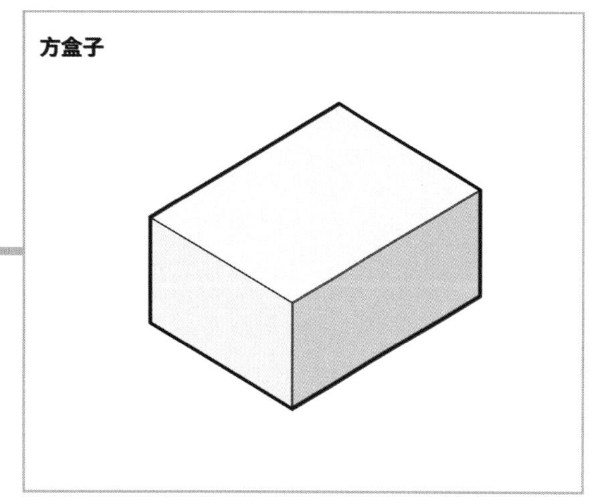

图 12

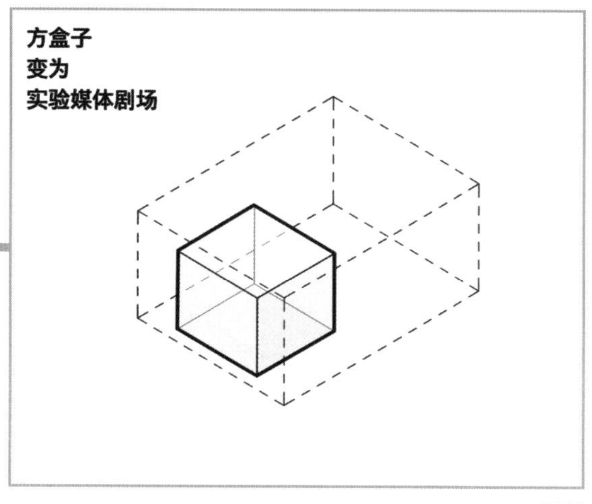

图 13

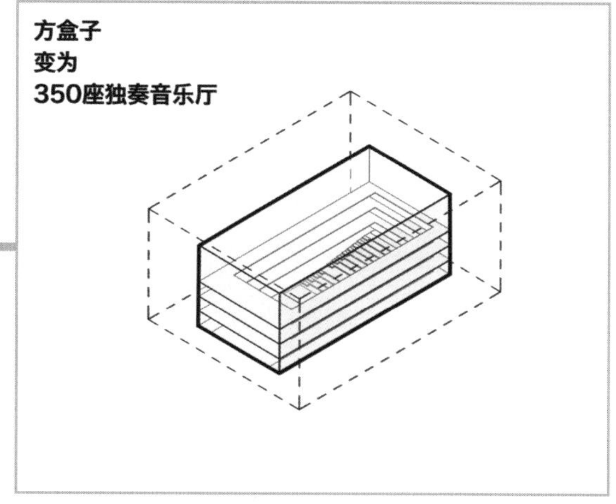

图 14

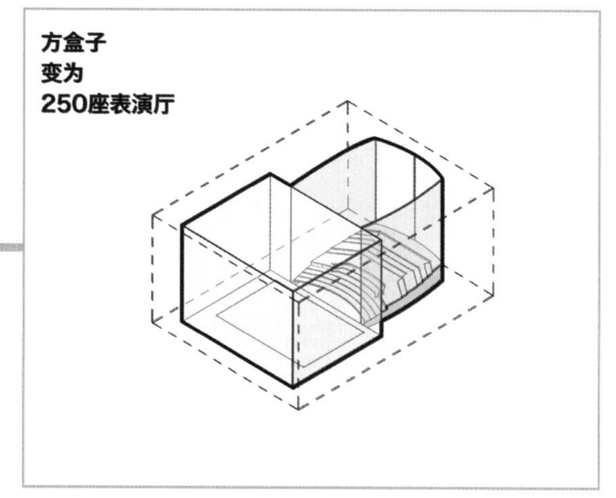

图 15

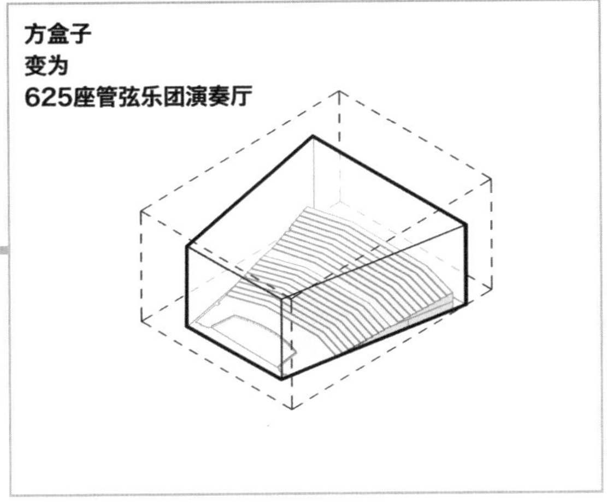

图 16

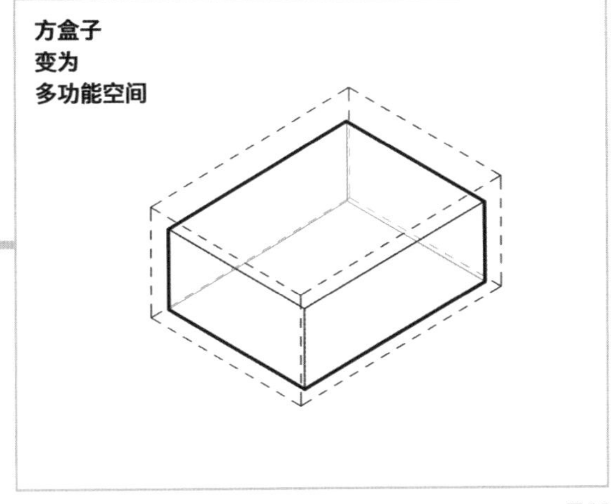

图 17

当然，五合一变形空间也有漏洞：各个剧场没法同时使用。不过这个漏洞对大学来讲倒无足轻重，横竖都是内部自己人使用，大家商量好时间分时段用就可以了（图 18）。

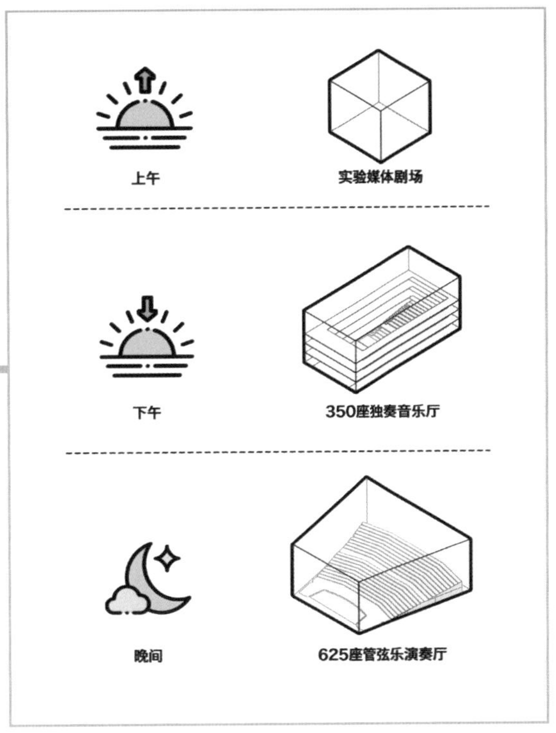

图 18

思路确定了，下面的问题就是怎么变。5 个演出空间形态各异，想要在一个方盒子里灵活变化就只能将墙体和楼板碎化再移动组合，基本原理等同于地摊上卖的简易版变形金刚玩具(图 19）。

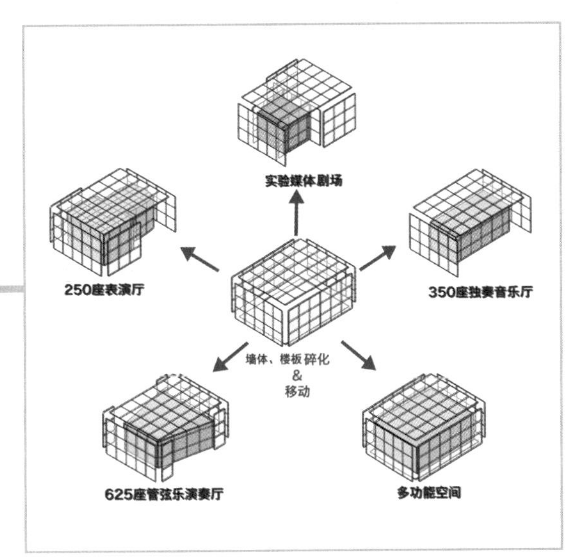

图 19

那么，问题又来了：墙体和楼板的碎化模块是越小越好，还是越大越好？碎化的模块越小，变化出的剧场空间形状就越精细，但缝隙也就越多，声学效果并不能得到保障。而这样做最大的代价是由于模块过于细化，空间在5种形态之间难以自由顺滑地切换，变化过程中经常需要回到接近初始形态的状态再变到下一种形态。另外，模块越多，所需的机械设备也就越多，施工难度以及维护费用也要直线上涨（图20）。

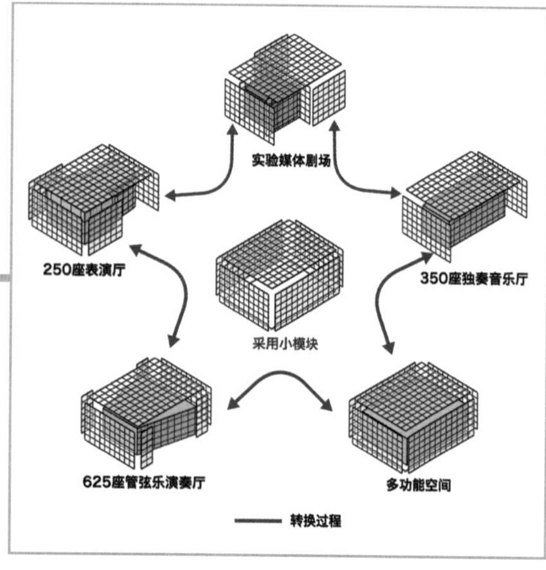

图20

碎化模块尺度大，5种空间的形状就会开始趋同，这意味着从一种形态可以直接切换到另一种形态，无须变回初始形态，可以大幅缩短“变形”时间。另外，移动的部件少了，花钱肯定也就少了，但代价是每种演出空间的形状和声学效果必然要做出一定牺牲（图21）。

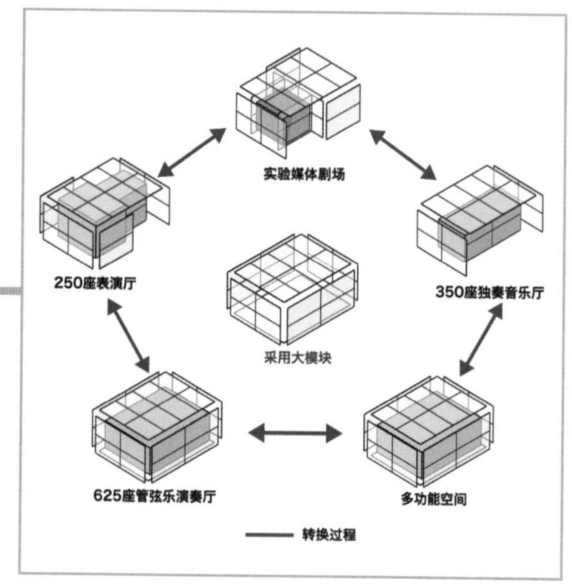

图21

这个选择倒是不难做，肯定是要好用又省钱的大模块了啊。毕竟，如果你想要精致的剧院，又有那么多钱的话，先去买块大一点儿的地不好吗？

先来确定要移动哪些构件，牢记基本原则：移动的构件越少就越省钱。根据主要人流来向，把方盒子放在场地中靠西一侧，给东边留出入口空间，然后简单分区，把座席放在东边，舞台放在西边，方便观众和演员进出（图22）。

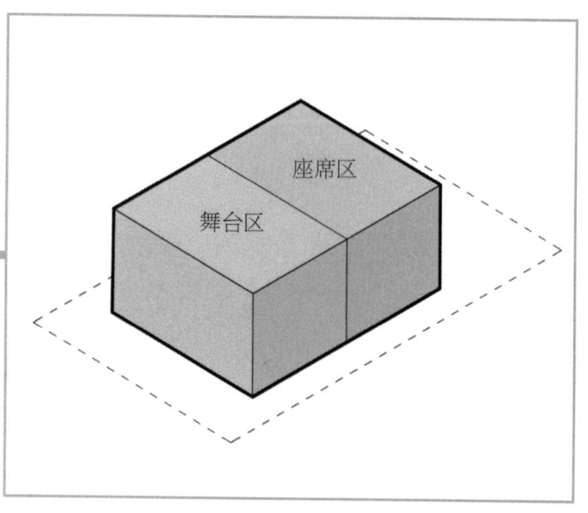

图22

考虑到观众大多从东侧的步行街进入建筑，因此可以确定大空间变小时墙体和楼板的移动策略：将东侧的墙体往西边移动，给门厅处留出更大且完整的活动空间，而西侧的外墙就可以固定下来不必移动，只移动剩下的5个面就行了（图23～图26）。

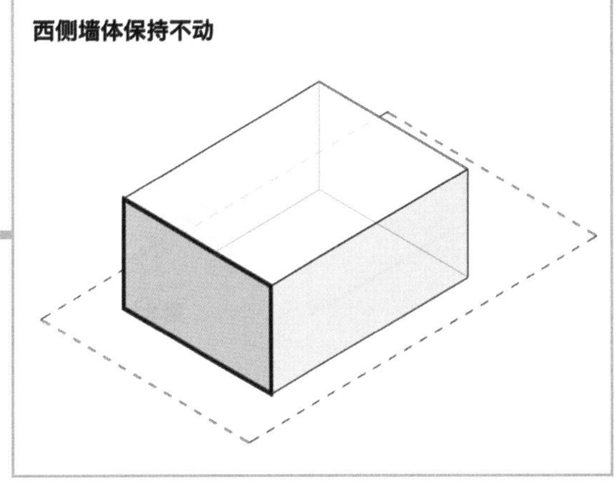

图23

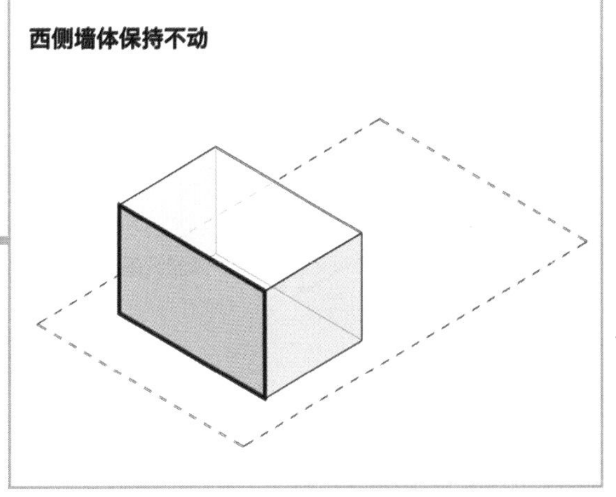

图24

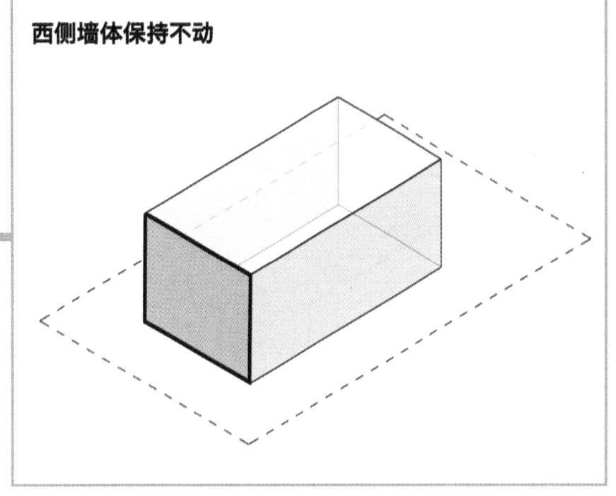

图25

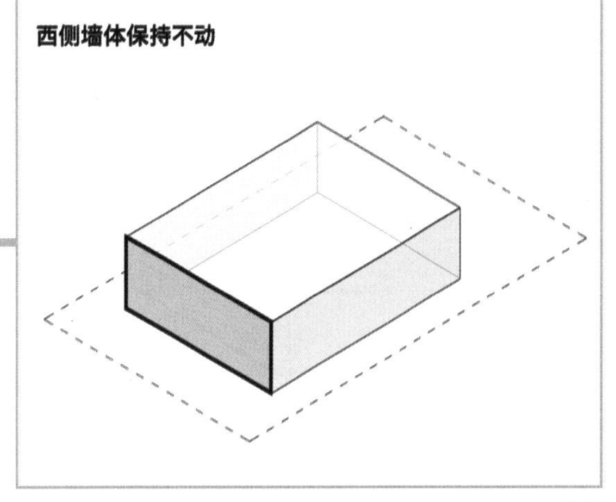

图26

可移动的构件总共有3种：墙体、天花板、地面。其中墙体的面积最大，对空间的限定最明显，我们先从这里入手。在5种空间中，管弦乐演奏厅的大小与方盒子相仿，多功能空间可以直接用方盒子形态，这俩可以先不管（图27、图28）。

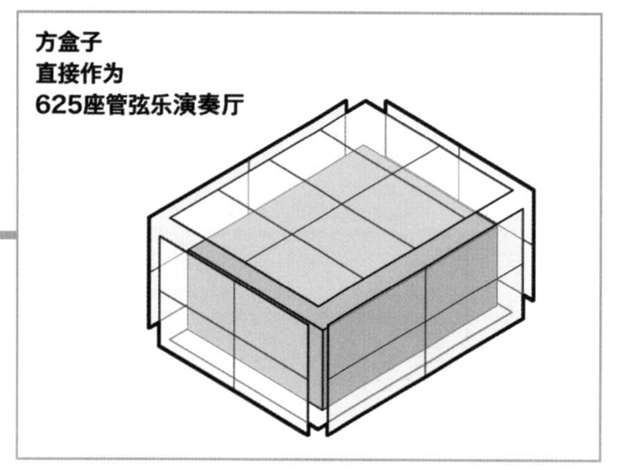

图 27

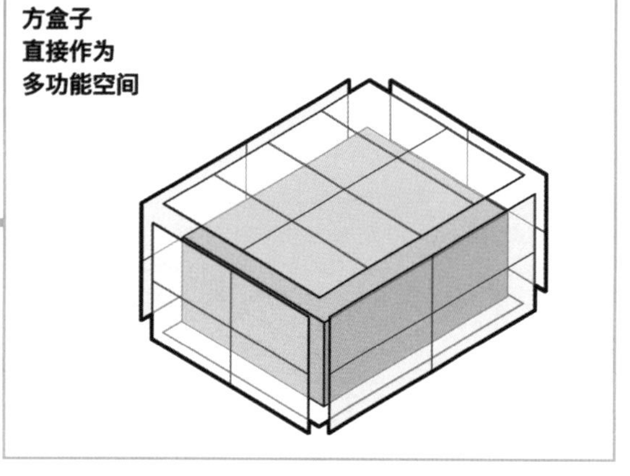

图 28

最小的实验媒体剧场面积约为方盒子的四分之一，这意味着东侧墙体要向西移动至建筑中部，南北侧墙体要向中间内收（图 29）。

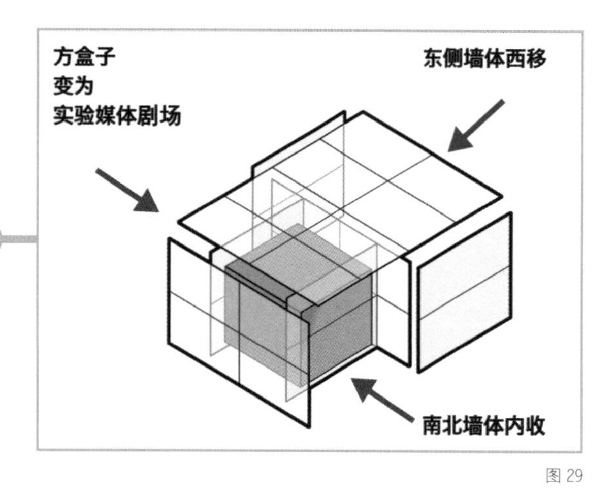

图 29

剩下的 350 座独奏空间和 250 座表演厅区别在于舞台宽度不同，二者的座席宽度都要比方盒子窄一点儿，因此舞台区、座席区的南北侧墙要可以分别移动才行（图 30、图 31）。

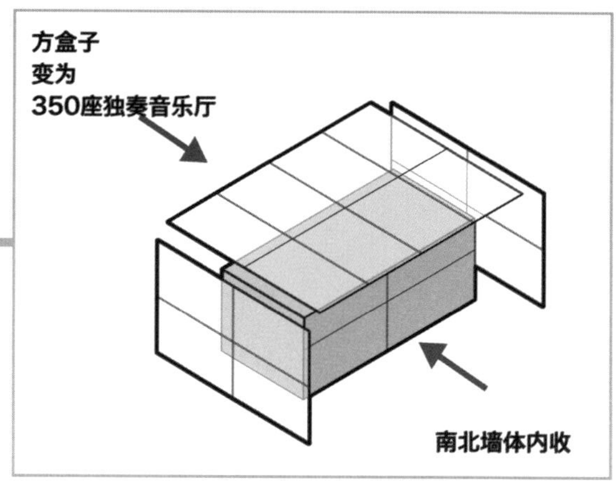

图 30

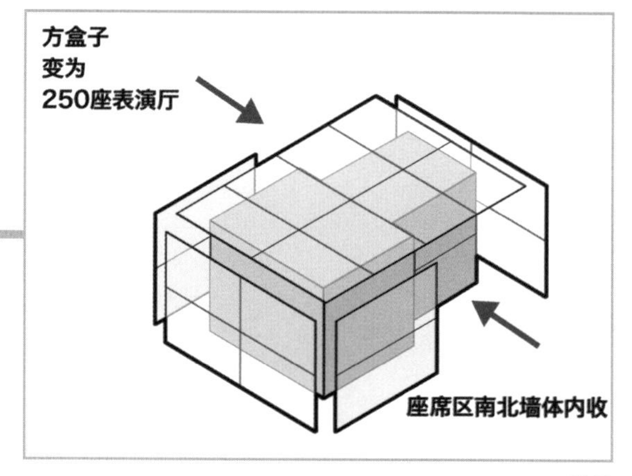

图 31

根据之前确定的碎化原则——模块越大越省钱，在保障剧场形状能够满足功能需求的情况下，尽可能把墙体和楼板细分的模块做大。将南北两面墙从中间一分为四，这四个墙体模块分别负责限定舞台区和座席区的宽度，而东侧墙体自己成为一个模块，负责限定剧场空间的进深（图 32）。

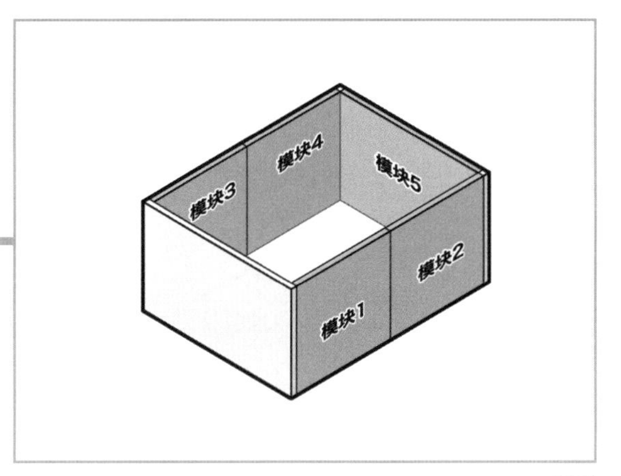

图 32

另外，每个墙体模块上再外挂 3 层廊道，用于增加座席数（图 33、图 34）。

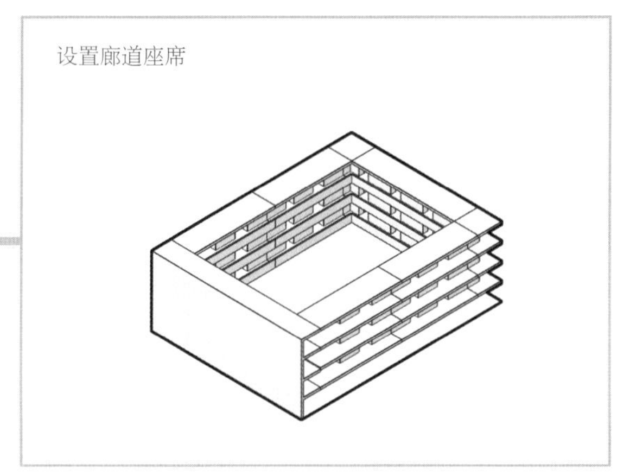

图 33

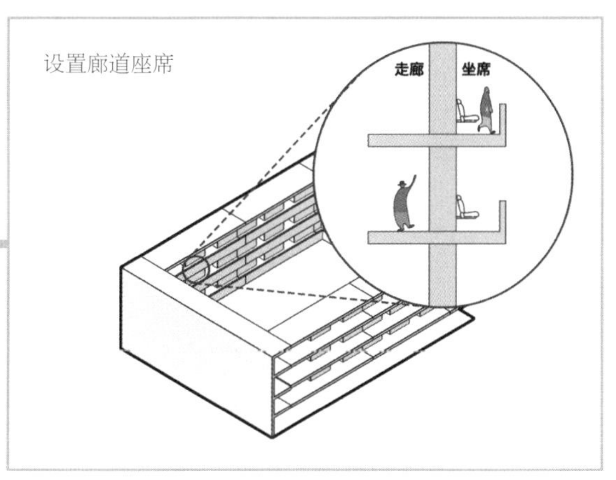

图 34

然后是天花板的细分。天花板由多块声反射板拼合而成，每块板的尺寸大小要与屋顶的承重结构尺寸综合考虑，毕竟这些板子将来是要挂在屋顶上的（图 35、图 36）。

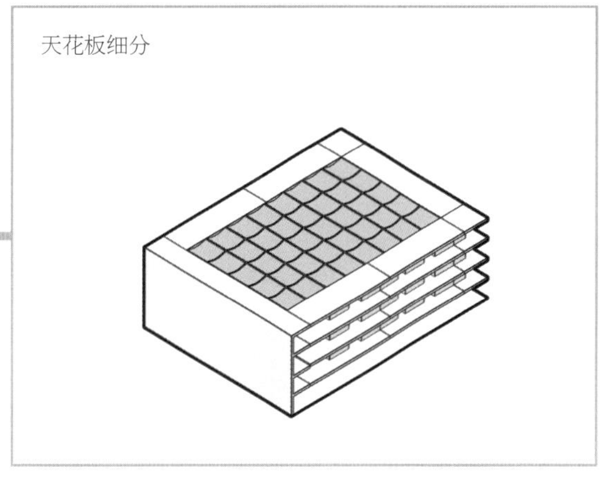

图 35

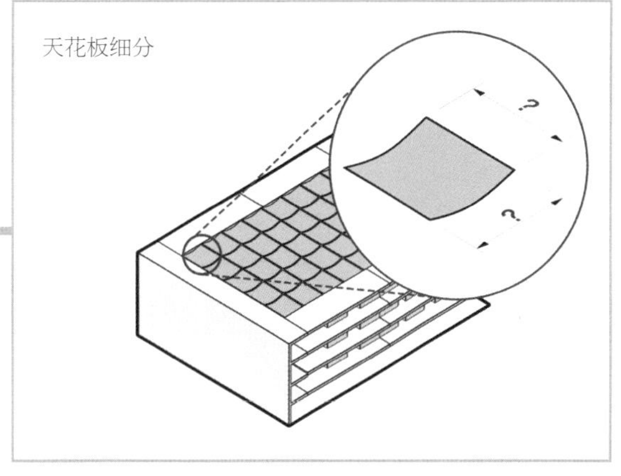

图 36

最后是地板的细分。根据功能需要，地面需要在平地和阶梯状座席区之间切换。将座席区依照之前墙体细分的位置做块状切割，以便升起后形成阶梯座席，而舞台区则做半圆形切割，方便管弦乐队的梯次布置（图 37）。

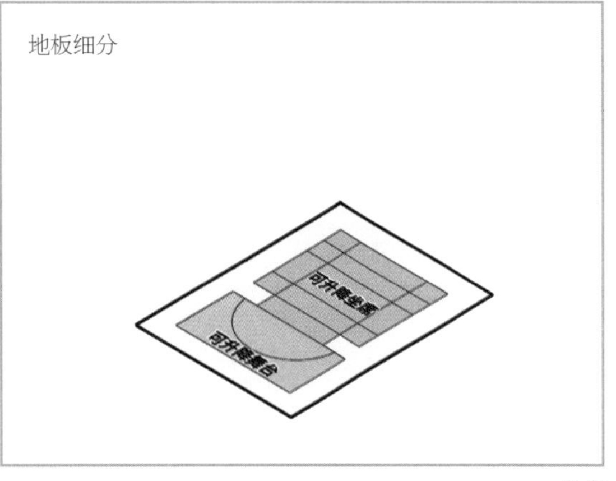

图 37

细分完成后，设置一个固定的框架用于承载这些活动的构件。在方盒子四周设置墙体，再放上屋顶网架，做出个无柱大空间来（图 38）。

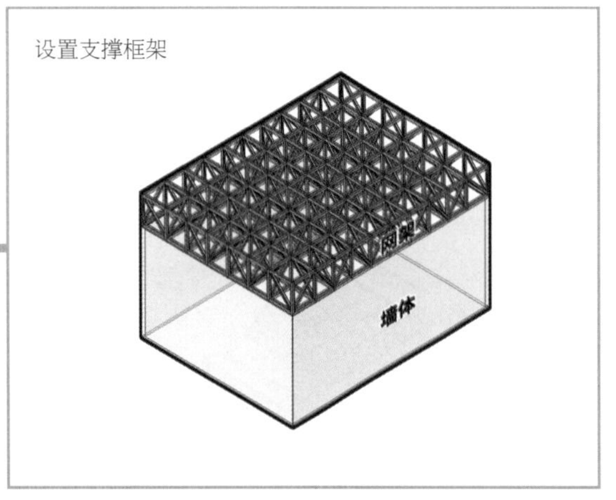

图 38

那么，构件要怎样动起来呢？墙体通过滑轨与屋顶网架相连，固定在墙体顶部的电机驱动钢缆带动滑轮转动，从而使墙体模组可以沿着滑轨移动（图 39、图 40）。

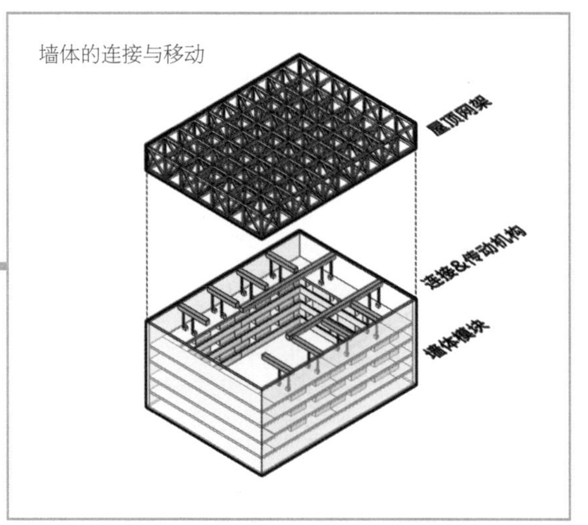

图 39

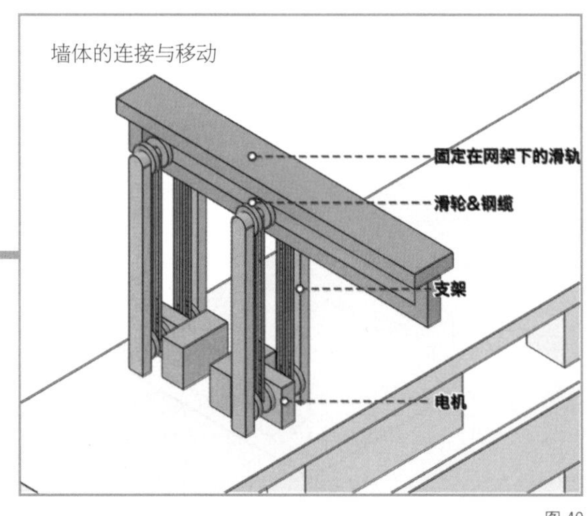

图 40

随后是天花板的移动。综合考虑屋顶钢架的结构计算，确定反射板的尺寸为 3.7m×3.6m。将每块板的 4 个边用钢缆与钢架的节点相连，由电机调节钢缆的长度，借助智能控制系统便可以精确调节每块板的高度和角度（图 41 ～图 43）。

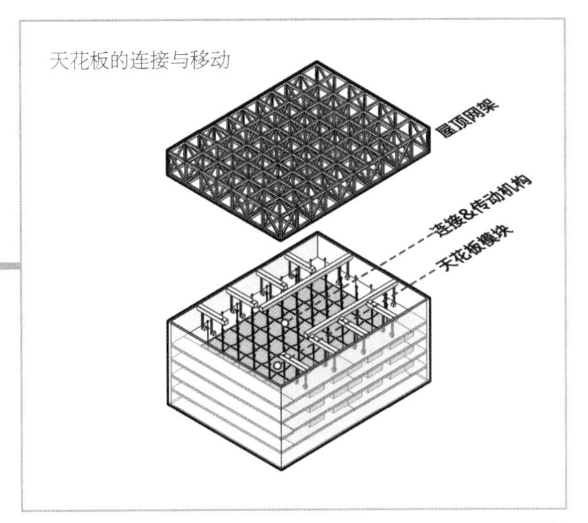

图 41

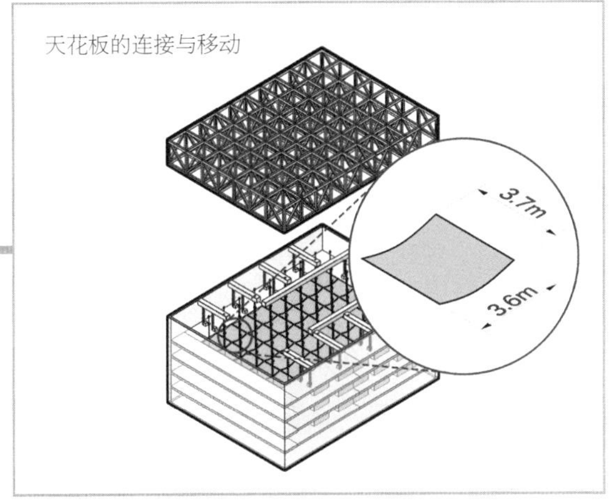

图 42

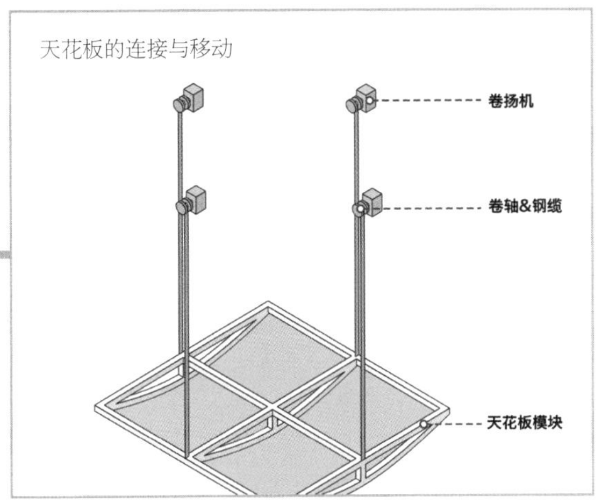

图 43

除了反射和吸收声音，天花板上还要布置照明设施。在每行天花板模块之间设置一组灯架，每个灯架单元与天花板模块等宽，同样依靠电机和钢缆与网架相连，这样就可以在不同的剧场宽度下调整灯架的高度和角度，提供需要的照明效果（图 44）。

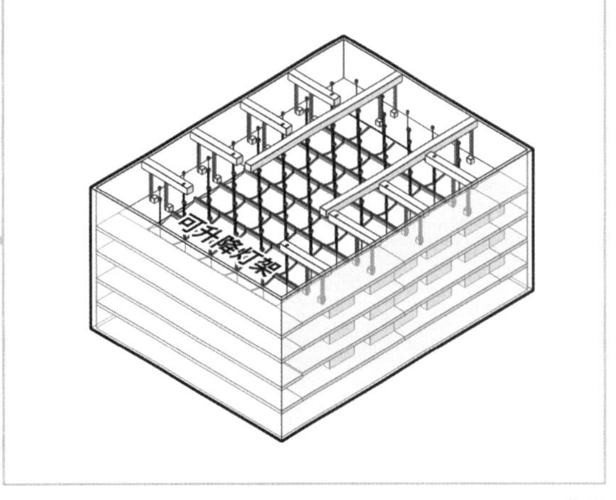

图 44

最后是地面的变化。在分好区的地板下面装上升降机，这样地板就可以在平地形态和剧场座席形态之间切换了。将座椅以几个为一组做成模块，统一存放在地下一层的仓库中，通过剧场中部的电梯实现升降，但在由平地变为剧场座席的时候，需要人工将几组座椅模块运上去或者运下来，然后再调整地面各分区的高度（图 45、图 46）。

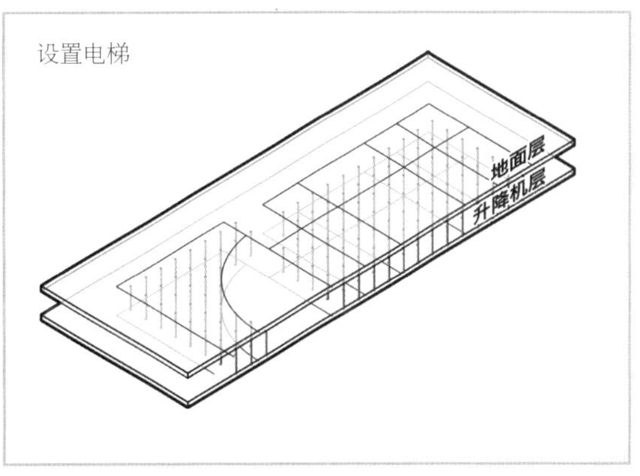

图 45

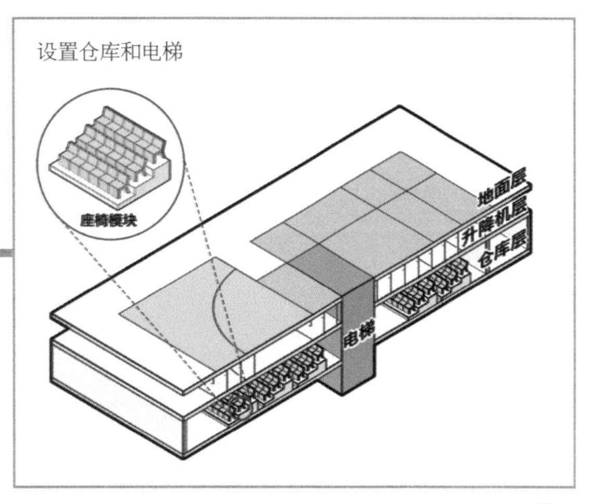

图 46

至此，五合一的变形剧场就算搞定了（图 47 ~图 52）。

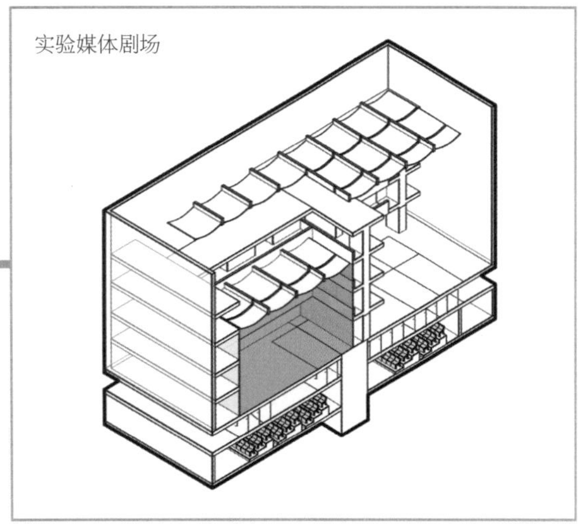

图 47

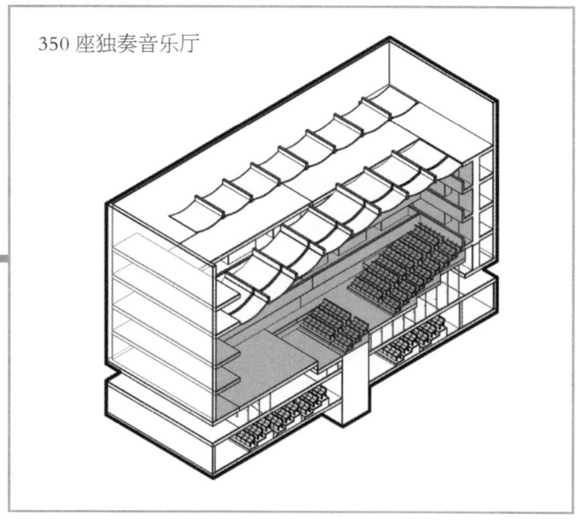

图 48

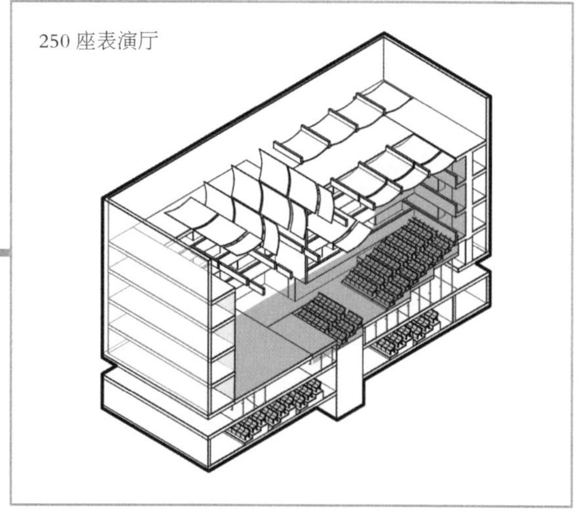

图 49

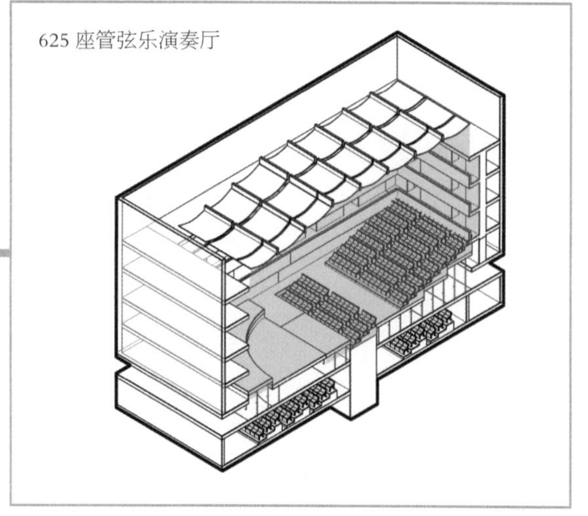

图 50

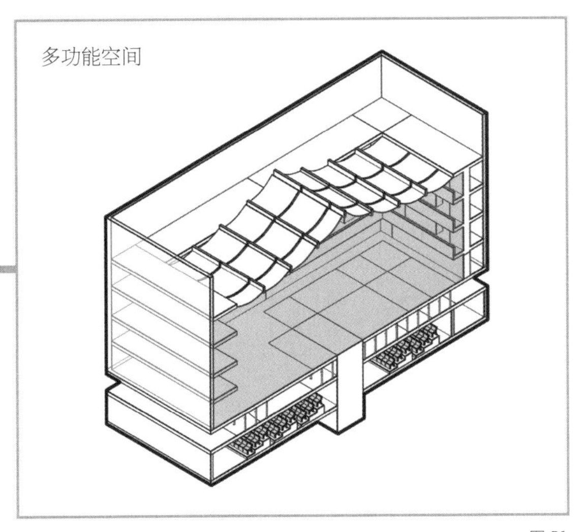

图 51

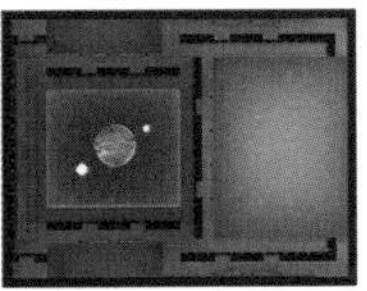

实验媒体剧场

350座独奏音乐厅

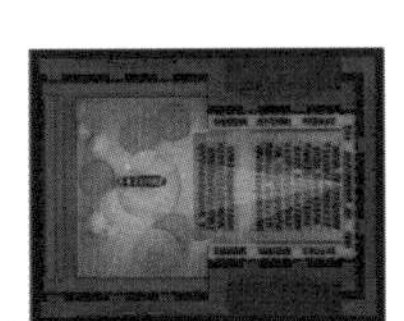

250座表演厅

625座管弦乐演奏厅

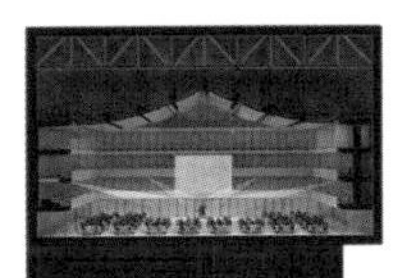

多功能空间

图 52

在剧场空间的东西两侧加上交通核和门厅，并利用一组大楼梯来处理东侧主入口处的高差(图 53、图 54) 。

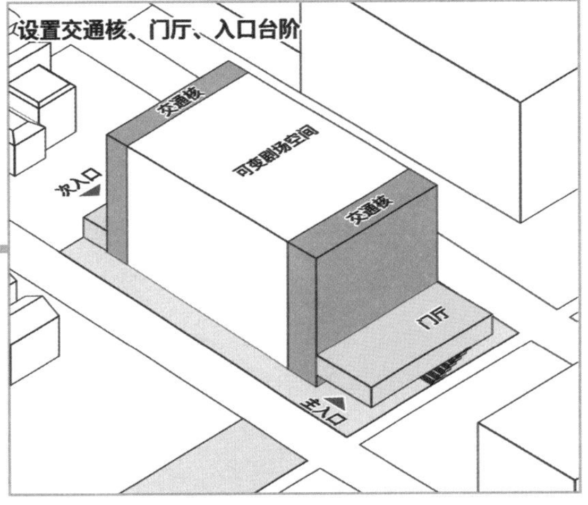

图 53

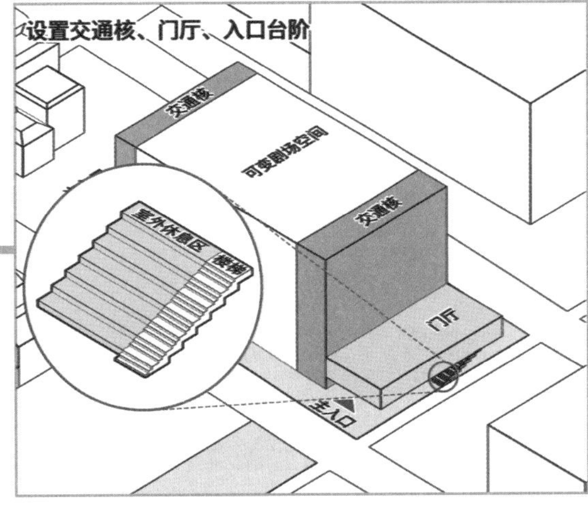

图 54

考虑到校园剧场的特殊性，还要增加一点儿细节小设计，比如，校园演出的演员和观众都是业余的，演员表演完可能直接坐下观看下一场表演，而观众又会是下一场的演员，因此两个门厅之间需要连接和交流空间，于是在南侧将两个门厅用通道进行连接（图 55、图 56）。

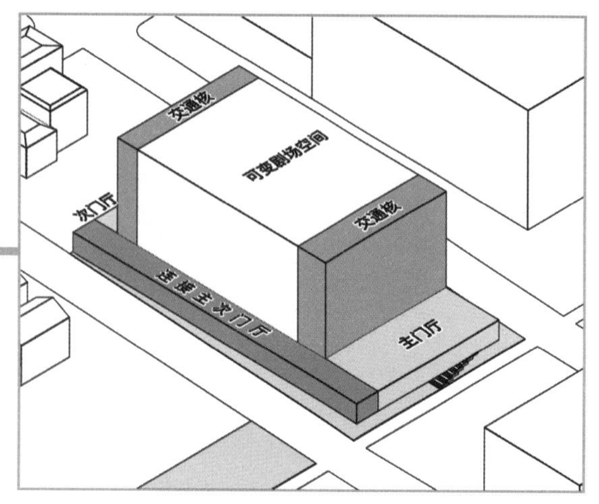

图 55

图 56

又比如，校园演出基本就是自娱自乐，又不指望着卖票赚钱，所以也就不用藏着掖着，最好直接让同学们在街上就能看见表演的内容，把裙房和剧场的首层墙体都做成玻璃的，条件允许的时候就拉开窗帘，形成一个通透的大平层，开放给整个校园（图 57、图 58）。

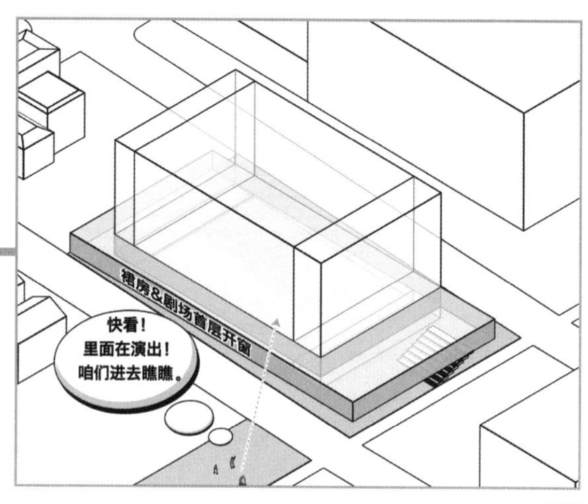

图 57

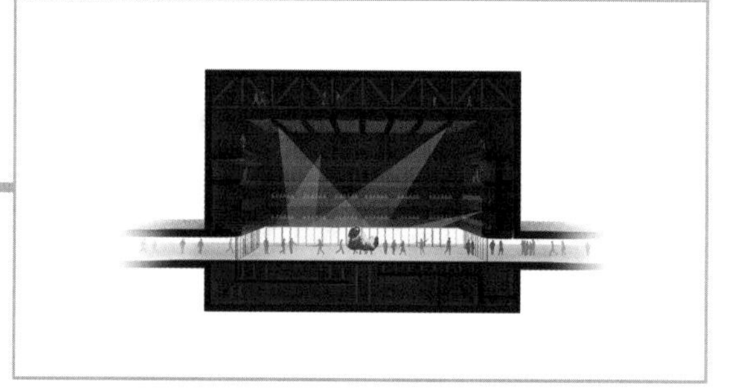
图 58

最后，处理一下立面造型，用波浪形的铝板表皮呼应周围的砖木结构建筑，同时凸显自己的特色。收工（图 59、图 60）。

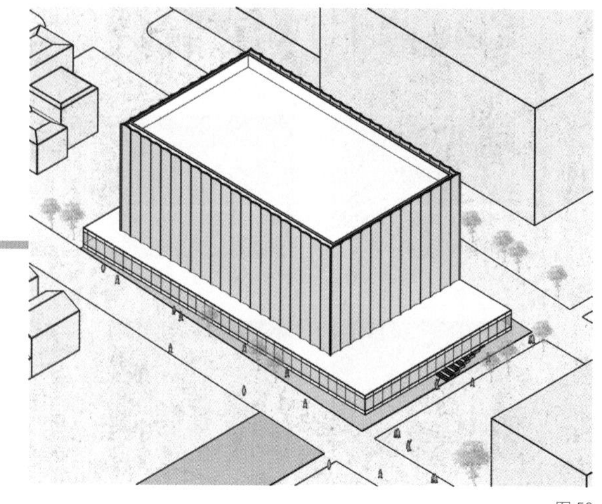
图 59

图 60

这就是 REX 事务所设计中标的美国布朗大学表演艺术中心，已于 2019 年开始施工，预计 2023 年建成（图 61 ～图 65）。

图 61

图 62

图 63

图 64

图 65

出版人张立宪曾在一档节目中提到了“功能性文盲”一词，指有的人不愿意接受新东西，阅读、聆听的目的，都只是证明自己没错，对于那些与自身想法相悖的知识，他们像“文盲”一样视而不见。但世界不会因为你是“文盲”而变瞎。如果说以前的建筑是石头的史书，那么当下的建筑就算是史书，也应该是电子版的了吧？更何况，变形金刚都快成为历史了，现在的小孩看的是《超级飞侠》——至少已经是飞机智能人了。

这是一个很残酷的事实：任何经验都是有保质期的，过了保质期的经验，就只剩下油腻了。不管在车里，还是在车底，谁也挡不住时代车轮的滚滚前进。

图片来源：

图 1、图 52、图 56、图 58、图 60 ～图 65 来源于 https://rex-ny.com/project/pac-at-brown/，其余分析图为作者自绘。

END

花样洗脑才是建筑师走向金牌销售的成功之路

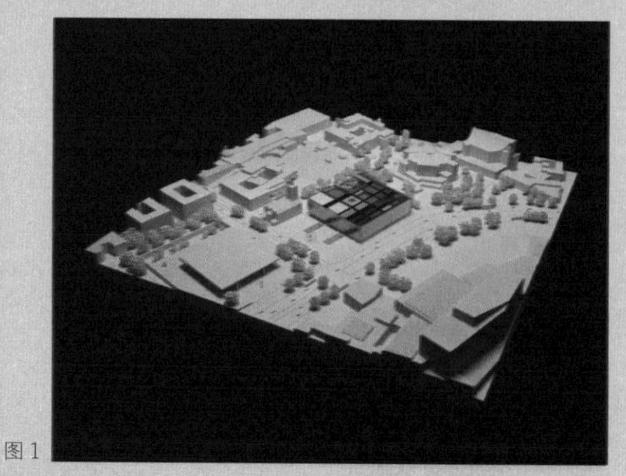

图1

名　称：柏林国立美术馆新馆竞赛方案（图1）

设计师：REX事务所

位　置：德国·柏林

分　类：美术馆

标　签：可变，碎化

面　积：29 500m²

每个“画图狗”的内心都住了一个设计师，而每个设计师的内心都住了一个推销员。熬夜画图的时候你想着“什么时候才能自由搞创作啊”，等真正自由创作了你就会发现：创作不重要啊！创收才重要啊！

PayPal 创始人之一彼得·蒂尔说过，销售员的第一要务是说服，而不是真诚。所谓说服，东北话叫忽悠，专业术语叫洗脑，最重要的技术手段就是反复说、重复说、苦口婆心地说、孜孜不倦地说、豁出脸皮地说，见面要说，见不着面还可以打电话说，电话不接就发微信、微博、朋友圈说。然后，你就会惊喜地发现：你被拉黑了。

所以，为了让对（甲）方不把你拉黑，你还得讲究点儿方式方法去花样洗脑。那么，问题来了：花样洗脑最关键的是什么？最关键的就是，你要先有一个花样，REX 事务所最近就想了一个新花样。

事情的起因是他们发现甲方真的是越来越“事儿”了，以前只是啰唆，现在是啰啰唆唆。以前只是爸爸，现在就是个祖宗，任务书写得像祖训一样，恨不得把子子孙孙八辈子以后的事儿都安排好了。当然，他自己不会安排，是安排你来安排。你说，你连会发生什么都不知道，我怎么知道怎么安排？比如，要建一座博物馆或者美术馆，诸如此类吧，啰唆的甲方会把他所有的家当，包括一卷胶带、一支笔都打包给你，妥善安排。再繁复的表格也有结尾，再繁多的展品也得固定，只要豁得出去头发和睡眠，你就总能搞定（图 2）。

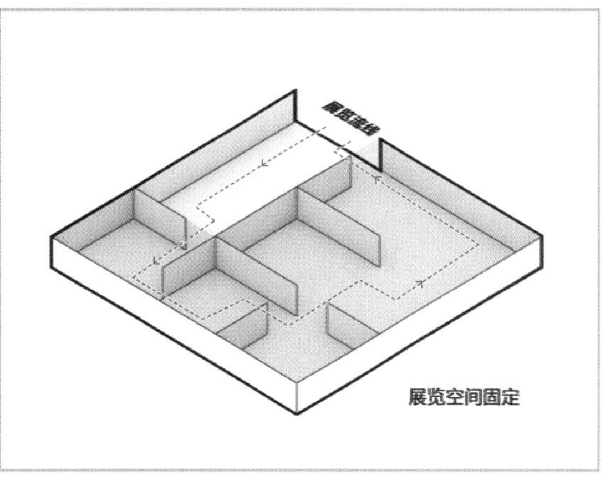

图 2

但是，啰啰唆唆的甲方不但会把他现在已有的家当给你，还会把他未来可能会有的家当给你，让你做列表。总之，就是无限可能。

怎么办？当然是给他发一张 X 牌啊，还有什么比一个无限可能的空间与无限可能的甲方更相配的吗？REX 事务所就是这么想的，他们搞了一个 X 展厅模式。简单地说，就是原本固定的 n 个展厅搅和在一起，再分割成 x 个可分可连、各具特点的小展厅，任意个数的小展厅都可进行组合，以适应无限可能的展览要求（图 3 ~ 图 7）。

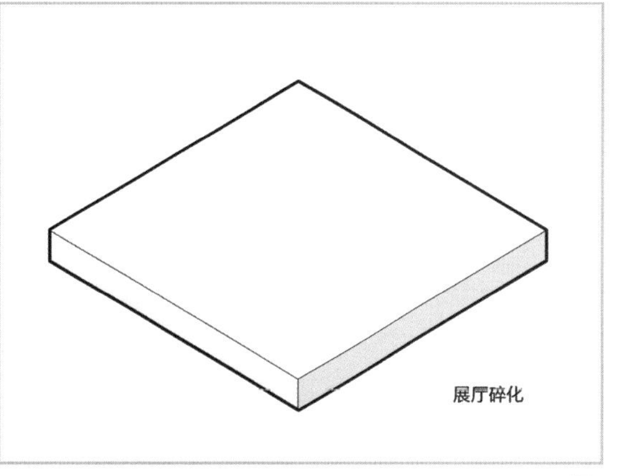

图 3

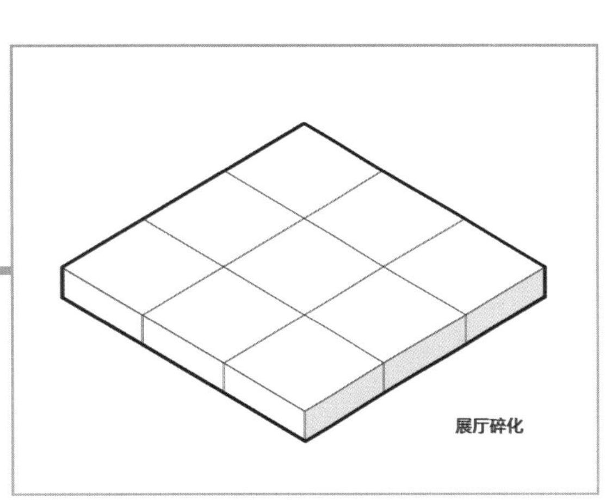

图 4

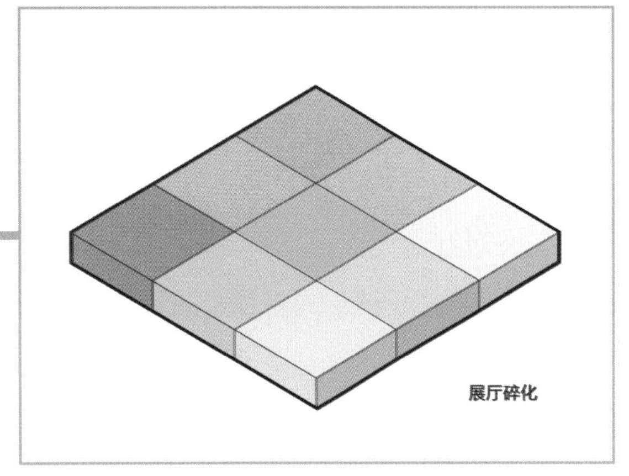

图 5

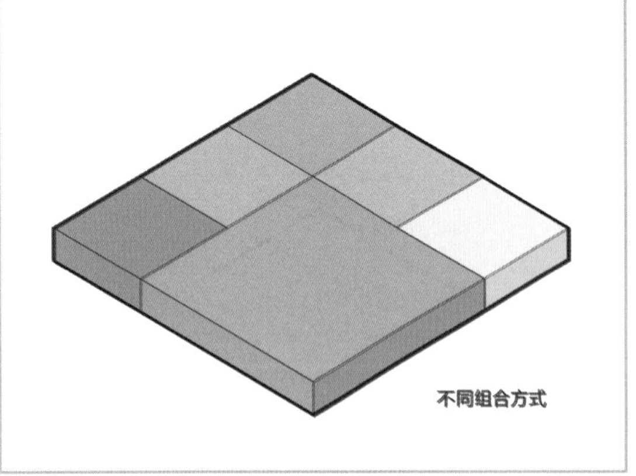

图 6

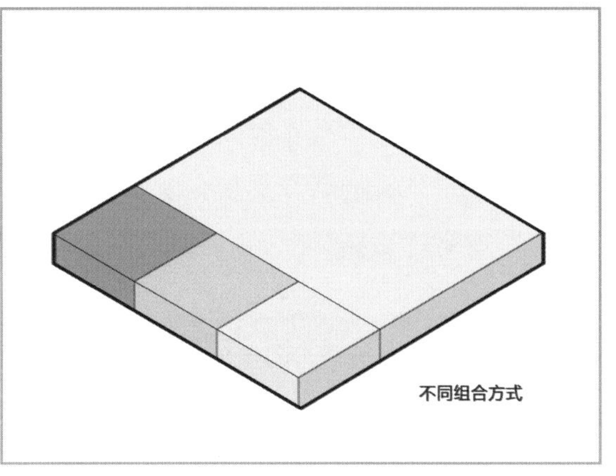

图 7

分割碎化程度越高，展厅独特性就越强，组合方式也就越多，有点儿像我国源远流长、折磨过无数小孩的九宫格游戏（图 8 ~图 10）。

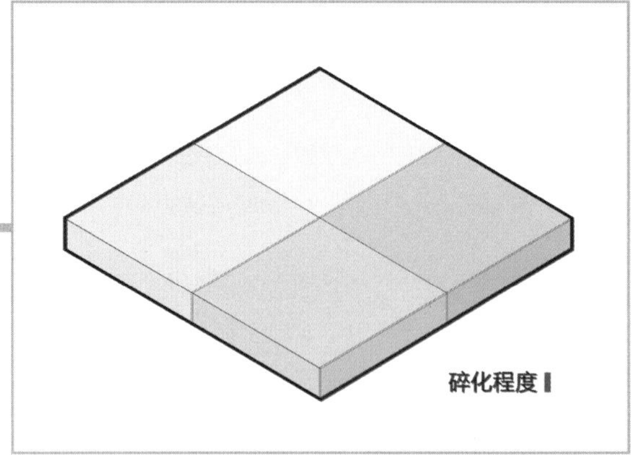

图 8

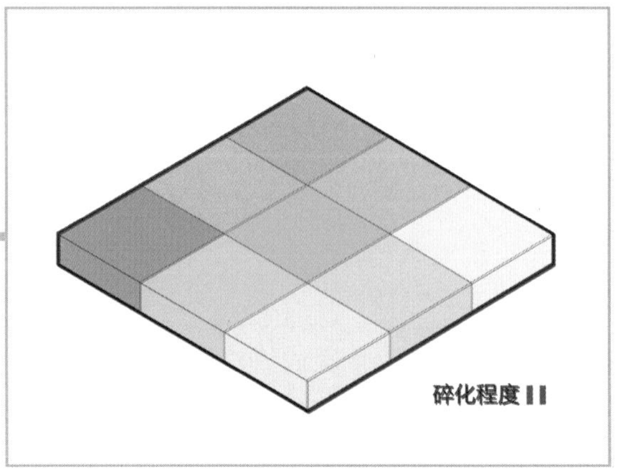

图 9

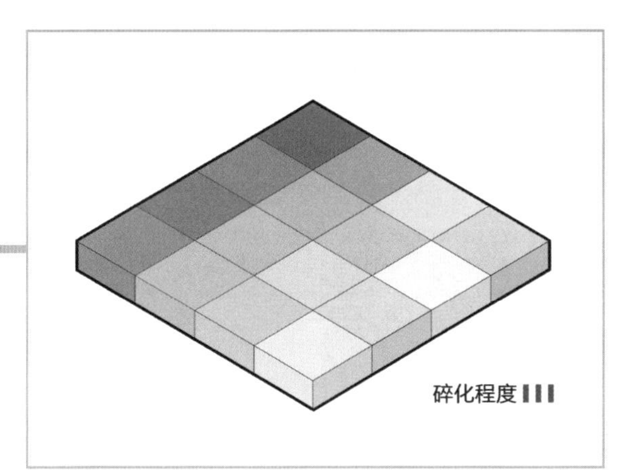

图 10

好，乡亲们！现在花样有了，就剩洗脑了。于是，REX 事务所就带着他的 X 展厅九宫格开始了走向金牌销售的洗脑之旅。据不完全统计，仅拆房部队拆过的就有两个：一个中了标，一个差点儿中了标。当然，洗脑的精髓在于有了再一再二，还得有再三再四，现在，第三个来了。

柏林市政府打算新建一座 20 世纪博物馆，以此来展示和回顾 20 世纪的伟大艺术成就。为了显示这座博物馆的重要性，政府甲方给它找了一个好基地——柏林文化广场。柏林文化广场是柏林第二大艺术中心，这里有一堆举足轻重的文化建筑：柏林爱乐音乐厅、新柏林国家图书馆、柏林国立美术馆、圣马特乌斯教堂，以及各种五花八门的博物馆（图 11）。

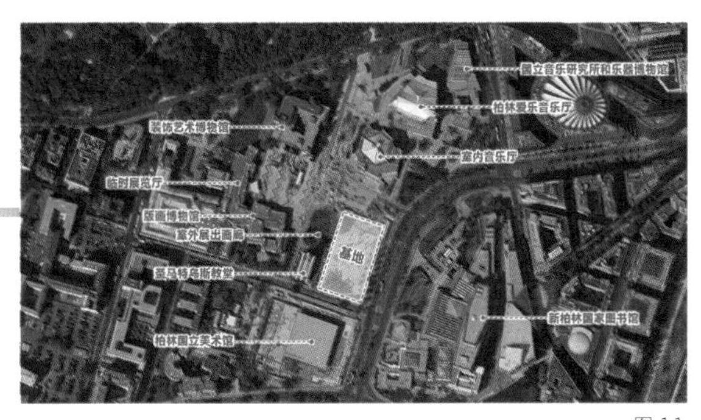

图 11

位置这么重要的基地对建筑师当然很不友好了，看看周围都是些什么神仙：基地东侧是新柏林国家图书馆，南侧是密斯设计的柏林国立美术馆，西侧是圣马特乌斯教堂以及一个室外展出画廊，北侧是柏林爱乐音乐厅。难道这就是传说中的六大门派围攻光明顶吗（图 12）？不！因为你不是张无忌。

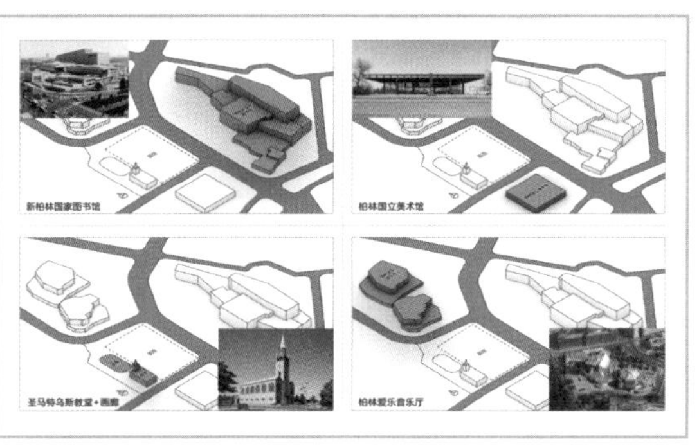

图 12

但确实有六大派，基地里面还有一棵半径 12m 的梧桐树。在这种地界，连棵树都是自然纪念碑，反正得供着（图 13）。

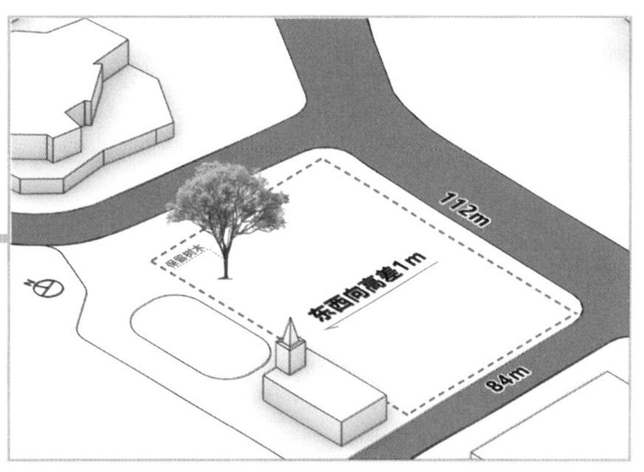

图 13

你以为现实是一套组合拳，会打得你鼻青脸肿，没想到现实的后腰还别了一把枪，直接要了你的命！行走江湖，认㞞保平安，在生命安全受到威胁的时候，什么理想、梦想、非分之想就都想都别想了，保命才是要紧的。四周都是大佬，还有一个在你家里，怎么把这 6 碗水端平就是送命题。所以，很多人都选择把自己切成 4 份，分别向 4 个方向拜码头（图 14 ~ 图 16）。

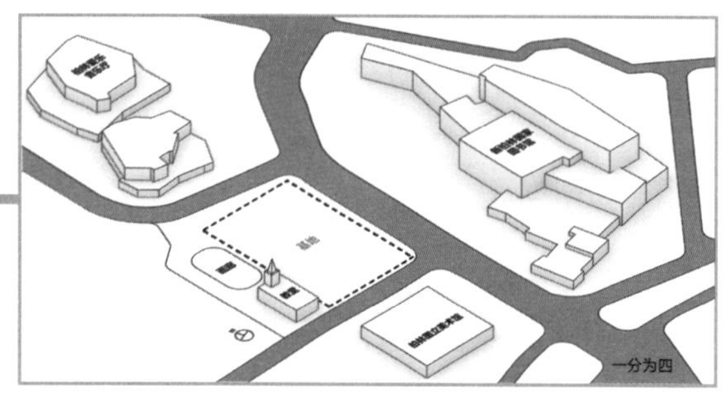

图 14

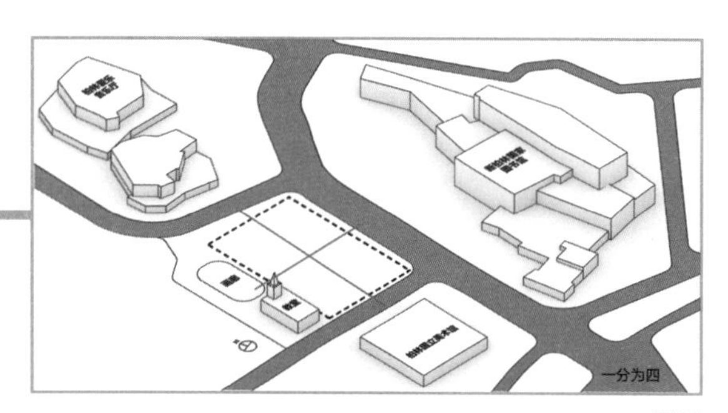

图 15

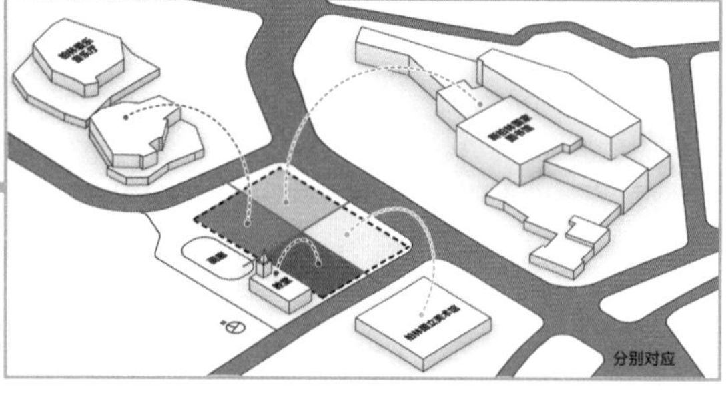

图 16

这个很多人里，包括命硬、一般不弯腰的 OMA 事务所的库哈斯，以及硬核兄弟赫尔佐格和德梅隆（图 17、图 18）。

图 17

图 18

既然前辈们都做出了感人的保命示范，REX 事务所也就毫不犹豫地选择了自我切割。但就算㞞得瑟瑟发抖，金牌销售员 REX 也没忘了提高自己的业绩。反正都是切自己，切成 4 块和切成 9 块有什么区别？说不定各位大佬觉得“9”这个数字更吉利呢（图 19）？

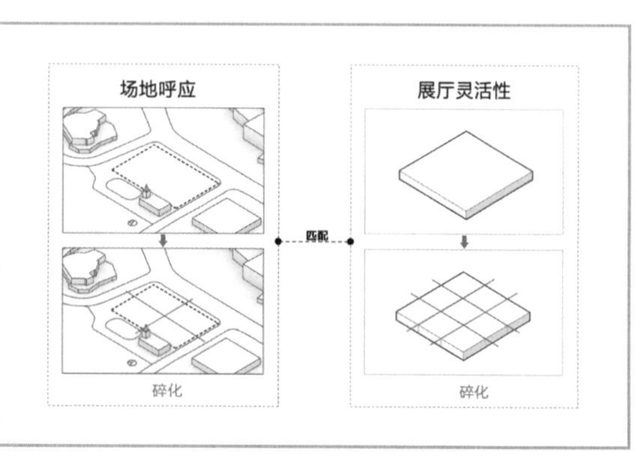

图 19

正方形平面更适合九宫格模式，为了更好地保证产品质量，REX事务所以基地短边的长度为边长，确定了一个正方形建筑设计范围（84m×84m）。正方形平面靠北边放，在南侧形成广场，顺便避免了新建筑对教堂的遮挡（图20）。

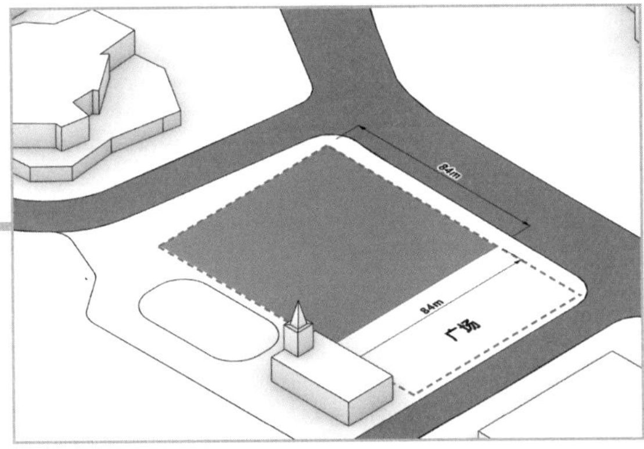

图20

根据任务书要求确定建筑层数并进行简单的功能分区，主要就是分成地上和地下两大部分。把博物馆已有的家当、可确定并固定展览方式的永久展厅放在地下，与旁边的柏林国立美术馆在地下连通，并在负一层设展品修复、存储空间。把博物馆将来的无限可能展厅放在地上的2层、3层，并使用九宫格展览模式，在地面1层安排教育、餐饮、演讲、零售商业等公共服务空间（图21～图24）。

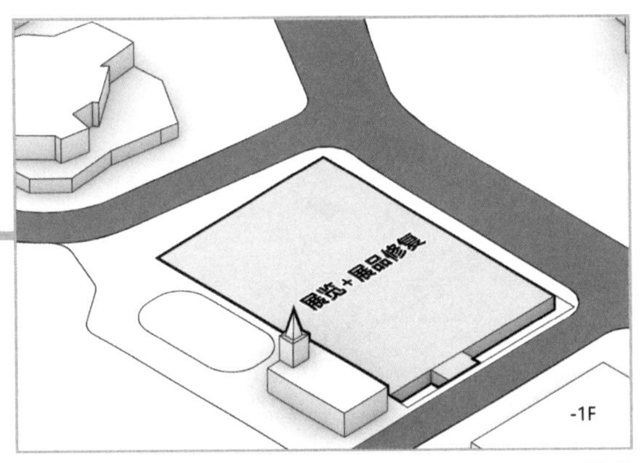

图21

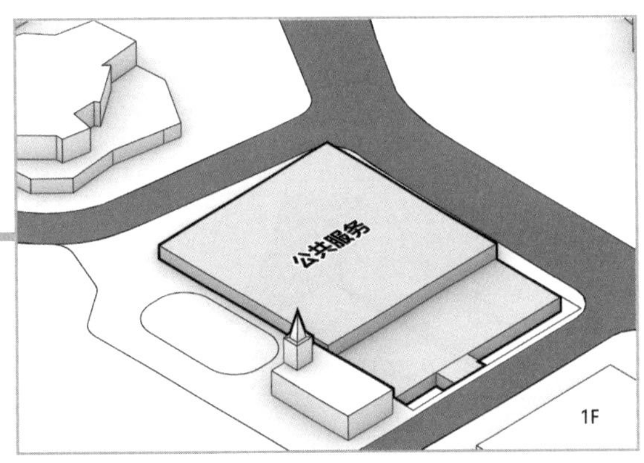

图22

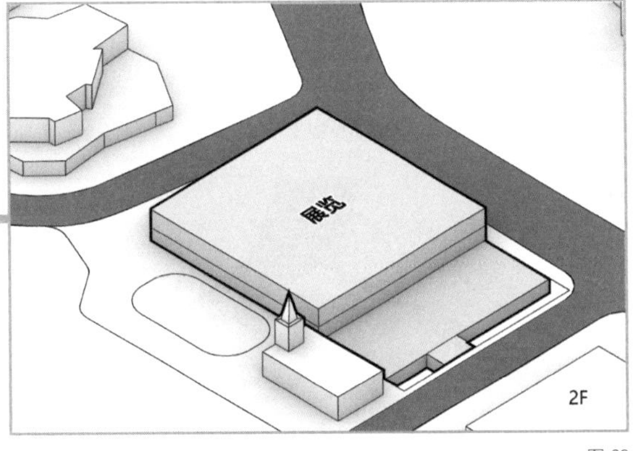

图23

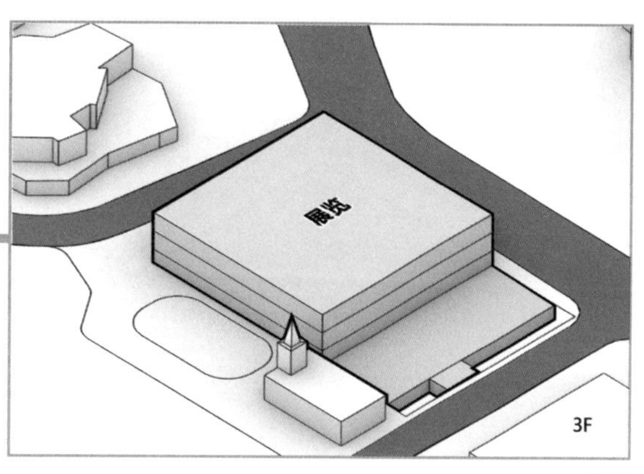

图 24

确定好建筑体量后，先对建筑进行十字分割，均匀分成 4 块（图 25、图 26）。

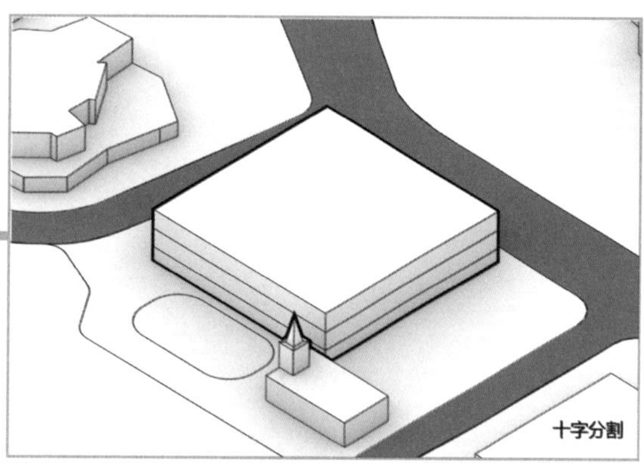

图 25

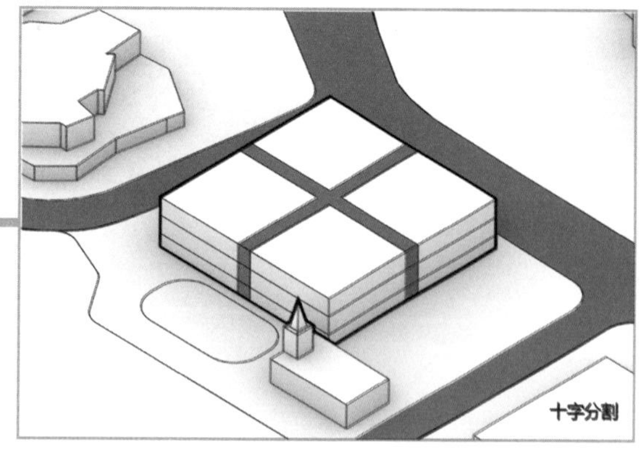

图 26

接下来就是要把这 4 个部分继续切割，至少也得切成 9 块啊。那么，到底要切成多少块呢（图 27 ~ 图 29）？

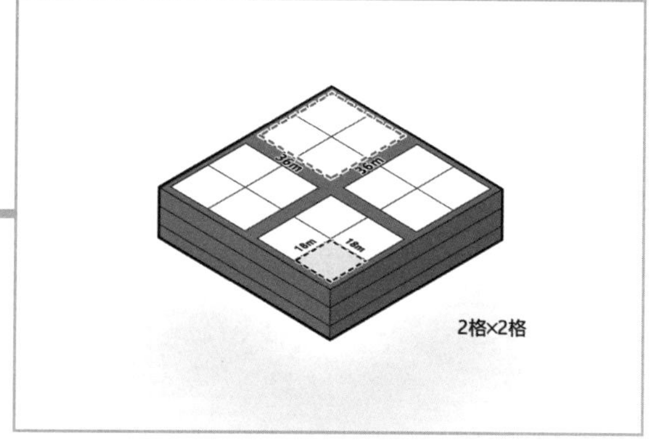

图 27

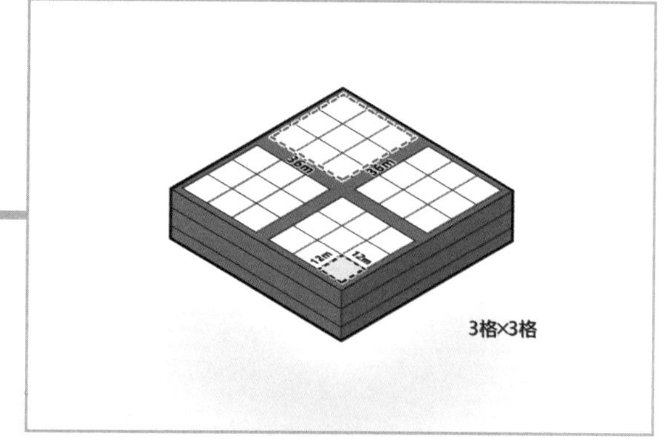

图 28

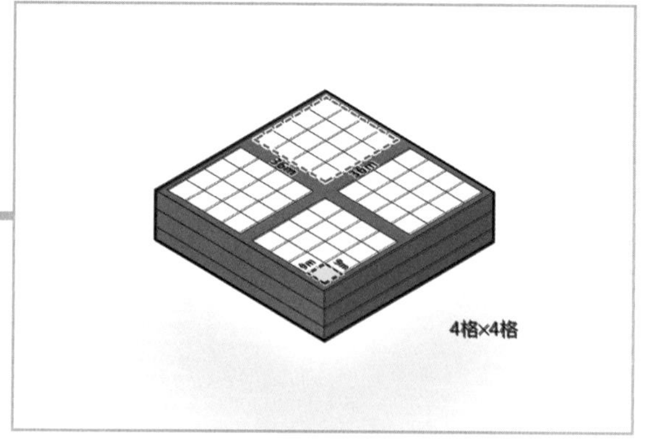

图 29

别忘了场地里还有个自然纪念碑，就是那棵梧桐树，你要继续切总得问问人家的意思吧？树的半径是12m，也就是说树会占掉24m×24m的面积，因此选择把四分之一格再划分为9个展厅单元的形式最为合适——树正好占用4个小单元，不会影响其余展厅单元的完整性（图30～图33）。

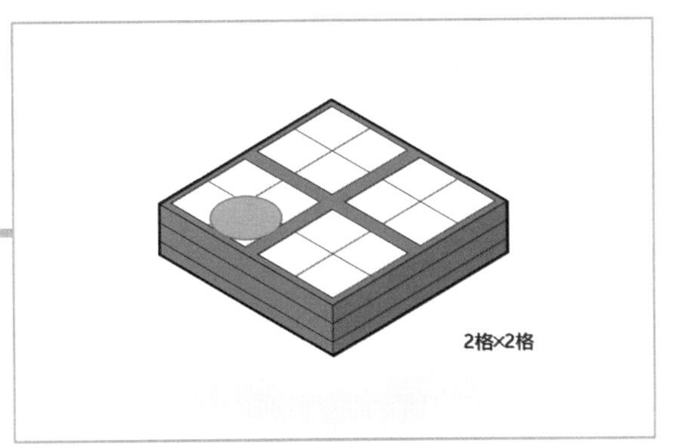

图30

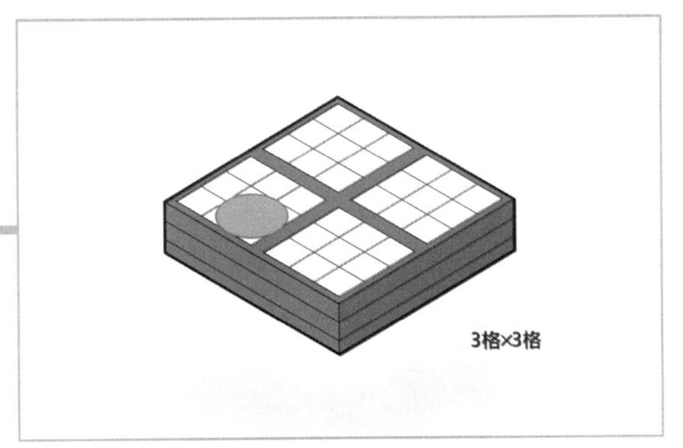

图31

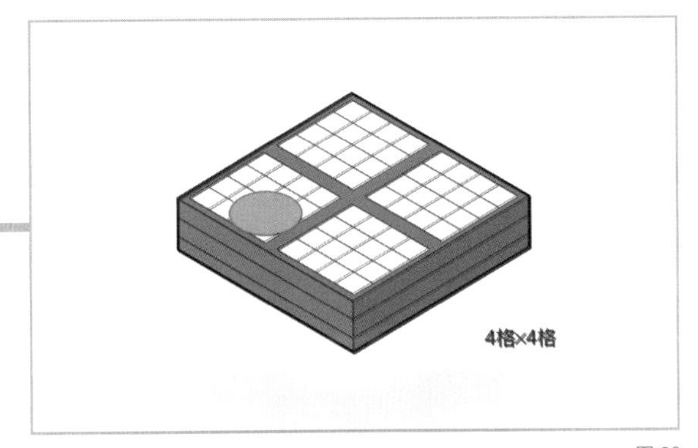

图32

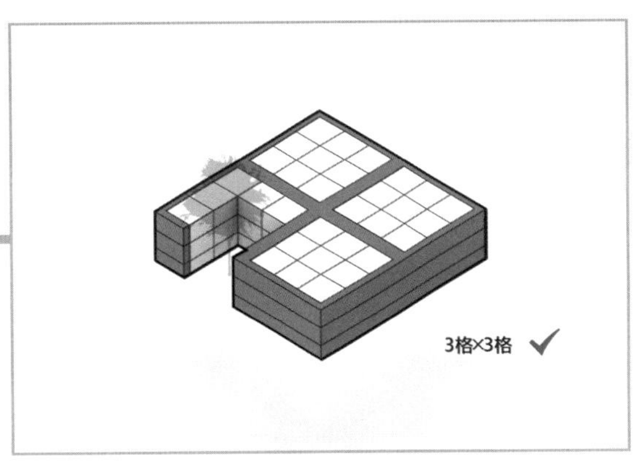

图33

至此，九宫格算是基本形成了，但是说好的拜码头呢？

有一说一，就现在这个形式，REX事务所想拜码头就很难了，周围的大佬长得千奇百怪，年龄相差几百岁，你只要想呼应就肯定会破坏想卖出去的这个九宫格花样的完整性，可如果不拜，又容易被围剿。所以这个时候，你需要一件史诗级装备——隐身衣。

换句话说，就是变身成一个透明盒子，保证视线上的畅通，外部的人可以透过博物馆看到对面的建筑，在博物馆内部也可以随时随地看到周围的各个大佬，只要大佬把你当空气，你就是一面自由飘扬的旗（图34）。

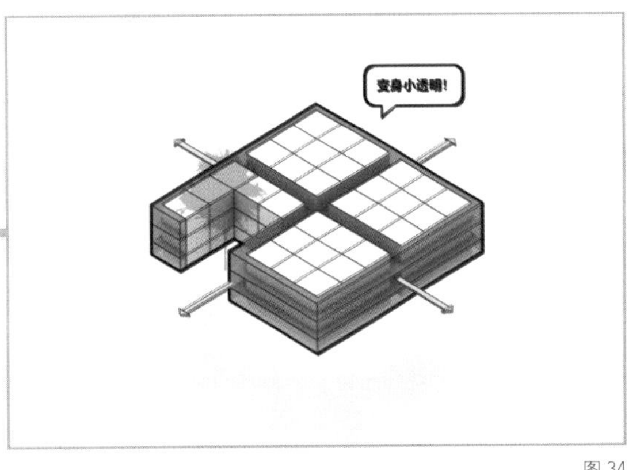

图34

于是，REX 事务所将每个部分的九宫格展厅单元分离，形成了多条视线贯穿的通廊（图 35 ~ 图 37）。

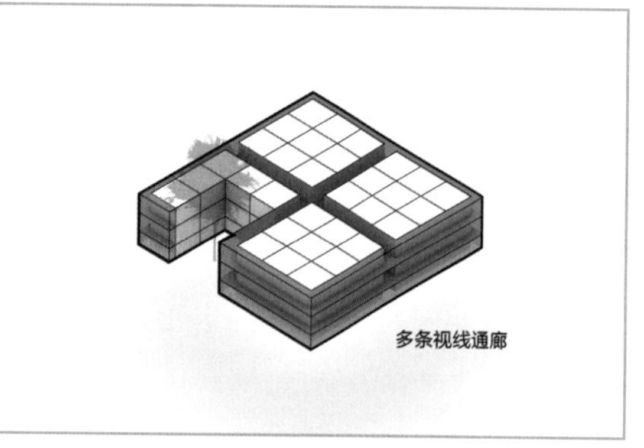

图 35

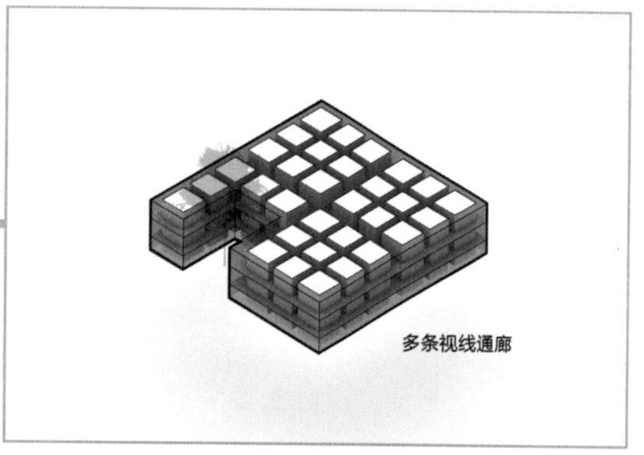

图 36

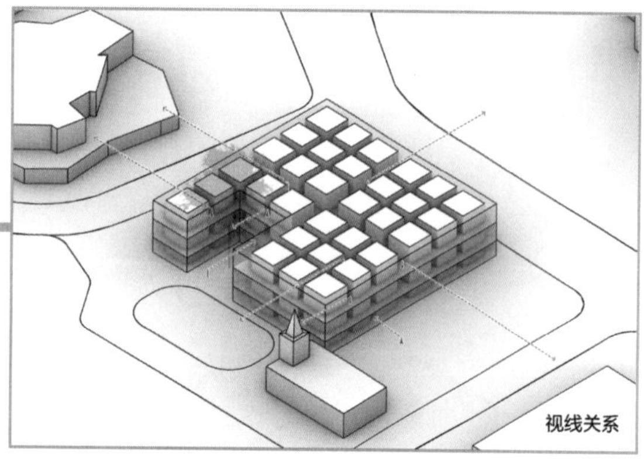

图 37

然后，REX 事务所惊喜地发现，最初的十字分割已经不重要了，它已经成功混成了 n 条通廊中的一条。一不做二不休，REX 事务所干脆把所有通廊宽度统一为 3m（图 38）。

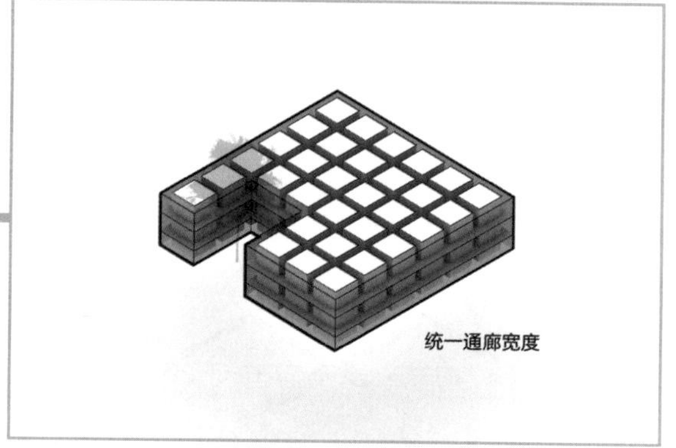

图 38

现在，所有展厅单元就都变成了 10.5m×10.5m，面积为 110m^2 的方格，32 个方格任意组合就可以有……反正就是好多好多种组合方式。数学不好，有兴趣的自己算吧（图 39）。

图 39

但是，啰啰唆唆的甲方在他长达 123 页的任务书里对未来的无限可能展开了无限美好的想象。具体说就是，虽然不知道会有什么展品，可估摸着最小的展厅得有 50m^2，最大的要有 800m^2，以及最大 400m^2 的无柱展厅（图 40）。

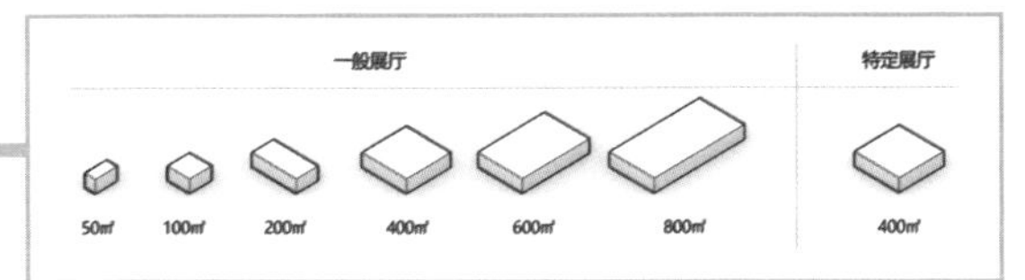

图 40

而 REX 事务所现在的情况是：大于 $110m^2$ 的要求好办，可以通过 $110m^2$ 展厅单元的组合实现，小于 $110m^2$ 的展厅就没办法了，况且，$400m^2$ 的无柱展厅也没法通过有道路贯穿的展厅组合满足（图 41）。

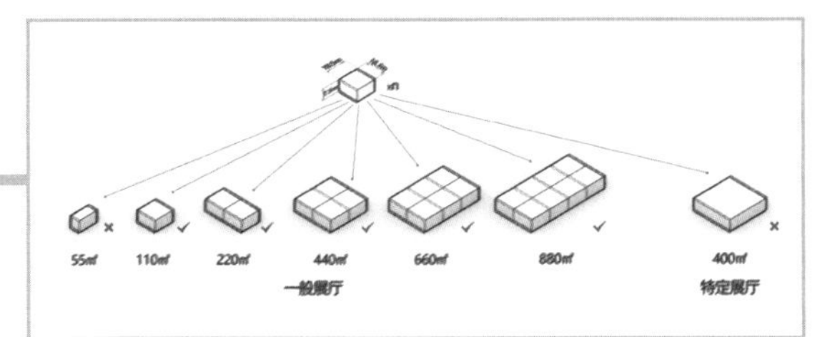

图 41

真正的考验来了：怎么在既保证现有九宫格展厅模式，又保证视线流线都贯通的同时，打破均质的展厅单元形式，以满足不同尺度的展厅需求？画重点，REX 事务所随机应变，顺势推出了二代产品渐变九宫格，不仅可以形成更多样的展厅尺寸，还不会破坏视线通廊（图 42）。

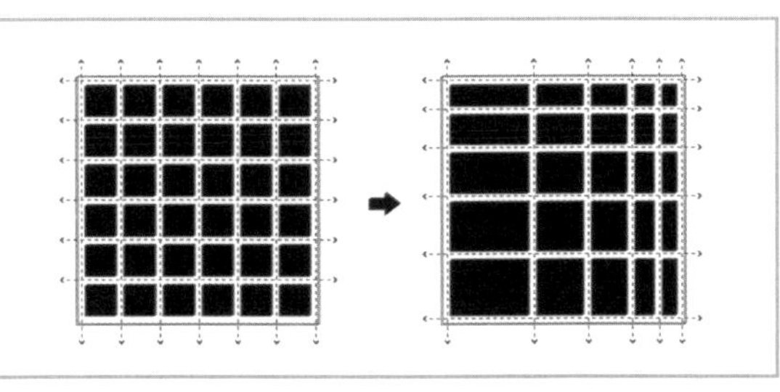

图 42

由于场地西北角有保留的梧桐树，因此小尺寸展厅不能放到这一侧，放了也是白放，都得给自然纪念碑让路（图 43、图 44）。

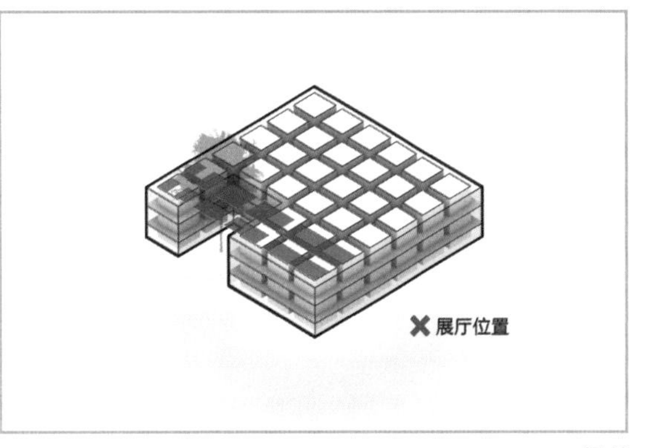

图 43

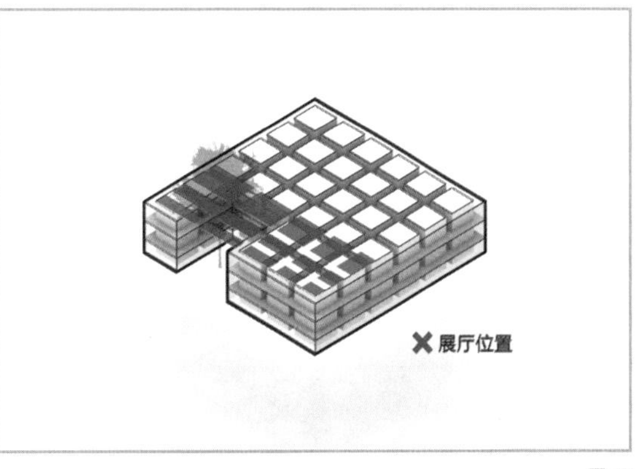

图 44

那就只能把大尺寸的展厅放在梧桐树一侧，将 $400m^2$ 无柱大展厅放在古树南侧（因为北侧显然放不下），由此确定邻近视线通廊位置（图 45、图 46）。

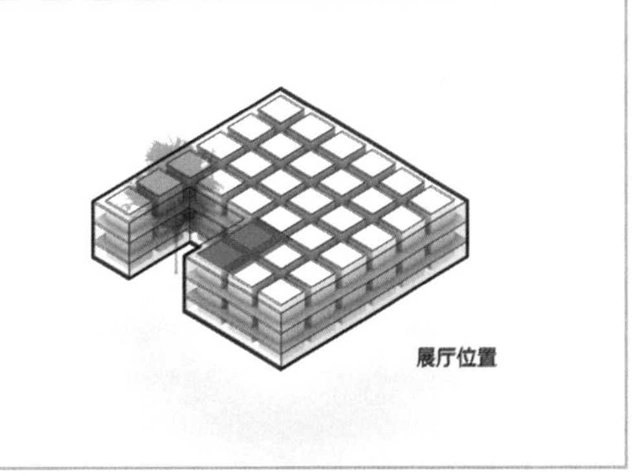

图 45

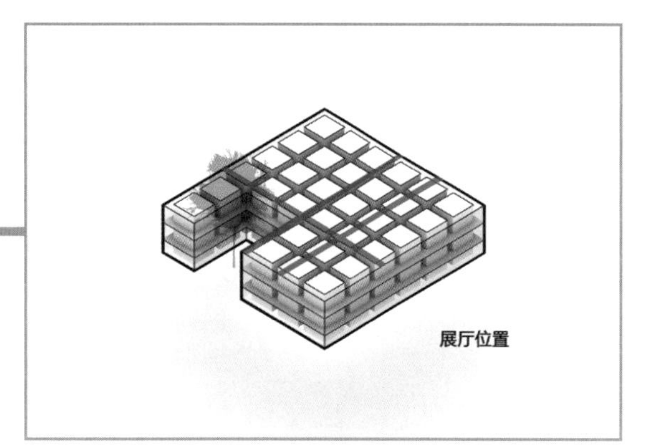

图 46

同时，也就确定了西南角展厅最大，东北角展厅最小的渐变趋势（图 47）。

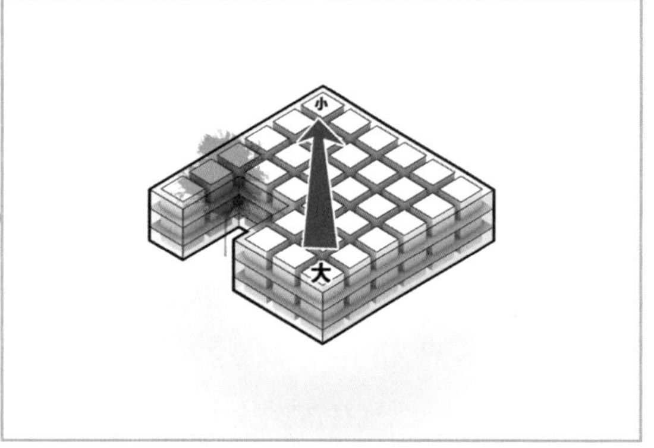

图 47

重新整合展厅尺寸，形成最终的渐变形式（图 48）。

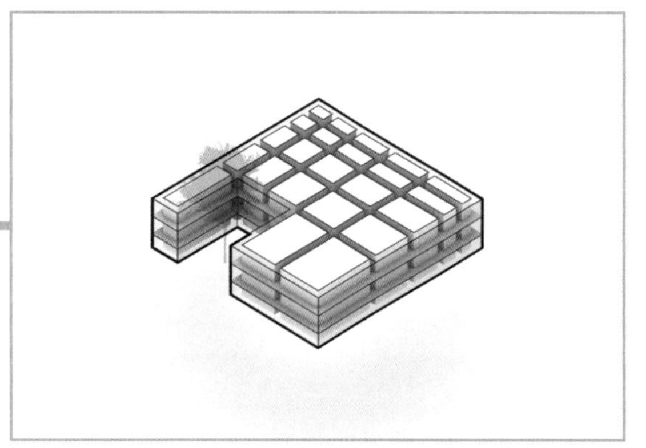

图 48

设置一些有特殊要求的展厅空间。一种是打开局部楼板，形成两层通高无柱空间；另一种是改变天花板、地板或者墙板的材质形式，满足特殊展品的需求（图 49 ~ 图 51）。

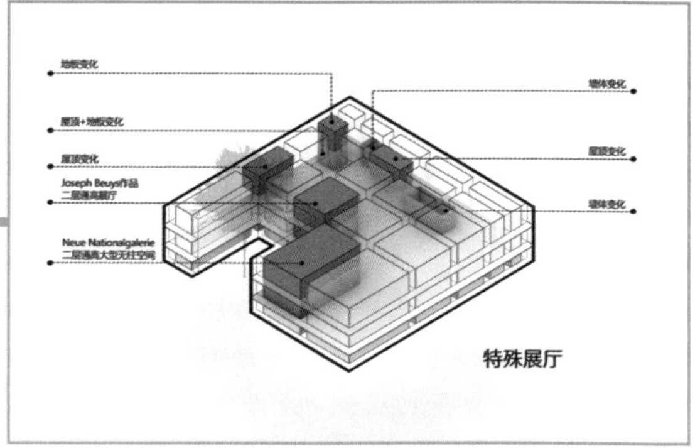

图 49

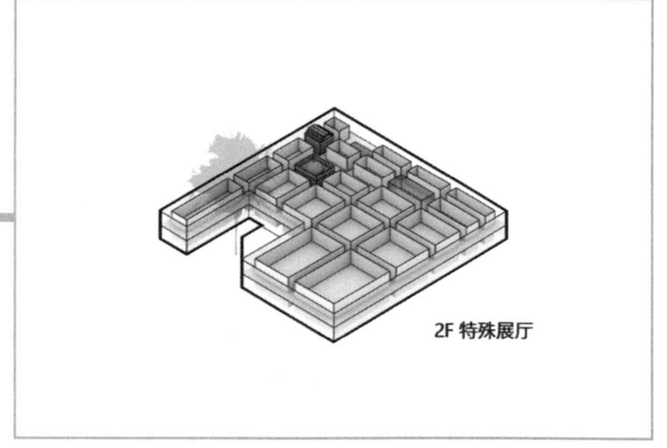

图 50

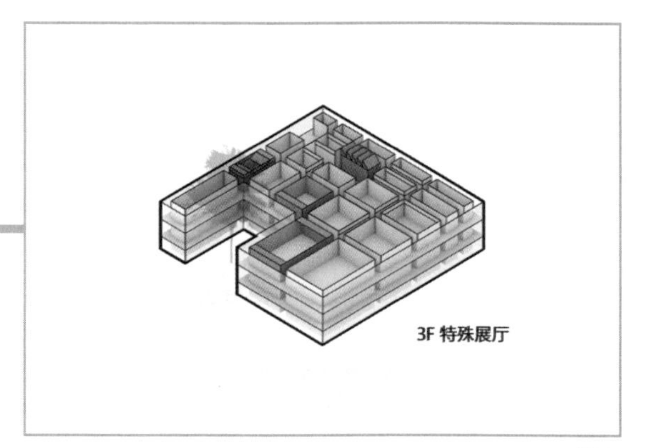

图 51

接下来，继续增加普通展厅的多样性。在保持两层总高度不变的情况下，将3层楼板从南向北倾斜，2层展厅的高度从南端的5m升高到北端的6.75m，以满足更多的高度需求（图52～图54）。

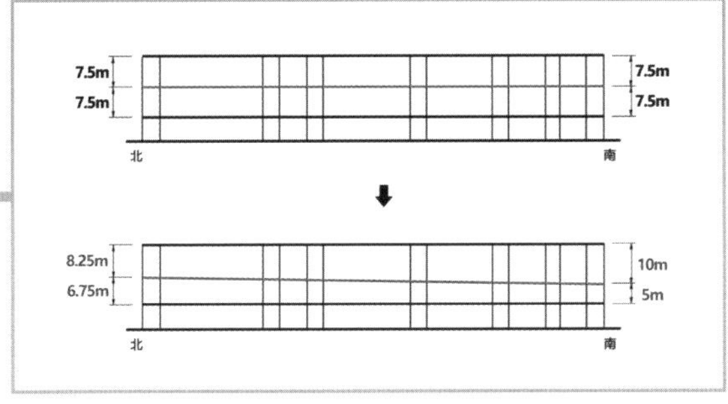

图52

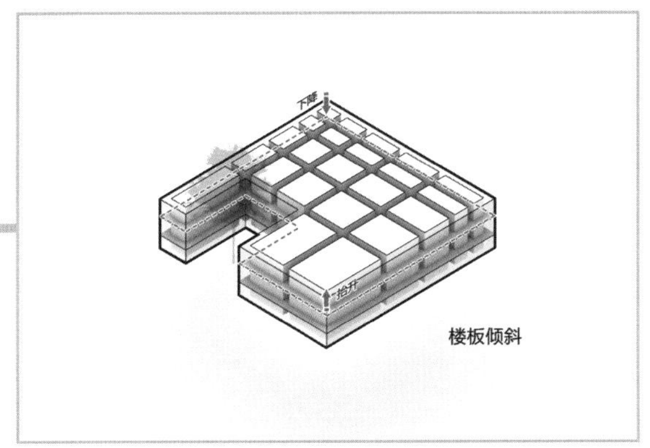

图53

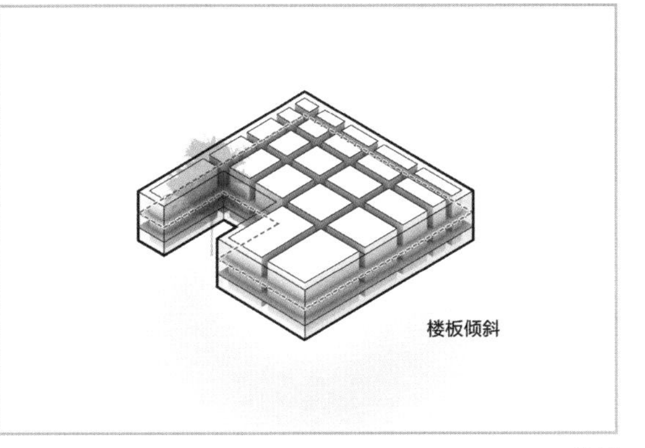

图54

另外，现在整个建筑外围都有一圈玻璃廊道，也就是说所有展厅的采光方式都被限制成人工采光或天窗采光。为了增加采光形式的多样性，将大尺寸的展厅两侧的环廊去掉，使之可以直接利用侧窗采光（图55、图56）。

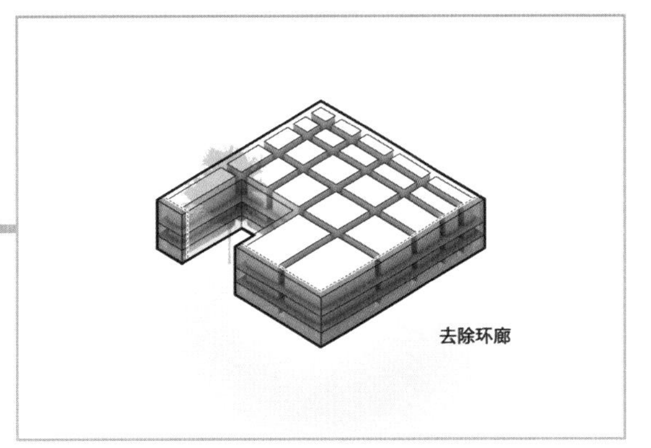

图55

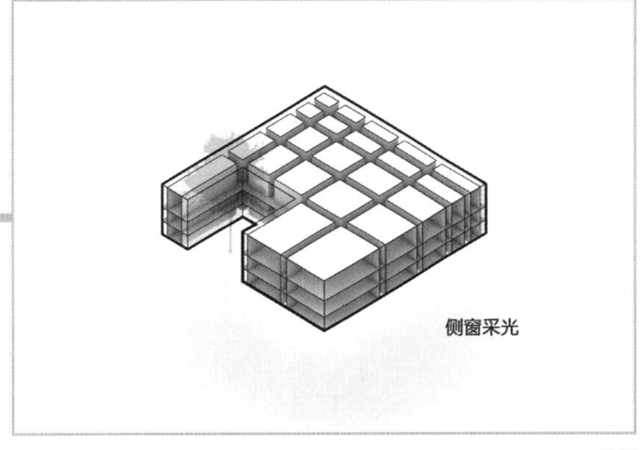

图56

最后，还有一个最重要的问题：这一堆展厅到底怎么灵活组合？REX事务所将渐变网格转化成结构框架，内部墙体设计为可移动箔纸隔墙，通过移动墙体就可以实现展厅的不同组合（图57～图62）。

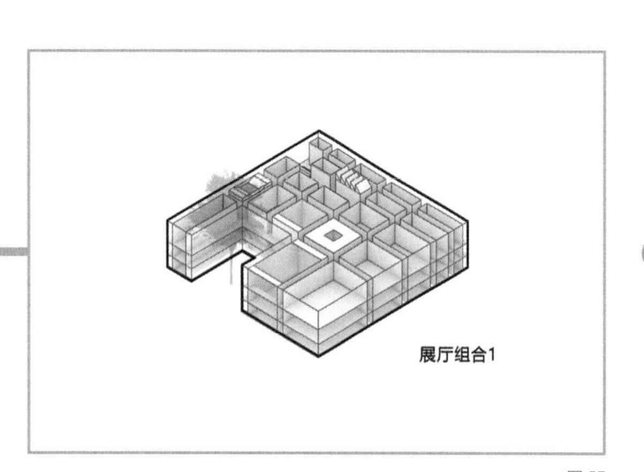

图 57

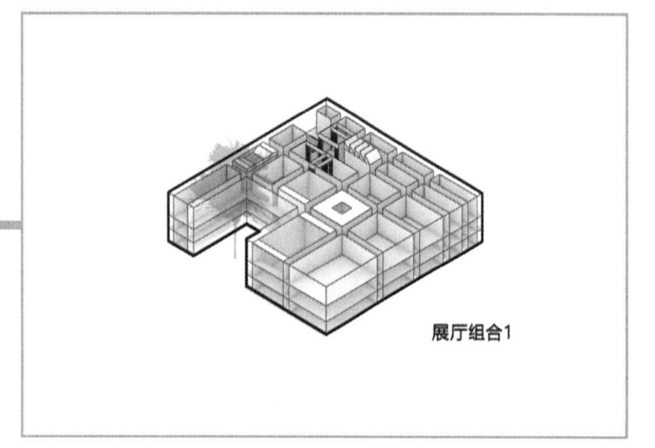

图 58

图 59

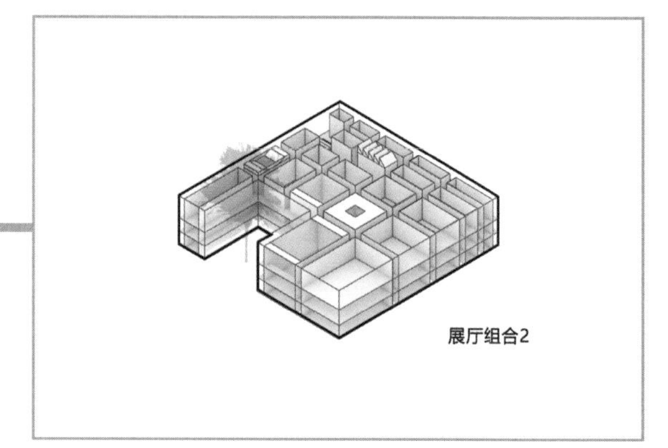

图 60

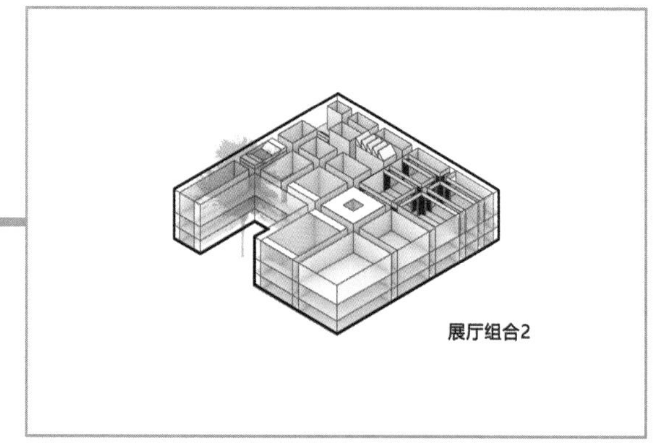

图 61

图 62

至此，渐变九宫格展厅基本完成，接下来细化其余公共功能。

首层继续沿用上层展厅的渐变网格，根据建筑位置及网格确定入口位置，在两条道路及南侧广场处分别设置主入口，形成两条十字交叉轴线（图 63 ~ 图 65）。

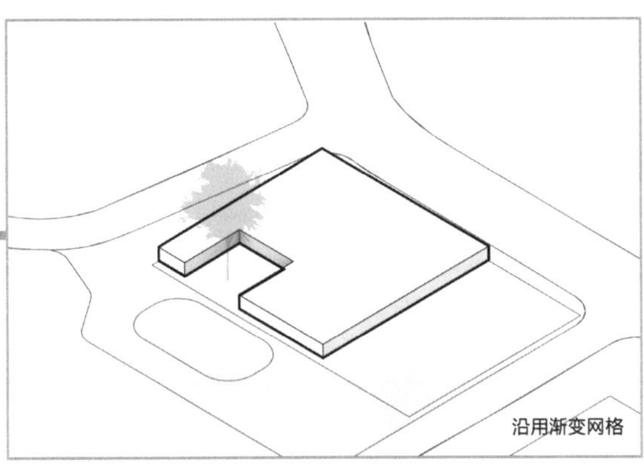

图 63

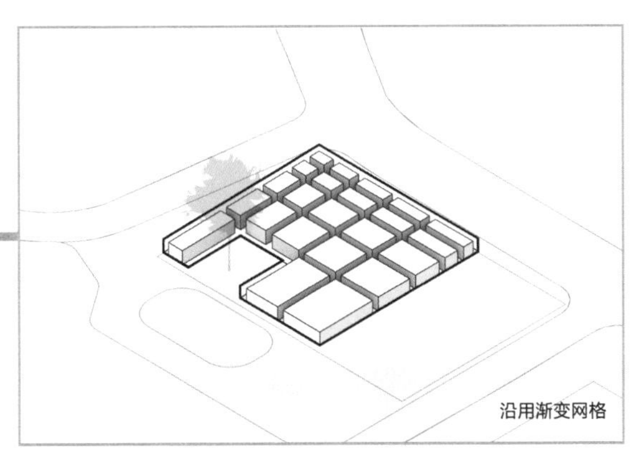

图 64

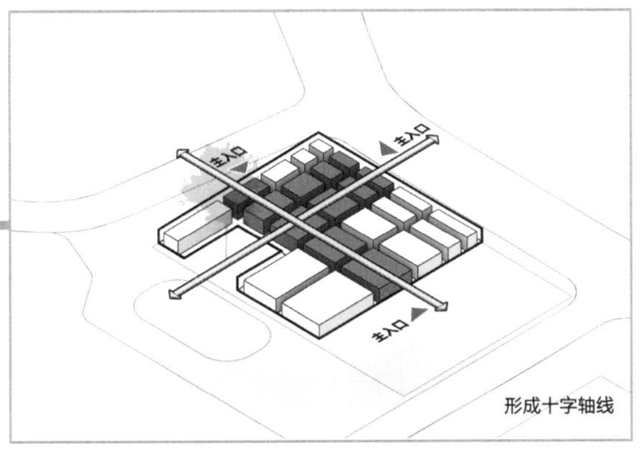

图 65

将餐饮、教育、演讲、零售空间布置在主要道路及广场一侧，并按面积要求合并网格体块，行政办公及报告厅布置在靠近教堂一侧（图 66）。

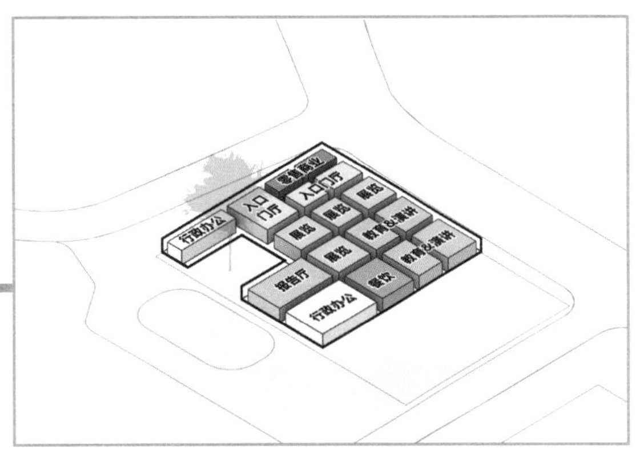

图 66

首层不同功能均可独立运行，为每个功能区设置单独出入口以及外部公共空间（图 67）。

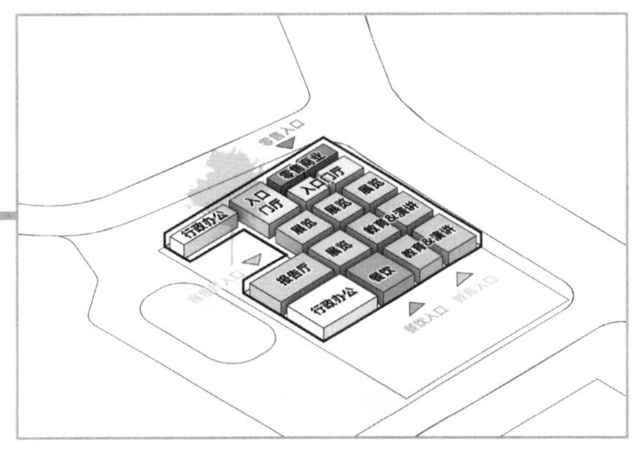

图 67

地下一层先去掉古树底部空间，然后确定与柏林国立美术馆连通的位置，将展品修复、行政办公空间布置在通道西侧，永久展区设置在东侧（图 68、图 69）。

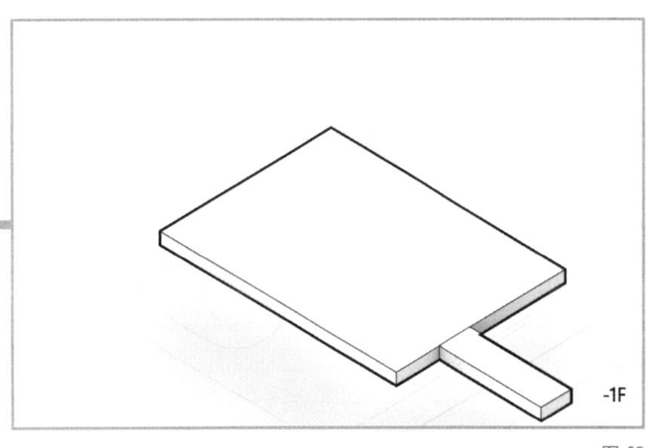

图 68

图 69

与柏林国立美术馆连通的展厅将存放 1945 年之前和“二战”后早期的国家画廊的艺术品，REX 事务所直接将密斯的柏林国立美术馆的经典模块布局镜像过来，以此强调展览内容的连续性（图 70）。

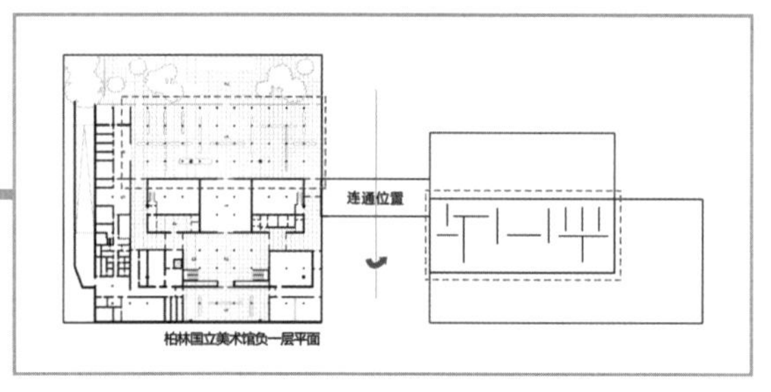

图 70

至此，功能布置完毕（图 71 ~图 73）。

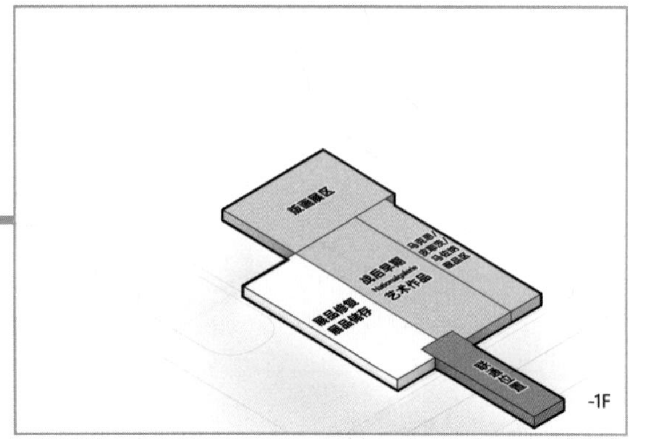

图 71

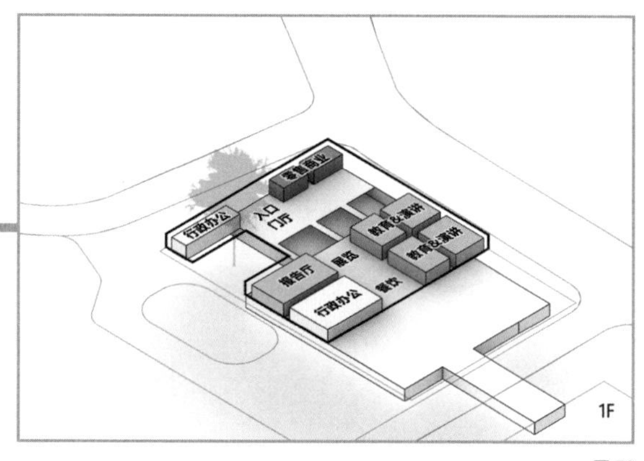

图 72

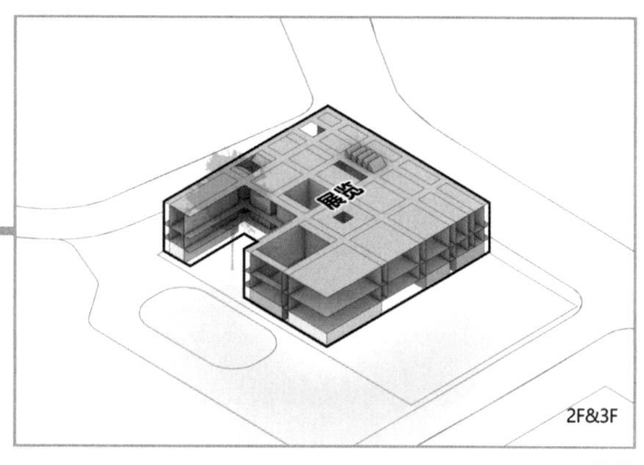

图 73

再加入垂直交通核（图 74）。

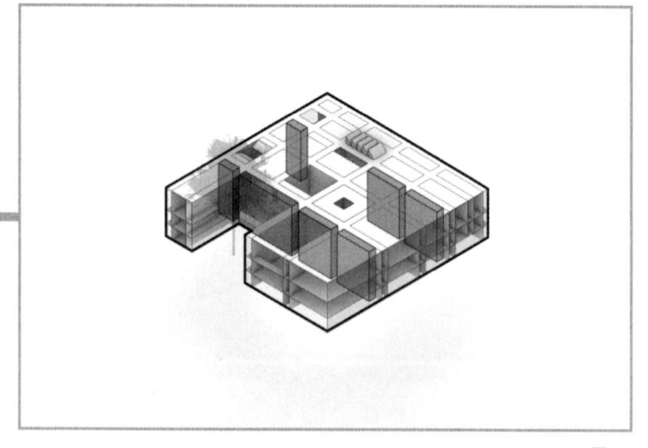

图 74

在两条轴线的交会处加入直跑景观楼梯及景观电梯（图 75）。

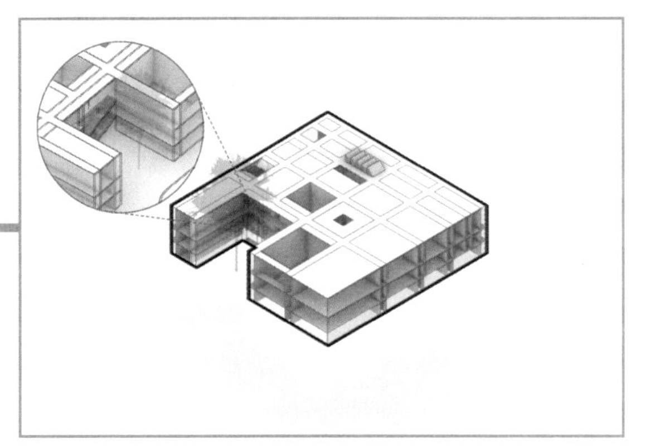

图 75

至此，得到最终布局（图 76）。

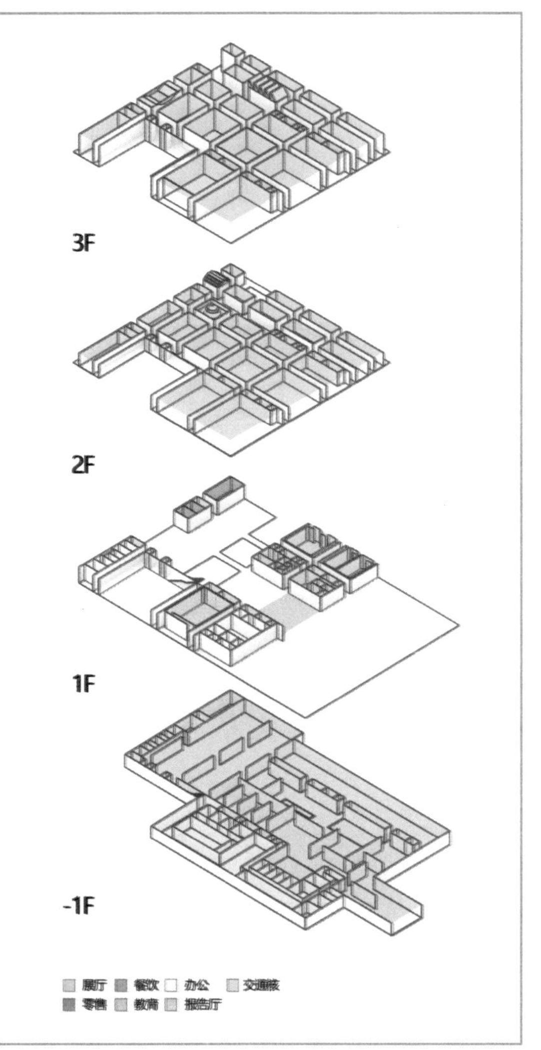

图 76

最后，加入一点儿细节，直接在渐变网格的交点生成柱子，形成框架结构（图 77）。

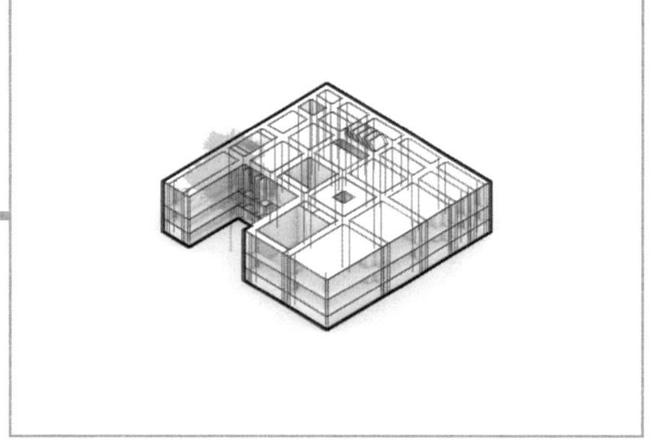

图 77

外侧的玻璃使用双层弯曲玻璃，形成空气腔系统，可实现自然通风和混合通风，以及热量回收或排放，在双层玻璃内加入可转动的百叶窗来调节采光（图 78、图 79）。

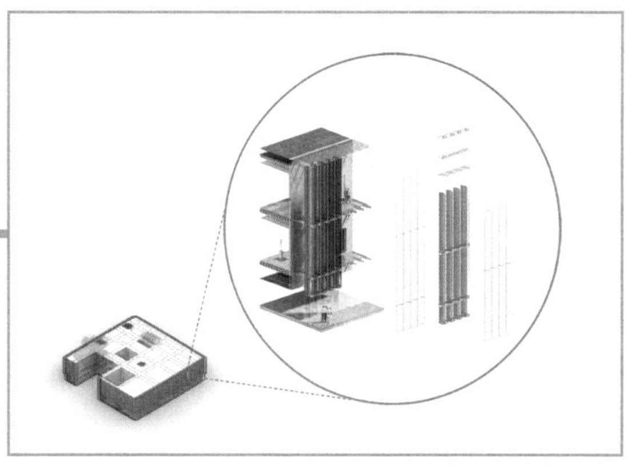

图 78

图 79

这就是 REX 事务所设计的柏林国立美术馆新馆竞赛方案（图 80 ~ 图 85）。

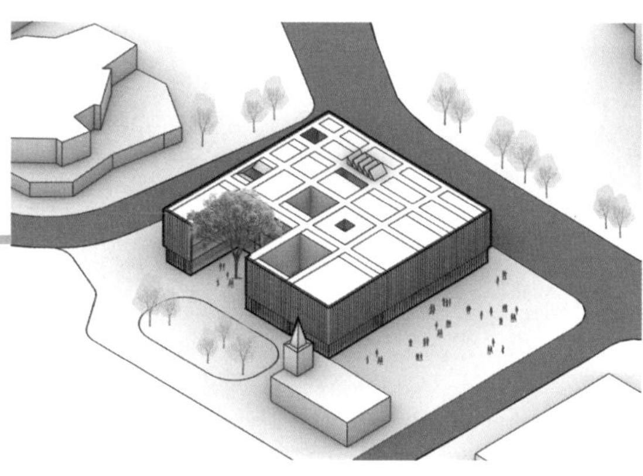

图 80

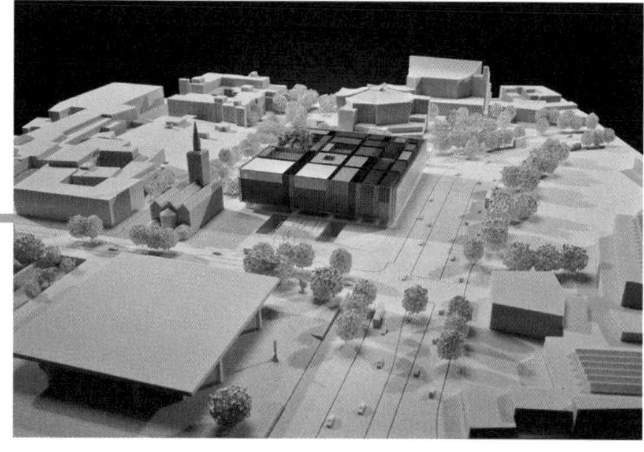

图 81

图 82

图 83

图 84

图 85

一个建筑师或者事务所成熟的标志就是能够持续、稳定地输出优秀设计。什么是持续稳定地输出？这个东西以前叫风格，现在叫模式。风格兜售的是建筑师的魅力，而模式贩卖的是甲方的焦虑。前者以不变应万变，而后者就是万变。

图片来源：

图 1、图 79、图 81 ~图 85 来源于 https://rex-ny.com/project/museum-20th-century-art/，图 17 来源于 https://www.nationalgalerie20.de/en/design-development/，图 18 来源于 https://oma.eu/projects/das-museum-des-20-jahrhunderts，图 70 来源于 https://www.archiposition.com/items/6cfc2b7c44，其余分析图为作者自绘。

END

不会做设计的『憨憨』们，请背诵全文

图 1

名　称：Mercado Libre 办公楼改造（图 1）
设计师：Estudio Elia Irastorza 事务所、
BMA arquitectos 事务所，Methanoia 事务所
位　置：阿根廷·布宜诺斯艾利斯
分　类：办公楼
标　签：楼梯，产品化
面　积：21 570m²

ART

建筑设计是个很玄幻的学科：门槛很低，要求很高；好像什么都学，又好像什么都不学。但问题是无论学了还是没学，该不会还是不会。你辛辛苦苦二十年，干不过一个半路出家的。你这边刚被甲方撕了图，那边一个“撞脸”方案就得了奖。你当初因为不想被高数折磨选了建筑，现在发现学建筑还不如学数学。学数学至少知道自己智商有限学不会，学建筑就是全程蒙：我到底是哪儿不会？

学会当然完美，但背会也能及格。传说中国学生可以靠背诵打败全世界，特别是对于我们这种干啥啥不行、吃饭第一名的憨憨建筑师来讲，想等灵感来敲门只有做梦比较快，不如多背几个全文来防身。重点是，全文在哪儿？

拉丁美洲最大的电商公司 Mercado Libre 财大气粗，一言不合就买下了飞利浦公司的旧楼，想要改造为自己的总部。这个旧楼建于 20 世纪 40 年代，主体是个框架结构，也就是经典的板楼空间（图 2）。

图 2

旧楼位置就在阿根廷的布宜诺斯艾利斯自治市，旁边是 Dot Baires 购物中心（图 3）。

图 3

电商公司 Mercado Libre 充分展示了一名优秀电子商务公司的杰出品质——当季新品打折包邮。具体表现为要时尚、要国际范儿、要牛，但不能多花钱（图 4）。

图 4

来自阿根廷的三个事务所 Estudio Elia Irastorza、BMA arquitectos 和 Methanoia 打算一起拼团参加这个竞赛。毕竟人多优惠大，我们暂且称他们为“拼多多组合”吧。说白了，旧建筑改造无非就那么几种改法，一只手都能数过来。

1. 改表皮。

基本等于化个妆、换件衣服，是程度最轻的改造，空间的变化极小。

飞利浦旧楼属于传统的板楼空间，显然不符合甲方站在时代潮头的雄心壮志，也不符合互联网公司自由灵活的工作方式。所以想靠改衣装中标，基本不可能（图5）。

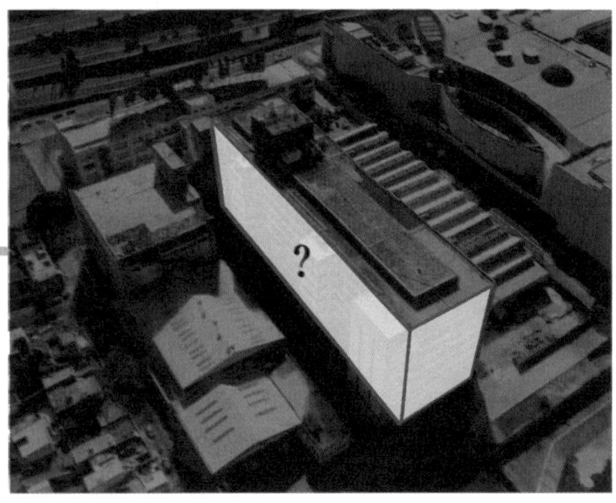

图5

2. 改结构。

属于投胎式改造，效果堪比哪吒小朋友莲花重生、三头六臂，但建筑在改造过程中也仿佛死了一遍。拆了重建，千好万好钱更好，不符合“打折包邮”的基本原则（图6）。

图6

3. 改空间

这种就比较有内涵了，除了不能动的基本都能动，也就是除了结构不动，剩下随便动。价格实惠量又足，建筑师们都喜欢（图7）。

图7

“拼多多组合”也不例外，果断选择改空间。那么问题来了：改哪个空间呢？

这个项目的室内空间可以分为两种，一种是使用空间，主要就是办公；另一种是辅助空间，主要包括卫生间、茶水间、楼梯间、储藏间等。正常人都会想去改使用空间，也就是办公空间。毕竟改造的根本目的是可以更好地工作，而互联网企业的工作模式与传统企业大相径庭。但话说回来，其实也没差多少：无非就是加班的形式自由点儿。

那么，问题又来了：想要形式自由的工作空间，一定要改造办公室吗？至少“拼多多组合”不这么认为，改办公室工作量太大，影响睡眠。他们决定找条捷径，那就是改楼梯（图 8）。

图 8

改楼梯不是去改楼梯的样子，而是把楼梯当成空间来改造。画重点：关键的思维转换是把作为行进空间的楼梯改为具有自由功能的停留空间。

操作 1：空间要独立。

还记得日月潭边的 BIG 作品吗？ BIG 设计的台北 TEK 大厦有一个横向切片的楼梯管道，贯穿了整个建筑的公共空间（图 9）。

图 9

这个楼梯空间看起来倒是极好的，就是有点太复杂，而且与整个建筑融为一体，不可能单独提取出来然后挪用到另一个项目里去。所以，需要搞个简化版。

先把普通楼梯间抽象为单独的方管空间，并且根据楼梯坡度进行倾斜（图 10）。

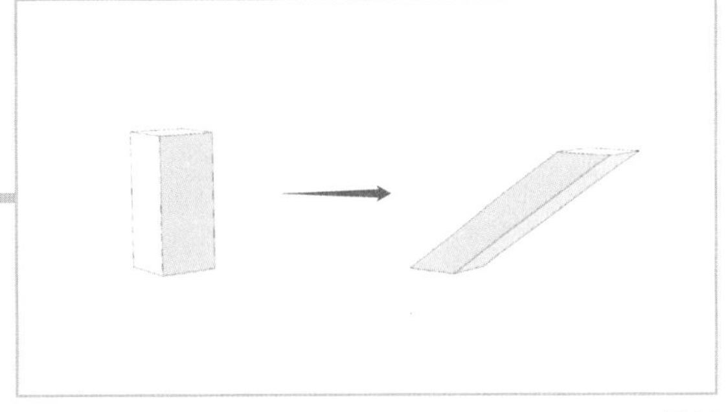

图 10

然后进行横向切片处理，得到台阶（图 11）。

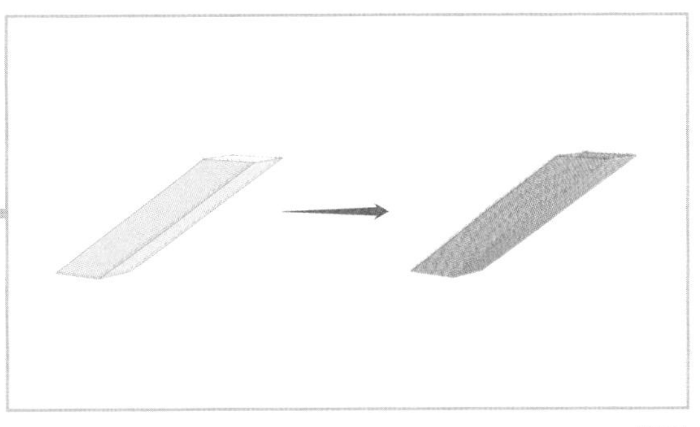

图 11

操作 2：方管大变身。

切片后的方管大台阶就可以随便坐了，就是坐着略有点儿尴尬，怎么看都像学校礼堂开大会。热闹看起来是热闹，但是寂寞的也是真寂寞（图 12）。

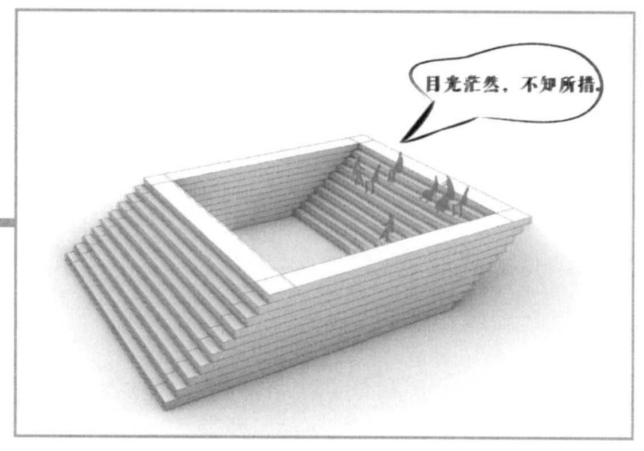

图 12

而变身圆管形成月牙台阶就舒服多了，空间均质、没有重点，但又自然地向心。最左端的人偷看最右端的人，甚至不需要刻意去偏头，社交性被最大化限度地发挥出来了（图 13）。

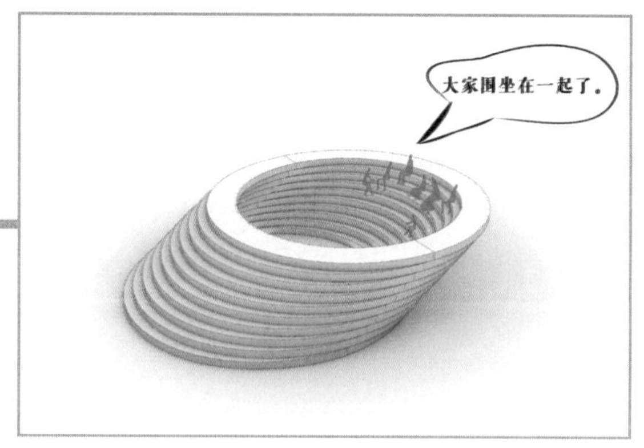

图 13

因此，这一步咱把方管斜楼梯转化为圆管斜楼梯（图 14）。

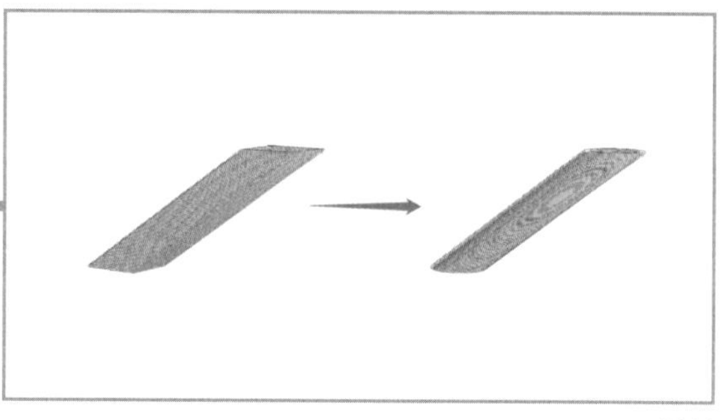

图 14

操作 3：路径很多样。

传统办公楼一般会把交通功能与办公功能分得很开，尽量不让办公空间被交通空间打扰和侵占面积。所以，楼梯间通常会上下贯穿，放置在边边角角，用孤零零的走廊串联在一起（图 15）。

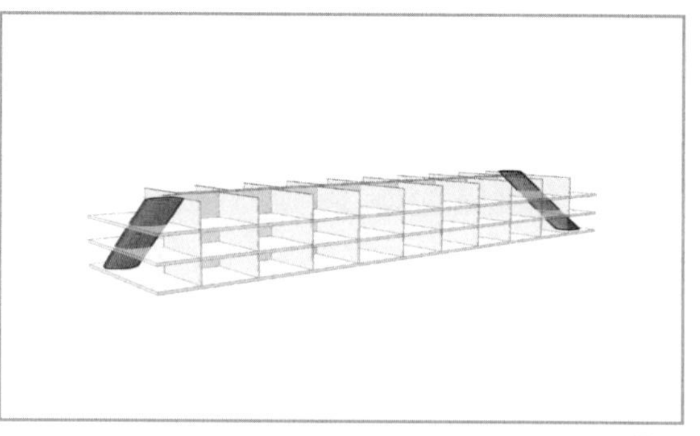

图 15

而我们现在这个楼梯空间要摇身一变当主角了，肯定不能再委屈在角落里。首先，它被放在了建筑的中心区域，结合公共空间大大方方地吸引人们来使用。考虑到建筑原本的狭长体量，所以每层放置两根斜管（图 16）。

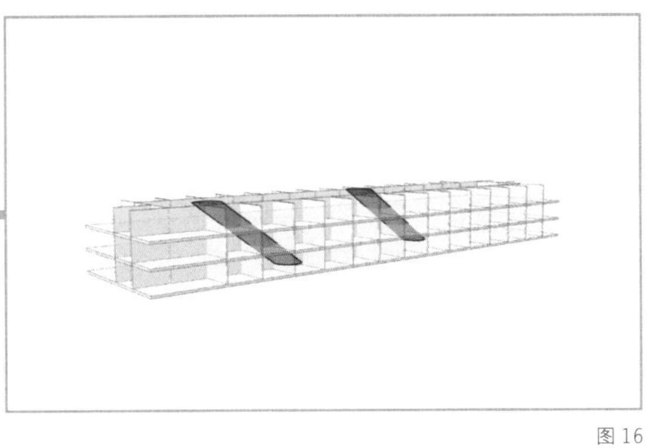
图 16

接着，把斜管逐层切开，均匀分散布置在建筑最中间的区域，让上下楼的路线形成无数个组合方式，人们每次上下楼都能探索不同的路径（图 17 ~ 图 21）。

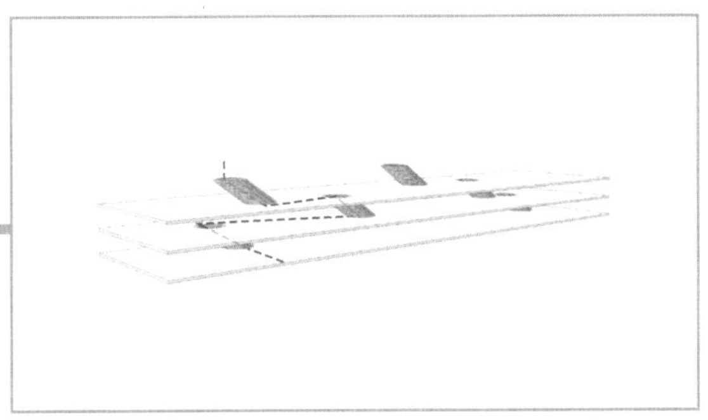
图 17

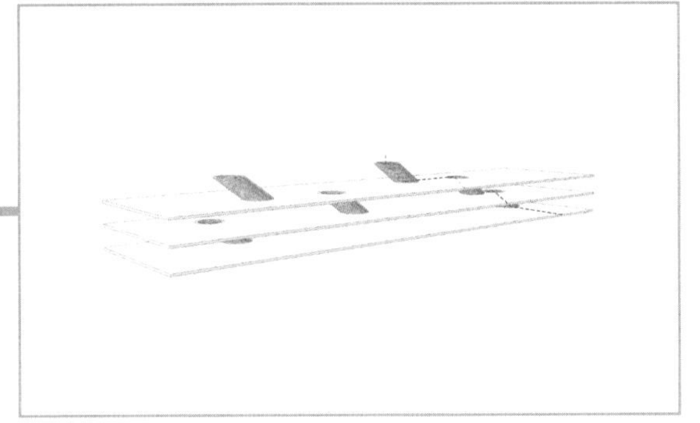
图 18

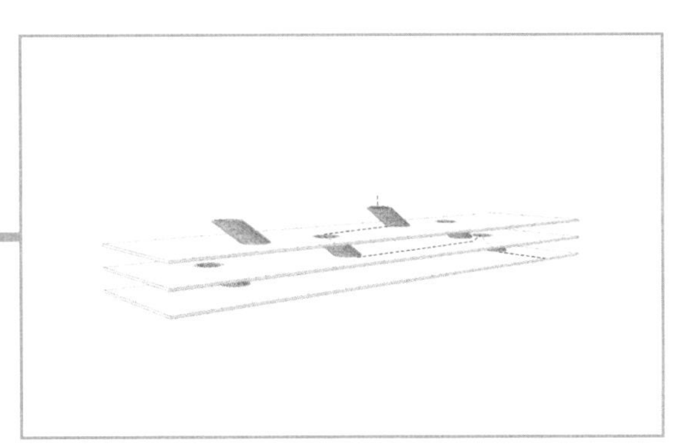
图 19

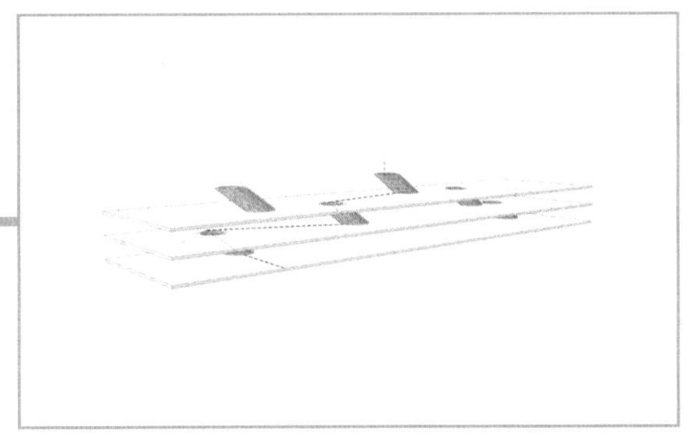
图 20

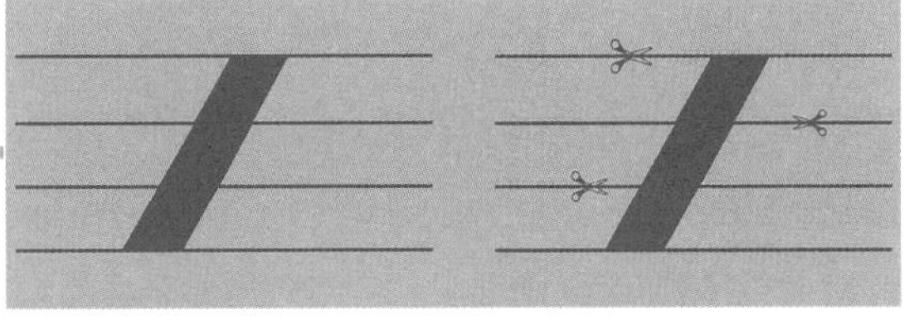
图 21

光错开还不够，还要再分别转一转，形成不同朝向（图 22、图 23），使大家不得不到处绕着走，达成最大范围的无死角均匀乱逛模式（图 24）。

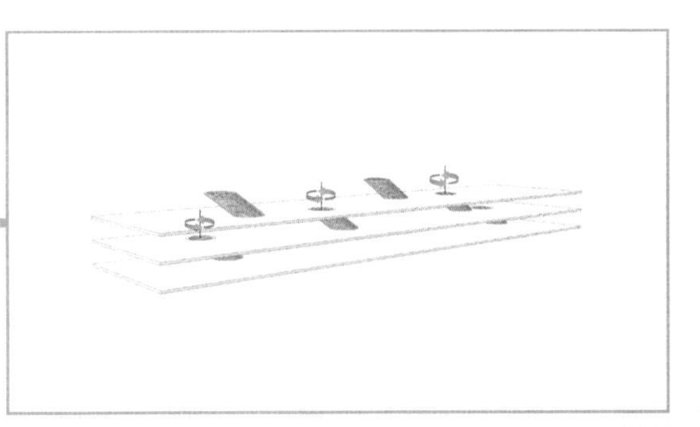
图 22

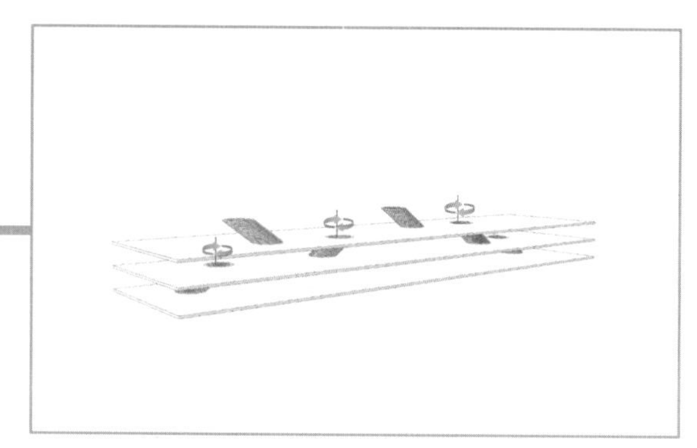

图 23

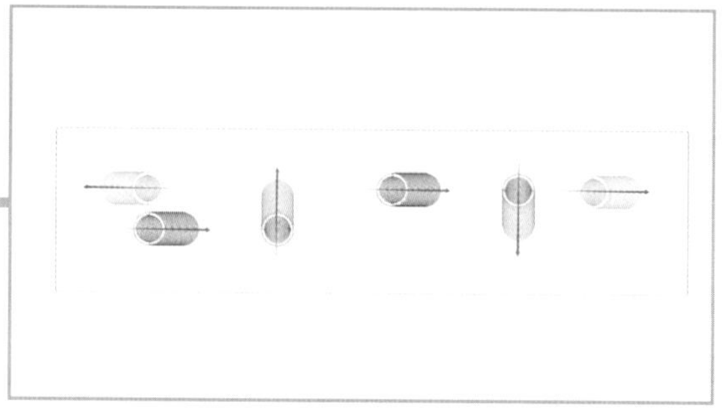

图 24

操作 4：批发型空间。

这楼梯形状也定了，位置也摆完了，要准备给楼梯间开门洞了，但真去开门洞你就输了。开口肯定是要开的，但怎么开才能让这个楼梯摆脱楼梯间的定位，融入公共空间，让甲方觉得不浪费面积，且这个钱花得值呢？

下面这一步，堪称求生欲很强了，因为一不小心，就前功尽弃。“拼多多组合”再出奇招——不开小门洞，我开大豁口。

豁口可以结合轻质隔断，轻轻松松就组合出一个自带观众席的迷你型报告厅。报告厅不围合时可当开放式小剧场用，舞台大小还能自定义（图 25）。

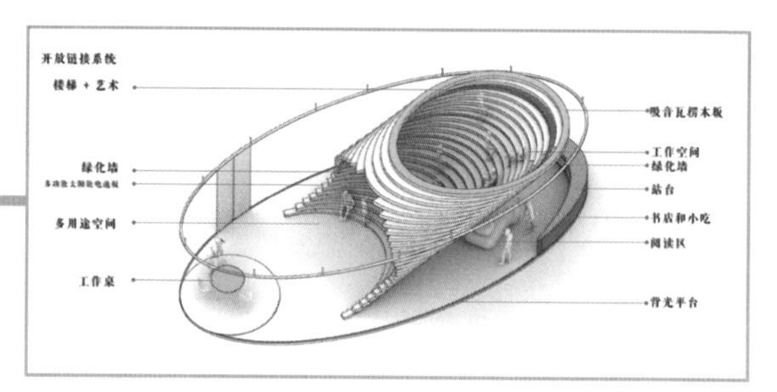

图 25

敲黑板：以上这个圆筒楼梯就是“全文”，请背诵并默写。

这是一个高尚的楼梯，一个纯粹的楼梯，一个脱离了低级趣味的楼梯。因为它成功与建筑本身割裂，成为一个独立存在的合格产品，可以在任何有需要的项目中放心使用，无毒无害，质量过硬（图 26）。

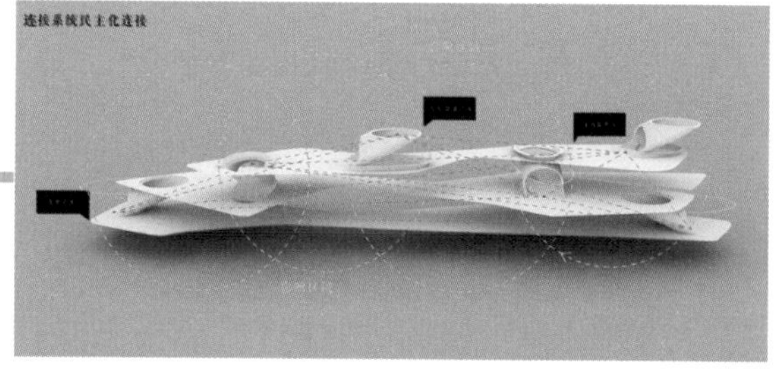

图 26

为了避免碰头问题，可以在高度不够的区域在楼板上掏洞，做成局部通高空间（图 27）。

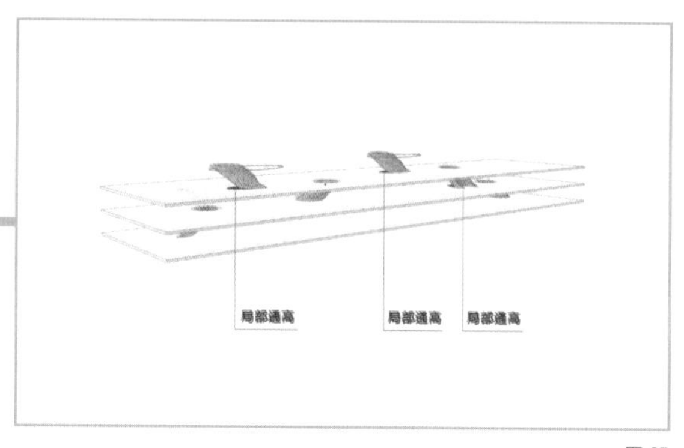

图 27

最后，将这个圆筒楼梯产品运用到整个建筑中（图 28）。

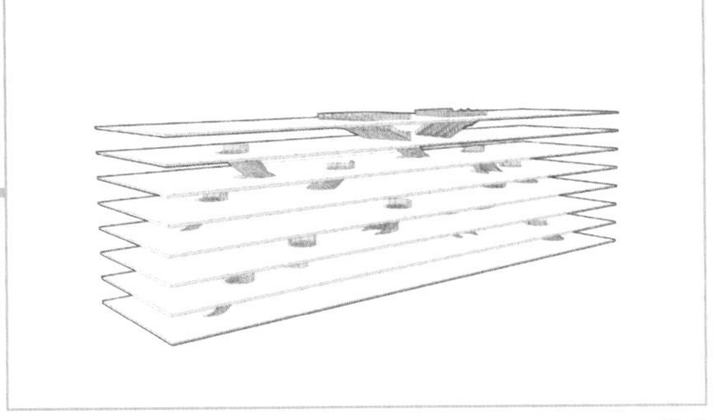
图 28

这就是 Estudio Elia Irastorza、BMA arquitectos 和 Methanoia 三个事务所一起设计完成的 Mercado Libre办公楼改造。其实他们什么也没改，就加了个楼梯，估计大部分时间都用来搞产品研发了吧（图 29 ~图 33）。

图 29

图 30

图 31

图 32

图 33

这个设计看起来相当简单，很像那个流传已久的荒诞故事：美国宇航员在太空很郁闷，在失重的条件下钢笔和圆珠笔总是写不了字。美国科学家花费了多年时间，很多经费，终于研制出了能在失重条件下使用的钢笔。而与此同时，苏联宇航员在太空一直用铅笔。

故事不靠谱，但道理靠谱："怎么做"确实比"做什么"重要。建筑是一种语言，对有些人来说是母语，对有些人来说却是外语。如果没有耳濡目染的环境，没有天赋异禀的基因，那就要有死记硬背的决心。

图片来源：

图 1、图 21、图 29 ~ 图 33 来自 http://www.archdaily.cn/cn/941338/mercado-libreban-gong-shi-ling-dong-de-she-jiao-lou-ti-estudio-elia-irastorza-plus-bma-arquitectos-plus-methanoia，图 25、图 26 翻译自 http://www.archdaily.cn/cn/941338/mercado-libreban-gong-shi-ling-dong-de-she-jiao-lou-ti-estudio-elia-irastorza-plus-bma-arquitectos-plus-methanoia，其余分析图为作者自绘。

END

建筑师与事务所作品索引

2A+P/A 事务所

马里博尔美术馆竞赛方案 / P038

ADEPT 建筑事务所

丹麦新科学中心竞赛方案 / P254

柏林史蒂芬博物馆 / P254

达拉纳媒体图书馆 / P280

AGi architects 事务所

卡塔尔法院竞赛方案 / P338

Arcbody Architects 事务所

首尔平昌洞艺术中心竞赛方案 / P358

AXIS MUNDI 建筑事务所

惠特尼美国艺术博物馆新馆 / P188

BIG 建筑事务所

纽约布鲁克林皇后高速公路滨水景观改造 / P098

BMA arquitectos 事务所

Mercado Libre 办公楼改造 / P414

Chao Yung shih 建筑事务所

中国台湾台南美术馆 / P078

Clément Blanchet Architectes（CBA）事务所

欧洲城当代马戏团 / P210

Cobe 建筑事务所

丹麦罗斯基勒摇滚音乐节总体规划 / P114

cưng 建筑事务所

马德里数字艺术博物馆竞赛方案 / P236

EFFEKT 事务所

爱沙尼亚艺术学院 / P088

EPArquitectos 事务所

玛丽亚·蒙特梭利·马萨特兰学校 / P368

Estudio Elia Irastorza 事务所

Mercado Libre 办公楼改造 / P414

Estudio Macías Peredo 事务所

玛丽亚·蒙特梭利·马萨特兰学校 / P368

FMZD 事务所

伊朗桑干酒店 / P164

伊斯法罕梦境商业中心改造 / P302

JDS 建筑事务所

南特高等艺术学院竞赛方案 / P178

KIENTRUC O 事务所

胡志明市第 2 区幼儿园 / P052

越南本特里市 TTC 高级幼儿园 / P128

KOO LLC 建筑事务所
伊利诺伊大学芝加哥分校创新艺术中心 / P002

LETH & GORI 事务所
爱沙尼亚艺术学院 / P088

MARU。Architecture 事务所
日本大阪松原市市民图书馆 / P326

Methanoia 事务所
Mercado Libre 办公楼改造 / P414

Morphosis 建筑事务所
中国国家美术馆竞赛方案 / P140

MVRDV 建筑设计事务所
丹麦罗斯基勒摇滚音乐节总体规划 / P114

ODA 建筑事务所
首尔平昌洞艺术中心竞赛方案 / P358

OLIN 国际景观设计事务所
华盛顿 11 街大桥公园 / P098

PRAUD 事务所
芬兰赫尔辛基图书馆竞赛方案 / P012

REX 事务所
美国布朗大学表演艺术中心 / P380
柏林国立美术馆新馆竞赛方案 / P396

SHL 建筑事务所
荷兰多德雷赫特市政大楼 / P348

Suppose 设计工作室
保加利亚瓦尔纳市新图书馆竞赛方案 / P154

TheeAe 事务所
洛杉矶郡艺术博物馆 / P290

Weston Williamson+Partners 事务所
埃及开罗科学城竞赛方案 / P024

安德里亚 · 布兰齐（Andrea Branzi）
马里博尔美术馆竞赛方案 / P038

坂茂建筑事务所
中国台湾台南美术馆 / P078

大都会（OMA）建筑事务所
伊利诺伊大学芝加哥分校创新艺术中心 / P002
华盛顿 11 街大桥公园 / P098
英国布莱顿学院科学楼和体育中心 / P224
韩国 Galleria 商场光教店 / P244

多尔特 • 曼德鲁普（Dorte Mandrup）
阿玛尔儿童文化馆 / P268

格拉夫顿建筑事务所（Grafton Architects）
伦敦政治经济学院保罗·马歇尔大楼 / P068

平田晃久建筑设计事务所
中国台湾台南美术馆竞赛方案 / P198

藤本壮介
达拉纳媒体图书馆 / P280

伊东丰雄
比利时根特市 WaalseKrook 城市图书馆竞赛方案 / P314

敬告图片版权所有者